●サンプルデータについて

本書で紹介したデータは、サンプルとして秀和システムのホームページからダウンロードできます。詳しいダウンロードの方法については、次のページをご参照ください。

4.3 フォームの操作

フォームの表示位置を指定する

プログラムを起動したときにフォームを任意の位置に表示するには、StartPositionプロパティでManualを指定しておいた上で、Locationプロパティで位置指定を行います。

▼[プロパティ]ウィンドウ

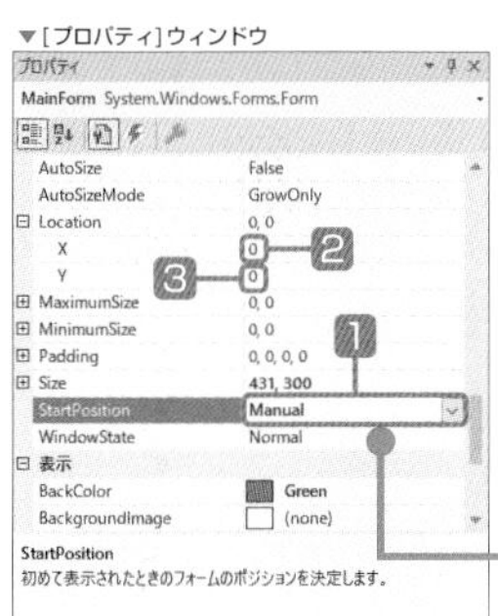

1. StartPositionのボタンをクリックして、Manualを選択します。
2. LocationプロパティのXの値欄に、画面左端からの位置を入力します。
3. Yの値欄に、画面上端からの位置を入力します。

Onepoint
ここで入力した値は、ピクセル単位で扱われます。

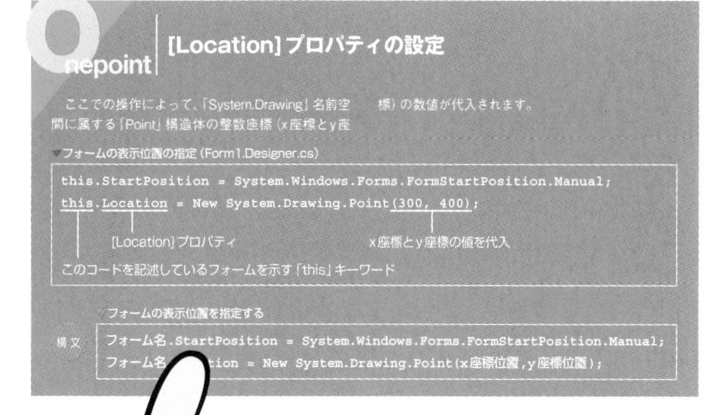

Onepoint [Location]プロパティの設定

ここでの操作によって、「System.Drawing」名前空間に属する「Point」構造体の整数座標(x座標とy座標)の数値が代入されます。

▼フォームの表示位置の指定(Form1.Designer.cs)

```
this.StartPosition = System.Windows.Forms.FormStartPosition.Manual;
this.Location = New System.Drawing.Point(300, 400);
```

[Location]プロパティ
x座標とy座標の値を代入
このコードを記述しているフォームを示す「this」キーワード

▼フォームの表示位置を指定する

構文
```
フォーム名.StartPosition = System.Windows.Forms.FormStartPosition.Manual;
フォーム名.Location = New System.Drawing.Point(x座標位置,y座標位置);
```

見やすい手順とわかりやすい解説で理解度抜群！

中見出し

紹介する機能や内容を表します。

本文の太字

重要語句は太字で表しています。用語索引(➡P.775)とも連動しています。

手順解説 (Process)

操作の手順について、順を追って解説しています。

具体的な操作

どこをどう操作すればよいか、具体的な操作と、その手順を表しています。

理解が深まる囲み解説

下のアイコンのついた囲み解説には関連する操作や注意事項、ヒント、応用例など、ほかに類のない豊富な内容を網羅しています。

Onepoint
正しく操作するためのポイントを解説しています。

Attention
操作上の注意や、犯しやすいミスを解説しています。

Tips
関連操作やプラスアルファの上級テクニックを解説しています。

Hint
機能の応用や、実用に役立つヒントを紹介しています。

Memo
内容の補足や、別の使い方などを紹介しています。

サンプルデータについて

本書で紹介したデータは、㈱秀和システムのホームページからダウンロードできます。本書を読み進めるときや説明に従って操作するときは、サンプルデータをダウンロードして利用されることをおすすめします。

ダウンロードは以下のサイトから行ってください。

㈱秀和システムのホームページ
https://www.shuwasystem.co.jp/

サンプルファイルのダウンロードページ
https://www.shuwasystem.co.jp/books/vcshap2022pm-186/

サンプルデータは、「chap02.zip」「chap03.zip」など章ごとに分けてありますので、それぞれをダウンロードして、解凍してお使いください。

ファイルを解凍すると、フォルダーが開きます。そのフォルダーの中には、サンプルファイルが節ごとに格納されていますので、目的のサンプルファイルをご利用ください。

なお、解凍したファイルは、操作を始める前にバックアップを作成してから利用されることをおすすめします。

▼サンプルデータのフォルダー構造

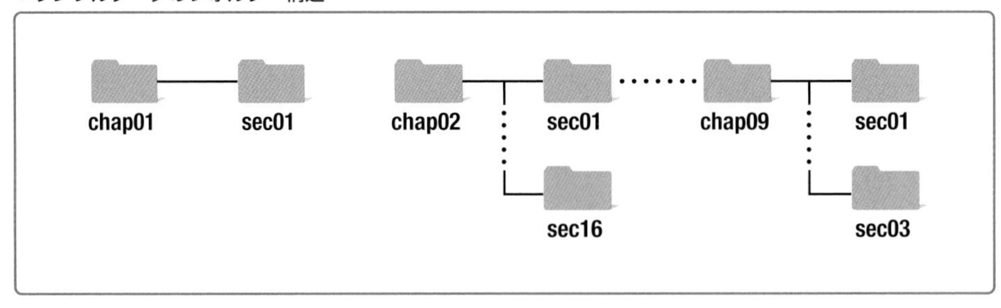

Perfect Master 186

Microsoft Visual Studio

Visual C# 2022 パーフェクトマスター

Community 2022
完全対応
Professional 2022/
Enterprise 2022 対応

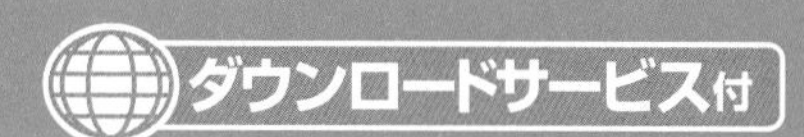

金城 俊哉 著

秀和システム

Visual C#を楽しく学びましょう

Visual C#は、C/C++言語をルーツとしたC#をMicrosoft社の開発ツール「Visual Studio」に適応させた言語です。言語仕様自体はC#のものをそのままに、デスクトップ型をはじめとするグラフィカルな画面を開発するためのライブラリ、Webやデータベースと連携するためのライブラリが搭載されています。Visual Studioで開発するためのC#が、Visual C#です。

この本では、最新版の「Visual Studio 2022」を用いて、次のような形態のアプリの開発方法を段階的に学習します。

・コンソールアプリ
・デスクトップアプリ（Windowsフォームアプリケーション）
・データベース連携型アプリ
・Webアプリ（サーバーサイド型Webアプリ）
・ユニバーサルWindowsアプリ

それぞれの項目では、プログラムが動作する流れを追いながら個々のソースコードについて解説しています。「なぜ、このような書き方をするのか」という疑問を解消できるよう、本文だけでなく、ソースコードの中にも多くの解説用のコメントを入れています。プログラミングがまったく初めてでも、無理なくお読みいただけると思っています。

2021年の秋、Visual Studio 2022がリリースされました。64ビット化という大きな変更がありましたが、基本的な使いやすさ、開発のしやすさは以前のままです。ソースコードの入力支援のための機能が強化され、プログラム全体を縦横に移動しつつコードの入力やチェックが行えるようになっています。本書の改訂にあたり、自然言語処理の分野で活用されている技術を利用したチャットボットの開発を新たに取り入れましたが、このような若干、規模の大きなプログラムの開発も楽しく行えそうです。

Visual C#は、時代と共に様々な形態のアプリの開発をサポートするようになり、C#においても、ソースコードの書き方がよりシンプルに、柔軟な書き方ができるように進化しています。

この本が、Visual C#プログラミングを学ぶための一助となることを願っています。

2021年11月

金城俊哉

Contents

Perfect Master Series
Visual C# 2022

目次

Chapter 4 デスクトップアプリの開発 379

Section 0.1

Visual C#プログラミングをゼロからスタート

この本には、Visual C#でプログラミングするための初歩的なことから書いていますので、これまでにプログラミングを学んだことがある人はもちろん、プログラミングがまったく初めての人でも、本書を読み進めていくことで、Visual C#のひととおりのプログラミングテクニックが身に付くようになっています。

好きなところから読み始めてもらってかまいません

Visual C#の概要と、プログラムが動作する仕組みの解説から始まり、開発環境の用意を経て、実際のプログラミングへと入っていきます。もちろん、気になる箇所があれば、そこから読み始めてもかまいません。どの章にどんなことが書いてあるのかをまとめましたので、本書を読み進める際の参考にしてください。

Visual C#言語の概要と開発環境の用意

● Chapter1 Visual C#ってそもそも何?

Visual C#がどのようなプログラミング言語なのか、またVisual C#を使うとどんなプログラムが作れるのかを解説します。Visual C#プログラムがコンピューター上で動作する仕組みについても触れています。

後半では、Visual C#でプログラミングするための開発環境として「Visual Studio Community 2022」のダウンロードとインストールを行います。インストールしたあと、プログラム用のファイルの作成をはじめ、VS Community 2022の使い方をひととおり紹介します。

Visual C#の文法を徹底解説

● Chapter2 Visual C#の文法

● Chapter3 Visual C#のオブジェクト指向プログラミング

Chapter 2ではVisual C#のコードの書き方から始まり、データ型や制御構造など、Visual C#の基本的な文法を紹介します。Chapter 3においては、Visual C#で「オブジェクト指向プログラミング」を行うためのクラスの使い方やインターフェイスなど、ひととおりのテクニックについて見ていきます。

デスクトップアプリをはじめ、データベースやWebアプリの開発など、Visual C#プログラミングの基礎となる部分です。

デスクトップアプリの開発手法を解説

Chapter4 デスクトップアプリの開発
Chapter5 「記憶」のメカニズムを実装する

アプリの画面を構成するフォームや各種のコントロールの使い方をメインに、プログラムとの連携について学ぶことで、AIのような本格的なデスクトップアプリが開発できるようになります。

「C#ちゃんAI」を
作成します

データベースアプリ、Webアプリの開発

Chapter6 ADO.NETによるデータベースプログラミング
Chapter8 ASP.NETによるWebアプリ開発の概要

データベースと連携したアプリ、さらにWebサーバー上で動作するサーバーサイドのWebアプリの開発手法を見ていきます。

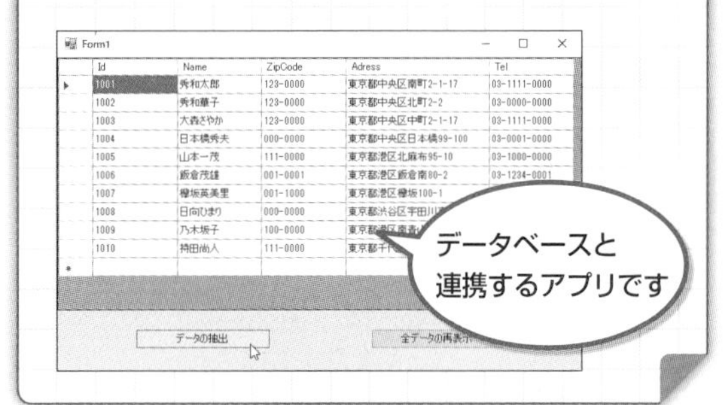
Form1
データベースと
連携するアプリです

マルチスレッドでプログラムを実行する

Chapter7 マルチスレッドプログラミング

Visual C#には、マルチスレッドで並行処理を行うための様々な機能が搭載されています。ここでは、プログラムの動作単位であるスレッドを複数作成し、それぞれのスレッドを同時並列的に実行する方法、さらには、排他ロックを使用したスレッドの制御までを学びます。

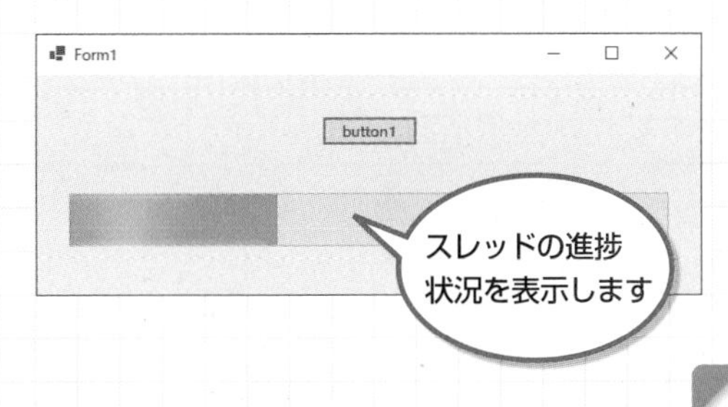
Form1
button1
スレッドの進捗
状況を表示します

ユニバーサルWindowsアプリの開発

Chapter9 ユニバーサルWindowsアプリの開発

デスクトップアプリをタブレットやスマートフォンにも対応させた新しい形態の「ユニバーサルWindowsアプリ」の作り方について見ていきます。

ARM
ARM 版 Windows 11
ブラウザー型のユニ
バーサルWindows
アプリです

Section 0.2

プログラミングの知識がなくても大丈夫!!

Visual C#でアプリを作るのが初めての人でも、そもそもプログラミング自体が初めての人でも無理なくアプリが作れるように、この本は基本の「キ」の部分から解説しています。

もちろんVisual C#の開発には、プログラミングの知識が必要です。そこで、プログラミングに入る前に、そもそもプログラミングとは何をするものなのか、プログラミングしたことでアプリがどうやって動くのか、といったことから始めていきます。

この本の仕組み

Visual C#のアプリ開発に必要なのは「Visual Studio」という開発ツールだけです。このツールさえ用意すれば、デスクトップアプリをはじめ、Webアプリ、データベースアプリなど、様々な形態のアプリが開発できます。

●ゼロの状態からアプリ完成まで

まったく何もない状態からアプリを作る手順です。

最初だけやること

Microsoft社のサイトから「Visual Studio Community 2022」をダウンロードして、PCにインストールする

Visual Studioをセットアップする

Visual C#でアプリを作る

アプリに必要なファイルをまとめて管理する「プロジェクト」を作る
(プロジェクトにはデスクトップアプリ、コンソールアプリ、Webアプリ、ユニバーサルWindowsアプリ用のものが用意されています)

専用のウィンドウでアプリの画面を作る

ソースコードを入力する

Visual Studio上でアプリを実行してテストする

アプリの完成!

Perfect Master Series
Visual C# 2022

Chapter

Visual C#って そもそも何？

Visual C# 2022は、Microsoft社のMicrosoft.NETと呼ばれる技術体系に準じた開発言語です。また、ユニバーサルWindowsアプリの実行環境であるWindowsランタイムにも対応しているので、デスクトップアプリやWPFアプリに加え、ユニバーサルWindowsアプリの開発も行えます。

この章では、Visual C# 2022の基盤技術であるMicrosoft.NETの概要、そしてデスクトップアプリの開発環境であるVisual Studio Community 2022のインストール方法と基本操作について見ていきます。

Section 1.1

Visual C#ってそもそも何をするものなの？

Level ★★★ | Keyword | Visual C# Visual Studio IDE

Visual C#ってプログラミングをするための言語であることはわかるのですが、そもそもなぜ、Visual C#なのでしょう。プログラミング言語の「C#」とは違う言語なのか、Visual C#でいったい何ができるのか。まずは、Visual C#の素性と、この言語を学ぶことで何ができるようになるのか、といったところから始めたいと思います。

Visual C#ってこんな言語

Visual C#は、Microsoft社によるC#言語処理系の実装です。具体的には、C#をMicrosoft社の「Visual Studio」という開発ツールで使えるようにしたものです。C#言語の開発環境に、デスクトップアプリやユニバーサルWindowsアプリ、Webアプリを開発するために必要なUI（ユーザーインターフェイス）部品やプログラム部品などを追加した開発環境がVisual Studioであり、ここで使われるC#のことをVisual C#と呼びます。

▼「Visual Studio Community 2022」の画面

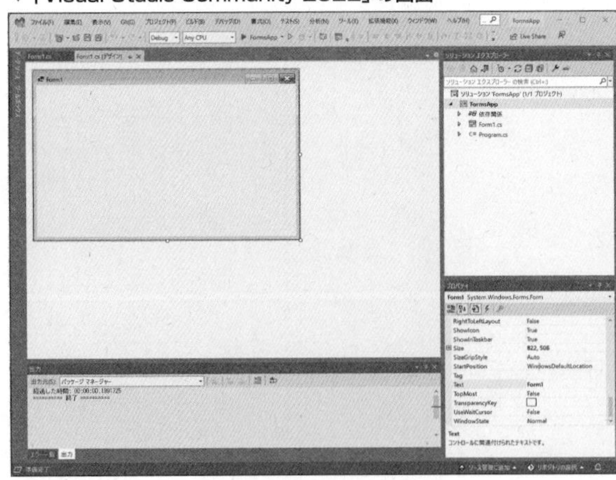

• Visual Studio 2022

Visual C#による開発は、ソースコードの入力画面や、入力したコードをコンピューターが理解できるように翻訳する機能など、開発に必要なすべてを組み込んだVisual Studioというソフトウェアを使って行います。Visual Studioには、有償版や学習用途の無償版などのいくつかのエディションがあります。学習にあたっては、無償版の「Visual Studio Community 2022」を使用することになります。無償版とはいっても、有償版とまったく同じように各種のアプリを開発できます。

1.1.1 Visual C#とVisual Studio

Visual C#のプログラミングは、Microsoft社の**Visual Studio**というアプリケーションを使って行います。アプリケーションというと、同社のWordやExcelを思い浮かべますが、Visual Studioもそれらのアプリと同様に、操作用の画面があり、プログラミングに必要なあらゆる機能が搭載されています。このことから、Visual Studioのようなアプリは**統合開発環境**（**IDE**）と呼ばれます。

C#とVisual C#

C#（シーシャープ）は、Microsoft社が開発したプログラミング言語で、名前からもわかるように、C言語やC++言語をベースに、独自の機能や構文が盛り込まれています。現在、Ecma Internationalや国際標準化機構（ISO）によって標準化されていて、国内においても日本産業規格に制定されています。

Visual C#という呼び方ですが、これはC#を開発ツールの「Visual Studio」で使えるようにしたことに由来します。Visual Studioで使うC#なので「Visual C#」と呼んでいるというわけです。具体的に、アプリをGUI化するためのライブラリがVisual C#には備わっています。

Visual Studioはアプリを開発するためのアプリ

Visual Studioは、アプリを開発するためのアプリ（統合開発環境）です。Visual Studioでは、次のようにWindows上で動作する様々な形態のアプリを開発できます。

▼Visual Studioで開発できるアプリ

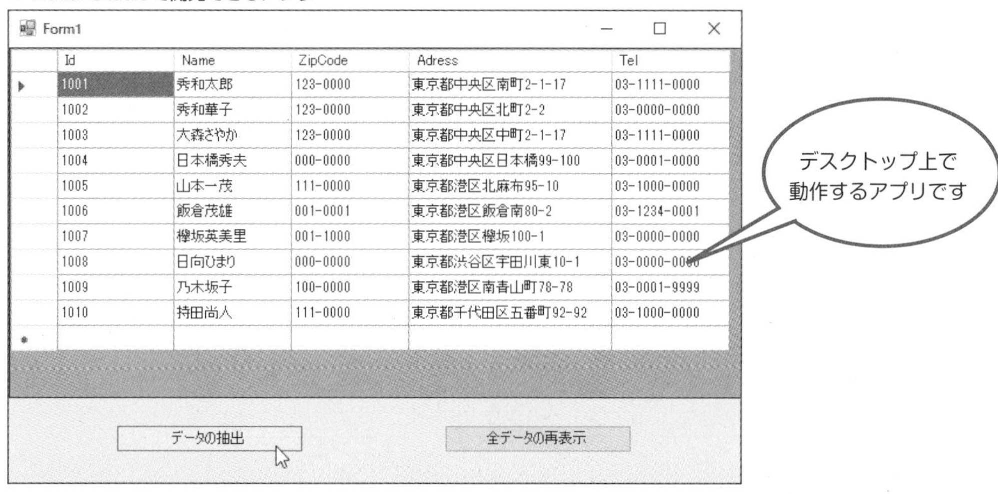

Id	Name	ZipCode	Adress	Tel
1001	秀和太郎	123-0000	東京都中央区南町2-1-17	03-1111-0000
1002	秀和華子	123-0000	東京都中央区北町2-2	03-0000-0000
1003	大森さやか	123-0000	東京都中央区中町2-1-17	03-1111-0000
1004	日本橋秀夫	000-0000	東京都中央区日本橋99-100	03-0001-0000
1005	山本一茂	111-0000	東京都港区北麻布95-10	03-1000-0000
1006	飯倉茂雄	001-0001	東京都港区飯倉南80-2	03-1234-0001
1007	欅坂英美里	001-1000	東京都港区欅坂100-1	03-0000-0000
1008	日向ひまり	000-0000	東京都渋谷区宇田川東10-1	03-0000-0000
1009	乃木坂子	100-0000	東京都港区南青山町78-78	03-0001-9999
1010	持田尚人	111-0000	東京都千代田区五番町92-92	03-1000-0000

●デスクトップアプリ

Windowsのデスクトップで動作するアプリです。メモ帳やOfficeアプリなどと同様の画面（GUI：グラフィカルユーザーインターフェイス）を持つ、一般的に広く利用されている形態のアプリです。

●ユニバーサルWindowsプラットフォーム（UWP）アプリ

Windowsストアアプリという名称で、Windows 8から導入された、携帯端末にも対応する新しい形態のアプリです。Windows 10が搭載されたデスクトップPC、タブレット、Windows Phone、Xboxなどで同じように動作するのが大きな特徴です。

●WPFアプリ

XAMLと呼ばれるマークアップ言語を使って画面を構築する、デスクトップ型のアプリです。

●Win32アプリ

Windows上で動作するアプリですが、C++言語でのみ開発が可能です。

このあとで詳しく見ていきますが、.NET Frameworkは、アプリとOSとしてのWindowsをつなぐ役割をするソフトウェア群です。

デスクトップアプリの場合、PCの画面上にダイアログボックスなどの操作画面を表示するには、画面表示に関するやり取りをOS側としなければならないので、このための機能をまとめたものが、.NET Frameworkです。

.NET Frameworkが間に入ることで、開発者はアプリで実現したい機能の開発に集中できるようになっています。

Visual Studioでは3つの言語が使える

Visual Studioでは、Visual C#をはじめとする次の言語で開発が行えます。

▼Visual Studioで使用するプログラミング言語

Visual C#
Visual Basic
Visual C++

どれもMicrosoft社が開発した言語ですが、Visual Basicは、BASIC言語をVisual Studio対応に発展させた言語で、Visual C++も同様に、C++言語をVisual Studio対応に発展させた言語です。C#、BASIC、C++のVisual Studio対応版がVisual C#、Visual Basic、Visual C++というわけです。

なお、Visual Studioでは、Microsoft社が開発したこれら3つの言語のほかに、別途モジュールをダウンロードすることで、JavaScriptやPythonを用いた開発も行えます。

Section
1.2 .NETの概要

Level ★★★ | Keyword : .NET CLR ADO.NET ASP.NET

.NET Frameworkは、デスクトップアプリが動作するために必要なソフトウェアです。Visual Studioなどの製品に付属しているほか、Windowsには標準で搭載されているので、特に何もしなくても.NET Framework対応アプリケーションを動かすことができます。

.NET Frameworkとは

•.NET

「.NET」は、Visual Studioで開発したアプリをWindowsやmacOS、Linuxなどの複数のOSで実行するためのプラットフォーム（土台となる環境のこと）です。Windows専用のプラットフォームである.NET Frameworkをクロスプラットフォーム*化した「.NET Core」を経て、現在は.NETという名称で呼ばれています。Visual Studio 2022は.NETの開発に対応しています。.NETをプラットフォームとする環境では、以下のアプリの開発が行えます。

●GUIアプリ（Windowsのみ）

・デスクトップアプリ (Windows Forms / WPF)
　デスクトップ上で動作するアプリを開発します。

・ユニバーサルWindowsプラットフォーム (UWP) アプリ
　様々なデバイス上で動作することを目的としたアプリを開発します。

●データベースアプリ（ADO.NET Core）

データベースと連携したアプリケーションを開発します。

●Webアプリ（ASP.NET Core）

Webサーバー上で動作するWebアプリを開発します。

●コンソールアプリケーション

コンソール上で動作するCUI*アプリを開発します。

*＊**クロスプラットフォーム**　WindowsやmacOSなど異なるプラットフォーム上で、同じ仕様のアプリケーションを動作させる仕組みのこと。
＊**CUI**　Character User Interfaceの略。キーボードなどからの文字列入力によって動作し、文字列出力を行うことから、グラフィカルユーザーインタフェース (GUI) の対義語として使われる。

•.NETに含まれる主要なソフトウェア

● **Windows Forms**

デスクトップアプリを開発するためのコントロールやコンポーネントを搭載したライブラリです。

● **ASP.NET Core**

Webサーバー上で稼働するアプリを開発するために必要な機能が搭載されたライブラリです。

● **ADO.NET Core**

データベースと連携した処理を行うための機能が搭載されたライブラリです。

•.NET Framework

Visual Studioで開発したアプリをWindows上で実行するためのプラットフォームです。.NET Frameworkをプラットフォームとする環境では、以下のアプリの開発が行えます。

● **GUIアプリ（Windowsのみ）**

・デスクトップアプリ（Windows Forms / WPF）

デスクトップ上で動作するアプリです。

・ユニバーサルWindowsプラットフォーム（UWP）アプリ

様々なデバイス上で動作することを目的としたアプリです。

● **データベースアプリ（ADO.NET Core）**

データベースと連携して動作するアプリです。

● **Webアプリ（ASP.NET Core）**

Webサーバー上で動作するアプリです。

● **コンソールアプリケーション**

コンソール上で動作するCUIアプリです。

•.NET Frameworkに含まれる主要なソフトウェア

● **Windows フォーム**

Windows Formsとも呼ばれ、デスクトップアプリの画面のUI（ユーザーインターフェイス）部品を提供します。レイアウト用のフォームデザイナーを使って、アプリの土台となる画面上にドラッグ＆ドロップでボタンやチェックボックスなどのUI部品を配置できるようになっています。

● **ASP.NET**

Webアプリを開発するためのクラス（プログラム部品）ライブラリです。Webアプリ用のレイアウトエディターを使って、デスクトップアプリのように、ドラッグ＆ドロップでボタンなどの部品を配置できるようになっています。

● **ADO.NET**

Visual Studioで使用する各プログラミング言語からデータベースを操作するための機能を提供するクラスライブラリです。

1.2.1 .NETおよび.NET Frameworkの構造

クロスプラットフォームの.NETのWindowsに関する部分には、.NET Frameworkが実装されていますので、ここでは従来からのWindows専用のプラットフォームである.NET Frameworkについて説明します。

.NET Frameworkは、共通言語ランタイムのCLRと、.NETに対応したプログラミング言語から利用可能なクラスライブラリで構成されています。

.NET Frameworkの構成

.NET Frameworkは、1つのインストールプログラムファイルの形態で配布されてはいますが、Visual Studioに付属しているほか、Windowsにも標準で搭載されています。

.NET Frameworkは、大きく分けて、Visual Studioに含まれる開発言語が利用するためのプログラム部品（クラス）の集合体である**クラスライブラリ**と、.NET対応のプログラムを実行するためのJITコンパイラーなどのソフトウェアが含まれる**共通言語ランタイム**（**CLR**）で構成されています。

▼.NET Frameworkの構造

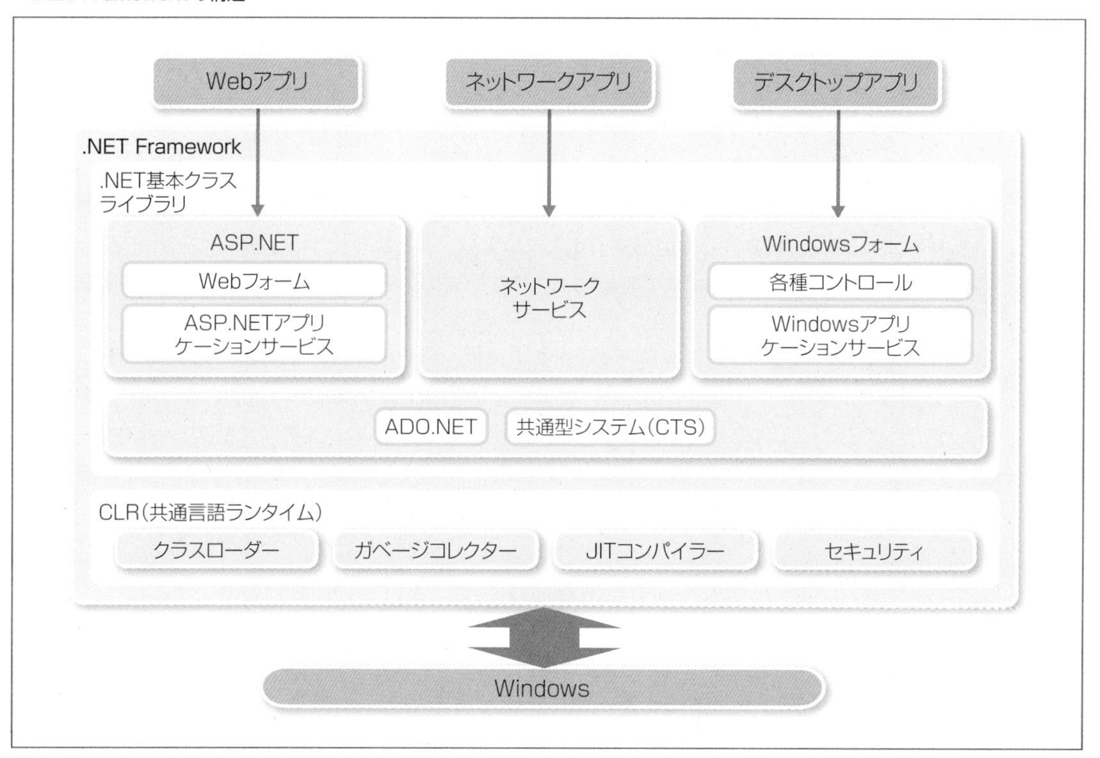

1.2.2 CLR(共通言語ランタイム)の構造

CLRは、Common Language Runtimeの略で、「**共通言語ランタイム**」とも呼ばれます。名前のとおり、.NET Frameworkに対応するプログラミング言語で作成されたプログラムを実行するために必要なソフトウェアを収録した**ランタイム**(アプリを実行するためのソフトウェア)です。

CLR(共通言語ランタイム)が必要な理由

そもそも、なぜ、CLRが必要なのか、その理由は、.NET Framework対応のプログラムが動作する仕組みに関係があります。

●.NET Framework対応のプログラムはすべてMSIL形式の中間コードに変換される

.NET Frameworkが目指しているのは、「プラットフォームに依存せずにあらゆる環境下でプログラムが実行できること」です。このため、.NET Framework対応のプログラムは、すべてMSIL*と呼ばれる形式の中間コードにコンパイル*されます。

MSILのコードは、マシン語に極めて近い形式のコードで、PC側でMSILのコードが実行できる環境さえ用意すれば、Visual C#で作成したプログラムも、Visual Basicで作成したプログラムも同じように実行できる、つまりプラットフォームに依存しないという考えです。

●CLRはMSILのコードを実行するためのソフトウェア群

MSILのコードにコンパイルすることさえできれば、プログラムを実行する側の環境を考慮する必要は特にないので、開発者の負担を減らす大きなメリットとなります。しかし、プログラムを実行する側はどうなるのでしょうか。MSILが統一された形式の中間コードであるといっても、マシン語のコードにコンパイルしなくては、プログラムを実行することができません。そこで、.NET Framework対応のプログラムを実行するための環境として用意されているのが**CLR**です。CLRには、MSILのコードをマシン語にコンパイルするための**JITコンパイラー**をはじめ、メモリ管理やセキュリティに関する処理を行うソフトウェアが含まれています。CLRがインストールされたコンピューターであれば、MSILのコードをマシン語に変換して、プログラムを実行することができます。

---

* **MSIL** Microsoft Intermediate Languageの略。
* **コンパイル** プログラミング言語を用いて作成したソースコードを、コンピューター上で実行可能な形式に変換すること。コンパイルを行うためのソフトウェアのことを**コンパイラー**と呼ぶ。

▼.NET Framework対応プログラムの実行環境

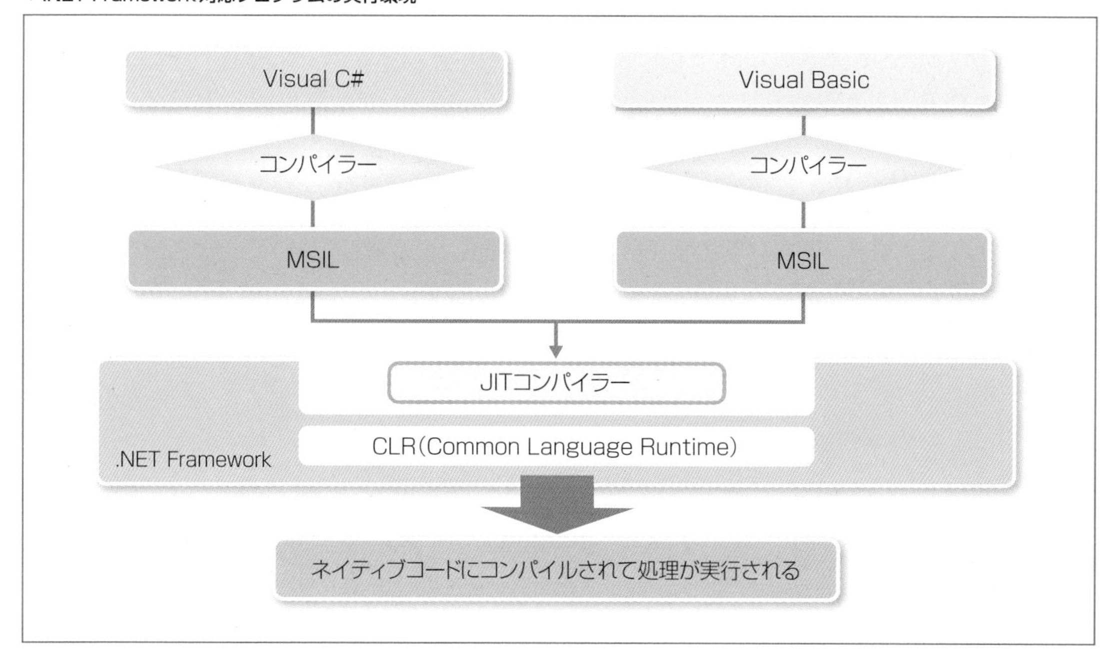

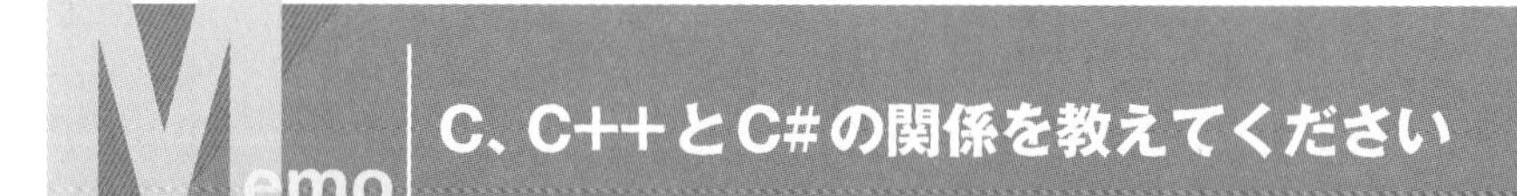

Memo
C、C++とC#の関係を教えてください

C言語➡C++➡C#の順番で開発されました。

C言語は、ベル研究所の2人の研究員が、UNIXを開発する中で作り上げた3つ目のプログラミング言語です。1つ目の言語は「A」で、2つ目に作られた言語は「B」であったので、「C」という名前になったのです。

C言語は、アセンブリ言語並みに、コンピューターのメモリアドレスを直接、操作できる強力な言語です。ただし、C言語は、構造化プログラミングの手法を採用していたため、時代の流れと共にオブジェクト指向の機運が高まる中、クラスの機能を実装したオブジェクト指向言語C++が登場します。

このようなCやC++をベースに、Microsoft社によって考案されたのが、C#です。

CLR(共通言語ランタイム)に含まれるソフトウェアを確認する

CLRには、以下のソフトウェアが含まれます。

●JIT*コンパイラー

.NET Frameworkで開発した実行可能プログラムのMSILコードをネイティブコードにコンパイルするソフトウェアです。JITはJust-In-Timeの略で、プログラムコードを1回でコンパイルするのではなく、必要なときにその都度コンパイルを行います。

このため、プログラムを短時間で起動することができ、また、従来のインタープリターのように、プログラムコードを1行ずつ解釈して実行する場合に比べて、プログラムの実行速度を高めることができます。さらには、一度コンパイルされたネイティブコードは、プログラムが終了するまで保持されると共に、必要に応じて再利用されるので、プログラムを効率的に実行することができます。

●クラスローダー

.NET Frameworkに対応したプログラムの開発では、.NET Frameworkクラスライブラリに収録されているクラスを利用してプログラミングを行います。このため、プログラムコードの中には、必要に応じて、ライブラリ内のクラスを呼び出すための記述があります。**クラスローダー**は、このようなクラスの呼び出し命令を読み取って、指定されたクラスの情報をメモリ上に展開するためのソフトウェアです。

●ガベージコレクター

プログラムの実行中にメモリを管理するためのソフトウェアです。.NET Framework対応のプログラムが起動すると、ガベージコレクターがメモリを監視し、不要になったメモリ領域の解放を行います。このような処理は、**ガベージコレクション**と呼ばれ、ガベージコレクションを行うことで、不要になったメモリ領域が残り続けることによってプログラムの実行が中断されてしまうことを防止します。

CやC++などの言語では、メモリの解放をプログラムコードによって明示的に行うのですが、.NET Framework対応のプログラミング言語では、ガベージコレクションが自動的に行われるので、そのような必要がありません。

●セキュリティ

CLRには、コードベースのセキュリティを実現するための機能が組み込まれています。**コードベースのセキュリティ**とは、プログラムコードの信頼度と、コードが実際に実行する処理を事前にチェックし、コードの実行の有無を制御することを指します。

---

* **JIT**　Just-In-Timeの略。

1.2.3 Visual C#のための開発ツール

Visual C#やVisual Basic、Visual C++の各言語で開発するためには、Microsoft社が提供する**Visual Studio**を使用することになります。無償で利用できるCommunity版、本格的な業務アプリなどの開発に使用する有償版があり、それぞれのエディションでVisual C#をはじめ、Visual Basic、VisualC++の各言語を使って開発できます。

▼Visual Studioの各エディション

エディション	有償／無償	内容
Visual Studio Community 2022	無償	Professional版とほぼ同様の機能を持つ。
Visual Studio Professional 2022	有償	個人や小規模なチームによる開発向け。
Visual Studio Enterprise 2022	有償	大規模開発に対応するエディション。

Visual C#の学習なら「Community」

学習にあたっては、無償で入手できる「Community」を利用しましょう。もし、有償版を使ってみたいのなら、90日間の無償評価版がダウンロードページからダウンロードできるので、試しに使ってみるのもよいでしょう。

Community版はProfessional版とほぼ同じ機能を持ち、Visual C#のすべての開発が行えます。Community版の使用にあたっては、組織で使用する場合は次のような制約があるものの、個人の開発者は自由に使えます（有償アプリの開発も可能）。このことから、本書では、Community版を使用することにします。

▼Visual Studio Community 2022における組織ユーザーの使用要件

- トレーニング／教育／学術研究を目的とした場合には人数の制限なく使える
- オープンソースプロジェクトの開発では人数の制限なく使える
- エンタープライズ*な組織（「250台以上のPCを所有もしくは250人を超えるユーザーがいる」もしくは「年間収益が100万米ドルを超える」組織とその関連会社）では使えない（上記の条件を満たす場合を除く）
- 非エンタープライズな組織では同時に最大５人のユーザーが使える

*__エンタープライズ__　大企業や中堅企業、公的機関など、複数の部門で構成されるような比較的規模の大きな法人に向けた市場や製品のこと。これに対し、個人事業主や中小企業は**スモールビジネス**と呼ぶ。

Section 1.3

VS Community 2022のダウンロードとインストール

Level ★★★　Keyword　Visual Studio Community 2020

ここでは、無償で利用できるVisual Studio Community 2022を入手してインストールする方法を紹介します。

Visual Studio Community 2022を用意する

Professional版と同等の機能が搭載された無償版のVisual Studio Community 2022をMicrosoft社のサイトからダウンロードし、インストールします。

• Visual Studio Community 2022に必要なシステム要件

・サポートされている64ビットオペレーティング システム

Windows 11
Windows 10 バージョン 1909 以上: Home、Professional、Education、Enterprise
Windows Server 2022: Standard および Datacenter
Windows Server 2019: Standard および Datacenter
Windows Server 2016: Standard および Datacenter

Windows 8.1およびWindows Server 2012 R2にインストールするには、更新プログラム2919355が必要です(Windows Update からも入手できる)。

• ハードウェア要件

・1.8 GHz以上の64ビットプロセッサ。クアッドコア以上を推奨。ARMプロセッサはサポートされていません
・4 GBのRAM
・最小850 MB、最大210 GBのハードディスクの空き領域（インストールされる機能により異なる。一般的なインストールでは、20～50 GBの空き領域が必要）
・720 px（720×1280）以上のディスプレイ解像度をサポートするビデオカード。WXGA（768×1366）以上の解像度で快適に動作します

1.3.1 Visual Studio Community 2022のダウンロードとインストール手順

Visual Studio Community 2022のダウンロードとインストールの手順は次のとおりです。

▼Visual Studioのダウンロードページ

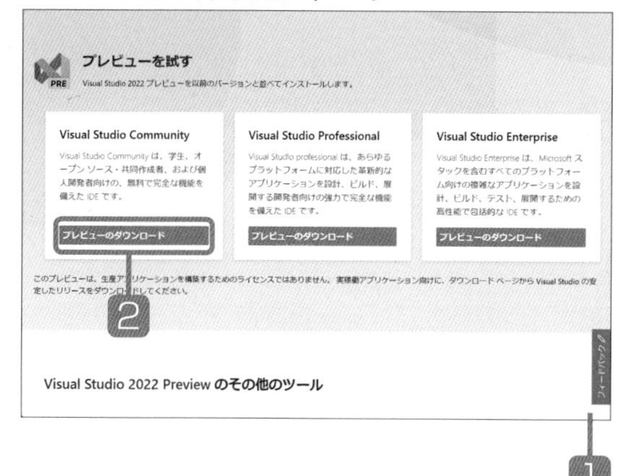

1 Webブラウザーを起動して、Visual Studio 2022のダウンロードページにアクセスします。

2 Visual Studio 2022 Communityのダウンロード用ボタンをクリックします。

▼ダウンロードの開始

3 インストール用のファイルが所定の場所にダウンロードされると、このような画面が表示されます。ダウンロードされたファイルをダブルクリックして実行してください。

▼ライセンス条項等の確認

4 **続行**ボタンをクリックします。

Attention

ここでの画面はプレビュー版をもとに作成しました。ダウンロードページのURLは変更になることがありますので、「Visual Studio 2022 ダウンロード」のようなキーワードで検索してください。

▼ [ワークロード] タブ

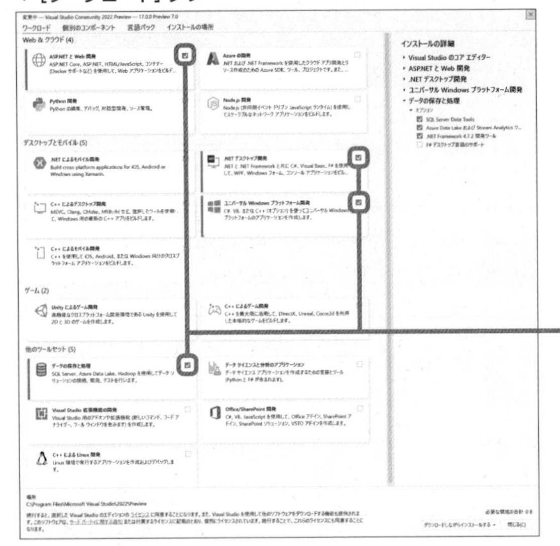

最低限、これらの項目はチェックする

5 インストールする機能を選択するための画面が表示されます。**ワークロード**タブには、開発可能なアプリの種類がカテゴリごとに分類されて表示されます。必要な項目にチェックを入れますが、本書で紹介するアプリを開発するためには、以下の項目にチェックを入れておくようにしてください。

- Windows
  - ・ユニバーサルWindowsプラットフォーム開発
  - ・.NETデスクトップ開発
- Web & クラウド
  - ・ASP.NETとWeb開発
- 他のツールセット
  - ・データの保存と処理

▼ [個別のコンポーネント] タブ

特に追加でインストールしたいコンポーネントがなければ、この状態のままにする

6 **個別のコンポーネント**タブをクリックすると、インストールされるコンポーネントが表示されます。先の**ワークロード**でチェックを入れた項目に応じてコンポーネントが選択されています。個別に追加したいコンポーネントがなければ何もする必要はありません。

▼ [言語パック] タブ

[言語パック] タブをクリック

[日本語] にチェックが入っている

[インストール] ボタンをクリック

7 **言語パック**タブをクリックすると、Visual Studioで使用する言語の一覧が表示されます。**日本語**にチェックが入っているので、このままの状態でインストールを開始します。**インストール**ボタンをクリックしましょう。

▼画面を閉じる

8 インストールが完了したら、**閉じる**ボタンをクリックして画面を閉じます。

Onepoint

起動ボタンをクリックするとVisual Studio Community 2022が起動します。

9 Visual Studio Community 2022を起動するとスタート画面が表示されます。

▼Visual Studio Community 2022のスタート画面

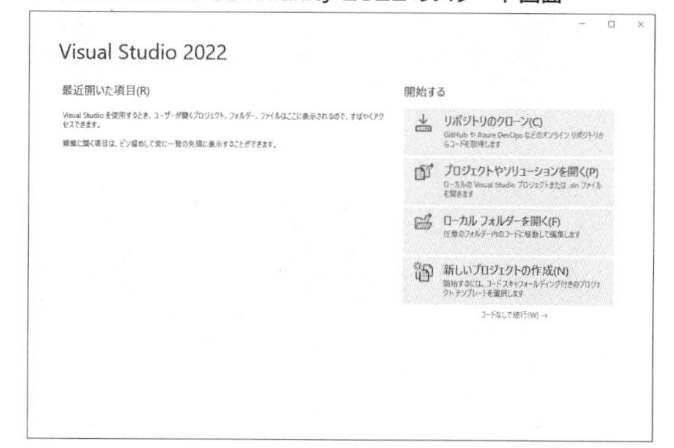

Memo ソリューション

Visual Studioでは、大規模なアプリケーションソフトを開発する場合、特定の機能ごとにプロジェクトを作成し、これらのプロジェクトを統合して1つのアプリケーションを作り上げることができます。

このような複数のプロジェクトをまとめて管理するのが**ソリューション**です。1つのプロジェクトしか使用しない場合でも、プロジェクト名と同名のソリューションが自動的に作成されます。

なお、Visual C#以外に、Visual BasicやVisual C++で作成されたプロジェクトを1つのソリューションでまとめて管理し、最終的に1つのアプリケーションに統合することも可能です。

Section 1.4

プログラム用ファイルの作成と保存

Level ★★★ | Keyword | プロジェクトの作成　プロジェクトの保存

Visual Studio Community 2022（以降「Visual Studio」と表記）では、プロジェクトの作成や保存などの基本的操作から、フォームの作成、コーディングなど、アプリケーションの開発に必要なすべての操作を行うことができます。ここでは、プロジェクトの作成や保存などの操作について見ていくことにしましょう。

Visual Studioにおけるプロジェクトの作成と保存

このセクションでは、プロジェクトの作成や保存などの基本的な操作を行います。

●プロジェクトの作成
●表示中のプロジェクトを閉じる
●プロジェクトの保存
●作成済みのプロジェクトを開く

プロジェクトの作成や保存は、すべて[ファイル]メニューを使って行います。

▼[ファイル]メニュー

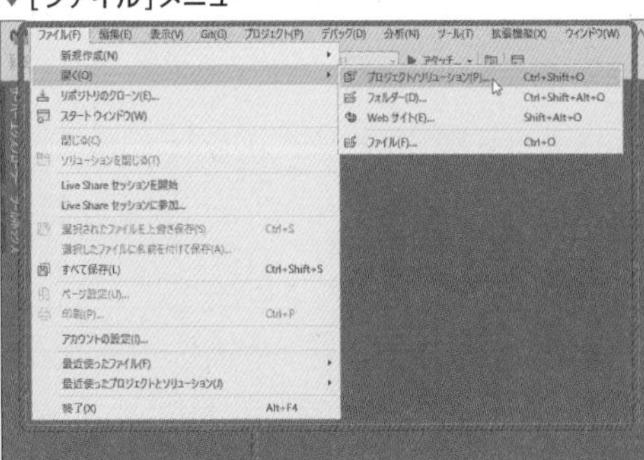

プロジェクトを開いたり閉じたりする

▼[新しいプロジェクトの作成]ダイアログボックス

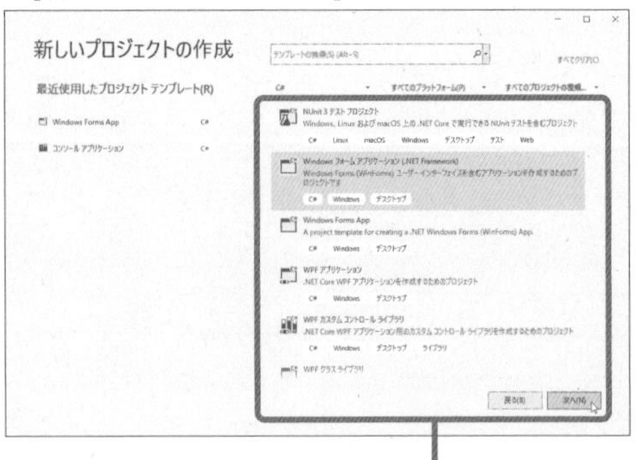

プログラムの種類を選択する

1.4.1　スタート画面からプロジェクトを作成する

スタート画面を使ってプロジェクトを作成する場合は、次のように操作します。ここでは、Windowsフォームアプリケーションの場合について説明します。

1 Visual Studioのスタート画面の**新しいプロジェクトの作成**をクリックします。

2 メニューの［C#］を選択し、**Windowsフォームアプリケーション（.NET Framework）**を選択して**次へ**ボタンをクリックします。

▼スタート画面

▼［新しいプロジェクトの作成］ダイアログボックス

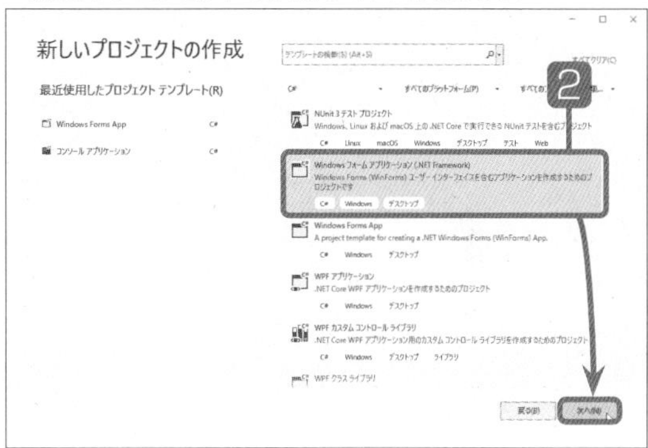

3 プロジェクト名を入力します。

4 **参照**ボタンをクリックして保存先を選択します。

5 **作成**ボタンをクリックします。

6 新規のプロジェクトが作成され、Visual Studioが起動します。

▼プロジェクトの作成

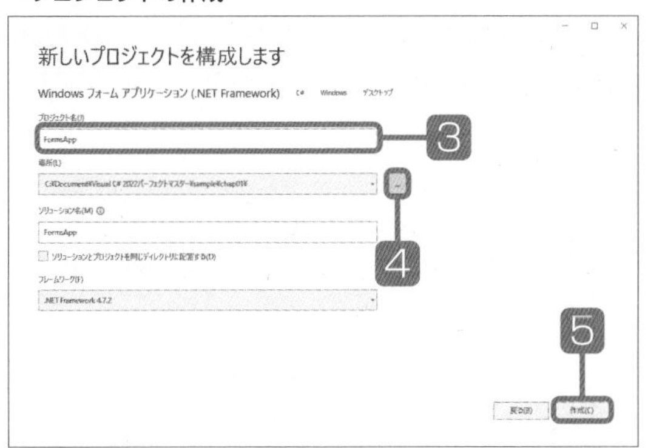

▼Visual Studioの画面

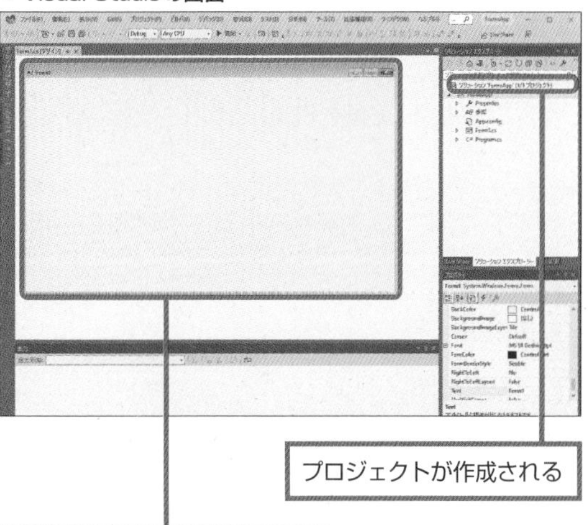

プロジェクトを保存して閉じる

プロジェクトを作成したら、必要に応じて内容を保存しておくようにします。

▼[ファイル]メニュー

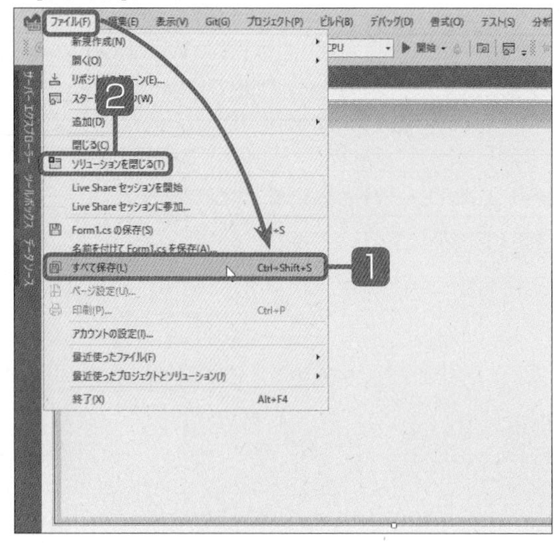

1. **ファイル**メニューの**すべて保存**を選択します。
2. ソリューション(プロジェクト)の画面を閉じる場合は、**ファイル**メニューをクリックし、**ソリューションを閉じる**を選択します。

Onepoint

ツールバーの**すべて保存**ボタンをクリックして保存することもできます。

作成済みのプロジェクトを開く

作成済みのプロジェクトを開くには、次のように操作します。

1. **ファイルメニュー**をクリックし、**開く➡プロジェクト/ソリューション**を選択します。
2. **プロジェクトを開く**ダイアログボックスが表示されるので、プロジェクトが保存されているフォルダーを開きます。
3. プロジェクト名と同名のソリューションファイル(拡張子「.sln」)を選択します。
4. **開く**ボタンをクリックします。

▼[ファイル]メニュー

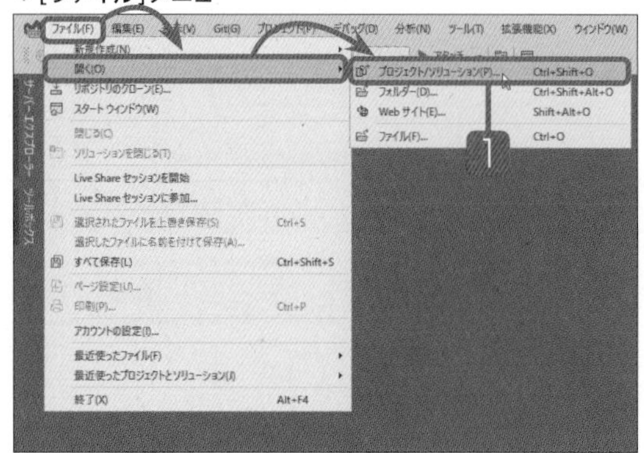

▼[プロジェクト/ソリューションを開く]ダイアログボックス

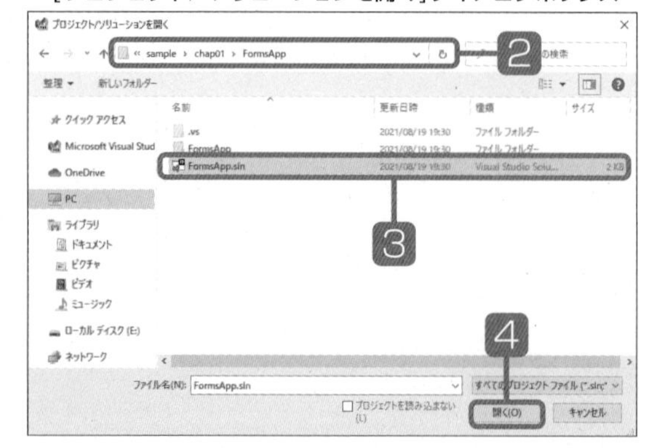

プロジェクト作成時に生成されるファイルを確認する

プロジェクトを作成すると、プロジェクト用の複数のファイルやフォルダーが自動的に生成されます。ここでは、プロジェクトを作成することによって生成される主なファイルやフォルダーについて見ていくことにしましょう。

以下は、「FormsApp」という名前のデスクトップアプリのプロジェクトを作成したときの例です。なお、プラットフォームが.NETの場合と.NET Frameworkの場合とで、作成されるファイルが若干異なりますので、これについては表中の但し書きをご覧ください。

▼プロジェクト作成時に生成される主なファイル

ファイル名	ファイルの種類	アイコン	内容
FormsApp.sln	ソリューションファイル(.sln)	FormsApp.sln	ソリューションに収められたプロジェクトの情報が保存される。
App.config (.NET Frameworkのみ)	アプリケーション構成ファイル(.config)	App.config	アプリケーション設定を構成するために使用するファイル。
Form1.cs	ソースファイル(.cs)	Form1.cs	フォームに関するプログラムコードのうち、ユーザーが独自に記述したプログラムコードが保存される。
Form1.Designer.cs	ソースファイル(.cs)	Form1.Designer.c	フォームに関するプログラムコードのうち、Windowsフォームデザイナーが自動的に記述したプログラムコードが保存される。
Program.cs	ソースファイル(.cs)	Program.cs	プログラムコードのうち、最初に実行されるMain()メソッドが保存される。
FormsApp.csproj	プロジェクトファイル(.csproj)	FormsApp.csproj	プロジェクトのファイル構成などの情報が保存される。
Form1.resx (.NETのみ)	リソースファイル(.resx)	Form1.resx	プロジェクトで使用するリソース情報を保存するためのファイル。リソースの追加や削除を行うリソースエディターの設定情報がXML形式で保存される。
FormsApp.csproj.user (.NETのみ)	プロジェクトファイルのユーザー設定ファイル(.user)	FormsApp.csproj.user	csprojファイルの分割設定ファイルのように機能する。
AssemblyInfo.cs (Properties内)	ソースファイル(.cs)	AssemblyInfo.cs	プログラムのバージョン情報や作成者の情報などのアセンブリ情報が保存される。
Settings.settings (Properties内) (.NET Frameworkのみ)	セッティングファイル(.settings)	Settings.settings	アプリケーションのプロパティ設定などの情報を動的に保存、取得するためのファイル。アプリケーションやユーザーの基本設定をコンピューターに保持するために使用する。Visual Studio 2005から追加された。
Settings.Designer.cs (Properties内) (.NET Frameworkのみ)	ソースファイル(.cs)	Settings.Designer.cs	アプリケーションのプロパティ設定を読み書きする機能やフォームに結び付ける機能を提供するSettingクラスを定義するためのプログラムコードが保存される。Settings.settingsファイルを編集すると、Settings.Designer.csが再生成される。

Resources.resx (Properties内) (.NET Frameworkのみ)	リソースファイル (.resx)		プロジェクトで使用するリソース情報を保存するためのファイル。リソースの追加や削除を行うリソースエディターの設定情報がXML形式で保存される。
Resources.Designer.cs (Properties内) (.NET Frameworkのみ)	ソースファイル (.cs)		リソースエディターでリソースの追加を行うと、リソースを使用するためのプログラムコードが保存される。

▼プロジェクト作成時に生成されるフォルダー

フォルダー名	内容
obj	作成したプログラムを実行するためのファイルが保存される。
bin	作成したプログラムをビルドしたときに生成されるEXEファイル (実行可能ファイル) が保存される。なお、配布用にビルドした実行可能ファイルは、binフォルダー内にReleaseフォルダーが作成され、このフォルダー内に保存される。

Memo コンソールアプリケーション作成時に生成されるファイルやフォルダー

コンソールアプリケーション (GUIを使用せずにコンソール上で動作するアプリケーションのこと) 用のプロジェクト「ConsoleApp」を作成した場合は、次のようなファイルやフォルダーが生成されます。

なお、プラットフォームが.NETの場合と.NET Frameworkの場合とで、作成されるファイルが若干異なりますので、これについては表中の但し書きをご覧ください。

▼プロジェクト作成時に生成される主なファイル

ファイル名	ファイルの種類	アイコン	内容
ConsoleApp.sln	ソリューションファイル (.sln)		ソリューションに収められたプロジェクトの情報が保存される。
App.config (.NET Frameworkのみ)	アプリケーション構成ファイル (.config)		アプリケーション設定を構成するために使用するファイル。
ConsoleApp.csproj	プロジェクトファイル (.csproj)		プロジェクトのファイル構成などの情報が保存される。
Program.cs	ソースファイル (.cs)		Main() メソッドをはじめとするプログラムコードが保存される。
AssemblyInfo.cs (Properties内) (.NET Frameworkのみ)	ソースファイル (.cs)		プログラムのバージョン情報や作成者の情報などのアセンブリ情報が保存される。

▼プロジェクト作成時に生成される主なフォルダー

フォルダー名	内容
obj	作成したプログラムを実行するためのファイルが保存される。
bin	作成したプログラムをビルドしたときに生成されるEXEファイルが保存される。

Section

1.5

Visual Studioの操作画面

Level ★★★

Keyword　デザイナー　フォームデザイナー　コードエディター　ドキュメントウィンドウ

Visual Studioのメインウィンドウは、**ドキュメントウィンドウ**と呼ばれ、アプリの開発に必要な各種のウィンドウが表示されるようになっています。ここでは、Windowsフォームアプリケーション（以降「デスクトップアプリ」と表記）を開発する際の画面を例に、画面構成について見ていくことにしましょう。

Visual Studioの画面構成

Visual Studioでデスクトップアプリ（Windowsフォームアプリケーション）を開発する際の画面は、プログラミングの作業を行うための以下のウィンドウで構成されます。

●ドキュメントウィンドウ
- デザイナー
- コードエディター

●ツールウィンドウ
- ソリューションエクスプローラー
- プロパティウィンドウ
- 出力ウィンドウ
- クラスビュー
- サーバーエクスプローラー
- タスク一覧ウィンドウ
- オブジェクトブラウザー　など

▼ドキュメントウィンドウ上にデザイナーを表示

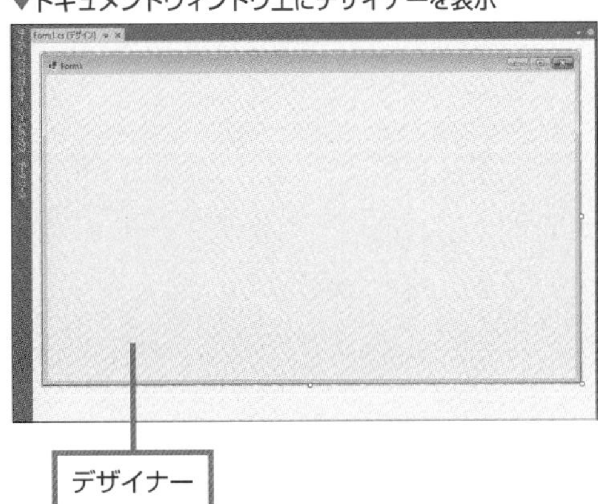

▼ドキュメントウィンドウ上にコードエディターを表示

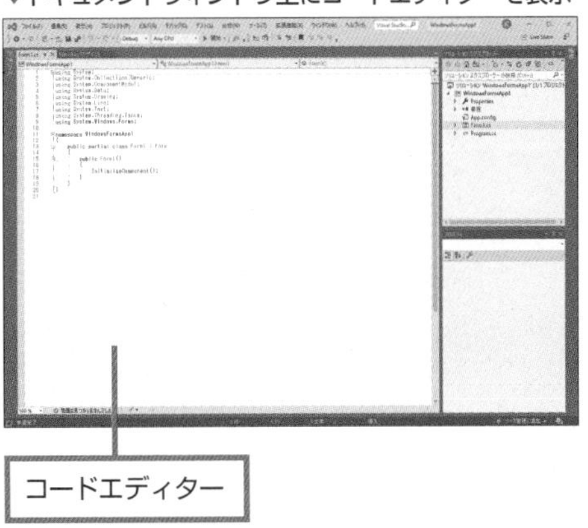

1.5.1 Visual Studioの作業画面（ドキュメントウィンドウ）

アプリの操作画面（ユーザーインターフェイス）を作成するための**デザイナー**と、ソースコードを編集するための**コードエディター**について見ていきましょう。

デザイナーを表示する

デザイナー（ここではフォーム編集用のフォームデザイナー）は、デスクトップアプリケーションのプロジェクトを作成すると自動的に表示されます。デザイナーが表示されていない場合は、次の方法で表示できます。

▼ソリューションエクスプローラー

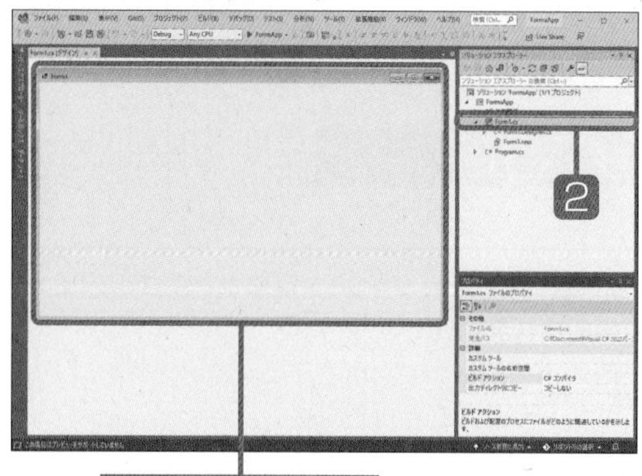

1. **表示**メニューの**ソリューションエクスプローラー**を選択します（すでに**ソリューションエクスプローラー**が表示されている場合は、この操作は必要ありません）。
2. **ソリューションエクスプローラー**に表示されているプロジェクト内のファイル一覧で「Form1.cs」をダブルクリックします。
3. デザイナーが起動して、フォームが表示されます。

Hint フォーム用のファイル

デザイナーでフォーム（Form1.cs）に対して行った操作は、「Form1.Designer.cs」に記録されます。また、開発者が入力するコードは、「Form1.cs」に記録されるようになっています。

・Form1.Designer.cs…Visual Studioが自動的に記述するコードを保存
・Form1.cs…ユーザーが記述するコードを保存

コードエディターを表示する

Onepoint

Visual Studioでは、デザイナーで操作画面(ユーザーインターフェイス)をデザインし、コードエディターでコードを記述することで、アプリケーションの開発を行います。

▼ソリューションエクスプローラー

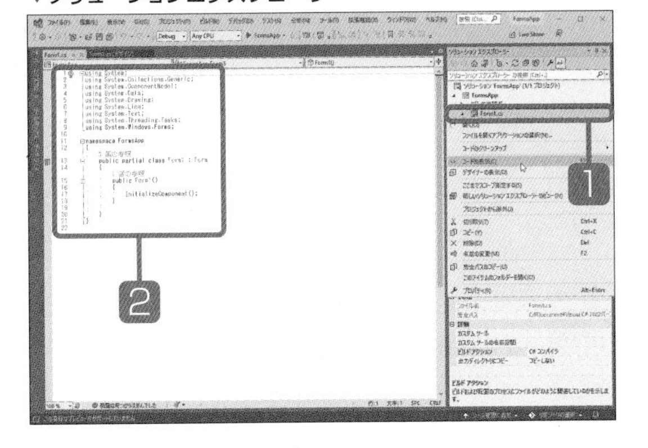

1. **ソリューションエクスプローラー**で、「Form1.cs」を右クリックして**コードの表示**を選択します。
2. コードエディターが起動して、「Form1.cs」の内容が表示されます。

●コードエディターの構造

コードエディターは、**型**ボックス、**メンバー**ボックス、そして、コードを入力するための**コードペイン**で構成されます。

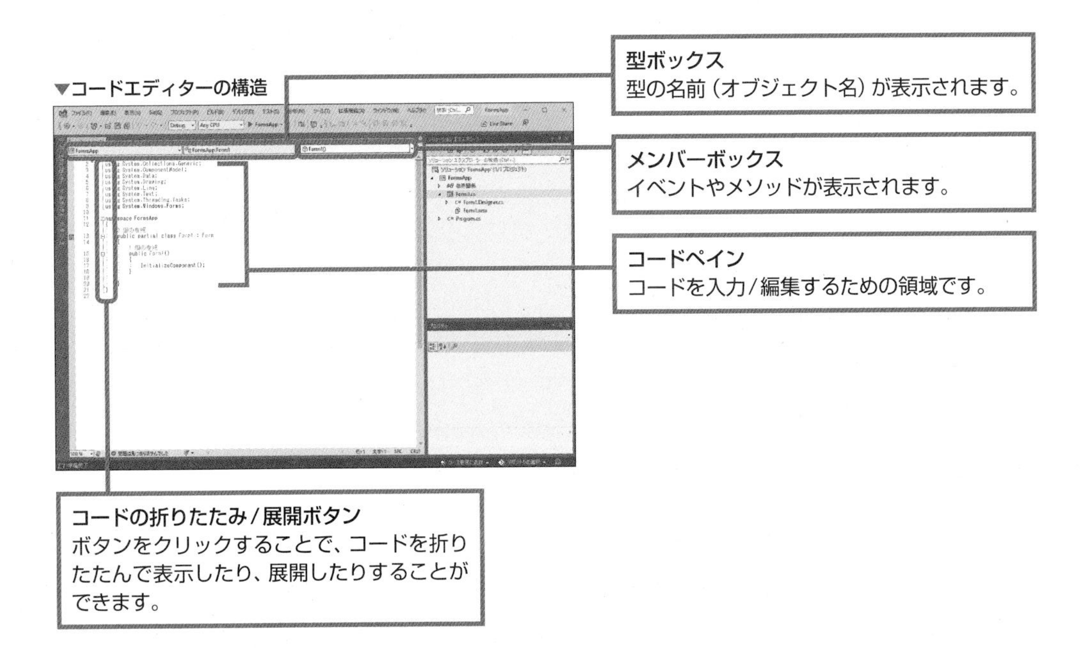
型ボックス
型の名前(オブジェクト名)が表示されます。
メンバーボックス
イベントやメソッドが表示されます。
コードペイン
コードを入力/編集するための領域です。
コードの折りたたみ/展開ボタン
ボタンをクリックすることで、コードを折りたたんで表示したり、展開したりすることができます。

▼コードエディターの構造

1.5.2 Visual Studioで使用する各種のツール

Visual Studioの画面には、プログラミングを支援するための各種のツールが表示されます。初期状態で表示されていないツールウィンドウもありますが、**表示**メニューから選択することで、任意のツールウィンドウを表示できます。

ツールボックスを表示する

ツールボックスには、フォーム上にボタンやテキストボックスなどの要素（これを**コントロール**と呼ぶ）を配置するためのコントロールやコンポーネントが一覧で表示されます。

▼[表示]メニュー

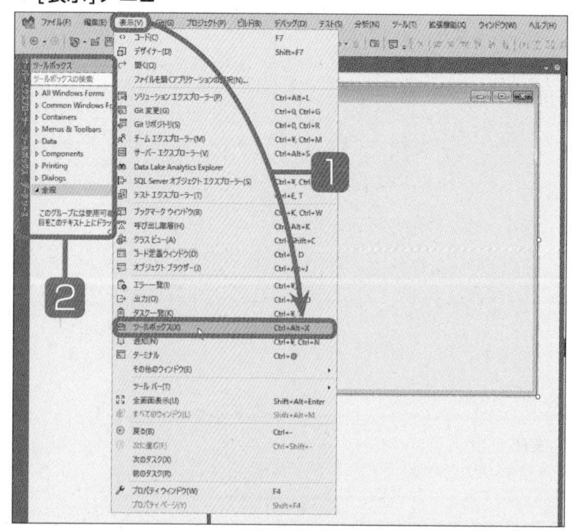

1. **表示**メニューの**ツールボックス**を選択します。
2. ツールボックスが表示されます。

Onepoint

ツールボックスがフォームデザイナーの左側にタブ表示されている場合は、これをクリックすることで展開することができます。この場合、再びツールボックスタブをクリックすると折りたたんで非表示にできます。

Memo　C#のバージョンアップ時に追加された機能（その①）

C#は、Visual Studioのバージョンアップに伴い、バージョンアップを重ねてきました。2021年現在の最新バージョンは、C# 9.0です。

ここでは、C#のバージョンアップの推移と、バージョンアップ時に追加された機能を紹介しておきます。

▼C# 2.0

Visual Studio 2005 (Ver 8.0)	.NET Framework 2.0

▼C# 2.0で追加された機能

・静的クラス　・yield（反復子）　・部分クラス（Partial Type）　・null許容型　・匿名デリゲート
・名前空間のエイリアス修飾子　・ジェネリック　・フレンドアセンブリ
・extern alias（外部アセンブリのエイリアス）　・Conditional属性　・固定サイズバッファ
・プロパティアクセサーのアクセシビリティ　・デリゲートの共変性と反変性　・#pragma（インライン警告制御）

●ツールボックスの構造

▼デザイナーを表示しているときのツールボックス

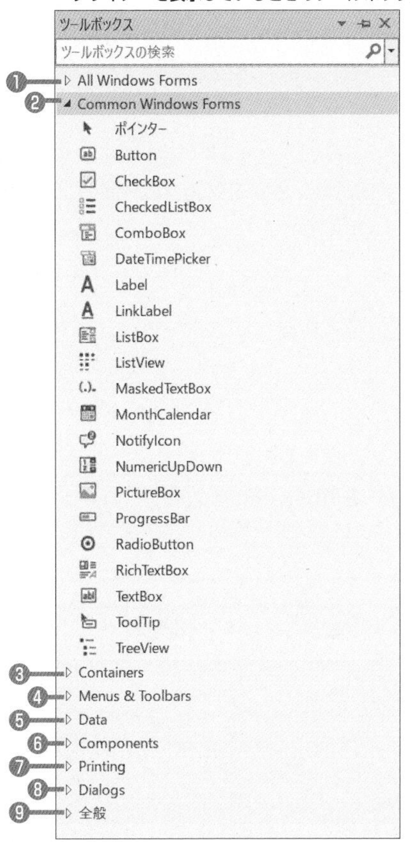

❶[All Windows Forms]タブ
登録されているすべてのコントロールやコンポーネントが表示されます。

❷[Commom Windows Forms]タブ
ボタンやラベルなどフォーム上に配置するコントロールのみが表示されます。

❸[Containers]タブ
複数のコントロールをまとめるアイテムなどが表示されます。

❹[Menus & Toolbars]タブ
各種のメニューやツールバーを表示するためのアイテムが表示されます。

❺[Data]タブ
データベースへの接続や操作を行うためのアイテムが表示されます。

❻[Components]タブ
プログラムのまとまりであるコンポーネントを作成するときに使用する各種のアイテムが表示されます。

❼[Printing]タブ
印刷に関する処理を行うアイテムが表示されます。

❽[Dialogs]タブ
[ファイルを開く]や[ファイルの保存]などのダイアログボックスを表示するアイテムが表示されます。

❾[全般]タブ
ユーザーが独自に設定したコントロールを配置するためのアイテムが表示されます。

Memo　C#のバージョンアップ時に追加された機能（その②）

2007年にリリースされたC# 3.0では以下の機能が追加されました。

▼C# 3.0

Visual Studio 2008 (Ver 9.0)	.NET Framework 2.0/3.0/3.5

▼C# 3.0で追加された機能

・LINQ　・ラムダ式　・拡張メソッド　・部分メソッド　・匿名型　・var（暗黙的型付けローカル変数）
・オブジェクト　・コレクション初期化子　・自動実装プロパティ　・配列宣言の型省略

ソリューションエクスプローラーを表示する

ソリューションエクスプローラーは、ソリューション、およびプロジェクトにまとめられているプログラムやデータ用のファイルを階層構造で表示すると共に、各ファイルを操作するための機能を提供します。

1 **表示**メニューの**ソリューションエクスプローラー**を選択します（**ソリューションエクスプローラー**がすでに表示されている場合は、この操作は必要ありません）。

2 **ソリューションエクスプローラー**が表示されます。

●ソリューションエクスプローラーの構造

▼ソリューションエクスプローラー

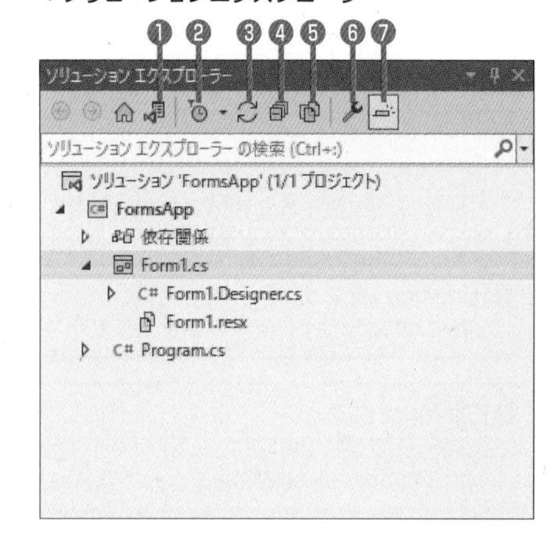

❶［ビューを切り替える］ボタン
ソリューションを基準にした表示とプロジェクト用のフォルダーを基準にした表示の切り替えを行います。

❷［保留中の変更フィルター］ボタン
▼をクリックして［開いているファイルフィルター］を選択すると、開いているファイルのみの表示と全ファイルの表示をボタンクリックで切り替えられるようになります。▼をクリックして［保留中の変更フィルター］を選択すると、保留中のファイルのみの表示と全ファイルの表示をボタンクリックで切り替えられるようになります。

❸［アクティブドキュメントとの同期］ボタン
ドキュメントウィンドウで表示中のファイルを選択状態にします。

❹［すべて折りたたみ］ボタン
展開しているファイルをすべて折りたたみます。

❺［すべてのファイルを表示］ボタン
非表示のファイルを含めてすべてのファイルを表示します。

❻［プロパティ］ボタン
選択した要素のプロパティを表示します。

❼［選択した項目のプレビュー］ボタン
選択したファイルをプレビュー表示します。

プロパティウィンドウを表示する

プロパティウィンドウは、選択した要素のプロパティ (属性) を表示するためのウィンドウです。

1. **表示**メニューの**プロパティウィンドウ**を選択します。
2. **プロパティウィンドウ**が表示されます。

●プロパティウィンドウの機能

プロパティウィンドウには、選択した要素のプロパティ (属性) が一覧で表示され、値を変更することができるようになっています。

▼プロパティウィンドウ

プロパティ

Form1 System.Windows.Forms.Form

⊟ Design	
(Name)	Form1
Language	(Default)
Localizable	False
Locked	False
⊟ Misc	
AcceptButton	(none)
CancelButton	(none)
KeyPreview	False
⊟ ウィンドウ スタイル	
ControlBox	True
HelpButton	False
⊞ Icon	(Icon)
IsMdiContainer	False
MainMenuStrip	(none)
MaximizeBox	True
MinimizeBox	True
Opacity	100%
ShowIcon	True
ShowInTaskbar	True
SizeGripStyle	Auto

Text
コントロールに関連付けられたテキストです。

❶ [項目別] ボタン
プロパティを項目別に表示します。

❷ [アルファベット順] ボタン
プロパティをアルファベット順に表示します。

❸ [プロパティ] ボタン
選択した要素のプロパティを表示します。

❹ [イベント] ボタン
選択中の要素に関連するイベントの一覧を表示します。

❺ [プロパティページ] ボタン
ソリューションやプロジェクトを選択中の場合、独立したウィンドウを使ってプロパティページを表示します。

❻ [オブジェクト名] ボックス
選択中の要素 (オブジェクト) の名前が表示されます。

❼ プロパティ名

❽ プロパティの値

❾ [説明] ペイン
選択したプロパティの説明が表示されます。

ツールウィンドウの表示方法を指定する

ツールウィンドウの自動非表示を使うことで、ツールウィンドウを画面の端に最小化し、必要なときにだけ表示することができます。

1 ツールウィンドウのタイトルバーに表示されている**プッシュピン**アイコンをクリックして横向きの状態にし、すべてのツールウィンドウを最小化します。

▼ツールウィンドウのプッシュピンアイコン

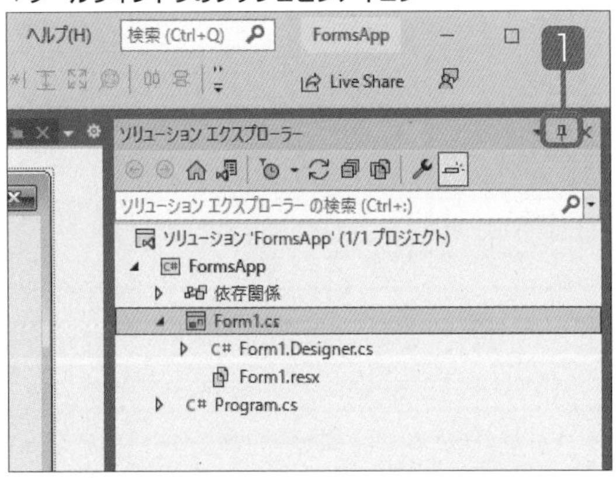

2 ツールウィンドウが画面端にタブ表示されるので、表示したいツールウィンドウのタブをクリックします。

▼ツールウィンドウのタブ

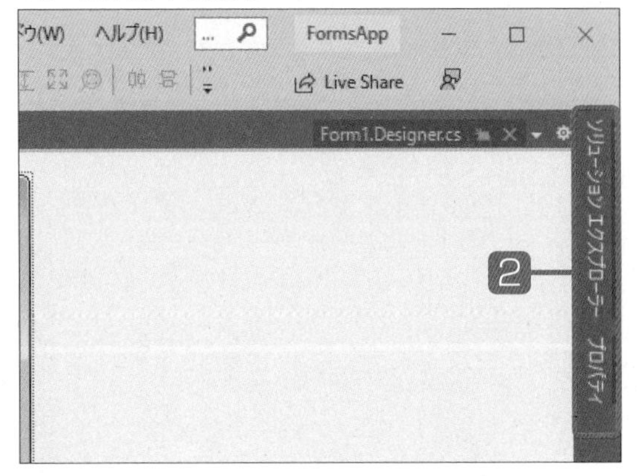

▼ツールウィンドウ

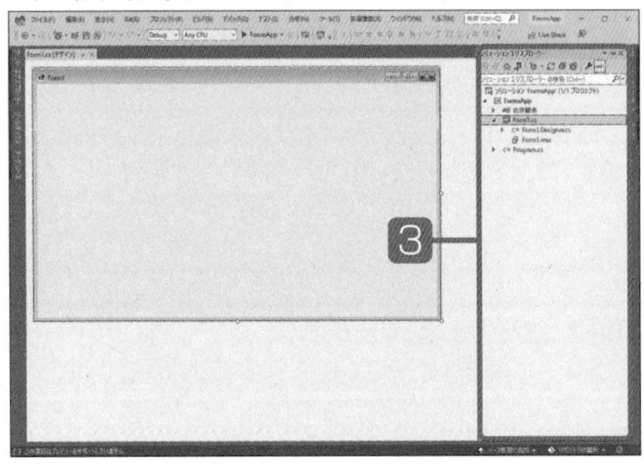

3 ツールウィンドウが表示されます。

Onepoint
このあと、ツールウィンドウ以外を選択すると、再びツールウィンドウが最小化されます。

1.5.3 ダイナミックヘルプを使う

Visual Studioの**ダイナミックヘルプ**は、操作画面上で選択した要素に対する**ヘルプ**をブラウザーで表示します。フォームデザイナーでフォームやコントロールを選択しても、コードエディターで単語を選択しても、それぞれの解説を表示します。

1. 調べたい要素をクリックします。
2. [F1] キーを押します。
3. ブラウザーが起動して、選択した要素に関するヘルプが表示されます。

▼デザイナー

▼ダイナミックヘルプ

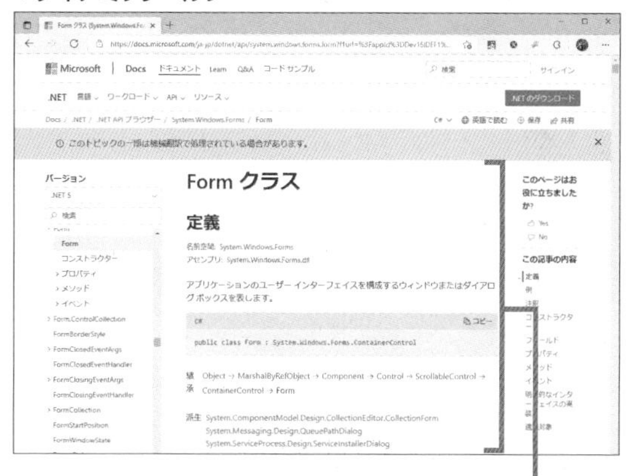

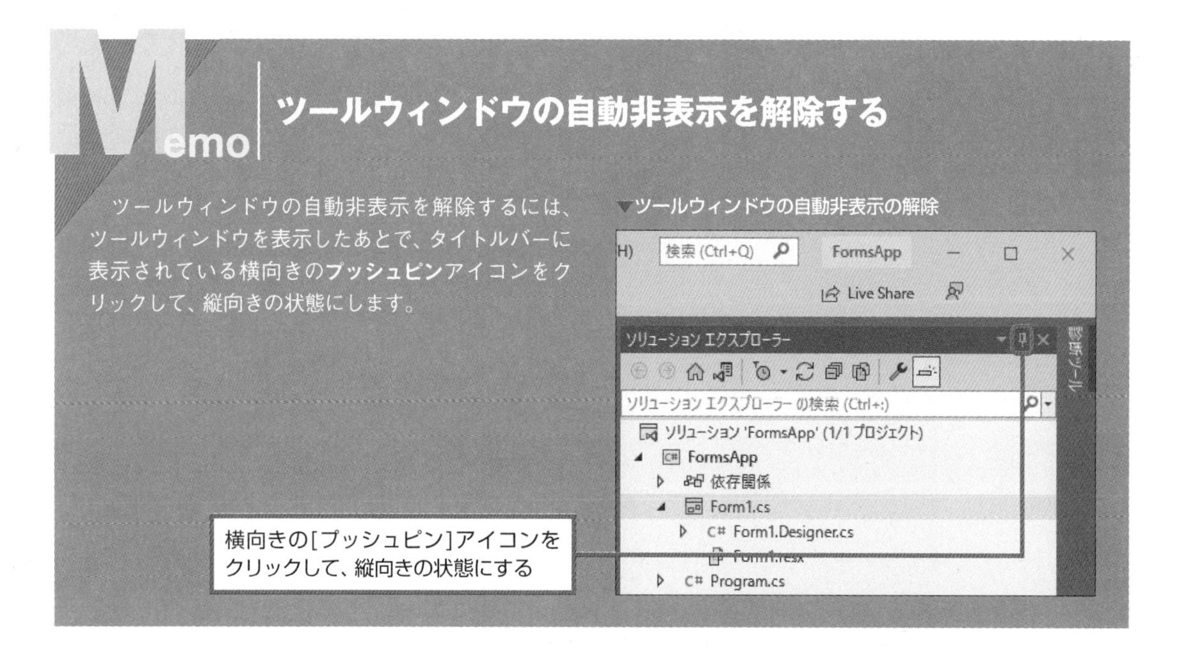

Memo ツールウィンドウの自動非表示を解除する

ツールウィンドウの自動非表示を解除するには、ツールウィンドウを表示したあとで、タイトルバーに表示されている横向きの**プッシュピン**アイコンをクリックして、縦向きの状態にします。

▼ツールウィンドウの自動非表示の解除

ソースコードのキーワードを調べる

ソースコードのキーワードを調べる場合を見てみましょう。

1 ソースコードの特定のキーワードを選択し、F1 キーを押します。

2 ブラウザーが起動して、選択したキーワードに関する項目が「言語リファレンス」から表示されます。

▼コードエディター

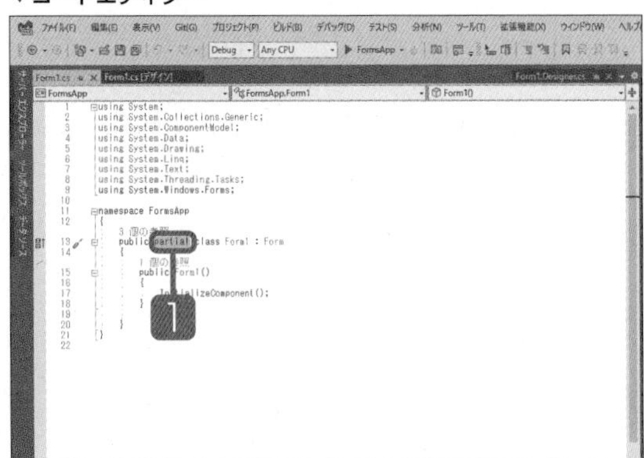

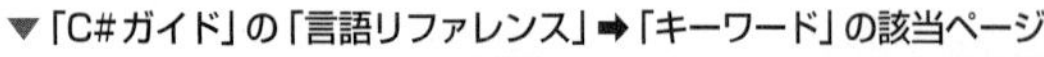
▼「C#ガイド」の「言語リファレンス」➡「キーワード」の該当ページ

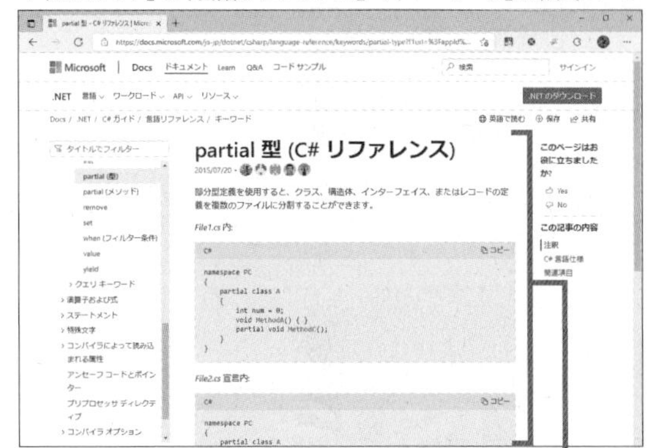

キーワードに関連する項目が表示される

Chapter 2

Visual C#の文法

Visual C #でプログラミングを行うための基礎となる文法について紹介します。

Section

2.1 コンソールアプリケーションのプログラムの構造

Level ★★★ | Keyword | ステートメント　メソッド　クラス　コンソールアプリケーション

Visual C#では、特定の処理を行うソースコード（ステートメント）のまとまりに、名前を付けて管理します。このようなまとまりを**メソッド**と呼びます。そして、1つ、あるいは関連する複数のメソッドを**クラス**と呼ばれる単位で管理します。さらに、クラスは、**名前空間**（**ネームスペース**）と呼ばれる規則によって管理し、最終的に、名前空間に含まれるクラスは、プログラムコード専用のファイル（拡張子「.cs」）に保存されます。

ここがポイント！

Visual C#のプログラム

● ステートメント

- キーワードを利用するステートメント（変数宣言など）
- メソッドを使用するステートメント（プロパティを設定するステートメントを含む）

● メソッド

- 関連するステートメントをメソッドとしてまとめる

● クラス

- 関連するメソッドをクラスとしてまとめる
- クラスの名前は、名前空間と呼ばれる規則に従って命名する

● ソースファイル

- 作成したクラスを保存するためのファイル

Visual C#のソースコードは、**ステートメント**と呼ばれる命令文で構成され、関連するステートメントは、関数、または**メソッド**と呼ばれる単位で管理されます。一連のステートメントが集まった1つのブロックがメソッドです。関連するメソッドは、クラスの中にまとめ、名前空間（ネームスペース）と呼ばれる規則に従ってクラス名を管理します。このようにして作成したクラスは、ソースコード専用のファイル（ソースファイル）に保存します。

▼ソースファイルの中身（「Program.cs」）

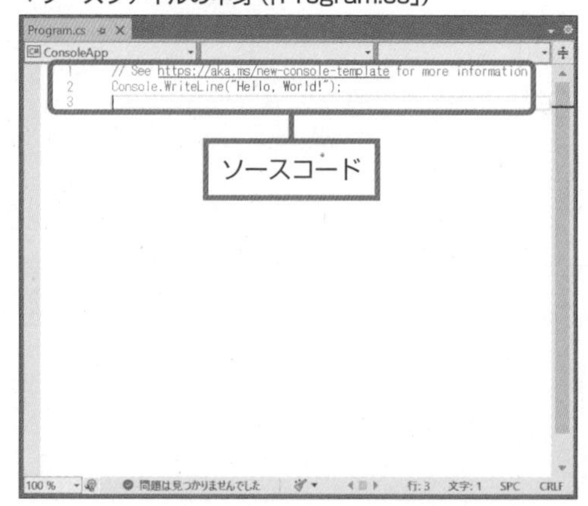

2.1.1 ソースコードの実体（ステートメント）

Visual C#のソースコードは、**ステートメント**と呼ばれる命令文で構成されます。

ステートメントの末尾には、必ず「;」（セミコロン）を付けます。「;」を付けることによって、1つのステートメントであることが示されます。

▼ステートメントの記述

```
ステートメント;
```

ステートメントを記述する

以降の文法的な項目では、シンプルな「コンソールアプリケーション（コンソールアプリ）」を使って解説を進めていきたいと思います。では、実際にステートメントを記述して、コンソールアプリを作成してみることにしましょう。

1. **ファイル**メニューをクリックして、**新規作成➡プロジェクト**を選択します（またはスタート画面の**新しいプロジェクトの作成**をクリック）。
2. **C#**を選択し、**コンソールアプリケーション**を選択して、**次へ**ボタンをクリックします。
3. プロジェクト名を入力し、**参照**ボタンをクリックして保存先を選択します。
4. **次へ**ボタンをクリックします。

▼［新しいプロジェクトの作成］

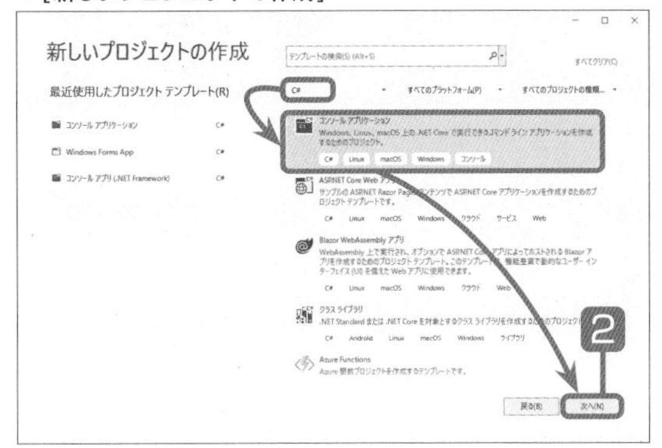

▼プロジェクトの作成

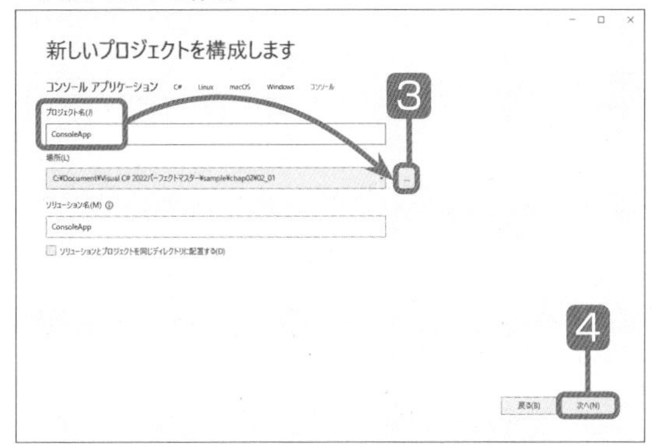

▼.NETのバージョンの選択

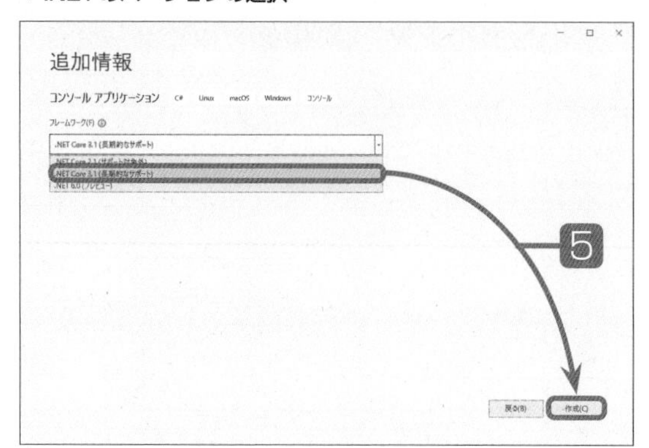

5 **フレームワーク**で.NET Core3.1または.NET 6.0のいずれかを選択し、**作成**ボタンをクリックします。

6 「Program.cs」ファイルがコードエディターで表示されます。

▼Program.csに記載されているソースコード

```
// See https://aka.ms/new-console-template for more information
Console.WriteLine("Hello, World!");
```

7 **デバッグ**メニューをクリックして、**デバッグの開始**を選択します。

▼[デバッグ]メニュー

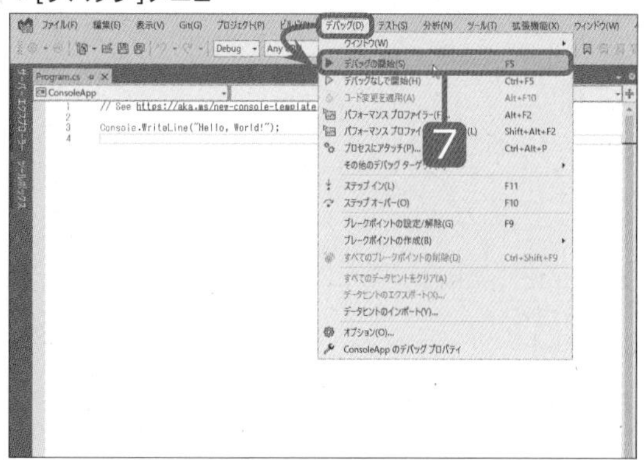

8 コンソールが起動して、「Hello, World!」と表示されます。

▼コンソール

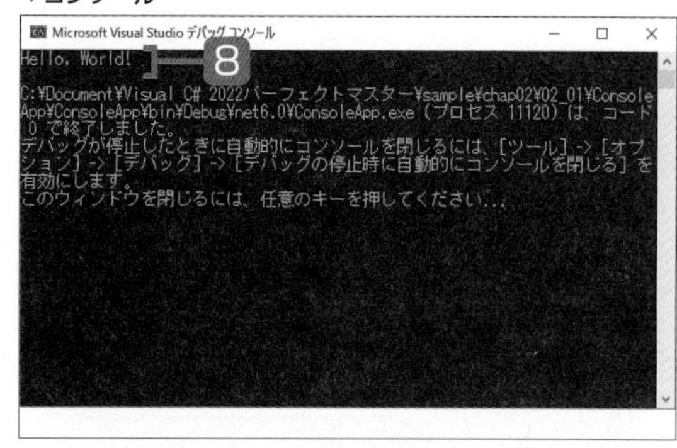

Onepoint

プログラムを終了するには、キーボードのいずれかのキー（どのキーでも可）を押します。

コンソールアプリのコードはどうなっている？

C# 9.0よりも以前のコンソールアプリケーションは、プログラムの基点となるmain()メソッド内部にステートメントを書く決まりになっていました。現状で.NET Framework対応のコンソールアプリケーションのプロジェクトを作成すると、従来の方法でプログラミングすることができます。

次は、.NET Framework対応コンソールアプリケーションのプロジェクトを作成し、"Hello, World!"を表示するステートメントを記述したものです。

.NET Framework対応コンソールアプリケーションのプロジェクトは、「新しいプロジェクトの作成」画面で「コンソールアプリ (.NET Framework)」を選択して作成することができます。

▼.NET Framework対応コンソールアプリ（プロジェクト「ConsoleApp_framework」）

```
using System;
using System.Collections.Generic;
using System.Linq;
using System.Text;
using System.Threading.Tasks;

namespace ConsoleApp_framework
{
    class Program
    {
        static void Main(string[] args)
        {
            // ステートメントはここに記述
            Console.WriteLine("Hello, World!");
        }
    }
}
```

ソースコードを1つずつ見ていきますが、「こんなことが書いてある」という感じでざっと目を通してもらえればと思います。

●「using System;」…名前空間の指定

usingは、任意の名前空間に属するクラスをクラス名だけで呼び出し可能にするキーワードです。Visual C#で、あらかじめ予約されている予約語のことを**キーワード**と呼びます。ここでは、「using System;」と記述することで、System名前空間に属するクラスを、クラス名だけで呼び出せるようにしています。「WriteLine()」メソッドを使うときは、「System.Console.WriteLine」ではなく、たんに「Console.WriteLine」と記述できることになります。

●「namespace ConsoleApp_framework」…新規の名前空間の宣言

namespaceは、名前空間を宣言するキーワードです。ここでは、「ConsoleApp_framework」という名前空間を宣言しています。ここでは、「ConsoleApp_framework」という名前のプロジェクトを作成していますが、これと同名の名前空間が自動的に設定されています。

次行の中カッコ「{」から最後の行の「}」までが、名前空間「ConsoleApp_framework」の範囲になります。

●「class Program」…クラスの宣言

classは、クラスを宣言するキーワードです。ここでは、「Program」という名前のクラスが宣言されています。Programクラスの範囲は、次行の中カッコ「{」から下から2行目の「}」までです。

●「static void Main(string[] args)」…メソッドの宣言

メソッドの宣言部です。**メソッド**は、プログラムを実行する手続きをまとめたコードブロックのことです。メソッドに必要なステートメントは、宣言部の次行の中カッコ「{」と「}」の間に記述します。

なお、メソッドは、プログラムの中に単独で記述することはできませんので、必ず、クラスの内部に記述します。

それと重要な点として、Visual C#では、**Main()**という名前が付けられたメソッドを最初に実行する決まりになっています。なので、Visual C#プログラムには、必ず1つのMain()メソッドが含まれることになります。

メソッドの宣言は、「アクセス修飾子 戻り値のデータ型 名前(パラメーター)」のように記述し、それぞれの単語の間には、半角スペースを入れます。

●「static」…インスタンス化を省略するキーワード

staticは、インスタンスを作成しなくてもメソッドを呼び出し可能にするキーワードです。**インスタンス**とは、クラスを実行したときに、メモリに転送されるデータのことを指します。

メソッドの実行は、クラスのデータをメモリに転送し、データに対して処理を実行するかたちで行います。でもアプリの起動直後は、メモリに何もデータが存在しない(インスタンスが存在しない)状態から処理を始めなくてはならないので、最初に実行されるMain()メソッドにはstaticキーワードが付いています。これによって、Main()メソッドの実行前に、必要なデータがメモリに転送されるようになります。

●「void」…メソッドが値を返さないことを示すキーワード

void(「空(から)の」という意味)は、このメソッドが値を返さないことを示します。voidメソッドによって処理が実行されても、処理結果としての値は返されず、メソッドの処理だけが行われます。

●「(string[] args)」…メソッドのパラメーター

Main()メソッドのパラメーターです。メソッドを呼び出すときは、メソッドのパラメーターにデータを渡すことができます。

パラメーターは、「(パラメーターのデータ型 パラメーター名, …)」のように複数、設定することができます。

ここでは、string型（文字列を扱うデータ型）のargsという名前のパラメーターを1つ定義しています。stringのあとに続く[]は、パラメーターが配列であることを示しています。

●「Console.WriteLine("Hello, World!");」…WriteLine()メソッドを実行するステートメント

メソッドを呼び出す場合は、「クラス名またはクラスのインスタンス.メソッド名(引数);」のように記述します。

WriteLine() メソッドは、System名前空間に属するConsoleクラスのメソッドで、指定した文字列をコンソールに出力して、改行する処理を行います。冒頭の「using System;」によって、System名前空間に属するクラスがクラス名だけで呼び出せるようになっているので、「System.Console.WriteLine()」と記述せずに「Console.WriteLine()」と記述できます。

ここでは、WriteLine()メソッドの引数として「"Hello, World!"」という文字列を指定しましたので、この文字列がコンソールに表示されるようになります。

なお、文字列を書く場合は、必ず対象の文字列をダブルクォーテーション「"」で囲むという決まりがあります。

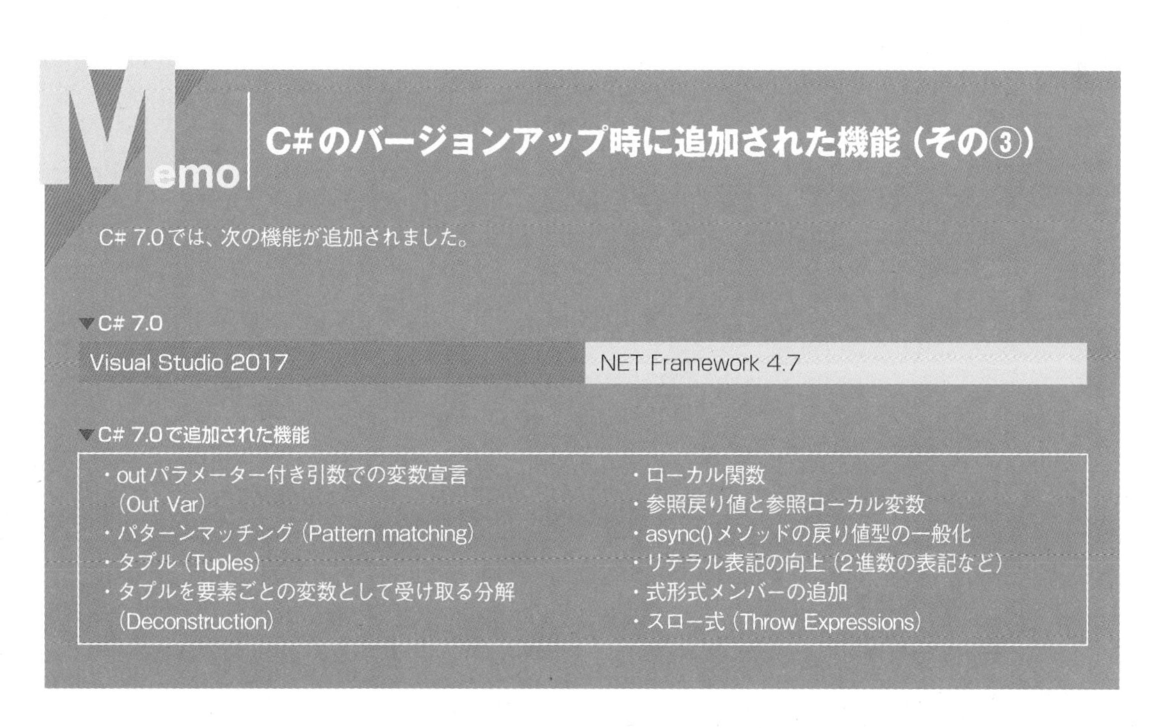

Memo　C#のバージョンアップ時に追加された機能（その③）

C# 7.0では、次の機能が追加されました。

▼C# 7.0

Visual Studio 2017	.NET Framework 4.7

▼C# 7.0で追加された機能

- outパラメーター付き引数での変数宣言（Out Var）
- パターンマッチング（Pattern matching）
- タプル（Tuples）
- タプルを要素ごとの変数として受け取る分解（Deconstruction）
- ローカル関数
- 参照戻り値と参照ローカル変数
- async()メソッドの戻り値型の一般化
- リテラル表記の向上（2進数の表記など）
- 式形式メンバーの追加
- スロー式（Throw Expressions）

Section 2.2

C#のデータ型

Level ★★★ | Keyword | データ型　CTS　値型　参照型

プログラミングでは、数値や文字など、「見た目」だけではなく「中身の種類」が異なるいろいろなデータを扱います。ですが、文字を数値として扱ったり、または数値を文字として扱ってしまうと、正しい処理ができません。そこで、データの種類に応じて正しい処理が行えるように、データの「型(データ型)」というものを決めています。

C#のデータ型

.NET Frameworkでは、対応する言語で共通して使用できるデータ型を決めています。これをCTS(共通型システム)と呼びます。Visual C#の基礎となるC#言語では、CTSのデータ型を独自の名前(エイリアス)を用いて利用するようになっています。

● C#の標準定義データ型(あらかじめ定義されているデータ型)

値型	値の範囲
byte	0～255
ushort	0～65,535
uint	0～4,294,967,295
ulong	0～18,446,744,073,709,551,615
sbyte	−128～127
short	−32,768～32,767
int	−2,147,483,648～2,147,483,647
long	−9,223,372,036,854,775,808～9,223,372,036,854,775,807
float	$\pm1.5\times10^{-45}$～$\pm3.4\times10^{38}$
double	$\pm5.0\times10^{-324}$～$\pm1.7\times10^{308}$
decimal	$\pm1.0\times10^{-28}$～$\pm7.9\times10^{28}$
bool	trueまたはfalse
char	Unicode(16ビット)文字
string	Unicode文字列
object	任意の型を格納できる

● ユーザー定義データ型（ユーザーが独自に定義するデータ型）

構造体	値型	配列	参照型
列挙体	値型	クラス	参照型
リスト	参照型	デリゲート	参照型
レコード	参照型	インターフェイス	参照型

Memo

値型のメモリ管理

文字列のように長さがバラバラで、なおかつサイズの大きいデータでなければ、単純なメモリ割り当て（スタック割り当て）を行う値型の方が効率的に処理が行えます。メソッド内部で宣言された値型のデータは、スタック上に格納されたあと、メソッドの終了と共に破棄されるので、ガベージコレクターによるメモリの解放処理が必要ありません。ただし、例外として、構造体は値型ですが、内部に参照型の変数が含まれる場合は、変数が使用している領域を解放するためのガベージコレクターの処理が必要になります。

Memo

値型のメモリ割り当て

ここでは、値型に属するint型の変数を例に、メモリ領域の割り当てについて軽く見てみることにしましょう。

int型は、4バイト（32ビット）のメモリ領域をスタック上に確保します。例えば、int型の変数xに「12345678(0x*)」を代入する場合は、4バイトのメモリ領域に、下位の桁から順番に格納されていきます。

ただし、コンピューターは、データを1バイト単位で処理するので、4バイトのメモリ領域を確保する場合は、1バイトのブロックが4つ続く領域が確保されます。

このあと、確保した領域の下位のアドレスのブロックから順番に、「78(0x)」「56(0x)」「34(0x)」「12(0x)」の各値が格納されていきます。

●値の表記法

コンピューターで扱う値はすべて2進数が使われますが、2進数の表記は読みづらいので、データのチェックなどを行う場合は、16進数表記がよく使われます。16進数は、4桁の2進数を1桁で表すので、1バイト（8ビット）を2桁で表現することができるためです。

＊**0x** 「0x」は、数値が16進数表記であることを示している。

2.2.1 CTS(共通型システム)

データ型を一言で表せば、「データの種類とデータが使用するメモリ上のビット数を示すもの」です。このようなデータ型は、それぞれのプログラミング言語で固有の型が定義されています。

冒頭でもお話ししましたが、.NET(.NET Framework)では共通型システム(**CTS***)という規格に基づいて、.NET対応のすべての言語で共通して使用するデータ型を決めています。Visual C#では、これを独自の名前で使えるようにしていますので、例えば整数型の共通名「Int32」は「int」となります。なので、CTSの型名はあくまで参考として見ていただき、C#の型名に注目してください。

C#のデータ型

データ型は、**値型**と**参照型**に大別され、すべてのデータ型がクラスや構造体によって定義されています。次の図は、データ型を定義するクラスや構造体の構成図です。

▼データ型を定義するクラスの構成

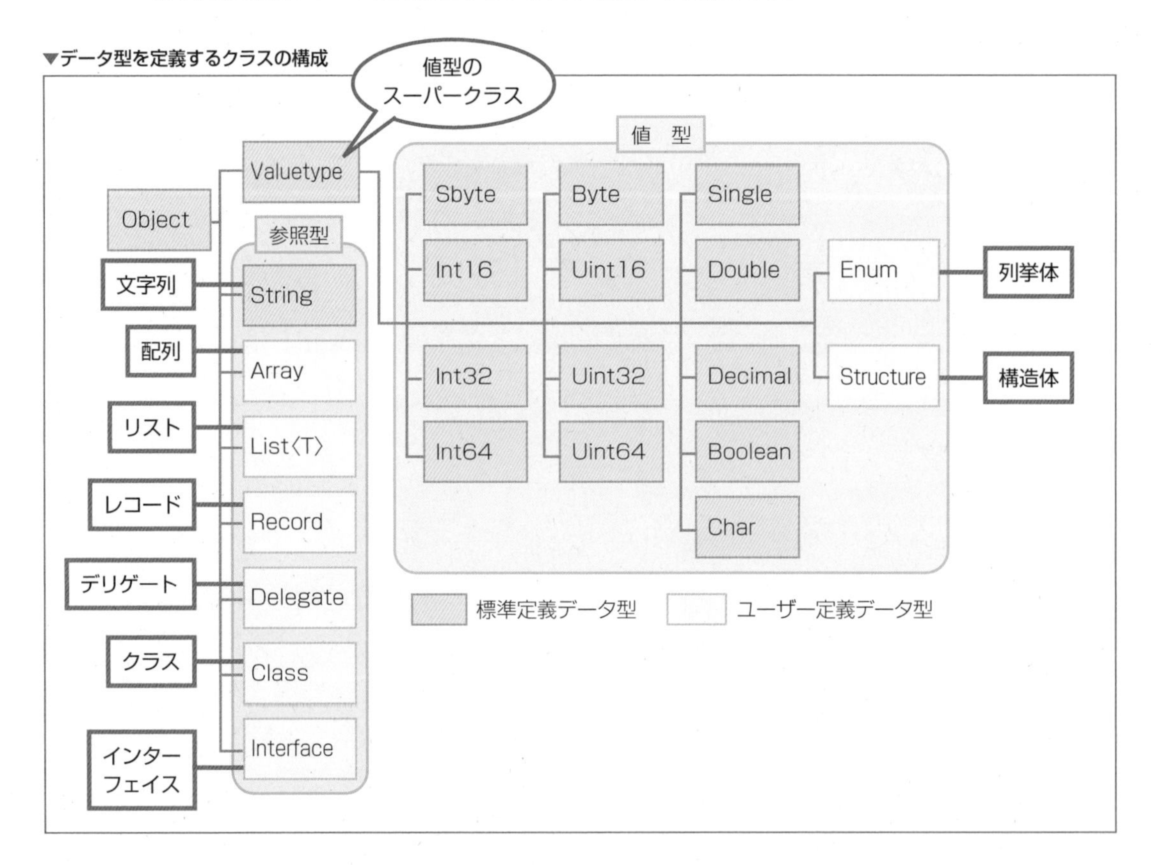

＊**CTS**　Common Type Systemの略。

❶整数型／標準定義データ型

データ型	Visual C#の型名	CTSの型名	型の種類	内容	値の範囲
バイト型	byte	System.Byte	値型	8ビット符号なし整数	0～255
短整数型	ushort	System.UInt16	値型	16ビット符号なし整数	0～65,535
整数型	uint	System.Uint32	値型	32ビット符号なし整数	0～4,294,967,295
長整数型	ulong	System.UInt64	値型	64ビット符号なし整数	0～18,446,744,073,709,551,615
バイト型	sbyte	System.SByte	値型	8ビット符号付き整数	−128～127
短整数型	short	System.Int16	値型	16ビット符号付き整数	−32,768～32,767
整数型	int	System.Int32	値型	32ビット符号付き整数	−2,147,483,648～2,147,483,647
長整数型	long	System.Int64	値型	64ビット符号付き整数	−9,223,372,036,854,775,808～9,223,372,036,854,775,807

❷浮動小数点数型／標準定義データ型

データ型	Visual C#の型名	CTSの型名	型の種類	内容	値の範囲
単精度浮動小数点数型	float	System.Single	値型	32ビット単精度浮動小数点数	$\pm1.5\times10^{-45}$～$\pm3.4\times10^{38}$
倍精度浮動小数点数型	double	System.Double	値型	64ビット倍精度浮動小数点数	$\pm5.0\times10^{-324}$～$\pm1.7\times10^{308}$

❸10進数型／標準定義データ型

データ型	Visual C#の型名	CTSの型名	型の種類	内容	値の範囲
10進数型	decimal	System.Decimal	値型	128ビット高精度10進数	$\pm1.0\times10^{-28}$～$\pm7.9\times10^{28}$

❹論理型（論理的な真偽を扱う）／標準定義データ型

データ型	Visual C#の型名	CTSの型名	型の種類	内容	値の範囲
論理型	bool	System.Boolean	値型	論理値	trueまたはfalse

❺文字型／標準定義データ型

データ型	Visual C#の型名	CTSの型名	型の種類	内容
文字型	char	System.Char	値型	Unicode（16ビット）文字

❻文字列型／標準定義データ型

データ型	Visual C#の型名	CTSの型名	型の種類	内容	値の範囲
文字列型	string	System.String	参照型	1文字あたり2バイト	Unicode文字列

❼オブジェクト型（任意のデータ型を扱う）／標準定義データ型

データ型	Visual C#の型名	CTSの型名	型の種類	内容
オブジェクト型	object	System.Object	参照型	任意の型を格納できる。すべてのデータ型はオブジェクト型から派生する。

❽ユーザー定義データ型

型名	型の種類
構造体	値型
列挙体	値型
配列	参照型
リスト	参照型
レコード	参照型
クラス	参照型
デリゲート	参照型
インターフェイス	参照型

2.2.2 データ型のタイプ（値型と参照型）

データ型は、**参照型**（Reference Type）と**値型**（Value Type）の2つのタイプに大別され、それぞれのメモリの使い方が異なります。

値型の特徴

値型の変数の宣言と値の代入を通して、値型の変数におけるメモリの使い方を見てみることにしましょう。

次のコードは、「int型（値型に属するデータ型）の変数を確保する」という命令を実行するための、「変数の宣言」です。このステートメントが実行されると、メモリ上の**スタック**と呼ばれる領域に32ビットぶんの領域が確保され、xという変数が用意されます。

▼値型の変数宣言

```
int x;
```

次は、「変数xに1を代入」という命令を実行するステートメントです。実行されたあと、変数x用のメモリ領域に1という値が格納されます。

▼変数xに値を格納

```
x = 1;
```

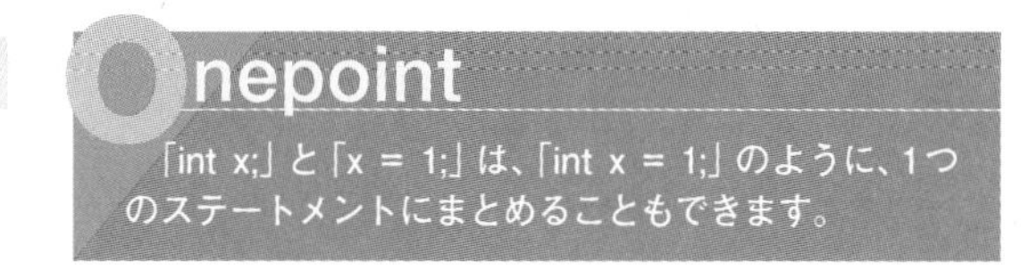
Onepoint
「int x;」と「x = 1;」は、「int x = 1;」のように、1つのステートメントにまとめることもできます。

それでは、変数の宣言と値の代入を行ってみましょう。

▼変数の宣言と値の代入(Program.cs)(プロジェクト「ValueType」)

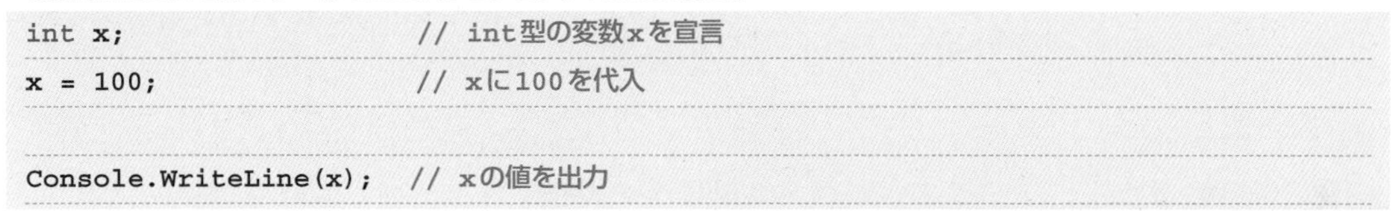

```
int x;                  // int型の変数xを宣言
x = 100;                // xに100を代入

Console.WriteLine(x);   // xの値を出力
```

Onepoint
Console.WriteLine()メソッドは、()内の引数として指定された要素の値をコンソールに表示する処理を行います。

コードを入力したら、**デバッグ**メニューの**デバッグの開始**を選択して、プログラムを実行してみましょう。コンソールが起動して、変数xに格納されている数値の「100」が表示されます。

▼実行結果

●値型のデータはメモリのスタック領域を使う

これまで見てきた値型の変数は、メモリの**スタック**と呼ばれる領域を使用します。スタックでは、データが、**後入れ先出し方式**でメモリに格納されます。「後入れ先出し」とは、メモリを管理する方法のことで、メモリ領域を確保してデータを格納し、あとに格納したデータから順に、データの取り出しが行われます。

●値型の変数はそれぞれ独自の値を持つ

ここでは、値型の変数が持つ値を他の変数にコピーするとどうなるかを見てみることにします。

int型の変数yを宣言し、変数xの値を変数yに代入します。続いて変数yに「10」の値を代入します。

▼変数yにxの値を代入したあと、yに別の値を代入（Program.cs）（プロジェクト「ValueCopy」）

```
/*
 * 変数の宣言と値の代入
 */

int x;                      // int型の変数xを宣言
x = 100;                    // xに100を代入

Console.WriteLine(x);   // xの値を出力


/*
 * 変数yにxの値を代入したあと、yに別の値を代入
 */

int y;                      // int型の変数yを宣言
y = x;                      // yにxの値を代入
Console.WriteLine(y);   // yの値を出力

y = 10;                     // yに10を代入
Console.WriteLine(y);   // yの値を出力
```

▼実行結果（出力された値のみ表示しています）

```
100
100
10
```

プログラムを実行してみると、変数yの値が「100」に続いて「10」と表示されています。

「int y;」でint型の変数yを宣言し、続く「y = x;」で変数yにxが持つ値を代入したので、この時点の変数yの値は100です。

変数yを宣言することでスタック上に32ビット（4バイト）の領域が確保され、そこへ変数xが持つスタック上のデータ（ここでは100の値）がコピーされた結果です。次に「y = 10;」でyの値を10に変えています。この時点で、変数yの100という値が10に上書きされます。

▼値型の変数x、yにおける処理の流れ

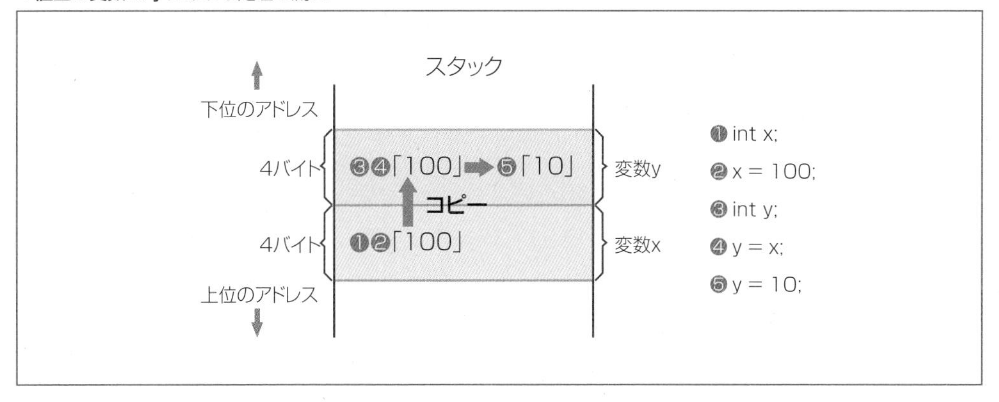

参照型の特徴

ここでは、参照型の変数におけるメモリの使い方を見てみることにしましょう。本文中の丸付き数字は、本文73ページの図と対応していますので、図を参照しながら読み進めてください。

●参照型の変数にはメモリ領域への参照情報が格納される

次のコードは、参照型のインスタンスを生成するValueクラスを定義するためのコードです。Valueクラスでは、int型の変数valueを宣言しています。クラスで宣言される変数を正確には「フィールド」と呼びます。

▼クラスの定義

```
class Value ———————————— Valueクラスを定義
{
    public int value; ———————— int型のフィールドvalueの宣言
}
```

次は、「Valueクラス型の変数(参照変数)を用意」するための変数宣言のコードです。この時点でValue型のインスタンスを参照するxという変数のみが用意されます(❶)。

▼参照型の変数宣言

```
Value x; ———————————— Value型の変数xの宣言
```

さらに次のコードは、Valueクラスからインスタンスを生成するコードです。インスタンスの生成は、「インスタンスを参照するための変数 = new クラス名();」のように、「new」キーワードを使って行います。

Memo スタックとヒープ

スタックと**ヒープ**は、メモリ上の領域を表す用語です。プログラムがメモリ上にロード（読み込まれること）されるときは、データ用の領域として、スタック、ヒープ、**スタティック**の3つの領域が確保されます。

▼プログラムが実行されるときに確保されるメモリ領域

・スタック
・ヒープ
・スタティック
　└─ スタティックフィールド（静的変数）領域

●スタック

メソッド内で使用される変数のデータを格納するための領域で、値型に属する変数のデータが格納されます。可能な限り、メモリ上の上位のアドレスを基点に、下位のアドレスに向かって確保されます。

●ヒープ

参照型に属する変数のデータが格納される領域です。ヒープ領域は、スタック領域とスタティック領域の間に位置します。

●スタティック領域

スタティックフィールド（静的変数）のデータを格納するための領域です。メモリ上の下位のアドレスを基点に、上位のアドレスに向かって確保されます。

スタック領域に展開されたデータは、メソッドの終了と同時に自動的に破棄されます。

これに対し、ヒープ上に確保していた領域は、**ガベージコレクター**によって、解放が行われます。

▼スタック、ヒープ、スタティック領域の確保

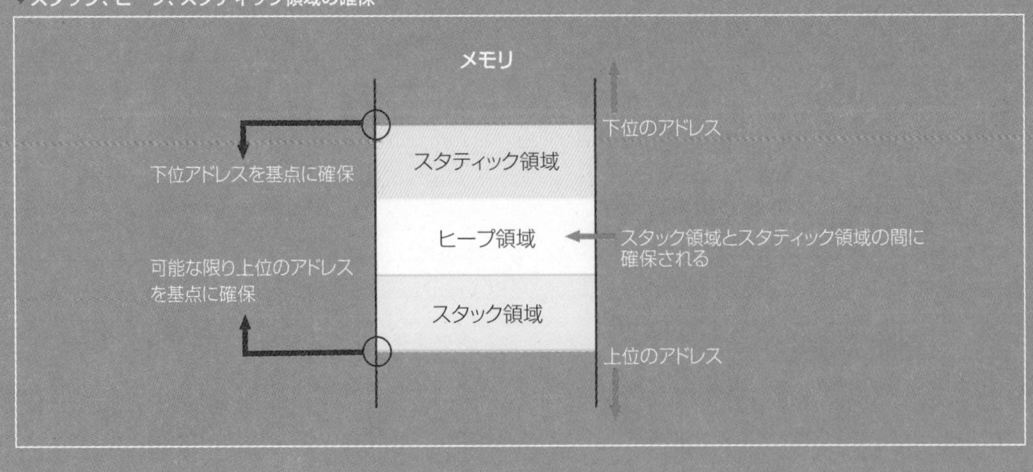

Valueクラスでは、int型のvalueという変数を定義していますので、以下のコードを実行すると、ヒープ上にValueクラスの変数value用の4バイトぶんの領域が確保されます(❷)。同時に、インスタンスが使用している領域を参照するための情報(アドレス)が変数xに代入されます(❸)。変数x用の領域はスタック上にあります。

ポイントは、スタック上に確保された変数x用の領域に値が格納されるのではなく、インスタンスが存在するヒープ上の領域への参照情報が格納される点です。この時点では、インスタンスの中身は空の状態です。

▼インスタンスの生成

```
x = new Value();
```

次のコードは、インスタンス内のフィールドに値を代入するためのコードです。このコードが実行されると、変数xが指し示すインスタンスのフィールドvalueの値として「1」が代入されます(❹)。

▼値の格納

```
x.value = 1;
```

●参照型の変数は参照先の値を共有する

次に、参照型の変数が持つ値を他の変数にコピーします。Valueクラス型の変数yを宣言(❺)し、続いてインスタンスを生成します。ここでValueクラスのフィールドvalueの値を格納するための4バイトぶんの領域がヒープに確保される(❻)と同時に、インスタンスの領域を参照するための情報(アドレス)が変数yに代入されます(❼)。

▼参照型の変数yの宣言とインスタンス化を行うコード

```
Value y;
y = new Value();
```

次のコードは、参照型の変数yにxの値を代入するコードです。ここで注意しなくてはならないのは、変数yにxの値を代入した場合、xが参照するインスタンスそのものがコピーされるのではなく、xの参照情報(メモリアドレス)がコピーされる点です(❽)。

▼変数xの参照をyに代入する

```
y = x;
```

次に、変数yが指し示すインスタンスのフィールドvalueに値を代入してみましょう。このコードが実行されると、変数yが参照するインスタンスのフィールドvalueに「10」が代入されます(❾)。

▼変数yが参照するインスタンスの変数valueに値を格納する

```
y.value = 10;
```

最後に2つのインスタンスのvalueの値を表示します。ここまでのソースコードは、以下のようになります。

▼参照型の変数を利用するプログラム（Program.cs）（プロジェクト「ReferenceType」）

```
Value x;            // Value型の変数xを宣言
x = new Value();   // インスタンスを生成して参照情報をxに代入
x.value = 1;        // xが参照するインスタンスのvalueフィールドに1を代入

Value y;            // Value型の変数yを宣言
y = new Value();   // インスタンスを生成して参照情報をyに代入
y = x;              // xの参照情報をyに代入
y.value = 10;

// 文字列とxのフィールド値を連結して出力
Console.WriteLine("xが参照するインスタンスのvalueの値:" + x.value);
// 文字列とyのフィールド値を連結して出力
Console.WriteLine("yが参照するインスタンスのvalueの値:" + y.value);

// Valueクラスの定義
class Value
{
    public int value;
}
```

C# 9.0以降のコンソールアプリケーションでは、クラスの定義などの型の宣言はトップレベルのステートメントよりあとに記述する決まりになっています。実際に処理を行うコードよりも先に書いてしまうとエラーになるので注意してください。

▼参照型の変数x、yが指し示すインスタンスのvalueの内容を表示

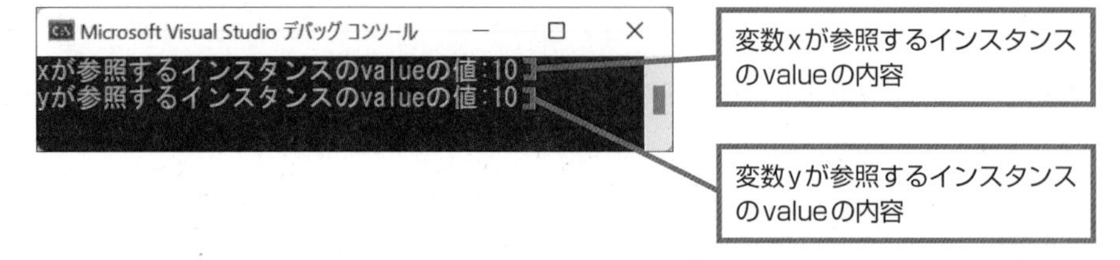

参照型の変数であるx、yは、共に同じインスタンスを参照しています。したがって、どちらかの変数で行った変更は、双方の変数に反映されるので、変数x、yが指し示すインスタンスのフィールドvalueの値は上記の結果のようになります。

▼参照型の変数x、yにおける処理の流れ

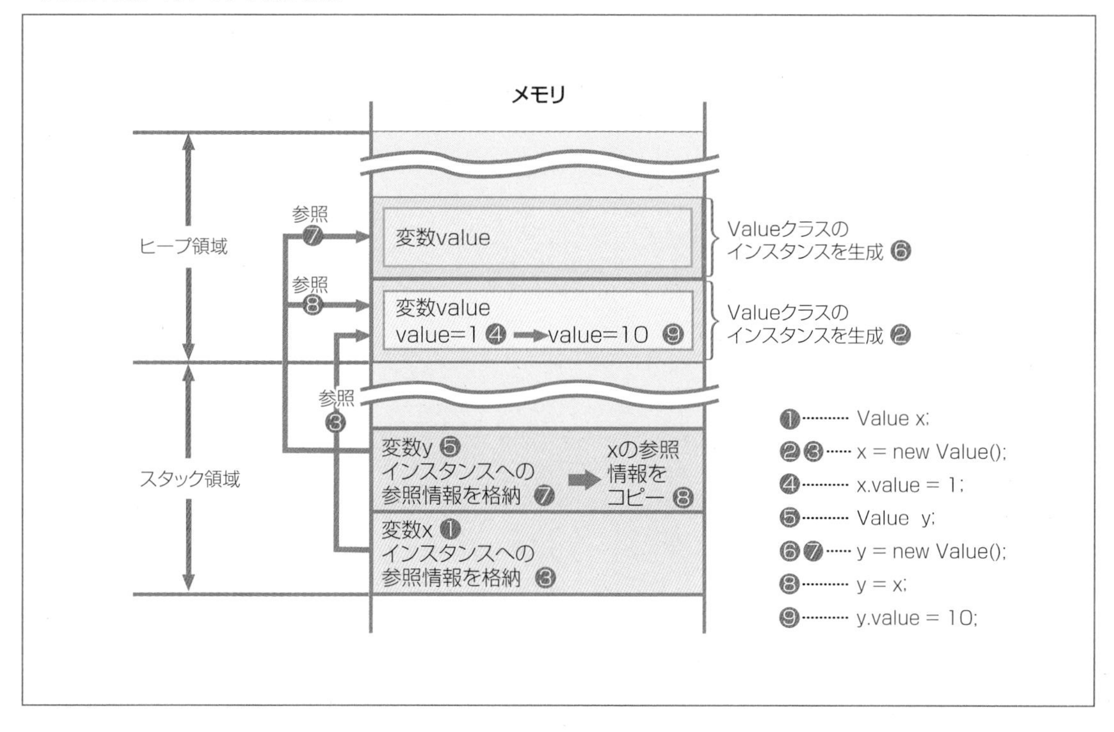

値型と参照型が使い分けられる理由

値型と参照型におけるメモリの使い方について見てきましたが、そもそも値型と参照型がなぜ、必要なのでしょうか。

●単純なデータ構造であれば値型を使う

参照型のデータの検索には、単純なスタック割り当てよりも時間がかかることに加え、コスト（メモリの解放処理など）もかかります。

単純なデータ構造であれば、参照型よりも値型の方が高速にプログラムが動作します。

●複雑なデータ構造であれば参照型を使う

ただし、スタックが高速であるといっても、文字列などのサイズの大きなデータになると話は別です。値型の変数にサイズの大きなデータを格納すると、とたんに処理が重くなります。スタック自体が巨大化すると、処理に時間がかかるようになってしまうのです。

参照型であれば、スタック上に参照情報だけを置き、実際のデータはヒープ上に置かれます。データサイズが大きくても、スタック上に置かれるのは8バイトの参照情報だけです。

また、データのコピーが発生しても、参照型であればインスタンスの参照情報のコピーだけで済みます。

●単純なデータ構造であれば構造体、複雑なデータ構造であればクラスを使う

このことから、比較的単純なデータを扱う場合は**値型**、より複雑なデータを扱う場合は**参照型**が使われます。

ユーザーが独自に定義できるデータ構造には、クラスのほかに**構造体**があります。クラスも構造体も、変数とメソッドを内部に持つことができますが、クラスが参照型であるのに対し、構造体は値型です。また、クラスが**継承**（「3.5　クラスを引き継いでサブクラスを作る（継承）」を参照）を行えるのに対し、構造体では継承を行うことができません。

オブジェクト指向を活かしたいのであればクラスを使用し、そうでなければ構造体、という使い分けになります。

Section 2.3

データに名前を付けて保持しよう（変数）

Level ★★★　Keyword　変数　ローカル変数　フィールド　スコープ

変数は、数値や文字などのデータを一時的に格納しておくためのものです。変数の値は、プログラムの実行中に、何度でも変更することができます。

ローカル変数とフィールド

変数には、任意の名前を付けることができます。変数の数に制限はなく、必要な数だけ変数を作成して利用することができます。

• 変数は値の受け渡しに使う

変数は値の受け渡しに使います。変数を作成することを**変数の宣言**と呼び、変数に任意の値を入れることを**変数に値を代入する**と表現します。変数には、新しい値を代入することで、変数の値を何度でも変更できます。

▼変数の宣言

```
データ型 変数名;
```

• 変数の種類

変数には、**ローカル変数**と**フィールド**があります。

●ローカル変数

関数やメソッドの内部で宣言し、値の受け渡しに使われます。ローカル変数は、関数やメソッドの処理が完了するまで有効です。

●フィールド

クラスの内部で直接宣言します。フィールドには、宣言を行ったクラスだけでなく、他のクラスからもアクセスできるようにすることが可能です。フィールドは、インスタンスが存在する限り有効です。

2.3.1 変数の使い方

変数にはデータを格納しておくことができるので、処理の結果を保持する目的で変数が使われます。「データに名前を付けて保持する」のが変数の役割です。

変数を宣言する

変数を使うには、あらかじめ変数名および変数で扱うデータの型を指定しておきます。これを、**変数の宣言**と呼びます。

▼変数の宣言

```
データ型 変数名;
```

整数を使用する変数xを宣言する場合は、整数型（int）を指定して、次のように記述します。

▼int型の変数xを宣言

```
int x;
```

●複数の変数の宣言

同じデータ型の変数であれば、「,」（カンマ）を使うことで、まとめて宣言することができます。

▼複数の変数宣言

```
データ型 変数名1,変数名2,変数名3,…;
```

int型の変数x、y、zをまとめて宣言する場合は、以下のように記述します。

▼int型の変数x、y、zをまとめて宣言

```
int x,y,z;
```

変数に値を代入する

変数にデータを格納することを**代入**と呼びます。変数に値を代入するには、代入演算子＝を使います。

▼変数への値の代入

```
変数名 = 値;
```

int型の変数xに「10」を代入する場合は、次のように記述します。

▼int型の変数xに数値の「10」を代入

```
x = 10;
```

変数宣言を行う際に代入演算子（=）を続けて記述することで、変数宣言と同時に値を代入することができます。これを「変数の初期化」と呼びます。

▼変数の宣言と同時に値を代入（変数の初期化）

```
データ型 変数名 = 値;
```

int型の変数xを宣言して「10」を代入するには、次のように記述します。

▼int型の変数xに数値の10を代入

```
int x = 10;
```

同一のデータ型の複数の変数宣言と値の代入を同時に行う場合は、次のように記述します。

▼複数の変数の宣言と同時に値を代入

```
データ型 変数名 = 値,変数名 = 値,変数名 = 値,…;
```

int型の変数x、y、zの宣言と、値の代入を同時に行う場合は、次のように記述します。

▼int型の変数x、y、zの宣言と値の代入

```
int x = 10, y = 5, z = 20;
```

varによる暗黙の型を利用した変数宣言

varというキーワードを使って変数を宣言すると、変数に代入する値によってデータ型が決定されます。例として、int型の変数を宣言して、10という値で初期化する場合について見てみましょう。

▼int型変数の初期化(データ型を指定)

```
int i = 10;
```

▼varを利用した初期化(データ型の指定なし)

```
var i = 10;
```

varを利用した場合は、代入する値が「10」なので、自動的にint型になります。次の場合は、変数aはstring型になります。

▼varを利用したstring型の変数宣言

```
var a = "ABC";
```

次のように、変数の宣言と初期値の設定を分けて書くことはできません。このように書くと、変数の型が判別できないためです。

▼エラーになる例

```
var a; ―――― 初期値がないので型が判別できない
a = 10;
```

●暗黙の型変換には気を付ける

varを使って宣言された変数の型は、代入する初期値をヒントにコンパイラーが決定します。long型を指定して「1」の値を代入した場合は、内部でint型の1が暗黙的にlong型に型変換されますが、varを使った場合は、当然ですが既定値のint型が設定されます。一方、varを用いて宣言した変数に「1.0」を代入すると、変数の型はdoubleになります。

▼変数の型(Program.cs)(プロジェクト「Variable」)

```
// long型の変数に1を代入
long l = 1;
// lはInt64(long)型
Console.WriteLine(l.GetType().Name); // 出力:Int64

// varで宣言した変数に1を代入
var v1 = 1;
```

```
// v1はInt32(int)型
Console.WriteLine(v1.GetType().Name); // 出力:Int32

// varで宣言した変数に1.0を代入
var v2 = 1.0;
// v2はDouble(double)型
Console.WriteLine(v2.GetType().Name); // 出力:Double
```


▼実行結果

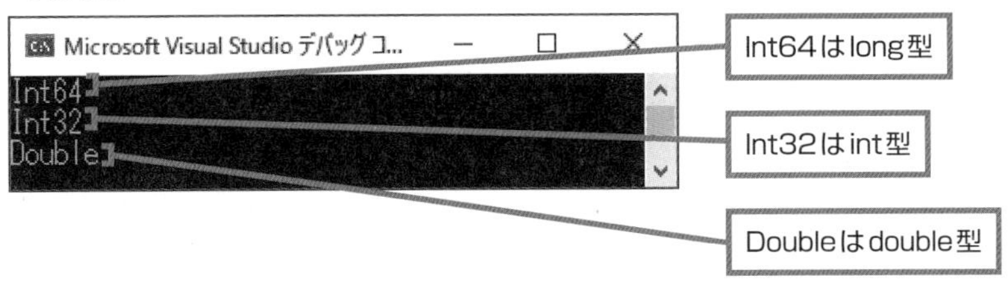

varを使った場合は、コンパイラーが既定の型を決定するので、int型の値をlong型とするような場合は型指定を行う必要があります。

Onepoint

GetTypeは、対象のインスタンスの型情報を持つTypeオブジェクトを取得します。操作例では、TypeオブジェクトのNameプロパティでインスタンスの型名を取得しています。

Memo

ヒープの使い方

ヒープ領域は、プログラムが実行された時点で1つのまとまった領域が確保され、プログラムの実行によって、参照型のデータを格納するために必要な領域が、逐次、動的に確保されます。ただし、ヒープ上に格納されたデータ（インスタンス）は、インスタンスへの参照がなくなったからといって、単純に削除できるものではありません。状況の変化や時間の経過によって、再び参照される可能性があるからです。

このようなことから、ヒープ上に格納されたデータ用の領域は、開発者が明示的に解放の指示をする必要があります。ただし.NET（.NET Framework）には、**ガベージコレクター**と呼ばれるソフトウェアが付属していて、必要のなくなったインスタンスを自動的に検出し、インスタンスが使用していたヒープ上の領域を解放するようになっています。

変数名の付け方を確認する

変数には、規則に従って名前付けを行うことが必要です。

●変数名に使用できる文字

変数名には、次の文字が使えます。

- a〜zなどの小文字やA〜Zなどの大文字を含むアルファベット
- 0〜9などの数字
- アンダースコア (_)

このほかに、全角文字や半角カタカナを使うことも可能ですが、日本語の文字はトラブルの原因になるので通常は使用しません。

●変数名を付けるときの制限

変数名を付ける際は、以下のルールを守ることが必要です。

- 変数名の最初の文字には数字を使用することができません。
- Visual C#で定義されているキーワードをはじめ、参照可能なクラスやメソッドに使われている名前は使用できません。ただし、キーワードを変数名の一部に含むことは許されます（例：DoGetNumber〈Doはキーワード〉)。

●変数名のパターン

上述の制限を守っていれば、変数名にどんな名前を付けてもかまいませんが、用途がわかりやすいように次のような方式が使われています。C#では、キャメルケース、またはスネークケースを用いるのが一般的です。

▼変数の名前付け方式

方式	内容	例
ハンガリアン記法	変数名の先頭に1〜3文字程度の接頭辞 (プレフィックス) を付ける。	strName
キャメルケース (ローワーキャメルケース)	複数の単語をつなげ、先頭を小文字、それ以外の単語の先頭文字を大文字にする。	inputText
スネークケース	単語と単語の間をアンダーバー (_) でつなぐ。C++でよく用いられるが、単語の読みやすさからC#で用いられることも多い。	input_text
パスカル記法 (アッパーキャメルケース)	変数名に複数の単語を使用し、各単語の先頭を大文字にする。C#では変数名として使われることはなく、クラス名などで使われる。	UserName
大文字方式	変数名をすべて大文字にする。定数名として使われることが多い。	USERNAME

2.3.2 ローカル変数とフィールド

メソッドの内部で宣言される変数がローカル変数で、メソッドの外部、つまり、クラス直下で宣言される変数がフィールドです。ローカル変数がメソッド内部でのみ利用できるのに対し、フィールドは、クラス内部のすべてのメソッドで利用することができます。

ローカル変数とフィールドの宣言

●ローカル変数

ローカル変数は、宣言を行ったメソッドの内部でのみ使用することができ、メソッドを実行している間だけ有効です。

▼ローカル変数を宣言する場所

```
メソッドの宣言
{
    ローカル変数の宣言
}
```

●フィールド

クラス直下で宣言する変数がフィールドで、**メンバー変数**と呼ばれることもあります。フィールドには、宣言を行ったクラス内部のすべてのメソッドからアクセスできます。ローカル変数がメソッド呼び出し1回ぶんの間だけ有効なのに対し、フィールドは、クラスのインスタンスが存在する限り有効です。

▼フィールド変数を宣言する場所

```
クラスの宣言
{
    フィールドの宣言
    メソッドの宣言
    {
        ・・・・・・
    }
}
```

ローカル変数の宣言

ローカル変数を宣言する場合は、変数を使用するコードよりも前の場所で宣言を行います。

フィールドの宣言

フィールドには、アクセス可能な範囲を指定するための修飾子が用意されていて、任意の範囲を設定できるようになっています。

データ型とアクセス修飾子が同一であれば、「,」（カンマ）を使うことで、複数のフィールドをまとめて宣言することができます。

▼フィールドの宣言

```
アクセス修飾子 データ型 フィールド名( ,フィールド名,…);
```

▼フィールドの初期化

```
フィールド名 = 値または初期化式;
```

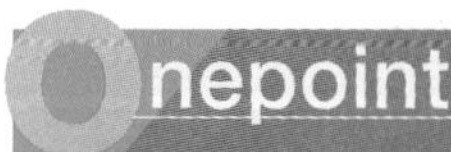

Onepoint
宣言した変数やフィールドに、宣言と同時に値を代入しておくことを**初期化**と呼びます。

●フィールドのアクセス修飾子

フィールドには、4種類のアクセス修飾子が用意されています。アクセス修飾子を省略した場合は、デフォルトで「private」が適用されます。

▼フィールドのアクセス修飾子

アクセス修飾子	内容
public	制限なく、どこからでもアクセスすることが可能。
internal	同一のプログラム（アセンブリ）内からのアクセスを許可する。
protected	フィールドを宣言した型（クラスまたは構造体）と、型から派生した型からのアクセスを許可する。
private	フィールドを宣言した型内からのアクセスだけを許可する。

ローカル変数とフィールドのスコープを確認する

スコープとは対象の要素にアクセスできる範囲のことで、**変数のスコープ**と表記する場合は、対象の変数にアクセスできる範囲のことを指します。

●ローカル変数のスコープ

ローカル変数のスコープは、変数宣言を行った場所によって決定します。具体的には、変数宣言以降からメソッドの末尾までになります。

▼ローカル変数のスコープ

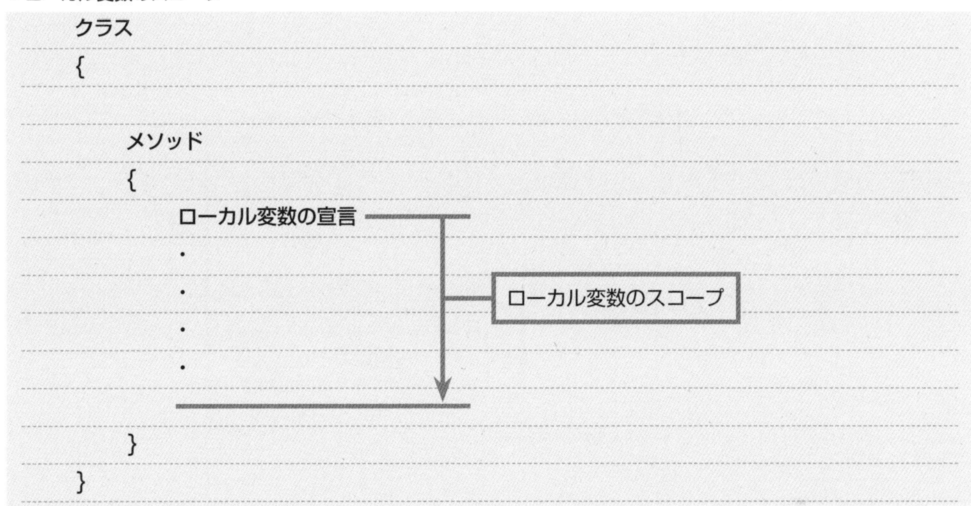

●フィールドのスコープ

フィールドのスコープは、アクセス修飾子を指定しない限り、同一のクラス内に限定されます。アクセス修飾子の「private」がデフォルトで設定されているためです。

▼アクセス修飾子を指定しない場合のフィールドのスコープ

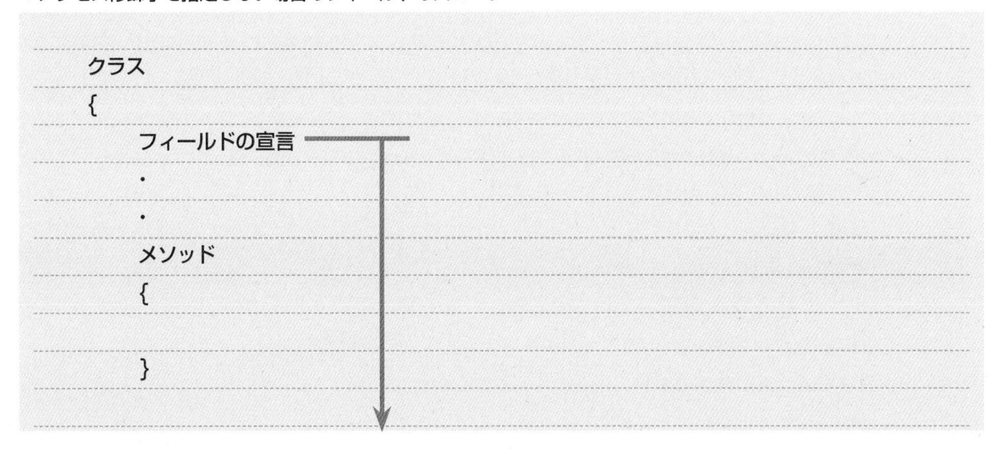

```
    メソッド
    {
    }                      フィールドのスコープ
        ・
        ・
}
```

▼ローカル変数とのフィールドのスコープの比較

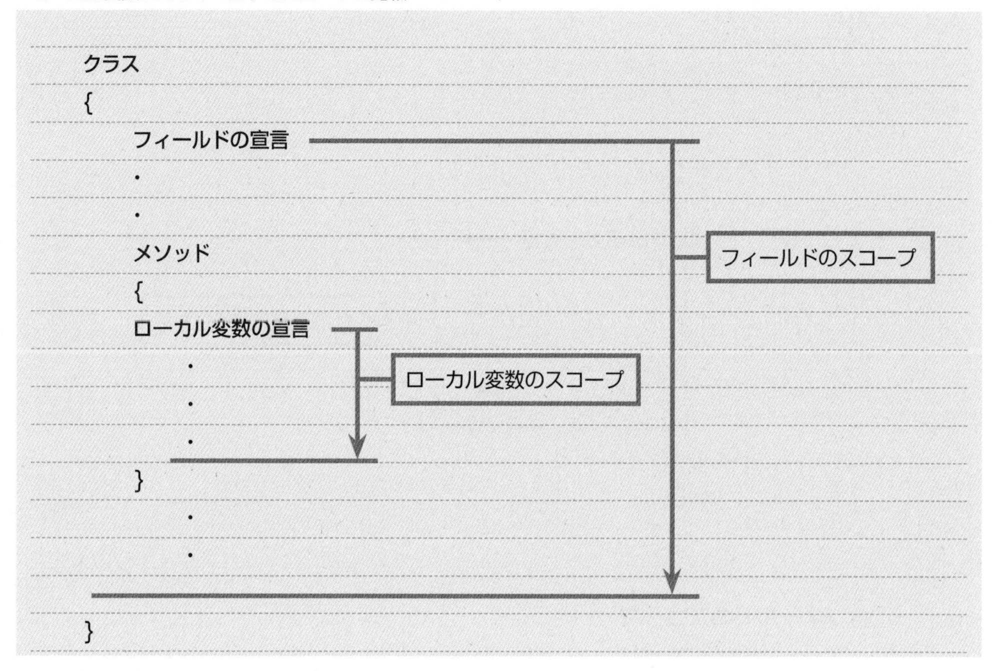

●ローカル変数のスコープを確認する

次のプログラムでは、Test() メソッドでローカル変数numを宣言して値の代入を行っています。このnumという変数は、トップレベルのステートメントでもフィールドとして宣言されています。フィールドと同じ名前のローカル変数を宣言して、エラーにならないか調べてみましょう。

▼同名のローカル変数の宣言と値の代入を行う（Program.cs）（プロジェクト「LocalVariable」）

```
// 変数numに1を代入
int num = 1;
Console.WriteLine(num);

// ローカル変数numの値を出力するメソッド
static void Test()
{
```

```
    // 変数numに100を代入
    int num = 100;
    Console.WriteLine(num);
}

// Test()メソッドを実行
Test();
```


▼実行結果

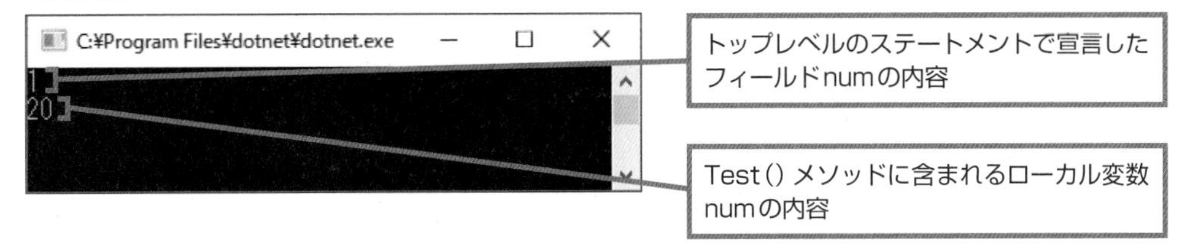

●コードの解説

同じ変数名を使うと、コンパイルエラーになってしまいそうな気がしますが、2つの変数はそれぞれ異なる場所で宣言されていますので、変数のスコープも異なります。2つの変数numは、まったく別のものとして扱われます。

●フィールドを参照する

フィールドの宣言と値の代入を行い、代入されている値をコンソール上に表示してみましょう。

▼フィールドを参照する（Program.cs）（プロジェクト「Field」）

```
// FieldTestをインスタンス化して参照情報をobjに代入
FieldTest obj =  new FieldTest();
// フィールドnumの値を出力
Console.WriteLine(obj.num);            // 出力:55
Console.WriteLine(obj.GetType().Name); // 出力:FieldTest

// フィールドnumの値を変数valueに代入
var value = obj.num;
Console.WriteLine(value);                  // 出力:55
Console.WriteLine(value.GetType().Name); // 出力:Int32

// 1個のフィールドを持つクラス
class FieldTest
{
    // publicアクセスのフィールド
```

```
    public int num = 55;
}
```

▼実行結果

●コードの解説

FieldTestクラスを宣言し、フィールドnumに「55」を代入しています。フィールドのアクセス修飾子には「public」を指定して、外部からアクセスできるようにしています。

トップレベルのステートメントでは、FieldTestクラス型の「obj」という名前のローカル変数を宣言し、new演算子を使ってインスタンスの参照を代入しています。

▼ローカル変数objにFieldTestクラスのインスタンスの参照を代入

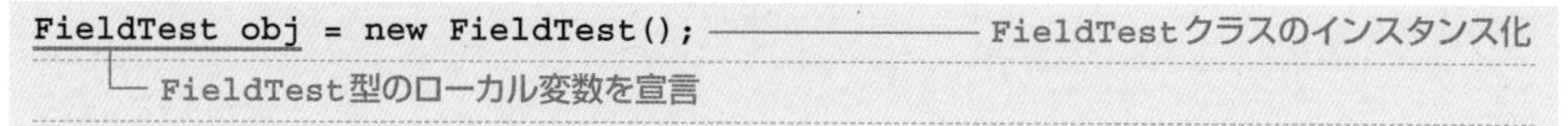

obj.numの値を出力するとフィールドの値「55」が出力されます。このとき、obj.GetType().Nameで取得したobjの型名はFieldTestです。

次に、varを使ってローカル変数valueを宣言してフィールドnumの値を代入します。

▼ローカル変数valueにFieldTestクラスのフィールドnumの値を代入

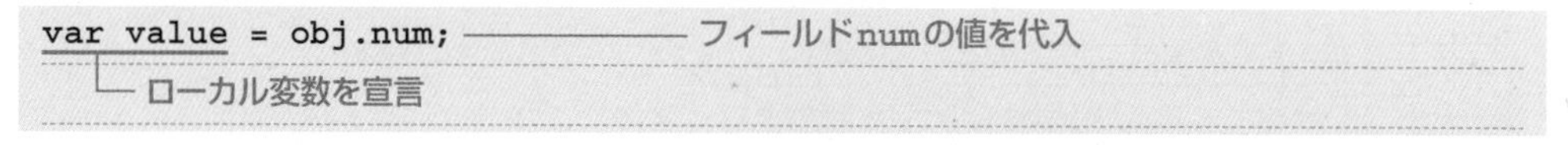

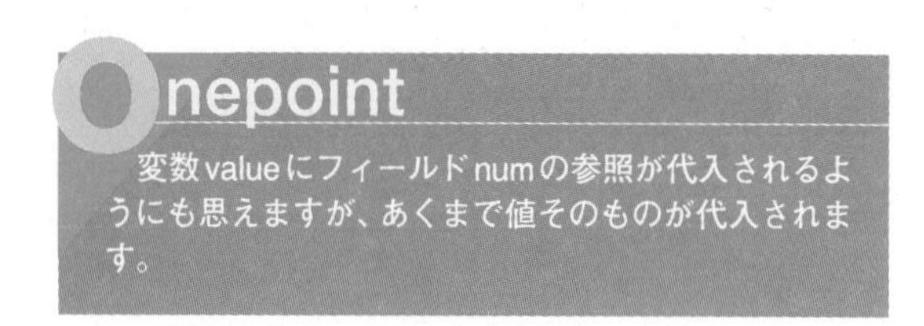

valueの値を出力すると「55」と表示されます。このとき、valueの型名は「Int32（int）」です。

Onepoint
変数valueにフィールドnumの参照が代入されるようにも思えますが、あくまで値そのものが代入されます。

Section

2.4 変えてはいけない！（定数）

Level ★★★ | Keyword 定数　ローカル定数　フィールド定数

プログラムの中では、終始一貫して同じ値を使い続けることがあります。例えば、商品の代金を求める場合に使用する消費税率は、プログラムの実行中に変更されることはありません。このような、変更してはならない値を格納しておく手段として**定数**が使われます。

定数の役割と使用法

税率や円周率のように、プログラムの実行中に変更してはならない値の保持には、定数を利用します。

❶定数の用途

固定の値を扱う場合に利用します。

❷定数の宣言

定数には、ローカル定数とフィールド定数があります。

●ローカル定数

メソッド内で宣言され、メソッド内部において、読み取り専用の変数として利用されます。

▼ローカル定数の宣言

```
const データ型 ローカル定数名 = 値または初期化式;
```

●フィールド定数

クラス内で宣言され、クラスに関連付けられた読み取り専用のフィールドとして利用されます。

▼フィールド定数の宣言

```
アクセス修飾子 const データ型 フィールド定数名 = 値または初期化式;
```

2.4.1 定数の使い方

定数の種類

定数には、ローカル定数とフィールド定数があり、クラスで使われる定数はたんに**定数**と呼ばれることがあります。

・ローカル定数

メソッド内部で宣言します。ローカル定数は、読み取り専用のローカル変数として考えることができます。

・フィールド定数

クラスや構造体の内部で宣言します。

ローカル定数の宣言

ローカル定数は、メソッド内部において、定数を使用するコードよりも前の場所でconstキーワードを使って宣言します。ローカル定数のスコープは、定数宣言以降から、定数を含むメソッドの末尾までです。データ型の指定は必須で、varを使用することはできません。

▼ローカル定数の宣言

```
const データ型 ローカル定数名 = 値または初期化式;
```

フィールド定数の宣言

フィールド定数は、スコープを設定するためのアクセス修飾子を使うことができるので、有効範囲を任意に設定することができます。アクセス修飾子を指定しない場合は、同一のクラス内に限定する「private」がデフォルトで設定されます。

▼フィールド定数の宣言

```
アクセス修飾子 const データ型 フィールド定数名 = 値または初期化式;
```

●フィールド定数におけるアクセス修飾子

フィールド定数は、フィールドと同様に、以下のアクセス修飾子を使用できます。

▼フィールド定数のアクセス修飾子

アクセス修飾子	内容
public	制限なく、どこからでもアクセスすることが可能。
internal	同一のプログラム（アセンブリ）内からのアクセスを許可する。
protected	フィールド定数を宣言した型（クラスまたは構造体）と、型から派生した型からのアクセスを許可する。
private	フィールド定数を宣言したクラスまたは構造体内からのアクセスだけを許可する。

Memo

定数名の付け方

定数名には、アルファベットや数字、アンダースコアを含めることができますが、定数名の先頭に数字を用いることはできません。慣例として、定数名はすべて大文字にします。

Section
2.5 演算子で演算しよう

Level ★★★　Keyword　演算　演算子　数式

数値の計算や変数に値を代入したりすることを総称して**演算**と呼びます。C#には、様々な種類の演算を行うための演算子が用意されています。

C#の演算子

C#には次のような演算子があります。

●主な演算子の種類

<table>
<tr><th>演算子の種類</th><th>演算子</th></tr>
<tr><td>代入演算子</td><td>= += −= *= /= %= &= |= ^= <<= >>=</td></tr>
<tr><td>算術演算子</td><td>+ − * / %</td></tr>
<tr><td>連結演算子</td><td>+</td></tr>
<tr><td>比較演算子</td><td>== != < > <= >= is as</td></tr>
<tr><td>論理演算子</td><td>& | ^ ! ~ && || true false</td></tr>
<tr><td>シフト演算子</td><td><< >></td></tr>
<tr><td>インクリメント</td><td>++</td></tr>
<tr><td>デクリメント</td><td>−−</td></tr>
</table>

2.5.1 演算子の種類と使い方

演算子の使い方について、種類別に見ていくことにしましょう。

代入演算子

代入演算子は、右辺の値を左辺の要素に代入します。

▼int型の変数valueに5を代入する

```
int value = 5;
```

次は、変数valueの値に5を加算した値を再代入します。valueの値は10になります。

▼変数valueの値に5を加算した値をvalueに再代入

```
value = value + 5; // valueは10
```

▼代入演算子の種類

演算子	内容	使用例	変数xの値
=	右辺の値を左辺に代入する	int x = 5;	5
+=	左辺の値に右辺の値を加算して左辺に代入する	int x = 5;　x += 2;	7
−=	左辺の値から右辺の値を減算して左辺に代入する	int x = 5;　x −= 2;	3
*=	左辺の値に右辺の値を乗算して左辺に代入する	int x = 5;　x *= 2;	10
/=	左辺の値を右辺の値で除算して左辺に代入する	int x = 10;　x /= 2;	5
%=	左辺の値を右辺の値で除算した結果の剰余を左辺に代入する	int x = 5;　x %= 3;	2
&=	左辺の値と右辺の値をAND演算して左辺に代入する	int x = 0x0c;　x &= 0x06;	0x04
|=	左辺の値と右辺の値をOR演算して左辺に代入する	int x = 0x0c;　x |= 0x06;	0x0e
^=	排他的OR演算して左辺に代入する	int x = 0x0c;　x ^= 0x06;	0x0a
<<=	左シフト演算して左辺に代入する	int x = 1000;　x <<= 4;	16000
>>=	右シフト演算して左辺に代入する	int x = 1000;　x >>= −4;	62

算術演算子

数値の足し算や引き算などの演算は、**算術演算子**を使って行います。5と5を掛けた値に1を加算するには、次のように記述します。

▼5と5を乗算した値に1を加算した値をint型の変数num1に代入

```
int num1 = 5*5 + 1; // num1は26
```

演算を行う場合は、加算（+）や減算（−）よりも、乗算（*）や除算（/）が先に計算されます。5と1を加算した値を5に乗じる場合は、次のようにカッコ「()」を使って、5+1の計算を先に行わせるようにします。

▼5に1を加算した値に5を掛けた値をnum2に代入

```
int num2 = 5*(5 + 1); // num2は30
```

▼算術演算子の種類

演算子	内容	例	変数xの値	優先順位*
	数値をマイナスの値にする	int x = − 10;	−10	1
*	乗算	int x = 5 * 2;	10	1
/	除算	int x = 5 / 2;	2.5	1
%	剰余（割り算の余り）	int x = 5 % 2;	1	2
+	加算	int x = 5 + 2;	7	3
−	減算	int x = 5 − 2;	3	3

連結演算子

連結演算子としての+は、文字列同士を連結します。

▼連結演算子の種類

演算子	内容	例	xの値
+	文字列の連結	string x = "Micro" + "soft";	Microsoft

＊優先順位 演算を行うときの優先順位を示す。なお、同一の数式の中に、同じ順位にある複数の演算子が含まれている場合は、式の左にある演算子から順に演算が行われる。

比較演算子

比較演算子は、2つの式を比較する場合に使用します。比較の結果は、true（真）またはfalse（偽）のどちらかの値で返されます。

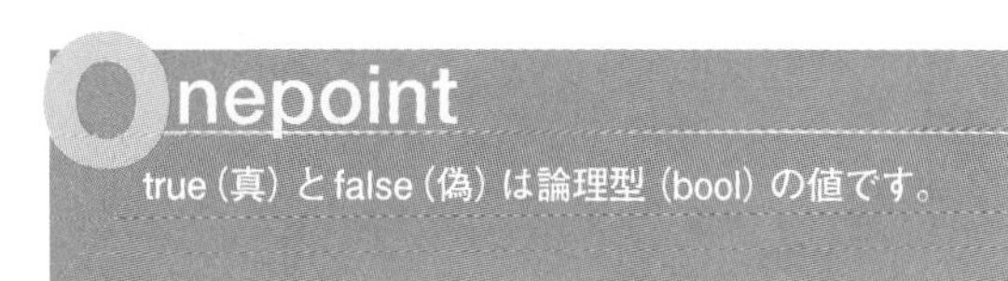

Onepoint
true（真）とfalse（偽）は論理型（bool）の値です。

▼比較演算子の種類

演算子	内容	例	返される値
==	等しい	x == 5	xが5であればtrue、5以外の場合はfalse。
!=	等しくない	x != 5	xが5でなければtrue、5の場合はfalse。
<	右辺より小さい	x < 5	xが5より小さい場合はtrue、5以上の場合はfalse。
<=	右辺以下	x <= 5	xが5以下の場合はtrue、5より大きい場合はfalse。
>	右辺より大きい	x > 5	xが5より大きい場合はtrue、5以下の場合はfalse。
>=	右辺以上	x >= 5	xが5以上の場合はtrue、5より小さい場合はfalse。

論理演算子

論理演算子は、複数の条件式を組み合わせて、複合的な条件の判定を行う場合に利用します。判定の結果は、true（真）またはfalse（偽）のどちらかの値で返されます。

演算子	内容
&	2つの条件式の論理積を求める。2つの式が両方ともtrueの場合にのみtrueとなり、それ以外はfalse。

▼使用例

```
int a = 5;
int b = 2;
int c = 1;
bool check;
check = a > b & b > c;    // checkはtrue
check = b > a & b > c;    // checkはfalse
```

演算子	内容
		2つの条件式の論理和を求める。2つの式のどちらかがtrueであればtrue(2つの式が両方ともtrueである場合もtrue)となり、2つの式の両方がfalseの場合にのみfalseとなる。

▼使用例

```
int a2 = 5;
int b2 = 2;
int c2 = 1;
bool check2;
check2 = a2 > b2 | b2 > c2;    // check2はtrue
check2 = b2 > a2 | b2 > c2;    // check2はtrue
check2 = b2 > a2 | c2 > b2;    // check2はfalse
```

演算子	内容
!	条件式の論理否定を求める。条件式の真偽を反対に変換する。条件式がtrueであればfalse、条件式がfalseであればtrueの結果を返す。

▼使用例

```
int a3 = 5;
int b3 = 2;
bool check3;
check3 = !(a3 > b3);    // check3はfalse
check3 = !(b3 > a3);    // check3はtrue
```

演算子	内容
^	2つの条件式の排他的論理和を求める。2つの式のどちらかがtrueの場合にのみtrueの結果を返し、2つの式の両方がtrue、またはfalseの場合は、falseの結果を返す。

▼使用例

```
int a4 = 5;
int b4 = 2;
int c4 = 1;
bool check4;
check4 = a4 > b4 ^ c4 > b4;    // check4はtrue
check4 = b4 > a4 ^ b4 > c4;    // check4はtrue
check4 = a4 > b4 ^ b4 > c4;    // check4はfalse
check4 = b4 > a4 ^ c4 > b4;    // check4はfalse
```

代入演算子による簡略表記

代入演算子は、次のように簡略表記できます。

通常の表記	簡略表記
a = a + b	a += b
a = a − b	a −= b
a = a * b	a *= b
a = a / b	a /= b
a = a & b	a &= b
a = a << b	a <<= b
a = a >> b	a >>= b

●+= 演算子❶

右辺の値を左辺の数値型の変数に加算して、その結果を変数に代入します。次は、変数n1の値に数値変数n2の値を加算した値をn1に再代入しています。

▼+=演算子の演算例❶

```
int n1 = 10;
int n2 = 25;
n1 += n2;    // n1は35
```

●+=演算子❷

+=演算子は、文字列を連結し、その結果を変数に代入することもできます。

▼+=演算子の演算例❷

```
string str1 = "Micro";
string str2 = "soft";
str1 += str2;  // str1は"Microsoft"
```

●−=演算子

左辺の変数の値から右辺の値を減算して、その結果を変数に代入します。

▼−=演算子の演算例

```
int var1 = 10;
int var2 = 3;
var1 -= var2; // var1は7
```

●*= 演算子

左辺の値に右辺の値を乗じた結果を左辺の変数に代入します。

▼*=演算子の演算例

```
int var3 = 10;
int var4 = 3;
var3 *= var4; // var3は30
```

●/=演算子

左辺の値を右辺の値で除算した結果を左辺の変数に代入します。

▼/=演算子の演算例

```
int var5 = 25;
int var6 = 5;
var5 /= var6; // var5は5
```

●&=演算子

&= 演算子を使うと、「x = x & y」を「x &= y」のように記述することができます。xとy共にtrueの場合のみtrueになります。

▼&=演算子の演算例

```
// &=演算子
bool bl = true;         // blはtrue
bl &= true;             // bl = bl & true
Console.WriteLine(bl);  // blはtrue
bl &= false;            // bl = bl & false
Console.WriteLine(bl);  // blはfalse
```

▼実行結果

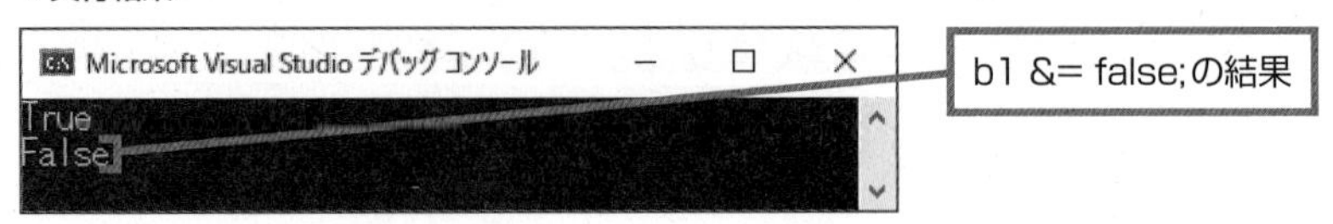

●<<=演算子

ビットの並びを右辺で指定した桁数のぶんだけ左にシフトし、空白となった右端の桁に「0」を入れます。上位のビット位置からはみ出したビットは破棄されます。2進数では、左に1つシフトするたびに値が2倍、4倍、8倍、16倍、・・・と変化します。

●シフト前の2バイトの値

```
1111 1111(10進数の255)
```

●シフト後の値

```
1111 1111 0000(10進数の4080)
```

4つ左シフトした結果、4つの0が埋め込まれる

▼<<=演算子の演算例

```
int bt = 255;            // 255は2進数で「1111 1111」
int shift = 4;
bt <<= shift;            // 左に4桁ぶんシフト
Console.WriteLine(bt); // 「1111 1111 0000」は4080
```

▼実行結果

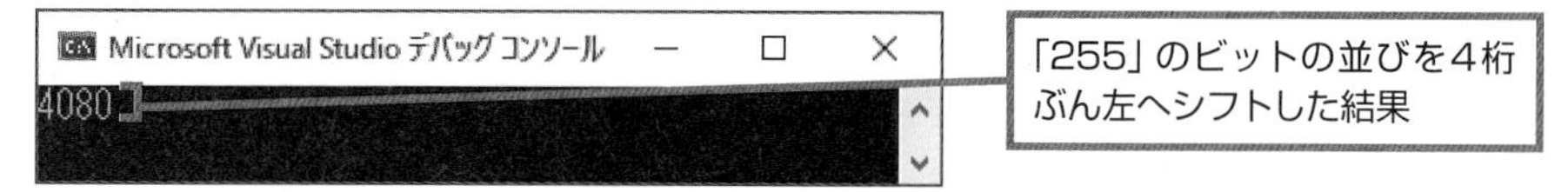

●>>=演算子

ビットの並びを右辺で指定した桁数のぶんだけ右にシフトします。下位のビット位置からはみ出したビットは破棄されます。右シフトするたびに値が1/2倍、1/4倍、1/8倍、…と変化します。

●シフト前の2バイトの値

```
1111 1111(10進数の255)
```

●シフト後の値

```
1111(10進数の15)
```

▼>>=演算子の演算例

```
int bt2 = 255;          // 255は2進数で「1111 1111」
int shift2 = 4;
bt2 >>= shift2;         // 右に4桁ぶんシフト
Console.WriteLine(bt2); // 「1111」は15
```

▼プログラムの実行結果

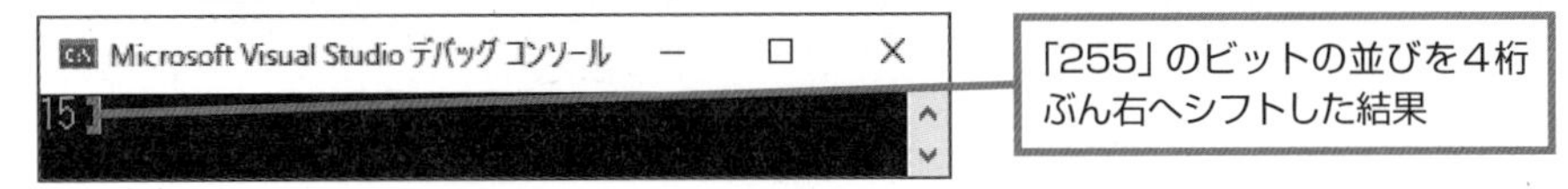

Memo 前置インクリメント演算と後置インクリメント演算

整数型の変数の値を1増やす処理のことを「インクリメント」、逆に1減らす処理のことを「デクリメント」と呼びます。これらの処理は、処理の回数を数える、あるいは指定した処理回数まで残り何回かを数える場合などに使われます。インクリメントとデクリメントには、「++」または「--」を変数の前に置く前置型と、変数の後ろに置く後置型があり、それぞれ異なる処理が行われます。

次の❶は、**前置インクリメント演算**です。この演算の結果は、インクリメントが行われたあとの値になるので、❶の演算結果は「2」です。一方、❷は、**後置インクリメント演算**なので、変数の値を先に評価してから1を加算します。

▼前置インクリメント演算と後置インクリメント演算（プロジェクト「Increment_Decrement」）

```
int a = 1;
int b = 1;
Console.WriteLine(++a); // ❶前置インクリメントはインクリメント後を評価する
Console.WriteLine(b++); // ❷後置インクリメントは変数の値を評価してから1加算する
Console.WriteLine(a);   // 出力:2
Console.WriteLine(b);   // 出力:2
```

▼実行結果

次は、前置デクリメント演算と後置デクリメント演算の例です。❶は、1から1減らした「0」になります。❷は、先にxの値を評価するので「1」と表示されます。評価したあとに1減らすので、処理のあとに「0」と表示されます。

▼前置デクリメント演算と後置デクリメント演算（プロジェクト「Increment_Decrement」）

```
int c = 1;
int d = 1;
Console.WriteLine(--c); // ❶前置デクリメントはデクリメント後を評価する
Console.WriteLine(d--); // ❷後置デクリメントは変数の値を評価してから1減算する
Console.WriteLine(c);   // 出力：0
Console.WriteLine(d);   // 出力：0
```

▼実行結果

Memo 単項演算子と二項演算子

演算子を大きく分けると、右辺（または左辺）のみを対象にする単項演算子と、左辺と右辺の両方を対象にする二項演算子に分けられます。

●単項演算子

単項演算子には、インクリメント演算子の「++」や、デクリメント演算子「−−」などがあります。単項演算子は、右辺（または左辺）の値しか持ちません。

●二項演算子

二項演算子は、左辺と右辺の両方のオペランドを指定します。

二項演算子には、+、−、*、/、%、&、|、^、<<、>>、==、!=、>、<、>=、<=などがあります。

なお、オペランドとは、値そのもの、または値を表す式のことです。

Memo 単純代入演算子と複合代入演算子

代入演算子のうちで「=」は、**単純代入演算子**と呼びます。これに対し、=演算子と、+、−、*、/、%、&、|、^、<<、>>のいずれかの演算子を結合して、「−=」のように記述する演算子を、**複合代入演算子**と呼びます。

文字列の処理

２つの文字列を比較して「等しいか」「等しくないか」を調べるには、演算子の「==」または「!=」を使います。「==」は等しい場合にtrue、「!=」は等しくない場合にtrueを返します。

▼文字列を比較する（プロジェクト「StringOperation」）

```
var str1 = "C#";
var str2 = "C++";
Console.WriteLine(str1 == str2); // 出力: false
Console.WriteLine(str2 != str1); // 出力: true
```

文字列を扱うstring型を定義しているStringクラスには、以下のメソッドがあり、文字列の中に特定の文字または文字列が含まれているかを調べることができます。

●Contains() メソッド

文字列の中に、指定した文字が含まれているかどうかを判定します。大文字と小文字を区別し、判定する文字列の先頭文字から末尾の文字位置まで検索されます。

●StartsWith() メソッド

文字列の先頭に、指定した文字列が含まれているかどうかを判定します。大文字と小文字を区別します。

●EndsWith() メソッド

文字列の末尾に、指定した文字列が含まれているかどうかを判定します。大文字と小文字を区別します。

次は、**Contains()** メソッドを使って、変数str_1に、str_2、およびstr_3が含まれているかどうかを調べています。

▼Contains() メソッドを使う

```
string str_1 = "Microsoft Visual C#";
var str_2 = "C#";
var str_3 = "C++";
Console.WriteLine(str_1.Contains(str_2)); // 出力: true
Console.WriteLine(str_1.Contains(str_3)); // 出力: false
```

▼実行結果

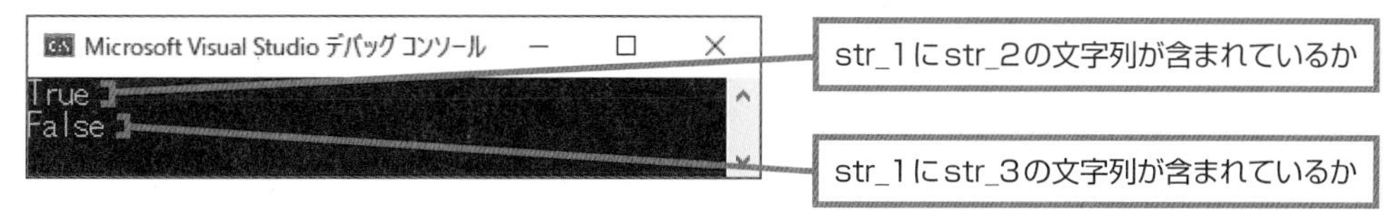
Microsoft Visual Studio デバッグ コンソール
True
False
str_1にstr_2の文字列が含まれているか
str_1にstr_3の文字列が含まれているか

次は、StartsWith()メソッドを使って、変数s1の先頭に、s2、またはs3が含まれているかどうかを調べています。

▼StartsWith()メソッドを使う

```
string s1 = "Microsoft Visual C#";
var s2 = "Microsoft";
var s3 = "C++";
Console.WriteLine(s1.StartsWith(s2)); // 出力: true
Console.WriteLine(s1.StartsWith(s3)); // 出力: false
```

▼実行結果

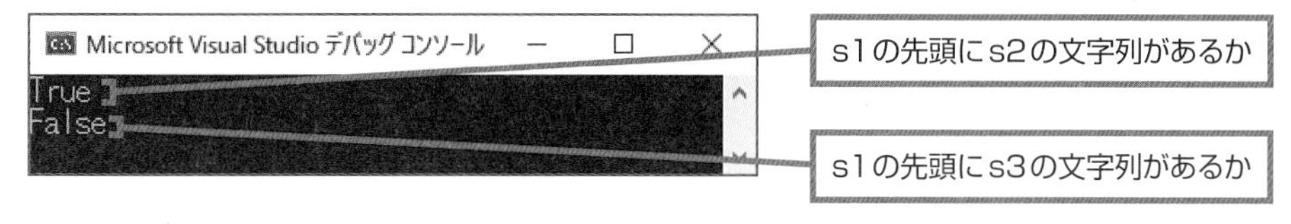
Microsoft Visual Studio デバッグ コンソール
True
False
s1の先頭にs2の文字列があるか
s1の先頭にs3の文字列があるか

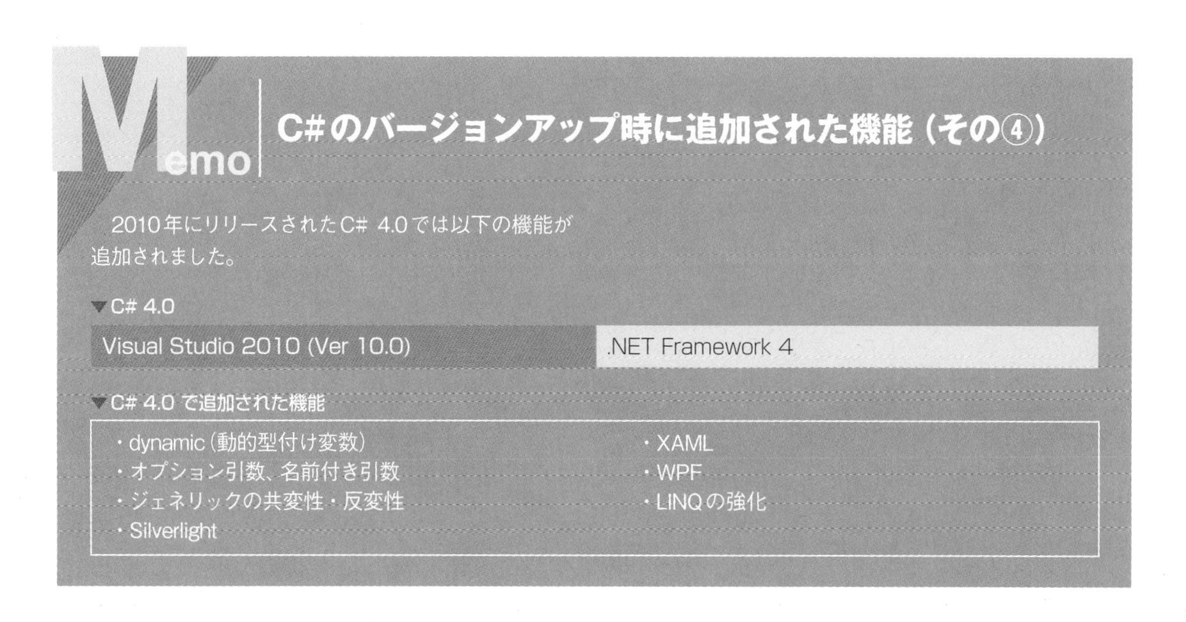

Memo C#のバージョンアップ時に追加された機能(その④)

2010年にリリースされたC# 4.0では以下の機能が追加されました。

▼C# 4.0

Visual Studio 2010 (Ver 10.0)	.NET Framework 4

▼C# 4.0で追加された機能

- dynamic(動的型付け変数)
- オプション引数、名前付き引数
- ジェネリックの共変性・反変性
- Silverlight
- XAML
- WPF
- LINQの強化

2.5.2 「税込み金額計算アプリ」を作る

いきなりですが、変数や定数を使用するデスクトップアプリを作ってみましょう。ボタンとラベル、テキストボックスだけの画面ですので挑戦してみてください。

金額と数量を入力すると、自動的に消費税額が計上された合計金額を算出するようにしてみます。

操作画面を作る

最初にデスクトップアプリのためのプロジェクトを作成しましょう。

1. **ファイル**メニューの**新規作成➡プロジェクト**を選択して「新しいプロジェクトの作成」ダイアログボックスを表示します(スタート画面の場合は**新しいプロジェクトの作成**をクリック)。
2. C#を選択し、Windows Forms Appを選択して**次へ**ボタンをクリックします。
3. プロジェクト名を入力し、**参照**ボタンをクリックして保存先を選択します。
4. **次へ**ボタンをクリックします。
このあとに表示される画面で**作成**ボタンをクリックするとデスクトップアプリ用のプロジェクトが作成され、何も配置されていない操作画面(フォーム)が表示されます。

▼[新しいプロジェクトの作成]

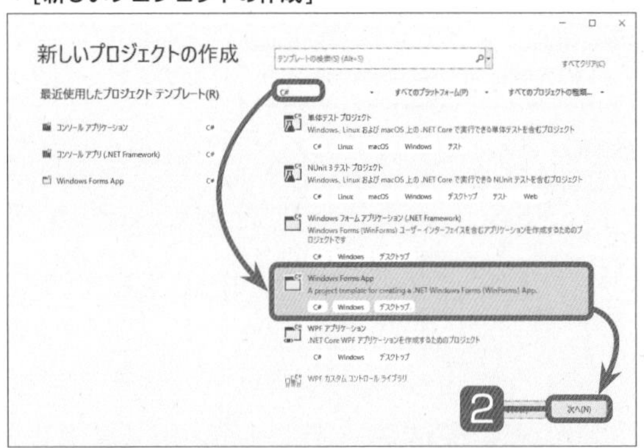

▼プロジェクトの作成

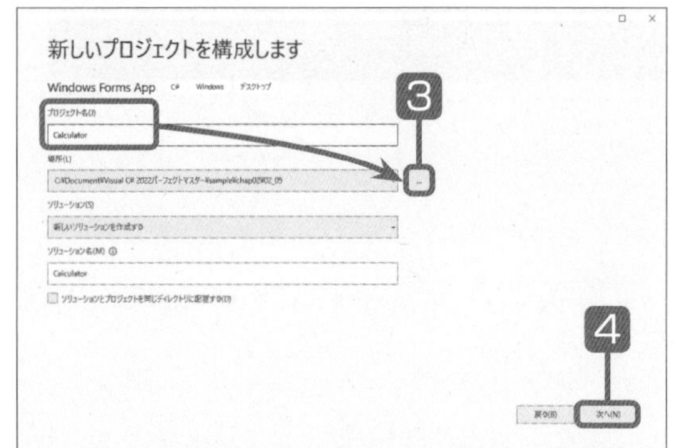

▼デスクトップアプリ用のプロジェクトの画面(Form1.cs)
(プロジェクト「Calculator」)

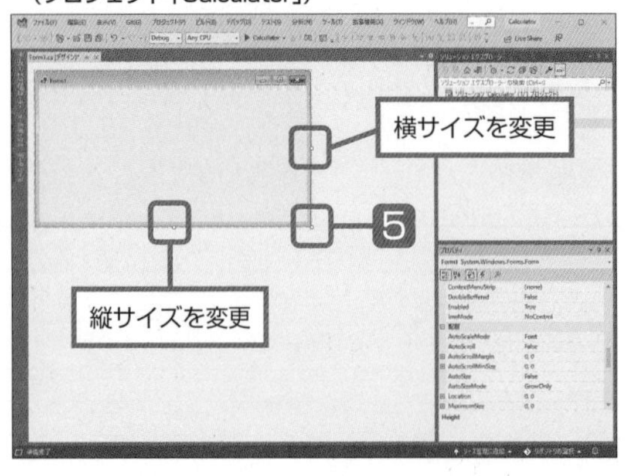

5. フォームの右下のサイズ変更ハンドル□をドラッグして、サイズを少し小さくしましょう。

▼ラベルを8個配置する

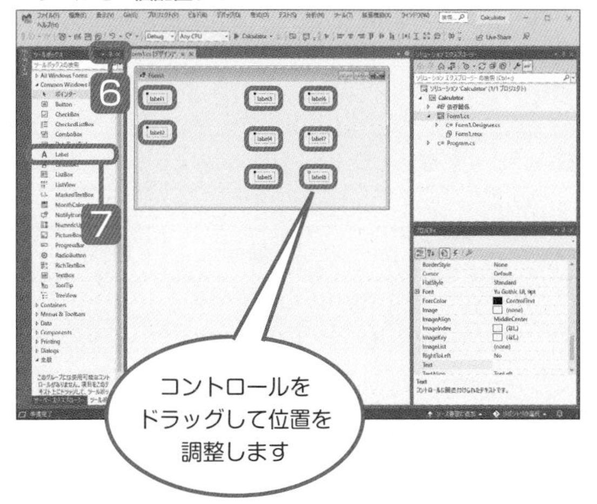
6
7
コントロールを
ドラッグして位置を
調整します

6 **ツールボックス**タブをクリックして、ツールボックスを表示し、**自動的に隠す**ボタンをクリックして、ツールボックスが隠れないようにします。

7 Common Windows Formsを展開するとLabelという項目がありますので、これをクリックし、フォームの左上の部分をクリックします。これでLabelがフォーム上に配置されます。

8 同じように操作して、左に2個、中央に3個、右に3個のラベルを上から順に配置していきましょう。配置したラベルをドラッグすれば位置を変更できるので、図のような配置になるように調整してください。

▼テキストボックスとボタンの配置

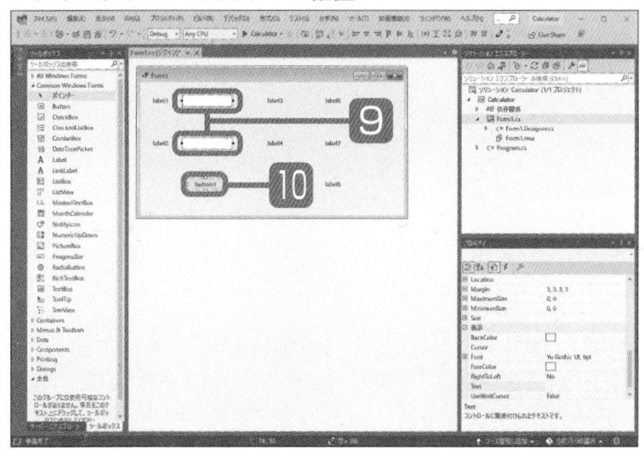
9
10

9 **ツールボックス**のTextBoxをクリックして、テキストボックスを2個配置します。

10 **ツールボックス**のButtonをクリックして、ボタンを1個配置します。

Onepoint

自動的に隠すボタンをクリックすると、ツールボックスが再び折りたたまれます。

次に、各コントロールの設定値（プロパティ）を設定しましょう。

▼ラベルのプロパティの設定

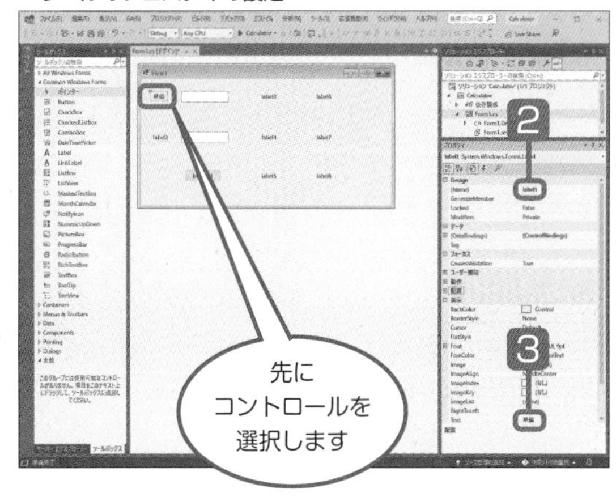
2
3
先に
コントロールを
選択します

1 **表示**メニューをクリックして**プロパティウィンドウ**を選択します（すでにプロパティウィンドウが表示されている場合は、この操作は必要ありません）。

2 左上のラベルをクリックして選択します。プロパティウィンドウが選択中のラベルのプロパティを設定する表示に切り替わりますので、(Name)の項目に「label1」と入力します。これは、選択中のラベルの名前になります。

3 **プロパティ**ウィンドウを下にスクロールするとTextという項目があるので、「単価」と入力して Enter キーを押します。

4 同じように操作して、各コントロールのプロパティを下の表のように設定しましょう。

▼フォーム上に配置するコントロール

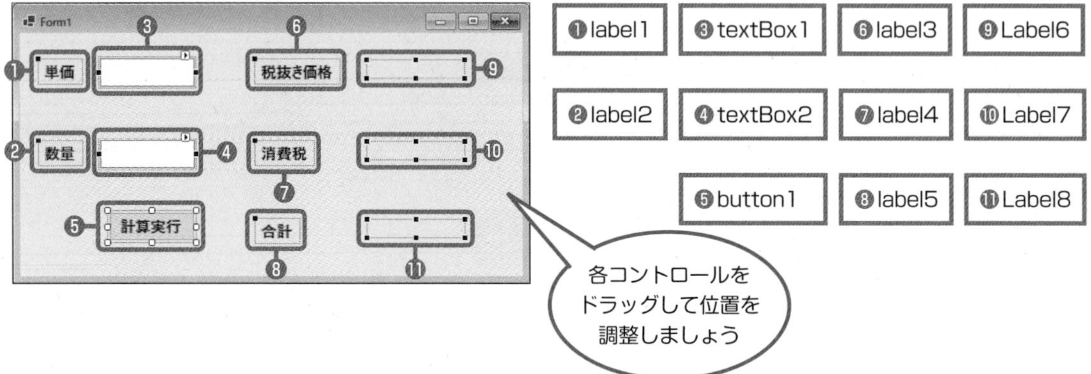

▼各コントロールのプロパティ設定

●❶label（1列目の上から1番目）

プロパティ名	設定値
(Name)	label1
Text	単価
FontのSize	12
FontのBold	True

●❷label（1列目の上から2番目）

プロパティ名	設定値
(Name)	label2
Text	数量
FontのSize	12
FontのBold	True

●❻label（3列目の上から1番目）

プロパティ名	設定値
(Name)	label3
Text	税抜き価格
FontのSize	12
FontのBold	True

●❼label（3列目の上から2番目）

プロパティ名	設定値
(Name)	label4
Text	消費税
FontのSize	12
FontのBold	True

●❽label（3列目の上から3番目）

プロパティ名	設定値
(Name)	label5
Text	合計
FontのSize	12
FontのBold	True

●❾label（4列目の上から1番目）

プロパティ名	設定値
(Name)	label6
AutoSize	False
Size（Width）	100
Size（Height）	20
Text	（空欄）
TextAlign	TopRight
FontのSize	12
FontのBold	True

●⑩label（4列目の上から2番目）

プロパティ名	設定値
(Name)	label7
AutoSize	False
Size (Width)	100
Size (Height)	20
Text	（空欄）
TextAlign	TopRight
FontのSize	12
FontのBold	True

●⑪label（4列目の上から3番目）

プロパティ名	設定値
(Name)	label8
AutoSize	False
Size (Width)	100
Size (Height)	20
Text	（空欄）
TextAlign	TopRight
FontのSize	12
FontのBold	True

●❸textBox（上から1番目）

プロパティ名	設定値
(Name)	textBox1
Text	（空欄）
FontのSize	12
FontのBold	True

●❹textBox（上から2番目）

プロパティ名	設定値
(Name)	textBox2
Text	（空欄）
FontのSize	12
FontのBold	True

●❺button

プロパティ名	設定値
(Name)	button1
Text	計算実行
FontのSize	12
FontのBold	True

Memo リテラル

プログラムコードの中で、数値や文字列のように、直接、記述されているデータのことを**リテラル**と呼びます。

Visual C#では、以下のように、リテラルの書式が定められています。

- **数値リテラル**

数値リテラルは、値をそのまま記述します。

（例）x = 10;

- **文字リテラル**

文字リテラルは、1つの文字をシングルクォーテーション「'」で囲みます。

（例）x = 'A';

- **文字列リテラル**

文字列リテラルは、文字列をダブルクォーテーション「"」で囲みます。

（例）x = "ABCDEFG";

背景イメージの設定

背景イメージを設定します。先に**ソリューションエクスプローラー**を開いておきます。続いて、プロジェクトフォルダー以下にイメージファイルをコピーして、これを背景イメージとして設定します。

▼背景イメージの設定

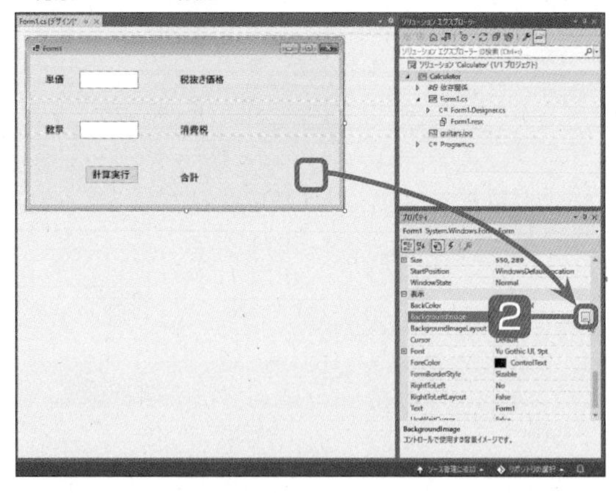

1 任意のイメージをコピーして、**ソリューションエクスプローラー**でプロジェクト名を右クリックして**貼り付け**を選択します。これでプロジェクト用のフォルダーにイメージがコピーされます。

2 フォーム上の何も表示されていない部分をクリックして、**プロパティ**ウィンドウの**表示**カテゴリにある**BackgroundImage**を選択し、値の欄に表示されているボタンをクリックします。

3 **リソースの選択**ダイアログボックスが表示されるので、**プロジェクトリソースファイル**をオンにして**インポート**ボタンをクリックします。

4 プロジェクト用フォルダーにコピーしたイメージを選択して**開く**ボタンをクリックします。

▼［リソースの選択］ダイアログボックス

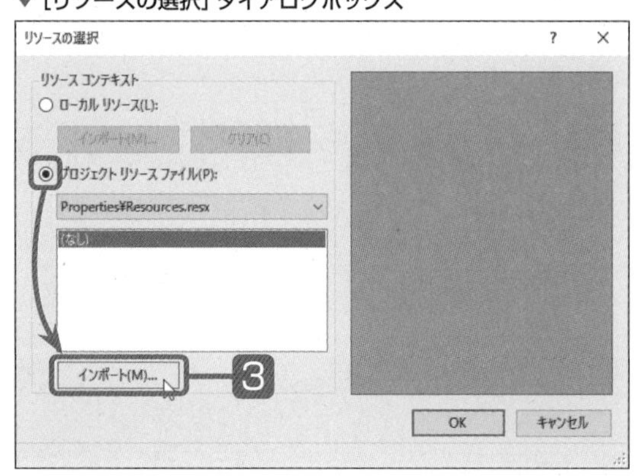

▼背景イメージの選択

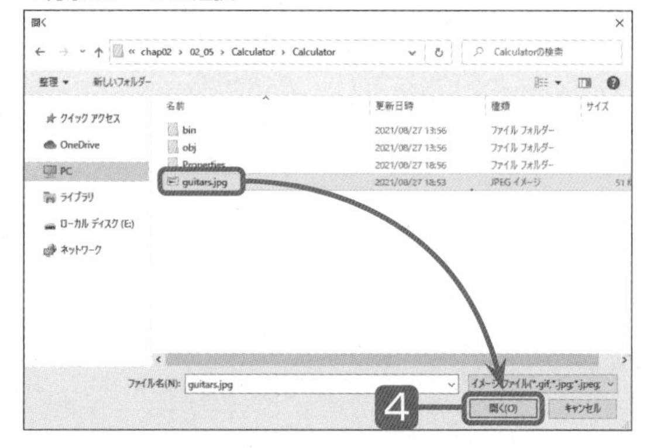

5 **リソースの選択**ダイアログボックスの**OK**ボタンをクリックします。

▼［リソースの選択］ダイアログボックス

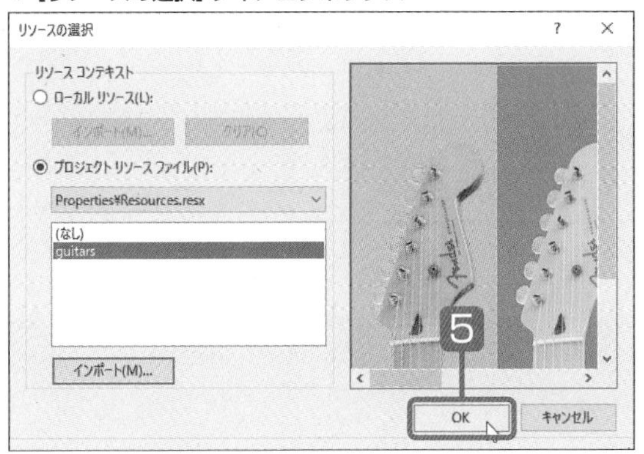

6 背景イメージが設定されます。

▼設定された背景イメージ

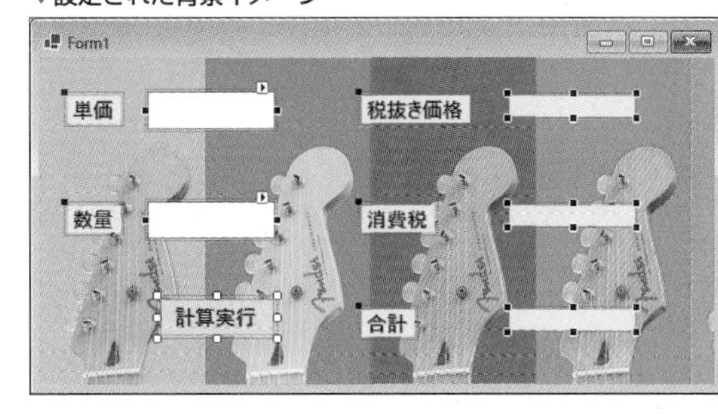

ソースコードを入力する

コントロールの配置が済んだら、入力された単価と数量に応じて金額を計算し、さらに消費税額と消費税を含んだ合計額を算出するためのコードを記述することにしましょう。

次の変数と定数を宣言し、これらの変数と定数を使って演算を行うためのソースコードを記述します。

▼変数

変数名	データ型	内容
price	int	テキストボックスの「単価」欄に入力された値を格納するための変数。
quantity	int	テキストボックスの「数量」欄に入力された値を格納するための変数。
subtotal	int	priceの値にquantityの値を掛けた値を格納するための変数。
tax	int	税額を格納するための変数。subtotalの値と定数TAX_RATEを掛け合わせた値を格納する。
total	int	合計金額を格納するための変数。subtotalにtaxを足した値を格納する。

▼定数

定数名	データ型	内容
TAX_RATE	double（倍精度浮動小数点数型）	消費税率の0.1を格納しておく定数。

フォーム上に配置した**計算実行**ボタンをダブルクリックしてみてください。すると、コードエディターが開いて、次のように表示されるはずです。

▼ボタンをダブルクリックしたあとのコードエディター

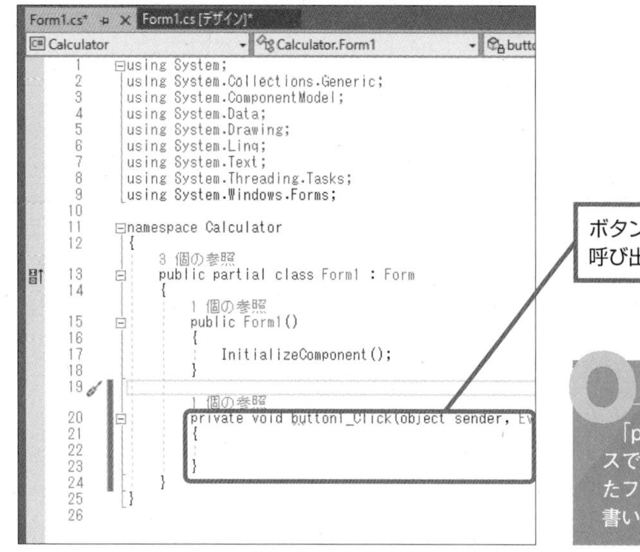

ボタンをクリックしたときに呼び出されるメソッド

Onepoint

「public partial class Form1」は、Form1というクラスであることを示しています。ここに、先ほど作成したフォームやコントロールを操作するためのコードを書いていきます。

イベントハンドラー

ポイントは、「private void button1_Click(object sender, EventArgs e) { }」のコードブロックです。これは、ボタンがクリックされたときに自動で呼び出されるメソッドです。Visual Studioでは、フォーム上に配置したコントロールをダブルクリックすると、そのコントロールがクリックされたときに呼び出される空のメソッドが自動で作成されるようになっています。このメソッドの{ }の中に何かの処理を書いておけば、ボタンをクリックすると、書いておいた処理が実行されます。このような「何かを操作したときに呼ばれるメソッド」は、**イベントハンドラー**と呼ばれます。

button1_Click()メソッドの内部に次のように入力しましょう。

▼CalculateApp (Form1.cs)

```
namespace Calculator
{
    public partial class Form1 : Form
    {
        public Form1()
        {
            InitializeComponent();
        }

        private void button1_Click(object sender, EventArgs e)
        {
            // ❶int型の変数5個を宣言
            int price, quantity, subtotal, tax, total;
            // ❷消費税率0.1を定数TAX_RATEに格納
            const double TAX_RATE = 0.1;
```

```
            // ❸textBox1.Textで単価を取得し、int(Int32)型に変換
            price = Convert.ToInt32(textBox1.Text);
            // ❹textBox2.Textで数量を取得し、int(Int32)型に変換
            quantity = Convert.ToInt32(textBox2.Text);
            // ❺単価に数量を掛けて税抜き価格を求める
            subtotal = price * quantity;
            // ❻税抜き価格に税率を掛けて消費税額を求め、
            // double型をint型にキャストしてtaxに代入
            tax = (int)(subtotal * TAX_RATE);
            // ❼税込み価格を求める
            total = subtotal + tax;

            // ❽税抜き価格、消費税額、税込み価格をstring型に
            // キャストして各ラベルに出力する
            label6.Text = Convert.ToString(subtotal);
            label7.Text = Convert.ToString(tax);
            label8.Text = Convert.ToString(total);
        }
    }
}
```


▼実行中のアプリ

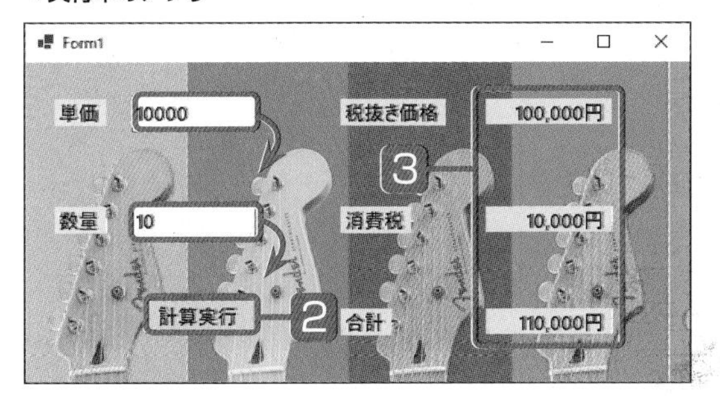

1 ツールバーの▶ボタンをクリックして、プログラムを実行します。

2 単価、数量を入力して**計算実行**ボタンをクリックします。

3 計算結果が表示されます。

●コードの解説

作成例では、**計算実行**ボタンをクリックしたときに実行される**イベントハンドラー**（ボタンクリックのようなイベントが発生したときに実行されるメソッド）に入力したコードは、次のように、変数と定数の宣言部分、計算を実行する部分、計算結果を表示する部分の3つで構成されています。

●変数と定数の宣言部

int型のローカル変数と、double型のローカル定数を宣言しています。

❶ int型のローカル変数の宣言

```
int price, quantity, subtotal, tax, total;
```

❷ double型のローカル定数の宣言

```
const double TAX_RATE = 0.1;
```

計算を実行する部分

計算を実行する部分は、2つのテキストボックスに入力された値を変数に代入する部分と、計算を行う部分で構成されます。

●TextBoxコントロールに入力された値を変数に代入する部分

テキストボックスに入力された値を取得するには、Textプロパティを使います。「テキストボックス名.Text」と記述すれば、該当するテキストボックスに入力された値を取得することができます。

ただし、テキストボックスに入力された値は、すべて文字列として扱われます。操作例で**単価**に入力した「10000」も**数量**に入力した「10」も見かけ上は数値ですが、あくまで文字列として扱われるので、このままの状態では演算を行うことができません。

そこで、**Convert.ToInt32()** メソッドを使って、テキストボックスの文字列を数値へ変換しています。このメソッドには、指定したデータをint型の整数に変換する機能があります。

▼int型への変換

```
Convert.ToInt32(データ)
```

ここでは、次のように「textBox1」と「textBox2」に入力された値をConvert.ToInt32()メソッドで整数に変換したあと、各変数に代入するようにしています。

❸❹ textBox1(単価入力用)とtextBox2(数量入力用)に入力された値をローカル変数price、quantityに代入します。

```
price = Convert.ToInt32(textBox1.Text);
```

単価用の変数　textBox1のTextプロパティの値をint型に変換

```
quantity = Convert.ToInt32(textBox2.Text);
```

数量用の変数　textBox2のTextプロパティの値をint型に変換

●計算を行う部分

合計金額の計算は、次の順序で行います。

・税抜き価格を求める

⑤単価と数量の乗算を行って税抜き価格を求め、結果を「subtotal」に代入します。

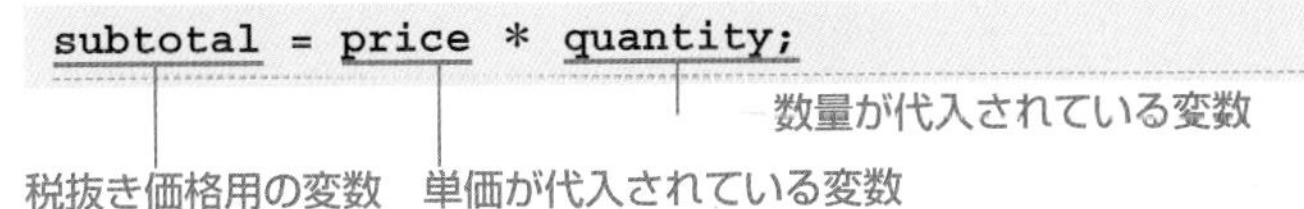

・消費税額を求める

次に、税抜き価格に消費税率を掛けて、税額を計算します。税抜き価格を代入している変数subtotalがint型であるのに対し、消費税率を代入している定数TAX_RATEはdouble型ですが、int型とdouble型の演算を行った場合、演算結果はdouble型のデータとして出力されます。このように、自動的にデータ型が変換されることを**暗黙的な型変換**と呼びます。暗黙的な型変換は、値の範囲が小さいデータ型から値の範囲が大きいデータ型に対してのみ行われますが、ここでは代入先の変数taxがint型であるため、コンパイルエラーになってしまいます。

▼消費税額を求めるステートメント（誤り）

```
tax = subtotal * TAX_RATE; ←演算結果のdouble型をint型の変数に代入できないのでエラーになる
```

int型　int型　double型

そこで「明示的な型変換（キャスト）」を行って、double型の値をint型の整数に変換するようにします。

明示的な型変換（**キャスト**）とは、データ型の変換を明示的に行うことです。キャストでは、**キャスト演算子**「()」を使用して、カッコ内に変換したいデータ型を記述することで、データ型を強制的に変換します。double型の値をint型に変換した場合は、小数点以下の値が切り捨てられるので、ここでは消費税額の小数点以下の値が切り捨てられることになります。

なお、string型からint型（あるいはその逆）のように、文字列から数値型など、まったく異なる型への変換には、キャストを使うことはできません。このような場合は、前出の「Convert.ToString()」メソッドなどの「Convert」クラスに属するメソッドを使用します。

▼明示的な型変換（キャスト）

```
(キャスト後のデータ型)対象となるデータ
```

Onepoint

暗黙的な型変換は、byte型、sbyte型➡short型、ushort型➡int型、uint型➡long型、ulong型➡float型➡double型➡decimal型の順で行われます。

Attention

ここでは、算出された消費税額の小数点以下の値を切り捨てています。なお、小数点以下の値を四捨五入したい場合は、113ページの「HINT　小数点以下の値を四捨五入するには」を参照してください。

❻税抜き価格に消費税率を掛けて税額を求め、結果を「tax」に代入します。

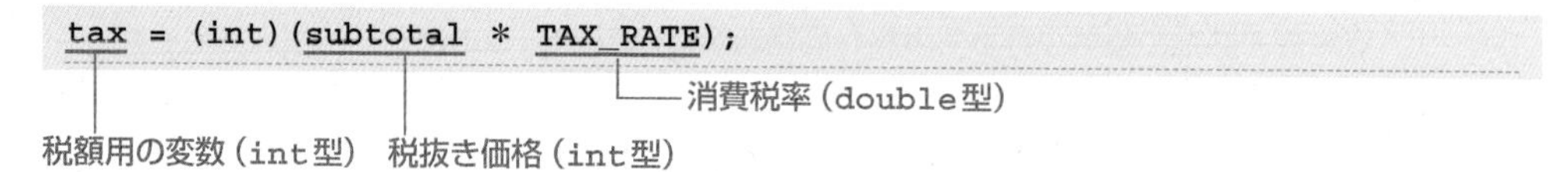

❼❺で求めた税抜き価格に❻で求めた消費税額を加算し、結果を「total」に代入します。

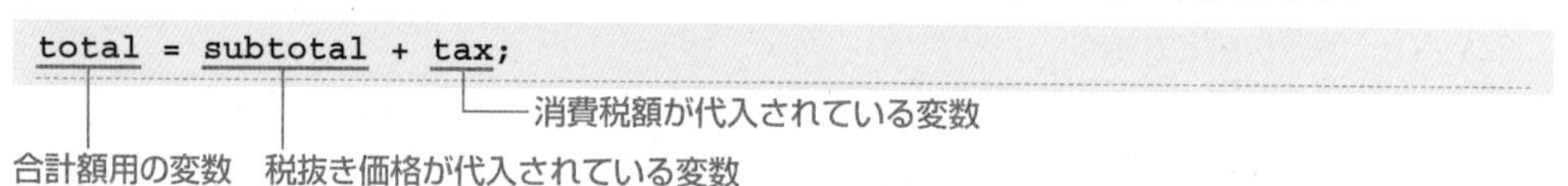

●計算結果を表示する部分

最後に、subtotalに格納されている税抜き価格、taxに格納されている税額、totalに格納されている合計金額を、それぞれラベルに表示します。ただし、これらのローカル変数に代入されている値はint型であるため、この状態でラベルのTextプロパティに代入することはできません。Textプロパティは文字列を扱うプロパティなので、事前にstring型に変更しておくことが必要です。

そこで、「Convert.ToString()」メソッドを使って、int型の値をstring型に変換したあとで、Textプロパティに代入するようにしています。

❽これまでの計算結果を各ラベルに表示する。

▼税抜き価格をlabel6に表示

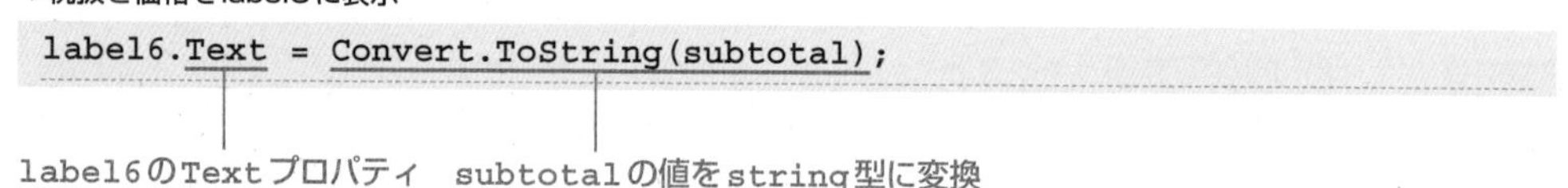

▼消費税額をlabel7に表示

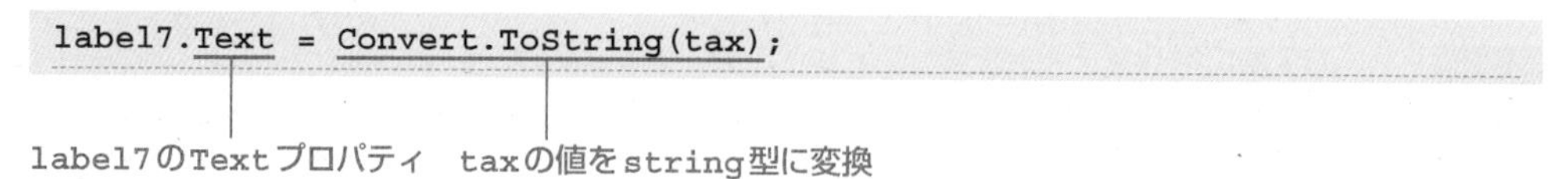

▼合計額をlabel8に表示

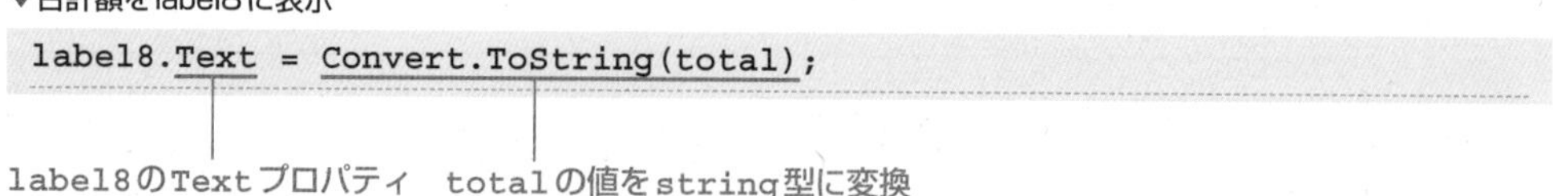

Onepoint

今回作成したアプリは、テキストボックスに「数字が入力される」ことを前提にしています。このため、文字を入力したり、何も入力しないで**計算実行**ボタンをクリックすると、エラーになってプログラムが止まってしまいます。この場合は、**デバッグ**メニューの**デバッグの停止**を選択してプログラムをいったん終了してください。

Hint 小数点以下の値を四捨五入するには

小数点以下の値を切り捨てではなく、四捨五入を行いたい場合は、以下の方法を使います。

小数第1位が5以上の場合

0.5を加算すると桁が上がるので、そのまま小数点以下を切り捨てれば、小数第1位の5以上の値を切り上げることができます。

```
49円 × 0.1 = 4.9円
▼
4.9円 + 0.5 = 5.4円
▼
小数点以下を切り捨て
▼
5円
```

小数第1位が5未満の場合

0.5を加算しても桁上がりを起こさないので、そのまま小数点以下を切り捨てれば、小数第1位の5未満の値を切り捨てることができます。

```
51円 × 0.1 = 5.1円
▼
5.1円 + 0.5 = 5.6円
▼
小数点以下を切り捨て
▼
5円
```

この方法では、単価と消費税率を乗じた値に「0.5」を加算したあとでint型へのキャストを行い、小数点以下の値を切り捨てることで小数点以下の四捨五入を行います。

▼消費税額の小数点以下の値を四捨五入するステートメント

```
tax = (int)((subtotal * TAX_RATE)+0.5);
```

- tax：消費税額を代入する変数（int型）
- subtotal：税抜き価格（int型）
- TAX_RATE：消費税率（double型）
- +0.5：単価と消費税率を乗じた値に「0.5」を加算する

Section

2.6 データ型の変換

Level ★★★

Keyword　暗黙的な型変換　キャスト　Boxing

データ型の変換には、Visual C#のコンパイラーに自動的に変換させる方法と、開発者自身がコードを記述して明示的に行う方法があります。

データ型の変換

データ型の変換には、**暗黙的な型変換**と、**キャスト**と呼ばれる方法があります。

また、値型のデータを参照型のデータに変換することも可能で、これを**Boxing**（ボクシング）と呼びます。

• 暗黙的な型変換

暗黙的な型変換は、次のように、データ型が異なる変数に値を代入しようとしたときに行われます。ただし、暗黙的なデータ変換は、値の範囲が小さいデータ型から値の大きいデータ型へ変換する場合のみ行われます。

▼暗黙的な型変換

```
int x =10;
long y = x;     ──── xの値がint型からlong型に変換されてyに代入される
```

• キャスト

キャストは、キャスト演算子「()」を使用して、明示的にデータ変換を行います。値の範囲が大きいデータ型から値の範囲が小さいデータ型への変換を行うことが可能です。

▼暗黙的な型変換

```
long x = 1000;
int y = (int)x     ──── xの値がlong型からint型に変換されてyに代入される
```

• Boxing

Boxingは、値型のデータを参照型に変換する処理のことで、暗黙的に行うことも、キャスト演算子を使用して明示的に行うことも可能です。

```
int x = 10;
object y = x; ―――――― xのint型の値が暗黙的にobject型に変換されてyに代入される
```

●Unboxing

Boxingしたデータを元のデータ型に戻すことをUnboxing（アンボクシング）と呼びます。

```
int z = (int)y; ―――――――― yのobject型の値をint型に戻して変数zに代入する
```


Memo 整数型への型変換を行うメソッド

右の表は、整数型への型変換を行うConvertクラスのメソッドです。

メソッド名	変換後のデータ型
Convert.ToSByte()	sbyte
Convert.ToByte()	byte
Convert.ToInt16()	short
Convert.ToUInt16()	ushort
Convert.ToInt32()	int
Convert.ToUInt32()	uint
Convert.ToInt64()	long
Convert.ToUInt64()	ulong

2.6.1 データ型の変換（暗黙的な型変換とキャスト）

まずは、データ型を変換しなければならない状況について見てみましょう。

▼コンパイルエラーになるコード

```
// byte型の変数
byte x = 5;
byte y = 11;
byte total;

total = x + y;
```

プログラムを実行しようとすると、「型'byte'を暗黙的に変換できません。…」というエラーメッセージが表示され、コンパイルエラーとなってしまいます。これは、「x + y」の演算を行ったときに、演算結果がbyte型ではなく、int型で返されるためです。

●暗黙的な型変換

C#のコンパイラーは、2つのbyte型の値を加算した結果がbyte型の値の範囲である0〜255に収まらないことを予想して、結果の値を自動的にint型に変換します。これを**暗黙的な型変換**と呼びます。

前記のコードでは「total = x + y;」によって変数「x」と「y」の合計値を変数「total」に代入しようとしていますが、暗黙の型変換によってint型になっているので、byte型の変数totalに代入することはできません。

●エラー箇所の修正

では、前記のコードの問題点を修正することにしましょう。問題は、変数「total」のデータ型です。変数「total」のデータ型は、byte型です。これを、演算結果として返される値のデータ型であるint型に修正すれば、エラーは発生しないはずです。コードを以下のように修正することにしましょう。

▼修正後のソースコード(Program.cs)（コンソールアプリケーション「Convert」）

```
// byte型の変数
byte x = 5;
byte y = 11;
// int型の変数
int total;

// xとyの合計値は暗黙的にint型に変換される
total = x + y;
// 出力:16
Console.WriteLine(total);
```

プログラムを選択すると、正常にコンパイルが完了し、コンソール画面に結果が表示されます。

▼実行結果

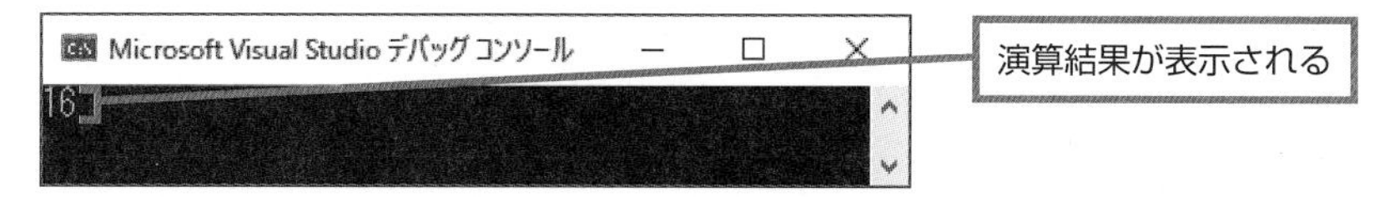

暗黙的な型変換が行われる状況を確認する

ここでは、「暗黙的な型変換」が行われる状況を見てみることにしましょう。

●暗黙的な型変換の条件

暗黙的な型変換は、値の範囲が小さいデータ型から、値の範囲が大きいデータ型への変換だけを行います。次は、int型の変数xとdouble型の変数zの掛け算を行う例です。

▼暗黙的な型変換が行われる例

```
int n = 10;          // int型の変数
double d1;           // double型の変数
double d2 = 0.05; // double型の変数

// nとd2の掛け算の結果はdouble型になる
d1 = n * d2;
// 出力:0.5
Console.WriteLine(d1);
```

int型とdouble型の乗算を行うと、C#のコンパイラーが暗黙的な演算結果をdouble型に変換します。演算結果の代入先がdouble型の変数yなので、値の代入は問題なく行われます。ただし、変数d1がint型などの他のデータ型である場合は、コンパイルエラーになります。

●暗黙的な型変換が行われるデータ型

次の表は、暗黙的な型変換が行われるデータ型と、それに対する変換後のデータ型をまとめた表です。

▼データ型

変換前のデータ型	変換後のデータ型
整数型	
sbyte	short、int、long、float、double、decimal
byte	short、ushort、int、uint、long、ulong、float、double、decimal
short	int、long、float、double、decimal
ushort	int、uint、long、ulong、float、double、decimal
int	long、float、double、decimal
uint	long、ulong、float、double、decimal
long	float、double、decimal
ulong	float、double、decimal
実数型	
float	double
文字型	
char	ushort、int、uint、long、ulong、float、double、decimal

以上のように、暗黙の型変換は値の範囲が小さいデータ型から値の範囲が大きいデータ型に対して行われます。値の範囲が大きなデータ型への変換に限定されるのは、変換を行っても値自体は変わらないためです。

逆に、4バイトのメモリサイズを持つint型から、1バイトのメモリサイズを持つbyte型への変換は、3バイトのデータを失うことになるので、暗黙のデータ変換は行われません。値の範囲が大きいデータ型から値の範囲が小さいデータ型への変換は、この次に紹介するキャスト（明示的な型変換）を行わない限り、自動で行われることはありません。

なお、uint型からint型への変換は、共に4バイトのメモリサイズを持つデータ型同士の変換となりますが、保持できる値の範囲が異なるので暗黙的な型変換は行われません。

キャストを行う

開発者が意図的にデータの変換を行うことを**キャスト**（**明示的な型変換**）と呼びます。

キャストでは、拡大的な変換（アップキャスト）はもちろん、値の範囲の小さなデータ型への変換（ダウンキャスト）も行えます。アップキャストは暗黙の型変換でも行えますが、ソースコードを見てもわかりにくいことが多いので、「ここで型変換している」ことを示すためにあえて明示的にアップキャストを行うコードを書くこともあります。

●キャストの実行

キャストを行うには、**キャスト演算子**「()」を使って、変換後のデータ型を指定します。

▼キャストの実行

(変換後のデータ型)変換前のデータ

long型の変数に代入されているデータをint型のデータに変換するには、次のように記述します。

▼long型からint型へのキャスト

```
long x = 1000;
int y = (int)x;
```

「(int)x」は、「変数xのデータをint型のデータに変換」という命令であり、変数x自体をint型の変数に変えるという命令ではないことに注意してください。あくまで、変数xに格納されているデータをint型にして変数yに代入するための命令なので、この命令が実行されても、変数xはlong型の「1000」という値を保持しています。

値型に含まれるデータ型のキャストは、整数型、浮動小数点数型、10進数型、論理型、列挙体の範囲内でのみ行うことができます。これ以外のデータ型への変換は、このあとで紹介する「Convert」クラスのメソッドを利用します。

Hint キャストを正しく行うための注意点

キャスト(明示的な型変換)を行う場合は、不適切なデータ型を指定してしまうと、データの一部やデータ全体が失われることがあるので、注意が必要です。

●データの一部を損失

例えば、int型をshort型、またはlong型をint型にキャストした場合、データを格納できるサイズが小さくなるので、データの一部を失ってしまう可能性があります。

●小数部の損失

浮動小数点数型のデータをintなどの整数型のデータにキャストすると、キャスト前の小数部が破棄されます。

●符号の損失

符号付きのデータを符号なしのデータ型に変換すると、符号が失われることになるので、「-」(マイナス)の符号付きデータは、正しく処理できなくなってしまいます。

2.6.2 メソッドを使用した型変換(Convertクラスによる変換)

データ型の変換を行う第3の方法である、「Convert」クラスのメソッドを使った方法について見ていきましょう。**Convert**は「System」名前空間に属するクラスで、定義済みの基本データ型の変換を行うための、数多くのメソッドが定義されています。

▼Convertクラスに含まれるメソッド

メソッド	内容
ToBase64CharArray	8ビット符号なし整数配列のデータを、Base64の数値でエンコードされたUnicode文字配列のデータに変換する。
ToBase64String	8ビット符号なし整数配列のデータを、Base64の数値でエンコードされたstring型のデータに変換する。
ToBoolean	指定した値をbool型(trueまたはfalse)のデータに変換する。
ToByte	指定した値をbyte型(8ビット符号なし整数)のデータに変換する。
ToChar	指定した値をchar型(Unicode16ビット文字)のデータに変換する。
ToDateTime	指定した値をDateTime型*のデータに変換する。
ToDecimal	指定した値をdecimal型(128ビット高精度10進数)のデータに変換する。
ToDouble	指定した値をdouble型(倍精度浮動小数点数型)のデータに変換する。
ToInt16	指定した値をshort型(16ビット符号付き整数)のデータに変換する。
ToInt32	指定した値をint型(32ビット符号付き整数)のデータに変換する。
ToInt64	指定した値をlong型(64 ビット符号付き整数)のデータに変換する。
ToSByte	指定した値をsbyte型(8ビット符号付き整数)のデータに変換する。
ToSingle	指定した値をfloat型(単精度浮動小数点数)のデータに変換する。
ToString	指定した値をstring型(Unicode文字の不変固定長文字列)のデータに変換する。
ToUInt16	指定した値をushort型(16ビット符号なし整数)のデータに変換する。
ToUInt32	指定した値をuint型(32ビット符号なし整数)のデータに変換する。
ToUInt64	指定した値をulong型(64ビット符号なし整数)のデータに変換する。

***DateTime型** Visual C#のデータ型としてのキーワードは存在しないが、CTS(共通型システム)において定義されているデータ型。日付、時刻に関するデータを扱う。

●Convertクラスのメソッドを使って型変換を行う

「2.5.2 「税込み金額計算アプリ」を作る」において作成したプログラムを見てみましょう。

▼int型への変換

```
Convert.ToInt32(データ)
```

テキストボックスに入力されたstring型のデータ（Textプロパティで取得可能）をint型に変換して、変数priceに代入しています。

▼string型のデータをint型に変換

```
price = Convert.ToInt32(textBox1.Text);
```

- price：int型の変数
- Convert.ToInt32：Convert.ToInt32()メソッド
- textBox1.Text：textBox1のTextプロパティが保持しているstring型のデータ

演算結果を表示する部分では、結果として出力されたint型の値をstring型に変換することで、ラベルに表示しています。

▼演算の結果をラベル（label6）に表示する

```
label6.Text = Convert.ToString(subtotal);
```

- label6.Text：label6のTextプロパティ
- Convert.ToString(subtotal)：subtotalのint型の値をstring型に変換

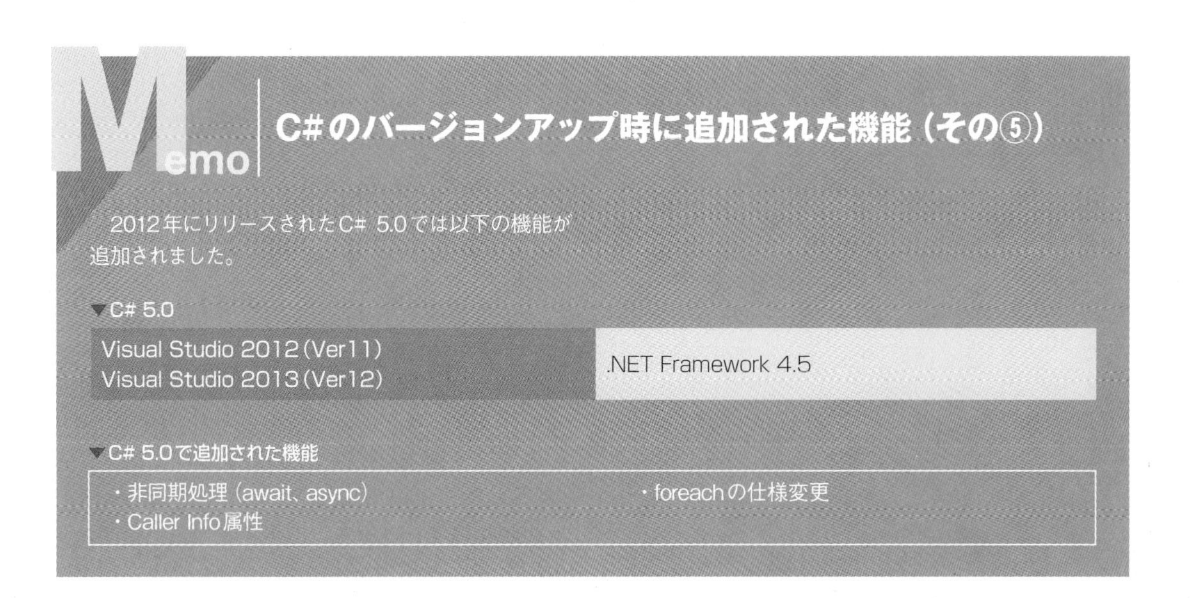

Memo C#のバージョンアップ時に追加された機能（その⑤）

2012年にリリースされたC# 5.0では以下の機能が追加されました。

▼C# 5.0

Visual Studio 2012(Ver11) Visual Studio 2013(Ver12)	.NET Framework 4.5

▼C# 5.0で追加された機能

- 非同期処理（await、async）
- Caller Info属性
- foreachの仕様変更

2.6.3 値型から参照型への変換 (Boxing)

値型のデータを参照型に変換することを**Boxing(ボクシング)** と呼びます。値型のデータはスタック上に配置され、参照型ではインスタンスへの参照情報のみがスタック上に置かれ、インスタンスの実体はヒープ上に配置されます。Boxingではこのようなメモリ領域の構造がまったく異なるデータ型の変換を行います。

●Boxing を実行する

int型の変数valueを、参照型に属するobject型に変換してみます。

▼Boxingを行うプログラム (Program.cs) (コンソールアプリケーション「Boxing」)

```
int num = 100;              // int型の変数num
object obj;                 // object型の変数obj
obj = (object)num;          // int型をobject型にBoxing

Console.WriteLine(obj);     // 出力: 100
```

プログラムを実行すると、変数objの値「100」が表示されます。

▼実行結果

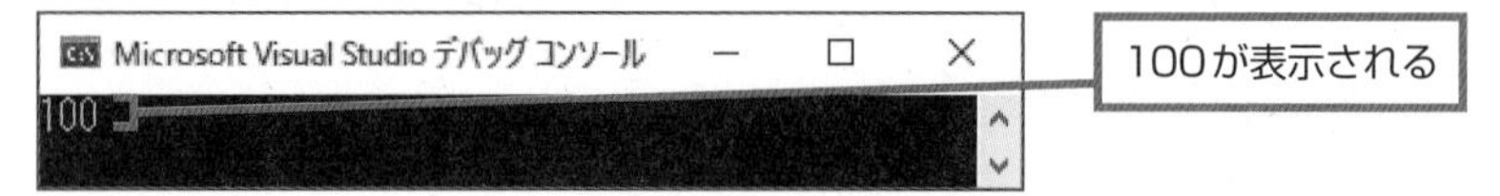

●Boxingの仕組み

前記のコードでは、「int num = 100;」においてint型の変数numに100を代入し、続く「object obj;」でobject型の変数objを宣言しています。このあと、キャスト演算子()を使って、変数numのデータ型をobject型にキャストしたあとで、変数objにデータを代入しています。

▼変数numのBoxing

```
obj = (object)num;  ←— object型に変換
```

Boxingの方法は、キャストと同じです。値型に属するint型から参照型のobject型への変換なので、結果としてBoxingの処理が行われています。

次の図は、変数numとobjのインスタンスが生成される様子を図にしたものです。

▼変数numとobjのインスタンスの生成

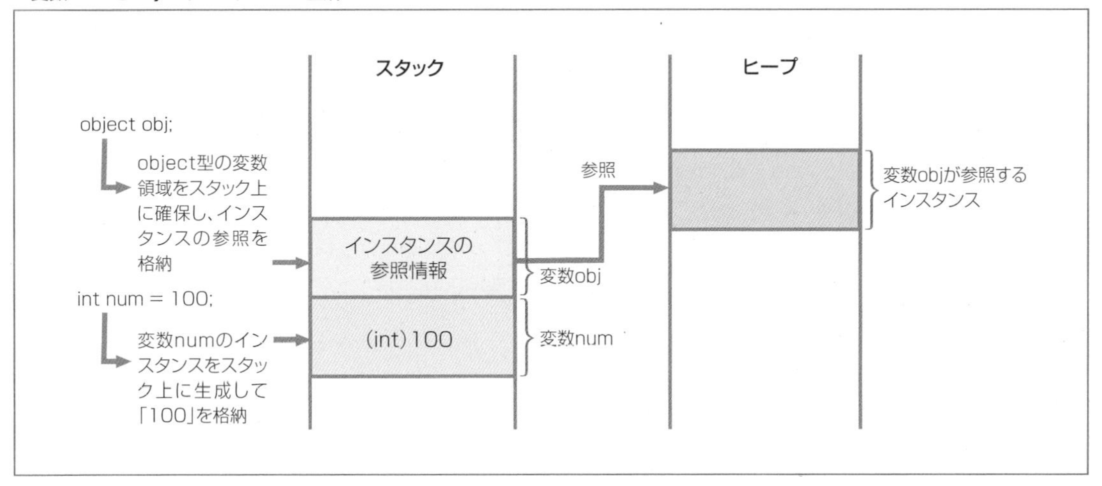

「obj = (object)num;」は、変数numのデータをobject型にBoxingします。すると、次の図のように、変数numのint型データが、object型の変数objが参照するインスタンスにコピーされます。

▼「obj = (object)num;」の処理

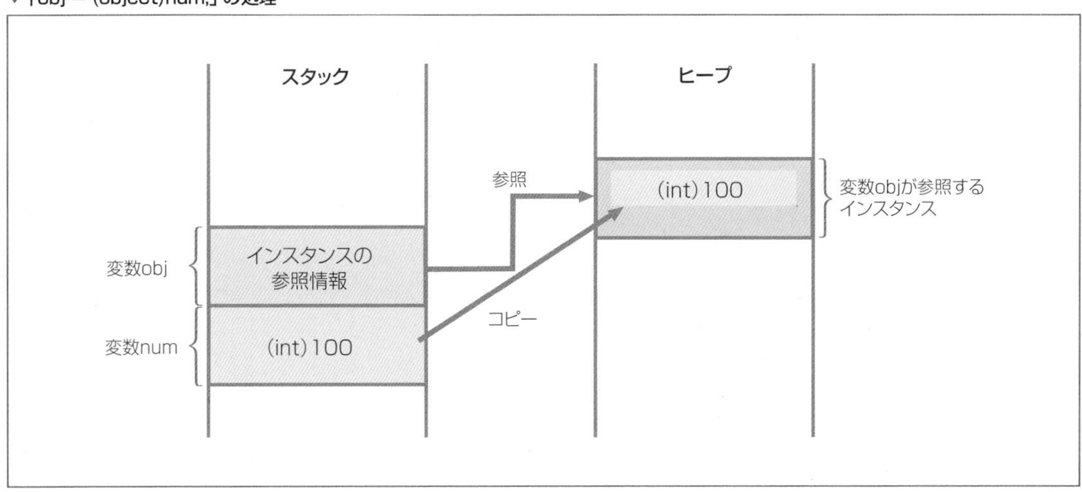

変数numをobject型に変えるのではなく、保持しているint型のデータをインスタンスにコピーしているのがポイントです。

参照型のデータを値型に戻す

参照型にBoxingしたデータは、元の値型のデータに戻すことができます。これを**Unboxing**(**アンボクシング**)と呼びます。Unboxingも、キャスト演算子「()」を使って行います。

▼unboxingを行うプログラム(Program.cs)(コンソールアプリケーション「Boxing」)

```
int n1 = 100;              // int型の変数n1
object o = (object)n1;  // int型をobject型にBoxingして変数oに代入
int n2 = (int)o;           // oの値をint型にUnboxingして変数n2に代入

Console.WriteLine(n2); // 出力: 100
```

プログラムを実行すると、Unboxingによって変数n2に代入された値を確認できます。

▼実行結果

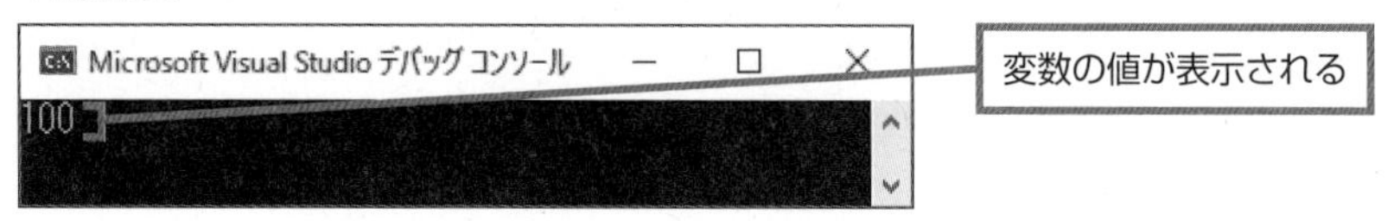

次の図はプログラムを実行したときの様子です。

▼Unboxingの処理

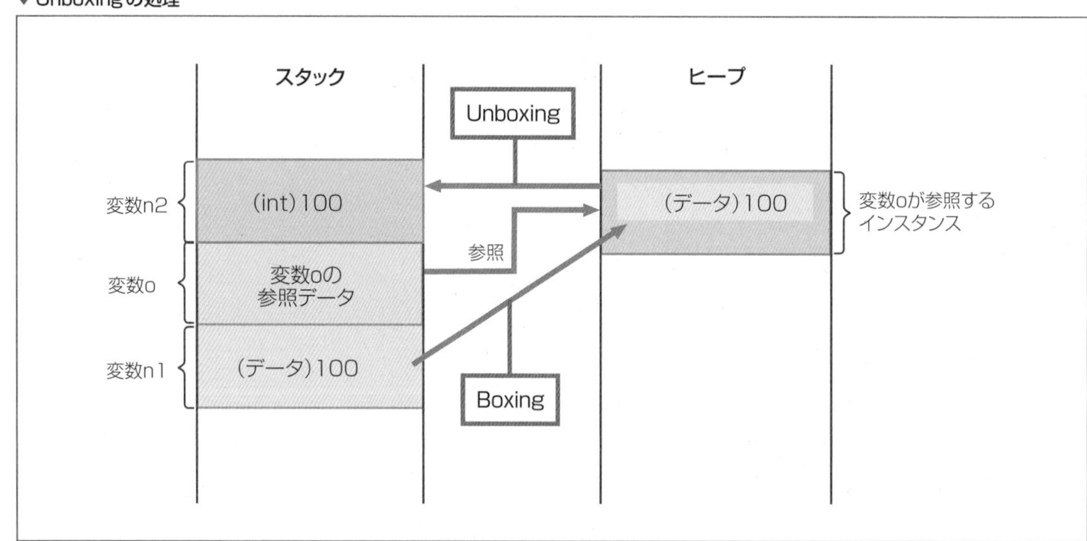

「int n2 = (int)o;」が実行されると、object型の変数oが参照するインスタンスの中身(int型の「100」)が値型の変数n2に代入されます。

2.6.4 数値を3桁区切りの文字列にする（Format()メソッド）

数値型のデータを文字列のデータに変換するには、Convert.ToString()メソッドのほかに、**String.Format()**メソッドを使う方法があります。String.Format()メソッドは、数値の3桁ごとにカンマを挿入するなど、書式指定を行えるのが特徴です。

数値を3桁ごとに区切る

ここでは、「2.5.2 「税込み金額計算アプリ」を作る」で作成したプログラムの一部を書き換えて、計算結果を3桁ごとに区切った上で、数値の最後に「円」と表示するようにしてみます。

▼「2.5.2 「税込み金額計算アプリ」を作る」で作成したプログラムの書き換え（Form1.cs）

```
namespace Calculator
{
    public partial class Form1 : Form
    {
        public Form1()
        {
            InitializeComponent();
        }

        private void button1_Click(object sender, EventArgs e)
        {
            // ❶int型の変数5個を宣言
            int price, quantity, subtotal, tax, total;
            // ❷消費税率0.1を定数TAX_RATEに格納
            const double TAX_RATE = 0.1;

            // ❸textBox1.Textで単価を取得し、int(Int32)型に変換
            price = Convert.ToInt32(textBox1.Text);
            // ❹textBox2.Textで数量を取得し、int(Int32)型に変換
            quantity = Convert.ToInt32(textBox2.Text);
            // ❺単価に数量を掛けて税抜き価格を求める
            subtotal = price * quantity;
            // ❻税抜き価格に税率を掛けて消費税額を求め、
            // double型をint型にキャストしてtaxに代入
            tax = (int)(subtotal * TAX_RATE);
            // ❼税込み価格を求める
            total = subtotal + tax;

```

```
            // ❽税抜き価格、消費税額、税込み価格を
            // 書式設定して各ラベルに出力する
            label6.Text = String.Format("{0:0,000}円", subtotal);
            label7.Text = String.Format("{0:0,000}円", tax);
            label8.Text = String.Format("{0:0,000}円", total);
        }
    }
}
```

このように書き換える

▼プログラムの実行

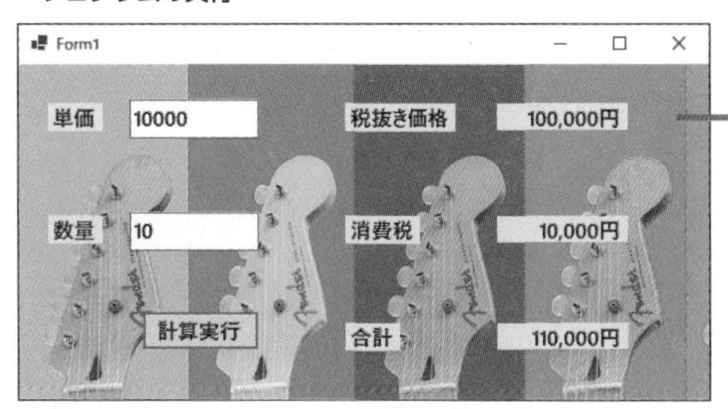

単価と数量を入力して、[計算実行]ボタンをクリックすると、結果が3桁区切り、「円」付きで表示される

●String.Format() メソッドの解説

String.Format() メソッドは、第1引数で書式指定文字列を設定し、第2引数で変換対象のデータを指定します。第1引数で文字列の書式を指定するので、引数全体をダブルクォーテーション（「"」）で囲むことが必要です。

▼String.Format() メソッド

メソッドの宣言部	public static String.Format(string format, Object arg)	
パラメーター	string format	書式指定文字列
	Object arg	書式指定するオブジェクト
戻り値	変換後の文字列	

▼C#の書式指定文字

書式指定文字	内容
0	1つの0が1桁に相当する。
	0を指定した桁に数値がない場合は、0が表示される。
	0を指定した桁を数値が超える場合は、すべての桁の値が表示される。
	数値の小数部の桁数が、0の小数部で指定されている桁数を超えている場合は、超えている部分が四捨五入されて、0と同じ桁数で表示される。

#	1つの#が1桁に相当する。
	#を指定した桁に数値がない場合は、何も表示されない。
	#を指定した桁を数値が超える場合は、すべての桁の値が表示される。
	数値の小数部の桁数が、#の小数部で指定されている桁数を超えている場合は、超えている部分が四捨五入されて、#と同じ桁数で表示される。
.	小数点を設定する。
,	カンマを挿入する。
%	値を100倍して、パーセント記号(%)を挿入する。
¥	¥を表示するには、¥¥と記述する。

書式指定文字で桁数を指定するには、「0」または「#」を使い、桁区切りには「,」(カンマ)を使います。数値を3桁ごとに区切って表示するには次のように書きます。

▼3桁で区切る書式指定文字列

```
"{0:0,000}"
```

インデックス

書式指定文字列全体を{ }で囲み、さらに全体を「"」で囲みます。{ }は「プレースホルダー」と呼ばれるもので、書式指定文字列を設定するためのものです。なお、「0」で指定した桁数をフォーマット対象の数値の桁が超える場合はすべての桁の値が表示されるので、0,000と書いておけば、すべての桁が3桁区切りで表示されるようになります。

▼変数subtotalの数値を3桁区切りで表示

```
label6.Text = String.Format("{0:0,000}円", subtotal);
```

インデックス。後続のsubtotalが変換対象であることを示す

格納されている数値が"{0,000}円"の形式に変換されてTextプロパティに代入される

先頭に「0:」が付いていますが、これは変換対象の要素を指し示すためのインデックスです。変換対象の要素は複数指定できるので、どの要素を当てはめるのかを0から始まる値で指定します。

▼インデックスで変換対象を指定

```
string str = String.Format("{0:0,000}と{1:00000}", 1000, 2000);
Console.WriteLine(str);  // 「1,000と02000」と表示
```

1つ目の変換対象「1000」が当てはめられる　2つ目の変換対象「2000」が当てはめられる

指定した桁に満たない数値に「0」を表示しないようにする

前記のコードには、1つの問題点があります。書式指定文字の「0」を使った場合、「0」で指定した桁を数値が超える場合は、すべての桁が表示されますが、指定した桁に値がない場合は「0」がそのまま表示されてしまいます。

例えば、次のプログラムを実行すると数値が「0,050」と表示されます。

▼3桁に満たない数値を変換対象にする

```
string str = String.Format("{0:0,000}", 50);
Console.WriteLine(str);                        // 「0,050」と表示される
```

●桁に満たない部分に「0」を表示しないようにする

桁に満たない部分に「0」を表示させたくない場合は、書式指定文字の「#」を「0」と組み合わせて使います。「#」は、指定した桁に数値がない場合は何も表示しません。

先のコードを次のように書き換えれば、桁に満たない部分に何も表示されないようになります。

▼指定した桁に満たない数値に「0」を表示しないようにする

```
string str = String.Format("{0:#,##0}",50);
                              └─書式指定文字列を「{0:#,##0}」に書き換える
Console.WriteLine(str);
```

Onepoint

書式指定文字列を「"{0:#,###}"」ではなく、「"{0:#,##0}"」のように最後の桁を「0」にしている理由は、数値が0の場合に「0」と表示するためです。

●計算プログラムの修正

「0」と「#」の組み合わせを使って、先の計算プログラムを修正しましょう。現状では、「0」で指定した桁に満たない部分があると「0」が表示されてしまいますが、以下のように書き換えることで「0」が表示されないようになります。

▼126ページの計算プログラムの計算結果を表示する部分の書き換え

```
label6.Text = String.Format("{0:#,##0}円", subtotal);
label7.Text = String.Format("{0:#,##0}円", tax);
label8.Text = String.Format("{0:#,##0}円", total);
```

書き換える部分（"{0:#,##0}円",）

Onepoint

「String.Format」メソッドの第1引数は二重引用符「"」で囲まれているので、引数内に直接、文字列を入れることができます。例では、計算結果の数値を#と0を使ってカンマで、3桁ごとに区切り、最後に「円」を付けてから、文字列として表示しています。

「String.Format()」メソッドでの書式設定の方法を確認する

ここでは、「String.Format()」メソッドでの書式設定の方法を整理しておきましょう。

●書式指定の例

以下に、書式指定の例を挙げます。

●指定した桁数で数値を表示する

55という数値を「0055」のように、4桁で表示するには次のように記述します。

```
String.Format("{0:0000}",55);                    実行結果「0055」
```

●数値のすべての整数部をそのまま表示する

0または#を使って、次のように記述します。#にした場合は、値が0のとき何も表示されません。

```
String.Format("{0:0}", 55555);                   実行結果「55555」
```

●小数点以下を表示する

小数点以下の桁数を表示する場合は、次のように記述します。

```
String.Format("{0:0.00}", 123.45);               実行結果「123.45」
```

ただし、「String.Format("{0:0.00}", 123.455)」のように、小数点以下の桁数を超えている場合は、四捨五入して表示されるので注意が必要です。

```
String.Format("{0:0.00}", 123.455);              実行結果「123.46」
String.Format("{0:0}", 123.555);                 実行結果「124」
```

●3桁ごとにカンマを挿入する

59800という数値を「59,800」のようにカンマで区切るには、次のように記述します。

```
String.Format("{0:#,###}", 59800);          実行結果「59,800」
```

数値が0のときに「0」と表示したい場合は、次のように記述します。

```
String.Format("{0:#,##0}", 0);     実行結果「0」
```

●文字列と組み合わせて表示する

「合計59,800円です。」のように、特定の文字列と組み合わせて表示するには、次のように記述します。

```
String.Format("合計{0:#,###}円です。", 59800);     実行結果「合計59,800円です。」
```

●文字列の表示幅を指定する

文字列の幅を指定して表示するには、次のように記述します。以下の例では、文字列が4桁の右詰で表示されます。

```
String.Format("{0:0,4}", 1);     実行結果「   1」
```

●文字列の表示幅を指定し、なおかつ3桁ごとにカンマを挿入する

```
String.Format("{0:0,10:#,##0}", 1000);     実行結果「     1,000」
```

Memo

#と0の違い

#と0は、どちらも値を数字として表示する働きがありますが、指定してある桁に数値がない場合、0の場合は「0」という数字が表示されるのに対し、#の場合は何も表示されません。

変換する数値が指定した桁数を超えている場合は、0や#で指定した桁数に関係なく、すべての整数部の値が表示されます。

Section

2.7 組み込み型

Level ★★★ | Keyword | 組み込み型　リテラル　オーバーフロー

Visual C#が利用するCTS（共通型システム）のデータ型は、C#独自のキーワードに置き換えて利用できます。このように、あらかじめ定義されているデータ型を**組み込み型**と呼び、開発者が独自に定義するデータ型を**ユーザー定義型**と呼びます。ユーザー定義型には、値型に属する構造体や、参照型に属するクラスがあります。

組み込み型

組み込み型には、以下のようなデータ型があります。

• 組み込み型

●値型に属する組み込み型

整数型	扱う値の範囲
byte	0～255（$0 \sim 2^{8}-1$）
ushort	0～65,535（$0 \sim 2^{16}-1$）
uint	0～4,294,967,295（$0 \sim 2^{32}-1$）
ulong	0～18,446,744,073,709,551,615（$0 \sim 2^{64}-1$）
sbyte	−128～127（$-2^{7} \sim 2^{7}-1$）
short	−32,768 ～ 32,767（$-2^{15} \sim 2^{15}-1$）
int	−2,147,483,648～2,147,483,647（$-2^{31} \sim 2^{31}-1$）
long	−9,223,372,036,854,775,808～9,223,372,036,854,775,807（$-2^{63} \sim 2^{63}-1$）

浮動小数点数型	扱う値の範囲
float	$\pm 1.5 \times 10^{-45} \sim \pm 3.4 \times 10^{38}$
double	$\pm 5.0 \times 10^{-324} \sim \pm 1.7 \times 10^{308}$

10進数型	扱う値の範囲
decimal	$(-7.9\times10^{28}\sim7.9\times10^{28})/(10^{0\sim28})$

論理型	扱う値の範囲
bool	trueまたはfalse

文字型	扱う値の範囲
char	Unicode（16 ビット）文字

●参照型に属する組み込み型

オブジェクト型	扱う値
object	任意の型を格納できる

文字列型	扱う値
string	Unicode文字列

Memo 小数点以下の切り捨て

float型やdouble型を、整数型に属するデータ型に変換した場合は、次のように、小数点以下の値が切り捨てられます。

▼double型をint型に変換

```
double x = 10.234;
x = (int)(x + 1);      //xの値は「11」
```

2.7.1 整数型

整数型には、以下のように8種類のデータ型が用意されています。8ビット、16ビット、32ビット、64ビットのメモリサイズを持つデータ型があり、それぞれ符号付きと符号なしがあります。

▼整数型に属するデータ型

型名	内容	値の範囲
byte	8ビット符号なし整数	0~255 ($0\sim2^8-1$)
sbyte	8ビット符号付き整数	−128~127 ($-2^7\sim2^7-1$)
ushort	16ビット符号なし整数	0~65,535 ($0\sim2^{16}-1$)
short	16ビット符号付き整数	−32,768 ~ 32,767 ($-2^{15}\sim2^{15}-1$)
uint	32ビット符号なし整数	0~4,294,967,295 ($0\sim2^{32}-1$)
int	32ビット符号付き整数	−2,147,483,648~2,147,483,647 ($-2^{31}\sim2^{31}-1$)
ulong	64ビット符号なし整数	0~18,446,744,073,709,551,615 ($0\sim2^{64}-1$)
long	64ビット符号付き整数	−9,223,372,036,854,775,808~9,223,372,036,854,775,807 ($-2^{63}\sim2^{63}-1$)

●整数型の変数の初期値

整数型に含まれるデータ型の変数を宣言した場合は、以下の値が初期値として扱われます。

▼整数型の初期値

型名	初期値	型名	初期値
byte	0	uint	0
sbyte	0	int	0
ushort	0	ulong	0
short	0	long	0L

Onepoint

long型の初期値である「0L」の「L」は、**サフィックス**と呼ばれる、データ型を指定するための文字です。「L」の場合は、long型を示します。

「初期値」とはなっていますが、実際にこれらの値が変数に代入されるわけではありません。以下のようにコードを記述してプログラムを実行すると、コンパイルエラーになります。

▼変数の初期値を代入していないのでエラー

```
int value; ―――――――――――――――――― 宣言のみで初期値を代入していない
Console.WriteLine(value);
```

次のように変数に値を代入すれば、正常にプログラムが実行されます。

▼修正後のコード

```
int value;
value = 0; ―――――――――――――――――――――― 初期値を代入
Console.WriteLine(value);
```

Memo 実数リテラルの表記法

実数リテラルを指定する方法には、10進数表記と指数表記があります。**10進数表記**は、「0」～「9」の数字と小数点「.」を使って表記するのに対し、**指数表記**は、10進数表記のあとに「e±」と指数を表記します。

指数とは累乗を示す数値のことで、「10の3乗」の「3」の部分が指数にあたります。例えば、int型の最大値である「2147483647」は、指数を使って「2.147483647+e9」と表します。「2.147483647+e9」は、「2.147483647×10^9」の指数である「9」を使って表記しています。

以下は、実数の「12.3456」を変数に代入するときに、10進数表記と指数表記で表した例です。

▼実数「12.3456」の表記

・10進数表記

```
double x = 12.3456;
```

・指数表記の例

```
double x = 0.123456e+2;
double x = 123456e-4;
```

Memo 整数型の変数宣言

ここでは、整数型の変数宣言のパターンを見ておきましょう。

●byte型

```
byte bt = 255;
```

整数リテラル255はbyte型になります。

●sbyte型

```
sbyte sbt = 127;
```

整数リテラル127はsbyte型になります。

●ushort型

```
ushort us = 65535;
```

整数リテラル65535は、ushort型になります。

●short型

```
short s = 32767;
```

整数リテラル32767は、short型になります。

●uint型

```
uint ui = 4294967290;
```

サフィックスがない整数リテラルの型は、int、uint、long、ulong のうち、その整数の値を表すことができる最も範囲の狭い型にすることができます。 上記の場合は、uint型になります。

```
uint ui2 = 123u;
```

サフィックス Uまたはuを使用すると、リテラルの型は、リテラルの数値に応じて uint またはulong のいずれかになります。 上記の場合は、uint型になります。

●int型

```
int i = 123;
```

サフィックスがない整数リテラルの型は、int、uint、long、ulong のうち、その整数の値を表すことができる最も範囲の狭い型にすることができます。 上記の場合は、int型です。

●ulong型

```
ulong ul = 9223372036854775808;
```

サフィックスがない整数リテラルの型は、int、uint、long、ulong のうち、その整数の値を表すことができる最も範囲の狭い型にすることができます。

サフィックスLまたはlを使用した場合、リテラル整数の型は、サイズに応じてlongまたはulong のいずれかに決まります。なお、"l" は数字の "1" と混同しやすいので、明確にするために "L" を使用するのがよいでしょう。

サフィックスUまたはuを使用した場合、リテラル整数の型は、サイズに応じて uint または ulong のいずれかに決まります。

一方、UL、ul、Ul、uL、LU、lu、Lu、lU を使用した場合、リテラル整数の型は ulongになります。

●long型

```
var v1 = 4294967296;
```

サフィックスがない整数リテラルの型は、int、uint、long、ulong のうち、その整数の値を表すことができる最も範囲の狭い型にすることができます。上記の例では、uintの範囲を超えているので、long型になります。

```
var v2 = 4294967296L;
```

サフィックスLを使用した場合、リテラル整数の型は、サイズに応じて long または ulong のいずれかに決まります。上記の例では、ulongの範囲よりも小さいため、long になります。

データ型の不適切な指定によるエラー

整数同士の演算を行った場合、演算結果はint型、またはlong型になります。このため、byte型やshort型同士の演算結果を、同じデータ型の変数に代入しようとするとエラーが発生します。

▼エラーが発生するコード

```
byte x, y, z;
x = 10;
y = 20;
z = x + y; ──────── x+yはint型になるのでエラー
```

プログラムを実行しようとすると、「型'int'を'byte'に暗黙的に変換できません。…」というエラーメッセージが表示されます。原因は、変数「z」のデータ型です。

●整数同士の演算は演算結果も含めてint型として扱われる

「x + y」の演算を行うと、演算結果はint型になります。ところが、演算結果の代入先である変数「z」はbyte型なのでエラーが発生してしまうというわけです。

演算結果は30であるため、0から255までの整数を扱うことができるbyte型の変数への代入は、まったく問題ないのですが、結果の代入先はint型でなければならないのです。

▼結果の代入先の変数をint型にする（Program.cs）（コンソールアプリケーション「CastConvert」）

```
byte x, y;      // byte型の変数x、y
x = 10;
y = 20;
int z = x + y; // 代入先の変数をint型にして演算結果を代入する
```

●演算結果を代入先の変数と同じデータ型に変換する

演算結果がbyte型の範囲に収まるのであれば、演算結果をbyte型に変換して代入することも可能です。ただし、代入先の変数がどうしてもbyte型でなければならない、といった事情がある場合に限定される方法です。

▼Convert.ToByte()メソッドで型変換する

```
// byte型の変数a、b、c
byte a, b, c;
a = 200;
b = 55;
// 演算結果をbyte型に変換してからcに代入する
// ただし演算結果がbyte型の上限255を超えるとエラーになるので注意
c = Convert.ToByte(a + b);
// 出力: 255
Console.WriteLine(c);
```

nepoint

キャスト演算子「()」を使う場合は「c = (byte)(a + b);」と記述します。

Memo long型同士の演算

操作例では、byte型のデータ同士の演算結果がint型として出力される例を紹介しました。それでは、int型よりも扱える値の範囲が大きいlong型同士の演算はどうなるのか見てみることにしましょう。ここでは、整数同士の演算はint型で行われるという仮定のもとに、long型同士の演算結果をint型の変数に代入するコードを用意しました。

▼long型同士の演算結果をint型の変数に代入する

```
long l1, l2;
int sum; ←演算結果を代入する変数
l1 = 10;
l2 = 20;
sum = l1 + l2;
```

プログラムを実行したところ、「型'long'を'int'に暗黙的に変換できません。…」というメッセージが表示されて、コンパイルエラーになってしまいました。

どうやらエラーの原因は、変数sumのデータ型にあるようです。メッセージを見ると、long型をint型に変換できないと表示されています。ということは、long型同士の演算結果はlong型として出力されていることになります。

C#では、int型よりも扱う値の範囲が大きいデータ型を含む演算を行った場合は、扱う範囲が一番大きいデータ型であるlong型で結果が出力されます。

・byte型やshort型のように、int型よりも扱う値の範囲が小さいデータ型同士の演算結果はint型で出力される。

・long型のように、int型よりも扱う値の範囲が大きいデータ型を含む演算の場合は、演算結果がlong型で出力される。

前記のコードは、以下のように修正すると、エラーは発生しません。

▼修正後のコード

```
long l1, l2, sum;  ←すべての変数を
                     long型にする
l1 = 10;
l2 = 20;
sum = l1 + l2;
```

オーバーフロー

データ型が扱える値の範囲を超える値を代入しようとするとオーバーフローが発生し、代入しようとした値がまったく異なる値に変わってしまいます。

▼int型の変数の最大値を超える演算（コンソールアプリケーション「Overflow」）

```
int num = 2147483647;    // int型の最大値を代入
num = num + 1;           // numの値に1加算する
Console.WriteLine(num); // 出力: -2147483648
```

プログラムを実行すると次のように表示されます。

▼実行結果

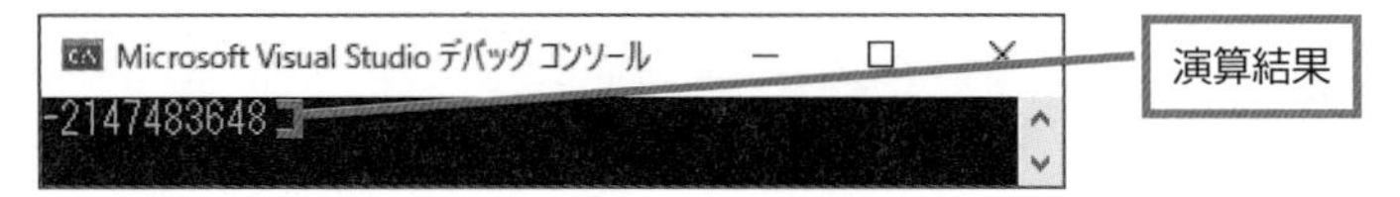

変数「num」の初期化時に「2147483647」という値が代入されているので、「num = num + 1」の結果は、「2147483648」になるはずですが、コンソールには「−2147483648」と表示されています。

int型が扱える値の範囲は、「−2147483648」から「2147483647」の範囲ですが、最大値の「2147483647」に「1」を加算しているため、オーバーフローを起こしてしまったのです。

オーバーフローが発生しても、コンパイルエラーとはならずにプログラムが実行されますが、対象のデータ型が扱える値の範囲に収まるように処理されます。

int型の最大値である「2147483647」を超えたぶんは「−147483648」に戻ってからカウントされることが確認できました。

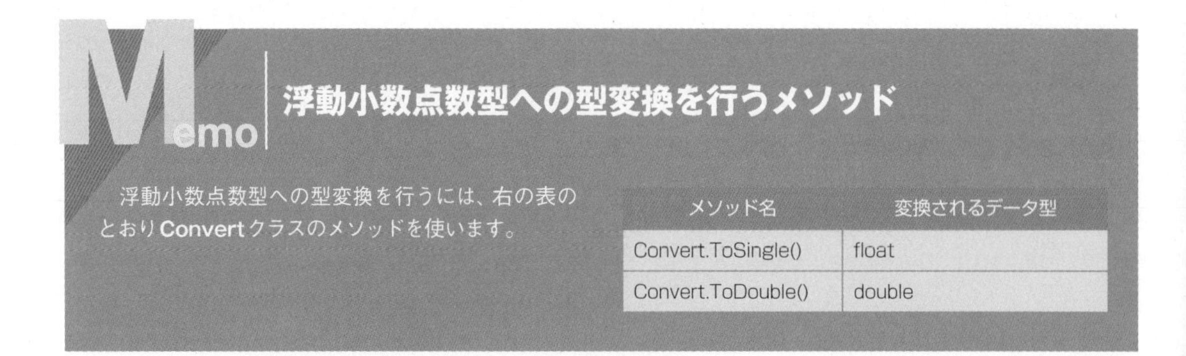

Memo

浮動小数点数型への型変換を行うメソッド

浮動小数点数型への型変換を行うには、右の表のとおりConvertクラスのメソッドを使います。

メソッド名	変換されるデータ型
Convert.ToSingle()	float
Convert.ToDouble()	double

●データ型が扱える値の最小値を超える演算を行う

今度は、int型の最小値である「−2147483648」から「1」を減算するとどうなるか確認してみます。

▼int型の最小値を超える演算

```
int val = -2147483648;   // int型の最小値を代入
val = val - 1;           // valの値から1減算する
Console.WriteLine(val);  // 出力: 2147483647
```

プログラムを実行すると、次のように表示されます。

▼プログラムの実行結果

・最小値を超える場合の演算結果

今回の演算結果は、「2147483647」になっています。int型の最小値である「−2147483648」から「1」を減算すると、最小値を超えたぶんは、int型の最大値に移行したことになります。

そもそもオーバーフローを起こさないように適切なデータ型を選択することが重要なのですが、オーバーフローが発生するとどうなるのかを知るために実験してみました。

2.7.2 浮動小数点数型

浮動小数点数型は、小数を含む実数を扱うためのデータ型です。float型とdouble型があります。

▼浮動小数点数型に属するデータ型

型名	内容	有効桁数	おおよその範囲
float	32ビット単精度浮動小数点数	7	$\pm1.5\times10^{-45}$〜$\pm3.4\times10^{38}$
double	64ビット倍精度浮動小数点数	15〜16	$\pm5.0\times10^{-324}$〜$\pm1.7\times10^{308}$

●浮動小数点数型の変数の初期値

浮動小数点数型に含まれるデータ型の変数を宣言した場合は、以下の初期値が設定されます。ただし、これらの値が実際に代入されるわけではないことに注意してください。

▼浮動小数点数型の初期値

型名	初期値
float	0.0F
double	0.0D

float型の初期値である「0.0F」の「F」、double型の初期値である「0.0D」の「D」は、**サフィックス**と呼ばれる、データ型を指定するための文字です。「F（またはf）」の場合はfloat型を示し、「D（またはd）」の場合はdouble型を示します。

浮動小数点数型の各データ型の変数においても、整数型と同様に、初期化を行わずに変数の値を参照しようとするとコンパイルエラーになります。

リテラルの不適切な指定によるエラー

C#では、実数（小数を含む値）を**double**型として扱います。このため、float型を使いたい場合は、値を代入するときに、**サフィックス**（データ型を指定するための文字）である「F」または「f」をリテラルの最後に付ける必要があります。

以下では、float型の変数に実数を代入し、代入した値をコンソールに表示しようとしています。

▼変数に代入された実数を表示する(コンソールアプリケーション「DataType」)

```
// float型に代入する値にはサフィックスのF、またはfを付けないとエラーになる
float f = 1.2;
Console.WriteLine(f);
```

このプログラムを実行しようとすると、**エラー一覧**ウィンドウに、「型'double'のリテラルを暗黙的に型'float'に変換することはできません。'F'サフィックスを使用して、この方のリテラルを作成してください。」と表示さます。

以下のようにサフィックスを付けると、プログラムが正しく動くようになります。

▼リテラルの書式を修正

```
float f = 1.2F; —— float型のサフィックス「F」または「f」を数値のあとに付ける
```

Memo C#のバージョンアップ時に追加された機能(その⑥)

2015年にリリースされたC# 6.0では以下の機能が追加されました。

▼C# 6.0

Visual Studio 2015	.NET Framework 4.6

▼C# 6.0で追加された機能

- getのみの自動実装プロパティおよびコンストラクター代入
- パラメーターなしのstructコンストラクター
- 静的usingステートメント
- Dictionary初期化子
- catch/finallyでのawait
- 例外フィルター
- Expression-bodiedメンバー
- null条件演算子
- 文字列補間(テンプレート文字列)
- nameof演算子
- #pragma
- コレクションの初期化子での拡張メソッド
- オーバーロード解決の改善

2.7.3 10進数型

10進数型のdecimalは、10進数を用いて演算を行うためのデータ型です。浮動小数点数型がデータを2進数に置き換えて扱うのに対し、10進数型は、10進数のデータをそのまま扱うのが特徴です。

▼10進数型に属するデータ型

型名	内容	有効桁数	おおよその範囲
decimal	128ビット高精度10進数	28〜29	$(-7.9\times10^{28}〜7.9\times10^{28})/(10^{0〜28})$

● 10進数型の変数の初期値

decimal型の変数を宣言した場合は、以下の初期値が変数に代入されます。

▼10進数型の初期値

型名	初期値
decimal	0.0M

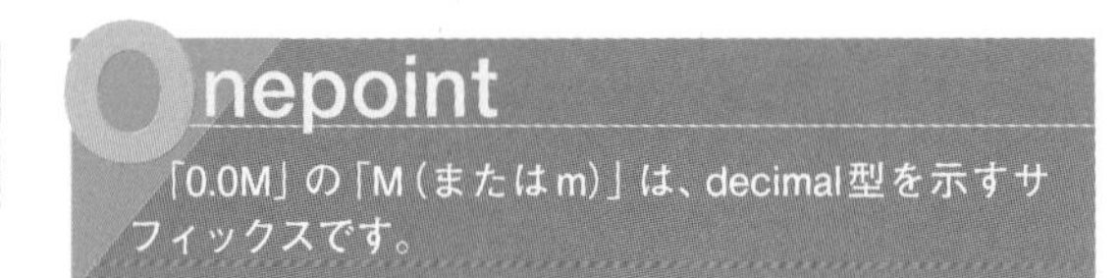
Onepoint
「0.0M」の「M(またはm)」は、decimal型を示すサフィックスです。

decimal型の変数においても、サフィックスMまたはmがないとエラーになるので注意してください。

▼decimal型の変数を使う

```
// decimal型はサフィックスのMまたはmが必要
decimal d = 300.5M;
```

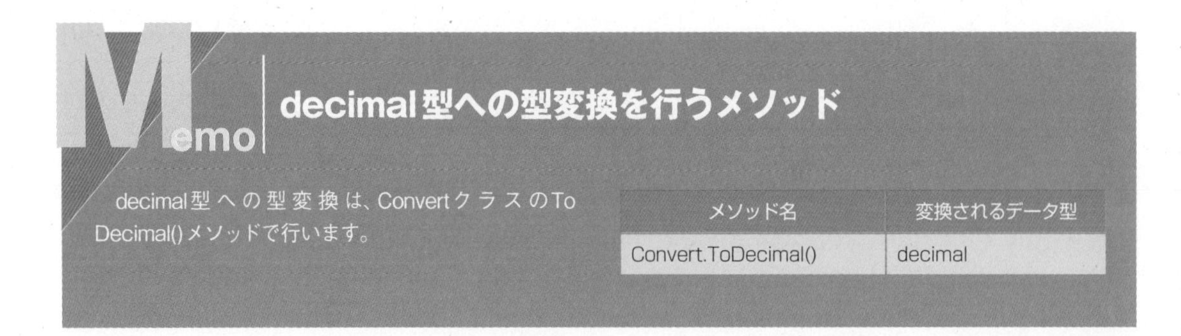

Memo decimal型への型変換を行うメソッド

decimal型への型変換は、ConvertクラスのToDecimal()メソッドで行います。

メソッド名	変換されるデータ型
Convert.ToDecimal()	decimal

2.7.4 論理型

論理型のboolは、true（真）またはfalse（偽）のうち、いずれかの値をとるデータ型です。

▼論理型（bool型）

型名	扱う値
bool	trueまたはfalse

● bool 型の初期値

bool型の変数を宣言した場合の初期値はfalseです。

2.7.5 文字型

文字型のcharは、1文字の文字コードを格納するデータ型です。

▼文字型（char）

型名	内容	扱う値
char	Unicode文字	Unicodeの文字コード

● char 型の初期値

char型の変数を宣言した場合は、以下の初期値がセットされます。

▼char型の初期値

型名	初期値
char	'¥0'

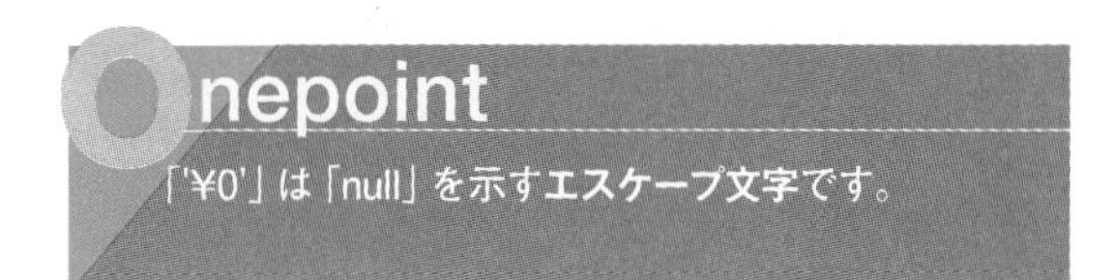

Onepoint
「'¥0'」は「null」を示す**エスケープ文字**です。

初期値が設定されますが、他のデータ型と同様に初期化は必要です。

char型の変数への代入

char型のリテラルは、文字を単一引用符「'」（シングルクォーテーション）で囲むことで指定します。

char型の変数には、文字リテラルを指定するほかに、4桁の16進数によるUnicode値を指定したり、10進数のUnicode値をchar型にキャストしたりして代入することが可能です。

次のどの方法を使っても、アルファベットの「A」が変数に代入されます。

▼char型の変数への代入

```
// char型
char c1 = 'A';
// 16進数表記のUnicode(UTF-16)の'A'
// 「¥u」に続けて16進数4桁で指定する
// 表せる範囲は'¥u0000' ～ '¥uFFFF'
char c2 = '¥u0041';
// 16進数表記のUnicode(UTF-8)の'A'
// 「¥U」に続けて16進数8桁で指定する
char c3 = '¥U00000041';
// 16進数表記のUnicodeの'A'
// 「¥x」に続けて16進数1～4桁で指定する
char c4 = '¥x41';
// 10進数表記のUnicodeの'A'
// (char)でキャストする
char c5 = (char)65;
```

Hint char型の変数にエスケープシーケンスを代入する

エスケープシーケンスとは、文字以外の**制御コード**(**制御文字**とも呼ばれる)のことです。エスケープシーケンスには、改行やタブ挿入などの種類があり、char型の変数には、これらのエスケープシーケンスを値として代入することができます。エスケープシーケンスは、次のように、円記号「¥」を使って指定します。

▼エスケープシーケンス一覧

エスケープシーケンス	文字コード(Unicodeを16進数4桁で表記)	機能
¥0	¥u0000	nullを表す
¥"	¥u0022	二重引用符「"」を表す
¥'	¥u0027	単一引用符「'」を表す
¥¥	¥u005C	円記号「¥」を表す
¥b	¥u0008	バックスペース
¥f	¥u000C	改ページ(フォームフィード)
¥n	¥u000A	改行(ラインフィード)
¥r	¥u000D	復帰(キャリッジリターン)
¥t	¥u0009	水平タブ
¥v	¥u000B	垂直タブ

2.7.6 object型

object型はすべてのクラスの基本の型で、Visual C#のすべてのクラスは、object型を定義する「System.Object」クラスを継承（機能を引き継ぐこと）しています。

System.Objectクラスには、継承先のクラスで共通して使用できるメソッドが用意されていて、これらのメソッドには、継承先のクラスにおいてオーバーライドされることを想定した、ごく基本的な機能だけが搭載されています。なお、**オーバーライド**とは、継承先のクラスにおいて、継承元のメソッドに独自の機能を追加することです。

▼System.Objectクラスのメソッド

メソッド	内容
Equals()	2つのobject型のインスタンスが等しいかどうかを検証する。
GetHashCode()	特定のデータ型のハッシュ関数*として機能する。
GetType()	現在のインスタンスのデータ型を取得する。
ReferenceEquals()	指定した複数のobject型のインスタンスが同一かどうかを検証する。
ToString()	現在のインスタンスを生成したクラスを表す文字列（完全限定名）を返す。

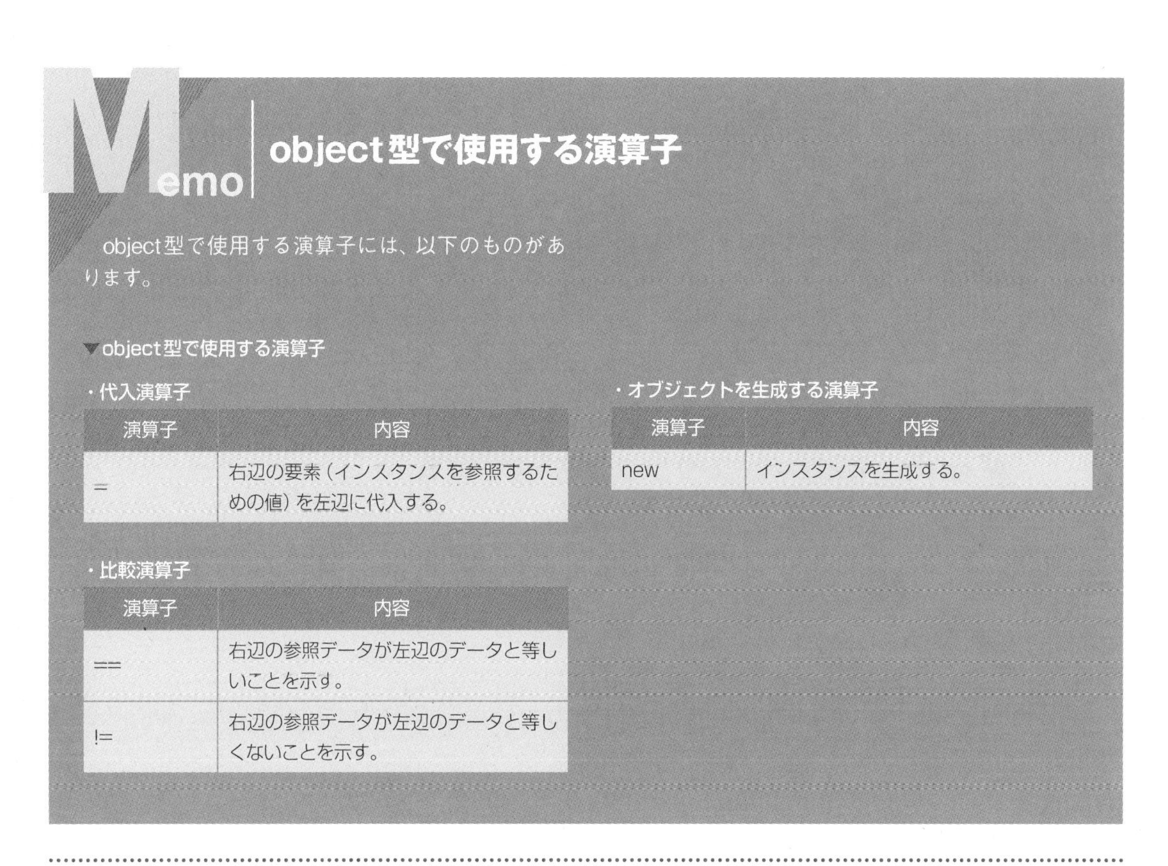

Memo object型で使用する演算子

object型で使用する演算子には、以下のものがあります。

▼object型で使用する演算子

・代入演算子

演算子	内容
=	右辺の要素（インスタンスを参照するための値）を左辺に代入する。

・比較演算子

演算子	内容
==	右辺の参照データが左辺のデータと等しいことを示す。
!=	右辺の参照データが左辺のデータと等しくないことを示す。

・オブジェクトを生成する演算子

演算子	内容
new	インスタンスを生成する。

＊**ハッシュ関数**　指定したデータを固定長の疑似乱数に変換する演算方法のこと。生成された値はハッシュ値と呼ばれる。

2.7.7 文字列型

▼文字列型(string型)

型名	メモリサイズ	扱う値
string	(1文字あたり2バイト)+4バイト	Unicode文字

string型の変数には初期値としてnullが設定されますが、他のデータ型と同様に初期化が必須です。string型のリテラル(値)は、文字列を二重引用符「"」(ダブルクォーテーション)で囲むことで指定します。

▼string型の変数に値を代入

```
string name = "Shuwa Taro";
```

●string型は値が変わるたびに新たなインスタンスを生成する

string型は、不変の要素(インスタンス)を持つデータ型として定義されています。

```
string name = "Shuwa Taro";
name = "Yamada Jiro";
```

1行目でstring型の変数nameを宣言し、「Shuwa Taro」という文字列を代入しています。nameが参照するインスタンスの中身は、「Shuwa Taro」ということになります。

2行目で、nameに「Yamada Jiro」という文字列を代入しています。この時点で、nameの中身が「Syuwa Taro」から「Yamada Jiro」に変わっているように見えますが、実は、中身は変わっていません。2行目の処理では、「Yamada Jiro」のインスタンスが新たに生成され、変数nameの参照が、このインスタンスへの参照情報に書き換えられます。

string型のインスタンスの変移を見る

コンソールアプリを作成して、以下のコードを記述してみましょう。

▼string型の変数を利用する(Program.cs)(プロジェクト「StringCopy」)

```
string str1 = "ABC";          // ❶str1に"ABC"を代入
string str2 = str1;           // ❷str2にstr1の内容をコピー
Console.WriteLine(str1);      // 出力: ABC
Console.WriteLine(str2);      // 出力: ABC

str1 = "DEF";                 // ❸str1の値を"DEF"にする
```

```
Console.WriteLine("str1変更後のstr1の値" + str1);
Console.WriteLine("str1変更後のstr2の値" + str2);
```


●string型以外の参照型変数におけるコピー時の処理

プログラムの実行してみると、str1は新たな値に変更されているのに対し、str1の内容をコピーしたstr2の値は元のままです。

通常、参照型の変数であれば、コピーを行うと、インスタンスへの参照情報がコピー先の変数に代入され、コピー元とコピー先の変数は、互いに同じ参照情報を持つことになります。

▼実行結果

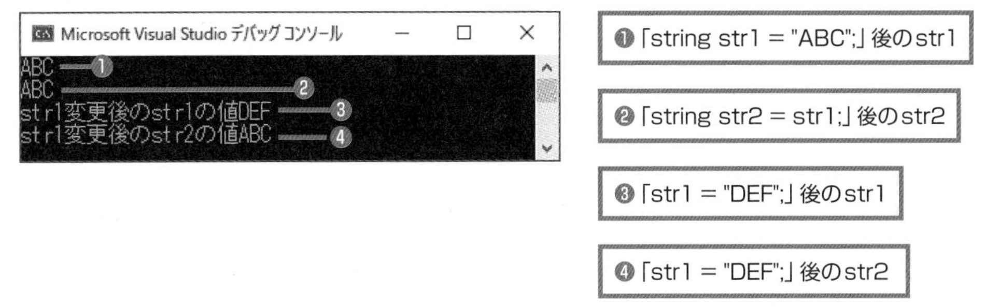

string型は、変数に新しい文字列を代入すると、新たなインスタンスを生成して新しいデータを格納し、同時にインスタンスへの参照情報を書き換えます。つまり、string型の変数では、内容を書き換えるたびに新たなインスタンスが生成され、元のインスタンスはそのまま残り続けることになります。

▼string型のインスタンスの変移

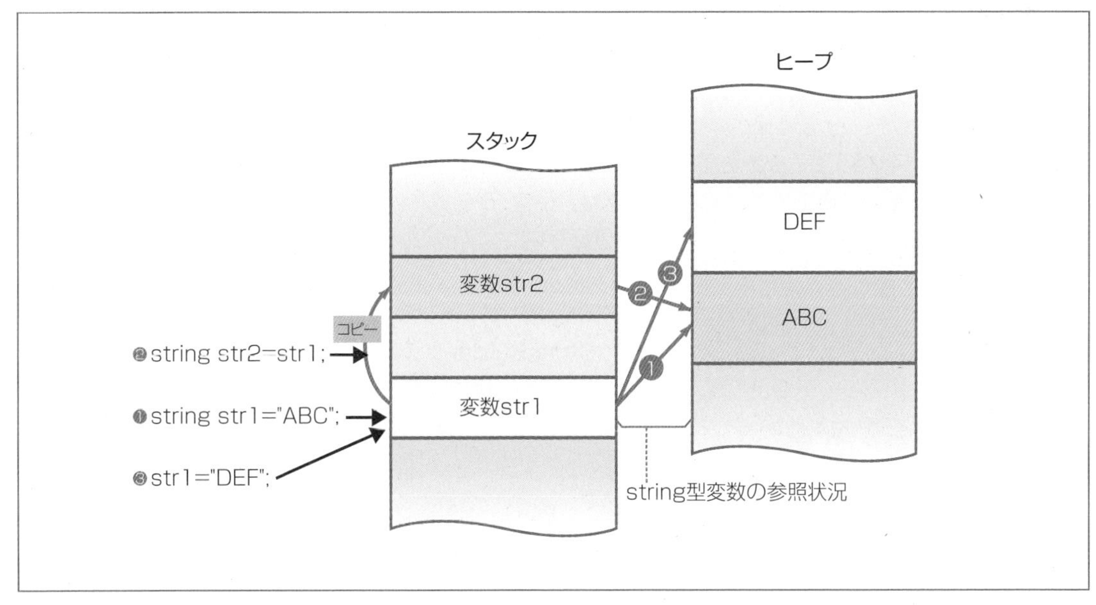

2.7.8 繰り返し処理をstring型とStringBuilderクラスで行う

string型に再代入を行うと新たにインスタンスが生成されるので、文字列の連結を繰り返し行う場合は、元のインスタンスのコピーをその都度作成し、元の文字列に対して新たな文字列を追加する、といった処理が繰り返されます。

ここでは、「s1」というstring型の変数に、「ABCDEFG」という文字列を追加する処理を50000回実行するプログラムを作成し、処理にどのくらいの時間がかかるのかを確かめてみましょう。

▼string型の変数にABCDEFGという文字列を追加する処理を50000回実行する

```
// s1に空の文字列を代入
string s1 = "";
// s1に文字列の追加を50000回繰り返す
for (int i = 0; i < 50000; i++)
{
    s1 = s1 + "ABCDEFG";
}
Console.WriteLine("処理が終了しました。");
```

一般的なデスクトップ型PCでプログラムを実行すると、処理の終了までに数秒間かかってしまいます。

▼実行結果

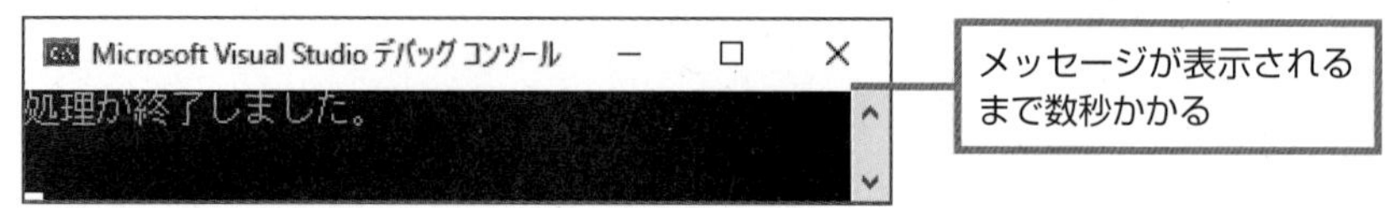
Microsoft Visual Studio デバッグ コンソール
処理が終了しました。
メッセージが表示されるまで数秒かかる

変数s1への代入処理が行われるたびに、現在のs1の文字列をヒープ上の新しい領域にコピーし、それから新規の文字列を追加するという処理が繰り返されます。

さらに、未使用になったインスタンスは、ガベージコレクションによって解放されるまでメモリ上に残り続けるので、リソース*の圧迫も心配です。

●同じ処理をStringBuilderクラスのAppend()メソッドで行う

C#には、文字列を操作するための**StringBuilder**クラスが用意されていて、このクラスの**Append()**メソッドを使うと、指定したデータの末尾に任意のデータを追加することができます。同じ処理をStringBuilderクラスで実行してみることにしましょう。

＊**リソース**　資源の意味。ここでは、使用可能なメモリ領域のことを指している。

▼StringBuilderクラスを使用した繰り返し処理

```
System.Text.StringBuilder sb = new System.Text.StringBuilder();
// s1に文字列の追加を50000回繰り返す
for (int i = 0; i < 50000; i++)
{
    sb.Append("ABCDEFG");
}
Console.WriteLine("処理が終了しました。");
```

▼実行結果

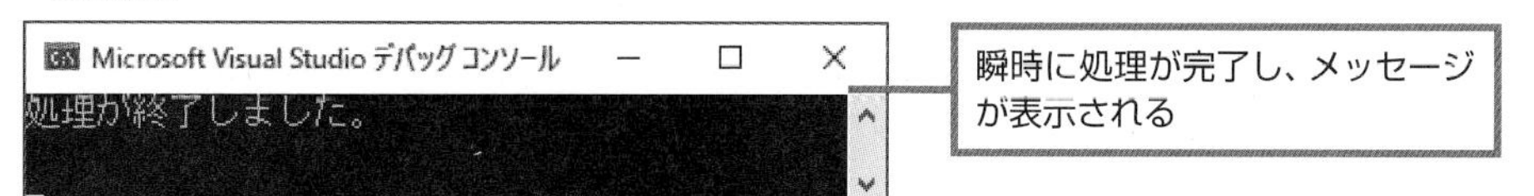
Microsoft Visual Studio デバッグ コンソール
処理が終了しました。
瞬時に処理が完了し、メッセージが表示される

プログラムを実行すると、処理が一瞬のうちに完了します。処理が実行されるたびに、元のインスタンスに対して次々と文字列が追加されていくためです。

Memo コメントの記述

C#では、「//」が記述されている行は、コメントとして扱われます。**コメント**とは、プログラムコードの説明や注意書きなどの注釈のことで、「//」を冒頭に記述することで行全体をコメント化（**コメントアウト**）することができます。

Section 2.8

名前空間(ネームスペース)

Level ★★★ | Keyword | 名前空間　ネームスペース　using　エイリアス

名前空間(ネームスペース)とは、クラスや構造体、列挙体などの型を分類するための仕組みのことです。これまでにSystem.Console.WriteLine()メソッドが何度か出てきましたが、この「System」の部分が名前空間です。

名前空間の定義と名前空間の指定

C#をはじめとする.NET対応のプログラミング言語では、クラスや構造体などの型をすべて名前空間内部で定義することが必要です。このようにして定義されたクラスなどの型は、該当する名前空間を指定することで呼び出せるようになります。

●名前空間の宣言

名前空間は、特定のソースファイル内で宣言し、内部でクラスなどの型を定義します。名前空間の範囲は、中カッコ「{」から「}」までの間となります。なお、1つのソースファイルで複数の名前空間を定義することも可能です。

▼名前空間の宣言

```
namespace 名前空間名
{
    クラスなどの型の定義部
}
```

●usingキーワードによる名前空間名の指定

クラスを呼び出すには、「名前空間名.クラス名」と記述しますが、プログラム中で何度も同じ名前空間名を呼び出すような場合は、usingキーワードを使って、使用する名前空間をあらかじめ宣言しておくことができます。こうしておけば名前空間名の記述を省略することができます。

2.8.1 名前空間の定義

C#は、名前空間を使うことで、クラスライブラリに収録された膨大なクラスの中から、目的のクラスを確実に呼び出せるようになっています。

次は.NET Frameworkコンソールアプリケーションの初期状態のソースコードです。

▼プロジェクト作成直後の「Program.cs」

```
using System;
using System.Collections.Generic;
using System.Linq;
using System.Text;
using System.Threading.Tasks;

namespace ConsoleApp
{
    class Program
    {
        static void Main(string[] args)
        {
        }
    }
}
```

.NET対応のコンソールアプリケーションでは、これらのコードがすべて省略されているので見ることはできませんが、.NET Framework対応だと見ることができます。ちなみに.NET対応のコンソールアプリケーションでは、記述したソースコードはMain()メソッド内部のコードとして処理されるようになっています。

上記のソースコードの冒頭に「using…」で始まるコードがあります。この**using**の箇所が名前空間を使用するためのコードです。

7行目の**namespace**は、名前空間を定義するためのキーワードで、プロジェクト名と同じ「ConsoleApp」という名前空間を宣言しています。以降の中カッコ「{」から最後の行の「}」までが、ConsoleApp名前空間になります。

●「Program」クラス

その次の「class Program」がProgramクラスの宣言部です。Programクラスは、ConsoleApp名前空間に属するクラスになります。

●「Main()」メソッド

「Program」クラスのメソッドです。外部からこのメソッドを呼び出したい場合は、「ConsoleApp.Program.Main();」と記述します。

●名前空間のメリット

「ConsoleApp.Program.Main();」は、ConsoleApp名前空間に属するProgramクラスのMain()メソッドという意味で、それぞれの要素を「.」(ドット)で区切って記述しています。

これまでに何度か使用したConsole.WriteLine()メソッドは、正確には「System」名前空間に属する「Console」クラスのメソッドです。「System.Console.WriteLine」と記述しなかったのは、ソースファイル冒頭の「using System;」でSystem名前空間の使用が宣言されていたからです。

名前空間を定義する

名前空間を定義するには、次のように記述します。

▼名前空間の定義

構文

```
namespace 名前空間名
{
    … ―――――― ここでクラスなどの型を定義する
}
```

名前空間の範囲は、「namespace」キーワードの宣言部の次の中カッコ「{」から「}」までです。

1つのソースファイルの中で、複数の名前空間を定義することも可能です。

●名前空間の階層化

名前空間は、階層構造を使って定義することができます。例えば次のように、「MySpace」名前空間に、「MyData」という名前空間を**ネスト**(入れ子)にすることができます。

▼名前空間の階層化

```
namespace MySpace
{
    namespace MyData
    {

    }
}
```

2.8.2 usingによる名前空間の指定

usingは、名前空間を使用するためのキーワードです。

▼「Program.cs」ファイルの冒頭部分

```
using System;
```

先にもお話ししましたが、System名前空間に属するConsoleクラスの「WriteLine()」メソッドを使うのであれば、「System.Console.WriteLine」ではなく、たんに「Console.WriteLine」と記述すれば済むようになります。

Memo usingキーワードを使ってエイリアスを指定する

usingキーワードの使い方として、**エイリアス**の指定があります。エイリアスとは、名前空間名の別名のことで、「System.Windows.Forms」などのような階層化された長い名前空間名を「MyAlias」などの任意の名前で指定できるようになります。

▼エイリアスの作成

構文
```
using エイリアス名 = 名前空間;
```

例えば、「System.Windows.Forms」名前空間に、「Forms」というエイリアスを割り当てる場合は、次のように記述します。

▼「System.Windows.Forms」名前空間にエイリアスを割り当てる

```
using Forms = System.Windows.Forms;
```

このように記述すれば、「System.Windows.Forms」と記述する代わりに「Forms」と記述することができます。「System.Windows.Forms」名前空間の「Form」クラスを呼び出す場合は、「Forms.Form」となります。

Section

2.9

条件分岐ステートメント

Level ★★★　Keyword　if...elseステートメント　if...else if...else ifステートメント　switchステートメント

プログラムを実行すると、ソースファイルに記述されたソースコードが先頭の行から順番に実行されます。つまり、「上から下へ」という流れが基本です。しかし、この流れを変えることで、より複雑な処理が行えるようになります。このような「処理の流れを変える」仕組みとして、C#に限らずプログラミング言語の多くに「条件分岐」という仕組みが用意されています。

条件によって処理を分岐するステートメント

C#で使用できる条件分岐には、以下の方法があります。

- ●1つの条件を設定して処理を分岐・・・「if...else」ステートメント
- ●2つ以上の条件を設定して処理を分岐・・・「if...else if...else if」ステートメント
- ●複数の条件設定して処理を分岐・・・「switch」ステートメント

▼条件によって処理を分岐

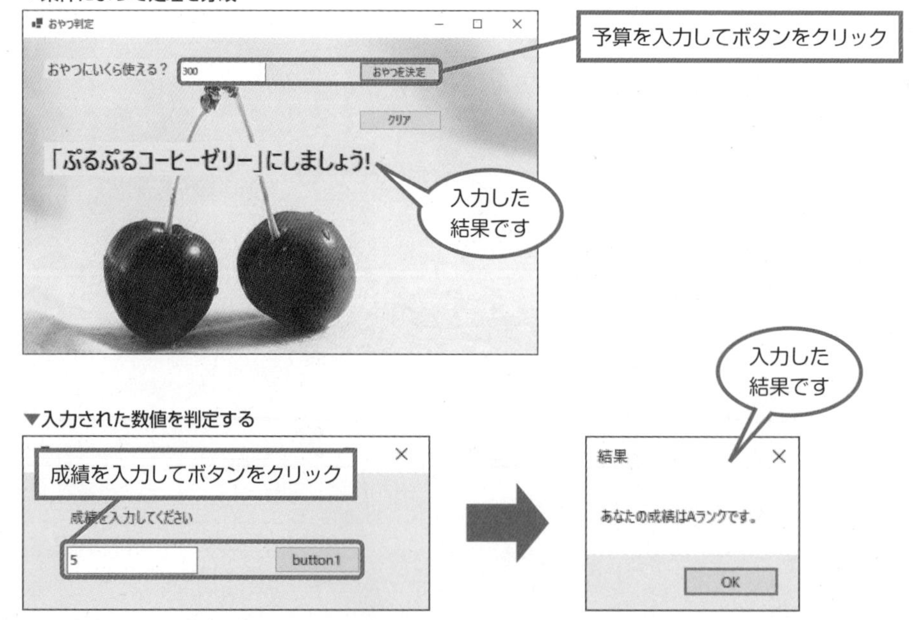

▼入力された数値を判定する

2.9.1　1つの条件を設定して処理を分岐

●「if...else」ステートメント

1つの条件によって処理を分岐するには、**if...else**ステートメントを使用します。

if以下で条件を判定し、真（true）の場合はif以下の処理が実行され、偽（false）の場合はelse以下の処理が実行されます。

▼条件によって処理を分岐する

```
if(条件式)
{
      条件式が真（true）の場合に実行されるステートメント
}
else
{
      条件式が偽（false）の場合に実行されるステートメント
}
```

▼{ }を省略した書き方（ステートメントが1つずつの場合）

```
if(条件式)　条件式がtrueの場合に実行されるステートメント
else　条件式がfalseの場合に実行されるステートメント
```

●条件式で使用する演算子

条件式では、以下のような演算子を使って判定を行います。

比較演算子	内容	例	返される値
==	等しい	A == B	AとBが等しければtrue、等しくなければfalse。
!=	等しくない	A != B	AとBが等しくなければtrue、等しければfalse。
>	より大きい	A > B	AがBより大きければtrue、そうでなければfalse。
>=	以上	A >= B	AがB以上であればtrue、そうでなければfalsc。
<	より小さい	A < B	AがBより小さければtrue、そうでなければfalse。
<=	以下	A <= B	AがB以下であればtrue、そうでなければfalse。

ここでは、if...elseステートメントを利用して、フォーム上に配置されたチェックボックスのチェックの有無によって、異なるメッセージを表示してみましょう。.NET対応の「Windows Forms App」のプロジェクト「CheckBox」を作成して、以下の手順でプログラムを作成します。

▼フォームデザイナー

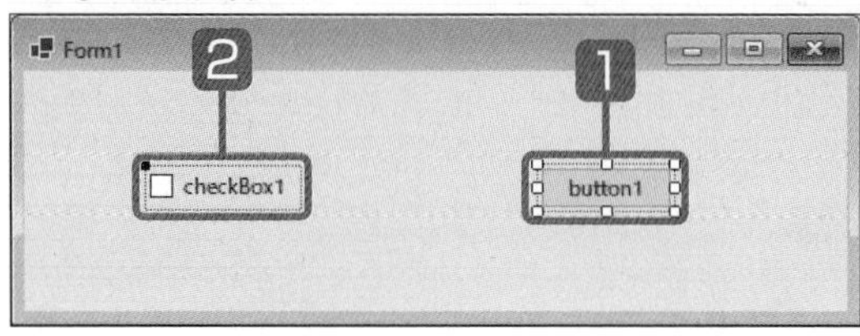

1 フォームのサイズを調整して、フォーム上にButtonコントロール（button1）を配置します。

2 CheckBoxコントロール（checkBox1）を配置します。

3 Buttonコントロールをダブルクリックすると、イベントハンドラーbutton1_Click()が記述されたForm1.csが、コードエディターに表示されます。button1_Click()内部に次のコードを入力しましょう。

▼Form1.cs（プロジェクト「CheckBox」）

```
namespace CheckBox
{
    public partial class Form1 : Form
    {
        public Form1()
        {
            InitializeComponent();
        }

        // button1がクリックされたときに実行されるイベントハンドラー
        private void button1_Click(object sender, EventArgs e)
        {
            // チェックボックスがチェックされている場合のメッセージ
            // Checkedプロパティはチェックされている場合にtrueを返す
            if (checkBox1.Checked) MessageBox.Show(
                "チェックボックスがチェックされています。",     // メッセージ
                "確認");                                         // タイトル
            // 条件が成立しない(チェックされていない)場合のメッセージ
            else MessageBox.Show(
                "チェックボックスがチェックされていません。",   // メッセージ
                "確認");                                         // タイトル
        }
    }
}
```

Onepoint

チェックボックスがチェックされているかどうかは、Checkedプロパティを使って調べることができます。この場合、「チェックボックス名.Checked」のように指定すれば、チェックが入っている場合はtrueが返されます。

4 ツールバーの▶をクリックしてプログラムを実行します。

5 チェックボックスにチェックを入れて、[button1]ボタンをクリックします。

▼実行中のプログラム

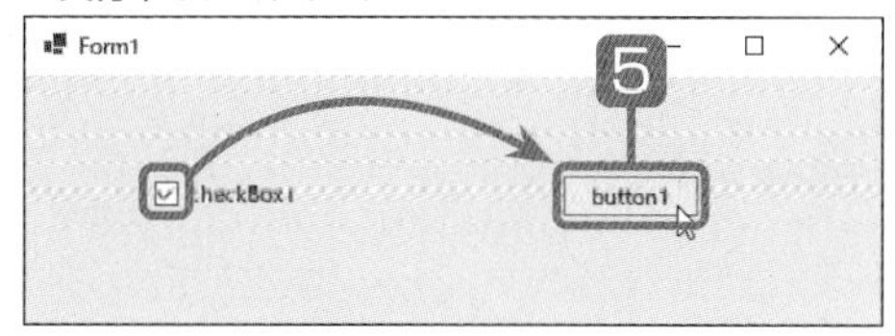

6 メッセージが表示されます。

▼メッセージ

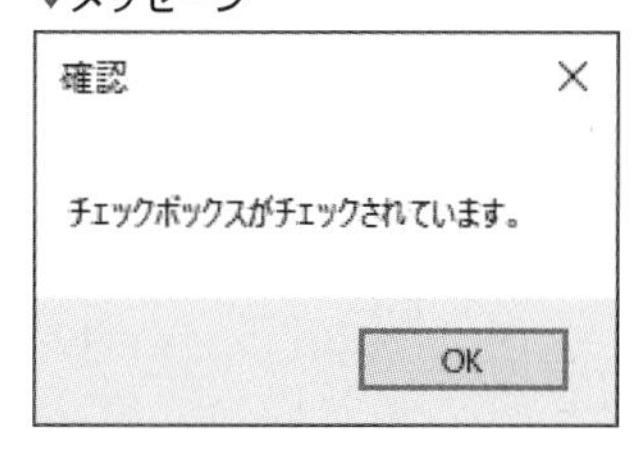

7 プログラムを再度実行し、チェックボックスにチェックを入れずにボタンをクリックすると、次のメッセージが表示されます。

▼メッセージ

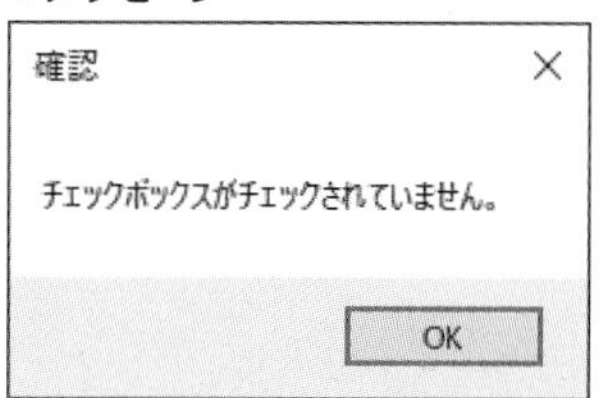

2.9.2 2つ以上の条件を使って処理を分岐

AかBか、あるいはAかBかCかDか……のように、2つ以上の条件を設定するには、**if...else if...else if**ステートメントを使用します。

すべての条件に一致しない場合に実行する処理がある場合は、最後にelseブロックを配置します。

▼2つ以上の条件によって処理を分岐する

```
if(条件式1)
{
    条件式1が真(true)の場合に実行されるステートメント
}

else if(条件式2)
{
    条件式2が真(true)の場合に実行されるステートメント
}

else if(条件式3)
{
    条件式3が真(true)の場合に実行されるステートメント
}
 ・
 ・
 ・
else
{
    すべての条件式が偽(false)の場合に実行されるステートメント
}
```

▼{ }を省略した書き方(ステートメントが1つずつの場合)

```
if (条件式1)　条件式1がtrueの場合に実行されるステートメント
else if (条件式2)　条件式2がtrueの場合に実行されるステートメント
else if (条件式3)　条件式3がtrueの場合に実行されるステートメント
else　すべての条件式がfalseの場合に実行されるステートメント
```

ここでは、「if...else if...else if」ステートメントを利用して、今日のおやつを決定するフォームアプリケーションを作成してみましょう。.NET対応の「Windows Forms App」のプロジェクト「TodaysSnack」を作成して、以下の手順で作成します。

1 Labelコントロールを2個配置します。

2 TextBoxコントロールを1個配置します。

3 Buttonコントロールを2個配置します。

4 各コントロールのプロパティを次表のように設定します。

▼フォーム（Form1）

プロパティ	設定する値
BackgroundImage	事前に背景用のイメージをプロジェクトフォルダー内にコピーしておく。 プロパティの値の欄のボタンをクリックして［プロジェクトリソースファイル］をオンにし、［インポート］ボタンをクリックして背景イメージを選択したあと［OK］ボタンをクリックする。
Size	内容に合わせてドラッグ操作でサイズを調整します。
Text	おやつ判定

▼左上のラベル

プロパティ	設定する値
(Name)	label1
Text	おやつにいくら使える？
FontのSize	12

▼左下のラベル

プロパティ	設定する値
(Name)	label2
Text	今日のおやつは？
FontのSize	20
FontのBold	True

▼テキストボックス

プロパティ	設定する値
(Name)	textBox1

▼右上のボタン

プロパティ	設定する値
(Name)	button1
Text	おやつを決定

▼右下のボタン

プロパティ	設定する値
(Name)	button2
Text	クリア

5 フォーム上に配置したbutton1をダブルクリックして、イベントハンドラー内部に次のように記述します。

▼コントロールを配置してプロパティを設定

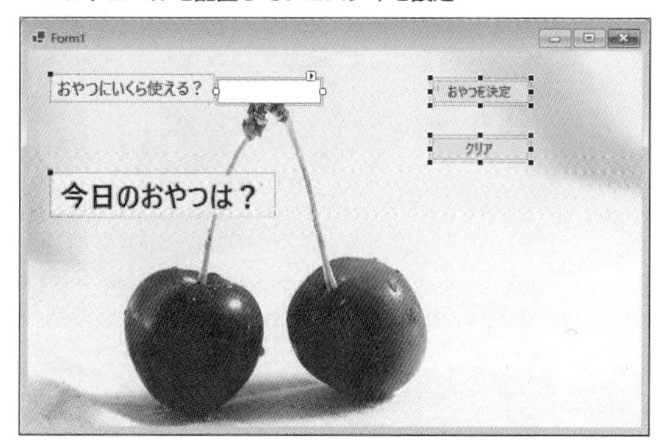

▼Form1.csのイベントハンドラーbutton1_Click（プロジェクト「TodaysSnack」）

```
namespace TodaysSnack
{
    public partial class Form1 : Form
    {
        public Form1()
        {
            InitializeComponent();
        }

        // buttn1クリック時に実行されるイベントハンドラー
        private void button1_Click(object sender, EventArgs e)
        {
            // 金額の入力欄が空欄の場合は入力を促すメッセージを表示
            if (textBox1.Text == "")
            {
                MessageBox.Show("使える金額を入力しよう！");
            }
            // 金額が入力されている場合の処理
            else
            {
                // 入力された金額をint型に変換
                int pocket = Convert.ToInt32(textBox1.Text);
                // タイトルの文字列を変数に格納
                string caption = "どっちか選ぼう！";
                // メッセージボックスの「はい」「いいえ」ボタンを変数buttonsに格納
                MessageBoxButtons buttons = MessageBoxButtons.YesNo;
                // メッセージボックスの結果を取得するための列挙体を宣言
                DialogResult result1;
                DialogResult result2;

                // 1回目の質問
                string message1 = "甘いのにする？";
                // 2回目の質問
                string message2 = "カロリーは気になる？";

                // ネストされたif...elseステートメント
                // 金額が300円に満たない場合の結果を表示する
                if (pocket < 300)
                {
                    label2.Text = "「カリカリシュークリーム」一択だ！";
                }
```

```
            // 300円以上ならメッセージボックスを表示して質問を開始
            else
            {
                // 1回目のメッセージボックスを表示
                // クリックされたボタンの情報を取得する
                // [はい] ボタンでDialogResult.Yesが返される
                // [いいえ] ボタンでDialogResult.Noが返される
                result1 = MessageBox.Show(message1,    // メッセージ
                                          caption,     // タイトル
                                          buttons      // ボタンを指定
                                         );

                // 2回目のメッセージボックスを表示
                // クリックされたボタンの情報を取得する
                result2 = MessageBox.Show(message2,    // メッセージ
                                          caption,     // タイトル
                                          buttons      // ボタンを指定
                                         );
                // 甘いものがYesでカロリーもYesの場合
                if (result1 == DialogResult.Yes &
                    result2 == DialogResult.Yes)
                {
                    label2.Text = "「ぷるぷるコーヒーゼリー」にしましょう！";
                }
                // さらにネストされたif...else if...else
                // 甘いものがYesでカロリーがNoの場合
                else if (result1 == DialogResult.Yes &
                         result2 == DialogResult.No)
                {
                    label2.Text = "「濃厚キャラメルチーズタルト」にしましょう！";
                }
                // 甘いものがNoでカロリーがYesの場合
                else if (result1 == DialogResult.No &
                         result2 == DialogResult.Yes
                )
                {
                    label2.Text = "「プロテインゼリー」だね！";
                }
                // 甘いものがNoでカロリーもNoである場合
                else
                {
                    label2.Text = "「ビターカカオエクレア」にしましょう！";
```

```
                    }
                }
            }
        }
    }
}
```

プログラムは、次のようにif...elseにif...elseを多重にネストした構造になっています。ネストされたif...elseで金額が300円に満たないかそれ以上かを判定し、300円以上であればメッセージボックスの表示と結果の取得を行い、さらにネストされたif...elseで判定を行って結果を表示します。

▼プログラムの骨格

```
if (テキストボックスが空欄である)
    メッセージボックスで金額を入力するように促す
else
    入力された金額をint型に変換する
    メッセージボックスの設定内容を用意

    ◎ネストのif(金額が300円に満たない)
        "「カリカリシュークリーム」一択だ！"と表示
    ◎ネストのelse
        1番目のメッセージボックスを表示して結果をresult1に格納
        2番目のメッセージボックスを表示して結果をresult2に格納

        ○さらにネストされたif(1番目Yes　2番目Yes)
            "「ぷるぷるコーヒーゼリー」にしましょう！"と表示
        ○else if(1番目Yes　2番目No)
            "「濃厚キャラメルチーズタルト」にしましょう！"と表示
        ○else if(1番目No　2番目Yes)
            "「プロテインゼリーだね！」"と表示
        ○else
            "「ビターカカオエクレア」にしましょう！"と表示
```

●MessageBoxButtonsクラスのMessageBoxButtons列挙体

定数のMessageBoxButtons.YesNoを設定すると、メッセージボックスに［はい］ボタンと［いいえ］ボタンを表示することができます。

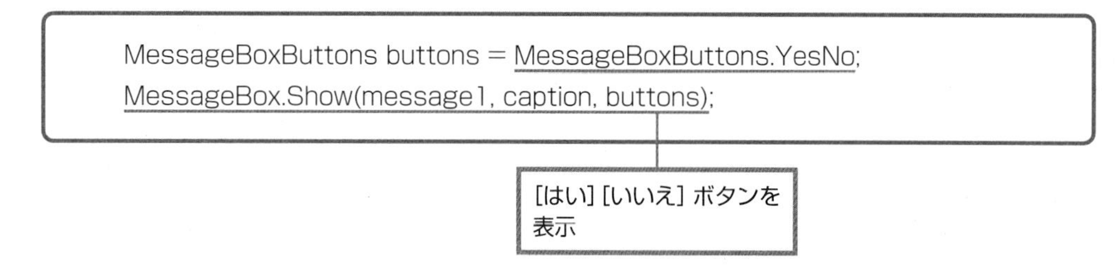

MessageBoxButtons buttons = MessageBoxButtons.YesNo;
MessageBox.Show(message1, caption, buttons);
［はい］［いいえ］ボタンを表示

●FormsクラスのDialogResult列挙体

メッセージボックスのどのボタンがクリックされたかを調べることができます。

［はい］ボタンがクリックされるとDialogResult.Yesと返されます。

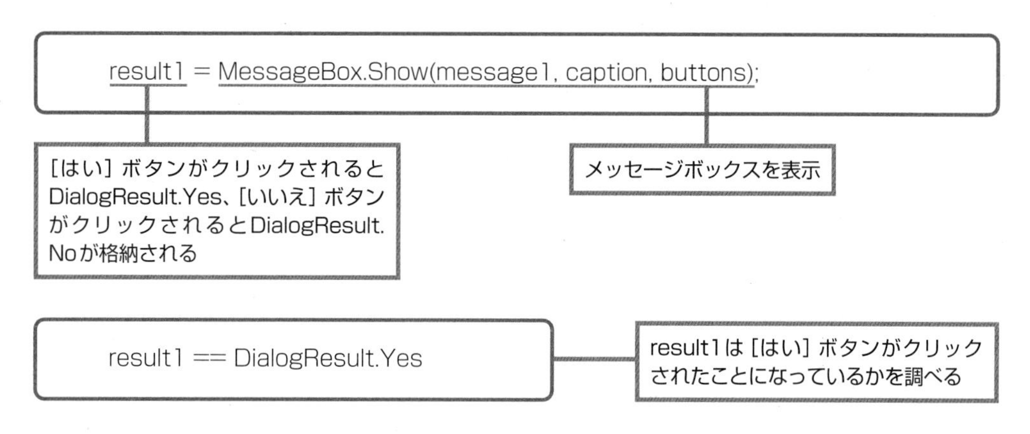

6 フォーム上に配置したbutton2をダブルクリックして、イベントハンドラー内部に次のように記述します。ボタンがクリックされたタイミングでテキストボックスを空にし、label2の表示を最初の文字列に戻す処理を行うコードです。

▼Form1.csのイベントハンドラーbutton2_Click()

```
// button2クリック時に実行されるイベントハンドラー
private void button2_Click(object sender, EventArgs e)
{
    // テキストボックスを空にする
    textBox1.Text = "";
    // label2に初期のメッセージを表示する
    label2.Text = "今日のおやつは？";
}
```

7 プログラムを実行し、金額を入力して［おやつを決定］ボタンをクリックします。

▼実行中のプログラム

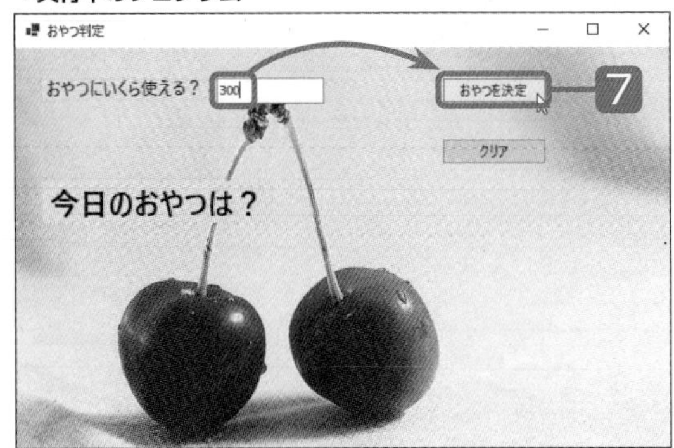

8 どちらかのボタンをクリックします。

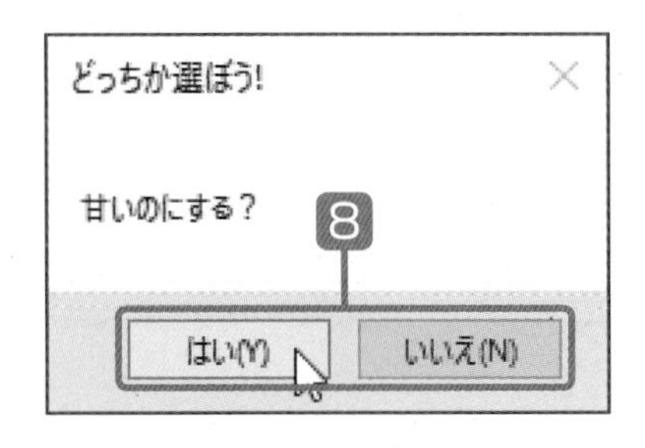

9 どちらかのボタンをクリックします。

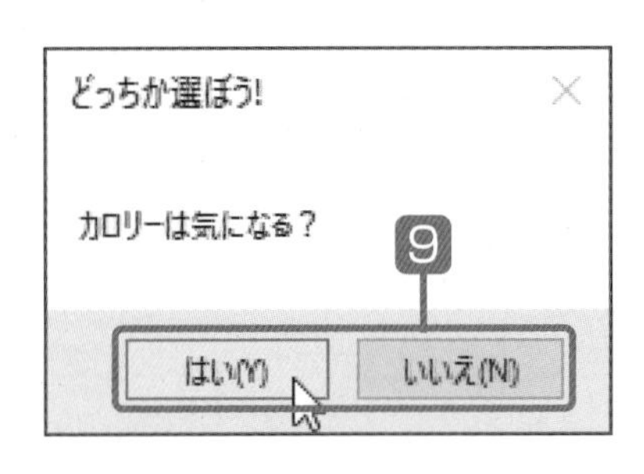

10 結果が表示されます。

▼実行中のプログラム

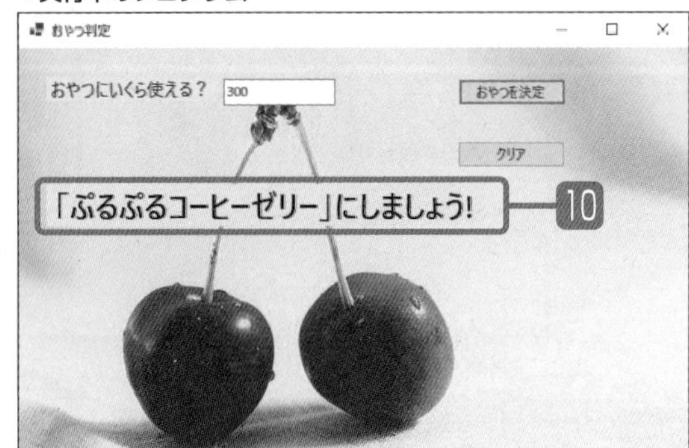

Memo　MessageBox.Show() メソッド

MessageBox.Show() メソッドは、メッセージボックスを表示するためのメソッドです。「MessageBox.Show(メッセージ,タイトル, ボタンとアイコンの指定);」と記述するのが基本ですが、「タイトル」と「ボタンとアイコンの指定」の部分は省略できます。「タイトル」を省略した場合は、メッセージボックスのタイトルバーに何も表示されず、「ボタンとアイコンの指定」を省略した場合は、[OK] ボタンだけが表示されます。

2.9.3 複数の条件に対応して処理を分岐

複数の条件に対応して処理を分岐するには、**switch**ステートメントが便利です。

switchステートメントは、あらかじめ設定した変数または式に格納される値によって処理を分岐します。例えば、scoreという条件判定用の変数を宣言しておき、この変数の値が1の場合の処理、2の場合の処理、……のように処理を分岐させることができます。

▼switchステートメントを使って処理を分岐する

```
switch(変数名または条件式) ―― switchで評価する部分は、変数または条件式を指定
{
    case 条件1: ―――――― 条件にする値を指定
            条件1が真 (true) の場合に実行されるステートメント
            break;

    case 条件2:
            条件2が真 (true) の場合に実行されるステートメント
            break;
    ・
    ・
    ・
    default: ―――― defaultのブロックは省略可
            どの条件にも当てはまらないときに実行されるステートメント
            break;
}
```

例として、1～5の成績を入力すると、入力した成績に応じてA～Dのランクを表示するフォームアプリケーションを作成してみましょう。

.NET対応の「Windows Forms App」のプロジェクト「SwitchApp」を作成して、以下の手順で作成します。

1. フォームサイズを調整したあと、フォーム上にLabel、TextBox、Buttonの各コントロールを配置します。

2. 次の表のとおりに、それぞれのプロパティを設定します。

▼各コントロールのプロパティ設定

●Label コントロール

プロパティ	設定する値
(Name)	label1
Text	成績を入力してください(1~5)

●TextBox コントロール

プロパティ	設定する値
(Name)	textBox1
Text	(空欄)

●Button コントロール

プロパティ	設定する値
(Name)	button1
Text	OK

3 フォーム上に配置したbutton1をダブルクリックして、イベントハンドラーに次のコードを記述します。

▼Form1.csのイベントハンドラーbutton1_Click()(プロジェクト「SwitchApp」)

```
namespace SwitchApp
{
    public partial class Form1 : Form
    {
        public Form1()
        {
            InitializeComponent();
        }
        // button1クリック時に実行されるイベントハンドラー
        private void button1_Click(object sender, EventArgs e)
        {
            // switchステートメントの判定用の変数
            int score;
            // テキストボックスに入力された値を取得してint型に変換
            score = Convert.ToInt32(textBox1.Text);

            // switchステートメントによる処理の分岐
            // 変数scoreの値を判定する
            switch(score)
            {
                case 5: // scoreの値が5の場合
                    MessageBox.Show("あなたの成績はAランクです。", "結果");
                    break;
                case 4: // scoreの値が4の場合
```

```
                MessageBox.Show("あなたの成績はBランクです。", "結果");
                break;
            case 3: // scoreの値が3の場合
                MessageBox.Show("あなたの成績はCランクです。", "結果");
                break;
            case 2: // scoreの値が3の場合
                MessageBox.Show("あなたの成績はDランクです。", "結果");
                break;
            case 1: // scoreの値が3の場合
                MessageBox.Show("あなたの成績はEランクです。", "結果");
                break;
            default: // scoreの値が上記以外の場合
                MessageBox.Show("成績ではない数値が入力されています。", "結果");
                break;
        }
    }
  }
}
```

▼実行中のプログラム

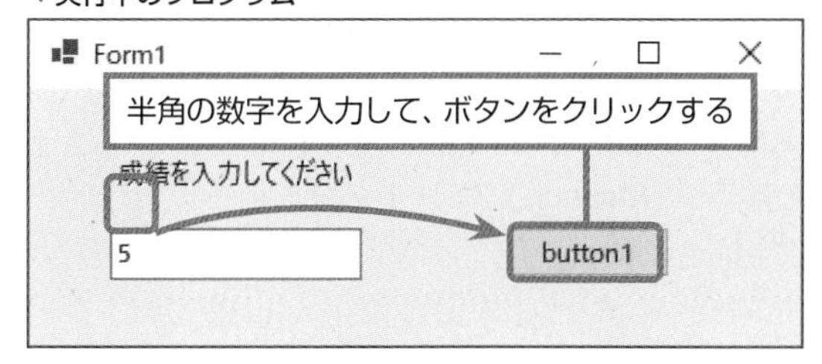

Onepoint

プログラムの実行にあたっては、テキストボックスに半角の数字を入力します。これ以外の文字を入力するとエラーになるので注意してください。

▼[Button1] ボタンをクリックしたときのメッセージ

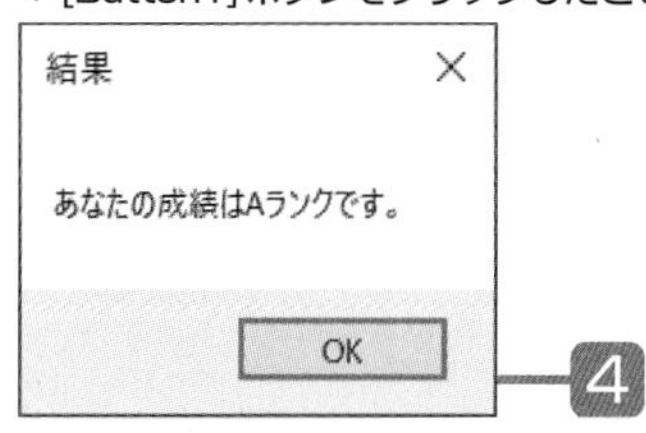

4 プログラムを実行し、1～5の値を入力して、ボタンをクリックすると、入力した値によって、このようなメッセージが表示されます。

Section
2.10 繰り返しステートメント

Level ★★★ | Keyword | whileステートメント　forステートメント　breakステートメント

同じ処理を繰り返したい場合は、forステートメントやwhileステートメントを使います。

同じ処理を繰り返し実行するステートメント

C#では、繰り返す処理の内容によって、次のようなステートメントを使います。

- ●条件を満たす限り同じ処理を繰り返す…「while」ステートメント
- ●繰り返し処理を最低1回は行う…「do...while」ステートメント
- ●指定した回数に達するまで処理を繰り返す…「for」ステートメント
- ●コレクション内のすべてのオブジェクトに同じ処理を実行…「foreach」ステートメント
- ●ループを途中で止める…「break」ステートメント

▼「while」ステートメントを使って繰り返し処理を行うバトルゲームプログラム

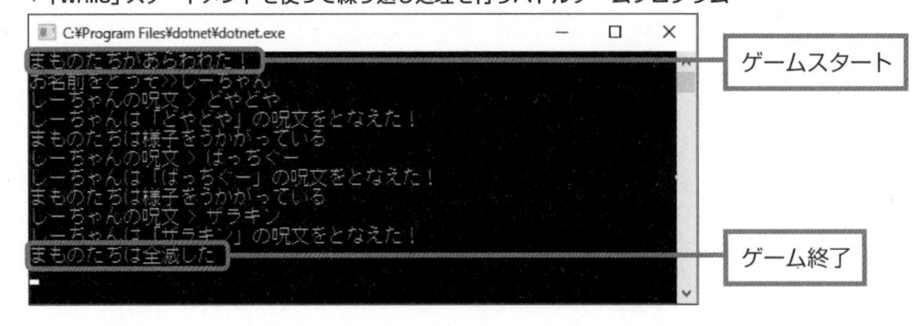

2.10.1 同じ処理を繰り返す（for）

何かの不具合を知らせるために「エラー！」という表示を連続して出力したいとします。でも、1つの処理を何度も書くのは面倒です。こんなときは「繰り返し処理」という仕組みを使います。

指定した回数だけ処理を繰り返す

forは、指定した回数だけ処理を繰り返すためのキーワード（予約語）です。

▼forの書式

構文

```
for (カウンター変数; 条件式; 変数の増減式)
{
    繰り返す処理
}
```

カウンター変数というのは、処理の回数を数えるための変数です。どんなふうに数えるのか、次のコンソールアプリケーションで確かめてみましょう。

▼カウンター変数の値を表示する（コンソールアプリケーション「ForApp」）

```
// 処理を5回繰り返す
for (int i = 0; i < 5; i++)
{
    // カウンター変数iの値を出力
    Console.WriteLine(i);
}
```

▼実行結果

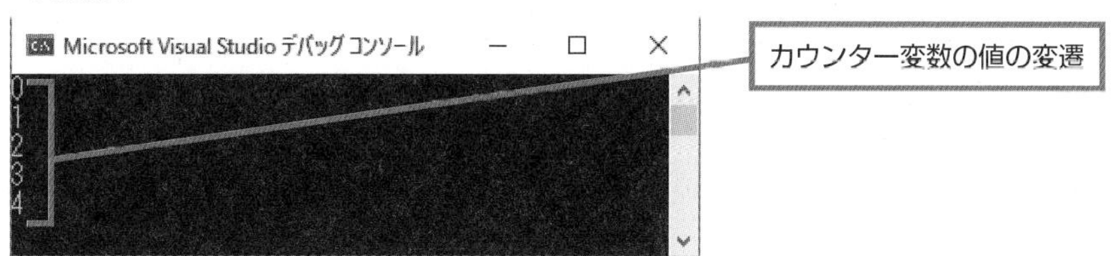

0から4までが順に出力されました。forステートメントが実行されると、まず「int i = 0;」で初期化したカウンター変数iが参照されます。条件式は「i < 5」なので、「iが5になったら」処理を終了します。forブロック内の「Console.WriteLine(i);」でiの値「0」を出力したあと、変数の増減式「i++」でiに1を加算して1回目の処理が終了します。

続く2回目の処理でiの値を出力したあと、「i++」でiに1を加算して「2」になったところで3回目の処理に入ります。最後の5回目の処理でiの値の「4」を出力したあと、「i++」でiを「5」にしてforの条件式：

```
i < 5;
```

がチェックされますが、iは5なのでこの式は成立しません。ここでforの処理が終了し、ブロックを抜けます。

●forブロック

forで繰り返す処理の範囲は、forの行と{ }の中のソースコードです。この部分をまとめて「**forブロック**」と呼ぶことがあります。「forステートメント」と同じ意味で、どちらの呼び方も多く使われますが、他言語を含めると「forブロック」と呼ぶのが一般的かな、という印象です。

ゲームをイメージしたバトルシーンを再現してみよう

RPGなどの対戦型のゲームには、勇者がモンスターに遭遇するとバトルを開始するものがあります。これをプログラムで再現してみたいのですが、1回攻撃しただけではやっつけられないかもしれません。なので、5回連続して攻撃したらモンスターを退散させるようにしてみましょう。

▼モンスターに連続して5回攻撃する（コンソールアプリケーション「BattleGame1」）

```
// 勇者の名前を取得
Console.Write("お名前をどうぞ>>");
// ユーザーの入力した文字列を1行読み込む
// braveはstring?としてnull許容型の変数として宣言
string? brave = Console.ReadLine();

// braveに文字列が格納されていれば（braveが空でなければ）
// forブロックの処理を実行
if (!string.IsNullOrEmpty(brave))
{
    for (int i = 0; // iを0で初期化
         i < 5;     // 処理を5回繰り返す
         i++        // 1回の処理終了後にiに1加算
         )
```

```
        {
            // 主人公の攻撃
            Console.WriteLine(brave + "の攻撃！");
        }

        // 5回攻撃したらメッセージを表示
        Console.WriteLine("モンスターたちはたいさんした");
}

// 勇者の名前が入力されていない場合はゲームを終了
else
        Console.WriteLine("ゲーム終了");
```

▼実行結果

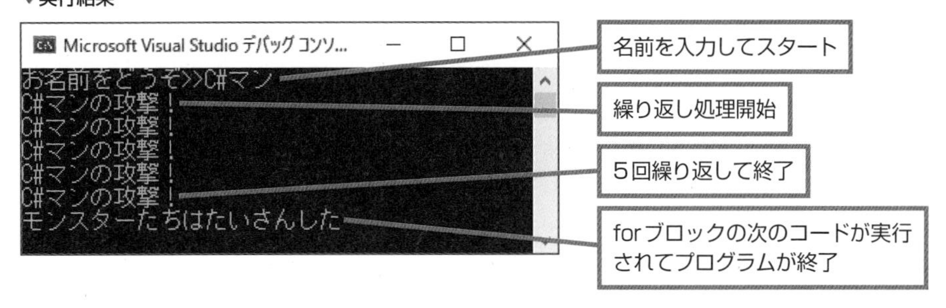
Microsoft Visual Studio デバッグ コンソ...
お名前をどうぞ>>C#マン
C#マンの攻撃！
C#マンの攻撃！
C#マンの攻撃！
C#マンの攻撃！
C#マンの攻撃！
モンスターたちはたいさんした
名前を入力してスタート
繰り返し処理開始
5回繰り返して終了
forブロックの次のコードが実行されてプログラムが終了

●Console.ReadLine()メソッドとnull許容型

Console.ReadLine()メソッドは、コンソール上で入力された1行の文字列を読み込み、これを戻り値として返します。戻り値を格納する変数はstring型にしますが、コンソールに何も入力されずに[Enter]キーが押された場合はnullが返されます。nullはどのオブジェクトも参照していないことを示す演算子です。

このため、

```
string brave = Console.ReadLine();
```

とした場合、コンソールで何も入力されないとbraveにはnullが代入されますが、変数がnullになる可能性がある、という警告が該当のコードに表示されます。警告を無視してプログラムを実行することはできますが、この場合は変数の型名の末尾に「?」を付けて「null許容型」として宣言を行うと警告は表示されなくなります。

```
string? brave = Console.ReadLine();
```

上記の場合、変数braveは、「string?」としたことで「nullを許容するstring型」として宣言されます。

2.10.2 繰り返す処理を状況によって変える

攻撃するだけでは面白くありませんので、モンスターたちの反応も加えることにしましょう。

2つの処理を交互に繰り返す

forブロックの内部に書けるソースコードには特に制限がありませんので、if文を書くこともできます。そうすれば、forの繰り返しの中で処理を分ける(分岐させる)ことができます。そこで今回は、何回目の繰り返しなのかを調べて異なる処理を行います。奇数回の処理なら勇者の攻撃、偶数回の処理ならモンスターたちの反応を表示すれば、それぞれが交互に出力されるはずです。

▼勇者の攻撃とモンスターたちの反応を織り交ぜる(コンソールアプリケーション「BattleGame2」)

```
// 勇者の名前を取得
Console.Write("お名前をどうぞ>>");
// ユーザーの入力した文字列を1行読み込む
// braveはstring?としてnull許容型の変数として宣言
string? brave = Console.ReadLine();

// モンスターの応答パターン
string monster1 = "モンスターたちはひるんでいる";
string monster2 = "モンスターたちはたいさんした";

// 名前が入力されたら以下の処理を10回繰り返す
if (!string.IsNullOrEmpty(brave))
{
    // 処理を10回繰り返す
    for (int i = 0; i < 10; i++)
    {
        // 偶数回の処理なら勇者の攻撃を出力
        if (i % 2 == 0)
        {
            Console.WriteLine(brave + "の攻撃!");
        }
```

```
            // 奇数回の処理ならモンスターの応答monster1を出力
            else
            {
                Console.WriteLine(monster1);
            }
        }
        // forブロック終了後にモンスターの応答monster2を出力
        Console.WriteLine(monster2);
    }
    // 勇者の名前が入力されていない場合はゲームを終了
    else
    {
        Console.WriteLine("ゲーム終了");
    }
```


▼実行結果

```
お名前をどうぞ>>C#マン          ← 名前を入力してスタート
C#マンの攻撃!                  ← 1回目はiの値が「0」なので偶数回の処理
モンスターたちはひるんでいる    ← 2回目はiの値が「1」なので奇数回の処理
C#マンの攻撃!
モンスターたちはひるんでいる
C#マンの攻撃!
モンスターたちはひるんでいる
C#マンの攻撃!
モンスターたちはひるんでいる
C#マンの攻撃!
モンスターたちはひるんでいる    ← 最後の10回目はiの値が「9」なので奇数回の処理
モンスターたちはたいさんした    ← forの次のコードが実行されてプログラムが終了
```

カウンター変数iには最初の処理のときに0、以後、処理を繰り返すたびに1から9までの値が順番に代入されます。ifの条件式を「i % 2 ==0」にすることで「2で割った余りが0」、つまり偶数回の処理であることを条件にしていますので、偶数回の処理であれば勇者の攻撃が出力されます。一方、2で割った余りが0以外であるのは2で割り切れない、つまり奇数ということなので、else以下でモンスターの反応を出力します。これで、勇者の攻撃とモンスターの反応が交互に出力され、バトルシーンが終了します。

3つの処理をランダムに織り交ぜる

勇者の攻撃とモンスターの応答を交互に繰り返すようになりましたが、ちょっと面白みに欠けるところではあります。攻撃と応答のパターンをもっと増やして、ランダムに織り交ぜるようにすれば、もっとバトルらしい雰囲気になりそうです。

●疑似乱数を発生させる

ここでは、指定した範囲の値をランダムに発生させるRandomクラスのNext()というメソッドを使うことにします。

▼【メソッド】Random.Next()

メソッドの構造	Random.Next(Min, Max)
戻り値	Min～Max－1の整数を返します。

Next()メソッドを実行して、0から9までの範囲で何か1つの整数値を取得するには、次のように記述します。

▼0～10未満の中から整数値を1つ取得する

```
Random rnd = new Random();
int num = rnd.Next(0, 10)
                  └──0～10未満の整数をランダムに生成
```

Next()が実行されるまで、変数numに何の値が代入されるのかはわかりません。あるときは1であったり、またあるときは0や9だったりという具合です。あと、ここではforの繰り返しを実行する直前に毎回、

```
    System.Threading.Thread.Sleep(1000);
```

の処理を行って、1秒間、プログラムをスリープ状態にします。一気にforステートメントの処理が終わってしまうと面白くないので、1回ごとの結果を1秒おきに出力することで対戦の雰囲気を出しましょう。ThreadクラスのSleep()メソッドは、引数に指定した時間(ミリ秒単位)、プログラムを停止状態(スリープ)にします。

4つのパターンをランダムに出力する

さて、何のためにNext()メソッドを使うのかというと、for文の中で何度も実行して、そのときに生成されたランダムな値(乱数)を使って処理を振り分けたいからです。例えば、1、2、3のいずれかであれば勇者の攻撃、4か5であればモンスターの反応、という具合です。

「やってみなければわからない」というゲーム的な雰囲気を出せることから、ゲームプログラミングでよく使われる手法です。

▼ランダムに攻撃を繰り出す（コンソールアプリケーション「BattleGame3」）

```
// メッセージを出力
Console.WriteLine("モンスターたちがあらわれた！");
Console.Write("お名前をどうぞ>>");

// ユーザーの入力した文字列を1行読み込む
// braveはstring?としてnull許容型の変数として宣言
string? brave = Console.ReadLine();

string brave1 = brave + "のこうげき！";          // 1つ目の攻撃パターンを作る
string brave2 = brave + "は呪文をとなえた！";     // 2つ目の攻撃パターンを作る
string monster1 = "モンスターたちはひるんでいる";  // 魔物の反応その1
string monster2 = "モンスターたちがはんげきした！"; // 魔物の反応その2
string monster3 = "モンスターたちはたいさんした";  // 魔物の反応その3

// Randomクラスのインスタンス化
Random rnd = new Random();

// 名前が入力されたら以下の処理を10回繰り返す
if (!string.IsNullOrEmpty(brave))
{
    // 繰り返しの前に勇者の攻撃を出力する
    Console.WriteLine(brave1);

    // 10回繰り返す
    for (int i = 0; i < 10; i++)
    {
        // 1秒間スリープ
        System.Threading.Thread.Sleep(1000);
        // 0～9の範囲の値をランダムに生成
        int num = rnd.Next(0, 10);

        // 生成された値が2以下ならbrave1を出力
        if (num <= 2)
        {
            Console.WriteLine(brave1);
        }
        // 生成された値が3以上5以下ならbrave2を出力
        else if (num >= 3 & num <= 5)
        {
            Console.WriteLine(brave2);
        }
```

2

Visual C#の文法

```
            // 生成された値が6以上8以下ならmonster1を出力
            else if (num >= 6 & num <= 8)
            {
                Console.WriteLine(monster1);
            }
            // 上記以外はmonster2を出力
            else
            {
                Console.WriteLine(monster2);
            }
        }
        // forを抜けたらmonster3を出力
        Console.WriteLine(monster3);
}
// 勇者の名前が入力されなければゲームを終了
else
{
    Console.WriteLine("ゲーム終了");
}
```

▼実行例

```
モンスターたちがあらわれた！
お名前をどうぞ>>C#マン                  ← 名前を入力してスタート
C#マンのこうげき！                      ← ここから繰り返し処理が始まる
C#マンは呪文をとなえた！
モンスターたちはひるんでいる
モンスターたちはひるんでいる
C#マンは呪文をとなえた！
C#マンは呪文をとなえた！
C#マンのこうげき！
C#マンのこうげき！
C#マンのこうげき！
モンスターたちがはんげきした！
C#マンは呪文をとなえた！                ← 10回目の繰り返し処理
モンスターたちはたいさんした
```

ランダムに生成した値が0〜2、または3〜5、6〜8の範囲であるかによって、if...else if...elseで処理が分かれるようになっています。最後のelseは、それ以外の9が生成されたときに実行されます。

2.10.3　条件がtrueである限り繰り返す（while）

C#には、もう1つ、処理を繰り返すためのwhileがあります。forは「回数を指定して繰り返す」ものでしたが、whileには「条件を指定して繰り返す」という違いがあります。

条件が成立する限り同じ処理を繰り返す

「○○が××なら」という条件で処理を繰り返したい場合、何回繰り返せばよいのかわからないのでforを使うことはできません。このような場合はwhileです。whileは、指定した条件が成立する（trueである）限り、処理を繰り返します。

▼whileによる繰り返し

```
while(条件式)
{
    繰り返す処理
}
```

whileは「条件式がtrueである限り」処理を繰り返します。条件式がtrueの間ですので、「a == 1」とすれば変数aの値が「1であれば」処理を繰り返し、「a != 1」とすればaの値が「1ではなければ」処理を繰り返します。

必殺の呪文でモンスターを全滅させる

人気のRPGで使われる呪文に、一瞬で敵を全滅させる呪文があります。そこで、ある呪文を唱えない限り延々とゲームが続く、というパターンをプログラミングしてみましょう。

▼必殺の呪文を使わない限りバトルを繰り返す（コンソールアプリケーション「BattleGame4」）

```
// メッセージを出力
Console.WriteLine("モンスターたちがあらわれた！");
Console.Write("お名前をどうぞ>>");
// ユーザーの入力した文字列を1行読み込む
// braveはstring?としてnull許容型の変数として宣言
string? brave = Console.ReadLine();

// プロンプト用の文字列を作る
string prompt = brave + "の呪文 > ";
// 呪文を代入する変数
// string?でnull許容型の変数として宣言し、空の文字列で初期化
```

```
string? attack = "";

// プレイヤーの名前が入力されたら以下の処理を実行
if (!string.IsNullOrEmpty(brave))
{
    // attackが"ザラキン"でない限り繰り返す
    while (attack != "ザラキン")
    {
        Console.Write(prompt);          //プロンプトを表示
        attack = Console.ReadLine(); // 呪文を取得
        // 入力された呪文を出力
        Console.WriteLine(
            brave + "は「" + attack + "」の呪文をとなえた!");

        // attackが'ザラキン'でなければ以下を表示
        if (attack != "ザラキン")
        {
            Console.WriteLine("モンスターたちは様子をうかがっている");
        }
    }
    // "ザラキン"が入力されてwhileブロックを抜けたら
    // メッセージを出力してゲーム終了
    Console.WriteLine("モンスターたちは全滅した");
}
// プレイヤーの名前が入力されなければゲームを終了
else
{
    Console.WriteLine("ゲーム終了");
}
```

whileの条件式は「attack != "ザラキン"」にしました。これで"ザラキン"と入力しない限り、whileブロックの処理が繰り返されます。なお、attackにはあらかじめ何かの値を代入しておかないとエラーになりますので、あらかじめ空の文字列"を代入してあります。

さて、注目の繰り返し処理ですが、まずプロンプトを表示してユーザーが入力された文字列を取得します。"○○は××の呪文をとなえた!"と表示したあと、if文を使って"モンスターたちは様子をうかがっている"を表示します。ここでif文を使ったのは、"ザラキン"が入力された直後に表示させないためです。

では、さっそく実行して結果を見てみましょう。

▼実行結果

```
モンスターたちがあらわれた！
お名前をどうぞ>>C#マン          ← 名前を入力してスタート
C#マンの呪文 > オラオラ          ← 呪文を入力（繰り返し処理の1回目）
C#マンは「オラオラ」の呪文をとなえた！
モンスターたちは様子をうかがっている
C#マンの呪文 > エモエモ          ← 呪文を入力（繰り返し処理の2回目）
C#マンは「エモエモ」の呪文をとなえた！
モンスターたちは様子をうかがっている
C#マンの呪文 > ザラキン          ← 呪文を入力（繰り返し処理の3回目）
C#マンは「ザラキン」の呪文をとなえた！ ← ここでwhileブロックを抜ける（条件不成立）
モンスターたちは全滅した          ← whileブロックを抜けたあとの処理
```


無限ループ

whileの条件式に「true」とだけ書くと、永遠に処理が繰り返されます。これを「無限ループ」と呼びます。「true」でなくても、次のように書いても無限ループが発生します。

▼無限に呪文を唱える（コンソールアプリケーション「Infinite_Loop」）

```
// カウンター変数を0で初期化
int counter = 0;

// counter < 1が成立する限りループする
while (counter < 10)
{
    Console.WriteLine("ホイミン");
}
```

条件式は「counter < 10」ですが、counterの値は0なので、いつまでもtrueのままです。

▼実行結果

```
ホイミン
ホイミン
ホイミン
……省略……
ホイミン
ホイミン
← Ctrl+Cキーで止める
```

処理回数をカウントする

無限ループを制御するポイントは、変数counterです。繰り返し処理の最後にcounterに1を加算して処理のたびに1ずつ増えていくようにすれば、値が10になったところで「counter < 10」がfalseになり、whileを抜けます（whileブロックを終了するという意味です）。

次は、前項のプログラムを改造したものです。指定した文字列を入力しなくても、処理を3回繰り返したらwhileブロックを抜けてプログラムが終了します。

▼whileの繰り返しを最大3回までにする（コンソールアプリケーション「BattleGame5」）

```
// メッセージを出力
Console.WriteLine("モンスターたちがあらわれた！");
Console.Write("お名前をどうぞ>>");
// ユーザーの入力した文字列を1行読み込む
// braveはstring?としてnull許容型の変数として宣言
string? brave = Console.ReadLine();

// プロンプト用の文字列を作る
string prompt = brave + "の呪文 > ";
// カウンター変数
int counter = 0;
// 呪文を代入する変数
// string?でnull許容型の変数として宣言し、空の文字列で初期化
string? attack = "";

// プレイヤーの名前が入力されたら以下の処理を実行
if (!string.IsNullOrEmpty(brave))
{
    // attackが"ザラキン"でなければ処理を3回繰り返す
    while (counter < 3)
    {
        //プロンプトを表示
        Console.Write(prompt);
        // 入力された呪文を取得
        attack = Console.ReadLine();
        // 入力された呪文を出力
        Console.WriteLine(brave + "は「" + attack + "」の呪文をとなえた！");

        // attackが"ザラキン"であればメッセージを出力してwhileループを抜ける
        if (attack == "ザラキン")
        {
            Console.WriteLine("モンスターたちは全滅した");
```

```
            break;   // ❶ここでwhileループを抜ける
        }
        // attackが"ザラキン"以外の場合はcounterに1加算してwhileループを続行
        else
        {
            Console.WriteLine("モンスターたちは様子をうかがっている");
            counter++;
        }
    }
    // whileループを抜けたあとの処理
    // attackが"ザラキン"でない場合にのみ以下のメッセージを表示する
    if (attack != "ザラキン")
    {
        Console.WriteLine("モンスターたちはどこかへ行ってしまった...");
    }
}
// プレイヤーの名前が入力されなければゲームを終了
else
{
    Console.WriteLine("ゲーム終了");
}
```


whileを強制的に抜けるためのbreak

❶の「break」は、強制的にwhileブロックを抜ける（終了する）ためのキーワード（予約語）です。breakを配置したことで、指定した文字列が入力されたタイミングで応答を表示してwhileブロックを抜けるようになります。入力文字の判定は、前回のプログラムではwhileの条件でしたが、今回は処理回数を条件にしましたので、whileブロック内のifステートメントで判定するようにしました。whileブロックを抜けた直後にあるifステートメントでは、attackが"ザラキン"でない場合にのみ

"モンスターたちはどこかへ行ってしまった..."

というメッセージを表示します。ここでattackが"ザラキン"でないことをチェックしたのは、"ザラキン"が入力されてwhileブロックを抜けたときに

"モンスターたちは全滅した"

のメッセージに続けて"モンスターたちはどこかへ行ってしまった..."と表示されないようにするためです。

▼指定した文字列が入力されなかった場合

```
モンスターたちがあらわれた！
お名前をどうぞ>>C#マン
C#マンの呪文 > エモエモ              ← 繰り返しの１回目
C#マンは「エモエモ」の呪文をとなえた！
モンスターたちは様子をうかがっている
C#マンの呪文 > エクスプロージョン      ← 繰り返しの２回目
C#マンは「エクスプロージョン」の呪文をとなえた！
モンスターたちは様子をうかがっている
C#マンの呪文 > ばくれつまほう        ← 繰り返しの３回目
C#マンは「ばくれつまほう」の呪文をとなえた！
モンスターたちは様子をうかがっている
モンスターたちはどこかへ行ってしまった...
```

▼指定した文字列が入力された場合

```
モンスターたちがあらわれた！
お名前をどうぞ>>正義の味方C#マン
正義の味方C#マンの呪文 > ザラキン     ← 繰り返しの１回目
正義の味方C#マンは「ザラキン」の呪文をとなえた！
モンスターたちは全滅した
```

Tips 特定のコントロールに対して処理を行う

foreachの解説中で作成したプログラムでは、処理を実行するボタン自体の色も変更されます。
下記のコードでは、「if」ステートメントの中でNameプロパティを使用して、現在、変数「ctrl」に代入されているコントロールの名前を取得し、「button1」という名前に合致しない場合に限り、ボタンの背景色を変更するようにしています。

▼処理を実行するボタン以外のボタンの背景色だけを変更する（プロジェクト「ForeachApp」）

```
private void Button1_Click(object sender, EventArgs e)
{
    foreach (Control ctrl in this.Controls)
    {
        if (ctrl.Name != "button1")
            ctrl.BackColor = System.Drawing.Color.Red;
    }
}
```

コントロールの名前が「button1」でなければ以下のステートメントを実行します

2.10.4　繰り返し処理を最低1回は行う

これまで見てきたwhileステートメントは、最初に、指定された条件の判定が行われてから処理が実行されるので、最初から条件が偽(false)であれば、繰り返し処理が一度も実行されません。

条件にかかわらず、最低1回は処理を実行するには、**do...while**ステートメントを使います。

▼指定した処理を1回実行してから条件を判定する

```
do
{
    繰り返す処理
}
while(条件式);
```

バトルを繰り返す回数を入力し、入力された回数だけ

```
××回目のこうげき
```

と出力し、繰り返しが完了した時点でゲームを終了するプログラムを作成してみます。このプログラムではdo...whileを使用して、繰り返す回数が「0」と入力されたときもdo以下の処理を1回行います。ただし、半角の数字以外が入力された場合は数値への変換が行えずにエラーになってしまいます。これに対処するため、do...whileブロック全体をifステートメント

```
if (int.TryParse(input, out int num)) { ... }
```

の内部に配置します。TryParse()メソッドは、文字列が数値に変換可能であれば変換を行って、戻り値としてtrueを返します。これを利用して数字以外が入力されたときのエラーを回避し、同時に文字列の数字からint型の数値への変換を行うようにしましょう。

一方、ifステートメントのチェックでfalseとなった場合(半角数字以外が入力、または未入力の場合)は、else以下のメッセージを出力してゲームを終了します。

▼int.TryParse()メソッド

書式	TryParse(string s, out int result) ※パラメーターを設定する際は、変換後の変数の前にoutと記述することが必要。	
パラメーター	s	変換対象の文字列。
	result	変換後の数値を格納するint(Int32)型の変数。
戻り値	数値に変換できた場合はtrue、それ以外はfalseが返される。	

▼Program.cs（コンソールアプリケーション「BattleGame6」）

```
Console.Write("バトルの回数をどうぞ>>");
// コンソールへの入力を取得
string? input = Console.ReadLine();

// inputを数値に変換できればゲームを開始
// TryParse()は文字列が数値に変換できればtrueを返す
if (int.TryParse(input, out int num))
{
    // カウンター変数
    int i = 0;

    // do...whileでdo以下を最低1回は実行する
    do
    {
        // 何回目の攻撃なのかを表示
        Console.WriteLine(i + 1 + "回目のこうげき！");
        // カウンター変数に1加算
        i++;
    }
    // カウンター変数iの値がnum以下ならループを続行しdo以下を繰り返す
    // iの値がnumに達したらループを抜ける
    while (i < num);

    // do...whileループを抜けた直後にメッセージを表示
    Console.WriteLine("モンスターたちをやっつけた！");
}
// コンソールに入力された値が数値に変換できない（未入力を含む）場合は
// メッセージを出力してゲームを終了
else
{
    Console.WriteLine("ゲームを終了します...");
}
```

▼実行結果

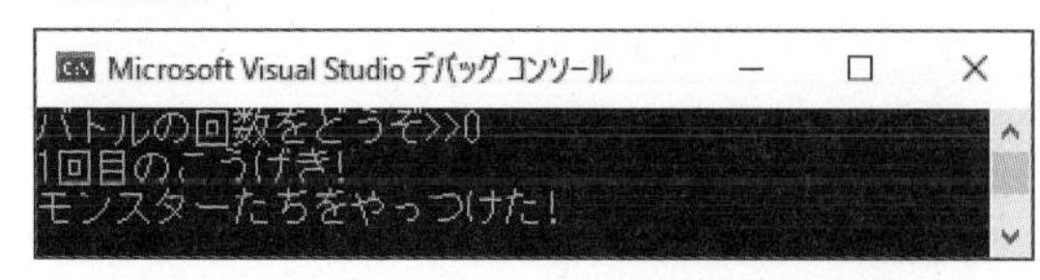
Microsoft Visual Studio デバッグ コンソール
バトルの回数をどうぞ>>0
1回目のこうげき！
モンスターたちをやっつけた！

実行例では、バトルの回数を「0」と入力していますが、do以下の処理が実行されて

```
1回目のこうげき!
モンスターたちをやっつけた!
```

と出力されたあとwhileの条件が判定され、ゲームが終了しています。

2.10.5 コレクション内のすべてのオブジェクトに同じ処理を実行

●foreachステートメント

フォーム上に配置したコントロールなどのオブジェクトの集まりを**コレクション**と呼びます。Visual C#では、フォーム上のオブジェクトを**Controls**コレクションとして管理しています。

Controlsコレクションは、フォームの作成時に自動的に作成され、フォーム上にコントロールを配置するたびに、コレクションに追加されるようになっています。

foreachステートメントを使うと、Controlsコレクションに含まれるコントロールに対して、一括して同じ処理を行うことができます。

▼オブジェクトの集合に対して同じ処理を行う

構文

```
foreach(オブジェクトの型 オブジェクトを格納する変数名 in 対象のオブジェクト)
{
    各オブジェクトに対して実行する処理
}
```

▼Controlsコレクションに対して同じ処理を行う

構文

```
foreach (Control オブジェクトを格納する変数名 in 対象のフォーム名.Controls)
{
    各コントロールに対して実行する処理
}
```

では、foreachステートメントを利用して、フォーム上に配置したボタンの色を一括して変更するようにしてみましょう。

▼Windowsフォームデザイナー

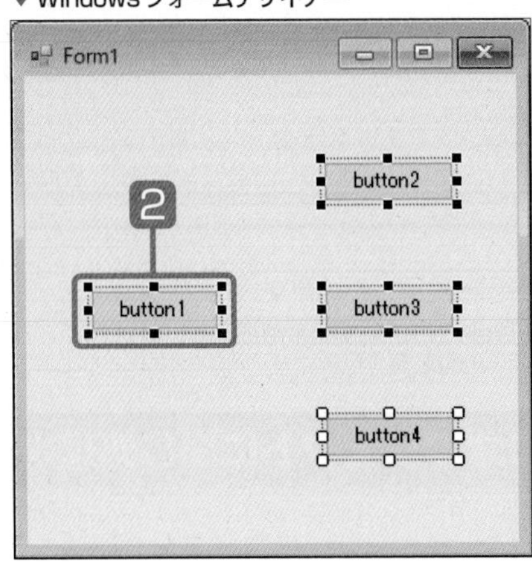

1 フォーム上に、Buttonコントロールを4個配置します。

2 button1をダブルクリックして、イベントハンドラーに次のコードを記述します。

▼Form.cs（プロジェクト「ForeachApp」）

```
private void Button1_Click(object sender, EventArgs e)
{
    foreach (Control ctrl in this.Controls)

        ctrl.BackColor = System.Drawing.Color.Red;
}
```

このように記述

3 プログラムを実行し、button1をクリックすると、すべてのボタンの色が変わります。

▼実行中のプログラム

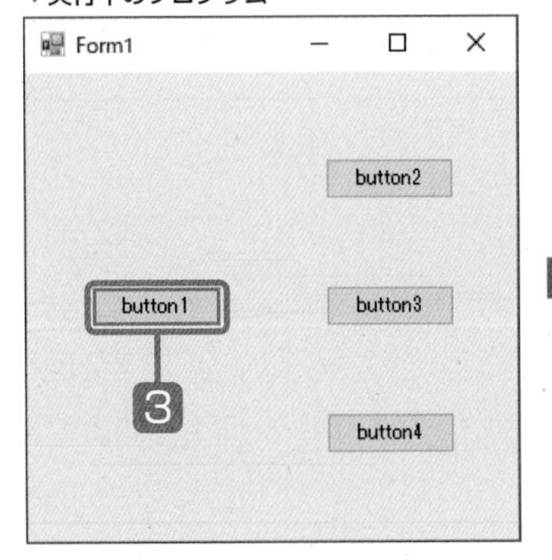

▼実行結果

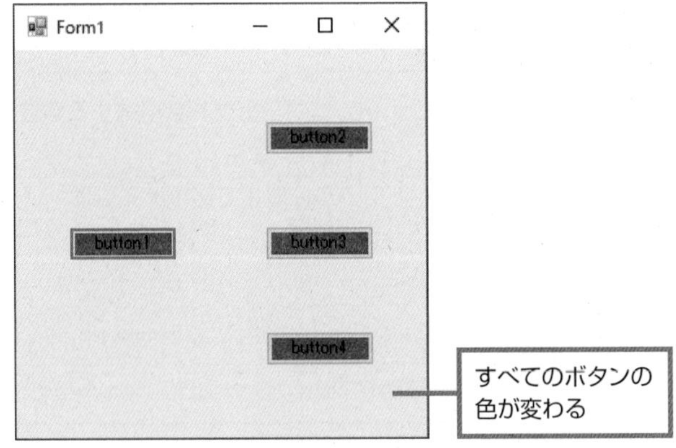

●コードの解説

foreachの要素として、**Control**型の変数ctrlを宣言しています。Controlは、コントロールの基本クラスで、コントロールを操作するためのプロパティやメソッドが定義されています。

inキーワードで対象のControlsコレクションを指定しています。ここでは、**this**キーワードを使って、Form1フォーム自体に配置されているコントロールの「Controls」コレクションが操作の対象であることを指定しています。

▼「foreach」ステートメントの要素

●繰り返し実行する処理

ボタンコントロールの背景色は、**BackColor**プロパティで指定することができます。Control型の変数ctrlに、Controlsコレクションに含まれるbutton1、button2、button3、button4を順番に代入し、BackColorプロパティの値を赤（「System.Drawing」名前空間の「Color」構造体の「Red」プロパティで定義されている）に設定しています。

▼すべてのボタンの背景色を赤に設定する繰り返し処理

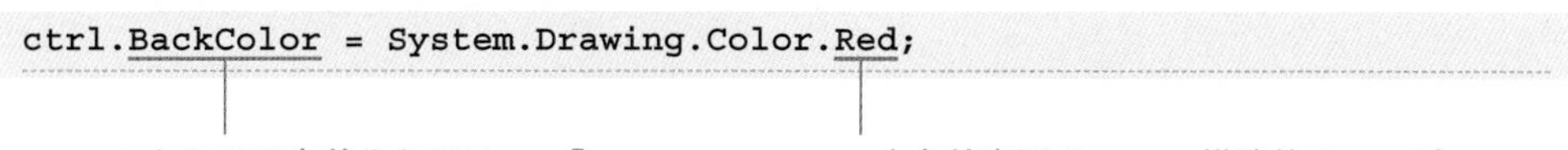

Controlクラスで定義されている背景色を設定するプロパティ

「System.Drawing」名前空間のColor構造体のRedプロパティで定義されている色（赤）を指定

Hint ドキュメントコメント

Windowsフォームアプリケーションの「Program.cs」には、「/// <summary>」～「/// </summary>」で囲まれた記述があります。

このブロックは**ドキュメントコメント**と呼ばれ、「<summary>」～「</summary>」などのタグを使うと、ソースコードからAPIリファレンスを作成することができます。

APIリファレンスとは、クラスやメソッドの仕様を記述するリファレンスマニュアルのことです。APIリファレンスを使うと、クラスやメソッドの仕様を表記した文章がVisual C#のドキュメントウィンドウに表示されるので、プログラムの情報を複数のユーザーで共有できるようになります。

▼「Program.cs」に記述されているドキュメントコメント

```
/// <summary>
///  The main entry point for the application.
/// </summary>
```

APIリファレンスで利用するドキュメントコメントのタグには、次のようなタグがあります。なお、クラス内では、<summary>、<remarks>、<newpara>タグを使うことができます。

▼ドキュメントコメントのタグ

タグ	内容
<summary>～</summary>	クラスやメソッドの概要を記述する
<remarks>～</remarks>	個々の要素の解説を記述する
<newpara>～</newpara>	段落を設定する
<param>～</param>	メソッドのパラメーターの解説を記述する
<returns>～</returns>	メソッドの戻り値の解説を記述する

Section
2.11 配列

Level ★★★ Keyword 配列　コレクション　2次元配列

複数の値をまとめて扱う機能を**コレクション**と呼びます。C#で利用できるコレクションの中で基本となるのが**配列**です。
このセクションでは、配列の使い方について見ていきます。

配列の概要

フィールドやローカル変数に格納できる値は、1つだけですが、プログラムではときとして複数のデータをまとめて扱わなければならない場合があります。例えば、表計算ソフトの場合は、画面上の小分けされた領域（セル）に格納された値を、プログラム上ですべて記憶しておく必要があります。このような場合には、配列を利用します。

•配列を使うメリット

配列を1つ作成すれば、同じデータ型の値を必要なぶんだけ入れることができます。例えば、得点を代入するための配列を宣言すれば、クラス全員ぶんの得点をまとめて格納することができます。
なお、配列内のデータは、0から始まるインデックスを使って管理します。インデックスを使うことで、配列内の任意の場所にデータを格納することができ、必要に応じて指定したデータを取り出すことができます。

2.11.1 配列を使う

配列の宣言、初期化、配列要素へのアクセス、要素を追加する方法について順に見ていきます。

配列の宣言と初期化

配列は、次のように宣言します。データ型の直後にブラケット演算子[ ]を付けるのがポイントです。宣言したあとは、配列に格納する値（配列の「**要素**」と呼びます）の数を設定することで配列が使えるようになります。

▼配列を宣言して要素数の指定を行う

```
データ型[ ] 配列名;
配列名 = new データ型[要素数];
```

▼配列の宣言と要素数の指定をまとめて行う

```
データ型[ ] 配列名 = new データ型[要素数];
```

配列の宣言と要素数の指定を別々に行う方法は、特別な理由がない限り使うことは少ないです。宣言と要素数の指定をまとめて行うのが一般的です。

配列に格納されるデータのことを**要素**と呼びます。次は、10個のint型の要素を持つ配列aを宣言する例です。

▼int型の配列を宣言

```
int[] a = new int[10];
```

上記コードが実行されると、次の図のように、int型のデータを10個格納できる配列aが利用できるようになります。配列内の10個の要素には、0〜9の通し番号が付けられます。この通し番号のことを**インデックス**と呼びます。

▼配列a

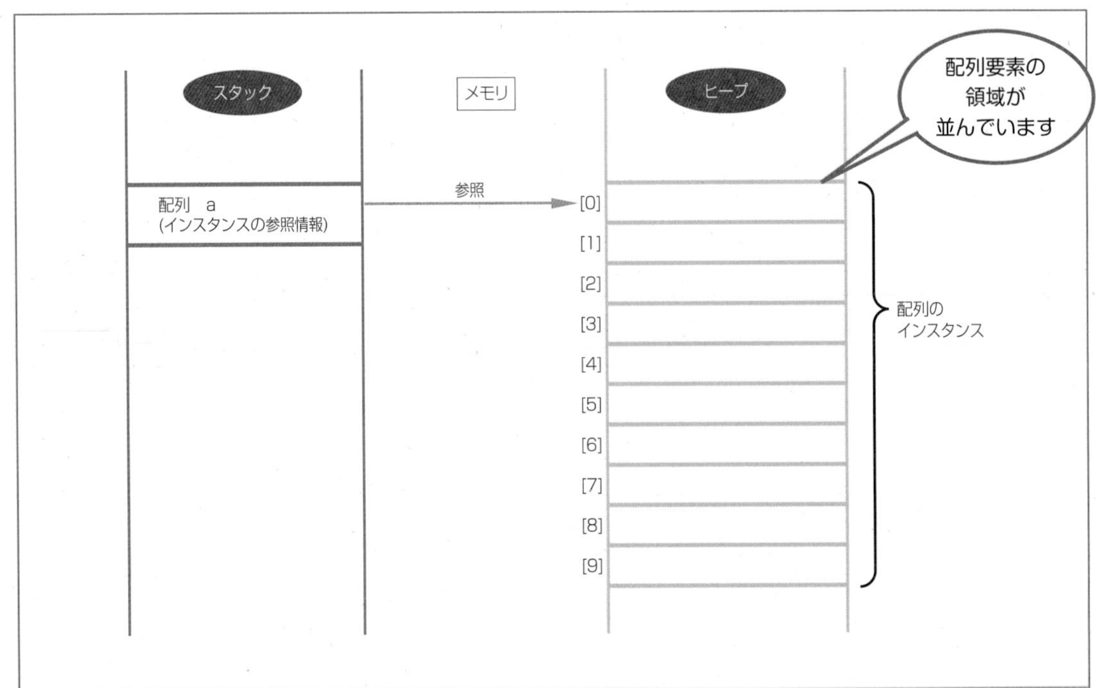

配列に値を代入する場合は、配列名とインデックスを使って次のように記述します。

▼配列の要素に値を入れる

```
配列名[インデックス] = 値;
```

10個の要素を持つ配列aの、5番目の要素として整数の「80」を格納するには、次のように記述します。

```
a[4] = 80; ―― 配列のインデックスは0から始まるので、5番目の要素のインデックスは4になる
```

▼配列a

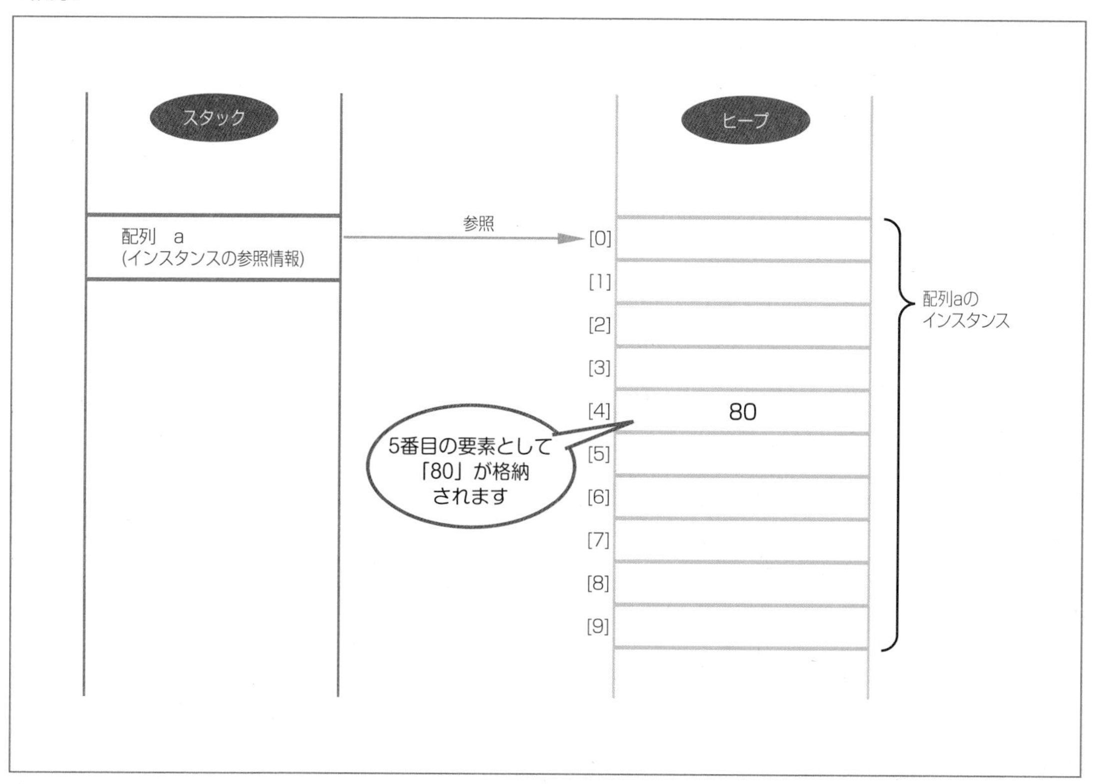

要素数3のint型の配列を宣言したあと、インデックスを指定してすべての要素に値を代入する例です。

▼要素数3のint型の配列を宣言し、インデックスを指定して値を代入する

```
int[] arr1 = new int[3];
arr1[0] = 0;
arr1[1] = 1;
arr1[2] = 2;
```

●宣言と同時にすべての要素に一括して値を代入する

配列に代入する値があらかじめ決まっている場合は、宣言と同時に、すべての要素に一括して代入することができます。

▼宣言と同時にすべての要素に一括して値を代入する①

データ型[] 配列名 = new データ型[要素数] {値1, 値2, ... };

▼宣言と同時にすべての要素に一括して値を代入する②

データ型[] 配列名 = {値1, 値2, ... };

②の方法は、{ }内に記述した要素の数で配列要素の数が決まるので、

new データ型[要素数]

の記述は不要です。次は①の方法を使って要素数3のint型の配列の宣言と同時に、すべての要素に値を代入する例です。

▼①の方法で配列の宣言と初期化を一括して行う

```
// 1番目の要素に0、2番目の要素に1、3番目の要素に2を代入
int[] arr2 = new int[3] {0, 1, 2};
```

次は、②の方法で配列の宣言と初期化を行う例です。だいぶ書き方がスッキリしていますね。

▼②の方法で配列の宣言と初期化を一括して行う

```
int[] arr3 = { 0, 1, 2 };
```

配列の要素へのアクセス

配列の要素へのアクセスは、対象の要素のインデックスを指定します。

▼配列要素へのアクセス

配列名[要素のインデックス]

上記のようにインデックスを指定すると、対象の要素の値を参照できます。次は、要素数3のint型の配列を宣言し、すべての要素を参照する例です。

▼要素数3の配列を作成して要素の値を参照する（コンソールアプリケーション「Array」）

```
// 要素数3のint型の配列要素に10、20、30を代入
int[] a = new int[3] {10, 20, 30};
// すべての要素を参照する
Console.WriteLine(a[0]); // 出力: 10
Console.WriteLine(a[1]); // 出力: 20
Console.WriteLine(a[2]); // 出力: 30
```

※ソースコードの行の途中からコメントを入れることは推奨されていませんが、本書では説明上やむを得ない場合、ソースコード末尾にコメントを入れていることをご了承ください。

すべての要素を参照する場合は、forを使うのが一般的です。

▼forステートメントですべての配列要素を参照する

```
// string型の要素数3の配列
string[] str = new string[3] { "Visual C#", "Visual Basic", "Visual C++" };
// iの値が配列要素の数(str.Length)になるまで繰り返す
for (int i = 0; i < str.Length; i++)
{
    // 配列strのインデックスiの値を出力
    Console.WriteLine(str[i]);
}
```

配列の要素数(サイズ)を調べる

先のプログラムで使用したLengthはArrayクラスのプロパティで、

配列名.Length

とすると、その配列の要素数(サイズ)が返されます。配列はArrayクラスのオブジェクトなので、配列名にピリオド(参照演算子)を付けてからLengthとすればサイズが取得できます。先のプログラムで作成した配列strのサイズを取得し、コンソールに出力してみましょう。

▼配列strのサイズを出力する

```
Console.WriteLine(str.Length); // 出力:3
```

配列の要素数を増やす

作成済みの配列の要素数を増やすには、Array.Resize()メソッドを使います。

●Array.Resize()メソッド

指定されたサイズの新しい配列を生成し、古い配列の要素を新しい配列にコピーしたあと、古い配列を新しい配列に置き換えます。新しい配列の要素数が古い配列より少ない場合は、古い配列の先頭要素からコピーされ、残りの要素は無視されます。

第1引数に操作対象の配列を指定し、第2引数で新しい要素数を指定しますが、第1引数の配列は参照渡しにすることが必要です。引数の渡し方には値そのものを渡す「値渡し」と、値の参照情報(メモリアドレス)を渡す「参照渡し」の2つの方法があります。Resize()メソッドでは第1引数を参照渡しにすることが定められていますので、操作対象の配列名の直前に、参照渡しを指定する「ref」を記述する必要があります(refの記述がないとエラーになります)。

書式	Resize(ref array, newSize) ※パラメーターarrayの変数の前にrefと記述して、追加対象の配列を参照渡しにすることが必要。	
パラメーター	array	要素を追加する配列。
	newSize	追加後の要素数をint型の値で指定。

既存の配列に要素が追加されるのではなく、新しい要素数の配列が生成され、既存の要素がすべてコピーされることになります。次のプログラムで確認してみましょう。

▼作成済みの配列の要素数を増やす

```
// 要素数3のint型の配列を作成
int[] numbers = new int[3] { 4, 5, 6 };
// 配列の要素数を「numbers.Length + 2」として2増やす
Array.Resize(ref numbers, numbers.Length + 2);
// 末尾から2番目の要素として7を代入
numbers[numbers.Length - 2] = 7;
// 末尾から1番目の要素として8を代入
numbers[numbers.Length - 1] = 8;

// カウンターiの値がnumbers.Lengthに達したらループを抜ける
for (int i = 0; i < numbers.Length; i++)
{
    // 書式を設定してすべての要素の値を出力する
    Console.WriteLine("{0}番目の要素の値は{1}です。",
                      i + 1,
                      numbers[i]);
}
```

▼実行結果

```
1番目の要素の値は4です。
2番目の要素の値は5です。
3番目の要素の値は6です。
4番目の要素の値は7です。
5番目の要素の値は8です。
```

配列のコピー

配列は参照型のオブジェクトなので、「=」演算子を使ってコピーすると配列（のオブジェクト）の参照がコピーされます。参照のコピーなので、コピーもとの配列要素の値を変更すると、コピー先の配列も同じように変更されます。どちらも同じオブジェクト（インスタンス）を参照しているためです。

これに対して、参照先をコピーするのではなく、配列の値そのものをコピーするにはArray.Copy()メソッドを使います。

● Array.Copy() メソッド

第1引数に指定した配列の値を、第2引数で指定した配列にコピーします。

書式	Array.Copy(sourceArray, destinationArray, length)	
パラメーター	sourceArray (Array)	コピーもとの配列。
	destinationArray (Array)	コピー先の配列。
	length (int)	コピーする要素数を指定。

まずは参照のコピーはどうなのか、次のプログラムで確かめてみましょう。

▼配列の参照をコピーする

```
// コピーもとの配列を作成
string[] original = {"第1要素", "第2要素", "第3要素", };
// 同じ要素数の配列を宣言
string[] copy = new string[original.Length];
// 配列の参照をコピー
copy = original;
// コピーもとの第3要素の値を変更する
original[2] = "末尾要素";

// iの値が配列要素の数(copy.Length)になるまで繰り返す
for (int i = 0; i < copy.Length; i++)
{
    // 配列copyのインデックスiの値を出力
    Console.WriteLine(copy[i]);
}
```

▼出力

```
第1要素
第2要素
末尾要素
```

コピーを行ったあとで、コピーもとの配列の第3要素を変更していますが、コピー先の配列にも反映されていることが確認できます。originalもcopyも同じオブジェクトを参照しているためです。次に、Array.Copy()メソッドで値のコピーを行う場合を見てみましょう。

▼配列の値をコピーする

```
// コピーもとの配列を作成
string[] original2 = { "第1要素", "第2要素", "第3要素", };
// 同じ要素数の配列を宣言
string[] copy2 = new string[original2.Length];
// 配列の値をコピーする
Array.Copy(original2, copy2, original2.Length);

// コピーもとの第3要素の値を変更する
original2[2] = "末尾要素";

// コピーもとの配列要素を出力
for (int i = 0; i < original2.Length; i++)
{
    // 配列original2のインデックスiの値を出力
    Console.WriteLine(original2[i]);
}

// コピー先の配列要素を出力
for (int i = 0; i < copy2.Length; i++)
{
    // 配列copy2のインデックスiの値を出力
    Console.WriteLine(copy2[i]);
}
```

▼出力

```
第1要素
第2要素
末尾要素
第1要素
第2要素
第3要素
```

コピー先の配列copy2の第3要素は変更されていないのが確認できました。original2もcopy2も別々のオブジェクトを参照しているためです。

配列を結合する方法

配列の結合は、Array.Copy()メソッドで行うことができます。

●Array.Copy()メソッド（コピー先の配列の開始インデックスを指定する場合）

第１引数に指定した配列の値を第２引数で指定した配列にコピーします。

書式	Array.Copy(sourceArray, sourceIndex, destinationArray, destinationIndex, length)	
パラメーター	sourceArray (Array)	コピーもとの配列。
	sourceIndex (int)	コピー操作の開始位置として、コピーもとの配列のインデックスを指定。指定した位置から値がコピーされる。
	destinationArray (Array)	コピー先の配列。
	destinationIndex (int)	値の格納を開始する位置。コピー先の配列のインデックスを指定する。
	length (int)	コピーする要素数を指定。

次のプログラムで確認してみましょう。

▼２個の配列を結合する

```
// char型の配列を2個作成
char[] char1 = { 'a', 'b', 'c' };
char[] char2 = { 'd', 'e', 'f' };
// 結合後の配列を格納する配列を宣言
// 要素数はchar1とchar2のサイズの合計
char[] joinArr = new char[char1.Length + char2.Length];

// 配列char1の値をjoinArrにコピーする
Array.Copy(
    // コピーもとは配列char1
    char1,
    // コピー先は配列joinArr
    joinArr,
    // コピーする要素数をchar1の要素数とする
    char1.Length);
```

```
// 現在joinArrのインデックス0～2にchar1の値がコピーされているので
// joinArrのインデックス3以降にchar2の値をコピーする
Array.Copy(
    // コピーもとは配列char2
    char2,
    // コピーもとchar2のインデックス0の要素からコピー開始
    0,
    // コピー先は配列joinArr
    joinArr,
    // コピー先の配列の格納を開始位置を示すインデックスを指定
    // char1のサイズを指定することで、joinArrの格納済み要素の
    // 次の位置からコピーした値が格納される
    char1.Length,
    // コピーする要素数としてchar2のサイズを指定
    char2.Length);

// 結合先の配列joinArrの要素を出力
for (int i = 0; i < joinArr.Length; i++)
{
    // 配列joinArrのインデックスiの値を出力
    Console.WriteLine(joinArr[i]);
}
```

▼出力

```
a
b
c
d
e
f
```

2.11.2 2次元配列

配列の要素として配列を格納することができます。これを総称して「多次元配列」と呼び、配列要素が配列のものを「2次元配列」、2次元配列を要素とするものを「3次元配列」と呼びます。次元の数をさらに増やすことは可能ですが、3次元を超える配列が使われることはほとんどありません。なお、前項で説明した配列は「1次元配列」と呼ばれます。

多次元配列を宣言する

多次元配列は、次のように記述して宣言します。

▼2次元配列の宣言

```
データ型[,] 配列名;
```

▼3次元配列の宣言

```
データ型[,,] 配列名;
```

次元数を[ ]内でカンマで区切って記述します。カンマを追加することで3次元以上の配列を宣言することができます。

▼2次元配列と3次元配列の宣言例

```
// int型の2次元配列を宣言する
int[,] dim2;
// int型の3次元配列を宣言する
int[,,] dim3;
```

要素数を指定して宣言するには、次のように記述します。

▼2次元配列の要素数を指定して宣言する

```
データ型[,] 配列名 = new データ型[1次元の要素数, 2次元の要素数];
```

▼要素数を指定して2次元配列を宣言する

```
// 1次元の要素数が2、2次元の要素数が5の配列を宣言する
int[,] dim2Array = new int[2, 5];
```

多次元配列に値を代入する

2次元配列には、次のように1次元と2次元のインデックスを指定してから値を代入します。

▼2次元配列への値の代入

構文

配列名[1次元のインデックス, 2次元のインデックス] = 値;

▼2次元配列を宣言して、すべての要素に値を代入する
(コンソールアプリケーション「MultidimeArray」)

```
// 1次元の要素数2、2次元の要素数3の2次元配列を宣言
int[,] numTable = new int[2, 3];
// 1次元のインデックス0、2次元のインデックス0～2に値を代入
numTable[0, 0] = 10;
numTable[0, 1] = 20;
numTable[0, 2] = 30;
// 1次元のインデックス1、2次元のインデックス0～2に値を代入
numTable[1, 0] = 40;
numTable[1, 1] = 50;
numTable[1, 2] = 60;

// GetLength(0)で1次元のサイズを取得し、iが1次元のサイズに達したらループを終了
for (int i = 0; i < numTable.GetLength(0); i++)
{
    // GetLength(1)で2次元のサイズを取得し、jが2次元のサイズに達したらループを終了
    for (int j = 0; j < numTable.GetLength(1); j++)
    {
        System.Console.WriteLine(
            "[{0}, {1}]の要素の値は{2}", // 書式を設定
            i,                          // 1次元のインデックスを出力
            j,                          // 2次元のインデックスを出力
            numTable[i, j]);            // 対象の要素の値を出力
    }
}
```

▼実行結果

```
[0, 0]の要素の値は10
[0, 1]の要素の値は20
[0, 2]の要素の値は30
[1, 0]の要素の値は40
[1, 1]の要素の値は50
[1, 2]の要素の値は60
```

多次元配列の要素へのアクセス

多次元配列のサイズは、Array.GetLength()メソッドで取得できます。引数を0とした場合は1次元の要素数、引数を1とした場合は2次元の要素数が返されます。先ほどのプログラムでは、2次元配列に値を格納したあとで各要素の値を出力するようにしています。多次元配列の要素にアクセス（要素を参照）するには、次のように[ ]内においてカンマ区切りで対象のインデックスを記述します。

▼2次元配列の要素へのアクセス

```
配列名[1次元のインデックス, 2次元のインデックス]
```

多次元配列の宣言と初期化を同時に行う

初期値を指定して多次元配列を初期化するには、次のように記述します。

▼初期値を指定して2次元配列を初期化する

```
データ型[,] 配列名 = new データ型[1次元の要素数, 2次元の要素数] {
    { 値 ... },
    { 値 ... }
    ...
};
```

値は、各次元の要素ごとにカンマで区切り、{ }でくくって記述します。

▼2次元配列の宣言と初期化を同時に行う

```
// 1次元の要素数2、2次元の要素数3の2次元配列を宣言して、すべての要素に値を代入
int[,] numberTable = new int[2, 3] { { 1, 2, 3 },        // 1次元のインデックス0
                                     { 11, 12, 13 } };   // 1次元のインデックス1

// GetLength(0)で1次元のサイズを取得し、iが1次元のサイズに達したらループを終了
```

```
for (int i = 0; i < numberTable.GetLength(0); i++)
{
    // GetLength(1)で2次元のサイズを取得し、jが2次元のサイズに達したらループを終了
    for (int j = 0; j < numberTable.GetLength(1); j++)
    {
        Console.WriteLine(
            "[{0}, {1}]の要素の値は{2}",  // 書式を設定
            i,                          // 1次元のインデックスを出力
            j,                          // 2次元のインデックスを出力
            numberTable[i, j]);         // 対象の要素の値を出力
    }
}
```

▼実行結果

```
[0, 0]の要素の値は1
[0, 1]の要素の値は2
[0, 2]の要素の値は3
[1, 0]の要素の値は11
[1, 1]の要素の値は12
[1, 2]の要素の値は13
```


2.11.3 foreachによる反復処理の自動化

foreachステートメントを使うと、配列の要素の反復処理を簡単に行うことができます。

1次元配列をforeachで反復処理する

1次元配列の場合、foreachステートメントは、インデックス0から「配列サイズ－1」のインデックスの要素までを処理します。

▼foreach

```
foreach (配列要素のデータ型 配列要素を格納する変数 in 配列名)
{
    // 反復する処理
}
```

foreachでは、「in 配列名」の配列要素を先頭から1つずつ取り出し、「配列要素を格納する変数」に格納します。

▼1次元配列をforeachで処理する

```
// 要素数7の1次元配列
int[] numbers = { -3, -2, -1, 0, 1, 2, 3 };
foreach (int i in numbers)
{
    // 配列要素の値を出力
    System.Console.WriteLine("{0} ", i);
}
```

▼出力

```
-3
-2
-1
0
1
2
3
```

多次元配列をforeachで反復処理する

多次元配列の場合、右端の次元のインデックスが最初に加算されていき、次にその左の次元、またその左、というような方法で各要素がトラバース(横断して処理)されます。

▼2次元配列をforeachで処理する

```
// 1次元の要素数3、2次元の要素数2の2次元配列
int[,] numbers2D = new int[3, 2] { { 11, 12 },
                                   { 21, 22 },
                                   { 31, 32 } };

foreach (int i in numbers2D)
{
    // 配列要素の値を出力
    System.Console.WriteLine("{0} ", i);
}
```

▼実行結果

```
11
12
21
22
31
32
```


Memo varを使用した配列の宣言

次の配列宣言は、varを使って書くことができます。

▼通常の配列宣言

```
int[] a = new int[3];
```

▼varを使う

```
var a = new int[3];
```

Memo 初期化子

{ }によって示される「初期化子」を使うと、配列の初期化を簡潔に記述できます。

▼初期化子による配列の初期化

```
int[] a = { 1, 2, 3 };
```

上記の場合、代入する値の個数によって配列の要素数が決定します。

なお、int[]をvarに置き換える場合は、次のようにnew演算子を使います。

▼varを使用する場合

```
var a = new [] { 1, 2, 3 };
```

Memo インデクサーを使う

インデクサーは、オブジェクトに対して、配列のようなアクセスを可能にします。インデクサーを設定したフィールドには、インデックスを指定するだけで直接、アクセスできるようになります。後述のList<T>などのコレクションを扱うクラスでは、インデクサーが定義済みなので、宣言しなくてもすぐに利用することができるようになっていますが、これ以外のクラスでも、次のように宣言することで使えるようになります。get()は、フィールドの値を参照するため、set()は、フィールドに値を代入するためのメソッドです。

インデクサーを宣言する

構文

```
アクセス修飾子 int this[型 インデックス値を格納する変数名]
{
    get
    {
        return インデクサーを設定するフィールド名[インデックス変数];
    }
    set
    {
        インデクサーを設定するフィールド名[インデックス変数] = value;
    }
}
```

●インデクサーを利用したプログラム

例として、Testクラスにtest Arrayという配列を用意し、インデクサーを使ってアクセスできるようにしてみましょう。

▼Program.cs(プロジェクト「Indexer」)

```
Test obj = new();
obj[1] = 111;             // フィールドの2番目の要素に代入
obj[2] = 555;             // フィールドの3番目の要素に代入
obj.testArray[3] = 666; // 通常の書き方

for(int i = 0; i < 10; i++)
{
    Console.WriteLine("Elelment {0} = {1}", i, obj[i]);
}


class Test
{
    public int[] testArray = new int[10] {10,20,30,40,50,
                                          60,70,80,90,100};
    // インデクサーの宣言
    public int this[int index]
    {
        get { return testArray[index]; }
        set {  testArray[index] = value; }
    }
}
```

▼実行結果

●List<T> クラスにおけるインデクサーの利用

List<T> クラスにはインデクサーが設定されているので、宣言は不要です。前記のプログラムをList<T> を使用したものに書き換えると、次のようになります。

▼List<T> クラスにおけるインデクサーの利用（プロジェクト「IndexerList」）

```
;List<int> obj = new(){10, 20, 30, 40, 50,
                        60, 70, 80, 90, 100};
obj[1] = 111;            // フィールドの2番目の要素に代入
obj[2] = 555;            // フィールドの3番目の要素に代入

for (int i = 0; i < 10; i++)
{
    Console.WriteLine("Elelment {0} = {1}", i, obj[i]);
}


class Test
{
    public int[] testArray = new int[10] {10,20,30,40,50,
                                          60,70,80,90,100};
    // インデクサーの宣言
    public int this[int index]
    {
        get { return testArray[index]; }
        set { testArray[index] = value; }
    }
}
```

Hint コレクション初期化子

本文210ページで紹介しているジェネリックにおいて、コレクションの宣言と値の代入を同時に行いたい場合は、配列で使用した初期化子を使用することができます。コレクションの初期化子のことを**コレクション初期化子**と呼びます。

●List<T> クラス

List<T>クラスでは、{ }内に初期値をカンマで区切って記述します。

▼List<T>クラスにおけるコレクション初期化子の利用

```
var obj1 = new List<int> { 10, 20, 30 }; ――― コレクション初期化子
```

●Dictionary<TKey,TValue> クラス

Dictionary<TKey,TValue>クラスの場合は、キーと値のペアで初期値を設定します。コレクションに追加する要素ごとに、{ }内にキーと値をカンマで区切って記述し、要素全体をさらに{ }で囲みます。

▼Dictionary<TKey,TValue>クラスにおけるコレクション初期化子の利用

```
var obj2 = new Dictionary<string,int>
{
    {"a", 10 },
    {"b", 20 },   ――― コレクション初期化子
    {"c", 30 }
};
```

Section

2.12 リスト（List<T>クラス）とDictionary<TKey,TValue>クラス

Level ★★★

Keyword　ジェネリッククラス　コレクション　List<T>クラス　Dictionary<TKey,TValue>クラス

リスト（List<T>クラス）は、同じデータ型の値をまとめて取り扱うための仕組みです。この点では配列と同じですが、配列は宣言時にサイズ（要素数）が決定され、以降は変更することができないのに対し、リストは宣言後に要素数を増減することができます。一方、ディクショナリ（Dictionary<TKey,TValue>クラス）は、キーと値のコレクションを扱います。

List<T>クラス

List<T>クラスは、コレクションの操作を行うための機能を提供します。

● ArrayListクラスのちょっとした問題

コレクションを実現するクラスとして用意されているArrayListクラスは、内部で要素をObject型として取り扱うため、データの格納や取り出しを行う際にキャストが行われ、以下の問題点が潜んでいます。

・記述するコードが多くなりがちです。
・プログラムを実行するまで型のチェックが行われません。

● リストを使うメリット

リスト（List<T>）は指定したデータ型の要素しか格納できませんが、要素を取り出すときにキャストをする必要がありません。データ型があらかじめ決まっている場合は、リストを使う方が便利です。ArrayListでは異なるデータ型を格納できますが、それが原因でデータ型の間違いによるエラーが発生しがちであることや、キャストするためのコードが必要であることに注意が必要です。このことから、Visual C#の公式ドキュメントでもArrayListの代わりにリストを使うことが推奨されています。

● ジェネリックを使うメリット

・コレクションの生成時にデータ型を指定するので、タイプセーフな（型としての正しい動作が保証される）コレクションを使うことができます。
・型指定されているので、要素を追加する際にキャストが行われることはありません。

2.12.1 ジェネリック

「ジェネリック」は、型パラメーター (データ型を設定するパラメーター) を導入するための仕組みです。ジェネリックを使用すると、ソースコードの段階でデータ型が決定されるので、「タイプセーフ (データ型としての正しい動作が保証される)」、「パフォーマンスを最大化できる」、さらに「コードの再利用が容易になる」といったメリットがあります。

型パラメーターは、クラスのフィールド (クラス専用の変数のこと) の型 (データ型) や、クラスで定義されたメソッドに設定されます。型パラメーターは、「ジェネリック型パラメーター T」として次のように使用します。

▼「ジェネリック型パラメーター T」を設定したGenericクラスの定義例

```
public class Generic<T>
{
    public T Field;
}
```

Genericクラスのインスタンスを作成する場合は、型パラメーターTを、< >を使用して実際の型に置き換えます。そうすると、Genericクラスのオブジェクト (インスタンス) はジェネリッククラスとして確立され、型パラメーターが出現するすべての箇所で、指定した型に置き換えられ、タイプセーフなオブジェクトとなります。

▼ジェネリッククラスのインスタンス化

```
Generic<string> g = new Generic<string>(); // 型パラメーターTをstring型に置き換える
g.Field = "A string";
```

使い方としてはこのようなものですが、実際の使い方はList<T>クラスのところで詳しく見ていきます。

コレクション型

コレクション型は、ハッシュテーブル、キュー、スタック、バッグ、ディクショナリ、リストなど、データの集合を扱うための仕組みを提供します。もちろん配列 (Array) もコレクション型です。C#のコレクション型には以下 (のクラス) が含まれます。クラス名のあとに<T>が突いているものは、ICollection<T>インターフェイスに直接的、または間接的に結び付けられているので、型パラメーターTで型指定できるジェネリッククラスです。

▼C#のコレクション型

Array
ArrayList
List<T>
Queue
ConcurrentQueue<T>
Stack
ConcurrentStack<T>
LinkedList<T>

一般的に「辞書」と呼ばれる、キーと値のセットの集合を扱うコレクション型には、以下のものがあります。

▼辞書データを扱うコレクション型

Hashtable
SortedList
SortedList<TKey,TValue>
Dictionary<TKey,TValue>
ConcurrentDictionary<TKey,TValue>

2.12.2 Listジェネリッククラス

コレクションを生成するクラスとして、ジェネリックの仕組みを使った**Listジェネリッククラス** (List<T>) があります。大文字の「T」は**型パラメーター** (**タイプパラメーター**) と呼び、インスタンスの作成時に、「T」の部分にリストの要素として扱いたい型を指定します。

▼List<T>クラスのインスタンス化

構文

```
List<型> リスト名 = new List<型>();
```

▼List<T>クラスのインスタンス化 (簡易表記)

構文

```
List<型> リスト名 = new();
```

List<T>クラスを文字列（string型）のリスト（コレクション）としてインスタンス化し、要素を追加するには次のように記述します。なお、List<T>クラスを使うには、ソースファイルの冒頭に

```
using System.Collections
```

の記述をしておくことが必要ですので、注意してください。

▼string型のリストを扱うList<T>クラスのインスタンス（コンソールアプリケーション「List」）

```
// string型のリスト
List<string> list = new();
// 要素を追加
list.Add("要素1");
list.Add("要素2");
```

型パラメーターに<string>を指定することで、格納される要素の型がstring型に限定され、文字列専用のリストになります。次のように記述して、リストに追加することも可能です。

▼変数を利用して要素を追加

```
string element = "要素3";
list.Add(element);
```

このリストに格納できるのはstring型だけなので、次のように記述するとコンパイルエラーになります。

▼不正な代入

```
int x = 500;
list.Add(x); ―――――――――――――――――― コンパイルエラー
```

・**インデクサー**

「インデクサー」とは、配列と同じようにブラケット演算子[ ]を利用して要素にアクセスするための仕組みです。リストもインデクサーによる要素の取り出しが可能です。

▼インデクサーによる要素の取り出し

```
string elm = list[2];
Console.WriteLine(elm); // 出力: 要素3
```

• foreachステートメント

foreachステートメントによる逐次処理を行うことが可能です。

▼foreachステートメントによるコレクションの操作

```
foreach (string element in list)
{
    Console.WriteLine(element);
}
```


▼実行結果

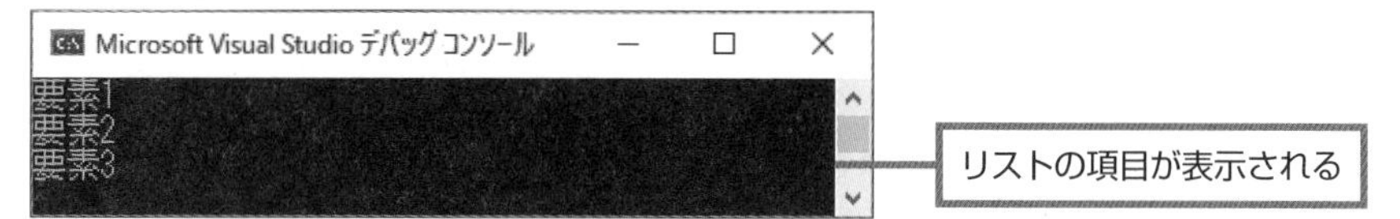

AddRange()でコレクションを追加する

AddRange()メソッドを使うと、リストにコレクションを追加することができます。

● List<T>.AddRange()メソッド

引数に指定したコレクションをリストの末尾に追加します。

▼リストにstring型の配列を追加する (コンソールアプリケーション「List」)

```
// string型の配列を作成
string[] src = { "Tokyo", "Osaka", "Fukuoka" };
// strin型のリストを宣言
List<string> strList = new();
// リストの要素として配列を追加する
strList.AddRange(src);
// foreachでリストの要素を出力
foreach (string e in strList)
{
    Console.WriteLine(e);
}

// 配列追加後のリストの要素数を調べる
// リストの要素数は配列の要素数と同じ3となる
// 配列がリストの要素になったのではなく
// 配列の要素(文字列)が直接リストの要素として追加される
```

```
Console.WriteLine(strList.Count);
// リスト自体の型を調べる
// 出力: System.Collections.Generic.List`1[System.String]
Console.WriteLine(strList.GetType());
// リストの要素の型を調べる
// 出力: System.String
Console.WriteLine(strList[0].GetType());
```

▼出力

```
Tokyo
Osaka
Fukuoka
3 ――――――――――――――――――――――――――――――――――――――― リストの要素数
System.Collections.Generic.List`1[System.String] ―――――――――――― リストの型
System.String ――――――――――――――――――――――――――――――― リストの要素の型
```

リストに配列を追加した場合、配列がそのまま追加されるのではなく、「配列の要素が追加される」ことに注意してください。上記のプログラムでは、string型の配列を追加した結果、リストの要素数は配列要素の数と同じになっていて、要素の型がstringになっていることが確認できます。

リストの要素を削除する

リストの要素を削除するメソッドには、以下のものがあります。

・Remove()
引数に要素の値を指定し、その要素を削除します。
・RemoveAt()
インデックスを指定してリスト要素を削除します。
・RemoveRange()
指定した範囲の要素を削除します。
・Clear()
すべての要素を一括して削除します。
・RemoveAll()
指定した条件に合致する要素を削除します。

要素の値を指定して削除する

List<T>.Remove()メソッドは、引数に要素の値を指定し、その要素を削除します。

▼string型のリストから指定した値を削除する

```
// string型のリストを宣言
List<string> city1 = new();
// リストに要素を追加
city1.Add("Tokyo");
city1.Add("Osaka");
city1.Add("Fukuoka");
// リストから"Osaka"を削除する
city1.Remove("Osaka");

// foreachでリストの要素を出力
foreach (string e in city1)
{
    Console.WriteLine(e);
}
```

▼実行結果

```
Tokyo
Fukuoka
```

double型のリストで試してみましょう。

▼double型のリストから指定した値を削除する

```
// double型のリストを宣言
List<double> fl = new();
// リストに要素を追加
fl.Add(3.14);
fl.Add(2.14);
fl.Add(1.14);
// リストから1.14を削除する
fl.Remove(1.14);

// foreachでリストの要素を出力
foreach (double e in fl)
{
    Console.WriteLine(e);
}
```

▼実行結果

```
3.14
2.14
```

要素のインデックスを指定して削除する

RemoveAt()メソッドは、引数に指定されたインデックスに該当する要素を削除します。

▼インデックスを指定して要素を削除する

```
// string型のリストを宣言
List<string> city2 = new();
// リストに要素を追加
city2.Add("Tokyo");
city2.Add("Osaka");
city2.Add("Fukuoka");

// リストからインデックス2の要素を削除する
city2.RemoveAt(2);

// foreachでリストの要素を出力
foreach (string e in city2)
{
    Console.WriteLine(e);
}
```

▼実行結果

```
Tokyo
Osaka
```

指定した範囲の要素を削除する

範囲を指定して要素を削除するには、RemoveRange()メソッドを使います。

●List<T>.RemoveRange() メソッド

第1引数に指定したインデックスに該当する要素から、第2引数で指定した数の要素を削除します。

書式	List<T>.RemoveRange(index, count)	
パラメーター	index (int)	削除する要素の範囲の開始位置を示す 0 から始まるインデックス。
	count (int)	削除する要素の数を指定する。

▼リストのインデックス１の要素から２個の要素を削除する

```
// string型のリストを宣言
List<string> city3 = new();
// リストに要素を追加
city3.Add("Tokyo");
city3.Add("Osaka");
city3.Add("Fukuoka");

// リストのインデックス1から2個の要素を削除する
city3.RemoveRange(1,  // 削除する開始位置のインデックス
                  2); // 削除する要素の数

// foreachでリストの要素を出力
foreach (string e in city3)
{
    Console.WriteLine(e);
}
```

▼実行結果

```
Tokyo
```

すべての要素を一括して削除する

リストのすべての要素を削除するには、Clear()メソッドを使います。

▼リストの要素を一括して削除する

```
// string型のリストを宣言
List<string> city4 = new();
// リストに要素を追加
city4.Add("Tokyo");
city4.Add("Osaka");
city4.Add("Fukuoka");

// リストのすべての要素を削除する
city4.Clear();

// foreachでリストの要素を出力
foreach (string e in city4)
{
    Console.WriteLine(e);
}
```

リストcity4の要素はすべて削除されているので、コンソールには何も出力されません。

条件を指定して要素を削除する

条件を指定して、条件に合致する要素を削除することもできます。その場合はRemoveAll()メソッドを使います。引数には、削除する要素の条件を定義するデリゲートを指定します。デリゲートは、メソッドの型を表す仕組みで、デリゲートとして登録したメソッドは、別のメソッドの引数にして呼び出すことができます（詳しくは3章を参照してください）。デリゲートには、メソッドのほかにラムダ式を利用することができます。

●List<T>.RemoveAll() メソッド

引数に指定したデリゲートに基づいて、リストから要素を削除します。

書式	List<T>.RemoveAll(match)	
パラメーター	match (Predicate<T>)	削除する要素の条件を定義する Predicate<T> デリゲート。
戻り値	List<T> から削除される要素の数 (int)。	

▼指定した条件に合致する要素を削除する

```
// string型のリストを宣言
List<string> city5 = new();
// リストに要素を追加
city5.Add("Tokyo");
city5.Add("Osaka");
city5.Add("Fukuoka");

// リストからjudge()メソッドで検出された要素を削除する
city5.RemoveAll(judge);

// foreachでリストの要素を出力
foreach (string e in city5)
{
    Console.WriteLine(e);
}

// デリゲートに登録するメソッド
static bool judge(string s)
{
    // パラメーターsから"a"を含むものに対してtrueを返す
```

```
    return s.Contains("a");
}
```

▼実行結果

```
Tokyo
```


リストの要素から"a"を含む要素が削除された結果、リストの要素は"Tokyo"のみになりました。ラムダ式を用いた場合は、別途でデリゲート用のメソッドを定義する必要がなくなります。この場合、

```
city5.RemoveAll(judge);
```

の代わりに

```
city5.RemoveAll(s => s.Contains("a"));
```

の記述だけで済みます（メソッドの定義は必要ない）。

リストから特定の要素を検索する

リストから特定の要素を検索するには、次のメソッドを使います。

- IndexOf()
  引数に指定した値に合致する要素を検索し、そのインデックスを返します。
- Contains()
  指定した値がリストに存在すればtrueを返し、存在しない場合はfalseを返します。
- Find()
  条件を指定し、条件に合致した要素が存在する場合は、はじめに見つかった要素の値を返します。
- FindAll()
  条件を指定し、条件に合致したすべての要素の値をリストにして返します。

引数に指定した値に合致する要素のインデックスを取得する

指定した値の要素がリストに存在するかを調べ、存在する場合に要素のインデックスを取得するには、IndexOf()メソッドを使います。

●List<T>.IndexOf()メソッド

引数に指定した値がリストに存在すれば、インデックス番号の最も小さい要素のインデックス（最初に見つかった要素のインデックス）を返し、それ以外は−1を返します。

▼指定した値がリストに存在すればインデックスを取得する

```
// string型のリストを宣言
List<string> city6 = new();
// リストに要素を追加
city6.Add("Tokyo");
city6.Add("Osaka");
city6.Add("Fukuoka");

// 指定した値がリストに存在すればインデックスを取得する
Console.WriteLine(city6.IndexOf("Kyoto")); // 出力: -1
Console.WriteLine(city6.IndexOf("Osaka")); // 出力: 1
```

指定した値がリストに存在するかを調べる

指定した値が、リストに存在するかどうかを調べるには、Contains()メソッドを使います。

●List<T>.Contains()メソッド

引数に指定した値がリストに存在すればtrueを返し、それ以外はfalseを返します。

▼指定した値がリストに存在するかを調べる

```
// string型のリストを宣言
List<string> city7 = new();
// リストに要素を追加
city7.Add("Tokyo");
city7.Add("Osaka");
city7.Add("Fukuoka");

// 指定した値がリストに存在するか調べる
Console.WriteLine(city7.Contains("Kyoto")); // 出力: false
Console.WriteLine(city7.Contains("Osaka")); // 出力: true
```

条件に合致する要素を検索する

Find() メソッドは、条件に合致する要素がリストに存在する場合、最初に見つかった要素を返します。引数には、検索する要素の条件を定義するデリゲート、またはラムダ式を設定することができます。

●List<T>.Find() メソッド

条件と一致する要素を検索し、インデックス番号の最も小さい要素を返します。

書式	List<T>.Find(match)	
パラメーター	match (Predicate<T>)	検索する要素の条件を定義するPredicate<T> デリゲート。
戻り値	最初に見つかった要素。それ以外の場合は、List<T>の型Tの既定値を返す。	

▼条件に合致する最初の要素をFind() メソッドで検索する

```
// string型のリストを宣言
List<string> city8 = new();
// リストに要素を追加
city8.Add("Tokyo");
city8.Add("Osaka");
city8.Add("Fukuoka");
// デリゲートを利用して、指定した文字列を含む要素を検索する
Console.WriteLine(city8.Find(jdg)); // 出力: Tokyo

// デリゲートに登録するメソッド
static bool jdg(string s)
{
    // パラメーターsから"k"を含むものに対してtrueを返す
    return s.Contains("k");
}

// ラムダ式を使用して"k"を含む要素を検索する
Console.WriteLine(city8.Find(s => s.Contains("k"))); // 出力: Tokyo
```

条件に合致するすべての要素を検索する

FindAll() メソッドは、条件に合致する要素がリストに存在する場合、見つかったすべての要素を返します。引数には、検索する要素の条件を定義するデリゲート、またはラムダ式を設定することができます。

● List<T>.FindAll() メソッド

条件と一致する要素を検索し、最もインデックス番号の小さい要素を返します。

書式	List<T>.FindAll(match)	
パラメーター	match (Predicate<T>)	検索する要素の条件を定義するPredicate<T> デリゲート。
戻り値	条件に一致するすべての要素を格納する List<T> オブジェクトを返します。それ以外の場合は、空の List<T> オブジェクトが返される。	

前項のプログラムで定義したリストcity8から、"k"という文字を含む要素を検索してみます。

▼条件に合致する要素をFindAll() メソッドで検索する

```
// デリゲートを利用して、指定した文字列を含む要素を検索する
List<string> result1 = city8.FindAll(jdg);
// foreachでリストの要素を出力
foreach (string e in result1)
{
    Console.WriteLine(e);
}
```

▼出力

```
Tokyo
Osaka
Fukuoka
```

FindAll()の引数をラムダ式にして、同じように検索してみましょう。

▼検索条件をラムダ式にする

```
// ラムダ式を使用して"k"を含む要素を検索する
List<string> result2 = city8.FindAll(s => s.Contains("k"));
foreach (string e in result2)
{
    Console.WriteLine(e);
}
```

▼出力

```
Tokyo
Osaka
Fukuoka
```

条件に合う要素のインデックスを取得する

FindIndex()メソッドは、Find()メソッドと同様に条件に合致する要素を検索します。Find()メソッドとの違いは、戻り値が要素ではなく、最初に見つかった要素のインデックスであることです。

▼条件に合致する（最初に見つかった）要素のインデックスを取得する

```
// string型のリストを宣言
List<string> city9 = new();
// リストに要素を追加
city9.Add("Tokyo");
city9.Add("Osaka");
city9.Add("Fukuoka");

// デリゲートを利用して、指定した文字列を含む最初の要素のインデックスを取得する
Console.WriteLine(city9.FindIndex(del)); // 出力: 1

// デリゲートに登録するメソッド
static bool del(string s)
{
    // パラメーターsから"ka"を含むものに対してtrueを返す
    return s.Contains("ka");
}

// ラムダ式を使用して"ka"を含む最初の要素のインデックスを取得する
Console.WriteLine(city9.FindIndex(s => s.Contains("ka"))); // 出力: 1
```

リストcity9には、"ka"を含む要素が2つ（"Osaka"と"Fukuoka"）ありますが、FindIndex()メソッドは最初に見つかった"Osaka"のインデックス1を返していることが確認できます。

Hint ListジェネリッククラスとArrayListクラスの処理時間の比較

Listジェネリッククラスでは、あらかじめ型指定が行われているので、キャストが不要となるぶん、ジェネリックのコレクションの応答速度は高速になります。

これに対し、ArrayListクラスのリストに、値型であるint型の数値を追加する場合は、ArrayList内部で、数値をobject型に変換するためのBoxingが行われます。これがオーバーヘッドとなり、プログラムの処理速度を低下させてしまいます。

▼ジェネリッククラスとArrayListクラスの処理時間の比較を行うコンソールアプリケーション (プロジェクト「ListArrayList」)

```
using System.Collections;

// DateTime型の変数を用意
DateTime start, end;

// ArrayListクラスを使う
ArrayList arrayList = new ArrayList();
// 計測開始
start = DateTime.Now;
for (int i = 0; i < 10000000; i++)
{
    // 要素の末尾に追加を繰り返す
    arrayList.Add(i);
}
// 計測終了
end = DateTime.Now;
// 処理にかかった時間を表示
Console.WriteLine(end - start);


// Listジェネリッククラスを使う
List<int> list = new();
start = DateTime.Now;
for (int i = 0; i < 10000000; i++)
{
    // 要素の末尾に追加を繰り返す
    list.Add(i);
}
// 計測終了
end = DateTime.Now;
// 処理にかかった時間を表示
Console.WriteLine(end - start);
```

▼実行結果

```
Microsoft Visual Studio デバッグ コンソール
00:00:01.5857683
00:00:00.1220887
```

ジェネリッククラスの方が高速で処理を行っている

2.12.3 ディクショナリ (Dictionary<TKey,TValue>クラス)

ディクショナリ (Dictionary) は、キーと値のセットを要素とするコレクションです。リストがインデックスを使用して要素にアクセスするのに対し、ディクショナリはキーを指定して要素の値にアクセスします。

ディクショナリの宣言と初期化

ディクショナリは次のように宣言します。

▼ディクショナリの宣言

構文

```
Dictionary<キーの型, 値の型> 名前 = new Dictionary<キーの型, 値の型>();
```

▼varを用いたディクショナリの宣言

構文

```
var 名前 = new Dictionary<キーの型, 値の型>();
```

宣言と同時に初期化を行うには、次のように記述します。

▼ディクショナリの宣言と初期化

構文

```
var オブジェクト名 = new Dictionary<Keyの型名, Valueの型名>()
{
    {Key0, Value0},
    {Key1, Value1},
    ・・・・・・
};
```

ディクショナリに要素 (キーと値) を追加する

宣言済みのディクショナリには、Add()メソッドで要素を追加することができます。

● Dictionary<TKey,TValue>.Add(TKey, TValue)メソッド
第1引数にキー、第2引数に値を指定し、ディクショナリに追加します。

▼ディクショナリを宣言して要素を追加する(コンソールアプリケーション「Dictionary」)

```
// キーと値がstring型のディクショナリを宣言
var dic = new Dictionary<string, string>();
// 要素を追加する
dic.Add("わたし", "名詞");
dic.Add("は", "助詞");
dic.Add("プログラム", "名詞");
dic.Add("です", "助動詞");
```

ディクショナリの要素へのアクセス

ディクショナリでは、ブラケット演算子[ ]を使ってキーを指定することで値を取り出せます。

▼ディクショナリの要素へのアクセス

```
ディクショナリ名[キー]
```

前項で作成したディクショナリdicから要素の値を取得してみます。

▼キーを指定して要素(値)にアクセスする

```
Console.WriteLine(dic["わたし"]);
```

▼出力

```
名詞
```

Valueプロパティですべての値を取得する

Valueプロパティで、ディクショナリのすべての値を取り出すことができます。

▼foreachですべての値を取得する

```
foreach (string value in dic.Values)
{
    Console.WriteLine(value);
}
```

▼出力

```
名詞
助詞
名詞
助動詞
```

Keysプロパティですべてのキーを取得する

Dictionary<TKey,TValue>.Keysプロパティは、ディクショナリのすべてのキーを取得できます。プロパティから返されるのは、キーを格納したコレクション（KeyCollection）なので、個々のキーを取り出すにはforeachを使うのが便利です。

▼foreachですべてのキーを取得する

```
// キーはstring型なのでブロックパラメーター*kは
// string型になる
foreach (string k in dic.Keys)
{
    Console.WriteLine(k);
}
```

▼出力

```
わたし
は
プログラム
です
```

foreachでキーと値のペアをすべて取得する

ディクショナリからキーと値のペアを取り出すには、その入れ物となるデータ構造（データ型）が必要です。KeyValuePair構造体は、ディクショナリのキーと値をセットで格納できるデータ型を提供します。

● KeyValuePair<TKey,TValue>構造体
キー/値のペアを格納するためのデータ型を定義します。

▼すべてのキー/値のペアを取得する

```
// ブロックパラメーターitemはKeyValuePair<TKey,TValue>構造体型の変数
foreach (KeyValuePair<string, string> item in dic)
{
    // 書式を設定して[キー:値]の形式で出力する
    Console.WriteLine("[{0}:{1}]", item.Key, item.Value);
}
```

＊ブロックパラメーター　forやforeachのブロック内で使用される変数（パラメーター）のことです。forで用いられるカウンター変数もブロックパラメーターです。

▼出力

```
[わたし：名詞]
[は：助詞]
[プログラム：名詞]
[です：助動詞]
```

ディクショナリの検索

ディクショナリのキーを検索するにはContainsKey()メソッド、値を検索するにはContainsValue()メソッドを使います。

ディクショナリのキーを検索する

ContainsKey()メソッドは、引数に設定したキーがディクショナリに存在する場合はtrueを返し、それ以外はfalseを返します。

▼指定したキーが存在するか調べる

```
// 検索するキー
string key = "プログラム";
// strがキーとして存在するか調べる
if (dic.ContainsKey(key))
{
    Console.WriteLine("{0}はキーとして存在します", key);
}
else
{
    Console.WriteLine("{0}はキーとして存在しません", key);
}
```

▼出力

```
プログラムはキーとして存在します
```

ディクショナリの値を検索する

ContainsValue()メソッドは、引数に設定した値がディクショナリに存在する場合はtrueを返し、それ以外はfalseを返します。

▼指定したキーが存在するか調べる

```
// 検索する値
string val = "名詞";
```

```
// valが値として存在するか調べる
if (dic.ContainsValue(val))
{
    Console.WriteLine("{0}は値として存在します", val);
}
else
{
    Console.WriteLine("{0}は値として存在しません", val);
}
```


▼出力

```
名詞は値として存在します
```

キー/値のペアをリストにする

ディクショナリをリストに変換すると、リストとしてソートなどの処理が行えるので便利です。この場合、KeyValuePair構造体型のリストを作成し、

```
var list = new List<KeyValuePair<string, string>>(dic);
```

のようにすれば、キー/値のペアをリストの要素にすることができます。

▼ディクショナリの要素(キー/値)をリストの要素にする

```
// KeyValuePair型のリストにディクショナリのキー/値のペアを1要素として追加
var list = new List<KeyValuePair<string, string>>(dic);

// ブロックパラメーターitemにはリスト要素のKeyValuePairオブジェクトが格納される
foreach (var item in list)
{
    // KeyプロパティとValueプロパティでキーと値を取り出す
    Console.WriteLine("[{0}:{1}]", item.Key, item.Value);
}
```

▼出力

```
[わたし:名詞]
[は:助詞]
[プログラム:名詞]
[です:助動詞]
```

ディクショナリとリストの相互変換

ディクショナリからリストへの変換とリストからディクショナリへの変換について見ていきましょう。

ディクショナリをリストに変換する

DictionaryのKeysプロパティやValuesプロパティをListクラスのコンストラクターList()の引数にすることで、キーのリスト、値のリストをそれぞれ作成することができます。

▼ディクショナリのキー/値をそれぞれリストにする

```
// ディクショナリのキーを格納するリスト
var kList = new List<string>(dic.Keys);
// ディクショナリの値を格納するリスト
var vList = new List<string>(dic.Values);
// リストkListに格納されたすべてのキーを出力
Console.WriteLine("[{0}]", string.Join(", ", kList));
// リストvListに格納されたすべての値を出力
Console.WriteLine("[{0}]", string.Join(", ", vList));
```

▼出力

```
[わたし, は, プログラム, です]
[名詞, 助詞, 名詞, 助動詞]
```

リストをディクショナリに変換する

リストをディクショナリに変換するには、Enumerable.Zip()メソッドを使います。

●Enumerable.Zip()メソッド

書式	Zip<TFirst,TSecond,TResult>(<TFirst> first, <TSecond> second, Func<TFirst,TSecond,TResult> resultSelector)	
型パラメーター	TFirst	1番目の入力シーケンスの要素の型。
	TSecond	2番目の入力シーケンスの要素の型。
	TResult	結果のシーケンスの要素の型。
パラメーター	first	マージ(混合)する1番目のシーケンス。
	second	マージする2番目のシーケンス。
	resultSelector	2つのシーケンスの要素をマージする方法を指定するメソッド。

▼キーのリスト、値のリストを作成してディクショナリにまとめる

```
// キーのリストを作成
List<string> keyList = new()
{"わたし", "は", "プログラム", "です"};

// 値のリストを作成
List<string> valueList = new ()
{ "名詞", "助詞", "名詞", "助動詞" };

// Zip() メソッドの第1引数：
//     値のリストvalueListを設定
// Zip() メソッドの第2引数：
//     2つのリストの要素をプロパティに持つ匿名型のシーケンスを作るラムダ式を設定
// Zip() の結果として2つのシーケンスから1つのシーケンスが生成されるので、
// ToDictionary() を適用してDictionaryを生成する
Dictionary<string, string> dict =
    keyList.Zip(valueList,
                (k, v) => new { k, v }).ToDictionary(
                                anony => anony.k,  // 匿名型からキーを取得
                                anony => anony.v); // 匿名型から値を取得

// すべてのキー/値のペアを取得する
// ブロックパラメーターitemはKeyValuePair<TKey,TValue>構造体型の変数
foreach (KeyValuePair<string, string> item in dict)
{
    // KeyプロパティとValueプロパティでキーと値を取り出す
    Console.WriteLine("[{0}:{1}]", item.Key, item.Value);
}
```

▼出力

```
[わたし：名詞]
[は：助詞]
[プログラム：名詞]
[です：助動詞]
```

ラムダ式の「new { }」は匿名型のオブジェクトの生成式です。

```
(k, v) => new { k, v }
```

とすることで、keyListとvalueListの要素を格納した匿名型のオブジェクトが生成されます。

```
Zip(valueList, (k, v) => new { k, v })
```

とすることで、keyListとvalueListをマージ (混合) した1つのシーケンスが作成されるので、これにToDictionary()メソッドを適用してディクショナリを生成します。ToDictionary()の引数は、

```
anony => anony.k, // 匿名型からキーを取得
anony => anony.v); // 匿名型から値を取得
```

のように、第1引数に匿名型からキーを取得するラムダ式、第2引数に匿名型から値を取得するラムダ式を設定しています。anony =>のanonyは匿名型を取得するパラメーターです。パラメーターですのでanonyではなく、任意の名前でも構いません。anony.kでキーの取得、anony.vで値の取得が行われ、これらが戻り値として返されるので、ToDictionary()メソッドの結果として、ディクショナリが作成されます。

Memo ==演算子での値型と参照型の判定結果の違い

==は、値型の値同士と、参照型の値同士を判定することができますが、それぞれのデータ型によって、異なる結果を返します。

値型の判定では、値が等しい場合にtrueが返されます。次のように、変数dt1とdt2に、それぞれ同じ値を代入し、==演算子で等価関係を判定すると、結果はtrueとなります。

▼値型同士の判定

```
int dt1 = 100;
int dt2 = 100;
bool b1 = dt1 == dt2;        //b1はtrue
```

参照型同士の等価関係を==で判定する場合は、それぞれの変数の参照先のメモリアドレスが同じ場合にのみ、trueが返されます。

次のコードでは、object型の変数ob1、ob2にそれぞれ同じ値 (100) を代入していますが、参照型の変数では、100の値がそれぞれ別のメモリ領域に格納されます。このため、==で等価関係を判定すると、結果はfalseになります。

▼参照型同士の判定

```
object ob1 = 100;
object ob2 = 100;
bool b2 = ob1 == ob2;        //b2はfalse
```

2.12.4 型パラメーターを持つクラス

List<T>クラスやDictionary<TKey,TValue>クラスは、型パラメーターを持つクラスです。型パラメーターは、独自に作成したクラスにも設定が可能で、この場合、型パラメーターは、クラスをインスタンス化する際に指定した型に置き換わるので、あらゆる型に対応する汎用的なクラスを作成することができます。

次のプログラムは、型パラメーターとインデクサーが設定されたジェネリッククラスGenericTestを利用する例です。**インデクサー**とは、クラスまたは構造体のインスタンスにインデックスを使用してアクセスするための仕組みです。

▼型パラメーターとインデクサーを持ったジェネリッククラス (コンソールアプリケーション「GenericClass」)

```
// GenericTestクラスの1つ目のインスタンス
//
// ❶GenericTestクラスの型パラメーターをstringに設定してインスタンス化
GenericTest<string> gen1 = new();

// ❷AddItem()で配列型フィールドに要素 (文字列) を追加
gen1.AddItem("1番目の要素です。");
gen1.AddItem("2番目の要素です。");
// ❸インデクサーで追加する場合はインデックスを指定することが必要
gen1[2] = "3番目の要素です。";

// ❹インデクサーを利用して配列型フィールドの要素を出力
Console.WriteLine(gen1[0]);
// ❺
Console.WriteLine(gen1[1]);
Console.WriteLine(gen1[2]);

// GenericTestクラスの2つ目のインスタンス
//
// ❻GenericTestクラスの型パラメーターをDateTimeに設定してインスタンス化
GenericTest<DateTime> gen2 = new();

// ❼AddItem()で配列型フィールドに要素 (現在時刻) を追加
gen2.AddItem(DateTime.Today);

// インデクサーを利用して配列型フィールドの要素を出力
Console.WriteLine(gen2[0]);

// ❽ジェネリッククラス
// 型パラメーター<T>を設定
```

```
class GenericTest<T>
{
    // ❾型パラメーターTを設定した要素数100の配列
    private T[] arr = new T[100];
    // ❿配列のインデックスを格納する変数
    private int index;

    // ⓫パラメーターに型パラメーターTを設定したメソッド
    public void AddItem(T item)
    {
        // ⓬パラメーター値を配列_arrに追加
        // 後置インクリメントで処理後にインデックスに1加算
        arr[index++] = item;
    }

    // ⓭インデクサーの定義
    public T this[int indx]
    {
        // ⓮配列型フィールドの指定されたインデックスの要素を返す
        get => arr[indx];
        // 配列型フィールドの指定されたインデックスの要素として値を代入
        // パラメーターvalueには呼び出し元から渡された値が格納される
        set => arr[indx] = value;
    }
}
```

C# 9.0以降のコンソールアプリケーションでは、クラスの定義などの型の宣言はトップレベルのステートメントよりあとに記述する決まりになっています。実際に処理を行うコードよりも先に書いてしまうとエラーになるので注意してください。

コード解説

●ジェネリッククラスGenericTest<T>

❽class GenericTest<T>

クラスに型パラメーター<T>を設定します。Tの部分は、たんなる名前なので、任意の名前を付けることができますが、Microsoft社のガイドラインでは、型パラメーターが1つだけの場合は、Tを用いることが推奨されています。このTは、クラスをインスタンス化する際に指定した型名に置き換わります。

⑨private T[] arr = new T[100];

型パラメーターを利用して、100個の要素を持つ配列型フィールドarrを宣言します。Tの部分は、クラスのインスタンス化の際に指定した型に置き換わります。

⑩private int index;

配列のインデックスとして利用する変数です。

⑪public void AddItem(T item)

型パラメーターTが設定されたパラメーターを持つメソッドです。

⑫arr[index++] = item;

パラメーターitemの値を配列arrに追加します。処理が完了するたびに、インデックスを示すindexに1を加算します。

⑬public T this[int indx]

Tを型とするインデクサーです。

⑭get => arr[indx];

インデクサーのgetアクセサーにおける処理では、indxの値に応じて、対応する配列要素の値を返します。ラムダ式を用いています。

⑮set => arr[indx] = value;

インデクサーのsetアクセサーにおける処理では、indxの値に応じて、対応する配列要素に値を格納します。

●実行用のコード

①GenericTest<string> gen1 = new();

GenericTestをstring型に限定して、インスタンス化します。これによって、GenericTestのTがstringに置き換えられた状態でインスタンス化されます。

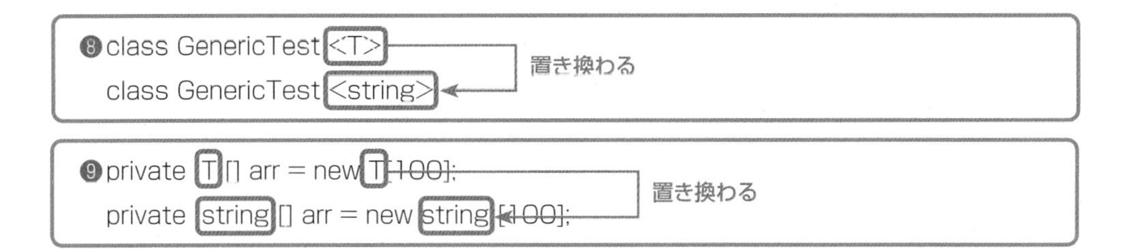

②gen1.AddItem("1 番目の要素です。");

AddItem() メソッドを呼び出して、配列arrに文字列を追加します。

❸gen1[2] = "3番目の要素です。";

インデクサーを利用して配列型フィールドarrのインデックス2の要素として文字列を代入しています。gen1[インデックス]とすることで、インスタンスからarrフィールドが参照され、インデックスで指定された要素にアクセスします。

❹Console.WriteLine(gen1[0]);

GenericTestクラスのインデクサーを利用して、配列のインデックス0の要素を取得し、画面に出力します。

❺Console.WriteLine(list[1]);

インデクサーを利用して、配列のインデックス1の要素を取得し、画面に出力します。

❻GenericTest<DateTime> gen2 = new();

GenericTestをDateTime型に限定して、2つ目のインスタンスを生成します。

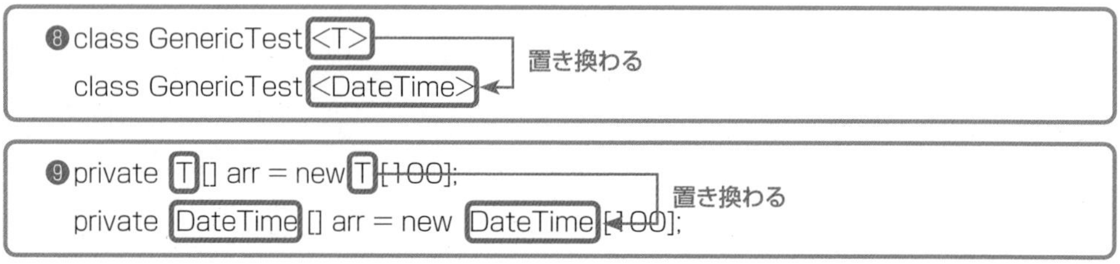

```
❽class GenericTest<T>
  class GenericTest<DateTime>
```
置き換わる

```
❾private T[] arr = new T[100];
  private DateTime[] arr = new DateTime[100];
```
置き換わる

❼gen2.AddItem(DateTime.Today);

AddItem()メソッドを呼び出して、配列型フィールドarrに現在の日時を追加します。

▼実行結果

```
1番目の要素です。
2番目の要素です。
3番目の要素です。
2021/09/17 0:00:00
```

複数の型パラメーターを持つクラス

型パラメーターをカンマで区切ることで、複数の型パラメーターを設定することができます。

▼2つの型パラメーターを持つクラス（コンソールアプリケーション「MultiType」）

```
// ジェネリッククラスTestのインスタンスを生成
var a = new Test<string, int>();
// インスタンスaのプロパティval1にstring型の値を代入
a.val1 = "abc";
// インスタンスaのプロパティval2にint型の値を代入
a.val2 = 100;
// プロパティの値を出力
Console.WriteLine("a.val1={0}, a.val2={1}", a.val1, a.val2);

// ジェネリッククラスTestのインスタンスを生成
var b = new Test<double, bool>();
// インスタンスbのプロパティval1にdouble型の値を代入
b.val1 = 0.001;
// インスタンスbのプロパティval2にbool型の値を代入
b.val2 = true;
// プロパティの値を出力
Console.WriteLine("b.val1={0}, b.val2={1}", b.val1, b.val2);

// カンマで区切ることで複数の型パラメーターが設定されたクラス
class Test<T1, T2>
{
    // 型パラメーターT1を設定した自動実装プロパティval1
    public T1? val1 { get; set; }
    // 型パラメーターT2を設定した自動実装プロパティval2
    public T2? val2 { get; set; }
}
```

Test<T1,T2>クラスでは、自動実装プログラムのgetアクセサーとsetアクセサーを記述して、プロパティへの値の出し入れが行えるようにしています。

▼実行結果

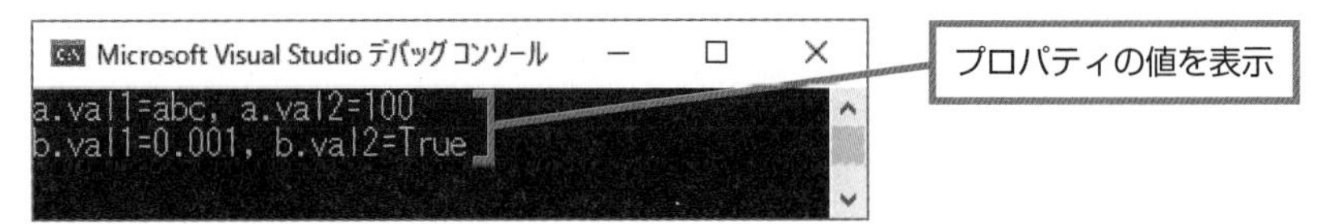

2.12.5 ジェネリックメソッド

型パラメーターは、メソッドに対して設定することもできます。次は、メソッドのパラメーターに、型パラメーターを使用した例です。

▼型パラメーターをメソッドに設定(コンソールアプリケーション「GenericMethod」)

```
// int型を指定してDisp()メソッドを実行
cls.Disp<int>(500);
// string型を指定してDisp()メソッドを実行
cls.Disp<string>("VisualC#");

// 型指定を省略してDisp()メソッドを実行
cls.Disp(0.001);
cls.Disp("VisualC#");

class cls
{
    // 型パラメーターが設定された静的メソッド
    public static void Disp<T>(T p)
    {
        Console.WriteLine(p);
    }
}
```

▼実行結果

●メソッド呼び出し時における型指定の省略

上記のプログラムのように、メソッド呼び出し時に型指定を省略することが可能です。ただし、これはコンパイラーが判別できる範囲に限られます。long型とint型のように、コンパイラーの推定が期待できない場合は、明示的に型を指定します。

Section

2.13 イテレーター

Level ★★★ | Keyword | イテレーター　yield キーワード

反復処理を行うforeachステートメントは、ときとしてソースコードが複雑、かつ冗長になってしまうことがあります。

このような場合は、**反復子**（Iterator：**イテレーター**）を利用することで、反復処理のコードをシンプルにすることができます。

イテレーターの使用

ここでは、反復処理を効率的に行うイテレーターについて見ていくことにしましょう。

● イテレーターの使用

イテレーターを使うと、状態の管理を行うコードを記述しなくても済むので、foreachステートメントと比較して、ソースコードがシンプルになります。

・イテレーターでは、yieldキーワードを利用します。通常は、returnステートメントと組み合わせて「yield return」として記述します。

・yield returnは、順に値を返すためのステートメントで、このステートメントを複数記述しておくと、foreachブロックがメソッドを呼び出すたびに、次のyield returnステートメントが呼び出されます。

▼実行結果

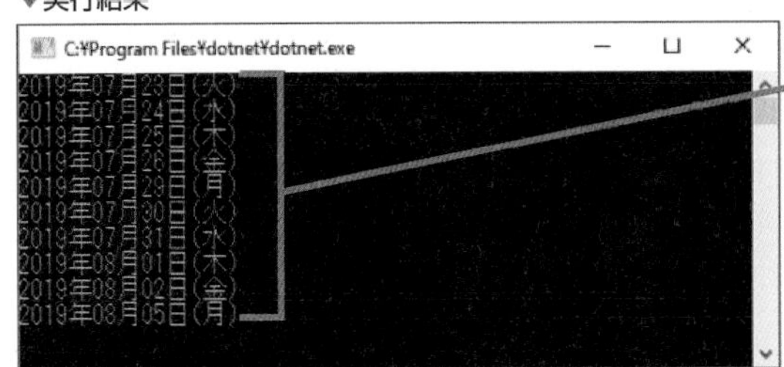

2.13.1 イテレーターによる反復処理

反復処理を行うイテレーター（反復子）では、**yield**と呼ばれるキーワードを利用します。通常は、returnステートメントと組み合わせて「yield return」として記述して、値を返すようにします。

次は、foreachブロックがShow()メソッドを呼び出すたびに、yield returnステートメントを順番に呼び出します。

▼yieldキーワードを利用する（Program.cs）（プロジェクト「Iterator」）

```
// Show()を繰り返し呼び出すことで
// すべてのyield returnステートメントが実行される
foreach (string val in Show())
{
    Console.WriteLine(val);
}

// メソッドの戻り値はIEnumerable型
static System.Collections.IEnumerable Show()
{
    // メソッドが繰り返し実行されることで
    // yield returnで設定した値がすべて返される
    yield return "January";
    yield return "February";
    yield return "March";
}
```

▼実行結果

●イテレーターの戻り値

イテレーターの戻り値は、IEnumerableまたはIEnumeratorというインターフェイス型です。インターフェイスは、クラスのようなものですが、それ自体をインスタンス化することはできません。その代わりに、あるクラスに機能を追加する目的で使用されます（詳しくはインターフェイスの項目で見ていきます）。IEnumerableには「値を列挙する」という機能があるので、反復処理を行う値の型として使われます。

実際、ArrayクラスやList<T>などのコレクションクラスは、すべてIEnumerableを「実装」しています。実装とは、クラスにインターフェイスを追加し、その機能を使えるようにすることです。クラスの宣言部でクラス名のあとに「:」に続けてインターフェイス名を書くと、そのインターフェイスが実装されます。

▼Arrayクラスの宣言部

```
public abstract class Array : ICloneable, IList, ICollection,
    IEnumerable, IStructuralComparable, IStructuralEquatable
```

▼List<T>クラスの宣言部

```
public class List<T> : IList<T>, ICollection<T>, IEnumerable<T>,
    IEnumerable, IList, ICollection, IReadOnlyList<T>, IReadOnlyCollection<T>
```

込み入った話をしてしまいましたが、おなじみのforeachは、そもそもIEnumerableを実装する配列やコレクションに対して繰り返しの処理を行うためのものです。これまで何気なく配列などのコレクションに対してforeachを使っていましたが、これは処理対象の配列やコレクションがIEnumerableを実装していたので反復処理ができたのです。

▼イテレーターで戻り値を返すメソッド

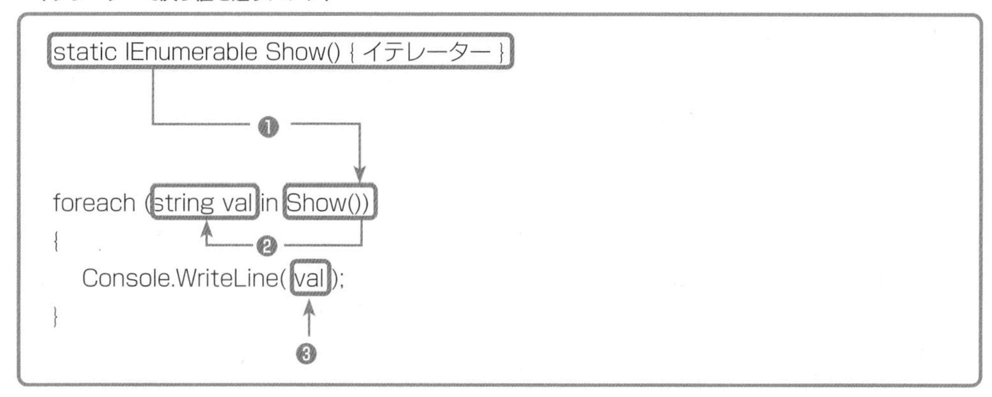

❶Show() メソッドの戻り値はIEnumerable型です。
❷IEnumerable型の戻り値に含まれているデータはstringなので、ここでstring型に変換します。
❸のvalはstring型です。

もし、次のように反復変数valの型をvarにした場合は、暗黙的にobject型になります(❶)。これは、イテレーター(yield)そのものの型がobjectであるためです。❷においてもvalはobject型です。

```
foreach (var val in Show())
{          ↑―― ❶ ――┘
    Console.WriteLine(val);
}                     ↑
                      ❷
```

イテレーターを使ったプログラム

イテレーターを使用する例として、もう1つプログラムを作ってみましょう。次は、現在の日付に1日加算した値を、指定した回数だけ返すイテレーターを使っています。

▼日付データを返すイテレーター(コンソールアプリケーション「IteratorDays」)

```
// Test()を10回呼び出す
foreach (DateTime dt in Test(10))
{
    Console.WriteLine(
        dt.ToString("yyyy年MM月dd日(ddd)"));
}

/**
 * <summary>日付データを返すメソッド</summary>
 * <param name="days">現在の日時に加算する日数</param>
 * <returns>IEnumerable</returns>
 */
static System.Collections.IEnumerable Test(int days)
{
    // 現在の日時を取得
    DateTime dt = DateTime.Today;
    // daysで指定された数だけ繰り返す
    for (int i = 0; i < days;)
```

```
    {
        // 土曜日と日曜日は除外する
        if ((dt.DayOfWeek != DayOfWeek.Saturday) &&
            (dt.DayOfWeek != DayOfWeek.Sunday))
        {
            // 日付を戻り値として返す
            yield return dt;
            // 土曜日と日曜日以外ならカウンター変数に1加算
            i++;
        }
        // 日付データに1日加算
        dt = dt.AddDays(1);
    }
}
```

※メソッドの概要を示すコメントはC#の「ドキュメントコメント」の形式で記述しています。

▼実行結果

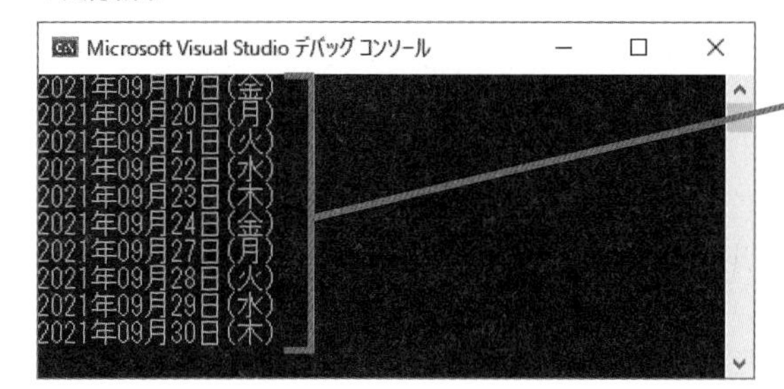

現在の日時に1日加算を10回繰り返す（土日除く）

Memo ＋演算子

＋演算子は、文字列同士を連結する働きをします。

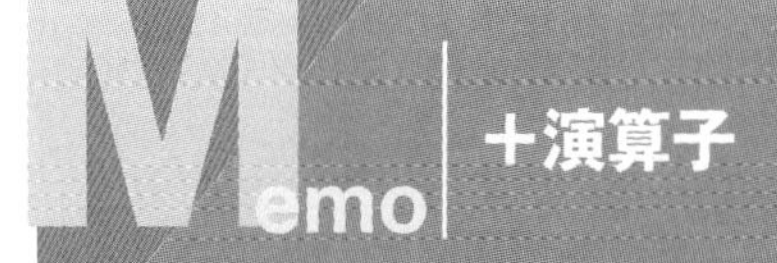

左記のように記述した場合、変数strWordには、「Hello」と「 world!」を連結した「Hello world!」が格納されます。

Section

2.14 LINQによるデータの抽出

Level ★★★ | Keyword | LINQ　クエリ式　遅延実行

LINQ（Language INtegrated Query、「リンク」と発音）は、様々な種類のデータに対して、標準化された方法でデータの問い合わせ処理を行うための専用の言語です。

LINQを使うメリット

LINQは、あらゆる種類のデータソースに対して適用することができます。配列（Arrayクラス）やコレクションクラスのオブジェクトの操作と、データベースシステムの操作は、それぞれ異なる仕組みを用いて行います。LINQを使えば、これらのオブジェクトやデータベースを、共通の方法を使って操作することができます。

• LINQの種類

LINQには、右のような種類があります。

- LINQ to ADO.NET
  - LINQ to SQL (DLinq)
  - LINQ to Entities
  - LINQ to DataSet
- LINQ to XML (XLinq)
- LINQ to Objects

• LINQ to Objects

LINQ to Objectsは、橋渡し的な要素を使わずに、配列やコレクションを直接、操作します。LINQ to Objectsにおいて提供されるLINQを使用すると、配列をはじめ、List<T>、Dictionary<TKey, TValue>などのコレクションクラスのオブジェクトに対して、データの照会が行えます。foreachで、コレクションからデータを取得する場合に比べ、次のようなメリットがあります。

・シンプルで読みやすいコードが書ける。
・強力なフィルター処理、並べ替え、およびグループ化機能を最小限のコードで実現できる。
・LINQのコードは、ほとんど変更することなく他のデータソース向けに移植できる。

2.14.1 LINQとクエリ式

LINQを使って問い合わせを行うためのコードを書けば、コレクション(配列を含む)から任意のデータを抽出することができます。このような問い合わせを行うコードを**クエリ式**と呼びます。

配列から特定の範囲の数値を取り出す

LINQのクエリ式を使って、指定された条件の項目だけをコレクションから抽出してみることにしましょう。次のプログラムは、1から5までの整数を格納した配列から、「2以上4以下」という条件で、データを抽出します。

▼Program.cs(コンソールアプリケーション「WhereNumber」)

```
// ❶int型の配列を作成
int[] numbers = {1, 2, 3, 4, 5};
// ❷2以上4以下の値を抽出するクエリ式
var query = from n
            in numbers
            where n >= 2 && n <= 4
            select n;

// ❸クエリ式で抽出した値をブロックパラメーターaに格納し、
// コンソールに出力する
foreach (var a in query) Console.WriteLine(a);
```

▼実行結果

●コード解説

❶int[] numbers = { 1, 2, 3, 4, 5 };

5個の要素を持つ配列を作成しています。

```
❷var query = from n
             in numbers
             where  n >= 2 && n <= 4
             select n;
```

クエリ式の部分です。クエリ式は、次の3つの句で構成されます。

・from句（from 範囲変数名 in データソース名）

範囲変数とは、データソースから取り出した個々のデータを一時的に格納するための変数です。コンパイラーがデータソースを参照して型を判断するので型指定を行う必要はありませんが、「from int n」と書いてもエラーにはなりません。inのあとに、操作対象のコレクションなどのデータソースを指定します。

・where句（where 抽出条件）

どのような条件でデータを抽出するのかを指定します。作成例では、「2以上4以下」という条件を設定するので、「n >= 2 && n <= 4」としています。

・select句

抽出したデータのうち、どのデータを最終的に取り出すのかを指定します。例では、抽出したデータをそのまま使うので、範囲変数nを指定しています。nの値は、変数queryに代入されます。

以上のクエリ式によって、「n >= 2 && n <= 4」に合致する2、3、4の値が抽出されます。

●クエリ式は値を列挙する

クエリ式を見てみると、where句によって、合致するデータを抽出しているように思えますが、実際には、対象のデータソースから抽出条件に合致したデータを列挙しているだけです。クエリ式の結果を代入するのが「var query」のように変数になっているのは、このためです。実際に上記のクエリ式に基づいて抽出したデータの集合を作り出しているのは、foreachステートメントです。このため、foreachの内部で条件が満たされれば、そこで処理が中断されます。このような実行形態を**遅延実行**と呼びます。今後の操作において遅延実行を意識する場面はありませんが、クエリ式が実行される仕組みとして覚えておくとよいかと思います。

```
❸foreach (var a in query) Console.WriteLine(a);
```

クエリ式による個々の抽出データは、逐次、変数queryに代入されます。foreachでは、queryから取り出したデータを変数aに格納し、Console.Writeline()メソッドで画面に出力します。

●クエリ操作における型の関係

LINQのクエリ操作では、データソース、クエリ式、およびクエリの実行時に、それぞれ型が指定されます。クエリ式自体が返す値の型は、IEnumerable型です。イテレーターのところでもお話ししましたが、IEnumerableには「値を列挙する」という機能があるので、反復処理を行う値の型として使われます。

▼クエリにおける型情報の扱い

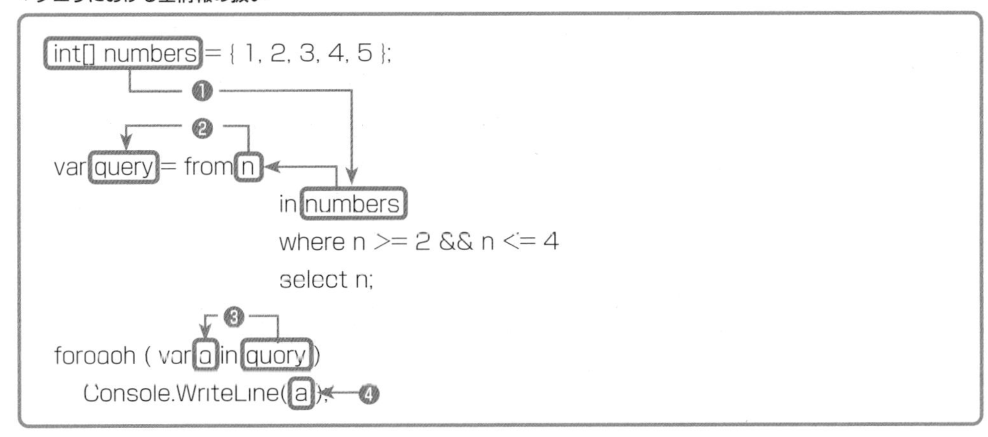

❶データソースの型によって、範囲変数の型が決まります。nはint型です。
❷選択したオブジェクトの型によってクエリ式の型が決まります。範囲変数の型はintなので、queryの型は暗黙的にIEnumerable<int>になります。
❸queryを反復処理するたびにIEnumerable<int>が返され、「var a」に格納されます。このとき、暗黙的に「IEnumerable<int>」➡「int」に型変換されます。
❹のaの型はintです。

List<T>クラスのコレクションを使った場合を見てみると、よりわかりやすいかと思います。

▼クエリにおける型情報の扱い

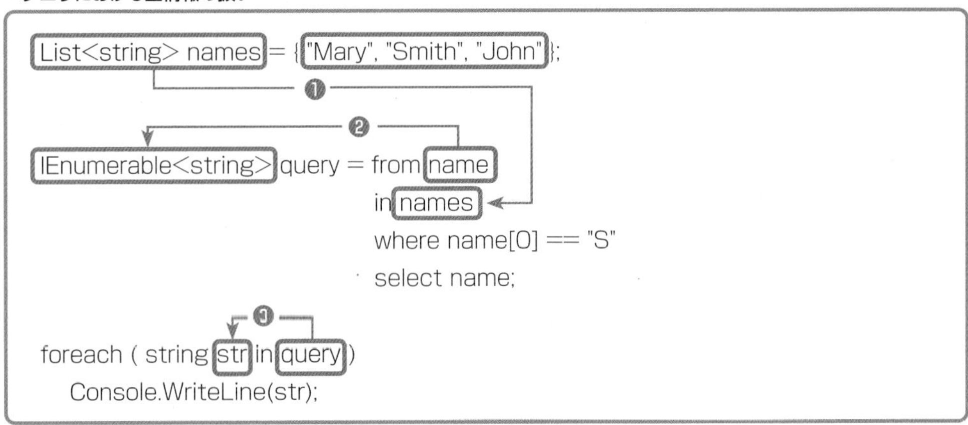

❶データソースの型によって、範囲変数の型が決まります。
❷選択したオブジェクトの型によって、クエリ変数の型が決まります。範囲変数nameはstring型なので、クエリ変数は IEnumerable <string>になります。
❸クエリ変数queryをforeachで反復処理する際の、反復変数strはstring型です。

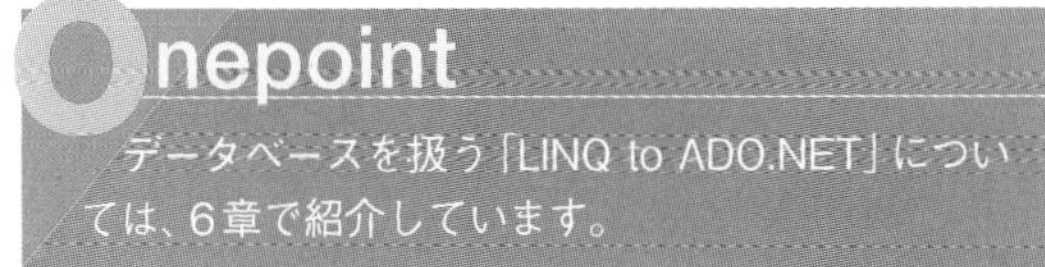

文字配列から特定の文字で始まるデータを取り出す

今度は、string型の配列から、特定の文字で始まるデータを取り出してみることにします。今回は、クエリ式をメソッドにまとめてから呼び出して処理を行います。

▼クエリ式で文字データを取り出す（コンソールアプリケーション「StartsWith」）

```
// string型の配列を作成
string[] prefectures = {"Tokyo", "Osaka", "Tokushima"}; ――― ❶
// getString()を実行して配列要素を抽出する
string[] result = getString(prefectures); ――― ❷
// 抽出された要素をコンソールに出力
foreach (var name in result) Console.WriteLine(name); ――― ❸

// パラメーターで取得した配列からクエリ式で抽出した値を返す静的メソッド
static string[] getString(string[] str) ――― ❹
{
    // "T"で始まる要素をクエリ式で抽出して戻り値として返す
    return (from s in str ――― ❺
            where s.StartsWith("T")
            select s
            ).ToArray();
}
```

▼実行結果

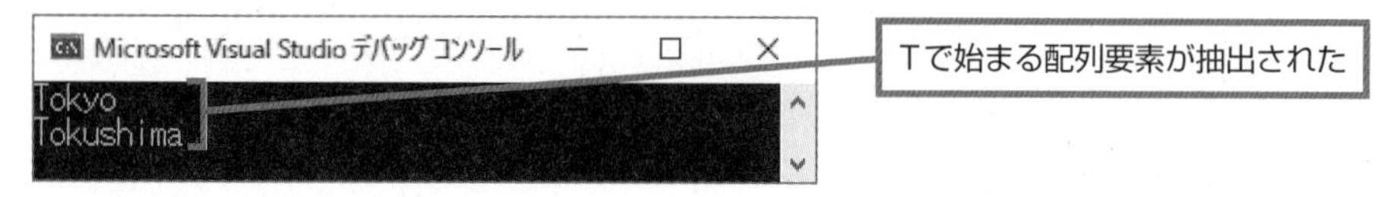

●コード解説

❹static string[] getString(string[] str)

パラメーターで受け取った文字配列に対してクエリ式を実行し、結果を文字配列として返すメソッドです。

❺return (from s in str where s.StartsWith("T") select s).ToArray();

"T"で始まる配列要素を抽出するクエリ式です。StartsWith()メソッドは、対象のインスタンスの先頭文字が引数の文字と一致した場合にtrueを返します。

クエリ式は抽出データを列挙するので、ToArray()メソッドを使って、クエリ式から返されるIEnumerable<T>型のオブジェクトを配列に変換してから戻り値として返すようにしているのがポイントです。

❶string[] prefectures = {"Tokyo", "Osaka", "Tokushima"};
3個の文字列を格納した配列を作成しています。

❷string[] result = getString(prefectures);
引数を配列fruitにして、クエリ式が記述されたgetString()を呼び出し、戻り値を配列resultに代入します。

❸foreach (var name in result) Console.WriteLine(name);
getString()メソッドの戻り値から要素を1つずつ取り出して、画面に出力します。

Memo ラスターグラフィックスとベクターグラフィックスの違い

ラスターグラフィックスとは、小さな色の点（ドット）を集めて構成された画像のことです。BMP、PNG、JPEGなどの画像フォーマットがラスター画像に分類されます。

これに対し、**ベクターグラフィックス**は、**アンカー**と呼ばれる座標の点を複数作り、アンカー同士を線でつないだり、線で囲まれた部分を塗りつぶしたりすることで画像を表現します。アンカー位置などの情報だけを記録し、その情報を基に図形を描画しています。

●ラスターグラフィックスの特徴
・画像のような緻密なデータを表現するのに適しています。
・画像に使われているドットのデータをすべて保存して圧縮するため、ファイルサイズが大きくなりがちです。

●ベクターグラフィックスの特徴
・拡大しても輪郭がきれいに表示されます。ただし、表示のたびに計算を行うので、複雑な図形の場合は表示に時間がかかることがあります。
・写真のような画像を表現するのには適していませんが、直線や曲線などで構成される図形の表現に適しています。
・アンカー位置などの情報だけを記録し、その情報を基に図形を描画するので、ファイルサイズが小さくて済みます。

2.14.2 LINQを利用した並べ替え

LINQのorderby句を使うと、ソートを行って、昇順や降順で並べ替えを行うことができます。

▼配列の値を昇順で並べ替えるプログラム（コンソールアプリプロジェクト「OrderBy」）

```
// int型の配列を作成
int[] num = {50, 200, 15, 3, 75, 1000};
// 値が10以上の要素を抽出するクエリ式
var query = from n in num
            where n >= 10   // ❶10以上の値を抽出
            orderby n       // ❷抽出されたnを昇順で並べ替え
            select n;       // ❸並べ替えられたnをそのまま返す
// クエリ式を適用して抽出された要素をすべて出力する
foreach (var n in query) Console.WriteLine(n);
```

●コード解説

❶ where n >= 10

10以上の値を抽出します。条件が必要なければ、where句を省略できます。

❷ orderby n

❸ select n;

クエリ式にorderby句を追加しています。orderby句においてnを指定することで、nの値が昇順で抽出されます。なお、「orderby n descending select n」のようにdescendingを付けると、降順で並べ替えることができます。

▼実行結果

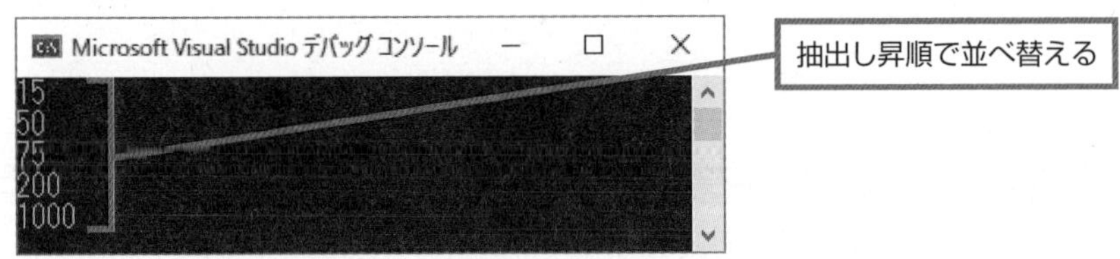

Memo クエリ式をメソッドの呼び出し式に書き換える

LINQのクエリ式は、Enumerableというクラスのメソッドによって実現されます。Enumerableは、IEnumerable<T>を実装するオブジェクトを操作するためのメソッドを定義しているクラスで、Where句の場合はWhere()メソッド、orderby句の場合はOrderBy()メソッドの呼び出しに変換されたあとに処理が実行されます。なので、LINQを書かずに、直接、これらのメソッドを呼び出すことで、クエリを実行することができます。この場合、メソッドの呼び出しには、「ラムダ式」を使います(ラムダ式については「3.3.3 ラムダ式によるデリゲートの実行」参照)。

▼メソッドを利用してデータ操作を行う(コンソールアプリケーション「QueryUseMethod」)

```
// int型の配列を作る
int[] num = {50, 200, 15, 3, 75, 1000};
// クエリをラムダ式で作る
var r = num.Where(
    (n) => n >= 10).OrderBy((n) => n
    );
// 抽出した要素をすべて出力
foreach (var n in r) Console.WriteLine(n);
```

次のクエリ式が、メソッド呼び出しに書き換えられました。

▼クエリ式によるデータの並べ替え

```
var r = from n in num
        where n >= 10
        orderby n
        select n;
```

▼ラムダ式を用いたメソッド呼び出しによるデータの並べ替え

```
var r = num.Where((n) => n >= 10).OrderBy((n) =>n);
```

抽出する際の条件　　昇順で並べ替え

2.14.3 select句でのデータの加工処理

クエリ式の**select句**では、抽出したデータに対して処理を行うことができます。次のプログラムにおけるクエリ式は、配列の値を105パーセントに増加させます。

▼コレクションを加工する（コンソールアプリケーション「ProcessingQuery」）

```
// int型の配列を作成
int[] num = {100, 200, 300, 400, 500};
// select句で抽出データを加工する
var r = from n in num
        select n * 105 / 100;

// クエリ式適用後のデータをすべて出力
foreach (var n in r) Console.WriteLine(n);
```

▼実行結果

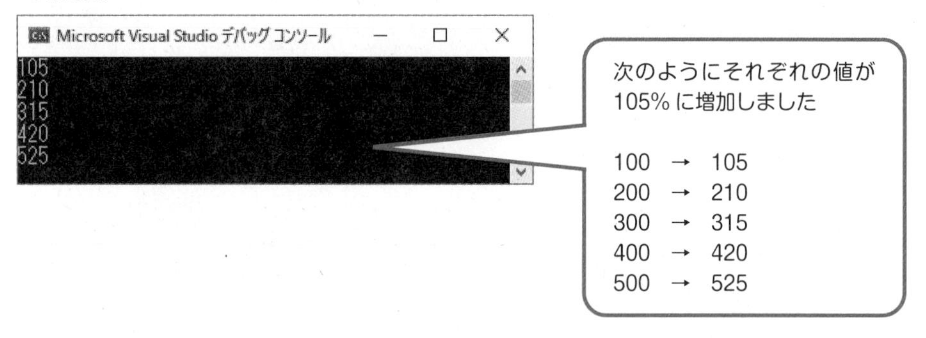

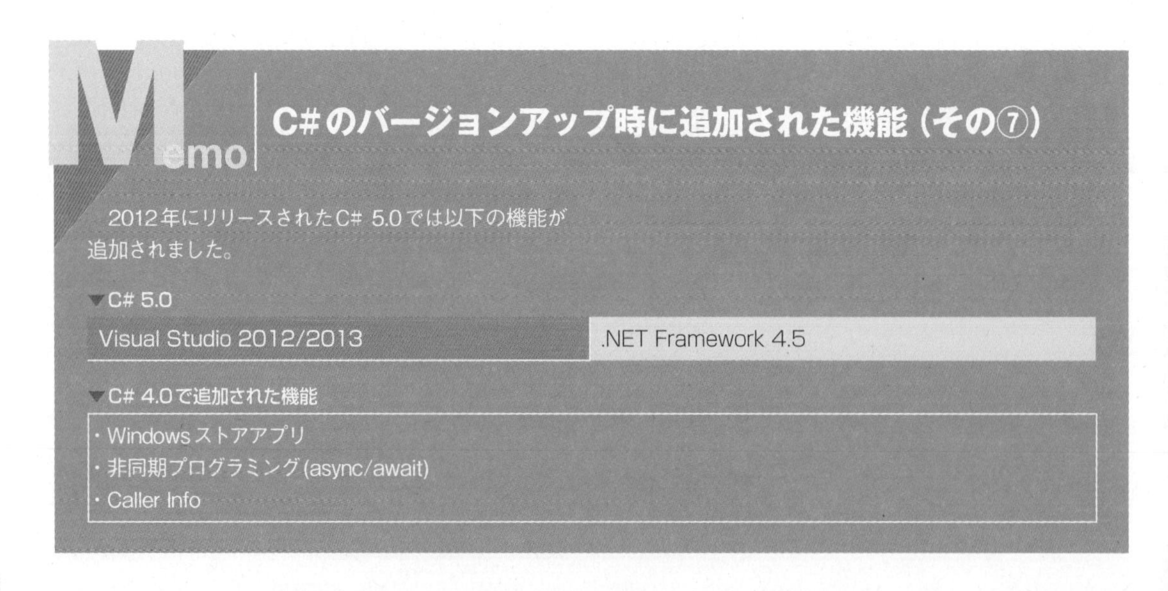

Memo C#のバージョンアップ時に追加された機能（その⑦）

2012年にリリースされたC# 5.0では以下の機能が追加されました。

▼C# 5.0

Visual Studio 2012/2013	.NET Framework 4.5

▼C# 4.0で追加された機能

- Windowsストアアプリ
- 非同期プログラミング(async/await)
- Caller Info

Memo メソッドを使った式に書き換える

「2.14.3 select句でのデータの加工処理」のクエリ式は、ラムダ式を使用したメソッドの呼び出し式に書き換えることができます。この場合、select句の処理を行うSelect()メソッドを使います。

▼Select()メソッドを利用する(コンソールアプリケーション「ProcessingMethod」)

```
int[] num = {100, 200, 300, 400, 500};
// Select()の引数をラムダ式にする
var r = num.Select(
    (n) => n * 105/100
    );
// 出力
foreach (var n in r) Console.WriteLine(n);
```

クエリ式が、次のメソッド呼び出しに書き換えられました。

▼クエリ式によるデータの加工

```
var r = from n in num select n * 105 / 100;
```

▼ラムダ式を用いたメソッド呼び出しによるデータ加工

```
var r = num.Select((n) => n * 105 / 100);
```

抽出した値に105/100を掛ける

2.14.4 クエリの結果をオブジェクトにして返す

select句では、newキーワードによるオブジェクト生成も行えます。これを利用すれば、クラスのインスタンス（オブジェクト）からフィールドの値を取得するクエリを作ることができます。

▼クエリで抽出したデータをオブジェクトにする（コンソールアプリケーション「Instantiation」）

```
using System;
using System.Linq;
// ❶Fruit型の配列を宣言し、Fruitのインスタンスを生成して格納
Fruit[] f = {
    new Fruit {name = "Apple", price = 200, code = "A110"},
    new Fruit {name = "Orange", price = 150, code = "G201"},
    new Fruit {name = "Grape", price = 450, code = "GR50"}
    };

// ❷クエリ
var q = from n in f
        select new {
            Name = n.name,
            Price = n.price,
            Code = n.code
        };
// ❸クエリを実行し、取得されたオブジェクトのフィールド値を出力
foreach (var a in q)
{
    // ❹ブロックパラメーターaでオブジェクトを参照する
    Console.WriteLine(
        "Name= {0} Price={1} Code={2}",
        a.Name, a.Price, a.Code
    );
}

// 以下はクエリ式の代わりにラムダ式を用いた場合
// クエリ式の代わりにラムダ式を使う
var que = f.Select(
    (n) => new {Name = n.name, Price = n.price, Code = n.code}
    );

// ラムダ式を実行し、取得されたオブジェクトのフィールド値を出力
foreach (var a in que)
{
```

```
        // ブロックパラメーターaでオブジェクトを参照する
        Console.WriteLine(
            "Name= {0} Price={1} Code={2}",
            a.Name, a.Price, a.Code
        );
}
// ラムダ式の処理ここまで


// 3個のフィールドのみを定義したクラス
class Fruit
{
    // フィールドの宣言、string型はnull許容型としてstring?とすることが必要
    public string? code;
    public string? name;
    public int price;
}
```


▼実行結果

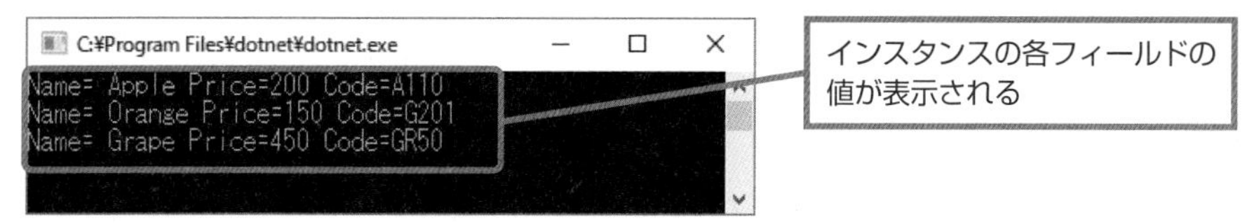

●コード解説

❶Fruit[] f = { new Fruit { name = "Apple", price = 200, code = "A110" },
new Fruit { name = "Orange", price = 150, code = "G201" },
new Fruit { name = "Grape", price = 450, code = "GR50" }};

クラス型の配列fを作成し、配列要素として同じクラスのインスタンスを代入しています。ここでは、次の2つの初期化式が使われています。

・クラス型配列f の初期化式

Fruit型の配列なので、同じ型のインスタンスを要素にすることができます。

Fruit[] f = { インスタンス1, インスタンス2, …};

・オブジェクト初期化子

オブジェクト初期化子を使用すると、コンストラクターを呼び出さなくても、フィールドまたはプロパティに値を割り当てることができます。オブジェクト初期化子の構文では、コンストラクターの引数を指定することも、引数（およびかっこ）を省略することもできます。

▼Fruitクラス

```
class Fruit {
    public string? code;
    public string? name;
    public int price;
}
```

▼オブジェクト初期化子でインスタンスを生成する

```
Fruit fr = new Fruit { name = "Apple", price = 200, code = "A110" };
```

この方法でインスタンス化しても、通常どおりfr.nameやfr.priceでフィールド値を参照できます。作成したプログラムでは、オブジェクト初期化子を利用して、Fruit型の配列fの要素として、同型のインスタンスを3個格納しています。各インスタンスの参照変数はありませんが、配列fのインデックスで識別できます。

```
Fruit[] f =
    {
        new Fruit { ———— オブジェクト初期化子でFruitのインスタンスを生成
            name = "Apple", price = 200, code = "A110"
        },          └── フィールドの値を設定
        ........
    };
```

❷var q = from n in f select new...

fは、インスタンスを格納した配列ですので、クエリの結果もインスタンスとして返すようにしました。このため、select句においてインスタンスを生成するわけですが、ここでは「匿名型」のインスタンスを生成するようにしています。

匿名型を使用すると、あらかじめクラスを定義することなく、読み取り専用のプロパティを格納したインスタンスを生成できます。もちろん、基になるクラスは定義していませんので、「型がない(=匿名の)」プロパティだけがあるシンプルなオブジェクトを作ることができます。「プロパティ」とはフィールドにアクセスする手段として使われる「別名」のようなものです。匿名型を作成するには、new 演算子をオブジェクト初期化子と一緒に使用します。

▼select句において匿名型のオブジェクトを生成する

```
var q = from n in f
            select new { Name = n.name, Price = n.price, Code = n.code };
```

- n：配列から取り出した要素はFruitのインスタンス
- f：fはFruit型の配列
- new：オブジェクト初期化子を使って匿名型のオブジェクトを生成
- Name = n.name, Price = n.price, Code = n.code：Name、Price、Codeプロパティを作成し、Fruitの各フィールドの値を代入する

❸foreach (var a in q)

❷のselect句で生成した匿名型のオブジェクトすべてに対して処理を行います。

❹"Name= {0} Price={1} Code={2}", a.Name, a.Price, a.Code

クエリで返された匿名型のオブジェクトは、ブロックパラメーターaで参照できます。a.Name、a.Price、a.Codeでプロパティを参照し、書式設定用のプレースホルダーを使って画面に表示します。

メソッドを使った式に書き換える

❷のクエリ式は、ラムダ式を使用したメソッドの呼び出し式に書き換えることができます。

▼クエリ式によるデータの加工

```
var q = from n in f
    select new { Name = n.name, Price = n.price, Code = n.code };
```

▼ラムダ式を用いたメソッド呼び出し

```
var q = f.Select(
    (n) => new { Name = n.name, Price = n.price, Code = n.code }
);
```

Hint 抽出するインスタンスを絞り込む

本編のプログラムでは、インスタンスの内容をそのまま抽出しましたが、クエリ式にwhere句を追加すれば、抽出するインスタンスを絞り込むことができます。

▼抽出条件を設定したクエリ式

```
var q = from   n in f
        where  n.price >= 200  //priceが200以上のデータを抽出
        select n;
```

Section

2.15 構造体

Level ★★★　Keyword　ユーザー定義型　構造体　列挙体　配列

C#には、複合型のデータ構造として、クラスと構造体があります。
メモリの使い方で見ると、クラスは参照型、構造体は値型に属します。このセクションでは、構造体の使い方について見ていきます。

ユーザー定義型の構造体

開発者が独自に定義できる型として、値型に属する構造体や列挙体と、参照型に属する配列やクラス、値型があります。

● 構造体の特徴

構造体は、値型に属します。このため、構造体の実体はスタック上に生成されます。構造体では、たんにデータを持つだけでなく、メソッドやプロパティを定義することもできます。この点から見れば、クラスと何ら変わりません。

・構造体のインスタンスはスタック上に高速で割り当てられる
構造体は値型なので、ヒープ上にデータを展開するクラスよりも、はるかに高速で処理されます。

・構造体はリソースを圧迫しない
構造体は、他の値型と同様に、スコープを外れると即座にメモリ領域が解放されます。これは、ガベージコレクターによるメモリ領域の解放を行う参照型に比べて効率的です。

構造体は、クラスのように継承やオーバーライドといったオブジェクト指向プログラミングのテクニックを使うことはできません。しかし、このような機能が必要ないのであれば、構造体を使った方がパフォーマンスの点で有利です。.NETのライブラリでも、例えばint型はInt32構造体で定義されています。

2.15.1 構造体の概要

構造体の中で定義できる要素のことを**構造体のメンバー**と呼びます。構造体では、次のようなメンバーを定義することができます。

▼構造体のメンバー

メンバー	内容
メンバー変数（フィールド）	データを保持するための変数を定義できる。
メソッド	構造体で実行する処理を定義する。
プロパティ	プロパティは特殊なメソッドで、構造体のフィールドにアクセスする手段を提供する。外部から構造体のフィールドにアクセスするときは必ずプロパティを介するようにすることで、フィールドを保護するのが目的。
コンストラクター	インスタンスを作成するときに呼び出されるメソッド。構造体のデータを初期化するために使用する。
イベント	ボタンのクリックやメニューの選択などの特定の出来事（イベント）が発生したときに、構造体側にイベントの発生を通知する場合に使用する。
デストラクター	インスタンスをメモリから削除するときに呼び出されるメソッド。
インデクサー	内部のデータに対して、配列と同様にインデックスを付けて管理できる。
構造体	入れ子にされた構造体。
クラス	入れ子にされたクラス。
列挙体	入れ子にされた列挙体。

●構造体の定義

構造体は、structキーワードを使って次のように定義します。

▼構造体を定義する

```
アクセス修飾子 struct 構造体名
{
    メンバー1;
    メンバー2;
    メンバー3;
    ・
    ・
    ・
}
```

●構造体のアクセスレベル

構造体には、クラスと同様にpublic、またはinternalを指定できます。アクセス修飾子が指定されていない場合は、デフォルトでinternalが設定されます。

●構造体メンバーのアクセスレベル

構造体のメンバー（入れ子にされたクラスと構造体を含む）は、public、internal、またはprivateを適用することができます。構造体メンバー(入れ子にされたクラスと構造体も含む)のアクセスレベルは、クラスと同様に既定でprivateになります。

▼構造体メンバーのアクセス修飾子

アクセス修飾子	内容
public	制限なく、どこからでもアクセスすることが可能。
internal	同一のプログラム内からのアクセスを許可する。
private	構造体内部からのアクセスだけを許可する。

●構造体のインスタンス化

▼new演算子を使用したインスタンス化

構文

```
構造体型変数名 = new 構造体名();
```

new演算子を使用してインスタンスを作成すると、構造体のコンストラクターが呼び出されます。ただし、構造体はnew演算子を使わなくてもインスタンス化できます。

Onepoint

コンストラクターとは、オブジェクト（インスタンス）を生成する際に実行される初期化用のメソッドのことです。構造体やクラスでは、特にコンストラクターを定義しなくても、暗黙的にパラメーターなしのコンストラクター（デフォルトコンストラクター）が作成されます。

構造体を使ったプログラムを作成する

それでは、実際に、構造体を使用したプログラムを作成してみることにしましょう。今回はフォームアプリケーションを使用しますので、Windows Forms Appのプロジェクトを作成してください。

フォームを使って入力されたデータを構造体型の変数に代入し、代入されたデータをメッセージボックスに表示するようにしてみましょう。

▼フォームデザイナー

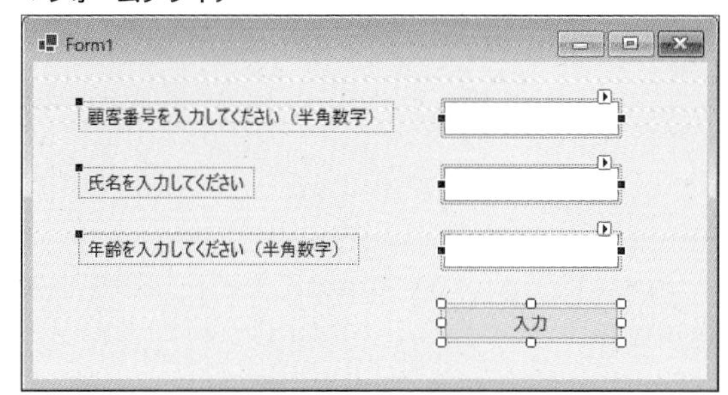

1. フォーム上にラベルを3個、テキストボックスを3個、ボタンを1個配置します。
2. 下表のとおりに、それぞれのプロパティを設定します。
3. 各コントロールのサイズと配置する位置を調整します。

▼ラベルのプロパティ設定

●ラベル1（上から1番目）

プロパティ名	設定値
Text	顧客番号を入力してください（半角数字）

●ラベル2（上から2番目）

プロパティ名	設定値
Text	氏名を入力してください

●ラベル3（上から3番目）

プロパティ名	設定値
Text	年齢を入力してください（半角数字）

▼テキストボックスのプロパティ設定

●テキストボックス1(上から1 番目)

プロパティ名	設定値
(Name)	textBox1
Text	(空欄)

●テキストボックス2(上から2 番目)

プロパティ名	設定値
(Name)	textBox2
Text	(空欄)

●テキストボックス3(上から3 番目)

プロパティ名	設定値
(Name)	textBox3
Text	(空欄)

▼ボタンのプロパティ設定

●ボタン

プロパティ名	設定値
(Name)	button1
Text	入力

4 フォーム上に配置したボタンをダブルクリックし、以下のとおり、構造体を定義するコードおよびイベントハンドラー内のコードを入力します。

▼Form1.cs(プロジェクト「StructureApp」)

```
namespace StructureApp
{
    public partial class Form1 : Form
    {
        // 構造体を定義
        public struct Customer
        {
            // 顧客番号を保持するフィールド
            public int number;
            // 氏名を保持するフィールド
            public string name;
            // 年齢を保持するフィールド
```

```
        public int age;
    }

    public Form1()
    {
        InitializeComponent();
    }

    // button1がクリックされたときに呼ばれるイベントハンドラー
    // 顧客番号、氏名、年齢が正しく入力されている場合に処理が実行される
    private void button1_Click(object sender, EventArgs e)
    {
        // Customer構造体型の変数を宣言
        Customer customer;

        // IsNullOrEmpty()で氏名が入力されていないかを調べ、
        // 結果がtrue(入力されていない)であれば処理終了
        if (string.IsNullOrEmpty(textBox2.Text))
        {
            return;
        }
        // 顧客番号と年齢が数値(int)に変換可能であれば変換を行い、
        // 各フィールドへの代入を行ってメッセージボックスを表示する
        else if (int.TryParse(textBox1.Text, out int num) &&
                 int.TryParse(textBox3.Text, out int age))
        {
            // テキストボックスに入力された顧客番号をint型に変換して
            // numberフィールドに格納
            customer.number = num;
            // テキストボックスに入力された年齢をint型に変換して
            // ageフィールドに格納
            customer.age = age;
            // テキストボックスに入力された氏名をnameフィールドに格納
            customer.name = textBox2.Text;

            // メッセージボックスにフィールドの値を出力する
            MessageBox.Show(
                "顧客番号： " + customer.number + "¥n" +
                "氏名    ： " + customer.name + "¥n" +
                "年齢    ： " + customer.age + "¥n",
                "データが入力されました"
                );
```

```
            }
        }
    }
}
```

Onepoint

ここでは、「textBox1」と「textBox3」に入力された文字データを**TryParse()**メソッドを使ってint型の整数に変換してから、int型のフィールドに代入しています。なお、int型のフィールドに代入されたデータをメッセージボックスに表示する際は、自動的にデータの変換（**暗黙的な型変換**）が行われるので、int型をstring型に変換する処理を記述しなくてもエラーにはなりません。

Onepoint

「"¥n"」は、改行を行うための改行コードです。

▼実行中のプログラム

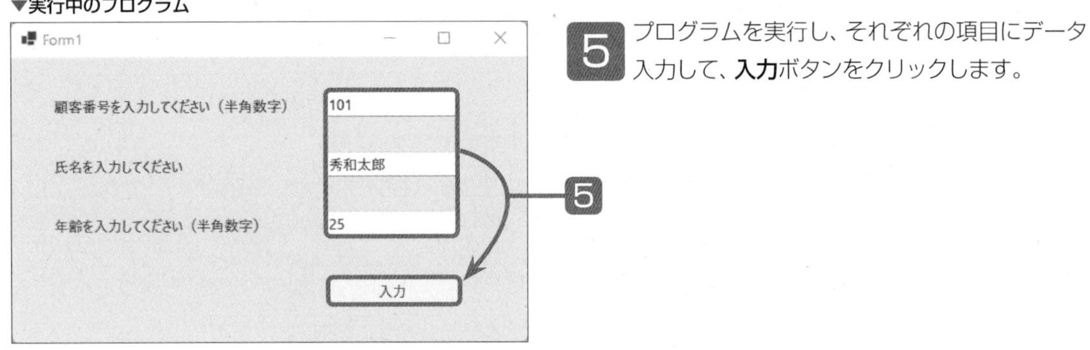

5 プログラムを実行し、それぞれの項目にデータ入力して、**入力**ボタンをクリックします。

▼実行結果

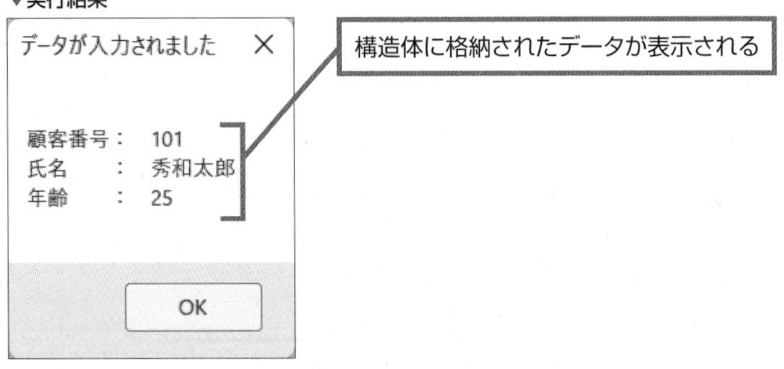

Tips 配列の要素数を求める

配列に含まれるすべての要素数は、Lengthプロパティを使って求めることができます。

●配列の要素数を求める

```
配列名.Length
```

例えば、配列「array」の要素数を求めるには、右上のように記述します。

▼配列arrayのすべての要素数を求める

```
array.Length
```

また、2次元配列の次元ごとの要素数は、GetLength()メソッドを使って求めることができます。引数には、要素数を求める次元を0から始まる数値で指定します。2次元配列の場合は、次のように記述します。

```
array.GetLength(0)  ←2次元配列の最初の次元（行）の要素数を求める
array.GetLength(1)  ←2次元配列の2番目の次元（列）の要素数を求める
```

Hint 構造体とクラスの処理時間を計測してみる

構造体とクラスを定義して、それぞれの型の配列にインスタンスを延々と代入する処理を行って、処理にかかった時間を計測してみることにします。

▼構造体とクラスの処理時間を調べる（コンソールアプリケーション「ProcessingTime」）

```
int s = 30000000;

// 構造体型の配列を宣言
S[] ar1 = new S[s];
// 計測開始
var now1 = DateTime.Now;
// 構造体sのインスタンスの生成とフィールド値の代入を配列要素の数だけ繰り返す
for (int i = 0; i < ar1.Length; i++)
{
    // インスタンスの生成時にコンストラクターでフィールドへの代入を行い、
    // インスタンスを配列要素に格納
    ar1[i] = new S(i);
}
// 処理に要した時間を出力
```

```
Console.WriteLine(DateTime.Now - now1);

// クラス型の配列を宣言
C[] ar2 = new C[s];
// 計測開始
var now2 = DateTime.Now;
// クラスCのインスタンスの生成とフィールド値の代入を配列要素の数だけ繰り返す
for (int i = 0; i < ar2.Length; i++)
{
    // インスタンスの生成時にコンストラクターでフィールドへの代入を行い、
    // インスタンスを配列要素に格納
    ar2[i] = new C(i);
}
// 処理に要した時間を出力
Console.WriteLine(DateTime.Now - now2);

// 構造体を定義
struct S
{
    // フィールドを宣言
    public int num;
    // コンストラクター
    // 引数で渡された値をフィールドに代入する
    public S(int n) { num = n; }
}

// クラスを定義
class C
{
    // フィールドを宣言
    public int num;
    // コンストラクター
    // 引数で渡された値をフィールドに代入する
    public C(int n) { num = n; }
}
```

▼実行結果

構造体の処理時間

クラスの処理時間

結果を見てみると、構造体の場合は約0.2秒、クラスの場合は3秒以上を要しています。軽量なデータを扱うのであれば、構造体の方が効率がよいことが確認できます。

Section 2.16

列挙体

Level ★★★ | Keyword | 列挙体　enumステートメント

列挙体は、値型に属する型で、特定の数値の集まりに対して、独自の名前を付けることで、数値の集まりを管理しやすくすることができます。

例えば、0、1、2、3、…の通し番号を使って曜日を管理する場合は、通し番号を記述する代わりに、Week.mon、Week.tue、Week.wed、…のように文字を使うことが可能となります。

列挙体を定義する

列挙体では、ある特定の数値の集まりに対して名前を付けます。いわば、定数のグループに名前を付けて管理するようなものです。一見してわかりにくい数値の集まりが、列挙体名によって識別しやすくなります。

●列挙体の定義

列挙体は、enumステートメントを使って次のように定義します。なお、メソッド内で列挙体の定義を行うことはできないので、メソッドの外で定義するようにします。

▼列挙体の宣言

```
アクセス修飾子 enum 列挙体名 :データ型
{
      列挙子名 = 値または式,
      列挙子名 = 値または式,
      列挙子名 = 値または式,
      ・
      ・
      ・
      列挙子名 = 値または式
}
```

Attention

最後の「列挙子名 = 値または式」の式には、カンマ「,」が付かないので注意してください。

2.16.1 列挙体の概要

列挙体は、冒頭で見たように、特定の数値に名前を付けて管理するための型です。列挙体を使うと、名前付きの定数のセットをまとめて宣言できます。

列挙体には、スコープを設定するための3種類のアクセス修飾子を設定できますが、アクセス修飾子を省略した場合は、デフォルトで「public」が適用されます。

▼列挙体のアクセス修飾子

アクセス修飾子	内容
public	制限なく、どこからでもアクセスすることが可能。
internal	同一のプログラム内からのアクセスを許可する。
private	列挙体を定義したクラス内部からのみアクセス許可。

列挙体で扱うデータ型は、自動的にint型が適用されます。なお、列挙体の定義部冒頭の「アクセス修飾子 enum 列挙体名 :データ型」における「:データ型」の部分で、任意の整数型（byte、sbyte、short、ushort、int、uint、long、ulong）を指定することもできます。

●列挙体の定義例

例えば、曜日に0から始まる数値を割り当て、これを管理する列挙体を定義するには、次のように記述します。列挙体のデータ型と列挙子の値を省略して記述することも可能です。

▼曜日を扱う列挙体の定義

```
public enum Week :int
{
    Monday = 0,
    Tuesday = 1,
    Wednesday = 2,
    Thursday = 3,
    Friday = 4,
    Saturday = 5,
    Sunday = 6
}
```

▼曜日を扱う列挙体の定義（データ型と列挙子の値を省略）

```
public enum Week
{
    Monday,
    Tuesday,
    Wednesday,
    Thursday,
```

```
    Friday,
    Saturday,
    Sunday
}
```

各列挙子の値を指定しないときは、0から始まる連続した数値が割り当てられます。

2.16.2 列挙体を使ったプログラムの作成

都道府県には、01から始まる「都道府県コード」という識別コードが割り当てられていますので、一部のコードを管理する列挙体を定義してみることにします。

▼列挙体で都道府県コードを管理する(Program.cs)(プロジェクト「PrefecturalCode」)

```
// 列挙体Codeの列挙子SaitamaをCode型の変数に代入
var value = Code.Saitama;
// valueを引数にしてDisp()メソッドを実行
Disp(value);

// 列挙子に対応する値を出力するメソッド
static void Disp(Code value)
{
    // 列挙子によって処理を振り分ける
    switch (value)
    {
        case Code.Gunma:
            Console.WriteLine("群馬県のコード=" + (int)value);
            break;
        case Code.Saitama:
            Console.WriteLine("埼玉県のコード=" + (int)value);
            break;
        case Code.Chiba:
            Console.WriteLine("千葉県のコード=" + (int)value);
            break;
        case Code.Tokyo:
            Console.WriteLine("東京都のコード=" + (int)value);
            break;
        case Code.Kanagawa:
            Console.WriteLine("神奈川県のコード=" + (int)value);
            break;
```

2

Visual C#の文法

```
    }
}

// 列挙体Codeの定義
public enum Code : int
{
    // 列挙子とその値を設定
    Gunma = 10,
    Saitama = 11,
    Chiba = 12,
    Tokyo = 13,
    Kanagawa = 14
}
```

▼実行結果

```
Microsoft Visual Studio デバッグ コンソ...
埼玉県のコード=11
```

列挙子に設定されている値が出力される

Memo C#のバージョンアップ時に追加された機能（その⑧）

2015年にリリースされたC# 6.0では以下の機能が追加されました。

▼C# 6.0

Visual Studio 2015	.NET Framework 4.6

▼C# 6.0で追加された機能

- 自動実装プロパティの機能強化
- ラムダ式本体によるメンバーの記述
- using static
- null条件演算子
- 文字列補間
- nameof 演算子
- インデックス初期化子
- 例外フィルター
- catchおよびfinallyブロック内でのawait
- コレクション初期化子内でのAdd拡張メソッドの利用
- オーバーロード解決の向上
- #pragmaによるユーザー定義コンパイラー警告の抑止

Perfect Master Series
Visual C# 2022

Chapter 3

Visual C#のオブジェクト指向プログラミング

この章では、オブジェクト指向プログラミングにおける基本的な事項を紹介し、実際にクラスを作成することで、クラスの構造や利用方法について見ていきます。

後半では、継承やオーバーライド、ポリモーフィズム、インターフェイスなど、オブジェクト指向プログラミングに不可欠なテクニックを紹介します。

Section

3.1 クラスの作成

Level ★★★ | Keyword | フィールド　プロパティ　メソッド　コンストラクター

このセクションでは、新規のクラス用ファイル（Class1.cs）を作成し、このファイルに1つのクラスを定義してみることにします。

クラスの作成手順

クラスの作成は、新規のクラス用ファイル（Class1.cs）を作成したあと、以下の手順で各要素を追加していきます。

❶ 空のクラスを作成する
↓
❷ フィールドを定義する
↓
❸ プロパティを定義する
↓
❹ メソッドを定義する
↓
❺ イベントハンドラーを定義する
↓
❻ コンストラクターを定義する

クラスでは、データとデータの操作（メソッドやプロパティなど）をまとめて定義します。

完成したクラスは、フォーム上に配置したボタンをクリックしたときに実行されるイベントハンドラーを使って利用するようにします。

▼デスクトップアプリにおけるクラスの作成

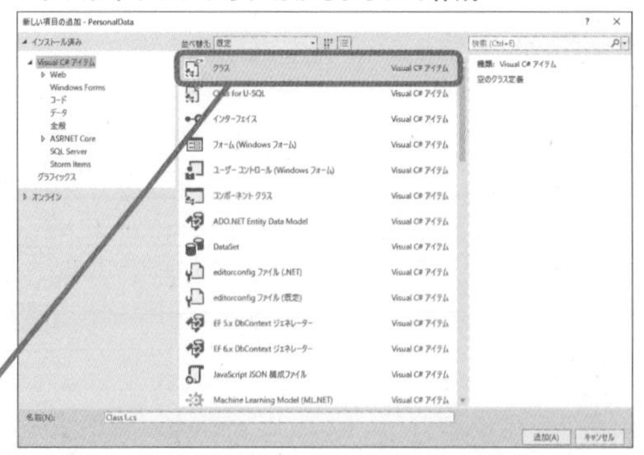

3.1.1 クラス専用ファイルの作成

Visual C#のソースコード用のファイルは、フォーム用の「Form1.cs」や「Form1.Designer.cs」などのファイルと同様に拡張子が「.cs」のファイルです。

空のクラスを作成する

［新しいプロジェクトの作成］でフォームアプリケーション用の「Windows Forms App」を選択してプロジェクトを作成し、次の手順で操作してください。

▼［新しい項目の追加］ダイアログボックス

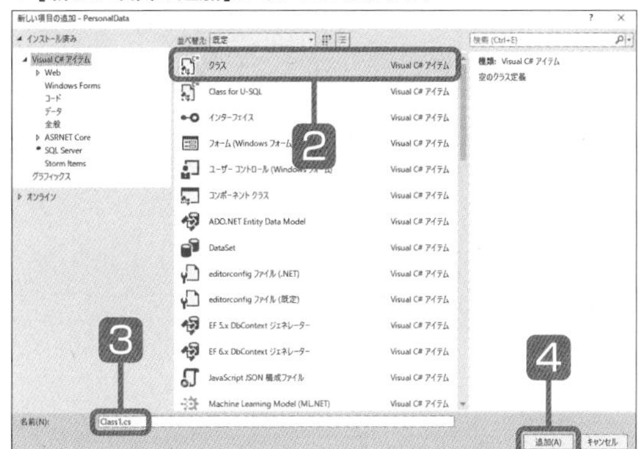

1. **プロジェクト**メニューをクリックして**クラスの追加**を選択します。
2. **新しい項目の追加**ダイアログボックスが表示されるので、テンプレートの**クラス**をクリックします。
3. ファイル名の入力欄に「Class1.cs」と入力します。
4. **追加**ボタンをクリックします。
5. クラス専用のファイルが作成されると同時に、コードエディターが起動して、ファイルの内容が表示されます。

作成したクラスの中身を確認する

作成したクラス用のファイルには、次のようなコードが記述されています。

▼「Class1.cs」の内容（プロジェクト「PersonalData」）

```
using System;
using System.Collections.Generic;
using System.Linq;
using System.Text;
using System.Threading.Tasks;

namespace PersonalData
{
    class Class1
    {
    }
}
```

これがクラスの実体です。「class Class1」の「Class1」がクラス名で、次行の「{」および対応する「}」で囲まれたブロックが、クラスのメンバーを記述する部分です。冒頭には、名前空間を使用するためのusing句が記述されています。

●「Class1」が属する名前空間

「namespace PersonalData」の記述は、「Class1」が、プロジェクト名と同名の名前空間に属することを示しています。プロジェクトの名前空間「PersonalData」には、デフォルトで以下のクラスが含まれています。

▼プロジェクトに含まれるクラス

ファイル名	クラス名	内容
Program.cs	Program	プログラム起動時に最初に実行されるMain()メソッドを定義。
Form1.cs	Form1	フォームの初期化を行うコンストラクターや、イベントハンドラーを定義。
Form1.Designer.cs	Form1	フォームやコントロールの定義など、フォームデザイナー上で操作した内容が書き込まれる。
Class1.cs	Class1	新たに追加したクラス。

●クラスの定義

クラスは、classキーワードを使って、以下のように定義します。

▼クラスの定義

```
アクセス修飾子 class クラス名
{
    メンバー
}
```

Memo クラス名にはパスカル記法（ケース）を使う

Microsoft社のガイドラインでは、**クラス名**には、単独の名前、または複数の単語を連結した名前のみを使用することが推奨されています。

また、データ型を示す「int」などの接頭辞やアンダースコア（_）を使用しないこととなっているので、変数名やコントロールなどにおけるハンガリアン表記は使いません。

したがって、クラスの場合は、「CustomerProfile」のようなパスカル記法の名前を付けて、できるだけクラスの機能がわかるようにします。

●クラスのアクセシビリティ(参照可能範囲)

クラスには、アクセス修飾子のpublic、またはinternalを指定できます。省略した場合は既定のinternalが設定されます。

▼クラスのアクセス修飾子

アクセス修飾子	内容
public	制限なく、どこからでもアクセスすることが可能。
internal	同一のプログラム内からのアクセスを許可する。

●クラスメンバーのアクセシビリティ

クラスのメンバー(ネストされたクラスと構造体を含む)には、次の5種類のアクセス修飾子を設定できます。なお、構造体は継承をサポートしていないので、構造体メンバーをprotectedとして宣言することはできません。

アクセス修飾子を省略した場合のアクセシビリティは、privateが既定値として設定されます。メンバーのアクセシビリティは、そのメンバーを定義しているクラスのアクセシビリティより緩く設定することはできません。

▼クラスメンバーのアクセス修飾子

アクセス修飾子	内容
public	制限なく、どこからでもアクセスすることが可能。
internal	同一のプログラム内からのアクセスを許可する。
protected	メンバーを宣言した型(クラスまたは構造体)と、型から派生した型からのアクセスを許可する。
private	メンバーを宣言した型内からのアクセスだけを許可する。
protected internal	protectedの範囲にinternalの範囲を加えたスコープを許可する。メンバーを宣言した型とその型から派生した型に加え、同一のプログラム内からのアクセスを許可する。

クラスの機能を決める

このセクションでは、「Class1」を利用して以下の処理を行うプログラムを作成します。

●テキストボックスに入力された氏名をメッセージボックスに表示する。

●カレンダーコントロールを利用して入力された生年月日を基に年齢を計算し、結果をメッセージボックスに表示する。

「Class1」では、以下のメンバーを定義することにします。

●フィールド

・氏名のデータを保持するためのフィールド「_name」

・生年月日のデータを保持するためのフィールド「_birthday」

●プロパティ
・フィールド「_name」に外部からアクセスするためのプロパティ「Name」
・フィールド「_birthday」に外部からアクセスするためのプロパティ「Birthday」
●メソッド
・「birthday」の値を基に年齢を計算し、計算結果を戻り値として返すメソッド「GetAge( )」

Memo クラスとオブジェクト

広い意味でのオブジェクトは、アプリケーションを構成するソフトウェア部品のことを指します。フォームはオブジェクトであり、フォーム上に配置されたボタンもオブジェクトです。これらのオブジェクトは、クラスによって定義されています。

●オブジェクトはクラスから作られる

クラスの内部には必要なステートメントが記述されているので、クラスの内容をメモリに読み込むことでオブジェクトが生成されます。デスクトップアプリの場合は、実行時に、メモリ上にフォームに相当するオブジェクトが生成され、画面にフォームが表示されます。

このメモリ上のフォームオブジェクトの基になるのがForm1クラスです。Form1クラスは、Windowsフォームアプリケーション用のプロジェクトを作成すると、.NET Frameworkに収録されているFormクラスの機能を引き継いだクラスとして自動的に作成されます。Form1クラスを実行すると、メモリ上のヒープ領域にクラスのデータが転送されます。これを**クラスのインスタンス化**と呼び、メモリ上に展開されたクラスのデータのことを**インスタンス**と呼びます。

●フォームオブジェクトを生成するコード

では、実際にフォームがどのようにインスタンス化されるのかを見てみましょう。次は、Form1クラスをインスタンス化して画面に表示するためのコードです。

▼フォームを画面に表示するためのコード

```
Form1 frm = new Form1();// Form1()をインスタンス化
frm.Show();               // 画面表示
```

▼Buttonコントロールを配置したときに自動で記述されるコード

```
this.button1 = new System.Windows.Forms.Button();
this.button2 = new System.Windows.Forms.Button();
```

この2つのコードは、どれもButtonクラスをインスタンス化するためのコードです。ポイントは、1つのButtonクラスを基にしてbutton1、button2という2個のインスタンスが生成される点です。

このように、オブジェクト指向プログラミングでは、1つのクラスからインスタンスを「たくさん作る」ことができ、それぞれのインスタンスは固有の状態を維持します。1つのクラスを基にして様々な状態のインスタンスを生成し、それぞれの状態を処理によって変化させていくことができます。

3.1.2　フィールドとプロパティを定義する

クラス内で宣言される変数が**フィールド**です。

フィールドを用意する

フィールドは、クラスのデータを保持するために使用します。

●フィールドのカプセル化

クラス内で定義されているフィールドに対して、アクセスの制限を設定することを**カプセル化**と呼びます。フィールドをカプセル化することで、クラス外部のコードからフィールドを直接、利用できないようにし、プログラムの安全性を確保します。

このため、フィールドは、通常、**private**キーワードを使って宣言します。外部からは、クラス内で定義したメソッドやプロパティを介して間接的にフィールドにアクセスできるようにします。

フィールドは、次の構文を使って宣言します。

▼フィールドの宣言

```
アクセス修飾子 型 フィールド名;
```

フィールド名はキャメルケースで記述しますが、Microsoft社の「C#のコーディング規則」では、

「private または internal のフィールドに名前を付ける場合は、キャメルケース ("camel Casing") を使用し、_ を使用してプレフィックスを付けます」

と明記されました(2021年7月16日)。これに従うと、フィールド名は先頭に_(アンダースコア)を付けた上でキャメルケースで記述することになります。

「Class1」に、2つのフィールドを追加します。

▼「Class1」にフィールドを追加する(Class1.cs)

```
namespace PersonalData
{
    class Class1
    {
        // 氏名を保持するstringのnull許容型フィールド
        private string? _name;
        // 誕生日を保持するDateTime型フィールド
        private DateTime _birthday;
    }
}
```

3

Visual C#のオブジェクト指向プログラミング

プロパティを定義する

プロパティは、クラスの外部からフィールドの値を参照したり設定したりするための手段として用意します。

先に宣言したprivateフィールドに間接的にアクセスできるように、Name、Birthdayという2つのプロパティを用意しましょう。

> **Onepoint**
> これまでにも、フォームやボタン、ラベルなどのプロパティを設定してきましたが、これは、プロパティを通じて、FormクラスやButtonクラスなどのフィールドに値を代入していたことになります。

●プロパティの定義

プロパティは、宣言文に続く{}内で「get」と「set」の2つのコードブロックを記述します。これらのコードブロックのことを**getアクセサー**、**setアクセサー**と呼びます。プロパティ名には、単語の先頭を大文字にするパスカル記法を用います。

▼プロパティの定義

```
修飾子 データ型 プロパティ名
{
    get
    {
        プロパティ取得時に実行する処理 ──── 省略可
        return フィールド名;
    }
    set
    {
        プロパティ設定時に実行する処理 ──── 省略可
        フィールド名 = value;
    }
}
```

●getアクセサー

getアクセサーは、プロパティの値を参照するときに呼び出されます。「return フィールド名;」が実行されることで、フィールドの値を呼び出し元に返します。

●setアクセサー

setアクセサーは、プロパティに値を設定しようとしたときに呼び出されます。

パラメーターとして、暗黙的に「value」が設定されています。setアクセサーが呼び出されると、呼び出し元から渡された値をパラメーターvalueで受け取り、「フィールド名 = value;」によって、パラメーターの値がフィールドに代入されます。

●プロパティを定義する

_nameと_birthdayの2つのフィールドに対応する、「Name」プロパティと「Birthday」プロパティを定義してみることにします。

▼NameプロパティとBirthdayプロパティの定義（Class1.cs）

```
namespace PersonalData
{
    class Class1
    {
        // 氏名を保持するstringのnull許容型フィールド
        private string? _name;
        // 誕生日を保持するDateTime型フィールド
        private DateTime _birthday;

        // stringのnull許容型_nameフィールドのプロパティ
        public string? Name
        {
            get { return _name; }
            set { _name = value; }
        }
        // DateTime型_birthdayフィールドのプロパティ
        public DateTime Birthday
        {
            get { return _birthday; }
            set { _birthday = value; }
        }
    }
}
```

3.1.3 メソッドの定義

メソッドには、2つの形態があり、処理だけを行うものと処理結果を呼び出し元に返すものがあります。戻り値を返す場合は戻り値の型を指定し、返さない場合は戻り値がないことを示す「void」を指定します。

▼メソッドの定義

```
修飾子 戻り値の型またはvoid メソッド名 (パラメーター) ——— パラメーターは省略可
{
    実行する処理
}
```

●メソッド名の付け方

メソッド名を付ける際は、大文字で始まる単一の単語、もしくは複数の単語を連結した**パスカル記法**（例：「PersonAge」）を用います。

Memo getとsetに異なるアクセシビリティを設定する

プロパティのgetとsetには、それぞれ異なるアクセシビリティを設定することができます。例えば、次のように記述すると、プロパティの値は制限なく参照できますが、値をセットできるのは、クラス内部、もしくはクラスを継承したクラスからに限定されます。

```
class Cls
{
    private int _num;
    public int Num
    {
        get { return _num; }——————制限なく値を参照できる
        protected set { _num = value; }——————値をセットできるのは同一クラス、またはクラスを継承したクラスのみ
    }
}
```

年齢を計算するメソッドを定義する

DateTimePickerコントロールで選択された生年月日のデータを基にして、年齢を計算するメソッドを定義しましょう。コントロールで選択された日付のデータは、先に作成したBirthdayプロパティを通じて受け取るようにします。

▼GetAge()メソッドの追加(Class1.cs)

```
namespace PersonalData
{
    class Class1
    {
        // 氏名を保持するstringのnull許容型フィールド
        private string? _name;
        // 誕生日を保持するDateTime型フィールド
        private DateTime _birthday;

        // stringのnull許容型_nameフィールドのプロパティ
        public string? Name
        {
            get { return _name; }
            set { _name = value; }
        }
        // DateTime型_birthdayフィールドのプロパティ
        public DateTime Birthday
        {
            get { return _birthday; }
            set { _birthday = value; }
        }

        // 年齢を計算するメソッド
        public int GetAge()
        {
            // ❶現在の西暦から誕生した年を引き算して年齢を求める
            int age = DateTime.Today.Year - _birthday.Year;
            // ❷今年の誕生日に達していない場合はageから1減算する
            if (
                // 今年の誕生日の月に達していない
                DateTime.Today.Month < _birthday.Month ||
                // または誕生日の月に達しているが当日には達していない
                DateTime.Today.Month == _birthday.Month &&
                DateTime.Today.Day < _birthday.Day
            )
```

```
            {
                // 取得済みの年齢から1減算する
                age--;
            }

            // ❸計算した年齢を戻り値として返す
            return age;
        }
    }
}
```

❶int age = DateTime.Today.Year - _birthday.Year;

DateTime構造体のTodayプロパティを参照すると、システム時刻が格納されたDate型の値を取得することができます。

▼現在のシステム時刻を取得する

```
DateTime t;          // DateTime構造体のインスタンスを参照する変数を宣言
t = DateTime.Today  // tに現在のシステム時刻を代入
```

DateTime構造体型のTodayプロパティは、静的メンバー（インスタンス化しなくても利用できるメンバー）として宣言されています。静的メンバーの実体は1つしか存在しないので、「DateTime.Today」のように構造体名を使って参照できます。

●現在の日付の年から生年月日の年を引いた値を求める

年齢を求めるには、システム時刻の年の部分と、生年月日の年の部分の差を求めればよいことになります。この場合、DateTime構造体のYearプロパティを使うと、年の部分だけをint型の値として取得できます。

▼現在の年と誕生日の年の差を求める

```
int age = DateTime.Today.Year - _birthday.Year;
```

❷if (DateTime.Today.Month < _birthday.Month || DateTime…………

今年の誕生日がまだであれば、次の条件を設定して、条件に一致した場合は❶の計算結果から1を引き算して、満年齢を求めます。

▼1つ目の条件

・誕生日の月に達していない

```
if (DateTime.Today.Month < _birthday.Month
```

▼2つ目の条件

・誕生日の月と現在の月が一致し、「なおかつ」誕生日の日に達していない

```
DateTime.Today.Month == _birthday.Month &&
DateTime.Today.Day    <  _birthday.Day)
```

▼上記の2つの条件のいずれかに一致すれば年齢を1減らす

```
age-- ;
```


❸return age;

returnステートメントで、計算結果を戻り値として呼び出し元に返します。

Memo &&と||

&&と||は、複数の条件を組み合わせて判断する演算子です。最初の条件に一致すれば、以降の条件を調べないという特徴があります。

●&&

前後の2つの値がtrueであれば、結果をtrueにします。最初の値がtrueでないことが確定したら、2つ目の値の評価は行いません。

●||

前後の2つの値のどちらかがtrueであれば、結果がtrueになります。最初の値がtrueであれば、2つ目の値の評価は行いません。

Memo 読み取り専用と書き込み専用のプロパティ

プロパティには、getとsetのどちらかだけを記述することができます。getだけなら読み取り専用のプロパティ、setだけなら書き込み専用のプロパティになります。

3.1.4 操作画面の作成

Form1フォームに以下のコントロールを配置し、ボタンをクリックした際に実行されるイベントハンドラーにClass1を利用するコードを記述します。

●操作画面（Form1）の作成

1. 「Form1」をデザイナーで表示し、TextBox、DateTimePicker、Button、Labelを配置します。
2. 下表のように、各コントロールのプロパティを設定します。
3. 各コントロールの位置とサイズを調整します。

▼デザイナーで「Form1」を表示

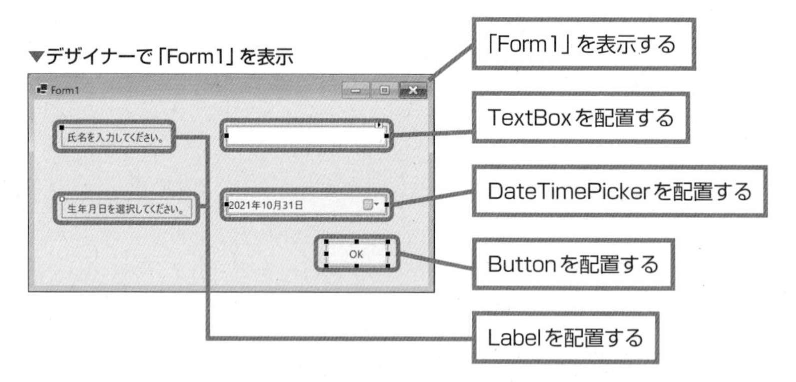
Form1
氏名を入力してください。
生年月日を選択してください。
2021年10月31日
OK
「Form1」を表示する
TextBoxを配置する
DateTimePickerを配置する
Buttonを配置する
Labelを配置する

▼各コントロールのプロパティ設定

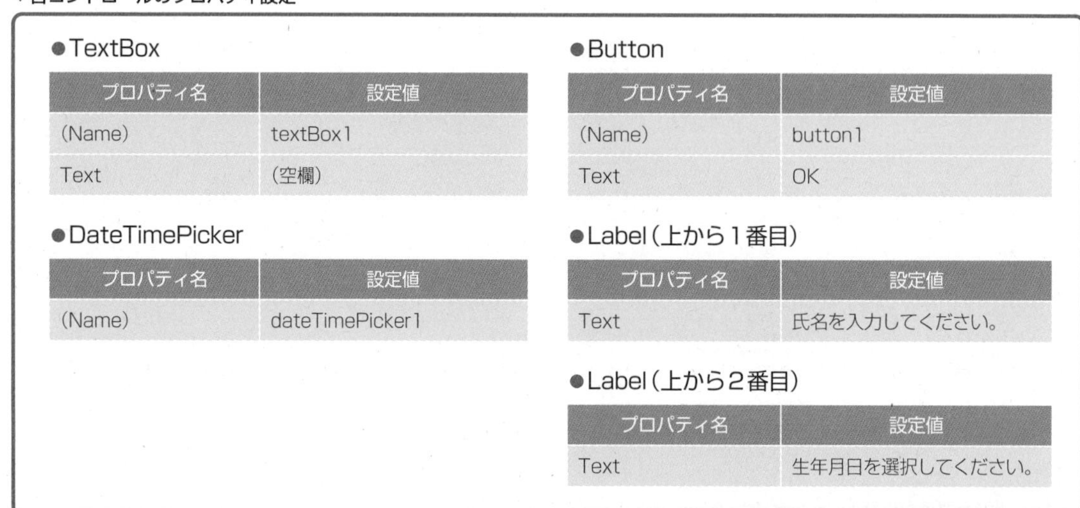

●TextBox

プロパティ名	設定値
(Name)	textBox1
Text	（空欄）

●DateTimePicker

プロパティ名	設定値
(Name)	dateTimePicker1

●Button

プロパティ名	設定値
(Name)	button1
Text	OK

●Label（上から1番目）

プロパティ名	設定値
Text	氏名を入力してください。

●Label（上から2番目）

プロパティ名	設定値
Text	生年月日を選択してください。

イベントハンドラーの作成

フォーム上に配置したボタンをダブルクリックし、イベントハンドラーbutton1_Click()に次のコードを入力します。

▼「Form1.cs」のコード

```
namespace PersonalData
{
    public partial class Form1 : Form
    {
        public Form1()
        {
            InitializeComponent();
        }

        // ボタンクリック時に実行されるイベントハンドラー
        private void button1_Click(object sender, EventArgs e)
        {
            // ❶Class1をインスタンス化
            Class1 person = new();
            // ❷テキストボックスに入力された氏名を取得してNameプロパティにセット
            person.Name = textBox1.Text;
            // ❸DateTimePickerで選択された生年月日をBirthdayにセット
            person.Birthday = dateTimePicker1.Value.Date;
            // ❹年齢を計算してメッセージボックスに表示する
            MessageBox.Show(
                // Nameプロパティで氏名を取得
                person.Name + "さんの年齢は" +
                // GetAge()を実行して年齢を取得
                person.GetAge() + "歳です。"
            );
        }
    }
}
```

❶Class1 person = new();

Class1型の参照変数（ローカル変数）personを宣言し、new()でClass1のインスタンスを生成します。生成したインスタンスの参照情報がpersonに代入されます。

▼クラス型の変数宣言とクラスのインスタンス化

```
クラス名 変数名 = new();
```

❷person.Name = textBox1.Text;

参照変数personで生成済みのインスタンスを参照し、テキストボックスに入力された文字列（「textBox1.Text」で取得）をNameプロパティにセットします。

▼プロパティの値を参照する

構文

```
参照変数名．プロパティ名
```

▼プロパティに値を設定する

構文

```
参照変数名．プロパティ名 = 格納する値；
```

❸person.Birthday = dateTimePicker1.Value.Date;

Birthdayプロパティに DateTimePickerコントロールで選択された日付データ（「dateTimePicker1.Value.Date」で取得）を格納します。

選択された日付データは、DateTimePickerクラスのValueプロパティで取得することができます。ただし、Valueプロパティの値は、時刻値を含むDateTime構造体型の値なので、Dateプロパティを指定して、西暦と日付だけを取得するようにします。

❹MessageBox.Show(person.Name + "さんの年齢は" + person.GetAge() + "歳です。");

Nameプロパティの値とGetAge()メソッドの戻り値を、メッセージボックスに表示します。

▼メソッドの実行

```
オブジェクト名．メソッド名()；
```

GetAge()メソッドはint型の値を戻り値として返しますが、メッセージボックスに表示する際に暗黙的にstring型に変換されるため、別途でキャストの処理を行う必要はありません。

プログラムを実行して動作を確認する

プログラムを実行してみましょう。

▼実行中のプログラム

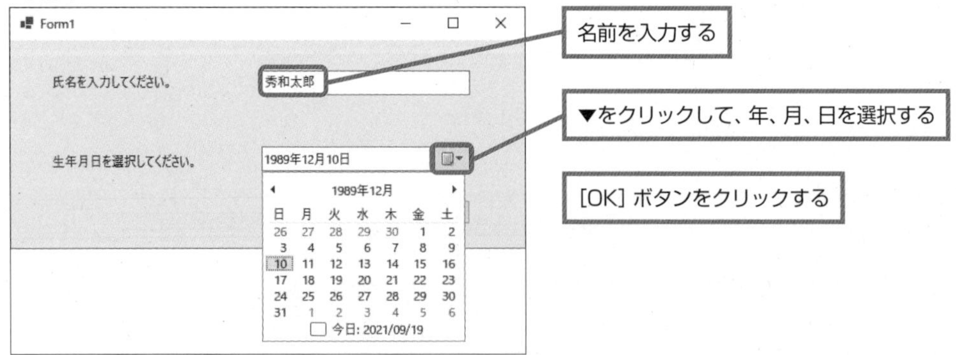

▼プログラムの実行結果

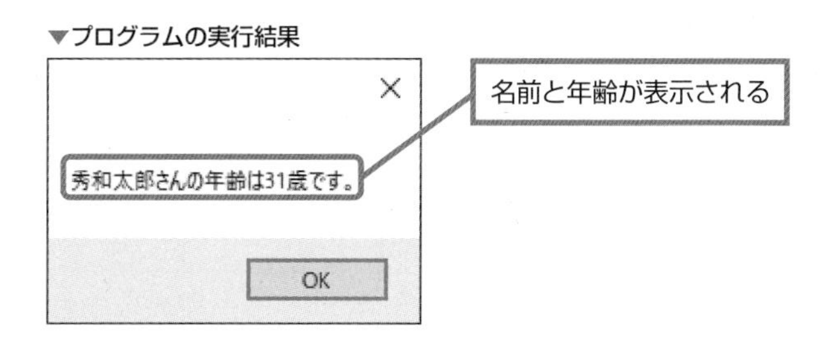
秀和太郎さんの年齢は31歳です。
OK
名前と年齢が表示される

3.1.5 コンストラクターの定義

コンストラクターは、クラス名と同じ名前を持つ特殊なメソッドで、クラスをインスタンス化するときに自動的に呼び出されます。インスタンス化にあたって必ず実行する処理がある場合は、コンストラクターを使って初期化の処理を行います。

▼コンストラクターの定義

```
修飾子　クラス名 (パラメーター)
{
        実行する処理
          ・
          ・
          ・
}
```

●デフォルトコンストラクター

コンストラクターを定義しない場合は、暗黙的に何の処理も行わないコンストラクターが作成されます。これを**デフォルトコンストラクター**と呼びます。作成例のClass1では、内部で「Class1()」というデフォルトコンストラクターが作成されていて、Class1のインスタンス化の際に呼び出されるようになっています。

もちろん、独自にコンストラクターを定義した場合は、デフォルトコンストラクターは使用されません。

●コンストラクターを作成してみる

現状では、「Class1」クラスをインスタンス化したあと、次のように、「Name」プロパティと「Birthday」プロパティに、コントロールから取得した値をそれぞれ格納する処理を行っています。

▼イベントハンドラー「button1_Click」における処理

```
Class1 person = new(); ── Class1のインスタンス化
person.Name = textBox1.Text; ── textBox1のTextプロパティの値をNameプロパティに代入
person.Birthday = dateTimePicker1.Value.Date;
```

dateTimePicker1のValueプロパティの値からDateプロパティで取得した日付データをBirthdayプロパティに代入

これらの処理は、Class1をインスタンス化したときに必ず実行することなので、コンストラクターで処理することにしましょう。

▼コンストラクターの追加（Class1.cs）（プロジェクト「PersonalDataConstructor」）

```
namespace PersonalDataConstructor
{
    class Class1
    {
        // 氏名を保持するstringのnull許容型フィールド
        private string? _name;
        // 誕生日を保持するDateTime型フィールド
        private DateTime _birthday;

        // コンストラクター
        // パラメーターで取得した値をプロパティに代入する
        public Class1(string name, DateTime birthday)
        {
            Name = name;
            Birthday = birthday;
        }
        ......プロパティ、メソッド省略......
    }
}
```

●クラスをインスタンス化するコードの修正

Form1.csをコードエディターで開いて、次のように修正します。

▼イベントハンドラー「button1_Click」の修正（Form1.cs）

```
namespace PersonalDataConstructor
{
    public partial class Form1 : Form
```

```
    {
        public Form1()
        {
            InitializeComponent();
        }

        // ボタンクリック時に実行されるイベントハンドラー
        private void button1_Click(object sender, EventArgs e)
        {
            // Class1をインスタンス化する際にコンストラクターの引数を設定
            Class1 person = new(
                textBox1.Text,                  // テキストボックスに入力された氏名を取得
                dateTimePicker1.Value.Date); // DateTimePickerで選択された生年月日を取得

            // 年齢を計算してメッセージボックスに表示する
            MessageBox.Show(
                // Nameプロパティで氏名を取得
                person.Name + "さんの年齢は" +
                // GetAge()を実行して年齢を取得
                person.GetAge() + "歳です。"
            );
        }
    }
}
```

●コンストラクターで行われる処理の確認

以上のように記述することで、Class1のインスタンス化と同時に、各プロパティに設定する値を、コンストラクターに渡すことができるようになります。

▼Class1のインスタンス化と同時に行われる処理

・イベントハンドラーbutton1_Click()のコード

```
Class1 person = new(textBox1.Text, dateTimePicker1.Value.Date);
```

データが渡される　データが渡される

・コンストラクター

```
public Class1(string name, DateTime birthday)
{
    Name = name; ────── パラメーターnameの値をNameプロパティに代入する
    Birthday = birthday; ─ パラメーターbirthdayの値をBirthdayプロパティに代入する
}
```

Tips プロパティにチェック機能を実装する

Class1クラスでは、Nameプロパティに文字列が代入され、Birthdayプロパティに誕生日の日付が代入されるようになっています。

ただし、操作によっては、意図しない値が代入されることがあるので、それぞれのプロパティのコードを次のように書き換えることで、不正な値が代入されそうなときに警告のメッセージを表示し、代わりの値をプロパティに代入するようにしてみましょう。

●Nameプロパティの書き換え

setアクセサーにおいては、ifステートメントを利用して、テキストボックスに何も入力されていない場合はメッセージを表示し、_nameフィールドに、代わりの値として文字列の「????」を代入するようにします。

▼Nameプロパティ（プロジェクト「PersonalDataCheck」）

```
// stringのnull許容型_nameフィールドのプロパティ
public string? Name
{
    get { return _name; }
    set
    {
        if (string.IsNullOrEmpty(value))
        {
            // テキストボックスに何も入力されていない場合はメッセージを表示
            System.Windows.Forms.MessageBox.Show(
                "名前を入力してください。", "確認");
            _name = "????"; // _nameに"????"を代入
        }
        else
        {
            _name = value; // テキストボックスに入力されている場合は入力値を_nameに代入
        }
    }
}
```

▼テキストボックスに何も入力されていないときに表示されるメッセージ

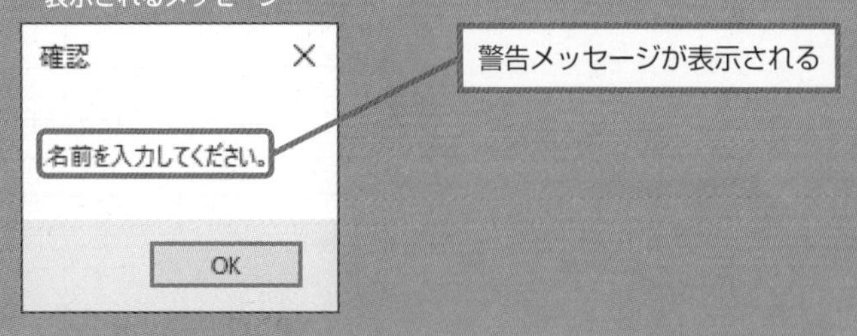

●Birthdayプロパティの書き換え

Birthdayプロパティのsetアクセサーを書き換えて、コントロールで選択された日付が、今日の日付よりもあとの日付になっている場合に、メッセージを表示し、_birthdayフィールドに、代わりの値として今日の日付（「DateTime.Today」で取得）を代入するようにします。

▼Birthdayプロパティ

```
// DateTime型birthdayフィールドのプロパティ
public DateTime Birthday
{
    get { return _birthday; }
    set
    {
        // 選択された年月日が現在の日付よりもあとの場合
        if (value > DateTime.Today)
        {
            // メッセージを表示
            System.Windows.Forms.MessageBox.Show(
                "今日以前の日付を選択してください。", "確認");
            // 代わりの措置として_birthdayに現在の日付を代入
            _birthday = DateTime.Today;
        }
        else
        {
            _birthday = value;
        }
    }
}
```

▼今日の日付よりもあとの日付が選択された場合に表示されるメッセージ

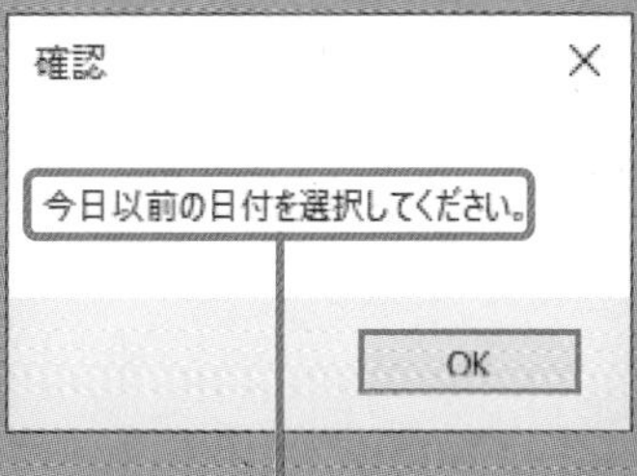

正しい日付を入力するように警告メッセージが表示される

▼不正な値が設定されたときのプログラムの実行結果

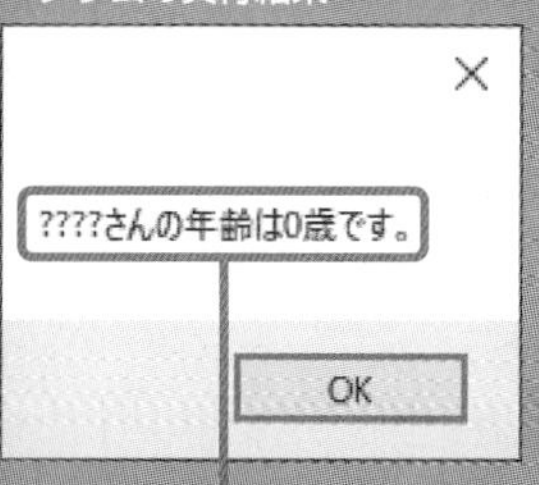

名前を未入力で未来の日付を選択したときの表示

3.1.6 自動実装プロパティ

自動実装プロパティとは、プロパティを定義する際に、Visual C#のコンパイラーがプロパティの値を保存するためのprivateなフィールドを自動的に作成し、さらに関連するgetとsetを自動的に生成する機能のことです。これを利用すると、フィールドとプロパティの定義を、シンプルなコードで実現できます。

Class1のコードを自動実装プロパティを利用して記述すると、以下のようになります。

▼Class1を、自動実装プロパティを使用するように書き換える（プロジェクト「PersonalDataAutoProperties」）

```
......using句省略......
namespace PersonalDataAutoProperties
{
    class Class1
    {
        // コンストラクター
        // パラメーターで取得した値をプロパティに代入する
        public Class1(string name, DateTime birthday)
        {
            Name = _name;
            Birthday = _birthday;
        }

        // stringのnull許容型_nameフィールドの自動実装プロパティ
        public string? Name { get; set; }
        // DateTime型_birthdayフィールドの自動実装プロパティ
        public DateTime Birthday { get; set; }

        // 年齢を計算するメソッド
        public int GetAge()
        {
            // 現在の西暦から誕生した年を引き算して年齢を求める
            int age = DateTime.Today.Year - Birthday.Year;
            // 今年の誕生日に達していない場合はageから1減算する
            if (
                // 今年の誕生日の月に達していない
                DateTime.Today.Month < Birthday.Month ||
                // または誕生日の月に達しているが当日には達していない
                DateTime.Today.Month == Birthday.Month &&
                DateTime.Today.Day < Birthday.Day
            )
            {
```

```
                // 取得済みの年齢から1減算する
                age--;
            }

            // 計算した年齢を戻り値として返す
            return age;
        }
    }
}
```

自動実装プロパティを使用すると対応するフィールドが内部的に作成されるので、フィールドの宣言が不要になります。ただし、ソースコードからフィールドにアクセスすることはできないので、フィールドへのアクセスは、すべてプロパティ経由で行うようにします。GetAge()メソッドにフィールドを参照するコードがあるので、Birthdayプロパティを参照するコードに書き換えることが必要です。

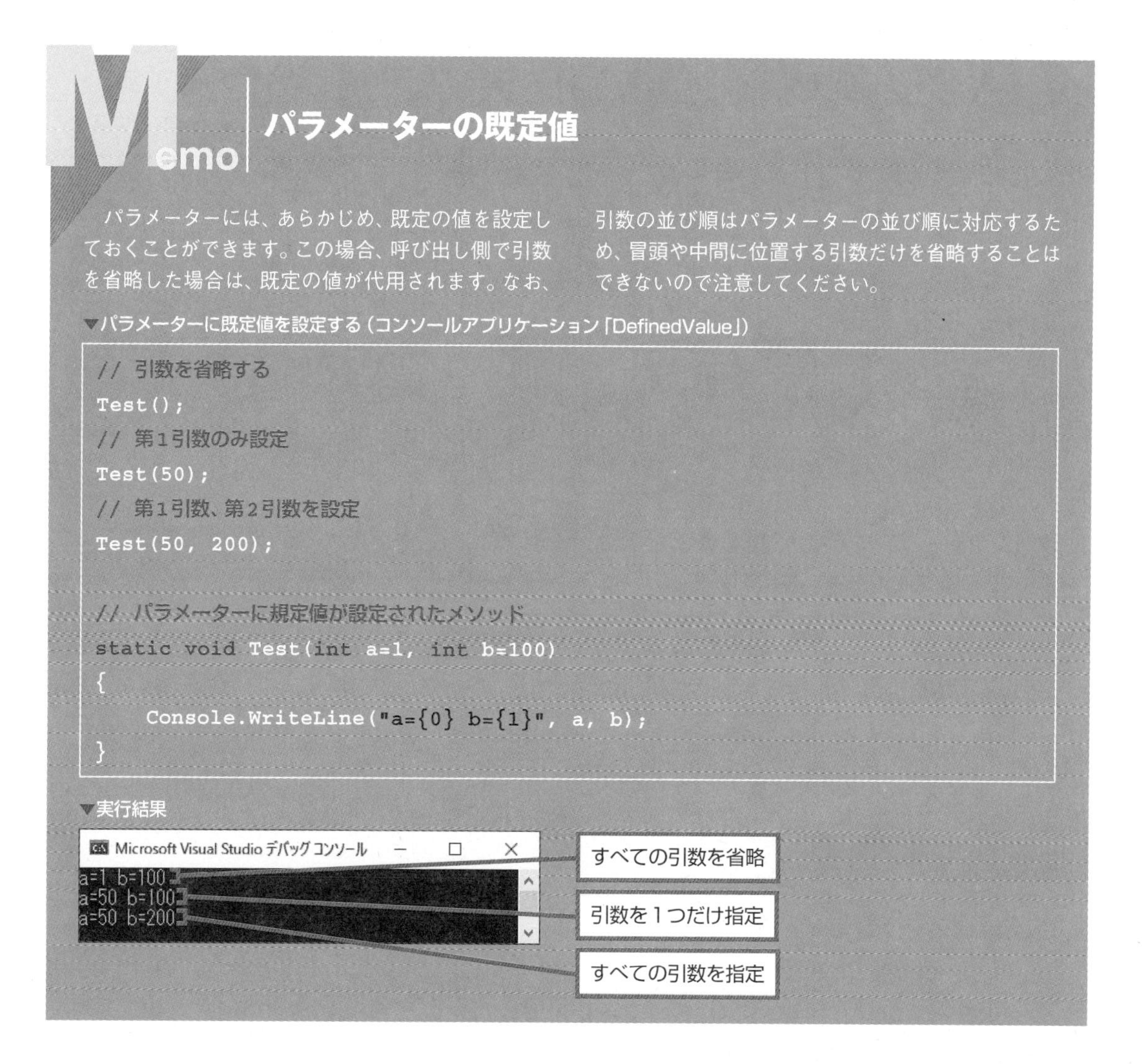

Memo パラメーターの既定値

パラメーターには、あらかじめ、既定の値を設定しておくことができます。この場合、呼び出し側で引数を省略した場合は、既定の値が代用されます。なお、引数の並び順はパラメーターの並び順に対応するため、冒頭や中間に位置する引数だけを省略することはできないので注意してください。

▼パラメーターに既定値を設定する（コンソールアプリケーション「DefinedValue」）

```
// 引数を省略する
Test();
// 第1引数のみ設定
Test(50);
// 第1引数、第2引数を設定
Test(50, 200);

// パラメーターに規定値が設定されたメソッド
static void Test(int a=1, int b=100)
{
    Console.WriteLine("a={0} b={1}", a, b);
}
```

▼実行結果

Section 3.2

メソッドの戻り値とパラメーターの設定

Level ★★★ | Keyword | メソッド　値渡し　参照渡し

メソッドには、処理だけを行わせたり、何らかの値を渡して処理結果を返させるなど、目的に応じて様々な処理を行わせることができます。ここでは、メソッドの使い方や作り方について見ていくことにしましょう。

メソッドの使い方

● ifステートメントによるメソッドの終了

returnをifステートメントと組み合わせて使えば、特定の条件で処理を終了させることができます。

● パラメーターと引数

メソッドに任意の値を渡して処理を行わせることができます。メソッドに渡す値が「引数」です。メソッド側では、パラメーターを使って引数を受け取ります。

● メソッドの戻り値

returnを使えば、メソッドから何らかの値を「戻り値」として呼び出し元に返すことができます。

● 引数の値渡し

引数を値渡しすると、引数の値がメソッド側のパラメーターにコピーされます。

● 引数の参照渡し

引数を参照渡しにすると、引数に指定した変数の参照情報がコピーされるので、結果的に変数もパラメーターも同じ値を参照することになります。

● メソッドの強制終了

returnステートメントを使うと、メソッドを強制的に終了させることができます。

3.2.1　returnによるメソッドの強制終了

メソッドの処理は、ソースコードを記述した順番で、上から下へ向かって実行されますが、**return**ステートメントを使うと、メソッドの実行を打ち切ることができます。次のように記述した場合は、2つ目のメソッドを実行したところでプログラムが終了します。

▼returnステートメントでメソッドの実行を打ち切る

```
static void Disp()
{
    Console.WriteLine("STEP1");
    Console.WriteLine("STEP2");
    return; ────── ここで終了
    Console.WriteLine("STEP3");
}
```

ifステートメントでメソッドを終了させる

returnをifステートメントと組み合わせて使うと、特定の条件で処理を終了させることができます。

▼条件を指定して処理を終了（コンソールアプリケーション「ReturnIf」）

```
// int型の配列を作成
int[] ar = {10, 20, 30, 40, 50};
// 配列要素の数だけ繰り返す
foreach (int i in ar)
{
    // 要素の値を出力
    Console.WriteLine("要素の値は" + i);
    // キー入力待ち
    Console.ReadKey();
    // 配列要素の値が40であればループを抜ける
    if (i == 40) return;
}
```

▼実行結果

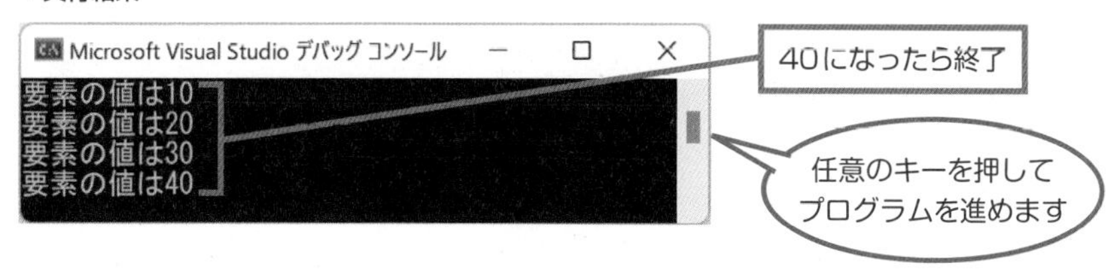
Microsoft Visual Studio デバッグ コンソール
要素の値は10
要素の値は20
要素の値は30
要素の値は40
40になったら終了
任意のキーを押して
プログラムを進めます

ループを強制終了させる

次は、forによる無限ループをreturnステートメントで強制的に終了させる例です。

▼無限ループを含むメソッドを終了させる(コンソールアプリケーション「ReturnFor」)

```
// カウンターの代わりに使用する変数
int i = 10;
// 条件式がなく無限ループするforステートメント
for (; ; )
{
    // iの値を出力
    Console.WriteLine("i = " + i);
    // iが100を超えたら終了
    if (i > 100) return;
    // iの値を2倍する
    i = i * 2;
    // キー入力待ち
    Console.ReadKey();
}
```

▼実行結果

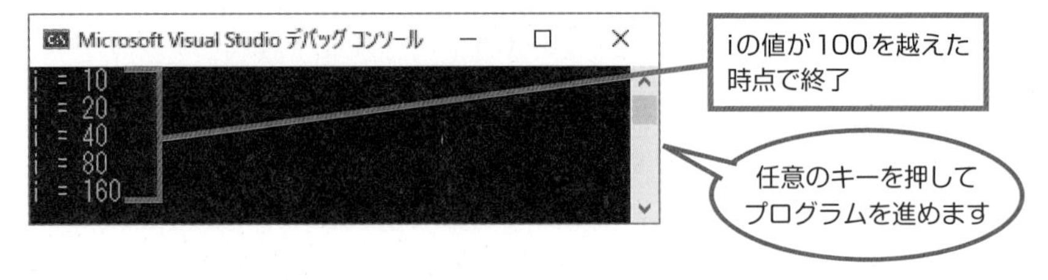

Tips 自動実装プロパティの初期化

C# 6.0以降では、フィールドと同じように、自動実装プロパティに初期値を設定(初期化)できるようになっています。

▼自動実装プロパティNameを初期化する

```
public string Name { get; set; } = "Taro";
```

3.2.2 メソッドの戻り値とパラメーター

returnは、メソッドから何らかの値を呼び出し元に返す（戻り値）ためのキーワードです。メソッドの宣言部において戻り値の型を指定しておき、メソッドの内部においてreturnステートメントで戻り値を指定します。

▼メソッドの戻り値を画面に表示する（コンソールアプリケーション「ReturnValue」）

```
// メソッドの戻り値を取得してコンソールに出力
string str = Return();
Console.WriteLine(str);

// string型の戻り値を返すメソッド
static string Return()
{
    return ("BYE-BYE");
}
```

パラメーターと引数

メソッドを呼び出す際に、引き渡す値のことを**引数**（ひきすう）と呼びます。これまでに何度も使用したConsole.WriteLine()メソッドでは、画面に表示する内容を(　)の中に引数として書いていました。

一方、メソッド側では、引数を受け取るための変数のことを**パラメーター**と呼びます。すでに何度かやってきましたが、基本的な書き方を確認しておくことにしましょう。

パラメーターは、メソッドの宣言部の( )内に記述します。複数、必要な場合は「,」で区切って列挙し、必要がなければ( )の中を空にしておきます。

▼パラメーターの設定

```
static void MyMethod(int a, int b)
{
    int sum = a + b;
}
```

第1パラメーター（int a）
第2パラメーター（int b）
パラメーターの値を合計する（a + b）

●引数の書き方

一方、メソッド呼び出しにおける引数の並び順は、パラメーターの並び順に対応します。先のMyMethod()を呼び出す際は、次のように記述します。

```
MyMethod(100, 200);
```

「100」は第1引数　「200」は第2引数

3.2.3 値渡しと参照渡し

引数の渡し方は、値そのものを渡すのか、それとも値を参照する情報を渡すのかによって大きく2つに分けられます。前者を引数の**値(ね)渡し**、後者を引数の**参照渡し**と呼びます。

これまでに使用してきた引数の渡し方は値渡しです。値渡しを行うと、引数の値がメソッド側のパラメーターにコピーされます。引数に指定した変数とパラメーターの実体は、別々のメモリ領域に存在することになるので、コピー先のパラメーターの値を変更しても呼び出し元の変数は影響を受けません。

一方、引数に**ref**キーワードを付けることで、参照渡しにすることができます。引数に指定した変数の**参照情報**がコピーされるので、結果的に変数もパラメーターも同じメモリ領域を参照することになります。パラメーターの値を変更すると、呼び出し元の変数の値も変更されます。

値渡しと参照渡しは値型や参照型とは異なる

値渡しと参照渡しは、メソッド呼び出しにおけるデータの伝え方であって、データ構造における値型や参照型とは異なる概念です。値渡しをする引数が値型のこともあれば、参照型のこともあります。同様に、refを付けて参照渡しをする引数が値型のこともあれば参照型のこともあります。このように、引数の渡し方と引数のデータ型が値型や参照型であることには、直接的な関連性はありません。

▼引数の渡し方

	メソッドのパラメーターが値型の場合	メソッドのパラメーターが参照型の場合
値渡し	値のコピーが渡される	参照情報のコピーが渡される
参照渡し	値型変数のアドレスが渡される	参照型変数のアドレスが渡される

では、値型や参照型を値渡し、および参照渡しとする場合に、どのような影響があるのかを確認してみることにしましょう。

▼値渡しと参照渡しを行う(コンソールアプリケーション「ValueOrReference」)

```
// int型の変数a1、a2
int a1 = 10, a2 = 10;
// int型の配列ary1、ary2
int[] ary1 = { 1, 2, 3 };
int[] ary2 = { 1, 2, 3 };

// ❶Pro1()にa1とary1を値渡しする
Pro1(a1, ary1);
Console.WriteLine("a1 = " + a1);
Console.WriteLine("ary1[0] = " + ary1[0]);
```

```
// ❷Pro2()にa1とary1を参照渡しする
Pro2(ref a2, ref ary2);
Console.WriteLine("a2 = " + a2);
Console.WriteLine("ary2[0] = " + ary2[0]);

// パラメーターに値渡しが設定されたメソッド
static void Pro1(int n1, int[] n2)
{
    n1++;
    n2[0]++;
}
// パラメーターに参照渡しが設定されたメソッド
static void Pro2(ref int v1, ref int[] v2)
{
    v1++;
    v2[0]++;
}
```


▼実行結果

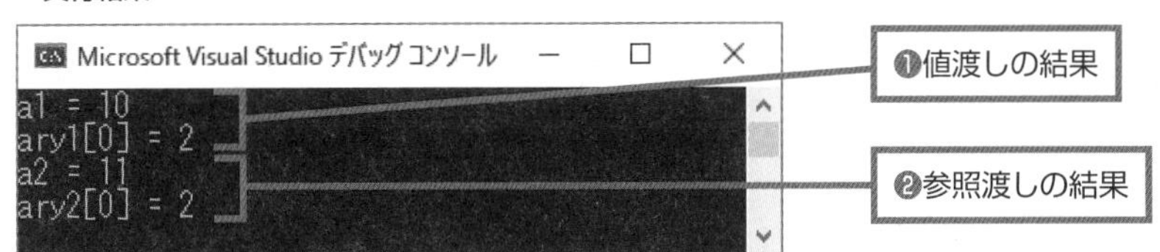

メソッドPro1()とPro2()は、2つのパラメーターに対してそれぞれ1を加算する処理を行います。異なるのは、Pro1()が値渡し、Pro2()が参照渡しであることです。

●値渡しを指定したPro1()メソッド

❶のメソッド呼び出し時における第1引数a1は値渡しなので、値の「10」がメソッドのパラメーターn1にコピーされます。メソッドの中でn1の値に1を加算して11にしても、ローカル変数a1の値は「10」のままです。

一方、第2引数は配列ary1です。配列は参照型なので、パラメーターn2にコピーされるのは、配列のデータではなく、配列データを参照する「参照情報」です。

このため、n2もary1と同じ配列要素を参照することになります。メソッド内でn2[0]の要素に1を加算するとary1[0]も「2」になります。

●参照渡しを指定したPro2()メソッド

❷のメソッド呼び出し時における第1引数a2、第2引数ary2は共に参照渡しが指定されているので、ローカル変数a2と配列ary2の参照情報がコピーされます。引数とした変数自体の参照情報が渡されることになるので、ローカル変数a2とパラメーターv1は、実質的にまったく同じ変数です。

また、配列ary2についても、配列の参照情報ではなく、配列変数の参照が引数として渡されます。名前こそ違いますが、ary2もv2も、変数自体が同一のスタックメモリ領域にあるので、まったく同じ配列変数です。別の角度で見ると、変数にエイリアス(別名)を付けたことになります。

参照渡しなのでメソッド内でv1に1を加算すると、ローカル変数a2の値も「11」になり、v2[0]に1を加算するとary2[0]の値も2になります。v2とary2の実体は、引数と同一であるためです。

参照型を値渡しにした場合と参照渡しにした場合の違いはわかりにくいのですが、値渡しにした配列ary1とパラメーターv2は別々の領域に存在し(参照先は同じ)、参照渡しにした配列ary2とパラメーターv2は同じ領域に存在(参照先も同じ)することになります。

outで参照渡しを簡潔に実行する

次のように、引数を参照渡しにすれば、メソッド側で設定された値を戻り値の仕組みを使わずに取得することができます。

▼引数を参照渡しにして、メソッド側で設定された値を取得する(コンソールアプリケーション「PassByReference」)

```
// 空文字を格納したstring型の変数
string name = "";
// 0を格納したint型の変数
int age = 0;
// nameとageを参照渡しにしてGetData()を実行
GetData(ref name, ref age);
// GetData()実行後のnameとageの値を出力
Console.WriteLine("name={0} age={1}", name, age);

// 参照渡しが設定されたパラメーターを持つメソッド
static void GetData(ref string name, ref int age)
{
    // パラメーターに値を代入
    name = "Taro";
    age = 28;
}
```

▼実行結果

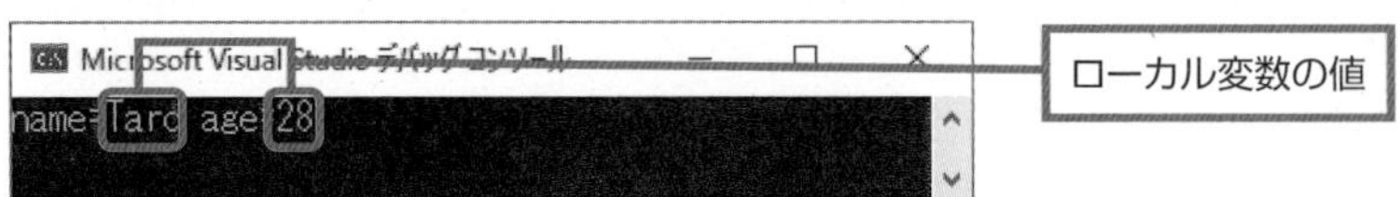

上記のコードを見てみると、「string name = "";」や「int age = 0;」の部分が気になります。メソッドから値を受け取るだけの変数ですが、このように初期化を行っておかないとエラーになってしまうのです。このような場合は、refではなく**out**を使えば、初期化のコードを記述しなくても済むようになります。outをパラメーターや引数で指定することで、この部分にはメソッドで必ず値が代入されることをコンパイラーに明示的に伝えるというわけです。

▼outによる出力パラメーターを利用する（コンソールアプリケーション「PassByOut」）

```
// string型の変数宣言（初期値の代入不要）
string name;
// int型の変数宣言（初期値の代入不要）
int age;
// outを設定したnameとageを引数にしてGetData()を実行
GetData(out name, out age);
// ローカル変数name、getの値を出力
Console.WriteLine("name={0} age={1}", name, age);

// outが設定されたパラメーターを持つメソッド
static void GetData(out string name, out int age)
{
    // パラメーターに値を代入
    name = "Taro";
    age = 28;
}
```

可変長のパラメーター

実際にプログラムを実行するまでは引数の数が決定しない場合があります。このような場合は、可変長のパラメーターリストを設定するparams修飾子を使用します。

例えば「(params string[] s)」のように記述すると、string型の引数を任意の数だけ受け取ることができるようになります。パラメーターsは配列です。

このようなパラメーターを**配列パラメーター**と呼びます。要素数を指定していないので、引数にする配列要素の数は任意に設定できます。なお、複数のパラメーターを用意する場合は、配列パラメーターを最後に記述します。

次は、string型の配列要素を受け取ると、foreachステートメントを使って、要素の値を順番に表示する例です。ループは、配列パラメーターの要素の数だけ実行されます。

▼パラメーター配列をメソッドに設定する（コンソールアプリケーション「ParameterArray」）

```
// パラメーター配列を持つShow()メソッドを実行
Show(1,                                    // 第1引数はint型の値
     "レタス", "人参", "キャベツ", "玉ねぎ"); // パラメーター配列に渡す引数

// string型の配列を作成してパラメーター配列に渡す
string[] data = {"エリンギ", "マッシュルーム", "マイタケ"};
Show(2,     // 第1引数はint型の値
    data); // パラメーター配列に配列を渡す

// パラメーターを1次元配列にする場合はparamsキーワードを付ける
static void Show(int n, params string[] s)
{
    // int型のパラメーター値を出力
    Console.WriteLine("グループ： " + n);
    // string型配列のパラメーターのすべての要素を出力
    foreach (var str in s) Console.WriteLine(str);
}
```

▼出力

```
グループ：1
レタス
人参
キャベツ
玉ねぎ
グループ：2
エリンギ
マッシュルーム
マイタケ
```

Section 3.3

メソッドの呼び出し式

Level ★★★ | Keyword | インスタンスメソッド　静的メソッド　デリゲート型　ラムダ式

メソッドを呼び出す際は、通常の呼び出し式に加え、ジェネリックを利用した呼び出しやデリゲートを利用した呼び出しなどがあります。
このセクションでは、メソッドを呼び出す各種の方法について見ていきます。

メソッドの呼び出しパターン

メソッドには、インスタンスに対して処理を行う**インスタンスメソッド**、クラス名を指定して直接、起動できる**静的メソッド**があります。

• インスタンスメソッドの呼び出し

インスタンスメソッドは、インスタンス化の処理を経て呼び出しを行います。

▼インスタンスメソッドの呼び出し

```
参照変数 . メソッド名 () ;
```

• ジェネリックと呼び出し式

コンパイラーが判別可能な場合は、型パラメーターの指定を省略してメソッドを呼び出すことが可能です。

• メソッドの戻り値をクラス型で返す

戻り値の数が多い場合は、戻り値の型をクラス型にすると便利です。この場合、あらかじめ任意のクラスを定義しておき、戻り値の型として、定義したクラスを指定します。

• 静的メソッドの呼び出し

静的メソッドは、static修飾子が付くメソッドで、インスタンス化せずに呼び出せます。

• デリゲート経由のメソッド呼び出し

デリゲート型とは、メソッドを扱うための型のことです。デリゲート型にはメソッドの参照が格納されるので、デリゲート型の変数をメソッド名の代わりに使ってメソッドを呼び出すことができます。

• ラムダ式

デリゲートを利用する際にラムダ式を使えば、コードを簡潔にできます。

Tips パラメーターの並び順を無視して引数の並び順を決める

これまで、引数の並び順をパラメーターの並び順と一致させることで、各パラメーターに引数の値を渡すようにしていましたが、次のように引数にコロン「:」を付けてパラメーター名を指定することで、パラメーターの並び順に関係なく値を渡せるようになります。

▼パラメーター名を指定した引数の設定

```
メソッド名(パラメーター名: 値, パラメーター名: 値 ...)
```

▼名前付きの引数をメソッドに渡す例(コンソールアプリケーション「ParameterName」)

```
// パラメーター名を指定して引数を設定する
Proc(num: 2022,
     s2: "Visual Studio",
     s1: "Microsoft");

// string型のパラメーター2個、int型のパラメーターが設定されたメソッド
static void Proc(string s1, string s2, int num)
{
    Console.WriteLine("a={0} b={1} c={2}", s1, s2, num);
}
```

▼実行結果

```
Microsoft Visual Studio デバッグ コンソール
a=Microsoft b=Visual Studio c=2022
```

指定したとおりに値が渡されている

なお、通常の順番どおりの書き方と、パラメーター名を指定した書き方を混在させることも可能です。ただし、この場合は、順番どおりの書き方を先に持ってくるようにします。

3.3.1 呼び出し式を使用したメソッド呼び出し

メソッドには、大きく分けて２種類のタイプがあります。１つは、生成したインスタンスに対して処理を行う**インスタンスメソッド**、もう１つはクラス名を指定して直接、実行できる**静的メソッド**です。

インスタンスメソッドの呼び出し

インスタンスメソッドは、インスタンス化の処理を経て利用するメソッドです。インスタンスに対して作用するのが特徴です。

▼インスタンスメソッドを使用する（コンソールアプリケーション「InstanceMethod」）

```
// InstanceMethodClassのインスタンスを生成
InstanceMethodClass obj1 = new();
InstanceMethodClass obj2 = new();
// インスタンスを利用してプロパティに値を代入
obj1.Num = 10; ―――――――――――――――――――――――――――――― ❶
obj2.Num = 100; ――――――――――――――――――――――――――――― ❷
// インスタンスメソッドを実行してフィールド値に加算
Console.WriteLine("obj1=" + obj1.Add(1)); ―――――――――― ❸
Console.WriteLine("obj2=" + obj2.Add(1)); ―――――――――― ❹

// インスタンスメソッドを定義したクラス
class InstanceMethodClass
{
    // int型のフィールド
    private int _num;

    // _numフィールドのプロパティ
    public int Num
    {
        get => _num;
        set => _num = value;
    }
    // インスタンスメソッド
    public int Add(int p)
    {
        // フィールド_numにpを加算して返す
        return _num + p;
    }
}
```

▼インスタンスメソッドの呼び出し

```
インスタンスの参照変数.メソッド名();
```

インスタンスメソッドは、メソッドが含まれるクラスのインスタンスを生成し、このインスタンスを使って呼び出します。

❶では、obj1が参照するインスタンスのプロパティNumに10を代入しています。❸では、obj1を指定してAdd()メソッドを呼び出しているので、obj1のフィールド_numの値が11になります。

❷では、obj2のプロパティNumに100を代入し、❹において、Add()メソッドを呼び出しているので、obj2のフィールド_numの値が101になります。

以上のように、インスタンスメソッドは特定のインスタンスに対して作用するのが特徴です。

▼実行結果

静的メソッドの呼び出し

静的メソッドは、static修飾子を使って宣言されたメソッドで、インスタンス化を行わずに呼び出せるのが特徴です。インスタンスメソッドが「インスタンスに対して実行する」、つまり処理結果がインスタンスに保持されるのに対し、静的メソッドは「処理だけに特化した」メソッドです。例えば、C#のMathクラスのメソッドは、計算結果だけを取得できればよいので静的メソッドとして定義されています。

静的メソッドを呼び出すには、「クラス名.メソッド名」のように、メソッドを含むクラス名を記述します。

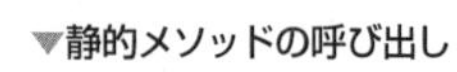

▼静的メソッドの呼び出し

```
クラス名.メソッド名();
```

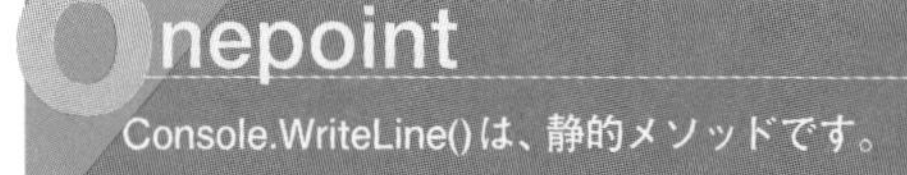

Onepoint
Console.WriteLine()は、静的メソッドです。

▼静的メソッドを利用する(コンソールアプリケーション「StaticMethod」)

```
// ❶引数を設定して静的メソッドを実行
Console.WriteLine(StaticMethodClass.Add(10, 10));
// ❷引数を設定して静的メソッドを実行
Console.WriteLine(StaticMethodClass.Add(100, 100));

// 静的メソッドが定義されたクラス
```

```
class StaticMethodClass
{
    // 静的メソッド
    // パラメーターの値を合計して返す
    public static int Add(int p1, int p2)
    {

        return p1 + p2;
    }
}
```

❶では、Add()メソッドに引数として10と10を渡しているので、戻り値の20が返されます。❷では、引数として100と100を渡しているので、戻り値の200が返されます。

▼実行結果

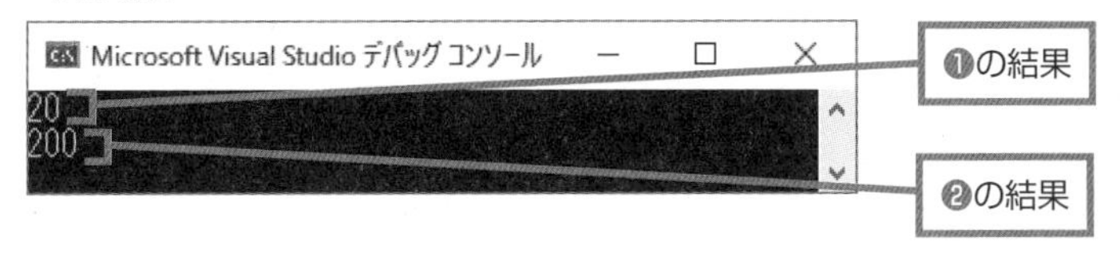

Tips 式だけで構成されるラムダ式

ラムダ式における{ }内のステートメントが1行だけであれば、{ }とreturnキーワードを省略して、1行で記述することができます。

▼ラムダ式

```
Func<int,double,double> func = (x,y) =>
{
    return x * y;
};
```

▼1行にまとめる書き方

```
Func<int,double,double> func = (x, y) => (x * y);
```

ジェネリックと呼び出し式

次は、型パラメーターTを設定したメソッドを呼び出す例です。

▼型パラメーターが設定されたメソッドを利用する(コンソールアプリケーション「GenericMethod」)

```
// 型パラメーターを指定してメソッドを呼び出す
Test<int>(500);

// 型パラメーターTが設定されたメソッド
static void Test<T>(T t)
{
    // パラメーターの値を出力
    Console.WriteLine(t);
}
```

▼実行結果

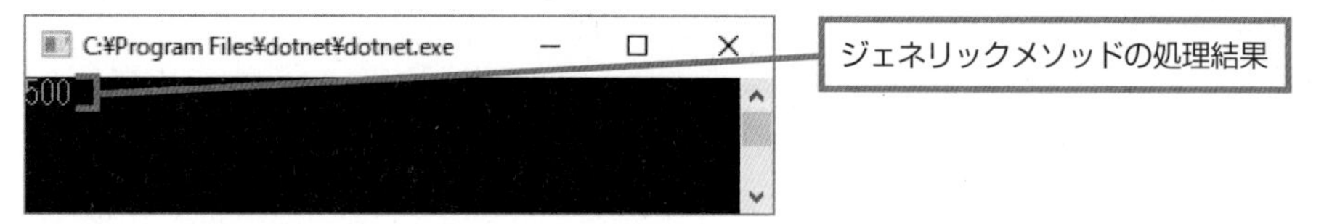

Test()メソッドは、型パラメーターTが設定されているので、呼び出し側の引数の型に対応します。なお、コンパイラーが判別可能な場合は、型パラメーターの指定を省略してメソッドを呼び出すことが可能です。

▼型パラメーターを省略する

```
Test(500); ――――― 引数の500からint型であると判断される
```

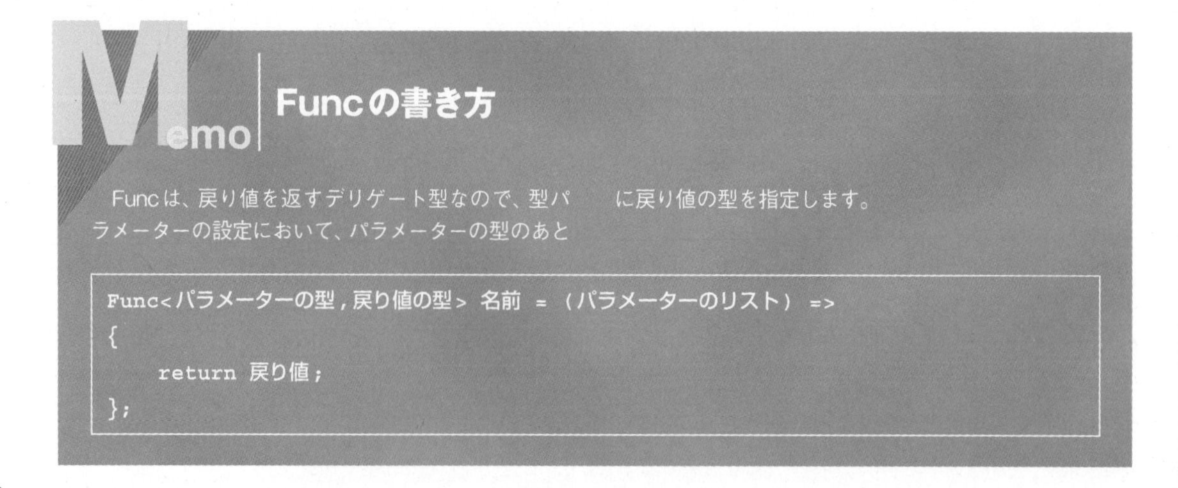

Funcの書き方

Funcは、戻り値を返すデリゲート型なので、型パラメーターの設定において、パラメーターの型のあとに戻り値の型を指定します。

```
Func<パラメーターの型,戻り値の型> 名前 = (パラメーターのリスト) =>
{
    return 戻り値;
};
```

3.3.2 デリゲート経由のメソッド呼び出し

デリゲートは、メソッドへの参照を格納できる型です。デリゲート型の変数にはメソッドの参照が格納されるので、変数を使ってメソッドを起動することができます。デリゲートは、主にメソッドの受け渡しに使われることが多く、イベントハンドラーではイベントが発生したコントロールがデリゲートを介して呼び出すようになっています。デリゲートには、パラメーターの有無、戻り値の有無に対応できるように以下の型が用意されています。

▼デリゲートを実現する型

デリゲート	説明
Action	パラメーターを持たず、値を返さないメソッドをカプセル化します。
Action<T>	単一のパラメーターを受け取り、戻り値を持たないメソッドをカプセル化します。
Action<T1,T2>	2個のパラメーターを持ち、値を返さないメソッドをカプセル化します。
Func<TResult>	パラメーターを持たず、TResult パラメーターで指定された型の値を返すメソッドをカプセル化します。
Func<T,TResult>	1個のパラメーターを受け取って TResult パラメーターに指定された型の値を返すメソッドをカプセル化します。
Func<T1,T2,TResult>	2個のパラメーターを持ち、TResult パラメーターで指定された型の値を返すメソッドをカプセル化します。

Action<T>

Actinon<T>はパラメーターを1個持つメソッドに使用できます。次は、Action<string>型のパラメーターが設定されたメソッドActionDelegate()に別のメソッドの名前を渡して実行する例です。

▼Action<T>を使用したプログラム(コンソールアプリケーション「ActionDelegate」)

```
// 第1引数にDisp()メソッドを指定してDelegateを呼び出す
ActionDelegate(Disp, "Hello, World!");

// パラメーターで取得した文字列を出力するメソッド
static void Disp(string s)
{
    Console.WriteLine(s);
}

// Action<T>デリゲート型のパラメーターが設定されたメソッド
static void ActionDelegate(Action<string> call, // デリゲート型のパラメーター
                           string s)            // string型のパラメーター
```

```
{
    // Action<T>のパラメーターcallは単独のパラメーターを持つメソッドを取得可能
    // callの引数にパラメーターsを設定してメソッドを呼び出す
    call(s);
}
```

▼実行結果

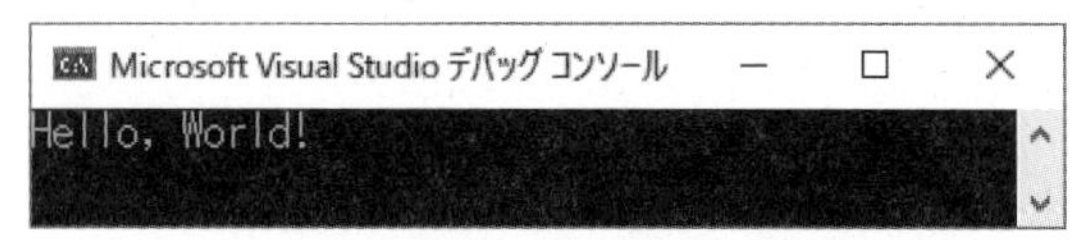

次にFunc<T,TResult>型のデリゲートの使用例です。

▼Funcデリゲートを使う(コンソールアプリケーション「FuncDelegate」)

```
/*
 * Func<T,TResult>型のデリゲート

 */

// Func<T,TResult>型の変数にUpperCase()メソッドを登録
Func<string, string> selector = UpperCase;

// string型の配列を作成
string[] words = { "orange", "apple", "grape", "pineapple" };

// 配列要素をデリゲートで処理する
foreach (string word in words)
    // selectorの引数にブロックパラメーターwordを設定
    Console.WriteLine(selector(word));

// パラメーターで取得した文字列を大文字に変換して返すメソッド
static string UpperCase(string s)
{
    return s.ToUpper();
}
```

▼実行結果

3.3.3 ラムダ式によるデリゲートの実行

次は、Action<T>デリゲート型の変数にメソッドの参照を格納し、この変数を使ってメソッド呼び出しを行う例です。

▼デリゲート型変数を利用したメソッド呼び出し（コンソールアプリケーション「LambdaDelegate」）

```
Action<string> select = Disp;
select("Hello World!");

// パラメーターで取得した文字列を出力するメソッド
static void Disp(string s)
{
    Console.WriteLine("パラメーター値： " + s);
}
```

▼出力

```
パラメーター値： Hello World!
```

デリゲートの宣言部をラムダ式に書き換えてみます。

▼ラムダ式を利用する

```
// Action<string>型のデリゲートにラムダ式でDisp()メソッドを登録
Action<string> del = s => Disp(s);
// 引数を設定してデリゲート経由でDisp()メソッドを実行
del("Hello World!");

// パラメーターで取得した文字列を出力するメソッド
static void Disp(string s)
{
    Console.WriteLine("パラメーター値： " + s);
}
```

次は、ラムダ式で処理部までを定義する例です。ラムダ式に処理を記述することで、Disp()メソッドの定義が不要になります。

▼ラムダ式に処理部までを記述する

```
// ラムダ式で処理部までを定義
Action<string> dlg = s => { Console.WriteLine("パラメーター値： " + s); };
// 引数を設定してデリゲート経由でラムダ式の処理を実行
dlg("Hello World!");
```

ラムダ式の書き方

ラムダ式を使うことでメソッドの名前は不要になり、残ったのは処理を行う部分だけになりました。このような無名のメソッドを利用する機能はC# 2.0で**匿名メソッド**として追加されましたが、C# 3.0以降からは匿名メソッドをさらに簡素化したラムダ式が利用できるようになっています。

▼ラムダ式の書き方(処理まで定義)

デリゲート型 変数名 = (パラメーターリスト) => { 実行するステートメント };

処理部を定義せずに、既存のメソッドのみをデリゲートに登録する場合は次のように記述します。

▼ラムダ式(メソッドの登録のみ)

デリゲート型 変数名 = (パラメーターリスト) => メソッド名(パラメーターリスト);

メソッドが戻り値を返すかどうかは、デリゲート型がFuncかどうかで判断されます。次は、パラメーターが1個で戻り値を返すメソッドをラムダ式でデリゲートに登録する例です。

▼Func<T,TResult>型のデリゲートにラムダ式でメソッドを登録(コンソールアプリケーション「LambdaDelegate2」)

```
// string型の配列を作成
string[] words = {"The first line of a message.",
                  "The second line of a message."};

// パラメーターsをUpper()メソッドの引数にして実行するデリゲート
Func<string, string> upper = s => Upper(s);
// パラメーターsをLower()メソッドの引数にして実行するデリゲート
Func<string, string> lower = s => Lower(s);

// 配列要素をデリゲートで処理する
foreach (string word in words)
{
    Console.WriteLine(upper(word));
    Console.WriteLine(lower(word));
}

// パラメーターで取得した英文を大文字に変換して返す
static string Upper(string s)
{
    return "Uppercase: " + s.ToUpper();
```

```
}

// パラメーターで取得した英文を小文字に変換して返す
static string Lower(string s)
{
    return "Lowercase: " + s.ToLower();
}
```

▼実行結果

Microsoft Visual Studio デバッグ コンソール
Uppercase: THE FIRST LINE OF A MESSAGE.
Lowercase: the first line of a message.
Uppercase: THE SECOND LINE OF A MESSAGE.
Lowercase: the second line of a message.

ラムダ式で処理部までを定義すると次のようになります。この場合、Upper()メソッドとLower()メソッドの定義は不要です。

▼ラムダ式で処理部までを定義する

```
// パラメーターsで取得した英文を大文字に変換して返すデリゲート
Func<string, string> up = s => { return "Uppercase: " + s.ToUpper(); };
// パラメーターssで取得した英文を小文字に変換して返すデリゲート
Func<string, string> low = s => { return "Lowercase: " + s.ToLower(); };

// 配列要素をデリゲートで処理する
foreach (string word in words)
{
    Console.WriteLine(up(word));
    Console.WriteLine(low(word));
}
```

3.3.4 メソッドの戻り値をクラス型にする

戻り値の数が多い場合は、戻り値の型をクラス型にする方法があります。この場合、あらかじめ、任意のクラスを定義しておき、戻り値の型として定義したクラスを指定します。戻り値として返す値の数が増えても、クラスの定義を変更すれば対処できます。

▼戻り値をクラス型で返す（コンソールアプリケーション「ReturnObject」）

```
// dtにはCustomerクラスのインスタンス（の参照）が格納される
var dt = getData();
// IdプロパティとNameプロパティの値を出力
Console.WriteLine("Name={0} Id={1}", dt.Name, dt.Id);

// Customerクラスのインスタンスを返すメソッド
static Customer getData()
{
    return new Customer()
    {
        // プロパティに値を代入
        Id = 12345,
        Name = "秀和太郎",
    };
}

class Customer
{
    // int型とstring型の自動実装プロパティ
    public int Id
    { get; set; }
    public string? Name
    { get; set; }
}
```

▼実行結果

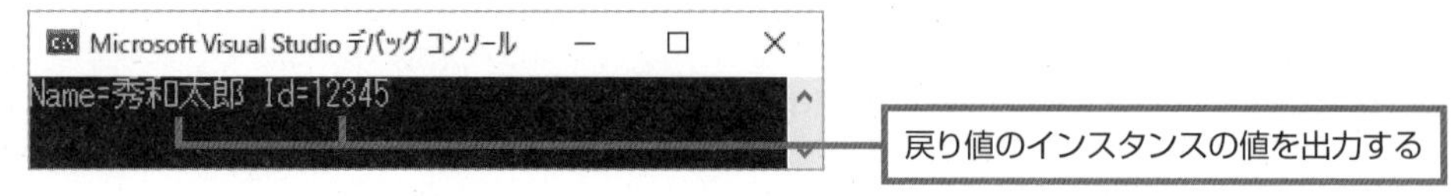

3.3.5 メソッドのオーバーロード

同一のクラス内で、パラメーターの型や数、並び順が異なれば、同じ名前のメソッドを複数定義することができます。これを**メソッドのオーバーロード**と呼びます。インスタンスメソッドも静的メソッドもオーバーロードすることができます。

なお、戻り値の型、アクセス修飾子、パラメーターの名前が異なっていても、上記の要件に満たない場合はオーバーロードできません。

メソッドをオーバーロードする（パラメーターの型の相違）

次のJudgmentクラスには、フィールド_numと、パラメーターとして渡された数との大小を比較する2個のoverloadMethod()メソッドがあります。これらのメソッドはパラメーターに渡された値がint型の場合とdouble型の場合に対応してオーバーロードしています。

▼パラメーターの型の違いによってオーバーロードした例（コンソールアプリケーション「OverloadType」）

```
// int型の値を引数にしてJudgmentのインスタンスを生成
Judgment obj1 = new Judgment(100);

// int型を引数にしてoverloadMethod()メソッドを実行
bool return1 = obj1.overloadMethod(50);
Console.WriteLine(return1);

// double型を引数にしてoverloadMethod()メソッドを実行
bool return2 = obj1.overloadMethod(150.55);
Console.WriteLine(return2);

class Judgment
{
    int _num;
    // コンストラクター
    public Judgment(int num) { this._num = num; }
    // int型のパラメーターを持つoverloadMethod()
    public bool overloadMethod(int val)
    { return _num >= val; }
    // double型のパラメーターを持つoverloadMethod()
    public bool overloadMethod(double val)
    { return _num >= val; }
}
```

▼実行結果

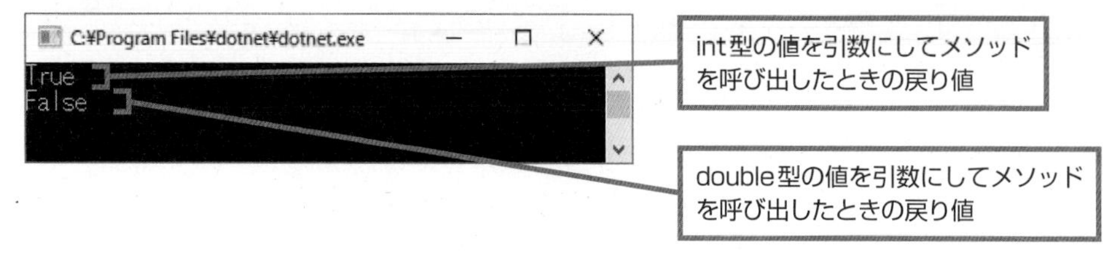
C:¥Program Files¥dotnet¥dotnet.exe
True
False
int型の値を引数にしてメソッドを呼び出したときの戻り値
double型の値を引数にしてメソッドを呼び出したときの戻り値

メソッドをオーバーロードする(パラメーター数の相違)

今度は、メソッドのパラメーターの数を変えることでオーバーロードしてみましょう。

▼パラメーターの数の違いによってオーバーロードした例(コンソールアプリケーション「OverloadNumber」)

```
Member obj1 = new();
// 引数を2個設定してRegistry()を実行
obj1.Registry("Gerry Lopez", "米国");

Member obj2 = new();
// 引数を1個設定してRegistry()を実行
obj2.Registry("秀和太郎");

class Member
{
    // string型のパラメーターを2個持つメソッド
    public void Registry(string name, string country)
    {
        Console.WriteLine("名前は" + name + ":国籍は" + country);
    }

    // string型のパラメーターを1個だけ持つメソッド
    public void Registry(string name)
    {
        Console.WriteLine("名前は" + name + ":国籍は日本");
    }
}
```

▼実行結果

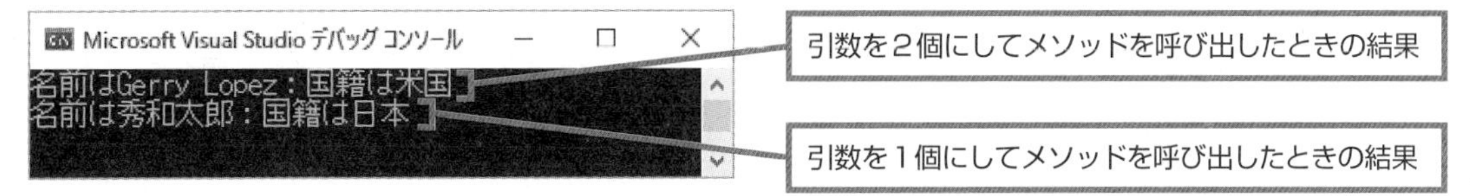
Microsoft Visual Studio デバッグ コンソール
名前はGerry Lopez：国籍は米国
名前は秀和太郎：国籍は日本
引数を２個にしてメソッドを呼び出したときの結果
引数を１個にしてメソッドを呼び出したときの結果

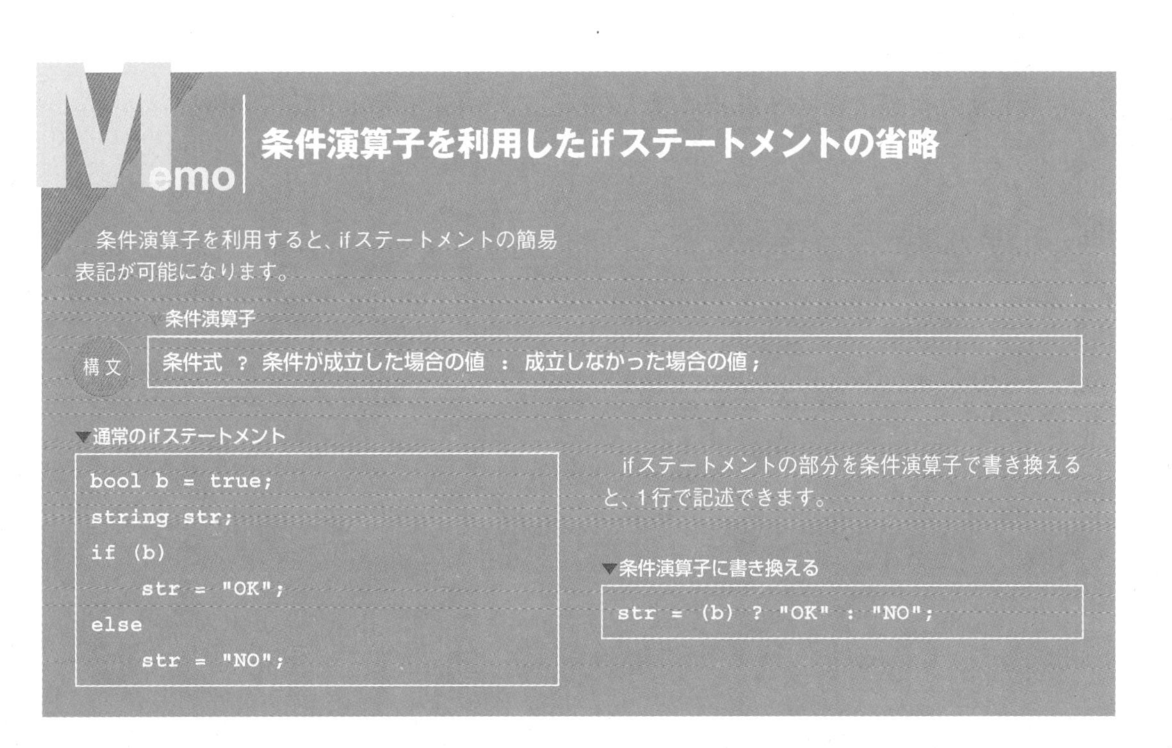

Memo 条件演算子を利用したifステートメントの省略

条件演算子を利用すると、ifステートメントの簡易表記が可能になります。

▼条件演算子

構文
```
条件式 ? 条件が成立した場合の値 : 成立しなかった場合の値;
```

▼通常のifステートメント

```
bool b = true;
string str;
if (b)
    str = "OK";
else
    str = "NO";
```

ifステートメントの部分を条件演算子で書き換えると、1行で記述できます。

▼条件演算子に書き換える

```
str = (b) ? "OK" : "NO";
```

Section 3.4

コンストラクター

Level ★★★ | Keyword | コンストラクター　無名配列　デフォルトコンストラクター

　コンストラクターは、クラスがインスタンス化される際に実行される初期化用のメソッドです。コンストラクターを使うと、クラスのインスタンス化と同時に、所定の処理を行うことができます。

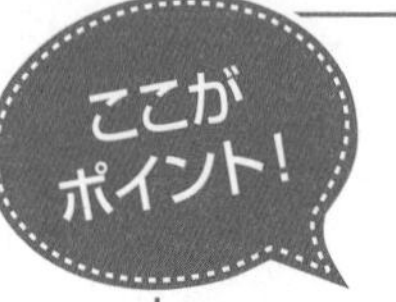

コンストラクターの呼び出し

　クラスをインスタンス化する場合は、次のように記述します。このときに記述した「new」がコンストラクターを呼び出す部分です。

```
Example obj1 = new(); ――― Exampleクラスのコンストラクターを呼び出している
```

• デフォルトコンストラクター

　コンストラクターはクラスと同じ名前を持ちます。クラスを作成する際にコンストラクターを定義しなくても、何の処理も行わないコンストラクターが内部的に作成されます。

• パラメーターを持つコンストラクター

　コンストラクターにパラメーターを設定すると、呼び出し元から値を受け取ることができます。

• コンストラクターのオーバーロード

　コンストラクターのパラメーターの数や型が異なれば、1つのクラスの中に複数のコンストラクターを定義できます。これを「コンストラクターのオーバーロード（多重定義）」と呼びます。

▼コンストラクターのオーバーロードを使う条件

パラメーターの数が異なる	例：(int a, int b)と(int a)
パラメーターの並び順が異なる	例：(int a, string b)と(string b, int a)
パラメーターの型が異なる	例：(int a, string b)と(double a, string b)

3.4.1 コンストラクターの役割

コンストラクターを定義すると、インスタンス（オブジェクト）の生成時に初期化のための処理が行えます。

●コンストラクターについて

- ・コンストラクター名はクラス名と同一で、戻り値を持ちません。
- ・アクセス属性はpublicであることが必要です。
- ・new演算子でインスタンス化を行う際に必ず呼び出されます。
- ・コンストラクターはオーバーロード（多重定義）することができます。
- ・コンストラクターを定義しない場合は、暗黙のうちにパラメーターなしのデフォルトコンストラクターが作成されます。

▼コンストラクターを定義する（パラメーターあり）

```
public クラス名 (パラメーターのリスト)
{
    処理
}
```

●コンストラクターを定義するときのポイント

コンストラクターを定義する際のポイントは以下のとおりです。

●パラメーターの並び順や個数はフィールドと一致する必要はない

多くの場合、コンストラクターではパラメーターで受け取った値をフィールドに代入する処理を行います。ただし、フィールドに値を設定すればよいだけなので、パラメーターの並び順や数がフィールドと一致している必要はありません。

▼3個のフィールドに対してコンストラクターのパラメーターは1個

```
class Example
{
    int _num1;
    int _num2;
    string _str;
    public Example(string s) ――――― パラメーターとフィールドの数は無関係
    {
        _str = s;
    }
}
```

●フィールドをリテラル（定数）で初期化できる

パラメーターを使わずに、直接、100などの値でフィールドを初期化することもできます。

▼フィールドをリテラルで初期化する

```
class Example
{
    int _num1;
    string _str;
    public Example(string s)
    {
        _num1 = 100; ―――― リテラルで初期化してもよい
        _str = s;
    }
}
```

●パラメーターがないコンストラクターも定義できる

コンストラクター内部の処理でフィールドを初期化します。

▼コンストラクター内部の処理だけでフィールドを初期化する

```
class Example
{
    int _num1;
    string _str;
    public Example() ―――― パラメーターがないコンストラクター
    {
        _num1 = 0;
        _str = "";
    }
}
```

●return以外の命令文を記述できる

returnステートメント以外であれば、初期化に関係のないコードも記述できます。

▼初期化に関係のない命令文を記述できる

```
class Example
{
    int _num1;
    string _str;
    public Example(int n, string s)
    {
        _num1 = n;
        _str = s;
        Console.WriteLine("コンストラクターを実行しました。");
    }
}
```

コンストラクターのパラメーターを配列にする

フィールドが配列の場合はコンストラクターのパラメーターも配列にして、配列として受け取った値をフィールドに格納することができます。この場合、コンストラクターの呼び出し側では**無名配列**を作成し、これを引数としてコンストラクターに渡すようにします。

▼配列型のパラメーターを持つコンストラクター（コンソールアプリケーション「NonNameArray」）

```
// インスタンスの生成
DataSet ds1 = new(
    "配列の値",                          // 第1引数は文字列
    new int[] {10, 20, 30, 40, 50} // 第2引数はint型の無名配列
);
// string型フィールドの値を出力
Console.Write(ds1.Str + "= {");
// 配列型フィールドをプロパティで取得して要素を出力
foreach (var m in ds1.Num)
{
    Console.Write(m + " ");
}
Console.WriteLine("}");

class DataSet
{
    // string型のフィールド
    private string _str;
    // int型配列のフィールド
    private int[] _num;

    // コンストラクターの第2パラメーターはint型の配列
    public DataSet(string str, int[] num)
    {
        // string型のフィールドに代入
        _str = str;
        // 配列型のフィールドに配列型パラメーターの値（要素）を代入
        _num = num;
    }

    // _strフィールドのプロパティ
    public string Str
    {
        get => _str;
```

```
        set => _str = value;
    }

    // int型配列のフィールドのプロパティ
    public int[] Num
    {
        get => _num;
        set => _num = value;
    }
}
```

▼実行結果

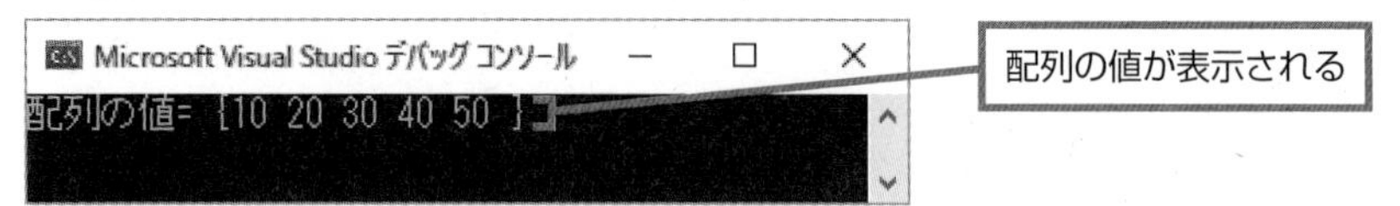
Microsoft Visual Studio デバッグ コンソール
配列の値= [10 20 30 40 50]
配列の値が表示される

コンストラクターのオーバーロード

Onepoint

コンストラクターのパラメーターの数や型が異なれば、複数のコンストラクターを定義できます。これを、**コンストラクターのオーバーロード**（**多重定義**）と呼びます。コンストラクターのオーバーロードを使うには、次のいずれかの条件を満たしていることが必要です。

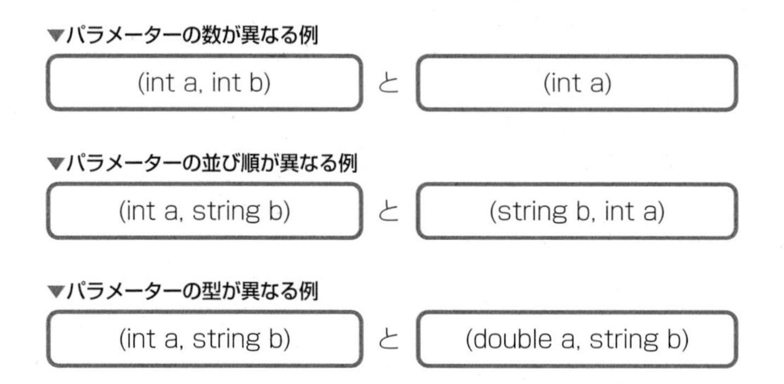
▼パラメーターの数が異なる例
(int a, int b)
と
(int a)
▼パラメーターの並び順が異なる例
(int a, string b)
と
(string b, int a)
▼パラメーターの型が異なる例
(int a, string b)
と
(double a, string b)

コンストラクターのオーバーロードを使えば、フィールドを初期化する場合に、ある状況ではすべてのフィールドをパラメーターで初期化し、別の状況では一部のフィールドのみパラメーターで初期化してその他のフィールドは既定値で初期化する、といった処理を行うことができます。

次のプログラムでは、パラメーターの数や型が異なるコンストラクターを定義しています。

▼オーバーロードした3個のコンストラクターを定義（コンソールアプリケーション「OverloadConstructor」）

```
// コンストラクターの呼び出しに3個の引数を指定（❶のコンストラクターを呼び出し）
SetNumber obj1 = new(11, 22, 33.405);
Console.WriteLine(
    obj1.numA + "," + obj1.numB + "," + obj1.numC);

// コンストラクターの呼び出しにint型の引数1つを指定（❷のコンストラクターを呼び出し）
SetNumber obj2 = new(20);
Console.WriteLine(
    obj2.numA + "," + obj2.numB + "," + obj2.numC);

// コンストラクターの呼び出しにdouble型の引数1つを指定（❸のコンストラクターを呼び出し）
SetNumber obj3 = new(11.55);
Console.WriteLine(
    obj3.numA + "," + obj3.numB + "," + obj3.numC);

// オーバーロード利用で3個のコンストラクターが定義されたクラス
class SetNumber
{
    // 自動実装プロパティ
    // int型のプロパティ
    public int numA
    { get; set; }
    // int型のプロパティ
    public int numB
    { get; set; }
    // double型のプロパティ
    public double numC
    { get; set; }

    // ❶パラメーターを3個設定したコンストラクター
    public SetNumber(int a, int b, double c)
    {
        numA = a;  // パラメーターで初期化
        numB = b;  // パラメーターで初期化
        numC = c;  // パラメーターで初期化
    }

    // ❷int型のパラメーターを1個設定したコンストラクター
    public SetNumber(int a)
    {
        numA = a;      // パラメーターで初期化
```

```
        numB = 10;     // 既定値で初期化
        numC = 1.234; // 既定値で初期化
    }

    // ❸double型のパラメーターを1個設定したコンストラクター
    public SetNumber(double c)
    {
        numA = 500; // 既定値で初期化
        numB = 10;  // 既定値で初期化
        numC = c;   // パラメーターで初期化
    }
}
```

▼実行結果

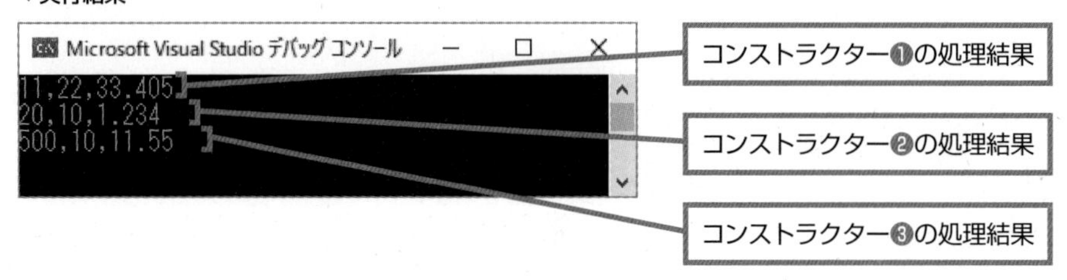

●各コンストラクターの呼び出し

コンストラクター呼び出し時の引数の指定方法によって、次のコンストラクターが呼び出されます。

●int型の引数を2個、double型の引数を1個指定した場合

int型のパラメーターを2個とdouble型のパラメーターを1個持つコンストラクター❶が呼び出されます。

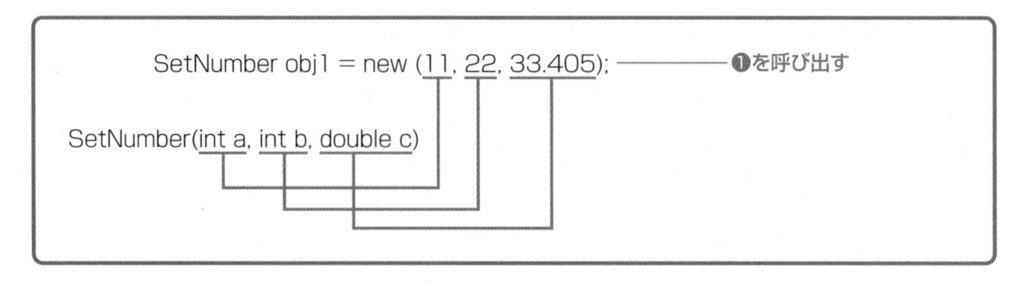

●int型の引数を1個だけ指定した場合

int型のパラメーターを1個だけ持つコンストラクター❷が呼び出されます。

```
SetNumber obj2 = new(20); ―――――― ❷を呼び出す

SetNumber(int a)
```

●double型の引数を1個だけ指定した場合

double型のパラメーターを1個だけ持つコンストラクター❸が呼び出されます。

```
SetNumber obj3 = new(11.55); ―――――― ❸を呼び出す

SetNumber(double c)
```


3.4.2 thisによる参照情報の明示

コンストラクターでフィールド値を初期化する場合、パラメーターで取得した値をフィールドに代入する処理を行うことが多いのですが、混乱を避けるためにもできればパラメーター名もフィールド名と同じものを使いたいところです。ですが、これだと名前の衝突が起こってしまい、プログラムが正しく動作しません。

Microsoft社のドキュメントではフィールド名の先頭に_(アンダースコア)を付けることが推奨されていますが、これもフィールド名とパラメーター名の混同を避けるための措置で、アンダースコアのプレフィックス(接頭辞)の有無で区別するという考え方です。ですが、まったく同じ名前を用いたとしても、thisを使うことでフィールド名とパラメーター名を明確に区別できるようになります。

▼thisキーワードでフィールドを示す

```
class Customer
{
    // フィールドを宣言
    public string? id;
    public string? name;
    public int age;

    public Customer(string id, string name, int age)
    {
        // フィールドidにパラメーターidの値を代入
        this.id = id;
        // フィールドnameにパラメーターnameの値を代入
```

```
        this.name = name;
        // フィールドageにパラメーターageの値を代入
        this.age = age;
    }
}
```

thisはインスタンス（オブジェクト）を表すキーワードです。フィールドにthisを付けることで、インスタンスのフィールドであることが示されるので、パラメーター名とフィールド名を同じにすることができます。

this()で別のコンストラクターを呼び出す

コンストラクターがオーバーロードされている場合、thisを使うと、コンストラクター同士で相互に呼び出すことができます。これが何の役に立つのかというと、フィールドに既定値を設定するコンストラクターとパラメーターで初期化するコンストラクターが存在する場合に便利なのです。まずは、次のプログラムを見てください。

▼thisでコンストラクターからコンストラクターを呼ぶ（コンソールアプリケーション「CallByThis」）

```
// 引数なしでインスタンス化する
Customer obj1 = new();
// 第1、第2引数のみ設定してインスタンス化する
Customer obj2 = new("A101", "秀和太郎");
// すべての引数を設定してインスタンス化する
Customer obj3 = new("B101", "山田次郎", 28);

// obj1のフィールド値を出力
Console.WriteLine(
    obj1.id + "  " + obj1.name + "  " + obj1.age);
// obj2のフィールド値を出力
Console.WriteLine(
    obj2.id + "  " + obj2.name + "  " + obj2.age);
// obj3のフィールド値を出力
Console.WriteLine(
    obj3.id + "  " + obj3.name + "  " + obj3.age);



class Customer
{
    public string id;
```

```
    public string name;
    public int age;

    // ❶パラメーターが設定されていないコンストラクター
    // 3個の引数で既定値を設定して❸のコンストラクターを呼び出す
    public Customer()
        : this("-", "-", -1)
    {

    }

    // ❷string型の2個のパラメーターが設定されたコンストラクター
    // 第3引数に既定値を設定して❸のコンストラクターを呼び出す
    public Customer(string id, string name)
        : this(id, name, -1)
    {

    }

    // ❸3個のパラメーターで3個のフィールドを初期化するコンストラクター
    public Customer(string id, string name, int age)
    {
        // パラメーターでフィールドを初期化する
        this.id = id;
        this.name = name;
        this.age = age;
    }
}
```


❶と❷のコンストラクターは、一部のフィールドを既定値で初期化します。これに対し、❸のコンストラクターは、すべてのフィールドをパラメーター値で初期化します。そうであれば、❶、❷のコンストラクターでは、既定値だけを定義して、フィールドへの代入は❸のコンストラクターに任せてしまう、というのがポイントです。これを実現するために、❶、❷のコンストラクターは、既定値を引数にして❸を呼び出すようにします。このとき、「:this(引数のリスト)」をコンストラクターの宣言部の最後に書くと、オーバーロードの仕組みによって、引数のパターンに合致するコンストラクターが呼び出されます。

▼インスタンスの生成とコンストラクター呼び出し（引数なし）

```
Customer obj1 = new Customer();
```

↓

❶のコンストラクターが呼び出される

```
public Customer()
    : this("-", "-", -1) ——— 3個の引数をセットして❸のコンストラクターを呼び出す
{
}
```

↓

❸のコンストラクターが呼び出される

```
public Customer(string id, string name, int age)
{
        this.id = id; ——— フィールドidにパラメーター値をセット
        this.name = name; ——— フィールドnameにパラメーター値をセット
        this.age = age; ——— フィールドageにパラメーター値をセット
}
```

▼実行結果

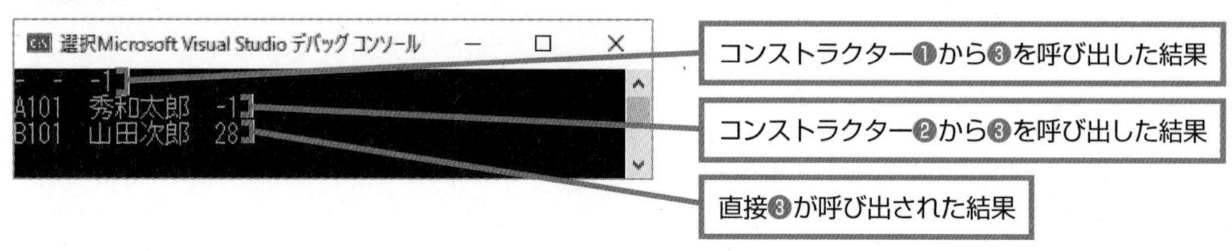

Section 3.5

クラスを引き継いでサブクラスを作る（継承）

Level ★★★　Keyword　継承　スーパークラス　サブクラス

　クラスの機能を引き継いで別の新しいクラスを作ることができます。1つの親クラスからたくさんの子クラスを作るというわけです。親クラスのことを「スーパークラス」、子クラスのことを「サブクラス」と呼びます。

ここがポイント！

継承

　あるクラスを「スーパークラス」とし、その機能を引き継いだ「サブクラス」を作成することを「継承」と呼びます。継承こそが、オブジェクト指向プログラミングのキモになる部分で、「継承があるからこそオブジェクト指向プログラミングができる」といえるくらい重要なものです。

● 継承を行うメリット

- 1つのクラスの機能が肥大化したとき、機能別にサブクラスに分けて整理できる。
- 似たような機能を持つクラスは重複するコードが多くなってしまう。継承を使えば、重複するコードをスーパークラスにまとめて、用途別に作成したサブクラスから利用できるようになる。
- スーパークラスのメソッドを上書きすることで新機能を追加できるので、同じメソッド名を使って処理を振り分けることができる（ポリモーフィズム）。

3.5.1 スーパークラスとサブクラスを作成する

継承のメリットは、実際にやってみないと実感がわかないかと思います。まずは、シンプルなクラスを作ってそれを継承していろんなサブクラスを作ってみましょう。

スーパークラスを継承してサブクラスを作る

スーパークラスといっても普通のクラスと何ら変わりません。宣言の仕方も内部の構造もこれまで見てきたクラスと同じです。つまり、いま手元で使えるクラスはすべてスーパークラスにすることができます。「サブクラスを作って初めて継承になる」というわけです。では、サブクラスの作り方です。

▼サブクラスの定義

```
class サブクラス名 : スーパークラス名
{
    サブクラスのメンバー
}
```

たったこれだけです。「:」のあとにスーパークラスになるクラス名を書けば、そのクラスのメンバーを丸ごと引き継いだサブクラスになります。例として３世代にわたって継承する様子を見てみましょう。Aクラス⬅Bクラス⬅Cクラスという関係です。

▼Aクラスを頂点にBクラス、Cクラスの順で継承する（コンソールアプリケーション「InheritAndInherit」）

```
// スーパークラス
class A
{
}

// スーパークラスAを継承したサブクラスB
// A<-Bの関係
class B : A
{
}

// Bクラスを継承したサブクラスC
// A<-B<-Cの関係
class C : B
{
}
```

　Aクラス⬅Bクラス⬅Cクラスという関係が出来上がったのですが、クラスの中身が何もないので、それぞれのクラスにコンストラクターを定義してみましょう。

3.5.2　継承でのコンストラクターの扱い

　Aクラスと、Aクラスを継承したBクラス、さらにBクラスを継承したCクラスを作成し、Cクラスをインスタンス化した場合に、A、Bクラスのコンストラクターはどうなるのかを試してみましょう。

▼継承ツリー

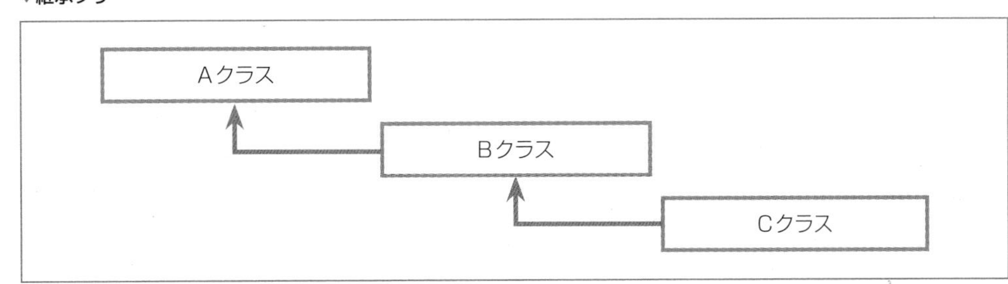

▼継承関係にある３つのクラスにおけるコンストラクターの扱いを確認（コンソールアプリケーション「InheritAndInherit」）

```
// Cクラスをインスタンス化する
C obj = new();


// スーパークラス
class A
{
    public A()
    {
        Console.WriteLine("Aクラスのコンストラクターです。");
    }
}

// スーパークラスAを継承したサブクラスB
// A<-Bの関係
class B : A
{
    public B()
    {
        Console.WriteLine("Bクラスのコンストラクターです。");
    }
}
```

```
// Bクラスを継承したサブクラスC
// A<-B<-Cの関係
class C : B
{
    public C()
    {
        Console.WriteLine("Cクラスのコンストラクターです。");
    }
}
```

▼実行結果

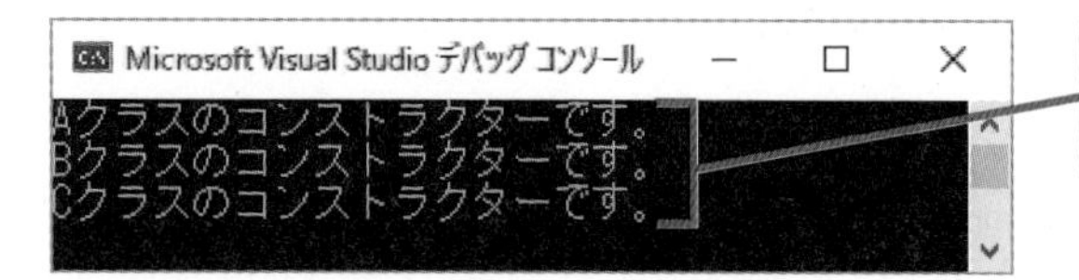

A➡B➡Cクラスの順でコンストラクターが実行された

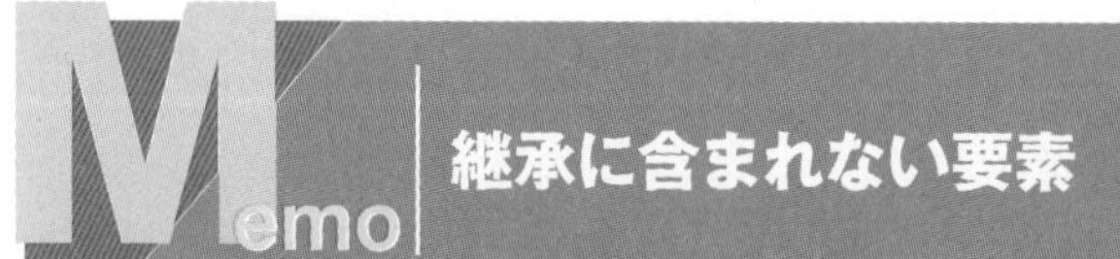

Memo 継承に含まれない要素

クラスの以下のメンバーは、継承されません。

▼継承されないメンバー

- static修飾されたメンバー（静的メンバー）
  静的フィールド、静的メソッド

●修飾子で制限されたメンバーは継承されない

privateが付けられたフィールドやメソッドには、クラスの外部からアクセスすることはできません。

スーパークラスのコンストラクターの呼び出し

先のプログラムの実行結果を見ると、最下位に位置するCクラスをインスタンス化すると、継承関係の頂点に位置するAクラスのコンストラクターから順に、Bクラスのコンストラクター、Cクラスのコンストラクターが実行されていることがわかります。

これは、コンパイラーが暗黙のうちに「: base()」という記述を各クラスのコンストラクターに追加したからです。

●baseキーワードによるスーパークラスのコンストラクター呼び出し

baseは、サブクラスからスーパークラスのメンバーにアクセスするためのキーワードです。C#では、インスタンス化を行う場合はスーパークラスの初期化を行うことが定められています。このため、スーパークラスのコンストラクターにパラメーターがない場合は、引数なしの「: base()」が次のように内部的に挿入されます。なお、あえて「: base()」を明記しても問題はありません。

▼コンパイラーによる「: base()」の追加

```
class A
{
    public A(): base()        ――― すべてのクラスのスーパークラス「Object」の
    {                              コンストラクターを呼び出す
        Console.WriteLine("Aクラスのコンストラクターです。");
    }
}

class B : A
{
    public B(): base()        ――― Aクラスのコンストラクターの呼び出し
    {
        Console.WriteLine("Bクラスのコンストラクターです。");
    }
}

class C : B
{
    public C(): base()        ――― Bクラスのコンストラクターの呼び出し
    {
        Console.WriteLine("クラスCのコンストラクターです。");
    }
}
```

●すべてのクラスはObjectクラスのコンストラクターを呼び出す

前ページのプログラムでは、Aクラスにも「: base()」の記述があります。C#のクラスは、すべてSystem.Objectクラスを継承しています。このため、継承関係の最上位のAクラスでは、最終的にObjectクラスのコンストラクターを呼び出すことになります。

Onepoint

Objectクラスのコンストラクターはパラメーターを持たないので、base()のように引数なしの呼び出しを行います。なお、Objectクラスのコンストラクターは特に何もしません。

パラメーター付きコンストラクター呼び出し時のエラー

スーパークラスにパラメーターなしのコンストラクターが定義されている例を見てきました。今度は、スーパークラスにパラメーター付きのコンストラクターだけが定義されている場合について見てみましょう。

▼スーパークラスにパラメーター付きのコンストラクターのみを定義

```
B sample = new B(100); ――――――――――――――――――――――――――――― ❶

class A
{
    int num;
    public A(int num) ―――― パラメーター付きのコンストラクターしか存在しない
    {
        this.num = num;
        Console.WriteLine(num);
    }
}

class B : A
{
    public B(int n)
    : base(n) ――――――――――――――――――――――――――――――― ❷
    {
    }
}
```

●スーパークラスの明示的な初期化

Aクラスにはパラメーター付きのコンストラクターだけが定義されています。このような場合は、❷のようにサブクラスBのコンストラクターにも同じパラメーターを設定し、baseキーワードでスーパークラスのコンストラクターに渡すようにします。そうすれば、Bクラスをインスタンス化する際に❶のように引数を指定すれば、Bクラスを経由してAクラスのコンストラクターに引数が渡されます。

●Bクラスにおいてコンストラクターを定義しなかった場合

Bクラスでコンストラクターを定義しないと、次のようにデフォルトコンストラクターが作成されて、引数なしの: base()が挿入されてしまうのでコンパイルエラーが発生します。

```
B()
: base()
{
}
```

▼サブクラスにおけるコンストラクターの定義

```
アクセス修飾子 サブクラス名 (スーパークラスのパラメーターとサブクラス独自のパラメーター)
        : base(スーパークラスのパラメーター)
{
        サブクラスのコンストラクターの処理
}
```

Memo オーバーライドとオーバーロード

「オーバーロード」と混同してしまいがちなのが「オーバーライド」です。オーバーロードはパラメーターの構成を変えることで、同じ名前のメソッドを呼び分けるテクニックです。

これに対し、オーバーライドはパラメーターの構成は同じですが、メソッドを実行するインスタンスによってスーパークラスやサブクラスで定義された同じ名前のメソッドを呼び分けるテクニックです。

3.5.3 サブクラスでメソッドをオーバーロードする

サブクラスでは、スーパークラスのメソッドをオーバーロードすることができます。次のプログラムで確認してみましょう。

▼サブクラスでメソッドをオーバーロードする（コンソールアプリケーション「OverloadBySubClass」）

```
// サブクラスCountryのインスタンスを生成
Country obj1 = new();
// 引数を1個にするとオーバーロードの仕組みで
// スーパークラスのRegistry()が実行される
obj1.Registry("秀和太郎");
// スーパークラスのShow1()を実行
obj1.Show1();

// サブクラスCountryのインスタンスを生成
Country obj2 = new();
// 引数を2個にするとオーバーロードの仕組みで
// サブクラスのRegistry()が実行される
obj2.Registry("Gerry Lopez", "米国"); // 引数は2個
// サブクラスのShow2()を実行
obj2.Show2();

// 1個のプロパティが定義されたスーパークラス
class Customer
{
    // null許容のstring型のプロパティ
    public string? Name { get; set; }

    // 1個のパラメーターが設定されたメソッド
    public void Registry(string name)
    {
        Name = "君の名は" + name;
    }

    // プロパティの値を出力するメソッド
    public void Show1()
    {
        Console.WriteLine(Name);
    }
}
```

```
// 独自のプロパティが定義されたサブクラス
class Country : Customer
{
    // サブクラスではnull許容のstring型のプロパティを追加
    public string? CountryName { get; set; }

    // スーパークラスのメソッドをオーバーロードして
    // 2個のパラメーターを設定
    public void Registry(string name, string country)
    {
        Name = "君の名は" + name;
        CountryName = "君の国籍は" + country;
    }

    // 2個のプロパティの値を出力するメソッド
    public void Show2()
    {
        Console.WriteLine(Name);
        Console.WriteLine(CountryName);
    }
}
```

▼実行結果

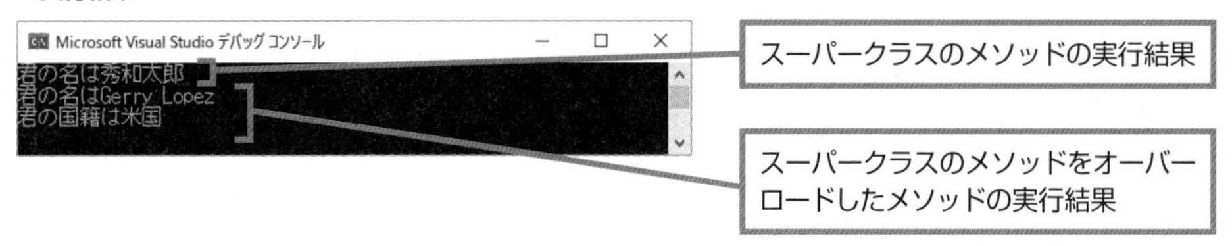
Microsoft Visual Studio デバッグ コンソール
君の名は秀和太郎
君の名はGerry Lopez
君の国籍は米国
スーパークラスのメソッドの実行結果
スーパークラスのメソッドをオーバーロードしたメソッドの実行結果

●オーバーロードしたメソッドの呼び出し

サブクラスCountryのインスタンスを2個生成し、次のように引数の数を変えてRegistry()メソッドを呼び出しています。

```
obj1.Registry("秀和太郎"); ―――― 引数は1個なのでスーパークラスのメソッドが呼び出される
obj2.Registry("Gerry Lopez", "米国"); ―― 引数は2個なのでサブクラスでオーバーロードしたメソッドが呼び出される
```

スーパークラスのメソッドの呼び出し

　サブクラスでは、引数の構成を合わせることで、オーバーロードの元となったメソッドを呼び出すことができます。この方法を使うと、サブクラスでオーバーロードする際の記述を次のようにシンプルにできます。

▼Registry()メソッドのオーバーロード

```
public void Registry(string name, string country)
{
    Registry(name); ―――――――― スーパークラスのRegistry()メソッドを呼び出す
    CountryName = "君の国籍は" + country;
}
```

Section 3.6

メソッドを改造して同じ名前で呼び分ける（オーバーライドとポリモーフィズム）

Level ★★★ | Keyword オーバーライド　virtual

継承のメリットは、何といっても「メソッドのオーバーライド」にあります。スーパークラスのメソッドを書き換えれば、同じ名前でありながら機能が異なるメソッドがいくつも作れます。

同じ名前だと目的のメソッドがうまく呼び出せるか不安ですが、これは「ポリモーフィズム」という仕組みが解決してくれます。

チャットボット「C#ちゃん」の作成

ここでは、シンプルなチャットボット「C#ちゃん」を題材に、オーバーライドとポリモーフィズムの仕組みを学んでいきます。

▼C#ちゃん

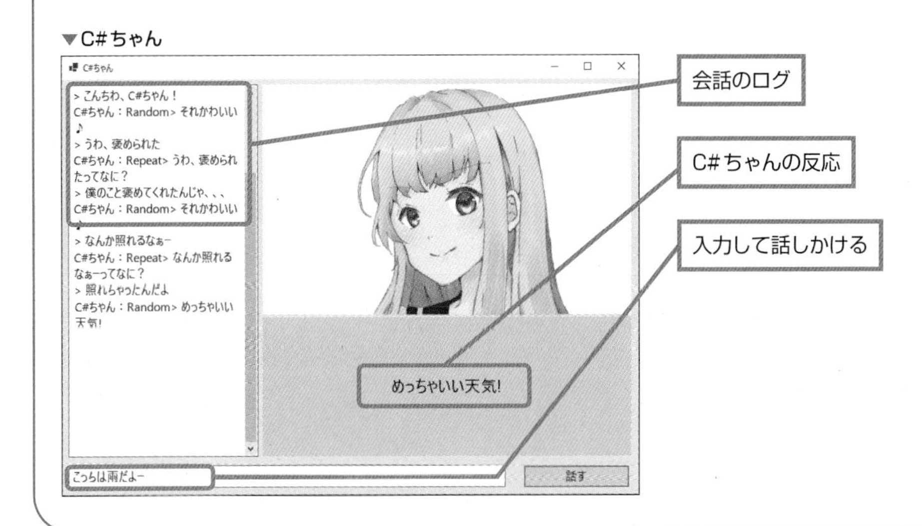

3.6.1 オーバーライドによるメソッドの再定義

サブクラスでは、スーパークラスで定義されているメソッドと同名のメソッドを作成して、スーパークラスのメソッドを上書きすることができます。これを**オーバーライド**（**メソッドの再定義**）と呼びます。クラスを継承してサブクラスを作成する際に、「基本機能は同じだが各クラスごとに細部が異なるメソッド」をそれぞれのクラスで定義したいことがあります。このような場合にオーバーライドを使います。オーバーライドを使えば、すべてのサブクラスに共通のメソッド名を持たせながら、中身を自由に書き換えることができます。

●オーバーライドのメリット

・同じような処理を行う複数のメソッドを同じ名前で管理できるので、メソッド名が混乱することがありません。
・メソッドを使用する際はメソッドが属するクラスをインスタンス化するため、必然的に適切なメソッドが呼び出されます。

●オーバーライドできるメンバー

オーバーライドは、virtual修飾子を付けて宣言したメソッドやプロパティに対して行うことができます。また、オーバーライドする側にはoverride修飾子を付けます。

●オーバーライドの条件

オーバーライドを行うには次の条件を満たすことが必要です。

・**スーパークラスのメソッド名と同じであること**
メソッド名を変えてオーバーライドすることはできません。
・**スーパークラスのメソッドとパラメーターの構成が同じであること**
パラメーターの型や数、並び順を変えてはなりません。
・**戻り値がある場合は同じ型であること**

オーバーライドを利用したチャットボット「C#ちゃん」の作成

「C#ちゃん」の本体クラスを作る

「**チャットボット**（chatbot）」とは、「チャット」と「ボット」を組み合わせた言葉で、正式にはAI的な要素を活用した「自動会話プログラム」のことを指します。主にテキストを双方向でやり取りする仕組みのことですが、ここではそんな大げさなものではなく、相手の言葉をオウム返ししたり、複数のパターンからランダムに応答を返すことで、何となくの会話をシミュレーションしてみようというものです。目的はオーバーライドとポリモーフィズムを体験することですので、内容はかなりシンプルです。

まずは、Windows Forms Appのプロジェクト「Chatbot」を作成しましょう。作成できたら、**プロジェクト**メニューの**クラスの追加**を選択し、「CSharpchan.cs」という名前でクラス用ファイルを作成しましょう。

▼クラス用ファイル「CSharpchan.cs」の作成

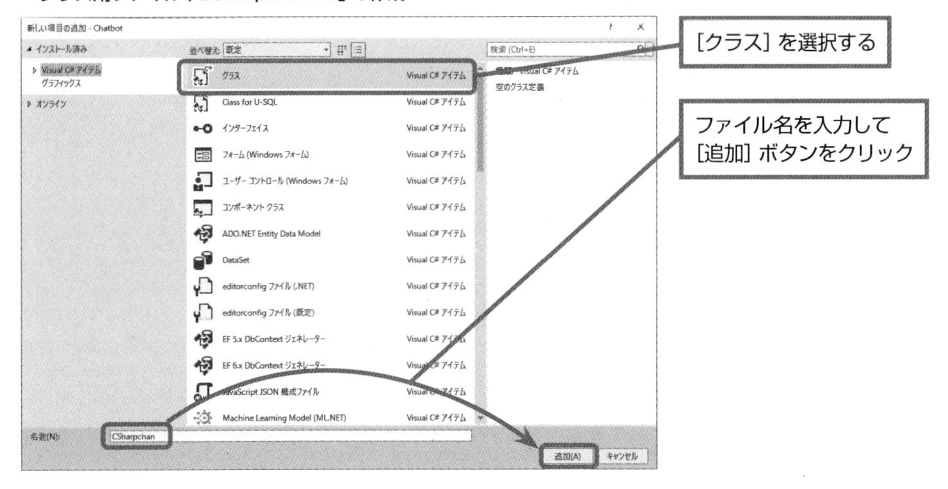
[クラス] を選択する
ファイル名を入力して
[追加] ボタンをクリック

次が「C#ちゃん」の本体クラスCSharpchanのコードです。

▼CSharpchanクラス（CSharpchan.cs）

```
using System;

namespace Chatbot
{
    /// <summary>
    /// C#ちゃんの本体クラス
    /// </summary>
    class CSharpchan
    {
        /// <summary>
        /// RandomResponderのインスタンスを保持するフィールド
        /// </summary>
        private RandomResponder _res_random;
        /// <summary>
        /// RepeatResponderのインスタンスを保持するフィールド
        /// </summary>
        private RepeatResponder _res_repeat;
        /// <summary>
        /// Responder型のフィールド
        /// </summary>
        private Responder _responder;

        /// <summary>
        /// オブジェクト名を保持するnull許容string型のプロパティ
```

```
        /// </summary>
        public string? Name { get; set; }

        /// <summary>
        /// コンストラクター
        /// </summary>
        /// <param name="name">オブジェクト名</param>
        public CSharpchan(string name)
        {
            // パラメーターnameの値をプロパティNameに代入
            Name = name;
            // RandomResponderのインスタンスをフィールドに格納
            _res_random = new RandomResponder("Random");
            // RepeatResponderのインスタンスをフィールドに格納
            _res_repeat = new RepeatResponder("Repeat");
            // Responderのインスタンスをフィールドに格納
            _responder = new Responder("Responder");
        }

        /// <summary>
        /// RandomResponderまたはRepeatResponderを
        /// ランダムに選択して応答メッセージを返す
        /// </summary>
        /// <param name="input">ユーザーの発言</param>
        /// <returns>応答メッセージ</returns>
        public string Dialogue(string input)
        {
            // Randomクラスのインスタンス化
            Random rnd = new Random();
            // 0～9の範囲の値をランダムに生成
            int num = rnd.Next(0, 10);
            // 0～5ならRandomResponderをチョイス
            if (num < 6)
            {
                _responder = _res_random;
            }
            // 6～9ならRepeatResponderをチョイス
            else
            {
                _responder = _res_repeat;
            }
            // チョイスしたオブジェクトのResponse()メソッドを実行し
```

```
            // 応答メッセージを戻り値として返す
            return _responder.Response(input);
        }

        /// <summary>
        /// Dialogue()でチョイスされたオブジェクト名を取得
        /// </summary>
        /// <returns>選択されたオブジェクト名</returns>
        public string GetName()
        {
            // _responderに格納されたクラスのNameプロパティの値(オブジェクト名)を返す
            return _responder.Name;
        }
    }
}
```

※クラスやメソッドのコメントには「XMLドキュメントコメント」を使用しています。

今回のプログラムは、GUIの画面に会話の入力欄とプログラム側からの応答欄を配置し、会話を入力したら応答が画面に表示されることを通して、会話っぽいものをしていこうというものです。応答のパターンには2つあって、

RandomResponderクラス(登録されている会話パターンからランダムに応答する)

RepeatResponderクラス(相手の言ったことに「××って何?」とオウム返しする)

という2つのクラスがそれぞれの処理を受け持ちます。これらのクラスは、「応答を作る」という目的は同じですので、

Responderクラス(RandomResponderとRepeatResponderのスーパークラス)

というスーパークラスのサブクラスとします。

今回のCSharpchanクラスが、「これらのクラスを呼び出して応答を作る」という司令塔、つまりコントローラー的な役目をします。

オーバーライドされたメソッドをポリモーフィズムによって呼び分ける

CSharpchanクラスにはメソッドが1つしかありません。Dialogue()という応答を返すメソッドです。このメソッドは、0～9の値をランダムに生成し、0～5が出ればRandomResponder、それ以外はRepeatResponderのインスタンスを_responderフィールドに格納します。これらのインスタンスはコンストラクターで生成されています。_responderはスーパークラスResponder型のフィールドですので、どのサブクラスのインスタンスでも代入することができます。

さて、どちらかのサブクラスが選ばれたあと、次のreturnステートメントで結果、つまり応答メッセージを返します。

```
return _responder.Response(input);
```

ここでポリモーフィズムが出動します。Response()は、スーパークラスResponderのメソッドをRandomResponder、RepeatResponderでそれぞれオーバーライドしています。_responderにはランダムにチョイスされたインスタンスが代入されていますので、

```
RandomResponderであればこのクラスのResponse()が呼ばれる
```

```
RepeatResponderであればこのクラスのResponse()が呼ばれる
```

ということになります。

実行時型識別（RTTI：Run-Time Type Identification）とも呼ばれるポリモーフィズムです。_responder.Response(input)というコードを書いておけば、あとは_responderに格納されたインスタンスの種類によって「Response()メソッドが呼び分けられる」というわけです。

あと、Nameというプロパティですが、このプロパティには、コンストラクターで取得したチャットボットの名前（"C#ちゃん"など）が格納されます。

最後にGetName()、これはサブクラスのオブジェクト名を返す役目をします。最終的にC#ちゃんクラスはフォームのイベントハンドラーから呼び出すようになりますが、イベントハンドラーからサブクラスに直接アクセスできないので、このメソッドがサブクラスのNameプロパティを参照するための中継役をするというわけです。

応答クラスのスーパークラス

応答クラスのスーパークラスResponderです。「Responder.cs」という名前のクラス用ファイルを作成し、以下のコードを記述しましょう。

▼スーパークラスResponderの定義（Responder.cs）

```
namespace Chatbot
{
    /// <summary>
    /// 応答クラスのスーパークラス
    /// </summary>
    /// <remarks>
    /// Nameプロパティ
    /// コンストラクター
    /// オーバーライドを前提としたResponse()メソッド
    /// </remarks>
    class Responder
    {
        /// <summary>
        /// オブジェクト名を保持するstring型のプロパティ
        /// </summary>
        public string Name { get; set; }


        /// <summary>
        /// コンストラクター
        /// </summary>
        /// <param name="name">オブジェクト名</param>
        public Responder(string name)
        {
            // パラメーターnameの値をNameプロパティに代入
            Name = name;
        }

        /// <summary>
        /// オーバーライドを前提にしたメソッド
        /// 応答メッセージを作成して戻り値として返す
        /// </summary>
        /// <param name="input">ユーザーの発言</param>
        /// <returns>空の文字列</returns>
        public virtual string Response(string input)
```

```
        {
            return "";
        }
    }
}
```

定義されているのは、プロパティとコンストラクター、メソッドが1つだけです。C#ちゃんクラスCSharpchanのコンストラクターで2つのサブクラスのインスタンス化を行うのですが、そのときにオブジェクトの識別名が引数として渡されてきます。それをResponderのコンストラクターでNameプロパティに格納します。

Response()は応答メッセージを作成するメソッドですが、オーバーライドされることを前提にしていますので、「空文字を返す」という最低限の処理だけが定義されています。

核心の対話処理その1

応答クラスのサブクラスRepeatResponderです。このクラスはユーザーの発言を「○○って何?」とオウム返しに質問します。「RepeatResponder.cs」という名前のクラス用ファイルを作成し、以下のコードを記述しましょう。

▼サブクラスRepeatResponderの定義(RepeatResponder.cs)

```
namespace Chatbot
{
    /// <summary>
    /// Responderのサブクラス
    /// オウム返しの応答を作る
    /// </summary>
    class RepeatResponder : Responder
    {
        /// <summary>
        /// サブクラスRepeatResponderのコンストラクター
        /// </summary>
        /// <param name="name">オブジェクト名</param>
        public RepeatResponder(string name) : base(name)
        {
        }

        /// <summary>
        /// ResponderクラスのResponse()メソッドをオーバーライド
        /// </summary>
```

```
        /// <param name="input">ユーザーの発言</param>
        /// <returns>オウム返しの応答メッセージ</returns>
        public override string Response(string input)
        {
            // ユーザーの発言をオウム返しにする書式を設定し
            // 戻り値として返す
            return String.Format("{0}ってなに？", input);
        }
    }
}
```

スーパークラスでパラメーター付きのコンストラクターを定義していますので、サブクラス側では定義コードのみを記述しています。これで、サブクラスのコンストラクターを通じてスーパークラスのコンストラクターが呼び出されるようになります。

オーバーライドしたResponse()メソッドは、拍子抜けするくらいにシンプルな処理です。String.Format()で相手の発言を取り込んだ文字列「○○って何？」を作ってそのままreturnで返します。

核心の対話処理その2

残るもう1つのサブクラスでは、あらかじめ用意した応答パターンからランダムに抽出し、これを返します。クラス用ファイル「RandomResponder.cs」を作成して、以下のコードを記述しましょう。

▼サブクラスRandomResponderの定義（RandomResponder.cs）

```
using System;

namespace Chatbot
{
    /// <summary>
    /// Responderのサブクラス
    /// 定義済みの応答パターンからランダムに選択して応答を返す
    /// </summary>
    class RandomResponder : Responder
    {
        /// <summary>
        /// ランダム応答用のメッセージを格納した配列型のフィールド
        /// </summary>
        private string[] _responses = {
            "めっちゃいい天気！",
```

```
            "確かにそうだね",
            "10円ひろった",
            "じゃあこれ知ってる?",
            "それねー",
            "それかわいい♪"
        };

        /// <summary>
        /// サブクラスRandomResponderのコンストラクター
        /// </summary>
        /// <param name="name">オブジェクト名</param>
        public RandomResponder(string name) : base(name)
        {
        }

        /// <summary>
        /// ResponderクラスのResponse()メソッドをオーバーライド
        /// </summary>
        /// <param name="input">ユーザーの発言</param>
        /// <returns>定義済みの応答パターンから抽出されたメッセージ</returns>
        public override string Response(string input)
        {
            // Randomのインスタンスを生成
            Random rnd = new();
            // 応答パターンの配列からランダムにメッセージを抽出して返す
            return _responses[rnd.Next(0, _responses.Length)];
        }
    }
}
```

string型の配列_responsesを用意して、いくつかの応答パターンを登録しました。オーバーライドしたResponse()メソッドでは、配列のインデックスをランダムに生成し、対応する要素を戻り値として返します。それが次の部分です。

```
return _responses [rnd.Next(0, _responses.Length)] ;
```

「0〜配列のサイズ」の範囲でランダムに値を生成し、これを配列のインデックスとして要素を取り出します。簡単な仕掛けですが、これで配列に格納された応答パターンがランダムに返されます。

GUIとイベントハンドラーの用意

あとは画面を用意して、ボタンをクリックしたときのイベントハンドラーに対話のための処理を記述すれば完成です。まずは画面を作成しましょう。

▼C#ちゃんのGUI

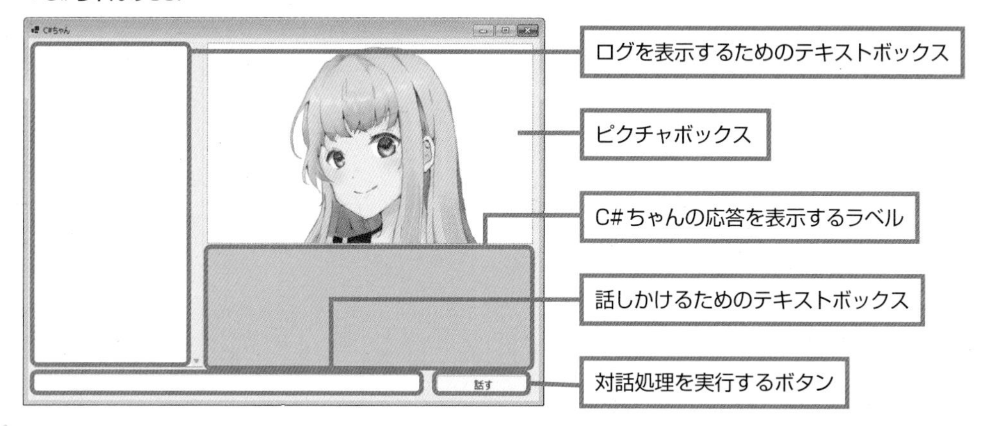

▼フォーム

(Name)	Form1
Size	800, 580
Text	C#ちゃん

▼ログ表示用のテキストボックス

(Name)	textBox2
動作のMultiline	True
ScrollBars	Both

BackColor	White
FontのSize	12
Size	260, 485

▼ピクチャボックス

(Name)	pictureBox1
BackgroundImage	事前に背景用のイメージをプロジェクトフォルダー内にコピーしておく。 プロパティの値の欄のボタンをクリックして［ローカルリソース］をオンにし、［インポート］ボタンをクリックしてイメージ（img1.gif）を選択したあと［OK］ボタンをクリックする。
Size	500, 300

※イメージがピクチャーボックスにうまく収まらない場合は、プロパティの［BackgroundImageLayout］で［Stretch］を設定してください。ピクチャーボックスに収まるようにイメージがリサイズされます。

▼入力用のテキストボックス

(Name)	textBox1
FontのSize	12
Size	595, 29

▼ボタン

(Name)	button1
FontのSize	12
Text	話す
Size	145, 30

▼ラベル

(Name)	label1
配置のAutoSize	False
Size	500, 181
TextAlign	MiddleCenter
Text	（空欄）
FontのSize	16
表示のBackColor	プロパティの値の欄のボタンをクリックして［カスタム］タブでピンク色(255, 192, 192)を選択する。

※フォームや各コントロールの見た目のサイズは、モニターの解像度によって変わるので、適宜サイズを調整してください。

イベントハンドラーの定義

　対話処理は、ボタンをクリックしたタイミングで開始します。では、画面上のボタンをダブルクリックしてイベントハンドラーを作成し、Form1.csに以下のコードを記述しましょう。

▼Form1.csのソースコード

```
using System;
using System.Windows.Forms;

namespace Chatbot
{
    public partial class Form1 : Form
    {
        // CSharpchanクラスをインスタンス化
        private CSharpchan _chan = new("C#ちゃん"); ――――――――― ❶

        public Form1()
        {
            InitializeComponent();
        }

        /// <summary>
        /// 対話ログをテキストボックスに追加する
        /// </summary>
        /// <param name="str">ユーザーの発言または応答メッセージ</param>
        private void PutLog(string str) ――――――――― ❷
        {
            textBox2.AppendText(str + "¥r¥n");
```

```
        }

        /// <summary>
        /// C#ちゃんのプロンプトを作る
        /// </summary>
        /// <remarks>引数なし</remarks>
        /// <returns>プロンプト用の文字列</returns>
        private string Prompt() ―――――――――――――――――――――――― ❸
        {
            // _chan.Nameで"C#ちゃん"を取得し、
            // _chan.GetName()で応答に使用されたオブジェクト名を取得
            // 最後に"> "を付ける
            return _chan.Name + "：" + _chan.GetName() + "> ";

        }

        private void button1_Click(object sender, EventArgs e)
        {
            // テキストボックスに入力された文字列を取得
            string value = textBox1.Text; ―――――――――――――――――― ❹
            // 未入力の場合の応答
            if (string.IsNullOrEmpty(value))
            {
                label1.Text = "なに？";
            }
            // 入力されていたら対話処理を実行
            else
            {
                // 入力文字列を引数にしてDialogue()を実行して応答メッセージを取得
                string response = _chan.Dialogue(value); ――――――――――― ❺
                // 応答メッセージをラベルに表示
                label1.Text = response; ―――――――――――――――――――― ❻
                // 入力文字列を引数にしてPutLog()でログを出力
                PutLog("> " + value); ――――――――――――――――――――― ❼
                // 応答メッセージを引数にしてPutLog()でログを出力
                PutLog(Prompt() + response); ―――――――――――――――――― ❽
                // 入力用のテキストボックスをクリア
                textBox1.Clear();
            }
        }
    }
}
```

Form1クラスの冒頭❶にCSharpchanクラスをインスタンス化するコードを書いています。これで、フォームが読み込まれると同時にCSharpchanのインスタンスが_chanフィールドに格納されます。

❷は引数で渡された文字列をログ表示用のテキストボックスに追加するメソッドです。

❸は、C#ちゃんの発言の冒頭に付けるプロンプトを作るメソッドです。

C#ちゃん：Random> じゃあこれ知ってる？
（C#ちゃん：Random> ― この部分を作ります）

次にイベントハンドラーの処理です。❹でテキストボックスに入力された文字列を所得し、if...elseで処理を振り分けます。未入力なら「なに？」と表示し、入力があった場合はelse以下で応答の処理を開始します。

❺でC#ちゃんクラスCSharpchanのインスタンスからDialogue()メソッドを呼び出します。すると、

Dialogue()メソッド➡応答用サブクラスのチョイス➡Response()メソッド実行

という流れで応答メッセージが返ってきます。

❻でC#ちゃんの応答をラベルに表示します。

❼と❽で❷のPutLog()メソッドを呼び出して、ログ表示用のテキストボックスにログを追加します。すると、

> やあ、こんちは ――― ユーザーが入力した文字列
C#ちゃん：Random> じゃあこれ知ってる？ ――― C#ちゃんの応答

のようにログが追加されます。

C#ちゃん、うまく会話できる？

では、さっそくプログラムを実行してみましょう。

▼プログラムの実行

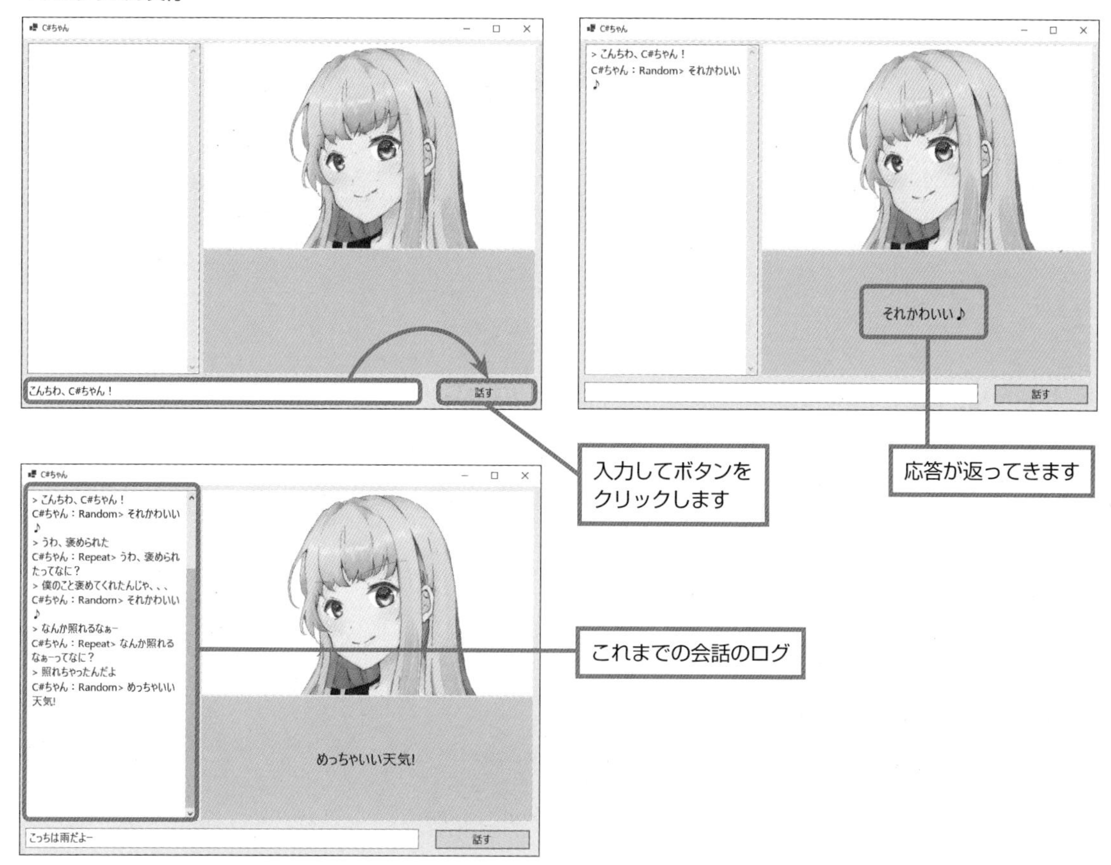

噛み合ってるような噛み合ってないような……無理やり合わせてはいますが、時折入ってくるRepeatResponderのオウム返しの応答がアクセントになって、ボキャブラリーの少なさをカバーしています。これもポリモーフィズムによるオーバーライドメソッドの呼び分けが功を奏しているお陰かと思います。

3.6.2 XMLドキュメントコメント

今回のプログラムでは、クラスやメソッドの説明に「XMLドキュメントコメント」を使いました。XMLドキュメントコメントは、クラスやメソッドの概要をXML形式で記述するもので、コメントをXML形式ファイルに出力できるほか、クラスやメソッドを使用する際に、対象のコードをポイントするとコメントの内容がポップアップするのが、通常のコメントとの大きな違いです。

ある程度の規模のアプリケーションを開発する場合は、XMLドキュメントコメントを活用することで、開発効率の向上が大いに期待できます。

XMLドキュメントコメントをインテリセンスに活用する

XMLドキュメントコメントは、冒頭に「///」を付け、専用のタグを使って記述します。次は、前項で作成したDialogue()メソッドに付けられたXMLドキュメントコメントです。

▼CSharpchanクラスのDialogue()メソッドのXMLドキュメントコメント

```
/// <summary>
/// RandomResponderまたはRepeatResponderを
/// ランダムに選択して応答メッセージを返す
/// </summary>
/// <param name="input">ユーザーの発言</param>
/// <returns>応答メッセージ</returns>
public string Dialogue(string input)
{
    Random rnd = new Random();
    int num = rnd.Next(0, 10);
    if (num < 6) { _responder = _res_random;}
    else { _responder = _res_repeat; }
    return _responder.Response(input);
}
```

<summary>はクラスやメソッドの概要を記述するためのタグ、<param>はパラメーターの説明、<returns>は戻り値の説明のためのタグです。Form1.csでDialogue()メソッドを使用する箇所がありますが、メソッド名のところをポイントすると、Visual Studioのインテリセンスの機能が働いて、XMLドキュメントコメントの内容がポップアップします。

▼インテリセンスによってXMLドキュメントコメントの内容がポップアップしたところ

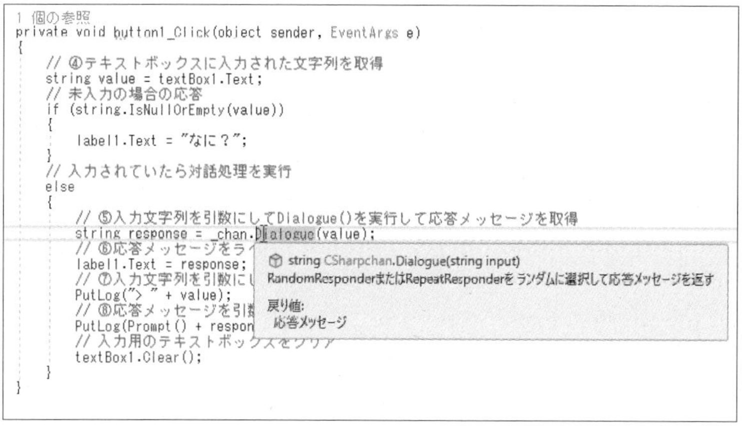

```
1 個の参照
private void button1_Click(object sender, EventArgs e)
{
    // ④テキストボックスに入力された文字列を取得
    string value = textBox1.Text;
    // 未入力の場合の応答
    if (string.IsNullOrEmpty(value))
    {
        label1.Text = "なに？";
    }
    // 入力されていたら対話処理を実行
    else
    {
        // ⑤入力文字列を引数にしてDialogue()を実行して応答メッセージを取得
        string response = _chan.Dialogue(value);
        // ⑥応答メッセージをラ
        label1.Text = response;
        // ⑦入力文字列を引数にし
        PutLog("> " + value);
        // ⑧応答メッセージを引数
        PutLog(Prompt() + respon
        // 入力用のテキストボックスをクリア
        textBox1.Clear();
    }
}
```

```
string CSharpchan.Dialogue(string input)
RandomResponderまたはRepeatResponderをランダムに選択して応答メッセージを返す

戻り値:
 応答メッセージ
```


XMLドキュメントコメントのタグ

次は、XMLドキュメントコメントで使用する主要なタグです。

- <summary>

  型または型メンバーの説明に使用します。

- <remarks>

  型の説明に補足情報を追加するには、<remarks>を使用します。

- <param>

  メソッドやコンストラクターのパラメーターの名前と説明を

```
<param name="パラメーター名">説明</param>
```

のように記述します。パラメーター名はname属性の値としてダブルクォーテーション「"」で囲みます。複数のパラメーターをドキュメント化するには、パラメーターと同じ数の<param>タグを使用します。

- <returns>

  メソッドの戻り値についての説明を記述します。

Section 3.7

抽象クラスとインターフェイス

Level ★★★ Keyword 抽象クラス 抽象メソッド インターフェイス

抽象メソッドとは、実際の処理を定義する部分を持たない、いわば空のメソッドのことです。スーパークラスのメソッドを、サブクラスで必ずオーバーライドするという場合は、スーパークラスのメソッドはオーバーライド専用として抽象メソッドにします。

一方、**インターフェイス**は、定数と抽象メソッドだけを宣言し、クラスの機能を拡張する目的で使います。

抽象クラスとインターフェイスの利用

抽象クラスは定義部を持たない、オーバーライド専用の抽象メソッドを持つクラスです。インターフェイスには定数と抽象メソッドだけを記述できます。

• 抽象メソッド

抽象メソッドは、abstractキーワードを使って宣言します。

```
public abstract class Sample ―――――――――― 抽象クラス
{
    public abstract void Display(int n); ―――― 抽象メソッド
}
```

• インターフェイス

インターフェイスには、定数と抽象メソッドだけを宣言できます。

- インターフェイスは抽象メソッドを羅列しただけのもので、継承関係には依存しません。たんにクラスに特定の機能を追加するために利用します。
- クラスで継承できるクラスは1つだけ（単一継承）ですが、複数のインターフェイスを実装することができます。

3.7.1 抽象クラス

スーパークラスで定義されたメソッドを、サブクラスで必ずオーバーライドするのであれば、最初から**抽象メソッド**としておくと便利です。抽象メソッドとは、実際の処理を定義する部分を持たない、いわば**空のメソッド**のことです。

●抽象メソッドの作成

抽象メソッドは、abstractキーワードを使って次のように記述します。

▼抽象メソッド

```
アクセス修飾子 abstract 戻り値の型 メソッド名(パラメーター); ―――― 定義部がない
```

このように記述すると、アクセス修飾子、戻り値の型、パラメーターを継承してオーバーライドができるようになります。

●抽象クラスの作成

抽象メソッドを含むクラスのことを**抽象クラス**と呼びます。抽象クラスもabstractキーワードを使って次のように記述します。

▼抽象クラス

```
public abstract class クラス名 ―――― 抽象クラス
{
    ―――――――――――――――― 抽象メソッドをここで宣言する
}
```

●抽象クラスの役割

抽象クラスは定義が完結していないクラスです。このため、継承先のクラスで抽象メソッドの内容を定義することで**具象クラス**にしなければなりません。言い換えると、サブクラスにおいてメソッドをオーバーライドして処理を定義するように強制するのが抽象クラスです。

●オーバーライドによるメソッド定義の実装

抽象クラスのメソッドをオーバーライドして具体的な処理を定義することを**実装**と呼びます。抽象クラスを継承した場合、サブクラスでオーバーライドを行わないと、コンパイルエラーが発生します。サブクラスでは抽象メソッドを引き継いだだけの状態となり、結果的にサブクラスも抽象クラスになってしまうためです。

▼サブクラスにおけるメソッドの実装

```
class subClassA : superClass
{
```

```
    public override void Disp() ―――――――――― 抽象メソッドをオーバーライド
    {
        Console.WriteLine("商品名はPRODUCTです"); ――― 実装
    }
}
```

●抽象クラスを使用する際の条件

抽象クラスを使用する際は、以下の条件が適用されます。

●抽象クラスはインスタンスを生成できない

抽象クラスは定義が完全ではないので、newでインスタンス化することはできません。サブクラスにおいてすべてのメソッドの定義部を実装して**具象クラス**（抽象クラスではない一般的なクラス）にすれば、インスタンス化できるようになります。

●サブクラスはすべての抽象メソッドの実装を行わなくてはならない

サブクラスにおいて一部の抽象メソッドの実装しか行わなかった場合は、サブクラス自体も抽象クラスになります。

●抽象メソッドのオーバーライドは通常のオーバーライドの条件に従わなければならない

抽象メソッドをオーバーライドして実装を行う場合は、通常のオーバーライドと同様に次の条件に従う必要があります。

・パラメーターの構成を変えてはいけない（構成を変えるとオーバーロードになる）。
・戻り値のデータ型を変えてはいけない。
・アクセス属性を変えてはいけない。

●抽象メソッドの宣言で static 修飾子または virtual 修飾子を使用することはできない

抽象メソッドは、オブジェクトの継承に基づくので、静的なメソッドにすることはできません。

3.7.2 スーパークラスを抽象クラスにしてポリモーフィズムを実現

スーパークラス型の参照変数にはサブクラスのインスタンスを格納できるので、同じステートメントを使ってオーバーライドメソッドを呼び分けることが可能になります。ここでは、スーパークラスを抽象クラスにして抽象メソッドを宣言し、サブクラスでメソッドを実装することにします。

▼スーパークラスを汎用的なクラスとして使用する（コンソールアプリケーション「CallOverride」）

```
// スーパークラス型の配列
// 要素はサブクラスのインスタンス
superClass[] a = {
    new subClassA(),
    new subClassB(),
    new subClassC()};
//
Call(a);

// パラメーターで取得した配列要素のインスタンスからDisp()を実行する
static void Call(params superClass[] args)
{
    // 配列要素のインスタンスに対して反復処理
    foreach (superClass o in args)
    {
        // サブクラスのDisp()メソッドを順番に呼び出す
        o.Disp();
    }
}


// スーパークラスを抽象クラスにする
abstract class superClass
{
    abstract public void Disp();
}

// サブクラス
class subClassA : superClass
{
    // メソッドのオーバーライド
    public override void Disp()
    {
        Console.WriteLine("商品名はPRODUCTです");
```

```
    }
}

// サブクラス
class subClassB : superClass
{
    // メソッドのオーバーライド
    public override void Disp()
    {
        Console.WriteLine("商品名はMANUFACTUREです");
    }
}

// サブクラス
class subClassC : superClass
{
    // メソッドのオーバーライド
    public override void Disp()
    {
        Console.WriteLine("商品名はGOODSです");
    }
}
```

▼実行結果

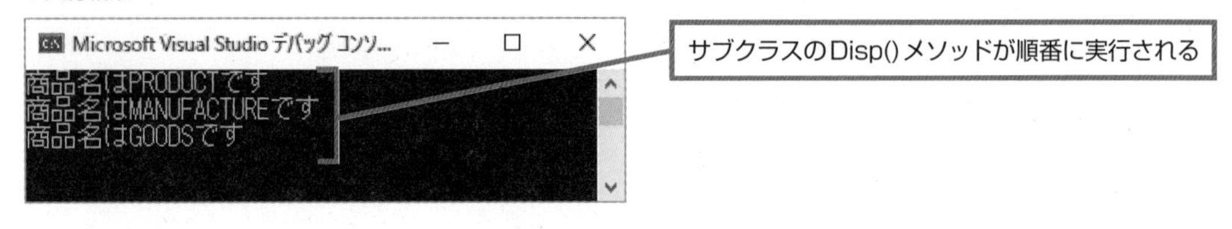
Microsoft Visual Studio デバッグ コンソ...
商品名はPRODUCTです
商品名はMANUFACTUREです
商品名はGOODSです
サブクラスのDisp()メソッドが順番に実行される

3.7.3 インターフェイスの概要

インターフェイスは、定数と抽象メソッドが宣言された型で、クラスの機能を拡張する目的で使います。メソッドの定義が完結していないのでインターフェイス自体をインスタンス化することはできませんが、インターフェイスをうまく利用することによって、「プログラムを交換可能な部品にする」ことができるようになります。

●単一継承の機能を補うインターフェイス

インターフェイスは、継承と同様にインターフェイスの機能をクラスに引き継ぐことができます。このことを実装と呼びます。クラスの継承にあたるのが実装です。

クラスで継承できるのは1個だけ（単一継承）ですが、インターフェイスは、複数を実装することができます。また、構造体はクラスを継承することはできませんが、インターフェイスを実装することはできます。

▼インターフェイスの実装

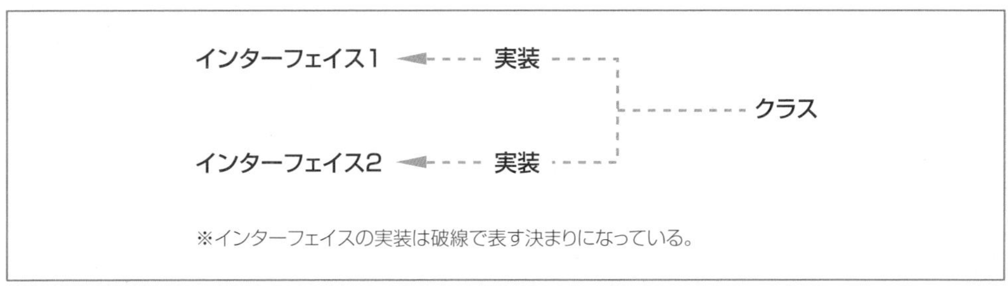

▼クラスの継承

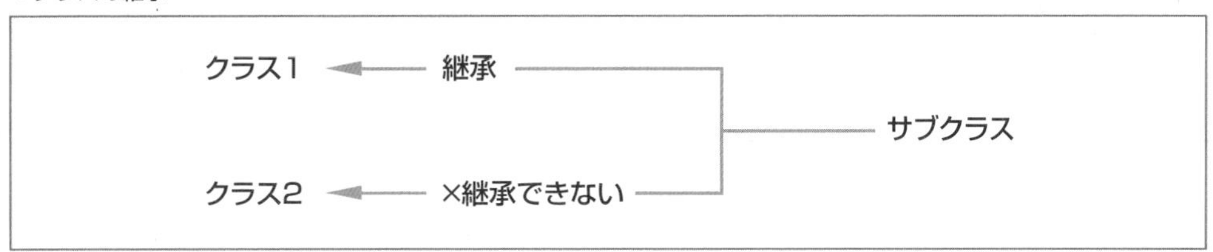

●クラスに機能を追加するだけであればインターフェイスを利用する

インターフェイスは抽象メソッドを羅列しただけのもので、クラスのような継承関係には依存しません。たんに機能を追加する目的で使用します。

3.7.4 インターフェイスの作成

インターフェイスは、次のように記述して宣言します。Microsoft社のガイドラインでは、インターフェイスの名前を付ける際に、冒頭にIを付けて、パスカル記法にすることが定められています。

▼インターフェイスの宣言

```
interface インターフェイス名
{
    インターフェイスメンバーの宣言
}
```

●インターフェイス宣言のポイント

・インターフェイスのアクセシビリティは、既定でpublicです。ただし、明示的にpublicまたはinternalを記述してもエラーにはなりません。

・インターフェイスのメンバーにアクセス修飾子を付けることはできません。インターフェイスのメンバーは既定でpublicです。

・インターフェイスには、メソッドのほかにイベント、インデクサー、およびプロパティをメンバーとして含めることができます。

Onepoint

インターフェイスを作成することを**インターフェイスの宣言**と呼び、インターフェイスの定義とは呼びません。これは、内部に抽象メソッドのような実装を持たない（定義されていない）メソッドがあるためです。

▼インターフェイスにおける抽象メソッドの宣言

```
interface インターフェイス名
{
    アクセス修飾子 戻り値の型 メソッド名(パラメーター);
}
```

インターフェイスで宣言するのは、抽象メソッドですが、抽象クラスのメソッドようにabstractを付ける必要はありません。

3.7.5 インターフェイスの実装

インターフェイスを実装する場合は、継承と同じ書き方をします。

▼インターフェイスの実装

構文

```
class クラス名 : インターフェイス名
{
    アクセス修飾子 戻り値の型 オーバーライドするメソッド名 (パラメーター)
    {
        実装するためのコード
    }
}
```

なお、複数のインターフェイスを実装する場合は、「class クラス名 : インターフェイス名, インターフェイス名」のようにカンマ「,」で区切って列挙します。

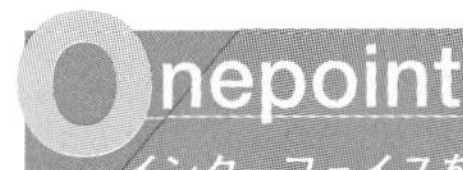

Onepoint

インターフェイスを実装しているクラスを**インターフェイスの実装クラス**と呼ぶことがあります。

インターフェイスをクラスに実装する

実際にインターフェイスを作成してクラスに実装してみましょう。

▼インターフェイスをクラスに実装する (コンソールアプリケーション「Interface」)

```
// インターフェイスを実装したクラスをインスタンス化
SampleCls sc = new();
// クラスで実装したShow()メソッドを実行
sc.Show();


// インターフェイス
interface ISample
{
    // 抽象メソッド
    void Show();
}
```

```
// インターフェイスISampleを実装するクラス
class SampleCls : ISample  // ISampleを実装する
{
    // Show()メソッドの実装
    public void Show()
    {
        Console.WriteLine("SampleClsのShow()メソッドです");
    }
}
```

▼実行結果

Microsoft Visual Studio デバッグ コンソール

SampleClsのShow()メソッドです

SampleClsのShow()メソッドの実行結果

Onepoint

インターフェイスを実装したクラスでは、すべての抽象メソッドの実装を行う必要があります。実装を行わない場合でも、「メソッド名() { }」のように記述しておかないとエラーになります。

3.7.6 インターフェイスを実装してメソッド呼び出しの仕組みを作る

スーパークラスと2つのサブクラスを作成し、インターフェイスのメソッドを実装してみることにします。インターフェイスでは、計算処理を実行するための抽象メソッドを宣言します。スーパークラスでは計算を行うための2つの抽象メソッドを宣言し、インターフェイスのメソッドを実装してこれらのメソッドの呼び出しを行うようにします。

このとき、計算を行う2つのメソッドの呼び出し方法だけを決めておいて、実際にどのような計算を行うのかはサブクラス側で決めるようにします。

▼作成するインターフェイスとクラス

ISample(インターフェイス)
SuperCls(スーパークラス：抽象クラス) ・インターフェイスのメソッドを実装し、メソッド呼び出しの仕組みを作ります。 ・2つの抽象メソッドを宣言します。
Cls1、Cls2(サブクラス) ・スーパークラスの2つの抽象メソッドをオーバーライドします。

インターフェイスの作成

Windows Forms Appのプロジェクトを作成し、インターフェイス用のソースファイルを作成します。**プロジェクト**メニューの**新しい項目の追加**を選択し、**新しい項目の追加**ダイアログボックスの**Visual C#アイテム**を選択したあと、**インターフェイス**を選択して**名前**に「ISample」と入力し、**追加**ボタンをクリックします。

▼[新しい項目の追加]ダイアログボックス

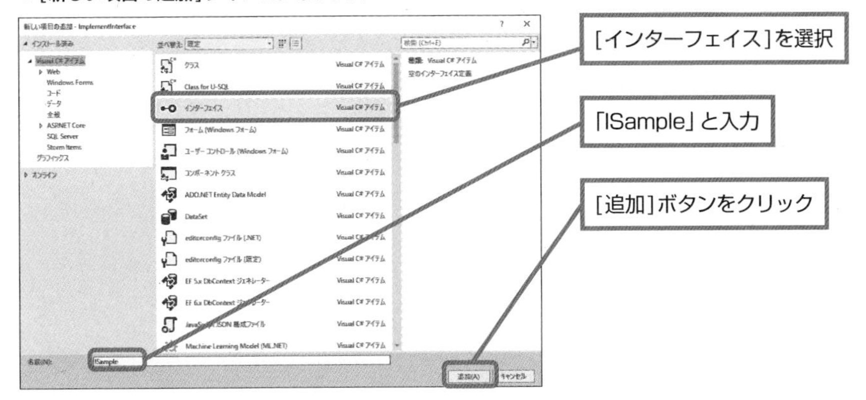
[インターフェイス]を選択
「ISample」と入力
[追加]ボタンをクリック

作成したインターフェイスで抽象メソッドを宣言します。

▼インターフェイスISample(ISample.cs)(プロジェクト「ImplementInterface」)

```
namespace ImplementInterface
{
    interface ISample
    {
        // 計算処理を実行するための抽象メソッド
        void DoCalc(int n);
    }
}
```

スーパークラスとサブクラスの作成

プロジェクトメニューの**クラスの追加**を選択して、「SuperCls.cs」「Cls1.cs」「Cls2.cs」の3つのファイルを作成します。

まず、スーパークラスSuperClsは抽象クラスにして、掛け算を行うMultiplier()、割り算を行うDivider()を抽象メソッドとして宣言します。一方、インターフェイスの抽象メソッドDoCalc()には、パラメーターの値によって先の抽象メソッドを呼び分ける処理を実装します。つまり、スーパークラスでは、「メソッドの呼び出し方法だけを決めて」おき、「具体的な処理はサブクラスに任せる」ようにします。

▼スーパークラスSuperCls (SuperCls.cs)

```
namespace ImplementInterface
{
    // インターフェイスISampleを実装した抽象クラス
    abstract class SuperCls : ISample
    {
        // 計算結果を保持するプロパティ
        public int Val { get; set; }
        // 計算に使用する値を保持するプロパティ(初期値100を設定)
        public int Num { get; set; } = 100;

        // 掛け算を行うメソッド
        abstract public void Multiplier(int n);

        // 割り算を行うメソッド
        abstract public void Divider(int n);

        // Multiplier()とDivider()の呼び出しを行うメソッド
        public void DoCalc(int n)
        {
            if (Num > n)
                //パラメーターnの値がNumより小さければMultiplier()を実行
                this.Multiplier(n);
            else
                //それ以外はDivider()を実行
                this.Divider(n);
        }
    }
}
```

SuperClsのサブクラスCls1では、Multiplier()とDivider()の処理を定義します。

▼サブクラスCls1(Cls1.cs)

```
using System.Windows.Forms; // MessageBoxのために必要

namespace ImplementInterface
{
    // SuperClsのサブクラス
    class Cls1 : SuperCls
    {
        // Multiplier()メソッドの実装
        public override void Multiplier(int n)
        {
            // パラメーターの値を2倍する
            Val = n * 2;
            // メッセージボックスに表示
            MessageBox.Show("処理結果は" + Val);
        }

        // Divider()メソッドの実装
        public override void Divider(int n)
        {
            // パラメーターの値を2で割る
            Val = n / 2;
            // メッセージボックスに表示
            MessageBox.Show("処理結果は" + Val);
        }
    }
}
```

サブクラスCls2においても、Multiplier()とDivider()の処理を定義します。

▼サブクラスCls2(Cls2.cs)

```
using System.Windows.Forms; // MessageBoxのために必要

namespace ImplementInterface
{
    // SuperClsのサブクラス
    class Cls2 : SuperCls
    {
        // Multiplier()メソッドの実装
        public override void Multiplier(int n)
        {
            // パラメーターの値を4倍する
```

```
                Val = n * 4;
                // メッセージボックスに表示
                MessageBox.Show("処理結果は" + Val);
            }

            // Divider()メソッドの実装
            public override void Divider(int n)
            {
                // パラメーターの値を4で割る
                Val = n / 4;
                // メッセージボックスに表示
                MessageBox.Show("処理結果は" + Val);
            }
        }
    }
```

操作画面とイベントハンドラーの作成

フォーム上にテキストボックスとボタンを配置して、次のようにプロパティを設定します。

▼1つ目のボタンのプロパティ

(Name)	button1
Text	* 2 or / 2

▼2つ目のボタンのプロパティ

(Name)	button2
Text	* 4 or / 4

▼テキストボックスのプロパティ

(Name)	textBox1

ソースファイルForm1.csに、以下のコードを記述します。

▼Form1.cs

```
using System.Windows.Forms;

namespace ImplementInterface
{
    public partial class Form1 : Form
    {
        // ❶インターフェイスISample型のフィールドを宣言
        private ISample obj;

        public Form1()
```

```
        {
            InitializeComponent();
        }

        // ❷button1のイベントハンドラー
        private void button1_Click(object sender, EventArgs e)
        {
            // ISample型のフィールドにCls1のインスタンスを代入
            obj = new Cls1();
            // Do()を実行してCls1のインスタンスからDoCalc()を実行
            Do();
        }

        // ❸button2のイベントハンドラー
        private void button2_Click(object sender, EventArgs e)
        {
            // ISample型のフィールドにCls2のインスタンスを代入
            obj = new Cls2();
            // Do()を実行してCls2のインスタンスからDoCalc()を実行
            Do();
        }

        // ❹DoCalc()を実行するメソッド
        private void Do()
        {
            // テキストボックスに入力されている数値を引数にして
            // objに格納されているインスタンスからDoCalc()を実行する
            obj.DoCalc(Int32.Parse(textBox1.Text));
        }
    }
}
```

❶ISample obj;

インターフェイス型のフィールドobjを作成します。このフィールドにサブクラスのインスタンスを格納してメソッドを実行します。なお、スーパークラスのSuperClsは、ISampleインターフェイスを実装していますので、サブクラスのインスタンスを代入することができます。

❷private void button1_Click(object sender, EventArgs e) ......

button1のイベントハンドラーでは、サブクラスCls1のインスタンスをフィールドに代入し、Do()メソッドを呼び出すようにします。

❸private void button2_Click(object sender, EventArgs e) ......

button2のイベントハンドラーでは、サブクラスCls2のインスタンスをフィールドに代入し、Do()メソッドを呼び出すようにします。

❹private void Do() ......

計算を行うメソッドを呼び出すためのメソッドを定義します。ISampleインターフェイス型のフィールドには、サブクラスのインスタンスが格納されていますので、ポリモーフィズムの仕組みを使ってDoCalc()メソッドを実行します。インスタンスの中身によって、それぞれのサブクラスでオーバーライドしたメソッドが呼ばれます。

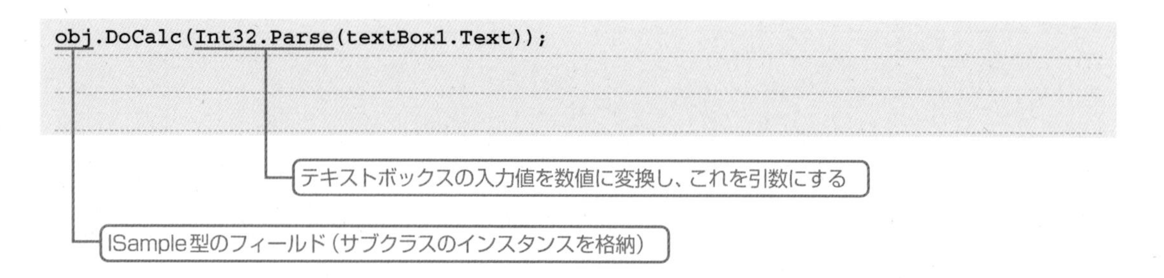
obj.DoCalc(Int32.Parse(textBox1.Text));
テキストボックスの入力値を数値に変換し、これを引数にする
ISample型のフィールド（サブクラスのインスタンスを格納）

▼実行結果

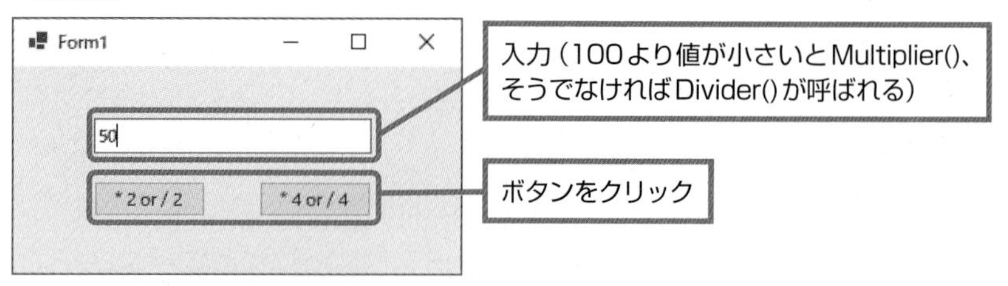
Form1
50
* 2 or / 2
* 4 or / 4
入力（100より値が小さいとMultiplier()、そうでなければDivider()が呼ばれる）
ボタンをクリック

▼button1をクリックした場合

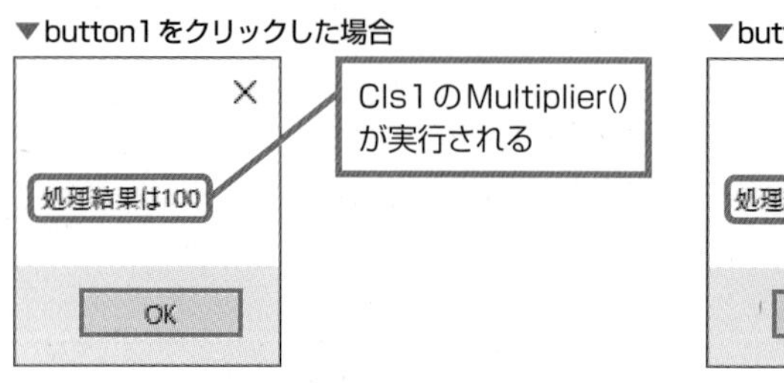
処理結果は100
OK
Cls1のMultiplier()が実行される

▼button2をクリックした場合

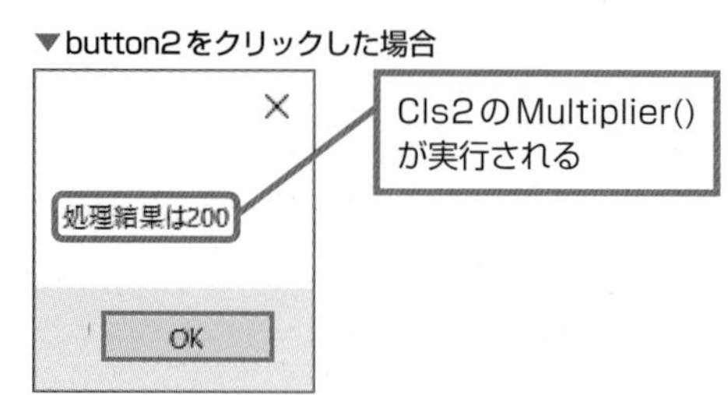
処理結果は200
OK
Cls2のMultiplier()が実行される

Memo abstractを付けるとどんなクラスでも抽象クラスになる

abstractを付けると、抽象メソッドがなくても抽象クラスにすることが可能です。次の例は、すべて文法上は正しい記述です。

▼抽象メソッドを持たない抽象クラス

```
abstract class SuperClass ———— 実際に使うことはないが文法上はOK
{
    public void Disp(int n)
    {
        Console.WriteLine(n);
    }
}
```

▼抽象メソッドと具象メソッドを持つ抽象クラス

```
abstract class SuperClass
{
    abstract public void Disp(int n); ———— 抽象メソッド
    public void superMethod(int n) ———— 具象メソッド
    {
        Console.WriteLine(n);
    }
}
```

▼定義部がない抽象クラス

```
abstract class SuperClass { }
```

Section 3.8

メソッドと配列での参照変数の利用

Level ★★★ | Keyword | メソッドのパラメーター　配列要素

インスタンスを生成するときに使用する参照変数には、メモリ上に生成されたインスタンスにアクセスするための参照値が格納されているので、メソッドのパラメーターとして使うことができます。

インスタンスの参照の利用

● 参照型のパラメーター

メソッドのパラメーターをインスタンスの参照にすると、参照が指し示すインスタンスのGetアクセサーやSetアクセサーを使ってフィールドの値を取得したり、値をセットすることができるようになります。

● インスタンス同士の演算

メソッドのパラメーターをインスタンスの参照にすることで、メソッド呼び出し時に別のインスタンスを引数にしてインスタンス同士の演算を行うことができるようになります。

```
public void Add(TestClass a)
{
    num += a.num;
}
```

（num += a.num; ← フィールドの値とパラメーターで受けたインスタンスのフィールドの値を合計します）

● クラス型の配列

配列の要素には、クラスのインスタンスの参照を格納することができます。インスタンスを複数、生成し、これらのインスタンスを操作する場合、インスタンスの参照を配列にまとめて入れておくと便利な場合があります。

```
TestClass[] a = new TestClass[3];
a[0] = new TestClass("public");
a[1] = new TestClass("private");
a[2] = new TestClass("protected");
```

（1行目：配列を作成／2〜4行目：インスタンスの参照を要素に代入）

3.8.1 参照型のパラメーター

インスタンスの参照を格納する変数は、メソッドのパラメーターとして使うことができます。パラメーターで参照を受け取ると、参照が指し示すインスタンスのGetアクセサーやSetアクセサーを使ってフィールドの値を取得したり、値をセットすることができるようになります。

▼参照をパラメーターにとるメソッドを定義（コンソールアプリケーション「ReferenceType」）

```
// ❶インスタンスを生成
TestClass obj1 = new(100);
// ❷インスタンスを生成
TestClass obj2 = new(500);
// ❸インスタンスobj2を引数にして、インスタンスobj1からShow()メソッドを呼び出す
obj1.Show(obj2);

public class TestClass
{
    // int型のプロパティ
    public int Num { get; set; }

    // コンストラクター
    public TestClass(int num)
    {
        // プロパティにパラメーター値を設定
        Num = num;
    }

    // ❹TestClass型のパラメーターを持つメソッド
    public void Show(TestClass a)
    {
        // ❺実行中のインスタンスからNumプロパティの値を出力
        Console.WriteLine(
            "呼び出し元のインスタンスのプロパティ値は" + Num);
        // ❻パラメーターで取得したインスタンスからNumプロパティの値を出力
        Console.WriteLine(
            "引数で渡されたインスタンスのプロパティ値は" + a.Num);
    }
}
```

▼表示されたメッセージ

Microsoft Visual Studio デバッグ コンソール
呼び出し元のインスタンスのプロパティ値は100
引数で渡されたインスタンスのプロパティ値は500

obj1のShow()メソッドでobj1とobj2がそれぞれ参照するNumプロパティの値を表示

❹public void Show(TestClass a)

　プロパティの値を表示するメソッドです。パラメーターは、メソッドが定義されているTestClass型にしています。

❺Console.WriteLine･･･

❻Console.WriteLine･･･

　Show()メソッドの処理として、実行中のインスタンスのプロパティ値とパラメーターで取得したインスタンスのプロパティ値をそれぞれ出力します。

```
Console.WriteLine(
    "呼び出し元のインスタンスのプロパティ値は" + Num);
Console.WriteLine(
    "引数で渡されたインスタンスのプロパティ値は" + a.Num);
```

Num ― 実行中のインスタンスのプロパティ

a.Num ― 参照先のインスタンスのプロパティ

❶TestClass obj1 = new(100);

❷TestClass obj2 = new(500);

　TestClassのインスタンスを2個生成します。

❸obj1.Show(obj2);

　変数obj1からTestClassクラスのShow()メソッドを呼び出します。引数にobj2を指定しているのがポイントです。

Onepoint

　作成例とは逆に「obj2.Show(obj1);」と記述した場合は、「呼び出し元のインスタンスのプロパティ値は500」、「引数で渡されたインスタンスのプロパティ値は100」のように表示結果が逆になります。

3.8.2 インスタンス同士の演算

前項ではメソッドのパラメーターをインスタンスの参照にすることで、別のインスタンスが保持するプロパティの値を取得する処理を行いました。今度は、この仕組みを利用して、インスタンスが保持するプロパティ同士で演算を行ってみることにします。

▼インスタンス同士の計算を行う（コンソールアプリケーション「CalculateObject」）

```
// TestClass型のインスタンスを引数を指定して生成
TestClass obj1 = new(400);
// TestClass型のインスタンスを引数を指定して生成
TestClass obj2 = new(200);

// インスタンスobj1からAdd()メソッドを実行
// 引数はインスタンスobj2
obj1.Add(obj2);
// インスタンスobj1が参照するNumプロパティの値を出力
Console.WriteLine(obj1.Num);

// インスタンスobj1からAdd()メソッドを実行
// 引数はインスタンスobj2
obj1.Subtract(obj2);
// インスタンスobj1が参照するNumプロパティの値を出力
Console.WriteLine(obj1.Num);

public class TestClass
{
    // int型のプロパティ
     public int Num
    { get; set; }

    // コンストラクター
    public TestClass(int num)
    {
        Num = num;
    }

    // TestClass型のパラメーターが設定されたメソッド
    public void Add(TestClass a)
    {
        // 呼び出し元と参照先のNumプロパティの値を合計する
        Num += a.Num;
```

```
    }

    // TestClass型のパラメーターが設定されたメソッド
    public void Subtract(TestClass a)
    {
        // 呼び出し元のプロパティの値から
        // 参照先のプロパティの値を減算する
        Num -= a.Num;
    }
}
```

▼実行結果

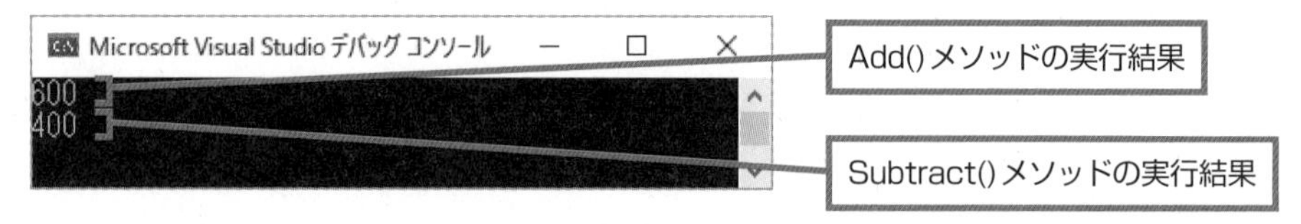

Hint 初期値をセットしてクラス型の配列を作成する

次のページで紹介するプログラムではインスタンスの参照を初期値としてセットして、配列を作成することもできます。この場合、初期値のリストを使って次のように記述します。

▼配列の作成時に初期化する

```
TestClass[] a = { new TestClass("public"), ── 初期化子を使う
                  new TestClass("private"),
                  new TestClass("protected") };
foreach (TestClass tc in a)
{
    Console.WriteLine(tc.Modifier); ──────── 画面表示
}
```

3.8.3 クラス型の配列

配列の要素には、クラスのインスタンスの参照を入れることができます。インスタンスを複数、生成し、これらのインスタンスを操作する場合、インスタンスの参照を配列にまとめて入れておくと便利な場合があります。実際にクラス型の配列を作成して確認してみましょう。

▼インスタンスを配列要素として扱う(コンソールアプリケーション「ClassTypeArray」)

```
// TestClass型の配列を作成
TestClass[] a = new TestClass[3];
// TestClassのインスタンスを生成して配列要素に代入
a[0] = new TestClass("public");
a[1] = new TestClass("private");
a[2] = new TestClass("protected");

// ブロックパラメーターtcはTestClass型
foreach (TestClass tc in a)
{
    // 各インスタンスのModifierプロパティの値を出力
    Console.WriteLine(tc.Modifier);
}

public class TestClass
{
    // string型のフィールド
    private string _modifier;

    // _modifierの値を返すプロパティ
    public string Modifier
    {
        get { return _modifier; }
    }
    // コンストラクター
    public TestClass(string modifier)
    {
        // フィールドにパラメーターの値を代入
        _modifier = modifier;
    }
}
```

▼実行結果

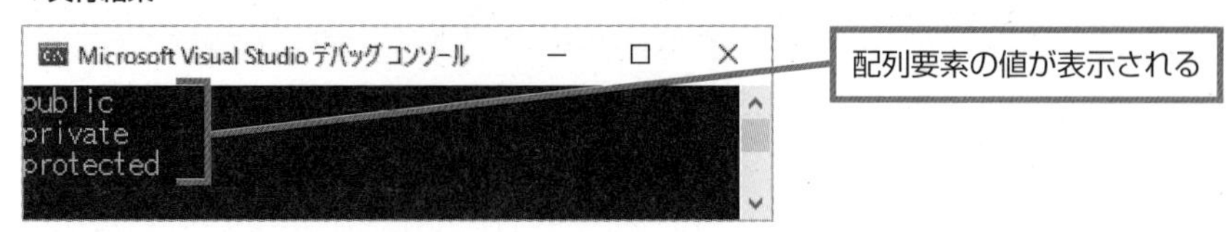

複数のプロパティを持つクラスを配列要素で扱う

今度は、複数のプロパティを持つクラスのインスタンスの参照を配列要素にする例です。

▼int型とstring型のプロパティを持つクラス（コンソールアプリケーション「ClassTypeArray2」）

```
// TestClass型の配列を作成し、要素にTestClassのインスタンスを格納
TestClass[] a = {new(10001,"public"), new(10002,"private"), new(10003,"protected") };

// ブロックパラメーターtcはTestClass型
foreach (TestClass tc in a)
{
    // IdプロパティとProductプロパティの値を出力
    Console.WriteLine(tc.Id + "=" + tc.Product);
}
public class TestClass
{
    // int型のプロパティ
    public int Id { get; set; }
    // string型のプロパティ
    public string Product { get; set; }

    // コンストラクター
    public TestClass(int id, string product)
    {
        Id = id;
        Product = product;
    }
}
```

▼実行結果

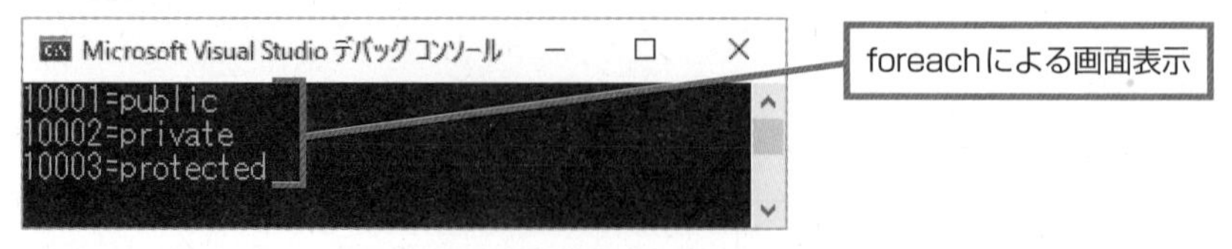

Perfect Master Series
Visual C# 2022

Chapter

デスクトップアプリの開発

フォーム上に配置したコントロールには、ユーザーの操作に対応して、特定の処理を実行する役目があります。このとき、「ボタンがクリックされた」、「メニューを選択した」といった事象は、イベントとして通知され、イベントに対応したプログラム（イベントハンドラー）を記述しておくことで、ユーザーの操作に応じて様々な処理を行わせることができます。

このような、イベントに対応して処理を分岐させていくプログラミングのことを、イベントドリブン（イベント駆動）プログラミングと呼びます。ここでは、デスクトップアプリを開発する上で重要なポイントとなるイベントドリブンプログラミングについて解説します。

Section
4.1 Windowsフォームアプリケーションのプログラムの構造

Level ★★★ | Keyword | Program.cs Form1.cs Form1.Designer.cs

このセクションでは、デスクトップアプリ（Windowsフォームアプリケーション）におけるプログラムの構造を見ていきます。デスクトップアプリは、フォームやコントロールなどの視覚的なプログラム部品を扱うため、最低でも3つのソースファイルを扱います。

ここがポイント！

フォームアプリケーションの構造

ここでは、Windowsフォームアプリケーションのソースコードが、どのような構造になっているのかを詳細に見ていきます。

•「Program.cs」

アプリケーションの開始に必要な「Main()」メソッドが保存されるソースファイルです。

•「Form1.Designer.cs」

Windowsフォームデザイナーによる、フォームやコントロールなどの配置を行う操作に伴って、自動的に記述されるソースコードが保存されるソースファイルです。

•「Form1.cs」

ボタンをクリックしたときやメニューを選択したときに実行される処理など、プログラマーが独自に記述するソースコードが保存されるソースファイルです。

4.1.1 Windowsフォームアプリケーションの実体 ——プログラムコードの検証

ここでは、Windows Forms Appのプロジェクトを作成すると自動的に作成される「Program.cs」、「Form1.cs」、「Form1.Designer.cs」の3つのファイルに書き込まれているコードを順に見ていくことにしましょう。

「Program.cs」ファイルのソースコード

フォームアプリケーションプロジェクトを「WinFormsApp1」という名称で作成し、**ソリューションエクスプローラー**で「Program.cs」を選択して、**コードの表示**ボタンをクリックしましょう。

▼「Program.cs」をコードビューで表示

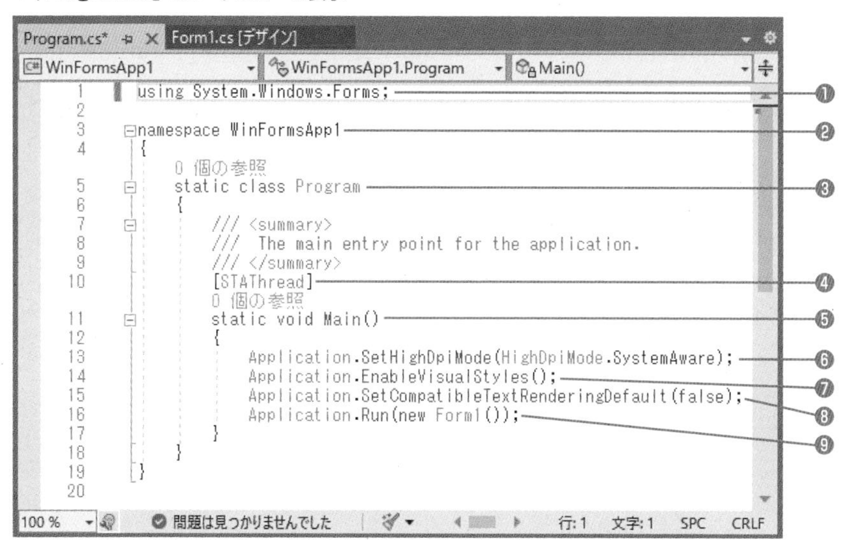

❶using System.Windows.Forms;

usingキーワードで「System.Windows.Forms」の名前空間を読み込めるようにしています。

❷namespace WinFormsApp1 … **新規の名前空間の宣言**

namespaceは、名前空間を宣言するキーワードです。ここでは、「WinFormsApp1」というプロジェクト名と同名の名前空間が宣言されています。

次行の中カッコ「{」から最後の行の「}」までが、名前空間「WinFormsApp1」の範囲になります。

❸static class Program … **クラスの宣言**

classキーワードでProgramという名前のクラスを宣言しています。

❹[STAThread] … 便宜的に記述されるキーワード

STAThreadは、System名前空間に属する**STAThreadAttribute**クラスのことを示しています。[ ]は、属性を指定するためのものです。

属性とは、クラスやメソッドに対して付加的な情報を付け加えるための仕組みのことで、属性を使用することで、独自の情報をクラスやメソッドに与えることができます。

ここでは、STAThreadAttributeクラスを属性として指定することで、シングルスレッドであることが宣言されています。マルチスレッドを使用する場合以外に、特にスレッドの指定は必要ないのですが、Visual C#のMain()メソッドでは、便宜的に[STAThread]が自動で記述されます。

なお、スレッドに関しては、このあとの「**Memo**　プロセスとスレッド」を参照してください。

❺static void Main() … 静的メソッドを宣言するstaticキーワード

Main()メソッドの宣言部です。C#では、プログラム起動時にMain()メソッドが最初に実行されます。

❻ Application.SetHighDpiMode(HighDpiMode.SystemAware) … 高解像度を設定するメソッド

SetHighDpiMode()は高DPI(解像度)モードを設定します。

❼Application.EnableVisualStyles(); … コントロールのスタイルにするメソッド

System.Windows.Forms名前空間に属するApplicationクラスのEnableVisualStyles()は、デスクトップアプリスタイルの外観を持ったコントロールを使用できるようにするためのメソッドです。

❽Application.SetCompatibleTextRenderingDefault(false);
… フォームのテキスト表示の方法を指定するメソッド

System.Windows.Forms名前空間に属するApplicationクラスのSetCompatibleTextRenderingDefault()は、フォームのテキスト表示の方法を指定するメソッドです。引数がtrue の場合は、GDI+ベースのGraphicsクラスを使用し、falseの場合はGDIベースのTextRendererクラスを使用します。

GDIとは、「Graphics Device Interface」の略で、グラフィックス処理に関する機能を提供するAPIです。**GDI+**は、GDIの.NET対応版です。

❾Application.Run(new Form1());

Windowsフォームアプリケーションでは、ユーザーが行う操作に対して、次々と対応するプログラムを実行していかなくてはなりません。つまり、1つの処理が終わった時点で、次のイベントの発生を待って処理を行うことが必要になります。

Application.Run()メソッドを実行すると、アプリケーションの起動と同時にイベントの監視が始まり、イベント発生時に、イベントハンドラーによって処理が実行されます。「イベントの発生」➡「イベントハンドラーの実行」という一連の処理を、Form1を終了するまで実行し続けることになります。このような一連の処理の流れを**メッセージループ**と呼びます。

Form1が終了すれば、メッセージループが終了し、Main()メソッドに処理が移ります。Main()メソッドには、ほかに実行するメソッドはないので、ここでアプリケーション自体が終了となります。

●Application.Run()メソッド

現在のスレッドで標準のアプリケーションメッセージループの実行を開始します。引数にフォームを指定した場合は、メッセージループの開始と同時にフォームを表示します。

Application.Run()メソッドは、staticキーワードが付いた静的メソッドなので、インスタンス化のプロセスが不要です。

Memo プロセスとスレッド

プロセスとスレッドについて確認しておきましょう。

●プロセス

プロセスとは、特定のアプリケーションソフトによる処理の単位のことです。OSから見た処理の実行単位を指す用語であるタスクと、ほぼ同じ使い方をされています。

Windowsは、**マルチプロセス**（**マルチタスク**）に対応したOSで、CPUの処理時間を分割して、複数のアプリケーション（プロセス）に割り当てることで、同時に複数のアプリケーションを並行して実行することができるようになっています。実際は、非常に短い間隔で処理の対象となるプロセスを切り替えているのですが、見かけ上は、複数のアプリケーションが同時に動いているように見えるというわけです。

●スレッド

スレッドとは、プロセスの中に生成される、プログラムの実行単位のことです。例えば、Webブラウザーでは複数のタブを開くことができますが、この場合、アプリケーションウィンドウがプロセス、それぞれのタブがスレッドにあたります。

このようにすれば、共通して利用できる部分を共有することができるので、メモリなどのリソースの消費を抑えることができます。また、スレッドによる処理は、メモリアドレスの変換などの処理が不要になるなどの理由から、処理が軽くなるというメリットがあります。

このような、1つのプロセス内に複数のスレッドを生成して、同時並列的に実行する仕組みを**マルチスレッド**と呼びます。アプリケーション内で実行されるマルチタスク処理がマルチスレッドにあたります。のマルチスレッドに対応したWindowsなどOSは、1つのプロセスに対して最低、1つのスレッドを生成します。

「Form1.Designer.cs」ファイルのソースコード

ソリューションエクスプローラーで「Form1.Designer.cs」を選択し、**コードの表示**ボタンをクリックしてソースコードを表示しましょう。

▼「Form1.Designer.cs」をコードビューで表示

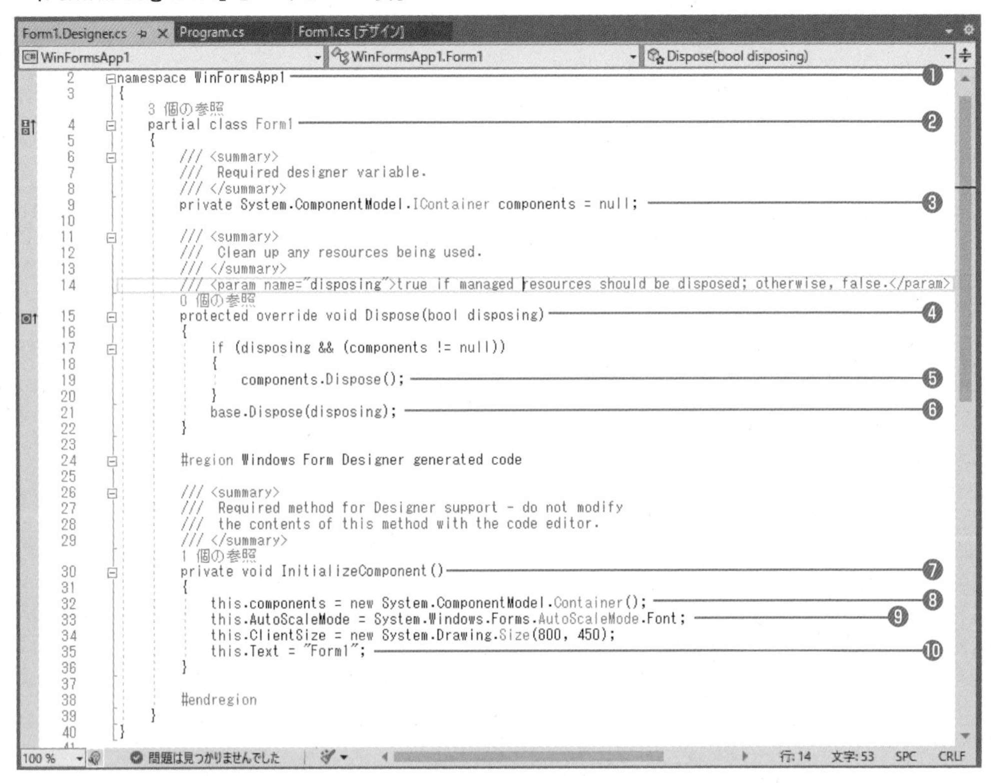

❶namespace WinFormsApp1 … 名前空間の宣言

❷partial class Form1 … Form1クラスの宣言

Form1クラスを宣言しています。

・partial … クラスの定義部を分割可能にするキーワード

partialは、宣言したクラスの定義を複数のファイルに分割して記述できるようにするためのキーワードです。Visual C#では、デザイナーが自動的に記述するコードは「Form1.Designer.cs」ファイルの「Form1」クラスに記述され、ユーザーが入力するコードは「Form1.cs」の「Form1」クラスに分割して記述されます。

・Form1 … フォームを表示する機能を持つクラス

Form1クラスは、フォームを生成し、画面上に表示する機能を持つFormクラスを継承したクラスです。

❸private System.ComponentModel.IContainer components = null;
… コンポーネントを管理する変数の宣言

IContainer型のフィールドcomponentsが宣言されています。System.ComponentModel名前空間のIContainerは、コンポーネントを管理する機能を追加するためのインターフェイスです。

❹protected override void Dispose(bool disposing)
… アプリケーションの終了処理を行うメソッド

アプリケーションの終了処理を行うDispose()メソッドをオーバーライドしています。フォームが使用しているメモリ領域を解放する処理を行います。

・disposing … ifステートメントにおける第1の条件

「if (disposing)」と記述した場合は、「disposingの値がtrue (真) であればブロック内の処理を実行する」という意味になります。

前述の「Program.cs」ファイルに記述された「Application.Run(new Form1());」によってApplication.Run()メソッドを実行した場合、処理対象のインスタンス (Form1) がユーザーの操作によって終了されると、Dispose()メソッドが呼び出されます。このとき、パラメーター「disposing」にtrueが渡されるようになっています。

・components != null … ifステートメントにおける第2の条件

!=は、「同じではない」ことを意味する比較演算子です。

componentsフィールドには、宣言時に「null」の値が格納されていますが、Form1クラスのインスタンスが作成される際に、コンストラクターによってInitializeComponent()メソッドが実行されると同時に、componentsフィールドにコンポーネントを管理するためのデータが格納されます。

❺components.Dispose(); … コンポーネントの管理データをクリーンアップするメソッド

Dispose() は、IDisposableインターフェイスのメソッドで、コンポーネントが使用しているメモリ領域を解放する処理を行います。

ifステートメントの2つの条件が成立すると、components.Dispose();ステートメントが実行され、Containerクラスのインスタンスが破棄されます。

❻base.Dispose(disposing);
… スーパークラスのDispose()メソッドでフォームが使用中のメモリ領域を解放

このステートメントは、ifステートメントの条件にかかわらず、フォームが終了されると同時に実行されます。ここでは、スーパークラスFormのDispose()メソッドを実行します。

・(disposing) … Dispose()メソッドに渡す引数

オーバーライドしたDispose()メソッドが呼び出される際にtrueが引数として渡されてきますので、スーパークラスFormのDispose()メソッドに引数として渡せば、フォームが使用していたリソースが解放されます。

●オーバーライドしたDispose()メソッドにおける2つの処理

スーパークラスFormのDispose()メソッドがオーバーライドされているので、次の2つの処理が行われることになります。

・変数components が使用していたリソースの解放

ifステートメントの成立時にContainerクラスのDispose()メソッドが実行され、コンポーネント管理用のcomponentsフィールドに格納されていたコンポーネント用のメモリ領域が解放されます。

・フォームのインスタンスが使用しているメモリ領域の解放

スーパークラスFormのDispose()メソッドが実行され、フォーム用のメモリ領域が解放されます。

Dispose()メソッドが何度も出てきてわかりにくいので整理しておきましょう。

・オーバーライドしたDispose() メソッド

Formクラスの Dispose()メソッドをオーバーライドしています。

・components.Dispose() で呼び出すメソッド

Containerクラスで定義されているDispose()メソッドです。このあとの処理で、componentsフィールドにContainerクラスのインスタンスを格納します。Containerクラスで実装した、IContainerインターフェイスのDispose()メソッドが呼ばれます。

・base.Dispose(disposing) で呼び出すメソッド

Formクラスの Dispose()メソッドが呼ばれます。

❼private void InitializeComponent() … フォームの初期化を行うメソッド

InitializeComponent()メソッドの宣言部です。このメソッドは、Form1クラスのコンストラクターから呼び出され、フォームの初期化に関する処理を行います。

❽ this.components = new System.ComponentModel.Container();

コンポーネントを管理する機能を持つContainerクラスをインスタンス化し、参照情報をcomponentsフィールドに格納します。

❾ this.AutoScaleMode = System.Windows.Forms.AutoScaleMode.Font;
… フォームやコントロールのスケーリングモードを指定

System.Windows.Forms.AutoScaleMode列挙体は、コントロールのスケーリングモードを指定します。ここでは、OSのシステムフォントのサイズに応じてコントロールやフォームをスケーリングする定数Fontが指定されています。

▼「AutoScaleMode」列挙体の値

値	内容
Dpi	ディスプレイの解像度を基準としてスケールを制御します。一般的な解像度は、96dpiと120dpiです。
Font	クラスで使用されているフォント（通常はシステムのフォント）の大きさを基準にしてスケーリングを行います。
Inherit	継承元のクラスのスケーリングモードに従ってスケーリングを行います。継承元のクラスが存在しない場合は、自動スケーリングが無効になります。
None	自動スケーリングを無効にします。

⑩this.Text = "Form1"; … フォームのタイトルを設定

Formクラスの**Text**プロパティは、フォーム上に表示されるタイトルを設定するためのプロパティです。

「Form1.cs」ファイルのソースコード

「Form1.cs」ファイルは、ボタンをクリックしたときに実行される処理など、ユーザーが独自に記述するソースコードを保存するためのファイルです。

ソリューションエクスプローラーで「Form1.cs」を選択し、**コードの表示**ボタンをクリックして、ソースコードを表示しましょう。

▼「Form1.cs」をコードビューで表示

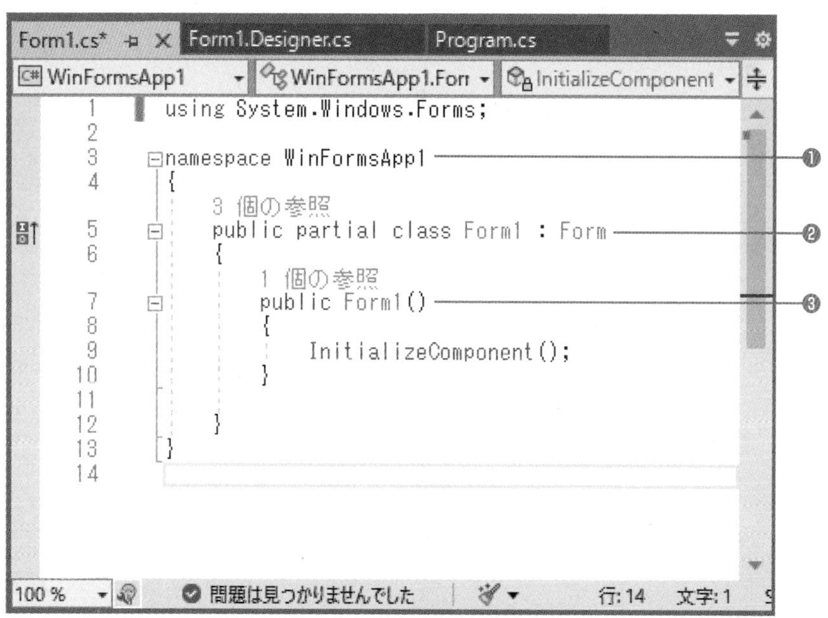

冒頭では、名前空間を読み込んでいます。

❶ namespace WinFormsApp1 … 独自の名前空間の宣言

プロジェクトと同名の名前空間が宣言されています。

❷ public partial class Form1 : Form … サブクラス「Form1」の宣言

Formクラスを継承したサブクラスForm1を宣言しています。

partialは、宣言したクラスの定義を複数のファイルに分割して記述できるようにするためのキーワードです。

❸ public Form1() … コンストラクターの宣言

Form1クラスのコンストラクターです。

「Form1.Designer.cs」で定義されている**InitializeComponent()**メソッドを呼び出して、フォームを表示する際に必要な初期化の処理を行います。

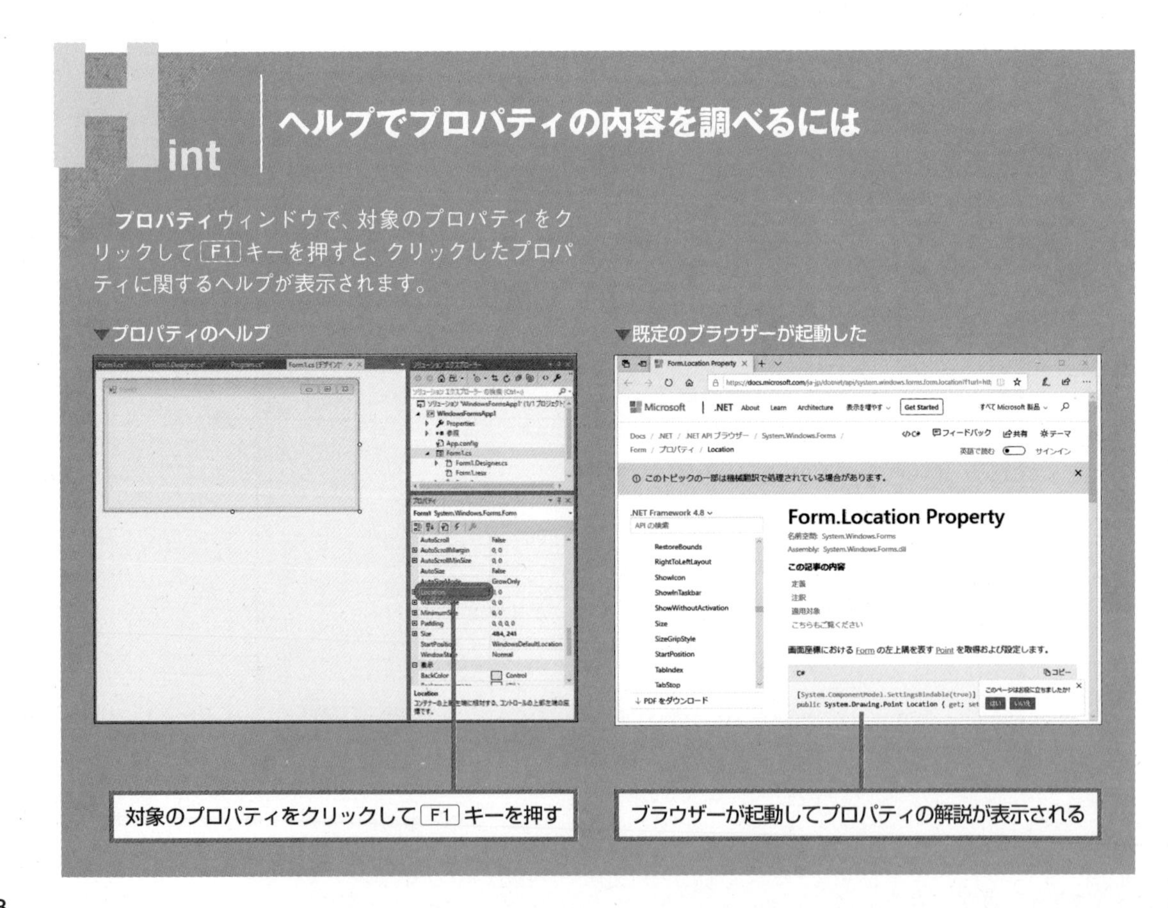

Hint ヘルプでプロパティの内容を調べるには

プロパティウィンドウで、対象のプロパティをクリックして[F1]キーを押すと、クリックしたプロパティに関するヘルプが表示されます。

▼プロパティのヘルプ

▼既定のブラウザーが起動した

4.1.2 プログラム実行の流れ

ソースコードの確認が終わったところで、今度は、これらのソースコードがどのような順番で実行されるのかを、フォームが表示されるまでの過程を通して確認していきましょう。

➊アプリケーションを起動する操作を行うと、OS（Windows）からCLR（共通言語ランタイム）に通知があります。

➋CLRによってMain()メソッドが呼び出されて、以下の処理が行われます。

❶Application.EnableVisualStyles()メソッドの実行
コントロールの外観をWindowsデスクトップスタイルに設定します。

❷Application.SetCompatibleTextRenderingDefault()メソッドの実行
フォームのテキスト表示の方法を指定します。

❸Application.Run()メソッドの実行
「Application.Run(new Form1());」の記述に基づいて、Form1クラスのコンストラクターが呼び出され（①）、内部でInitializeComponent()メソッドの呼び出しが行われます（②）。以下の処理が順番に行われます。

---

③「this.components = new System.ComponentModel.Container();」の記述によって、「Container」クラスをインスタンス化し、参照情報をcomponentsフィールドに格納します。

④「this.AutoScaleMode = System.Windows.Forms.AutoScaleMode.Font;」によって、フォームやコントロールのスケーリングモードがFont（システムのフォントサイズを基準にしてサイズが決定される）に設定されます。

⑤「this.Text = "Form1";」によって、フォームのタイトル（この場合は「Form1」）が設定されます。

⑥このあと、プログラムの制御が「Application.Run()」メソッドに戻り、イベントの監視（メッセージループ）が開始されます。

➌イベントが発生した場合には、イベントハンドラーが起動して処理が行われます。「イベントの発生」➡「イベントハンドラーの実行」という一連の処理が、プログラムが終了するまで実行されます。

▼フォームが表示されるまでの処理の流れ

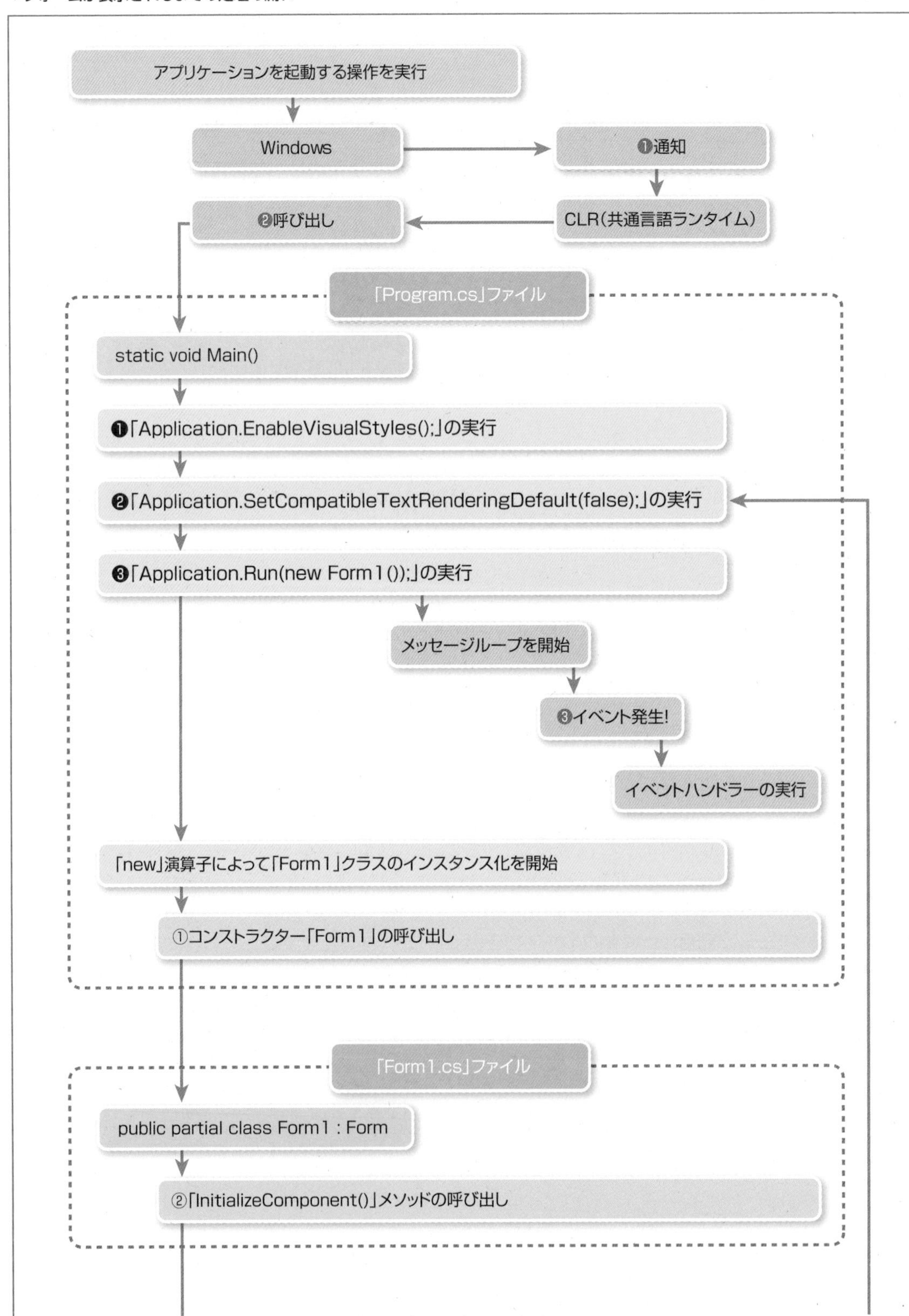

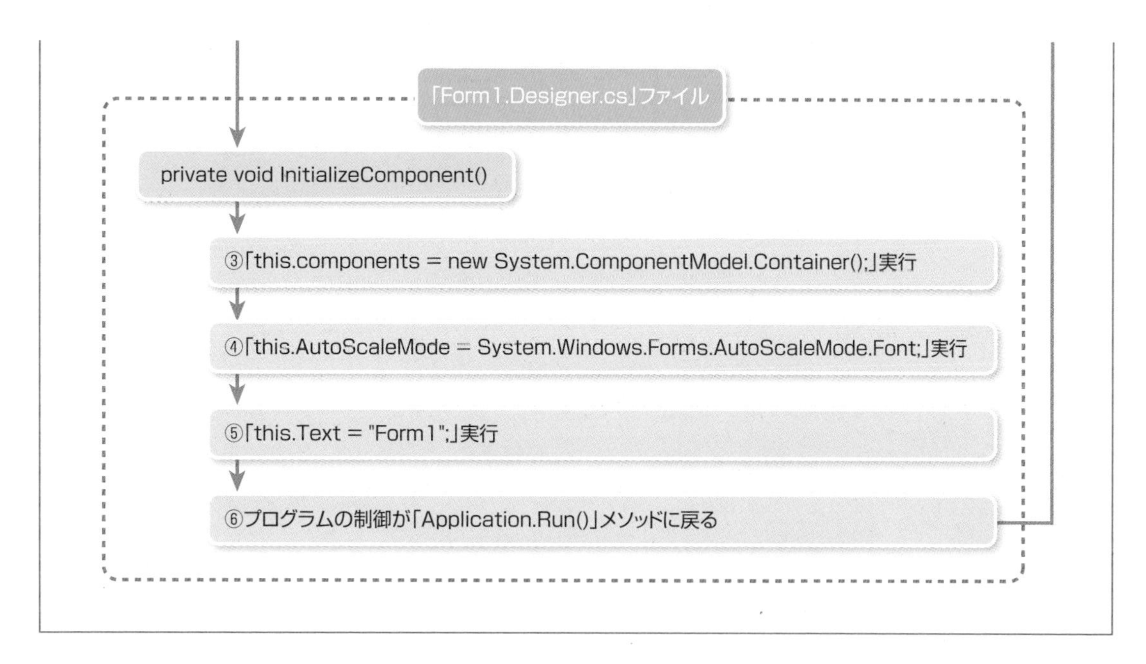

フォームを終了するプロセス

フォームが閉じられた場合の終了処理について見ていくことにしましょう。

❶フォームの閉じるボタンをクリックすると、Dispose()メソッドが呼び出されて、以下の処理が順番に行われます。

ifステートメントで次の条件がチェックされます。

・パラメーター「disposing」の値が「true」である

・componentsフィールドの値が「null」ではない

条件が成立するとContainerクラスのDispose()メソッドを実行し、componentsが使用していたリソースを解放します。

❷「System.Windows.Forms」名前空間に属する「Form」クラスの「Dispose()」メソッドを実行し、フォームが使用していたリソースを解放します。

❸プログラムの制御がApplication.Run()メソッドに戻ります。

❹プログラムの制御がMain()メソッドに戻ります。

❺Main()メソッドには、これ以上の処理は記述されていないので、この時点でアプリケーションが終了します。

▼フォームが閉じられたときの処理の流れ

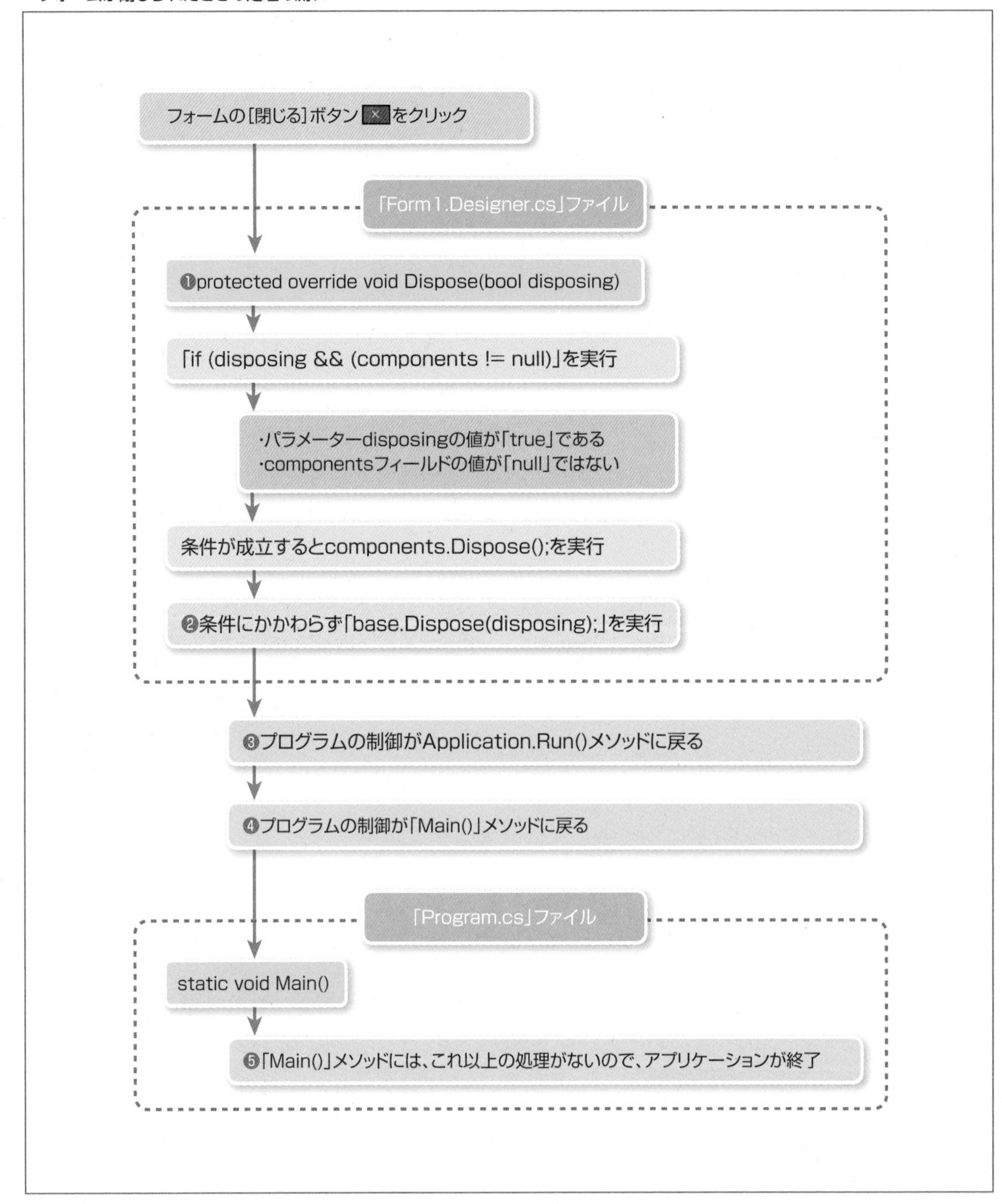

フォームへのボタン追加時のソースコードを確認する

フォームにボタンを追加すると、どのようなコードが記述されるのか確認しておきましょう。

フォームにボタンを配置したあと、「Form1.Designer.cs」のソースコードを表示してみましょう。

▼ボタン追加後の「Form1.Designer.cs」

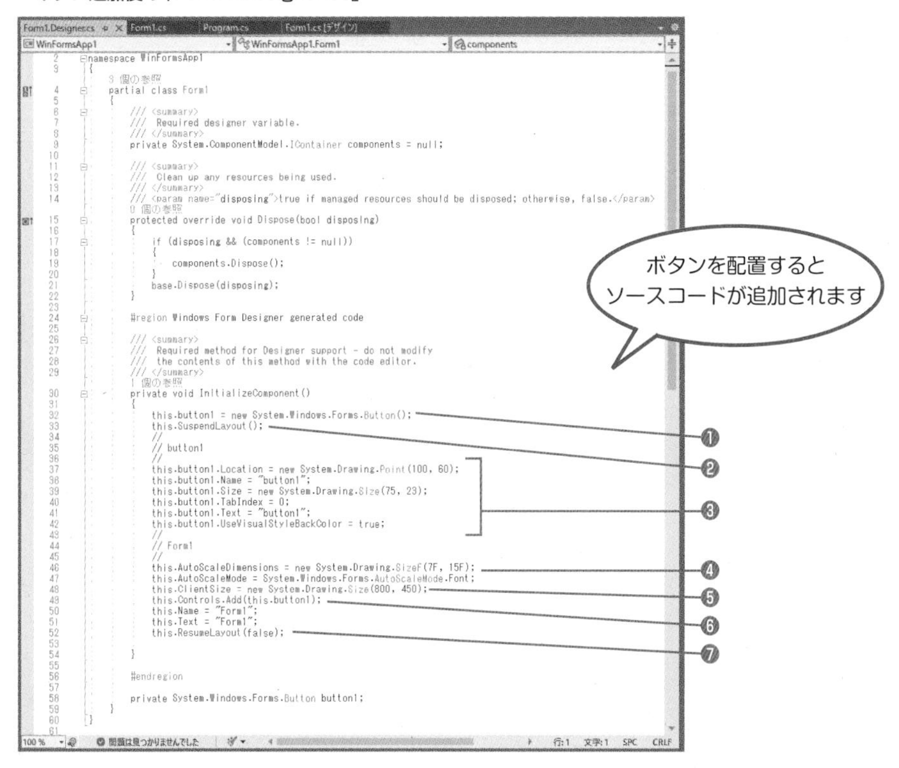

ボタンを配置すると
ソースコードが追加されます

▼❶「System.Windows.Forms」名前空間の「Button」クラスをインスタンス化

```
this.button1 = new System.Windows.Forms.Button();
```

▼❷コントロールのレイアウト処理を一時的に中断

```
this.SuspendLayout();
```

フォーム上にコントロールを配置したあとでレイアウト処理が行えるように、レイアウト処理を一時的に停止します。

▼❸ボタンコントロールの各プロパティを設定

```
this.button1.Location = new System.Drawing.Point(100,60);
this.button1.Name = "button1";
this.button1.Size = new System.Drawing.Size(75, 23);
this.button1.TabIndex = 0;
this.button1.Text = "button1";
this.button1.UseVisualStyleBackColor = true;
```

▼❹フォームのサイズ調整を行うときの基本サイズを設定

```
this.AutoScaleDimensions = new System.Drawing.SizeF(7F,15F);
```

▼❺フォームのタイトルバーなどを除いた領域のサイズを設定

```
this.ClientSize = new System.Drawing.Size(800, 450);
```

▼❻フォームにボタンコントロールを追加

```
this.Controls.Add(this.button1);
```

▼❼コントロールのレイアウト処理を再開

```
this.ResumeLayout(false);
```

Memo ビルド

ツールバーの**開始**ボタン▶をクリックすると、プロジェクト用のフォルダー内部にある**bin➡Debug**フォルダー内に、実行可能ファイル(拡張子「.exe」)が生成されると共に、プログラムが実行されます。このような、実行可能ファイルの生成を行う処理のことを**ビルド**と呼びます。

ビルドでは、ソースコードを翻訳するためのコンパイルと、各プログラムファイルの関連付けを行うための**リンク**と呼ばれる処理が行われます。

Section

4.2 デスクトップアプリの開発

Level ★★★

Keyword ユーザーインターフェイス　コーディング　デバッグ　ビルド　コントロール　ツールボックス

デスクトップアプリでは、フォーム上に、ボタンなどのコントロール（プログラム部品）を配置して、**ユーザーインターフェイス**（UI）を作成します。デスクトップアプリのUIは、グラフィックを利用するのでGUI（Graphical User Interface）と呼ばれます。

デスクトップアプリの開発過程

デスクトップアプリの開発は、基本的に、次のステップで進めていきます。

❶フォームアプリケーションプロジェクトの作成
❷画面の作成
❸コーディング
❹デバッグとビルド

▼コントロールの配置

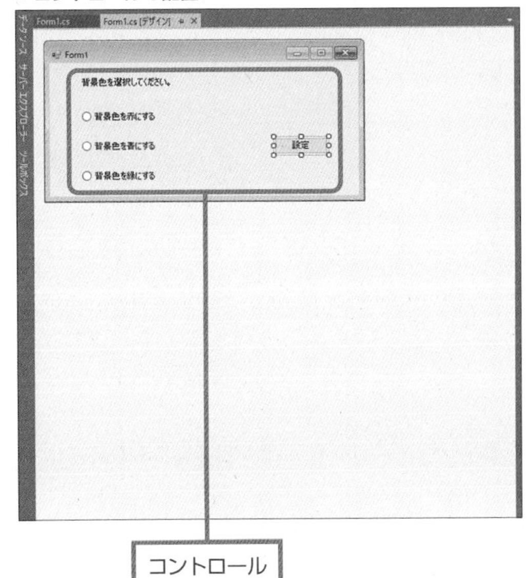

▼ソースコードの入力（コーディング）

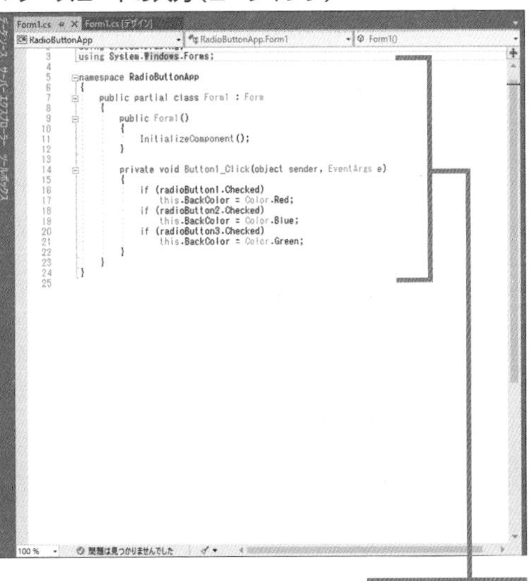

4.2.1 Windowsフォームの役割と種類

アプリケーションウィンドウのことを**Windowsフォーム**、または、たんに**フォーム**と呼びます。

●SDI*

基本的なインターフェイスで、1つのアプリケーションウィンドウを持ちます。Windowsアプリケーションでは、「メモ帳」や「ペイント」などのインターフェイスがSDIになっています。

▼SDI

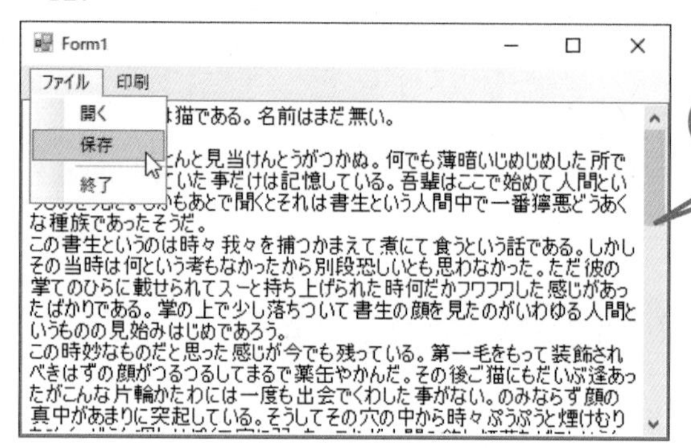

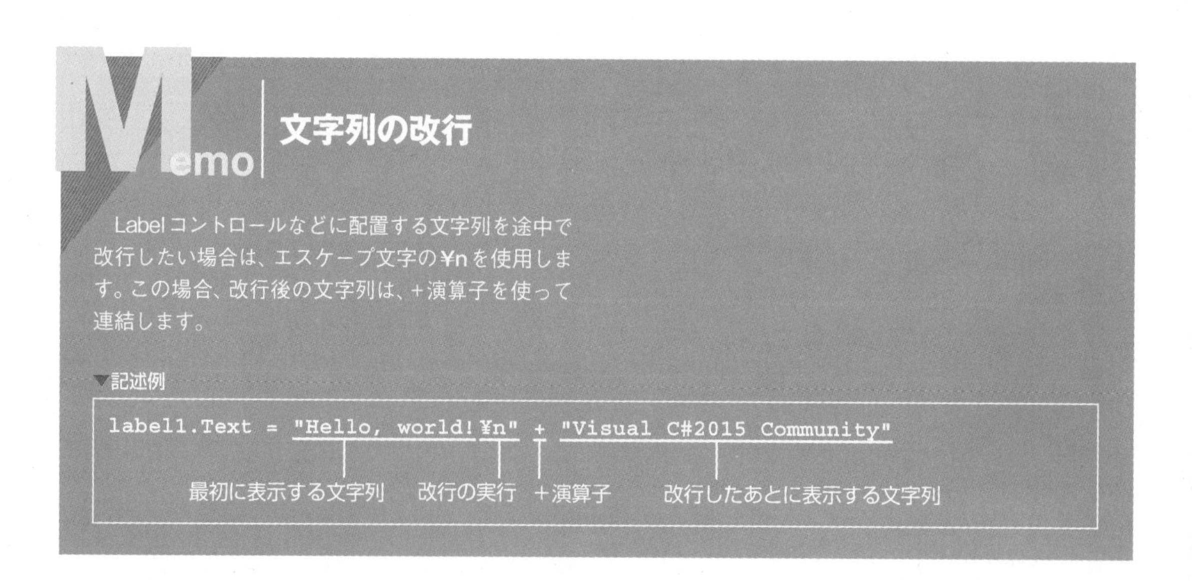

Memo 文字列の改行

Labelコントロールなどに配置する文字列を途中で改行したい場合は、エスケープ文字の¥nを使用します。この場合、改行後の文字列は、+演算子を使って連結します。

▼記述例

```
label1.Text = "Hello, world!¥n" + "Visual C#2015 Community"
```


* **SDI** Single Document Interfaceの略。

4.2.2 コントロールの種類

Visual Studioのツールボックスには、様々なコントロールが用意されています。それぞれのコントロールは、フォーム上にドラッグするだけで配置できます。

▼Common Windows Forms

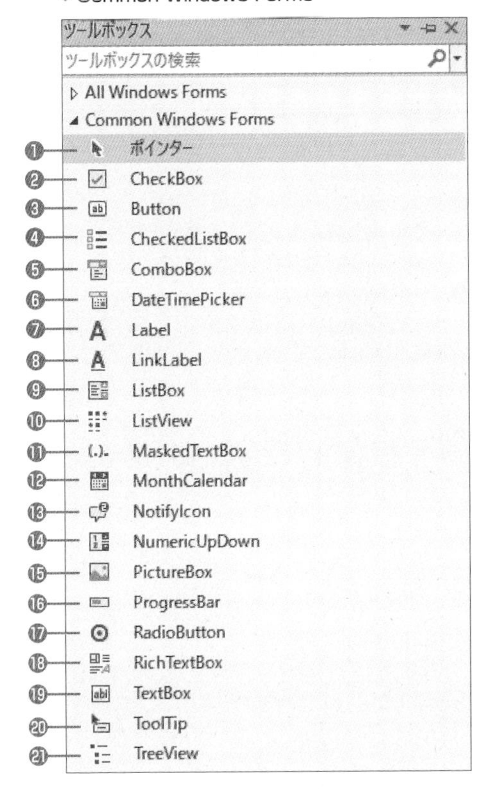

●Common Windows Forms

❶ポインター
マウスポインターを通常の形に戻すためのボタンで、コントロールではありません。❷以降のコントロールを選択していない状態であれば、このボタンがアクティブになります。

❷チェックボックス
チェックボックスを表示します。

❸ボタン
コマンドボタンを表示します。

❹チェックリストボックス
チェックボックス付きのリストボックスを表示します。

❺コンボボックス
ドロップダウン式のリストボックスを表示します。

❻デイトタイムピッカー
日付や時刻を入力するためのドロップダウン式のカレンダーを表示します。

❼ラベル
フォーム上に文字列を表示します。

❽リンクラベル
Webサイトへのリンクを表示します。

❾リストボックス
選択用の項目をリスト表示するためのボックスを表示します。

❿リストビュー
アイコンやラベルを使って、リストを表示するボックスを表示します。

⓫マスクトテキストボックス
適切なユーザー入力と不適切なユーザー入力を区別するためのコントロールです。

⓬マンスカレンダー
ドロップダウン式の月のカレンダーを表示します。

⓭Notify（ノーティファイ）アイコン
ステータスバーにアイコンを表示するときに使用します。

⓮Numeric（ニューメリック）アップダウン
▲や▼を使って数値を選択できるボックスを表示します。

⓯ピクチャボックス
イメージの描画や表示を行うためのボックスを表示します。

⓰プログレスバー
処理の進行状況を視覚的に表示するバーを表示します。

⓱ラジオボタン
ラジオボタンを表示します。

⓲リッチテキストボックス
文字のフォントやサイズ、カラーなどのスタイル設定が可能な、テキストボックスの機能を拡張したボックスを表示します。

⓳テキストボックス
文字列の入力や表示を行います。

⓴ツールチップ
コントロールをマウスでポイントしたときに、任意のテキストをポップアップ表示します。

㉑ツリービュー
データの関係をツリー構造（階層構造）で表示するボックスを表示します。

▼Container

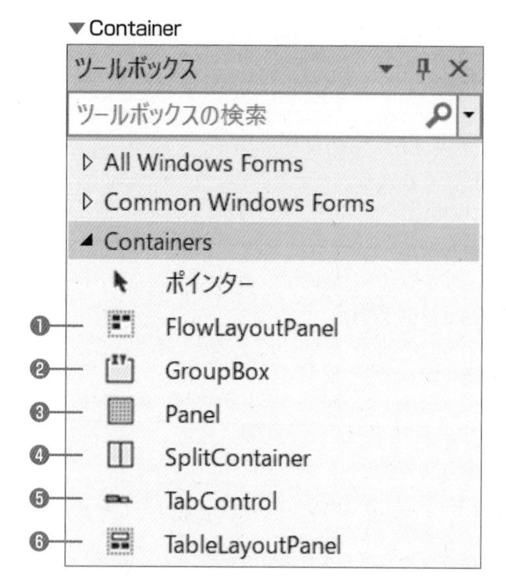

●Container

❶フローレイヤーパネル

内容を水平方向、または垂直方向に動的に配置するパネルを表示します。

❷グループボックス

複数のコントロールを1つのグループにまとめて表示します。

❸パネル

複数のコントロールをグループにまとめて表示します。グループボックスとは異なり、ラベルは表示されません。

❹スプリットコンテナー

コンテナーの表示領域をサイズ変更可能な2つのパネルに分割し、移動可能なバーで構成されるコントロールを表示します。

❺タブコントロール

タブ付きのパネルを表示します。各タブには、任意のコントロールを貼り付けることができます。

❻テーブルレイヤーパネル

行と列で構成されるグリッドに内容を動的にレイアウトするパネルを表示します。

▼Menus & Toolbars

●Menus & Toolbars

❶コンテキストメニューストリップ

右クリック時のショートカットメニューを表示します。

❷メニューストリップ

フォームのメニューシステムを提供します。

❸ステータスストリップ

ステータスバーコントロールを表示します。

❹ツールストリップ

ツールバーオブジェクトにコンテナを提供します。

❺ツールストリップコンテナー

1つ以上のコントロールを保持できる、フォームの上下と両側に配置されるパネル、および中央に配置されるパネルを提供します。

▼Data

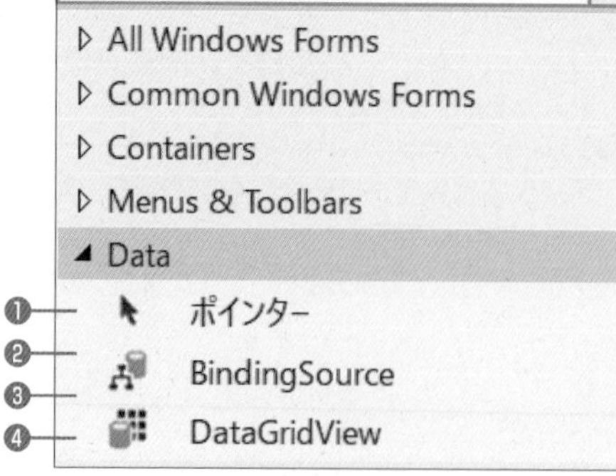

●Data

❶チャート

データをグラフで表示します。

❷バインディングナビゲーター

フォーム上にあるデータにバインドされたコントロールの移動および操作用ユーザーインターフェイスを表示します。

❸バインディングソース

フォームのデータソースをカプセル化します。

❹データグリッドビュー

カスタマイズできるグリッドにデータを表示します。

▼Components

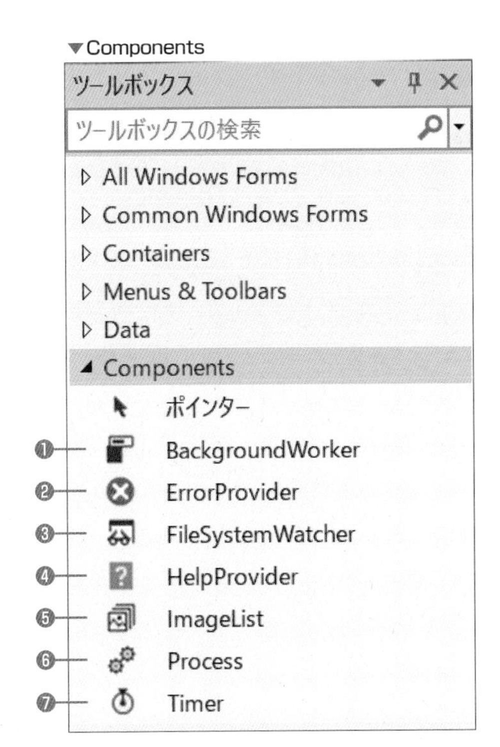

●Components

❶バックグラウンドワーカー
別のスレッドで操作を実行します。

❷エラープロバイダー
フォーム上のコントロールにエラーが関連付けられていることを示すための、ユーザーインターフェイスを提供します。

❸ファイルシステムウォッチャー
ファイルシステムの変更通知を待ち受け、ディレクトリまたはディレクトリ内のファイルが変更されたときにイベントを発生させます。

❹ヘルププロバイダー
コントロールのポップアップヘルプ、またはオンラインドキュメントを提供します。

❺イメージリスト
イメージオブジェクトのコレクションを管理するメソッドを提供します。

❻プロセス
ローカルプロセスとリモートプロセスにアクセスできるようにして、ローカルシステムプロセスの起動と中断ができるようにします。

❼タイマー
ユーザー定義の間隔でイベントを発生させるタイマーを実装します。このタイマーは、Windowsアプリケーションで使用できるように最適化されているので、ウィンドウで使用する必要があります。

▼Printing

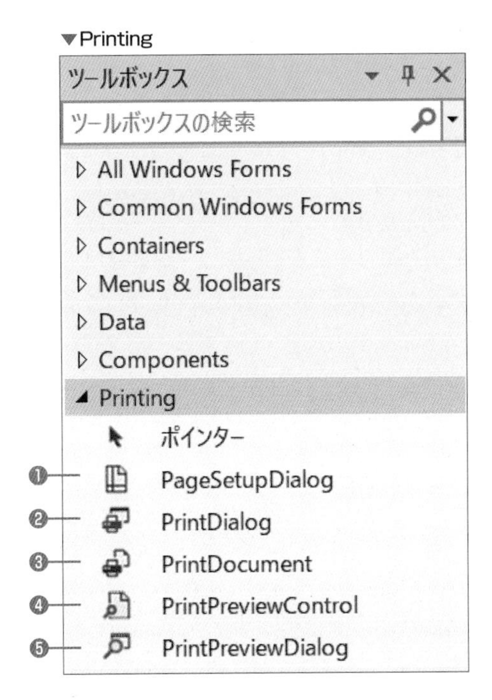

●Printing

❶ページセットアップダイアログボックス
印刷時の余白や用紙方向などのページ設定を行うためのダイアログボックスを表示します。

❷プリントダイアログボックス
印刷を行うための[印刷]ダイアログボックスを表示します。

❸プリントドキュメント
印刷処理を行うときに使用します。

❹プリントプレビューコントロール
印刷プレビューを利用するときに使用します。

❺プリントプレビューダイアログボックス
印刷プレビューを表示するためのダイアログボックスを表示します。

▼Dialogs

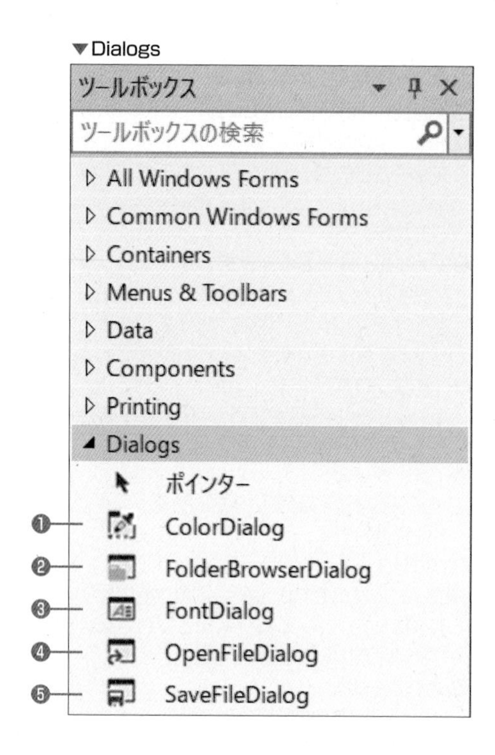

●Dialogs

❶カラーダイアログ
色を設定するためのダイアログボックスを表示します。

❷フォルダーブラウザーダイアログ
フォルダーの参照と選択を行うためのダイアログボックスを表示します。

❸フォントダイアログ
フォントの設定を行うための[フォント]ダイアログボックスを表示します。

❹オープンファイルダイアログ
[ファイルを開く]ダイアログボックスを表示します。

❺セーブファイルダイアログ
[名前を付けて保存]ダイアログボックスを表示します。

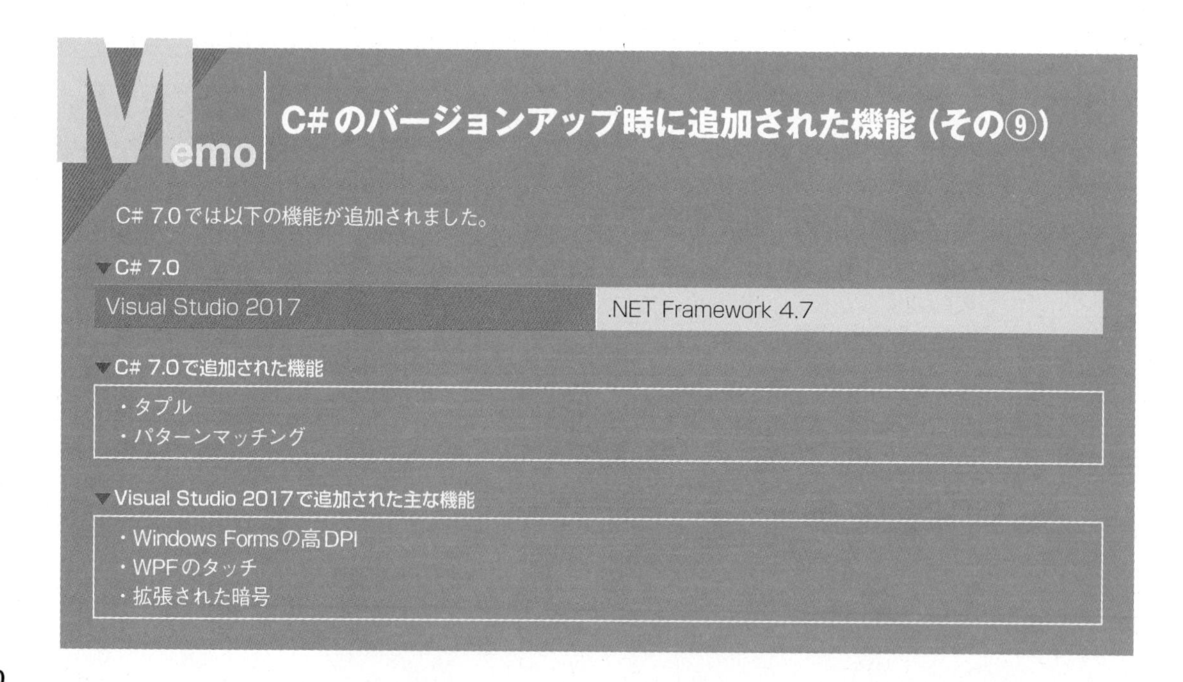

Memo C#のバージョンアップ時に追加された機能（その⑨）

C# 7.0では以下の機能が追加されました。

▼C# 7.0

Visual Studio 2017	.NET Framework 4.7

▼C# 7.0で追加された機能

・タプル
・パターンマッチング

▼Visual Studio 2017で追加された主な機能

・Windows Formsの高DPI
・WPFのタッチ
・拡張された暗号

Hint Visual Studioのインテリセンスを使ってコードを入力する

Visual Studioには、コードの入力を支援するための**インテリセンス**（入力支援機能）と呼ばれる機能が備わっています。フォーム上にボタンとラベルが配置されている場合を例にして見ていきましょう。

❶デザイナー上でボタンをダブルクリックすると、コードエディターが起動して、イベントハンドラー「button1_Click」の「{」と「}」の間にカーソルが移動します。

▼コードエディター

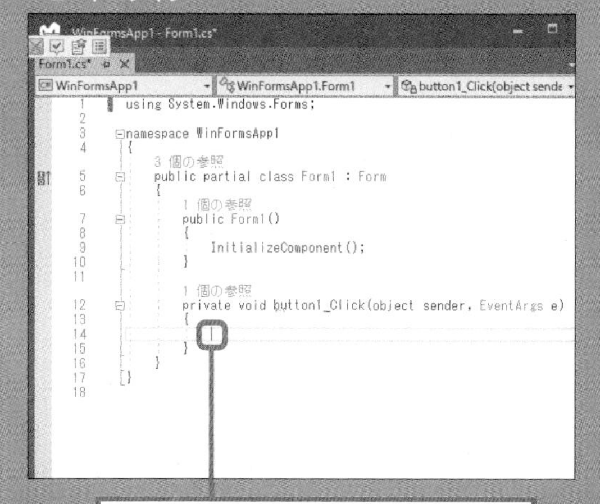
❶「{」と「}」の間にカーソルが移動する

❷「l（Lの小文字）」と入力すると、lで始まるリストが表示されるので、「label1」を選択して Tab キーを押します。

▼コードエディターに表示されたリスト

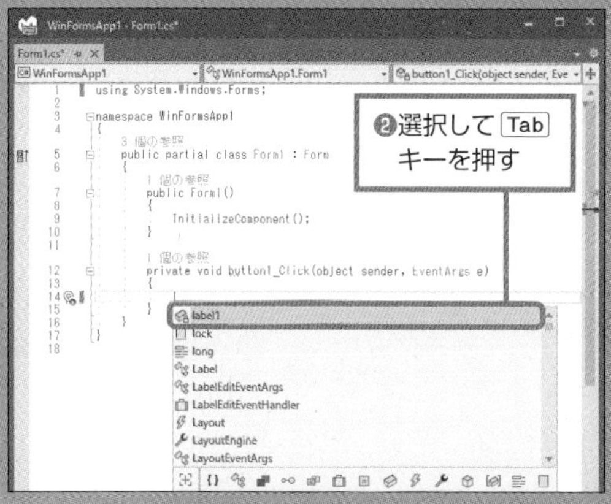
❷選択して Tab キーを押す

❸続いて「.」（ピリオド）をタイプすると次に記述すべき候補のリストが表示されるので、さらに「t」と入力し、候補から「Text」を選択して Tab キーを押します。

▼コードエディターに表示されたリスト

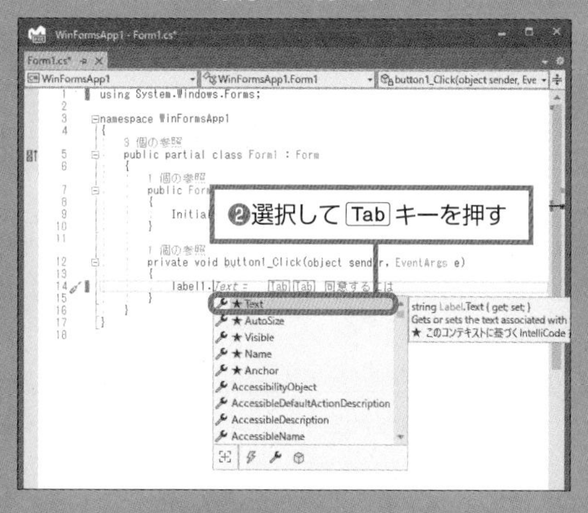
❷選択して Tab キーを押す

❹「Text」が入力されるので、このあとのコードを入力します。画面では、インテリセンスが先読みして「=」を入力候補として表示しているのが確認できます。このまま[Tab]キーを押すと入力が確定します。

▼コードの入力

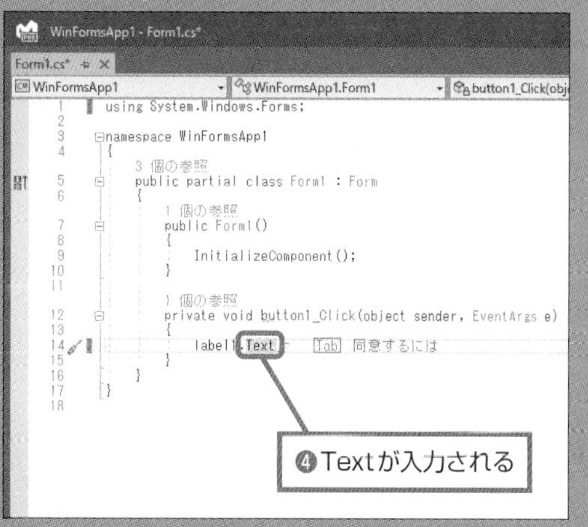
❹Textが入力される

なお、入力候補のリストが表示されない場合は Ctrl ＋ スペース キーを押すと表示されます。

Section

4.3 フォームの操作

Level ★★★　Keyword　フォームの名前　背景色　背景イメージ　フォームの表示位置

Form（フォーム）は、デスクトップアプリの操作画面の土台となるUI部品（コンポーネント）です。GUI*環境では、フォーム上にボタンやメニューなどを配置することで、アプリの画面を作っていきます。

フォームの各種設定

このセクションでは、フォーム名や外観の操作方法などを見ていきます。

• フォームの外観の操作

- ●サイズの変更
- ●背景色の指定
- ●背景イメージの指定
- ●タイトルバーのタイトル設定
- ●半透明化
- ●タイトルバーのアイコン変更
- ●タイトルバーのボタンの表示／非表示

• フォームの識別名やファイル名の変更

フォームの識別名やファイル名（拡張子.cs）は、任意の名前に変更することができます。
また、表示サイズや背景色などの外観の設定やタイトルバー上の表示も自由に変更することができます。

＊**GUI**　Graphical User Interfaceの略。

4.3.1 フォームの名前を変更する

フォームには、フォーム自体の識別名と、フォームのソースファイル（拡張子「.cs」）用の名前があります。それぞれの名前は、**プロパティ**ウィンドウを使って、任意の名前に変更できます。

フォームの名前を変更する

Windowsフォームデザイナーで、対象のフォームをクリックして、次のように操作します。

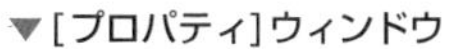
▼[プロパティ]ウィンドウ

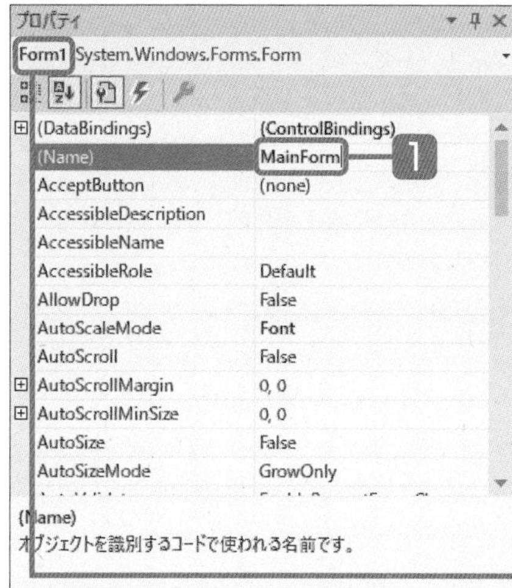

1. **プロパティ**ウィンドウで、**(Name)**の値の欄をクリックして、フォームの識別名を入力します。
2. Enter キーを押します。

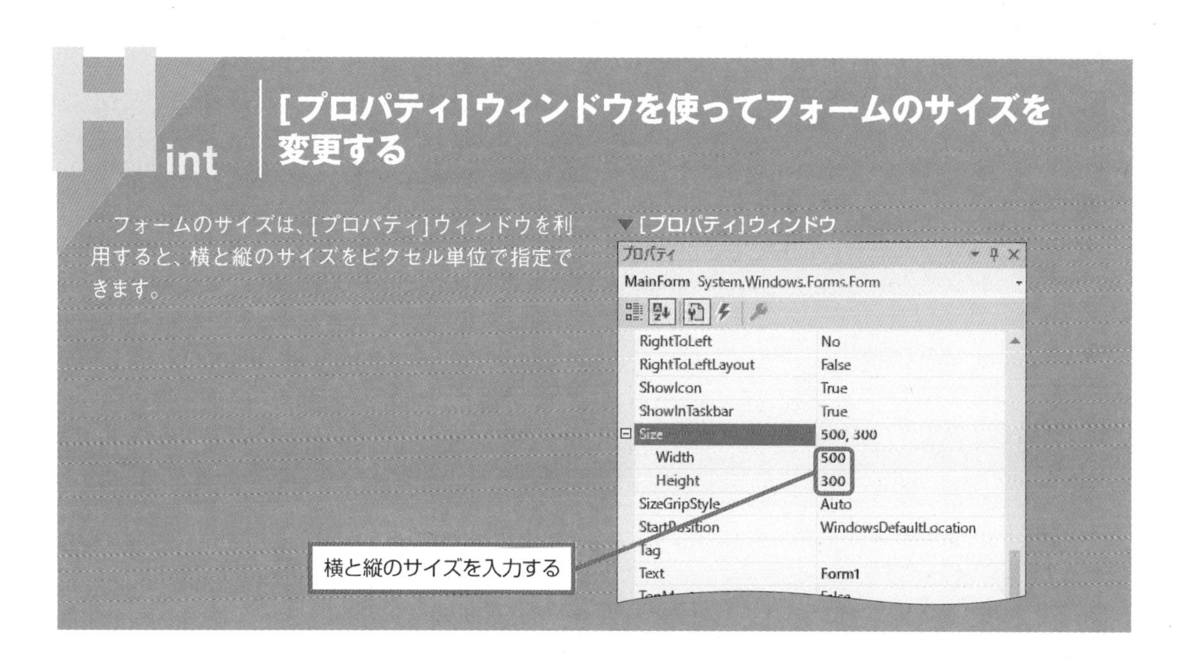

Hint
[プロパティ]ウィンドウを使ってフォームのサイズを変更する
フォームのサイズは、[プロパティ]ウィンドウを利用すると、横と縦のサイズをピクセル単位で指定できます。
▼[プロパティ]ウィンドウ
プロパティ
MainForm System.Windows.Forms.Form
RightToLeft No
RightToLeftLayout False
ShowIcon True
ShowInTaskbar True
Size 500, 300
Width 500
Height 300
SizeGripStyle Auto
StartPosition WindowsDefaultLocation
Tag
Text Form1
横と縦のサイズを入力する

フォームの背景色を変更する

フォームの背景色は、BackColorプロパティを使って指定することができます。

▼[プロパティ]ウィンドウ

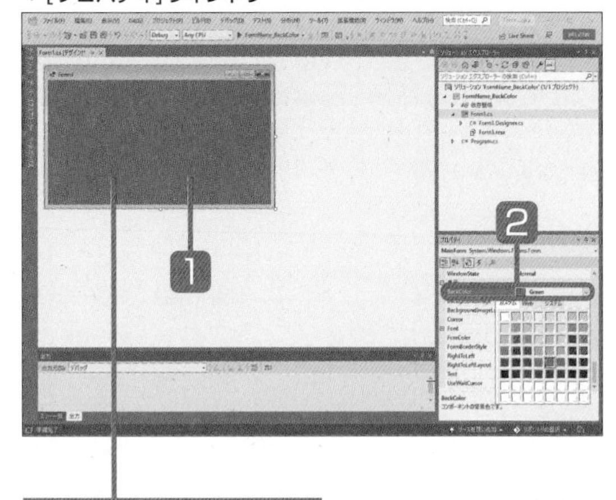

1 対象のフォームをクリックします。

2 **プロパティ**ウィンドウで、BackColorをクリックします。

3 **カスタム**、Web、**システム**のいずれかのタブをクリックして、背景に設定する色を選択します。

Hint Color構造体

コンピューターでは、RGBA*(赤、緑、青、アルファ)(ARGBと表記されることもある)を使ってカラーを表示します。これらの色は、Color構造体で定義されています。

各ピクセルの色は、RGBA値のそれぞれを8ビット、合計32ビットの数値で表現し、4つの各要素は、0から255までの数値で表されます。この場合、0は輝度がないことを表し、255は最大の輝度を表します。また、アルファ要素は色の透明度を表し、0は完全な透明を、255 は完全な不透明を表します。値の表記は「#」に続く16進数表記で行われます。

＊**RGBA** Red-Green-Blue-Alphaの略。コンピューターで色を表現する際に用いられる表記法。特定の色を赤(R)、緑(G)、青(B)の三原色と、透明度(A)の組み合わせで表現する。RGBモードに透明度が加えられているので、半透明の画像を表現することができる。

Memo 色の指定

カラーパレットから色を選ぶと、「System.Drawing」名前空間に所属する、Color構造体のプロパティとして定義されている色（詳細は以下の表を参照）が適用されます。これらの色は、RGBA値によって定義されています。

▼Color構造体で定義されているプロパティ（色）の一覧

AliceBlue	DarkOrange	Khaki	MediumSpringGreen	SaddleBrown
AntiqueWhite	DarkOrchid	Lavender	MediumTurquoise	Salmon
Aqua	DarkRed	LavenderBlush	MediumVioletRed	SandyBrown
Aquamarine	DarkSalmon	LawnGreen	MidnightBlue	SeaGreen
Azure	DarkSeaGreen	LemonChiffon	MintCream	SeaShell
Beige	DarkSlateBlue	LightBlue	MistyRose	Sienna
Bisque	DarkSlateGray	LightCoral	Moccasin	Silver
Black	DarkTurquoise	LightCyan	NavajoWhite	SkyBlue
BlanchedAlmond	DarkViolet	LightGoldenrodYellow	Navy	SlateBlue
Blue	DeepPink	LightGray	OldLace	SlateGray
BlueViolet	DeepSkyBlue	LightGreen	Olive	Snow
Brown	DimGray	LightPink	OliveDrab	SpringGreen
BurlyWood	DodgerBlue	LightSalmon	Orange	SteelBlue
CadetBlue	Firebrick	LightSeaGreen	OrangeRed	Tan
Chartreuse	FloralWhite	LightSkyBlue	Orchid	Teal
Chocolate	ForestGreen	LightSlateGray	PaleGoldenrod	Thistle
Coral	Fuchsia	LightSteelBlue	PaleGreen	Tomato
CornflowerBlue	Gainsboro	LightYellow	PaleTurquoise	Transparent
Cornsilk	GhostWhite	Lime	PaleVioletRed	Turquoise
Crimson	Gold	LimeGreen	PapayaWhip	Violet
Cyan	Goldenrod	Linen	PeachPuff	Wheat
DarkBlue	Gray	Magenta	Peru	White
DarkCyan	Green	Maroon	Pink	WhiteSmoke
DarkGoldenrod	GreenYellow	MediumAquamarine	Plum	Yellow
DarkGray	Honeydew	MediumBlue	PowderBlue	YellowGreen
DarkGreen	HotPink	MediumOrchid	Purple	
DarkKhaki	IndianRed	MediumPurple	Red	
DarkMagenta	Indigo	MediumSeaGreen	RosyBrown	
DarkOliveGreen	Ivory	MediumSlateBlue	RoyalBlue	

Memo [BackColor]プロパティの設定

フォームの背景色を設定することよって、「Form1.Designer.cs」に、次のようなコードが記述されます。

フォームの背景色は、**BackColor**プロパティで指定します。プロパティの値にはSystemDrawing.Color構造体の色指定用のプロパティが設定されています。

▼「Program.cs」に記述されているコード

```
this.BackColor = System.Drawing.Color.Blue;
```

- this：フォーム自身を示す
- BackColor：BackColorプロパティ

▼構文　フォームの背景色をColor構造体のプロパティを使って指定する

```
フォーム名.BackColor = System.Drawing.Color.既定値;
```

Memo [リソースの選択]ダイアログボックス

フォームの背景にイメージを表示するには、[プロパティ]ウィンドウで[Backgroundimage]を選択した際にプロパティの入力欄に表示されるボタンをクリックします。このときに表示される**リソースの選択**ダイアログボックスでは、以下の2つの方法で、リソース(ここでは背景用の画像)ファイルへの参照を設定できるようになっています。

●ローカルリソース

選択したファイルのデータが、.resxファイル(初期設定で「Form1.resx」ファイル)内にコピーされます。このとき、ファイル内のデータだけがコピーされ、ファイル自体のコピーは行われません。コピーしたデータへの参照情報は、「Form1.Designer.cs」ファイルに記述されます。

●プロジェクトリソースファイル

選択したファイルが、プロジェクト用のフォルダー内に作成される「Resources」フォルダー内にコピーされます。コピーしたファイルへの参照情報は、「Form1.Designer.cs」ファイルに記述されます。

▼[リソースの選択]ダイアログボックス

[ローカルリソース]または[プロジェクトリソースファイル]を選択

タイトルバーのタイトルを変更する

Formのタイトルバーには、Textプロパティを使って、任意のタイトルを表示させることができます。

▼[プロパティ]ウィンドウ

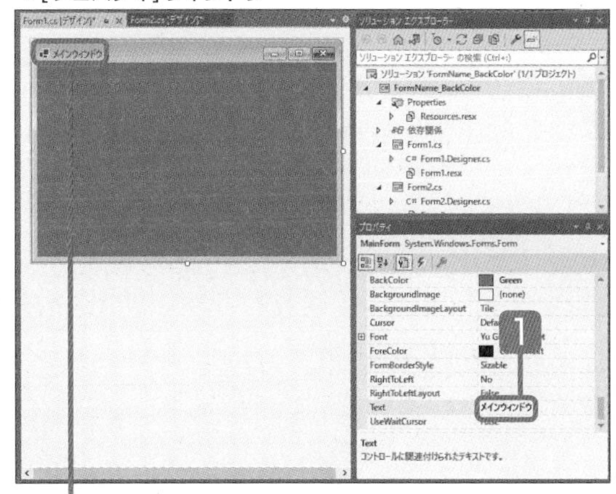

入力したタイトルが、Formのタイトルバーに表示される

1 対象のフォームを選択し、**プロパティ**ウィンドウで、**Text**プロパティの値の欄をクリックして、任意のタイトルを入力します。

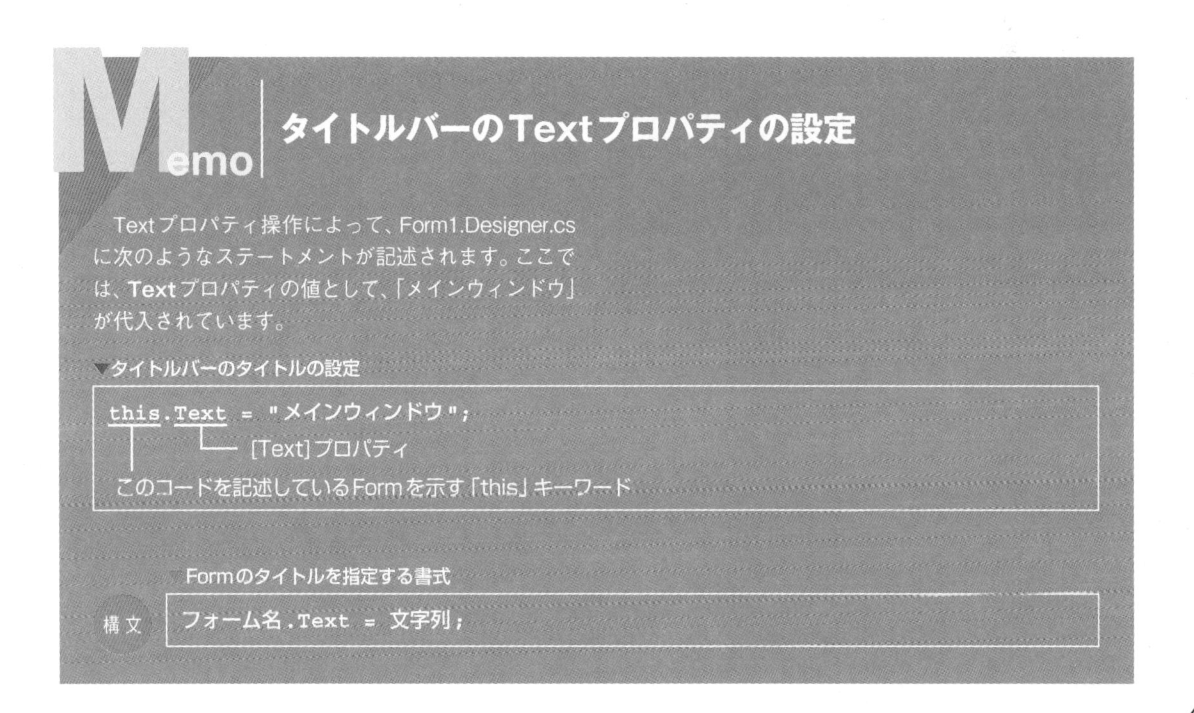

Memo タイトルバーのTextプロパティの設定

Textプロパティ操作によって、Form1.Designer.csに次のようなステートメントが記述されます。ここでは、**Text**プロパティの値として、「メインウィンドウ」が代入されています。

▼タイトルバーのタイトルの設定

```
this.Text = "メインウィンドウ";
```

- Text ── [Text]プロパティ
- this ── このコードを記述しているFormを示す「this」キーワード

Formのタイトルを指定する書式

構文

```
フォーム名.Text = 文字列;
```

4.3.2 フォームの表示位置の指定

プログラムを起動したときのFormの表示位置は、StartPositionプロパティを利用することで、あらかじめ指定しておくことができます。

プログラム起動時にFormを画面中央に表示する

プログラム起動時にFormを画面中央に表示するには、StartPositionプロパティの値に、CenterScreenを指定します。

▼[プロパティ]ウィンドウ

1 **プロパティ**ウィンドウで、StartPositionプロパティのボタンをクリックして、CenterScreenを選択します。

▼デスクトップの画面

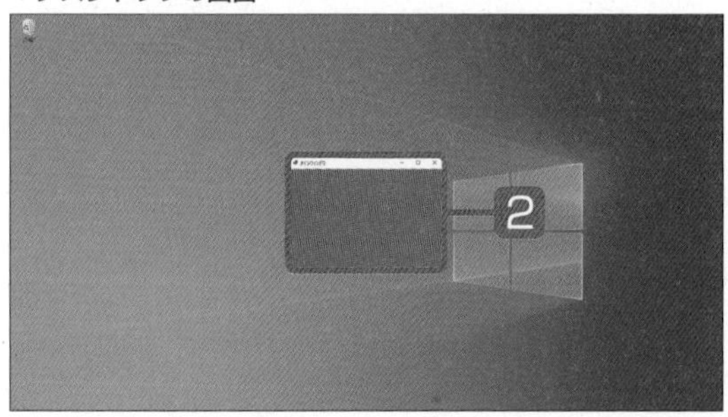

2 プログラムを実行すると、フォームが画面中央に表示されます。

Onepoint [StartPosition]プロパティの設定

「プログラム起動時にFormを画面中央に表示する」における操作によって、Form1.Designer.csに次のようなステートメントが記述されます。ここでは、「System.Windows.Forms」名前空間に属する「FormStartPosition」列挙体の「CenterScreen」を代入しています。

▼フォームの表示位置を中央に設定

```
this.StartPosition = System.Windows.Forms.FormStartPosition.CenterScreen;
```

- this：処理の対象がForm1自身であることをを示す「this」キーワード
- StartPosition：[StartPosition]プロパティ
- CenterScreen：スクリーン上の中央に表示するための「CenterScreen」を代入

▼フォームの表示位置を設定する書式

構文

```
フォーム名.StartPosition = System.Windows.Forms.FormStartPosition.既定値;
```

Memo [StartPosition]プロパティで指定できる値

「4.3.3 フォームの表示位置の指定」で紹介している**StartPosition**プロパティでは、System.Windows.Forms名前空間に属するFormStartPosition列挙体で定義されている次の値（定数）を指定することができます。

値（定数）	内容
Manual	XY座標を使ってフォームの位置指定を行う。
CenterScreen	スクリーン上の中央に表示。
WindowsDefaultLocation	Windowsの既定位置に配置。
WindowsDefaultBounds	Windowsの既定位置に配置され、Windows既定の境界が設定される。
CenterParent	親フォームの境界内の中央に配置。

フォームの表示位置を指定する

プログラムを起動したときにフォームを任意の位置に表示するには、StartPositionプロパティでManualを指定しておいた上で、Locationプロパティで位置指定を行います。

▼[プロパティ]ウィンドウ

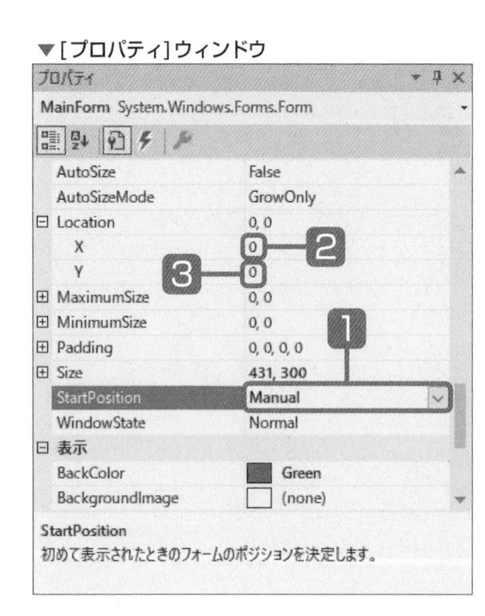

1. StartPositionのボタンをクリックして、Manualを選択します。
2. LocationプロパティのXの値欄に、画面左端からの位置を入力します。
3. Yの値欄に、画面上端からの位置を入力します。

Onepoint

ここで入力した値は、ピクセル単位で扱われます。

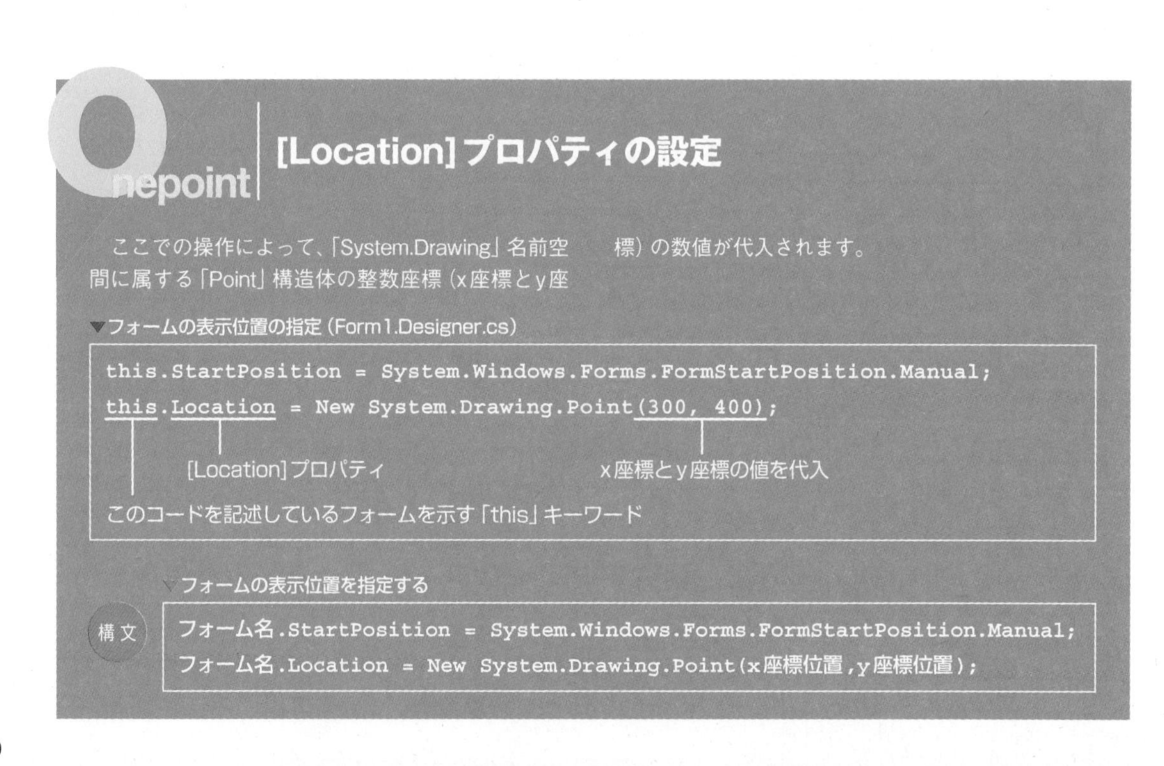

Onepoint [Location]プロパティの設定

ここでの操作によって、「System.Drawing」名前空間に属する「Point」構造体の整数座標（x座標とy座標）の数値が代入されます。

▼フォームの表示位置の指定（Form1.Designer.cs）

```
this.StartPosition = System.Windows.Forms.FormStartPosition.Manual;
this.Location = New System.Drawing.Point(300, 400);
```

- this：このコードを記述しているフォームを示す「this」キーワード
- Location：[Location]プロパティ
- (300, 400)：x座標とy座標の値を代入

▼フォームの表示位置を指定する

構文

```
フォーム名.StartPosition = System.Windows.Forms.FormStartPosition.Manual;
フォーム名.Location = New System.Drawing.Point(x座標位置,y座標位置);
```

Section
4.4

コントロールとコンポーネントの操作

Level ★★★　Keyword　オブジェクト　コントロール　コンポーネント

デスクトップアプリ（フォームアプリケーション）は、フォーム上にボタンやメニューなどを配置することで、操作画面を作成します。ここでは、ボタンやメニューなどのコントロール/コンポーネントの配置や設定方法について見ていきます。

コントロールとコンポーネント

ButtonやCheckBoxのように、フォーム上に実体として存在する要素がコントロール、メニューやツールヒントのように、初期状態では折りたたまれていたり、画面上に表示されない要素がコンポーネントです。

▼主なコントロール

コントロール名	内容
Button	コマンドボタン。
TextBox	テキストボックス。
Label	ラベル。文字列を表示。
CheckBox	チェックボックス。
ComboBox	コンボボックス（テキストボックスとリストボックスが組み合わさったもの）。
ListBox	リストボックス。
RadioButton	ラジオボタン。
ToolBar	ツールバーを表示。
StatusBar	ステータスバーを表示。
PictureBox	ピクチャボックス。画像を表示。
TabControl	タブを表示。

▼主なコンポーネント

コンポーネント名	内容
MainMenu	メニューを表示。
ContextMenu	右クリックでメニューを表示。
ToolTip	ツールヒントを表示。
Timer	タイマー。一定の間隔で特定の処理を実行。
OpenFileDialog	[ファイルを開く]ダイアログボックスを表示。
SaveFileDialog	[ファイルの保存]ダイアログボックスを表示。
DataSet	データベースから取得したデータを保管する。

4.4.1 コントロールの操作

フォーム上にコントロールを配置すると、「button1」や「label1」のように自動的に名前が付けられますが、これらの名前は、独自の名前に変更できます。

▼[プロパティ]ウィンドウ

1. 対象のコントロールを選択し、**プロパティ**ウィンドウの**(Name)**プロパティの値の入力欄に名前を入力して、Enterキーを押します。
2. コントロールの名前が変更されたことが確認できます。

コントロールに表示するテキストを変更する

コントロールに表示するテキストを変更してみましょう。

▼フォームデザイナーと[プロパティ]ウィンドウ

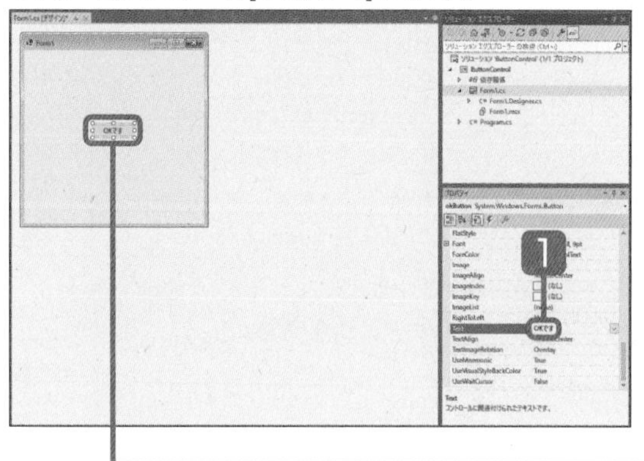

1. **プロパティ**ウィンドウの**Text**プロパティの欄に、コントロールに表示させる文字列を入力して、Enterキーを押します。

テキストのサイズやフォントを指定する

Fontプロパティを利用すると、文字列のサイズやフォントなどの、テキストの見栄えに関する設定を行うことができます。

▼[プロパティ]ウィンドウ

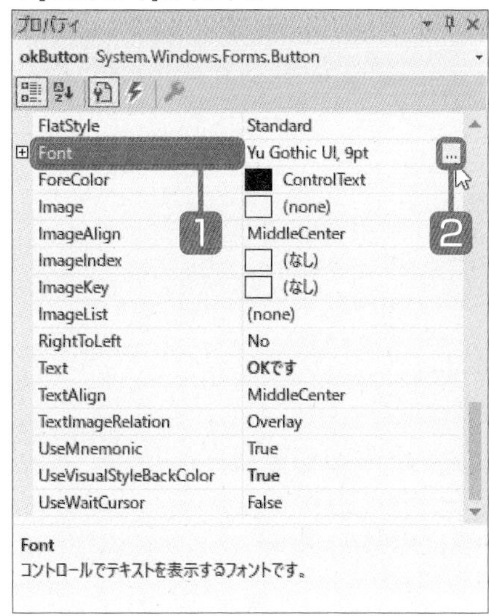

1. **プロパティ**ウィンドウで、Fontプロパティをクリックします。
2. 値の入力欄に表示された**参照**ボタンをクリックします。

▼[フォント]ダイアログボックス

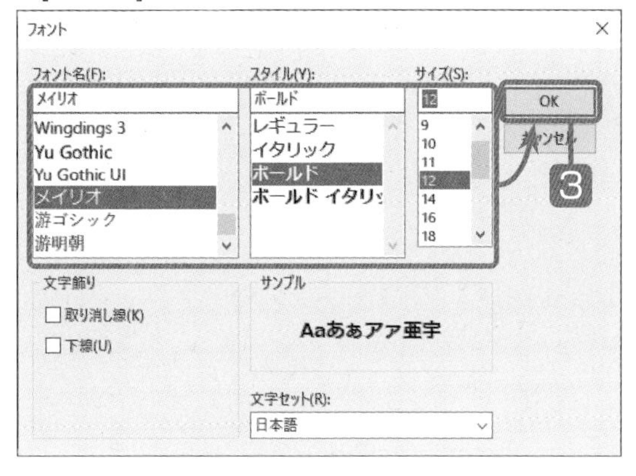

3. **フォント**ダイアログボックスが表示されるので、**フォント名**、**スタイル**、**サイズ**を適宜選択して、OKボタンをクリックします。
コントロールの文字列の書式が設定されます。

Memo ツールバーに[レイアウト]が表示されていない場合は

ツールバーに**レイアウト**設定用のボタンが表示されていない場合は、ツールバーのボタン以外のスペースを右クリックして、**レイアウト**を選択します。

テキストや背景の色を指定する

コントロールのテキストや背景の色の指定も**プロパティ**ウィンドウで行えます。

▼テキストの色の変更

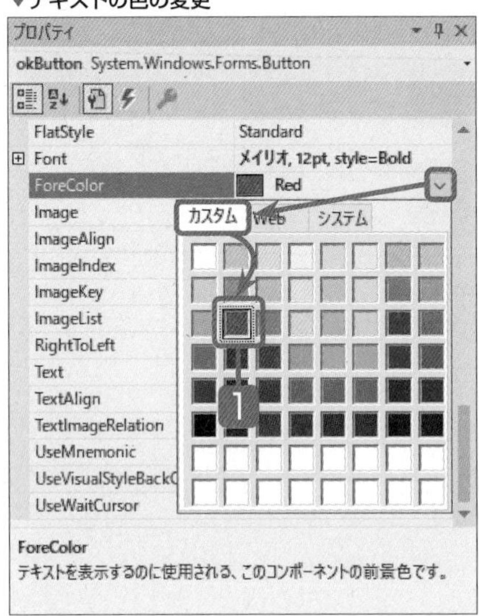

1 **プロパティ**ウィンドウで、ForeColorプロパティのボタンをクリックし、**カスタム**、Web、**システム**のいずれかのタブをクリックして、目的の色を選択します。

▼背景の色の変更

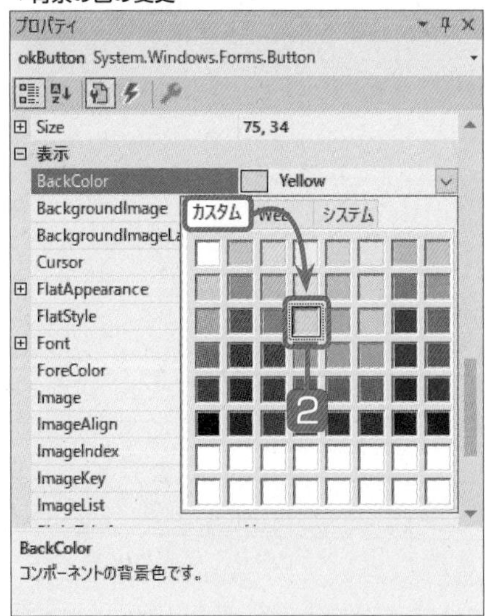

2 BackColorプロパティのボタンをクリックし、目的の色を選択します。

Memo [ForeColor] プロパティと [BackColor] プロパティの設定

ForeColor プロパティは、コントロール上に表示するテキストの色を設定し、**BackColor** プロパティは、コントロール自体の色を設定します。

それぞれのプロパティには、System.Drawing名前空間に属するColor構造体で定義されている値を代入します。

▼テキストの色を指定

```
this.button1.ForeColor = System.Drawing.Color.Red;
```

- this：このコードを記述しているフォームを示す「this」
- button1：コントロール名
- ForeColor：[ForeColor] プロパティ
- Color.Red：Color構造体のプロパティ

▽コントロール上のテキストの色を指定する

構文
```
フォーム名.コントロール名.ForeColor = System.Drawing.Color.既定値;
```

▼Buttonコントロールの背景色を指定

```
this.button1.BackColor = System.Drawing.Color.FromArgb(
    ((int)(((byte)(128)))), ((int)(((byte)(128)))), ((int)(((★byte)(255))));
```

- this：このコードを記述しているフォームを示す「this」
- button1：コントロール名
- BackColor：[BackColor] プロパティ
- FromArgb：Color構造体で定義されているFromArgb() メソッド
- 128, 128, 255：引数として指定されたRGB値

▽コントロールの背景色を指定する

構文
```
フォーム名.コントロール名.BackColor = System.Drawing.Color.既定値;
```

カラーパレットから色を選ぶと、「System.Drawing」名前空間に所属する、Color構造体のプロパティとして定義されている色（「Memo 色の指定」の表を参照）が適用されます。

ただし、**カスタム**タブに表示されるカラーパレットなどを使って、Color構造体にない色を指定した場合は、Color構造体のFromArgb() メソッドの引数に、直接、RGB* 値がセットされて、指定された色が示されます。上記の「Buttonコントロールの背景色を指定」のステートメントがその例です。

* **RGB** Red-Green-Blueの略。コンピューターで色を表現する際に用いられる表記法。特定の色を赤(R)、緑(G)、青(B)の三原色の組み合わせで表現する。

GroupBoxを利用して複数のコントロールを配置する

GroupBoxには、複数のコントロールをまとめて配置する土台としての機能があります。GroupBoxには境界線が表示されるので、視覚的に他の領域と区別しやすいほか、GroupBoxを移動することで配置されているコントロールをまとめて移動できるので、レイアウト作業の際にも便利です。

▼ツールボックス

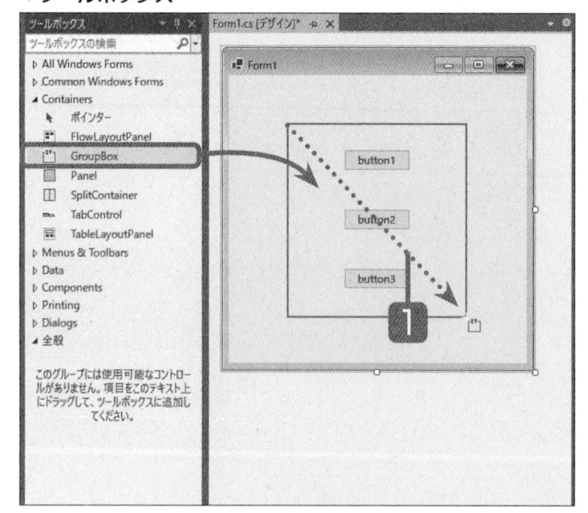

1 ツールボックスの**GroupBox**をクリックし、フォーム上をドラッグして、GroupBoxを描画します。

▼Windowsフォームデザイナー

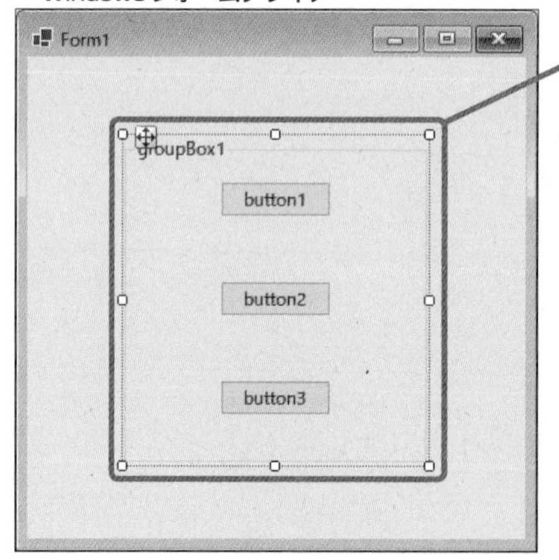

> **Onepoint**
> GroupBoxには、初期状態で「groupBox1」と表示されます。表示名はTextプロパティで変更できます。

4.4.2 コントロールのカスタマイズ

ここでは、コントロールを使いやすくするための方法を見ていさましょう。

テキストボックスの入力モードを指定する

移動したときの入力モードを指定しておくことができます。

▼[プロパティ]ウィンドウ

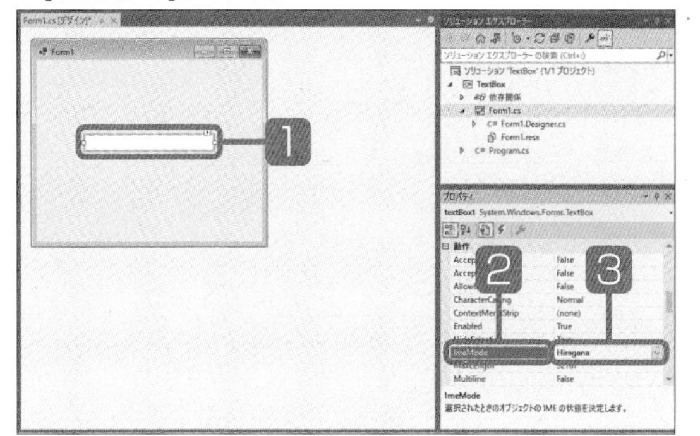

1 日本語入力を無効にしたいテキストボックスをクリックします。

2 **プロパティ**ウィンドウで、**動作**以下のImeModeプロパティをクリックします。

3 ボタンをクリックして、Offを選択します。

Memo [ImeMode]プロパティ

ImeModeプロパティでは、テキストボックスにカーソルが移動したときの日本語入力の状態を指定することができます。

この場合、System.Windows.Forms名前空間に属するImeMode列挙体で定義されている次の表の定数を、値として設定します。

▼ImeMode列挙体で定義されている主な定数

定数名	内容
Inherit	親コントロールの入力モードを継承する。
NoControl	何も指定しない(既定)。
On	IMEを有効にする。
Off	IMEを無効にする。ただし、ユーザーは手動でIMEを有効にすることができる。
Disable	IMEを無効にする。ユーザーはIMEを有効にできない。
Katakana	全角カタカナモードにする。
KatakanaHalf	半角カタカナモードにする。
AlphaFull	全角英数モードにする。

Tips フォーム上にグリッドを表示する

フォーム上には、コントロールを配置するときの目安として等間隔で並んだ黒い点を表示することができます。この黒い点のことを**グリッド**と呼び、コントロールを配置するときの目安となるほか、グリッドに沿ってコントロールを配置することができます。これをグリッドへの**スナップ**と呼びます。

グリッドは、次の方法で表示することができます。なお、グリッドはフォームデザイナーを一度閉じて再度表示すると、表示されます。

①**ツール**メニューの**オプション**を選択します。
② **Windowsフォームデザイナー**を選択します。
③**レイアウト設定**の**グリッドの表示**でTrueを選択します。
④レイアウトモードでSnapToGridを選択します。

●グリッドを表示した状態でスナップを無効にする

グリッドの間隔は8ピクセルなので、コントロールの位置やサイズを設定するときは、すべて8ピクセル単位で行われることになります。コントロールの位置やサイズをさらに細かく指定したい場合は、対象のフォームを選択した状態で、**プロパティ**ウィンドウの**SnapToGrid**でFalseを選択すると、グリッドへのスナップを無効にすることができます。

逆に、**レイアウトモード**でSnapToGrid、**グリッドに合わせる**でTrue、**グリッドの表示**でFalseを選択しておくと、グリッドへのスナップを有効にした状態で、グリッドを非表示にすることができます。

▼[オプション]ダイアログボックス

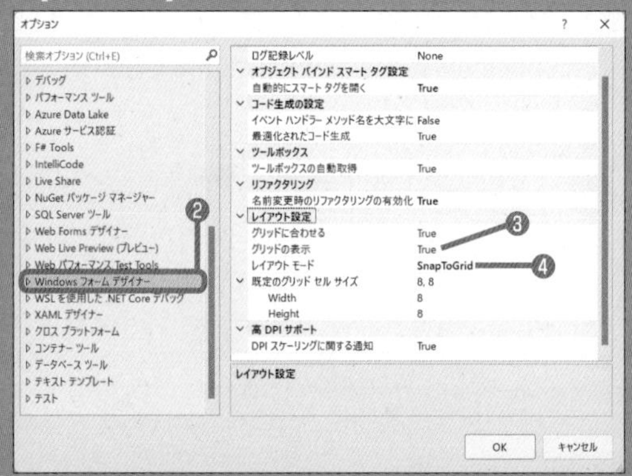

▼グリッドの表示とスナップの設定

グリッド	スナップ	レイアウトモード	グリッドの表示	グリッドに合わせる
表示	有効	SnapToGrid	True	True
表示	無効	SnapToGrid	True	False
非表示	有効	SnapToGrid	False	True

●グリッドの間隔を変える

GridSizeプロパティを使うと、グリッドの間隔を変えることができます。この場合、**オプション**ダイアログボックスの**既定のグリッドセルサイズ**を展開して、**Width**(横間隔)、**Height**(縦間隔)に、それぞれ値(ピクセル単位で扱われる)を入力します。

4.4.3 メニューを配置する

MenuStripコントロールを配置して、メニューを作成する方法について見ていきます。

▼フォームデザイナー

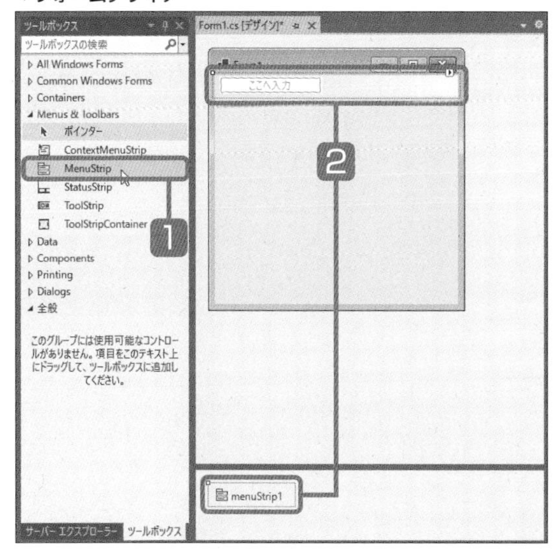

1 ツールボックスで、**Menus & Toolbars**カテゴリの**MenuStrip**をダブルクリックします。

2 フォームの上部にメニューデザイナーが表示され、コンポーネントトレイに、**MenuStrip**コンポーネントが表示されます。

メニューの項目を設定する

メニューに表示する項目（メニューアイテム）を設定します。

1 **ここへ入力**と表示されている部分をクリックし、メニューのタイトルとして表示する文字列を入力して、Enterキーを押します。

2 メニュータイトルの下部に表示されている**ここへ入力**をクリックし、メニューの項目として表示する文字列を入力して、Enterキーを押します。

▼フォームデザイナー

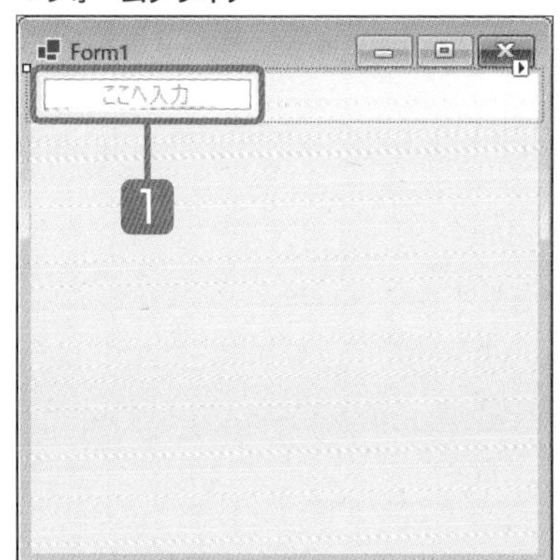

▼フォームデザイナー

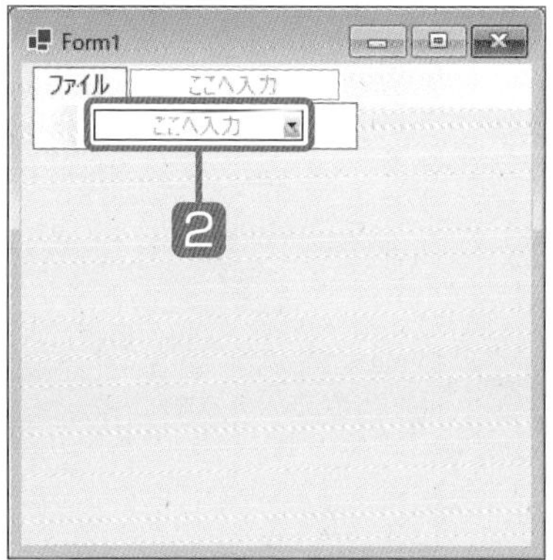

▼メニューの完成

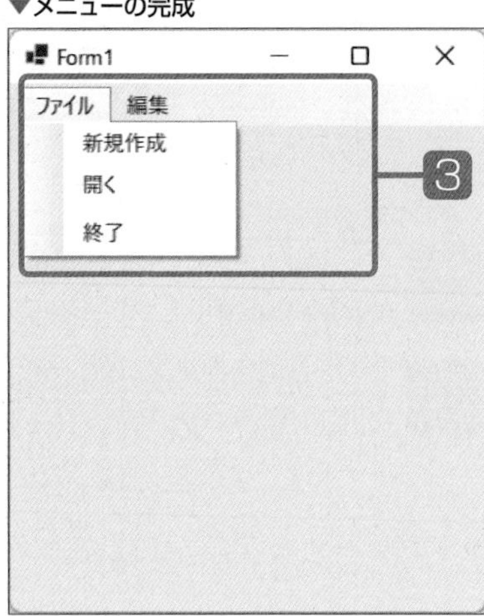

3 さらに、メニューアイテムとして表示する文字列を入力して、メニューを完成させます。

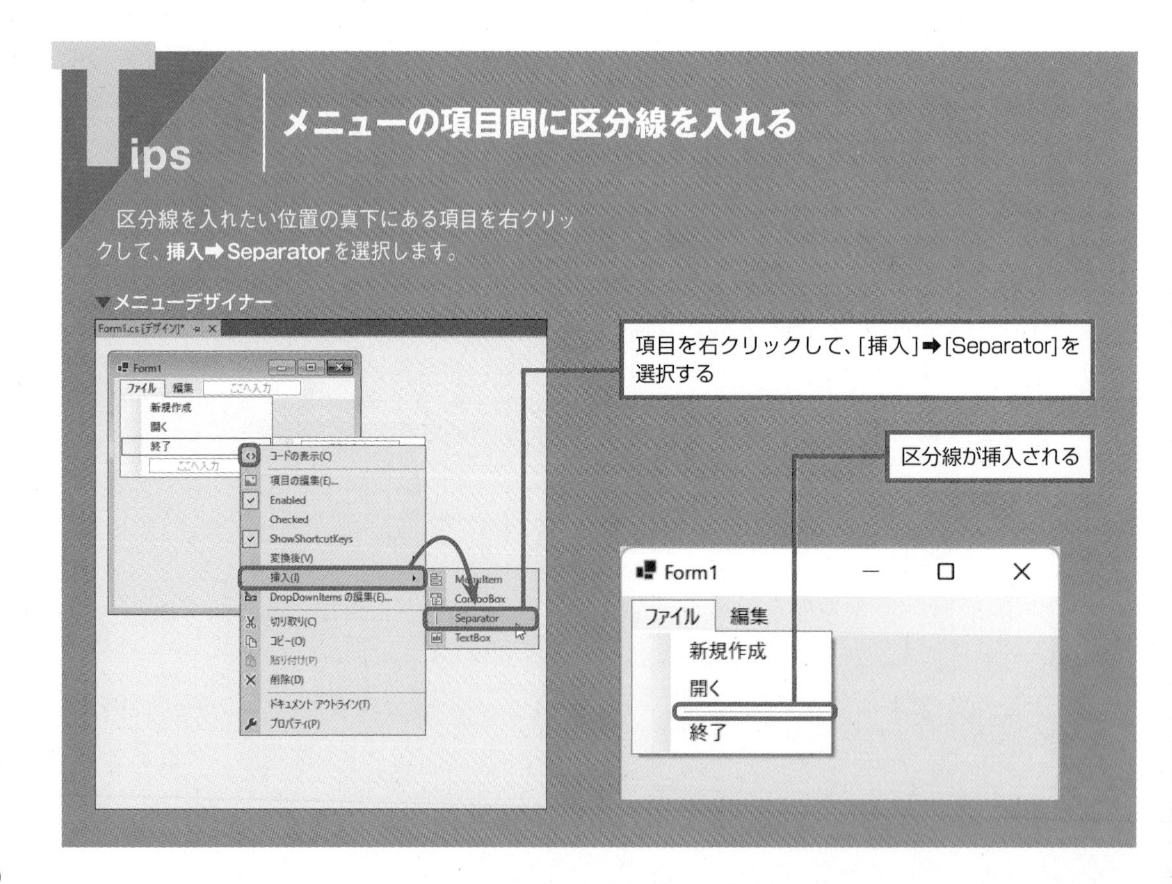

Tips メニューの項目間に区分線を入れる

区分線を入れたい位置の真下にある項目を右クリックして、**挿入➡Separator**を選択します。

▼メニューデザイナー

Hint メニューやメニューアイテムを削除するには

メニューやメニューアイテムを削除するには、次のように操作します。

●メニューを削除する

①コンポーネントトレイのMenuStripコンポーネントを選択します。
②**プロパティウィンドウ**の**データ➡Items**をクリックして、ボタンをクリックします。
③**項目コレクションエディター**が表示されるので、**メンバー**に表示されている項目の中から削除したいメニューを選択します。
④削除用のボタンをクリックして、選択した項目を削除します。
⑤**OK**ボタンをクリックします。

▼[項目コレクションエディター]

●メニューアイテムを削除する

①**メンバー**の中から削除したいアイテムを含むメニューを選択します。
②**データ**カテゴリの**DropDownItems**のボタンをクリックします。

▼[項目コレクションエディター]

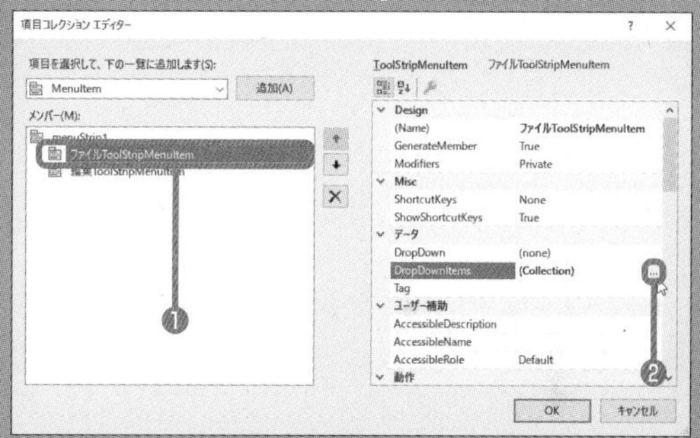

③メニューアイテムの**項目コレクションエディター**が表示されるので、削除したい項目を選択し、削除用のボタンをクリックして、選択した項目を削除します。
④**OK**ボタンをクリックします。

▼メニューアイテムの[項目コレクションエディター]

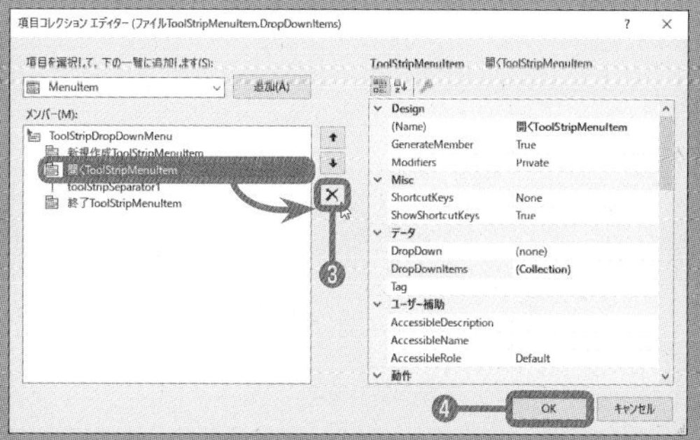

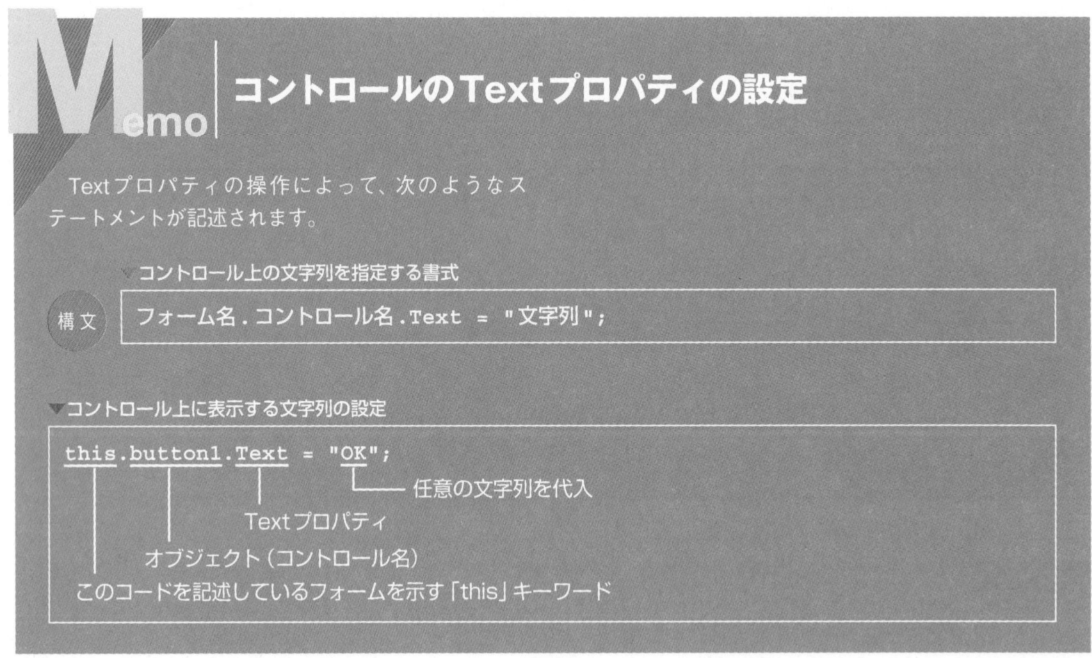

Memo コントロールのTextプロパティの設定

Textプロパティの操作によって、次のようなステートメントが記述されます。

▼コントロール上の文字列を指定する書式

構文
```
フォーム名.コントロール名.Text = "文字列";
```

▼コントロール上に表示する文字列の設定

```
this.button1.Text = "OK";
```


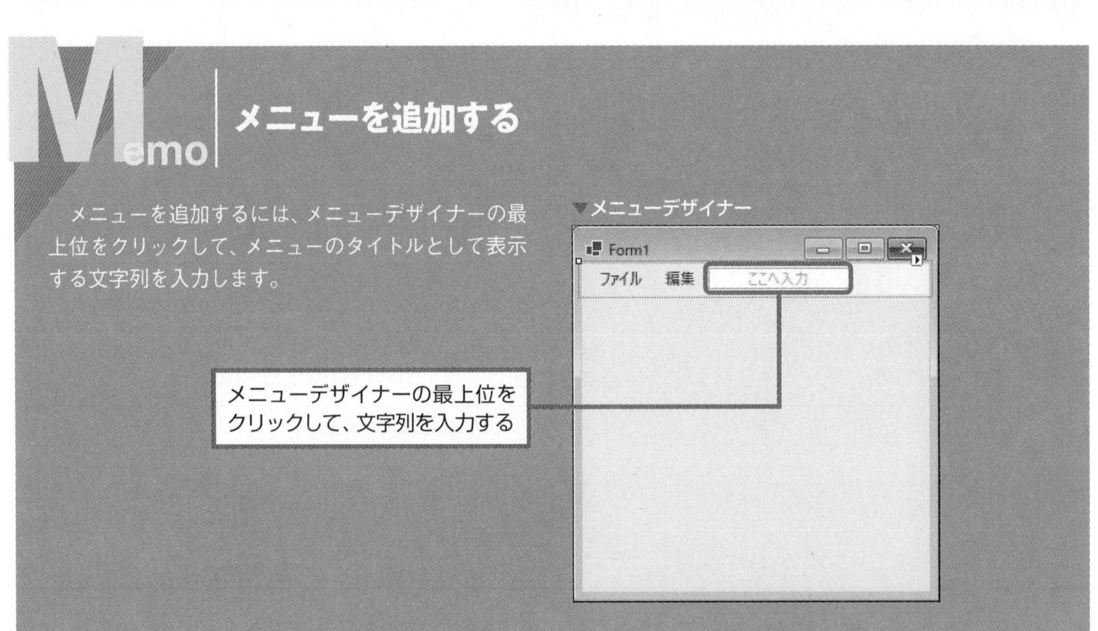

Memo メニューを追加する

メニューを追加するには、メニューデザイナーの最上位をクリックして、メニューのタイトルとして表示する文字列を入力します。

▼メニューデザイナー

Section

4.5 イベントドリブンプログラミング

Level ★★★ | Keyword | イベント　イベントドリブンプログラミング　イベント

イベントは、「ボタンをクリックした」、「メニューをクリックした」、「フォームが読み込まれた」などのコントロールやフォームに対して発生した事象を通知するための仕組みです。

このようなイベントを利用して、特定のイベントが発生したときに、任意の処理を行わせるプログラミング手法のことを**イベントドリブンプログラミング**と呼びます。

イベントに対応したプログラムの作成

ここでは、以下のコントロールにおけるイベントを利用したプログラミングテクニックを紹介していきます。

- **ボタンコントロールを利用したフォームの制御**
- **ボタンコントロールによるフォームの外観の変更**
- **テキストボックスの利用**
- **チェックボックスとラジオボタンの利用**
- **リストボックスの利用**

▼ラジオボタンで背景色を選択

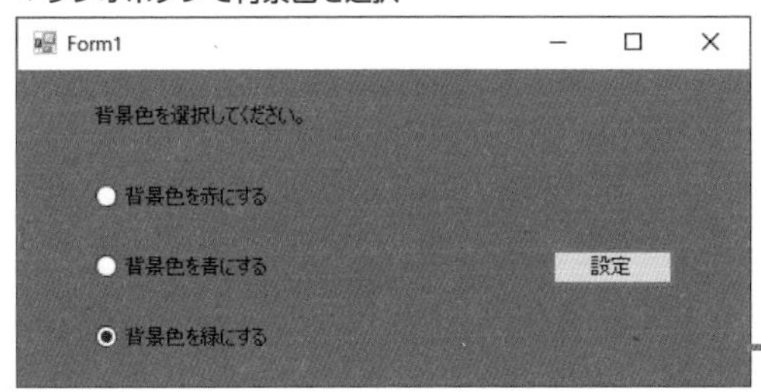

ボタンをクリックすると色が変更される

Visual Studioは、イベントが発生したときに呼び出される空のイベントハンドラーを自動的に作成してくれます。内部に任意の処理を記述すれば、特定のイベントの発生時に、指定した処理を実行することができます。

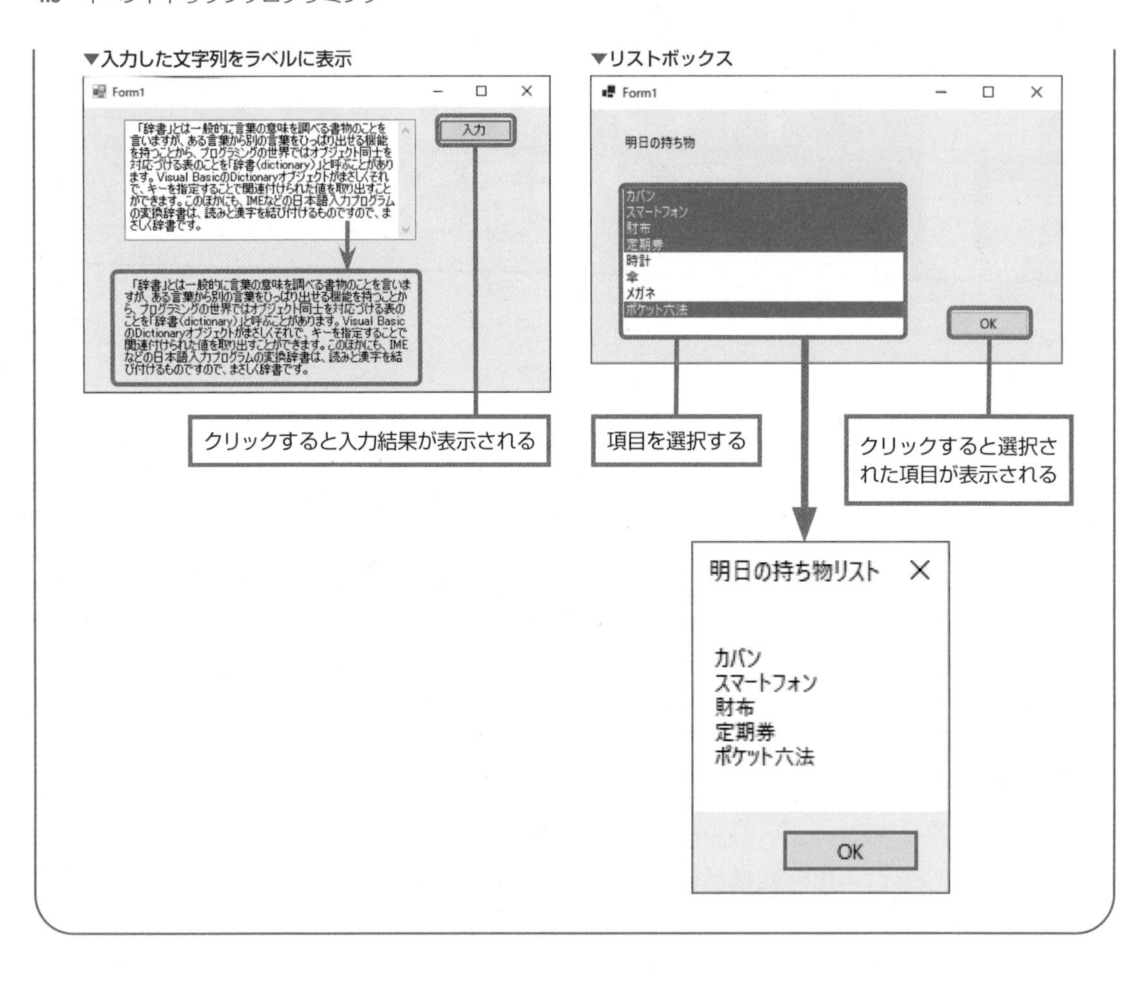

Hint サブメニューを追加するには

サブメニューを追加するには、サブメニューの上位となるメニューアイテムをクリックし、**ここへ入力**をクリックして、サブメニューとして表示する文字列を入力します。

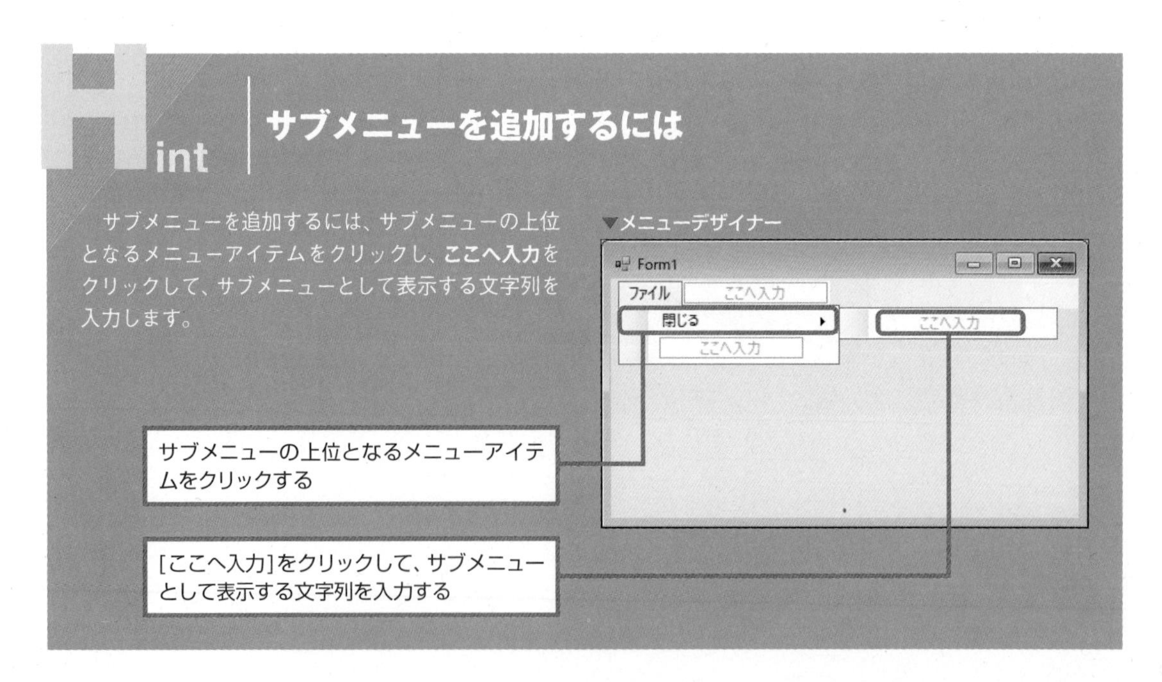

4.5.1 ボタンコントロールでイベントを処理する

ここでは、ボタンクリック時のイベントを利用して、様々な処理を行ってみましょう。

ボタンクリックで別のフォームを表示する

ボタンをクリックすると、別のフォームを表示するようにしてみましょう。

▼［新しい項目の追加］ダイアログボックス

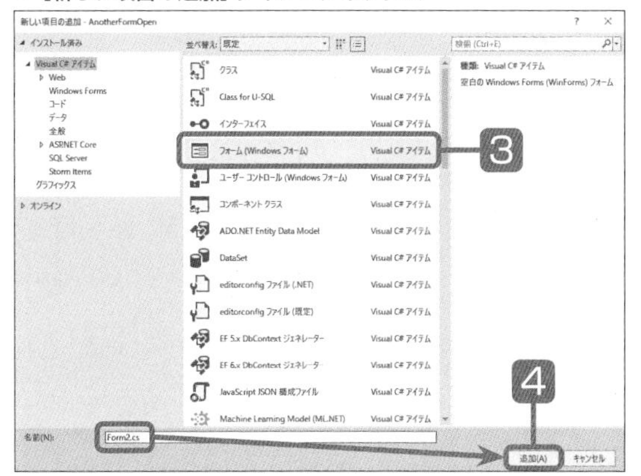

1. フォーム（Form1）にボタン（Buttonコントロール）を配置します。
2. **プロジェクト**メニューをクリックして、**Windowsフォームの追加**を選択します。
3. **新しい項目の追加**ダイアログボックスが表示されるので、**Windowsフォーム**を選択します。
4. ファイル名に「Form2.cs」と入力して、**追加**ボタンをクリックし、新規のフォーム（「Form2.cs」）を作成します。
5. Form1に配置してあるボタンをダブルクリックして、イベントハンドラー「button1_Click」に次のコードを入力します。

▼Form2を開くためのステートメント

```
private void button1_Click(object sender, EventArgs e)
{
    Form2 frmForm2 = new();
    frmForm2.ShowDialog();
}
```

6. **button1**ボタンをクリックすると、「Form2」が開きます。

▼実行中のプログラム　　▼「Form2」

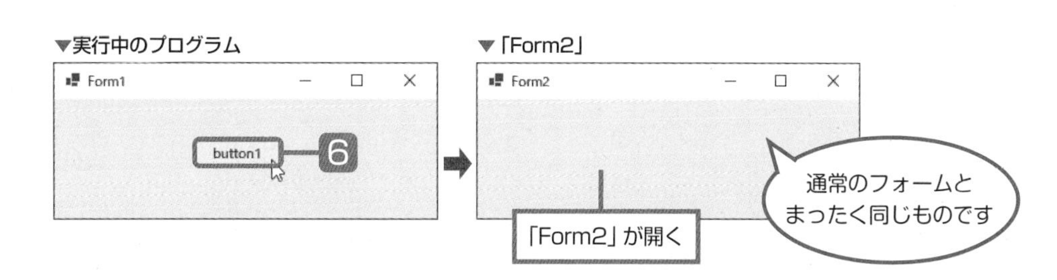
Form1
button1
6
Form2
「Form2」が開く
通常のフォームと
まったく同じものです

Onepoint

ここでは、ShowDialog()メソッドを使って、フォーム「Form2」をモーダルで表示しています。**モーダル**とは、新たに表示されたフォームを閉じない限り呼び出し元のフォームの操作ができない表示モードです。ダイアログボックスの表示はモーダルで行われます。

Hint フォームをモードレスで開くには

フォームを表示する方法には、モーダルのほかに**モードレス**と呼ばれる表示方法があります。モードレスでは、新たにフォームを表示していても呼び出し元のフォームを操作することができます。

フォームをモードレスで表示するには、Show()メソッドを使います。

▼フォームをモードレスで表示する

構文

```
フォームのクラス名 参照変数名 = new();
参照変数名.Show();
```

Memo フォームを閉じるステートメント

次ページの「ボタンクリックでフォームを閉じる」では、コマンドボタンがクリックされたタイミングで、以下のステートメントを実行するようにしています。

なお、操作例では、フォーム名の代わりに、現在、参照されているインスタンス（ここでは「Form2」）を示すthisキーワードを使用しています。

▼表示中のフォームを閉じる

```
this.Close();
```

▼フォームを閉じる

構文

```
フォーム名.Close();
```

Onepoint プログラムを終了させるExit()

Applicationクラスの**Exit()**メソッドは、表示中のフォームを閉じると同時に、プログラムを終了します。Exit()は静的メソッドなので、インスタンスではなく、クラスから実行するようにします。

▼プログラムを終了する

```
Application.Exit();
```

ボタンクリックでフォームを閉じる

Formクラスの**Close()**メソッドを使うと、ボタンをクリックしたタイミングでフォームを閉じることができます。ここでは、前項で作成したフォームForm2に、フォームを閉じるためのボタンを設定してみましょう。

1 Form2にボタンを配置して、**Text**プロパティの値の欄に、「フォームを閉じる」と入力しておきます。

2 Buttonをダブルクリックして、イベントハンドラー「button1_Click」に次のように記述します。

▼イベントハンドラーbutton1_Click()

```
private void button1_Click(object sender, EventArgs e)
{
    this.Close();
}
```

▼実行中のプログラム「Form2」

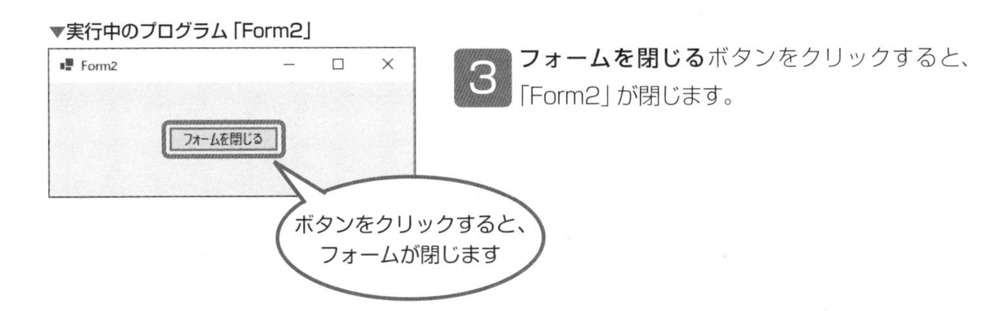
Form2
フォームを閉じる
ボタンをクリックすると、
フォームが閉じます

3 **フォームを閉じる**ボタンをクリックすると、「Form2」が閉じます。

フォームを閉じると同時にプログラムを終了する

Applicationクラスの**Exit()**メソッドを使うと、開いているすべてのフォームを閉じた上で、プログラムを終了することができます。

1 Form2に新しいボタンを配置し、Textプロパティに「プログラム終了」と入力します。

2 手順1で配置したボタンをダブルクリックして、イベントハンドラーに次のように記述します。

▼イベントハンドラーbutton1_Click()

```
private void button1_Click(object sender, EventArgs e)
{
    Application.Exit();
}
```

▼実行中のプログラム

2 Form2の**プログラム終了**ボタンをクリックすると、フォームが閉じると共に、プログラムが終了します。

フォームのBackColorプロパティの値を設定することで、フォームの背景色を任意の色に変えることができます。

▼イベントハンドラーbutton1_Click()

1 フォーム上に配置したボタンをダブルクリックして、イベントハンドラー「button1_Click」に次のように記述します。

```
private void button1_Click(object sender, EventArgs e)
{
    this.BackColor = System.Drawing.Color.Red;
}
```

▼実行中のプログラム

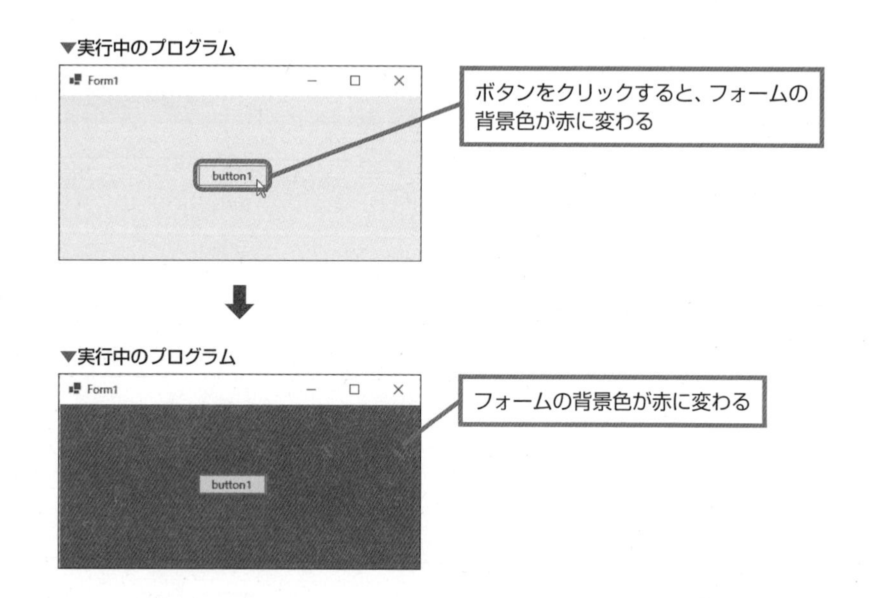

4.5.2 テキストボックスの利用

テキストボックスに入力された文字列を、ボタンのクリックイベントを利用して処理する方法について見ていきましょう。

入力したテキストをラベルに表示する

テキストボックスに入力した文字列をボタンクリックでラベルに表示してみましょう。

▼フォームデザイナー

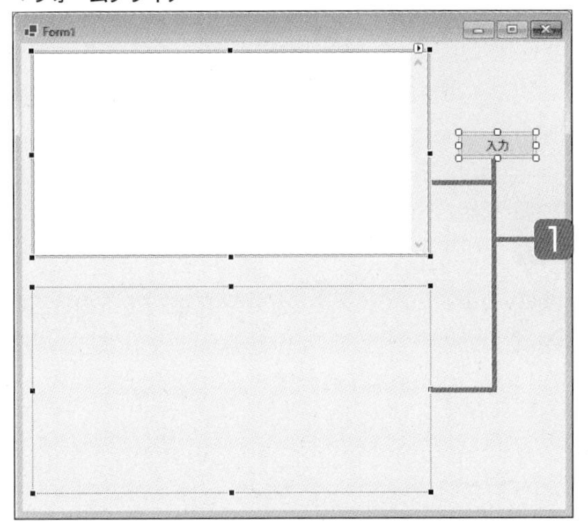

1 フォーム上に、TextBox、Button、Labelを配置し、各コントロールのプロパティの値を下表のとおりに設定します。

▼各コントロールのプロパティ設定

●TextBoxコントロール

プロパティ名	設定値
(Name)	textBox1
Text	(空欄)
Size(Width)	400
Size(Height)	200
MultiLine (「動作」カテゴリ)	True
ScrollBars (「表示」カテゴリ)	Vertical

●Buttonコントロール

プロパティ名	設定値
(Name)	button1
Text	入力

●Labelコントロール

プロパティ名	設定値
(Name)	label1
Text	(空欄)
AutoSize	False
Size(Width)	400
Size(Height)	100

テキストボックスの初期状態では、入力できる行数が1行ですが、MultiLineプロパティの値をtrueにすると、複数行での入力が可能になります。また、ScrollBarsプロパティの値をVerticalにすると、縦方向のスクロールバーを表示できるようになります。Horizontalを設定すると横方向、Bothで両方向のスクロールバーを表示できます。

2 ボタンをダブルクリックして、イベントハンドラーbutton1_Click()に次のように記述します。

▼イベントハンドラーbutton1_Click()

```
private void button1_Click(object sender, EventArgs e)
{
    label1.Text = textBox1.Text;
}
```

▼実行中のプログラム

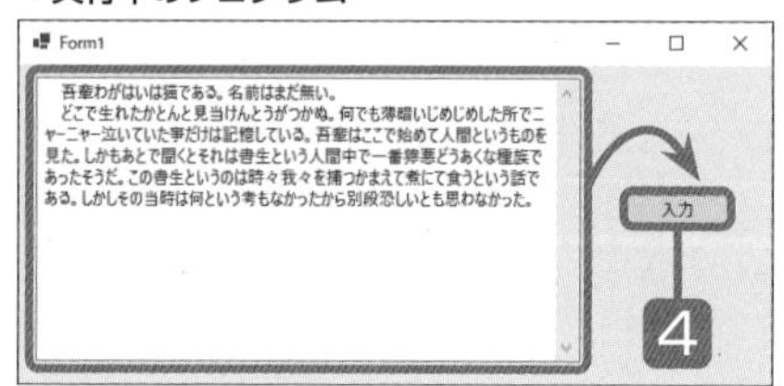

3 **開始**ボタンをクリックして、プログラムを実行します。

4 テキストボックスに任意の文字列を入力して、**入力**ボタンをクリックすると、入力した文字列がラベルに表示されます。

▼実行中のプログラム

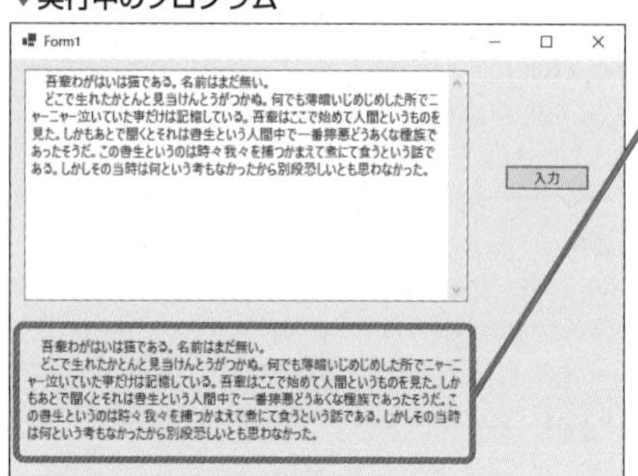

入力した文字列が表示される

Onepoint フォームのタイトルバーのアイコンを非表示にするステートメント

フォームのタイトルバーのアイコンは、**ControlBox**プロパティに「false」を設定することで、非表示にすることができます。

入力された文字列を数値に変換する

テキストボックスに入力された値を計算するプログラムを作成するには、テキストボックスに入力された数字を数値に変換してから、計算を行う必要があります。ここでは、データ型の変換を行うConvertクラスのメソッドを使って、テキストボックスに入力された値を整数値に変換した上で、2つの値の計算を行うプログラムを作成してみます。

▼Form1

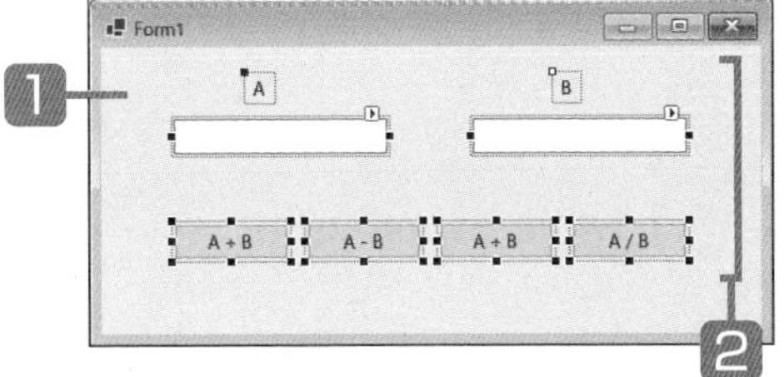

1 フォーム上に、Labelを2つ、TextBoxを2つ、Buttonを4つ配置します。

2 下表のとおりに、それぞれのプロパティを設定します。

▼各コントロールのプロパティ設定

●ラベル（左から1番目）

プロパティ名	設定値
(Name)	label1
Text	A

●ラベル（左から2番目）

プロパティ名	設定値
(Name)	label2
Text	B

●テキストボックス（左から1番目）

プロパティ名	設定値
(Name)	textBox1

●テキストボックス（左から2番目）

プロパティ名	設定値
(Name)	textBox2

●1つ目のボタン

プロパティ名	設定値
(Name)	button1
Text	A + B

●2つ目のボタン

プロパティ名	設定値
(Name)	button2
Text	A - B

●3つ目のボタン

プロパティ名	設定値
(Name)	button3
Text	A * B

●4つ目のボタン

プロパティ名	設定値
(Name)	button4
Text	A / B

3 button1をダブルクリックして、イベントハンドラーbutton1_Click()にコードを入力します。

4 button2をダブルクリックして、イベントハンドラーbutton2_Click()にコードを入力します。

5 button3をダブルクリックして、イベントハンドラーbutton3_Click()にコードを入力します。

6 button4をダブルクリックして、イベントハンドラーbutton4_Click()にコードを入力します。

7 テキストボックスの値をint型に変換したあとの値を格納するフィールド_num1、_num2を宣言します。

8 テキストボックスの値をint型に変換するCheckValue()メソッドを定義します。

▼Form1.cs(プロジェクト「ConvertTo」)

```
namespace ConvertTo
{
    public partial class Form1 : Form
    {
        // テキストボックス入力値の変換後の値を保持するフィールド
        private int _num1, _num2;

        public Form1()
        {
            InitializeComponent();
        }

        private void button1_Click(object sender, EventArgs e)
        {
            // CheckValue()を実行しtrueが返されたら足し算の結果を出力
            if (CheckValue())
                MessageBox.Show(Convert.ToString(_num1 + _num2));
        }

        private void button2_Click(object sender, EventArgs e)
        {
            // CheckValue()を実行しtrueが返されたら引き算の結果を出力
            if (CheckValue())
                MessageBox.Show(Convert.ToString(_num1 - _num2));
        }

        private void button3_Click(object sender, EventArgs e)
        {
            // CheckValue()を実行しtrueが返されたら掛け算の結果を出力
            if (CheckValue())
                MessageBox.Show(Convert.ToString(_num1 * _num2));
        }

```

```
        private void button4_Click(object sender, EventArgs e)
        {
            if (CheckValue())
            {
                // CheckValue()を実行しtrueが返されたら割り算の結果を出力
                // 小数に対応するため_num1をdouble型に変換してから計算
                MessageBox.Show(
                    Convert.ToString(((double)_num1 / _num2))
                    );
            }
        }

        // テキストボックスに入力された値をint型に変換してフィールドに格納する
        private bool CheckValue()
        {
            // try-catchで入力値のエラーに対処する
            try
            {
                // テキストボックスに入力された値をint型に変換する
                _num1 = Convert.ToInt32(textBox1.Text);
                _num2 = Convert.ToInt32(textBox2.Text);
                // 変換処理が成功したらtrueを返す
                return true;
            }
            catch
            {
                // テキストボックスの入力値がint型に変換できない場合はメッセージを表示
                MessageBox.Show("A欄とB欄に半角数字を入力してください。", "エラー");
                // 変換失敗としてfalseを返す
                return false;
            }
            finally
            {
                // テキストボックスをクリアする
                textBox1.Clear();
                textBox2.Clear();
                // textBox1にフォーカス(カーソル移動)する
                textBox1.Focus();
            }
        }
    }
}
```

●CheckValue() メソッド

テキストボックスの入力値は、try...catchステートメントを利用してConvert.ToInt32() メソッドでint型に変換し、フィールドに代入します。数値に変換できない値が入力されている場合はエラーが発生するので、これをcatchブロックで捕捉してメッセージを表示します。

●各ボタンのイベントハンドラー

CheckValue() メソッドを実行し、戻り値がtrueであれば、それぞれの計算を行って結果を出力します。結果の値はConvert.ToString() メソッドで文字列に変換します。

なお、割り算のみ「(double)_num1 / _num2」で結果をdouble型にして、結果に小数が含まれる場合は、小数点以下も表示できるようにします。

9 A欄とB欄に適当な数字を入力して、いずれかのボタンをクリックすると、計算結果が表示されます。

▼実行中のプログラム

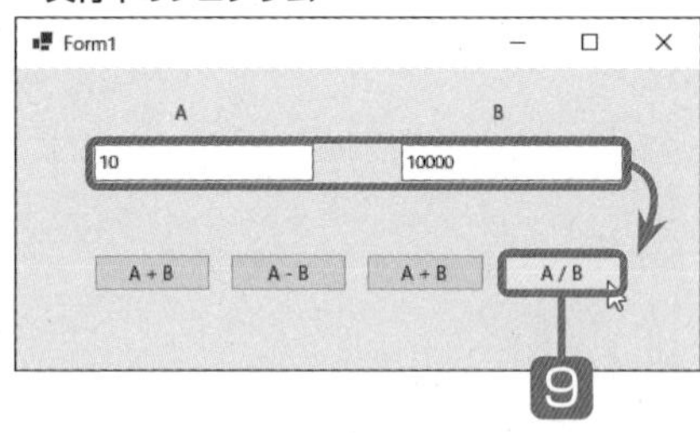

▼計算結果

0.001

OK

計算結果が表示される

Onepoint フォームの位置を変化させるステートメント

表示中のフォームの位置を変更するには、イベントハンドラーで、Point構造体のx、y座標の値を設定するようにします。

▽x 座標とy 座標を使ってフォームの表示位置を指定する

構文

```
対象のフォーム名.Location = New System.Drawing.Point(x座標位置,y座標位置);
```

Point構造体の整数座標（x座標とy座標）

x座標・・・画面左端を基点とした横方向の位置
y座標・・・画面上端を基点とした縦方向の位置

Memo 構造化エラー処理（try...catchステートメント）

プログラムの実行時に発生する回復不能なエラーを**実行時エラー**と呼びます。読み込むべきファイルが存在しない、印刷すべきプリンターが認識されていないといった場合に起こるエラーや、整数を0で除算するような計算式が実行された場合に起こるエラー*などが実行時エラーにあたります。

●try...catchステートメントの構造

実行時エラーが発生するとプログラムの実行が不可能になりますので、事前にエラーを検知して、エラーを処理する必要があります。このような、エラー処理用のためのコードのまとまりを**エラーハンドラー**と呼びます。

C#には、エラーハンドラーとして、try...catchステートメントが用意されています。try...catchステートメントは、構造がシンプルで、エラーの検知からエラーの処理までを行うコードを1カ所にまとめて記述しておけます。try...catchステートメントのコードは構造化されていることから、**構造化エラーハンドラー**と呼ばれることもあります。

try...catchステートメントは、エラーを検知するためのtryブロック、エラーを処理するためのcatchブロック、エラーの有無にかかわらず実行するfinallyブロック（省略可能）で構成されます。

try...catchステートメント

構文
```
try
{
   実行時エラーが発生する可能性があるステートメント
   .
   .
   .
}
catch
{
   実行時エラーが発生したときに実行するステートメント
}
finally（省略可）
{
   実行時エラーの有無にかかわらず実行するステートメント
}
```

*…が実行された場合に起こるエラー　0除算と呼ばれる。ある値を0で割って得られる値は無限大に発散してしまうので、エラーが発生する。また、割る数が0に近い場合も、エラーが発生する場合がある。

4.5.3 チェックボックスとラジオボタンの利用

ここでは、チェックボックスとラジオボタンを利用して、ユーザーが選択した結果によって特定の処理を行うプログラムを作成してみることにしましょう。

チェックボックスを使う

チェックボックスは、複数の選択肢の中から任意の数だけ選択する用途で使用します。

1 Label、Buttonおよび3つのCheckBoxを配置し、下表のとおりに、それぞれのプロパティを設定します。

▼各コントロールのプロパティ設定

●Labelコントロール

プロパティ名	設定値
Text	商品を選んでください

●Buttonコントロール

プロパティ名	設定値
(Name)	button1
Text	決定

●上から1番目のCheckBox

プロパティ名	設定値
(Name)	checkBox1
Text	商品A（500円）

●上から2番目のCheckBox

プロパティ名	設定値
(Name)	checkBox2
Text	商品B（600円）

●上から3番目のCheckBox

プロパティ名	設定値
(Name)	checkBox3
Text	商品C（700円）

2 button1をダブルクリックして、イベントハンドラーbutton1_Click()に次のように記述します。

▼イベントハンドラーbutton1_Click()（プロジェクト「CheckBox」）

```
using System;
using System.Windows.Forms;

namespace CheckBox
{
    public partial class Form1 : Form
    {
```

```
        public Form1()
        {
            InitializeComponent();
        }

        // button1のイベントハンドラー
        private void button1_Click(object sender, EventArgs e)
        {
            // チェックボックスの値を保持する変数
            int check1 = 0;
            int check2 = 0;
            int check3 = 0;
            // checkBox1がチェックされた場合
            if (checkBox1.Checked)
                check1 = 500;
            // checkBox2がチェックされた場合
            if (checkBox2.Checked)
                check2 = 600;
            // checkBox3がチェックされた場合
            if (checkBox3.Checked)
                check3 = 700;

            // フィールドの値を合計する
            int total = check1 + check2 + check3;
            // 合計値を出力
            MessageBox.Show(
                "合計金額は" + total + "円です。", "計算結果");
        }
    }
}
```

▼実行中のプログラム

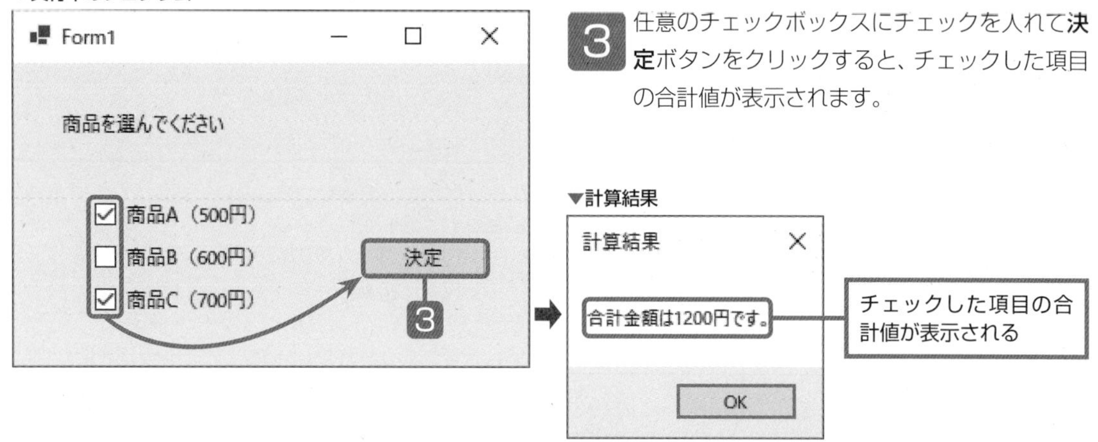

▼計算結果

3 任意のチェックボックスにチェックを入れて**決定**ボタンをクリックすると、チェックした項目の合計値が表示されます。

ラジオボタンを使う

ラジオボタンは、チェックボックスとは異なり、複数の選択肢の中から1つだけ選択する用途に利用します。

▼Windowsフォームデザイナー

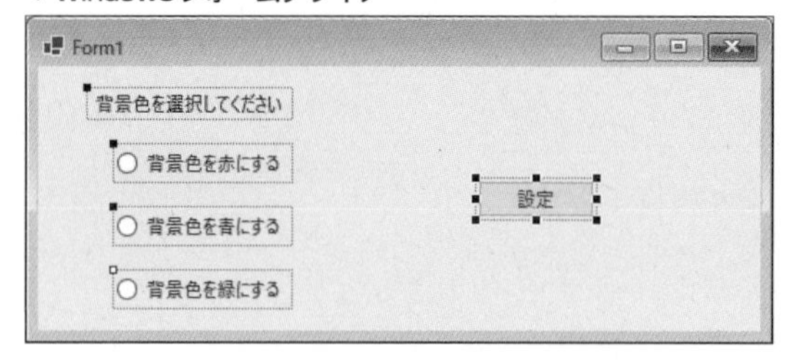

1 Label、Buttonおよび3つのRadioButtonを配置し、下表のとおりに、それぞれのプロパティを設定します。

▼各コントロールのプロパティ設定

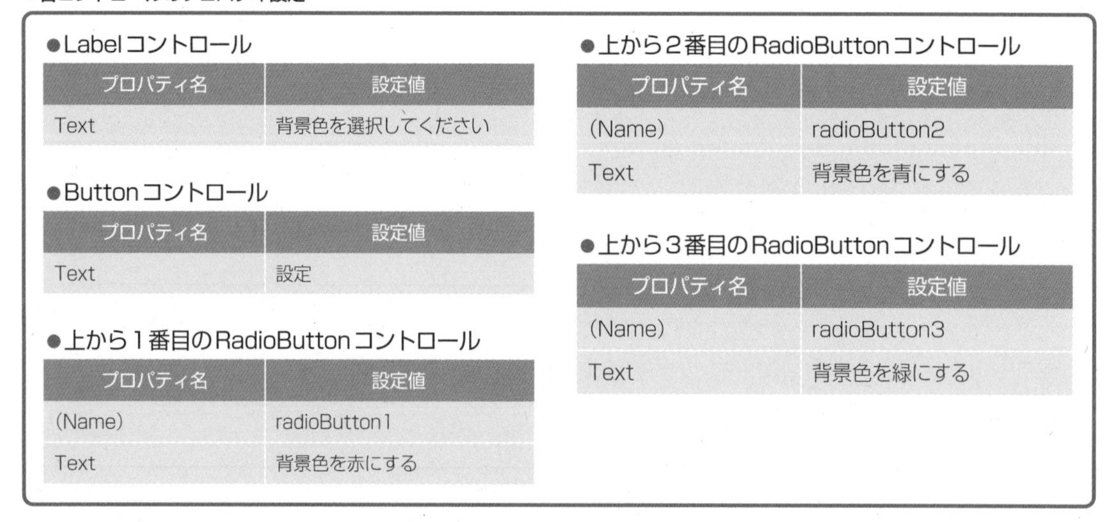

●Labelコントロール

プロパティ名	設定値
Text	背景色を選択してください

●Buttonコントロール

プロパティ名	設定値
Text	設定

●上から1番目のRadioButtonコントロール

プロパティ名	設定値
(Name)	radioButton1
Text	背景色を赤にする

●上から2番目のRadioButtonコントロール

プロパティ名	設定値
(Name)	radioButton2
Text	背景色を青にする

●上から3番目のRadioButtonコントロール

プロパティ名	設定値
(Name)	radioButton3
Text	背景色を緑にする

2 button1をダブルクリックして、イベントハンドラーbutton1_Click()に次のように記述します。

▼イベントハンドラーbutton1_Click()(プロジェクト「RadioButton」)

```
using System;
using System.Drawing;
using System.Windows.Forms;

namespace RadioButton
{
    public partial class Form1 : Form
    {
        public Form1()
        {
            InitializeComponent();
        }

        // button1のイベントハンドラー
        private void button1_Click(object sender, EventArgs e)
        {
            // radioButton1がオンの場合は背景色を赤にする
            if (radioButton1.Checked)
                this.BackColor = Color.Red;
            // radioButton1がオンの場合は背景色を青にする
            if (radioButton2.Checked)
                this.BackColor = Color.Blue;
            // radioButton1がオンの場合は背景色を緑にする
            if (radioButton3.Checked)
                this.BackColor = Color.Green;
        }
    }
}
```


▼実行中のプログラム

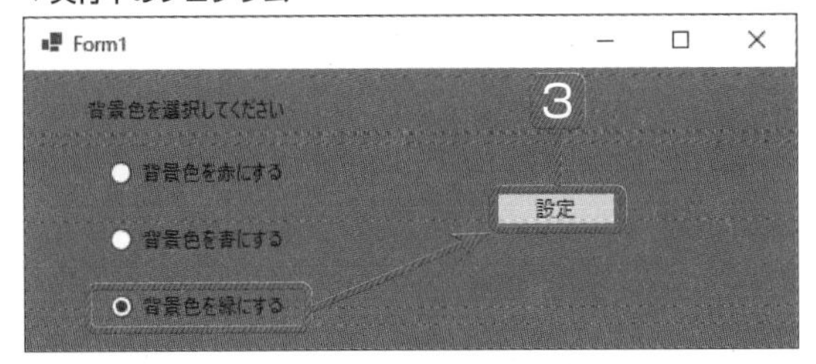

3 任意のラジオボタンをオンにして**設定**ボタンをクリックすると、フォームの背景色が変更されます。

4.5.4 リストボックスの利用

リストボックスを利用すると、複数の項目の中から目的の項目を選択したり、ユーザーが入力した文字列をリスト項目として追加したりすることができます。リストボックスは、ツールボックスのListBoxをクリックして作成します。

▼フォームデザイナー

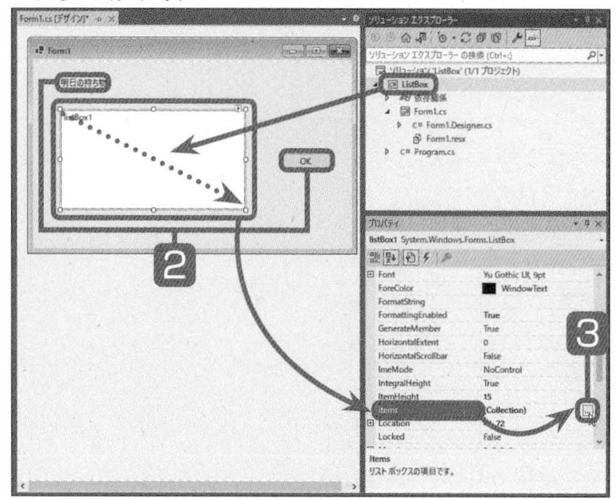

1. ツールボックスの**ListBox**をクリックし、フォーム上をドラッグして、ListBoxを描画します。
2. ButtonとLabelを配置し、ButtonのTextプロパティに「OK」、LabelのTextプロパティに「明日の持ち物」と入力します。
3. ListBoxを選択し、**プロパティ**ウィンドウで、**Items**プロパティをクリックし、ボタンをクリックします。

▼文字コレクションエディター

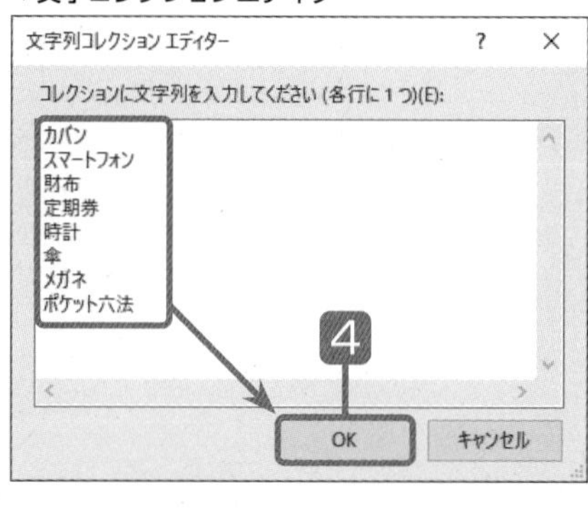

4. **文字列コレクションエディター**が表示されるので、リストボックスに表示したい文字列を入力して、**OK**ボタンをクリックします。

選択した項目を取得する

リストボックスで選択された項目は、**SelectedItem**プロパティで取得することができます。

1. Buttonをダブルクリックします。
2. コードエディターが起動してイベントハンドラーbutton1_Clickにカーソルが移動するので、次のように記述します。

▼イベントハンドラーbutton1_Click()(プロジェクト「ListBox」)

```
using System;
using System.Windows.Forms;

namespace ListBox
{
    public partial class Form1 : Form
    {
        public Form1()
        {
            InitializeComponent();
        }

        private void button1_Click(object sender, EventArgs e)
        {
            // リストの項目が何も選択されていなければメッセージを表示する
            if (listBox1.SelectedItem == null)
                MessageBox.Show("項目が未選択です。", "エラー");
            else
                // 選択された項目をメッセージボックスで表示する
                MessageBox.Show(
                    // リストボックスのアイテムはobject型なので
                    // string型に変換する
                    listBox1.SelectedItem.ToString(),
                    // タイトル
                    "明日は忘れずに");
        }
    }
}
```

3 任意の項目を選択して、OKボタンをクリックすると、選択した項目がメッセージボックスに表示されます。

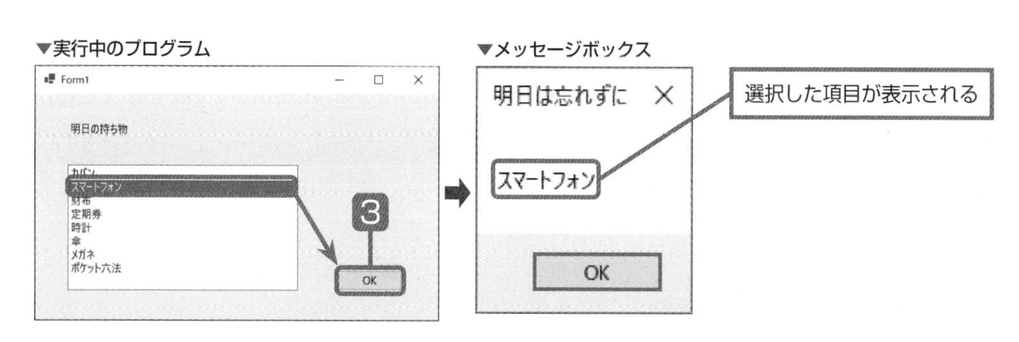

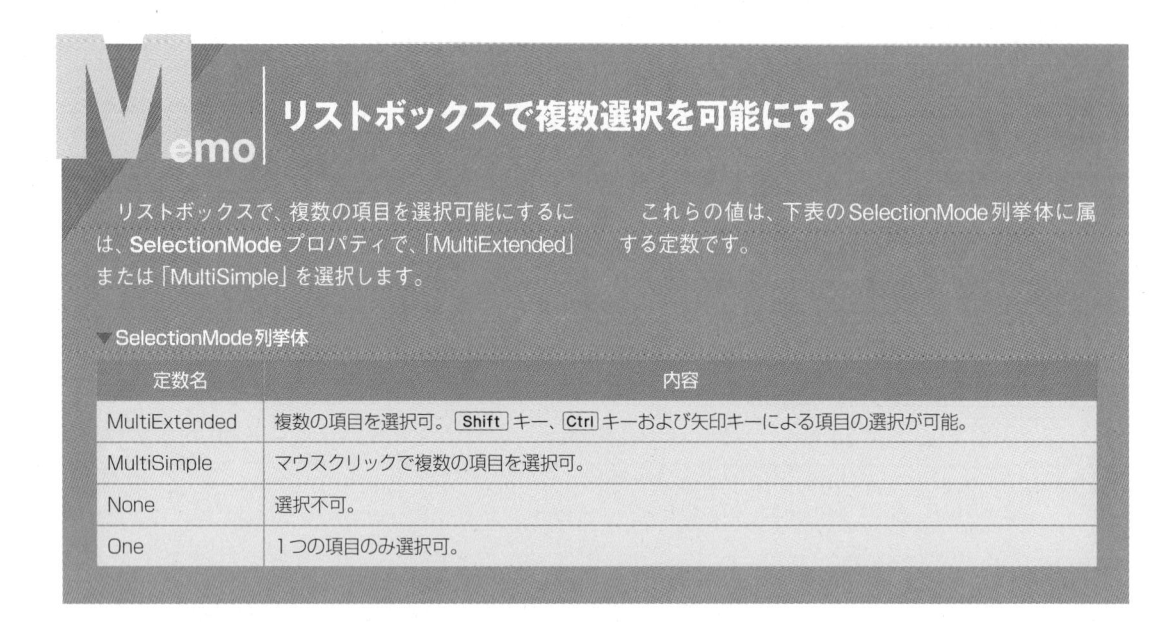

Memo リストボックスで複数選択を可能にする

リストボックスで、複数の項目を選択可能にするには、**SelectionMode**プロパティで、「MultiExtended」または「MultiSimple」を選択します。

これらの値は、下表のSelectionMode列挙体に属する定数です。

▼SelectionMode列挙体

定数名	内容
MultiExtended	複数の項目を選択可。Shiftキー、Ctrlキーおよび矢印キーによる項目の選択が可能。
MultiSimple	マウスクリックで複数の項目を選択可。
None	選択不可。
One	1つの項目のみ選択可。

複数の項目を選択できるようにする

ListBoxコントロールの**SelectionMode**プロパティで「MultiExtended」または「MultiSimple」を設定すると、複数の項目を同時に選択できるようになります。

ここでは前項と同じ操作画面を作成して、リストボックスで複数の項目を選択できるようにしてみましょう。

▼［プロパティ］ウィンドウ

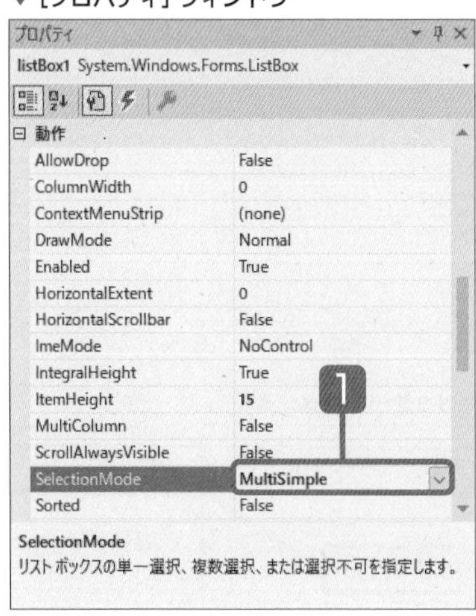

1 リストボックスを選択し、**プロパティ**ウィンドウで、**SelectionMode**プロパティの▼をクリックして、**MultiSimple**を選択します。

2 **OK**ボタンをダブルクリックして、イベントハンドラーbutton1_Click()に次のように記述します。

▼イベントハンドラーbutton1_Click()(プロジェクト「ListBoxMultiSelect」)

```
using System;
using System.Windows.Forms;

namespace ListBoxMultiSelect
{
    public partial class Form1 : Form
    {
        public Form1()
        {
            InitializeComponent();
        }

        //  button1のイベントハンドラー
        private void button1_Click(object sender, EventArgs e)
        {
            // 項目が未選択の場合はメッセージを表示
            if (listBox1.SelectedItem == null)
            {
                MessageBox.Show("項目が未選択です。", "エラー");
            }
            // 項目が選択されていれば処理を実行
            else
            {
                // 選択された項目(文字列)を格納する変数
                string select = "";
                // リストボックスの項目数の数だけ繰り返す
                for (int i = 0; i < listBox1.SelectedItems.Count; i++)
                {
                    // selectに格納されている文字列に
                    // リストボックスで選択された項目と
                    // 改行文字"¥n"を連結
                    select = select +
                             listBox1.SelectedItems[i].ToString() +
                             "¥n";
                }
                // メッセージボックスに選択された項目を一覧表示する
                MessageBox.Show(select, "明日の持ち物リスト");
            }
        }
    }
}
```

▼実行中のプログラム

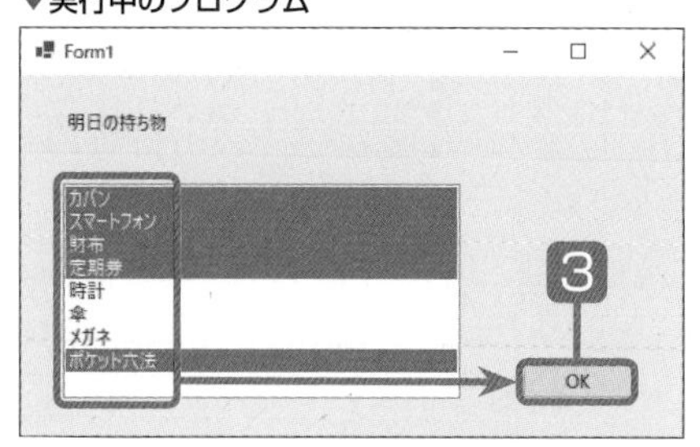

3 任意の項目を複数選択して、**OK**ボタンをクリックすると、選択したすべての項目がメッセージボックスに表示されます。

▼メッセージボックス

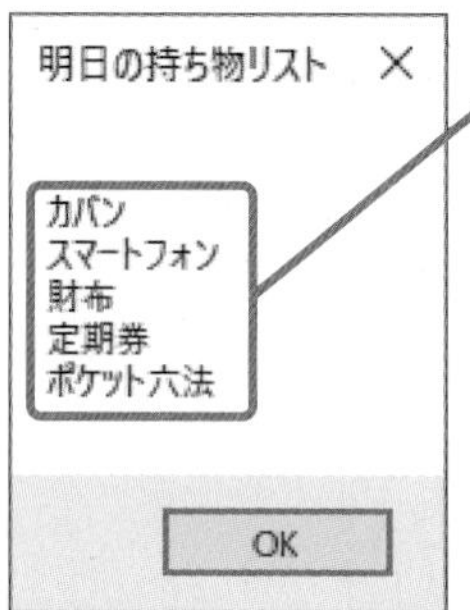

選択したすべての項目が表示される

Onepoint チェックボックスのチェックの状態を取得する

CheckBoxコントロールでのチェックの有無は、**Checked**プロパティに格納されている値で確認できます。Checkedプロパティはチェックボックスにチェックが入っていればtrue、チェックが入っていなければfalseの値を返します。

「4.5.3 チェックボックスとラジオボタンの利用」の例では、ifステートメントを使ってチェックの有無を確認したあと、チェックが入っている商品の合計金額を計算するようにしています。

▼checkBox1がチェックされているときの処理

```
if (checkBox1.Checked) ― checkBox1のCheckedプロパティの値がtrueであれば以下の処理を実行
    check1 = 500;
```

▼checkBox2がチェックされているときの処理

```
if (checkBox2.Checked) ― checkBox2のCheckedプロパティの値がtrueであれば以下の処理を実行
    check2 = 600;
```

▼checkBox3がチェックされているときの処理

```
if (checkBox1.Checked) ― checkBox3のCheckedプロパティの値がtrueであれば以下の処理を実行
    check3 = 700;
```

選択された項目の情報を取り出す方法を確認する

リストボックスは、リスト自体のオブジェクトの中に項目（アイテム）をコレクション（配列）形式で格納します。

●リストボックスが作成される過程を見る

リストボックスの項目（アイテム）は、ListBox.ObjectCollectionクラスのオブジェクトにコレクションの形態で保存されます。

▼リストボックスのアイテムを保存するコレクションクラス

```
System.Windows.Forms.ListBox.ObjectCollection
```

フォームデザイナー上でリストボックスを配置し、コレクションを追加した場合は、次のようなコードがForm1.Designer.csに記述されます。AddRange()はObjectCollectionオブジェクトにアイテムを追加するメソッドです。

▼リストボックスを作成した際に記述されるコード

```
this.listBox1 = new System.Windows.Forms.ListBox(); // リストボックスのインスタンス化
this.listBox1.FormattingEnabled = true;               // 書式設定を有効にする
this.listBox1.ItemHeight = 15;            // アイテムの高さを設定
// アイテムの追加
this.listBox1.Items.AddRange(new object[] {
        "カバン",
        "スマートフォン",
        "財布",
        "定期券",
        "時計",
        "傘",
        "メガネ",
        "ポケット六法"});
```

ObjectCollectionオブジェクトに対してアイテムを配列として追加する（AddRange）

アイテムを格納するオブジェクト（ObjectCollectionオブジェクト）を取得（Items）

●ListBox.Items プロパティ
リストボックスのアイテム（ObjectCollectionオブジェクト）を取得します。

●ListBox.ObjectCollection.AddRange() メソッド (Object[])
リストボックスに、アイテムを配列として追加します。

配置されたリストボックスからItemsプロパティでObjectCollectionオブジェクトを取得し、このオブジェクトに対して、AddRange()でアイテムの配列を追加するという手順です。

●リストボックスで選択されているアイテムを調べる

リストボックスで選択されているアイテムは、ListBox.SelectedItemプロパティで取得できます。

●ListBox.SelectedItem プロパティ

リストボックスで選択されているアイテム（Object型のオブジェクト）を取得します。

アイテムが選択されているかを調べるには、次のように記述すればOKです。

▼アイテムが選択されているかを調べる

```
if (listBox1.SelectedItem == null) // 項目が未選択の場合はnullになる
{
    MessageBox.Show("項目が未選択です。", "エラー");
}
```

次のように書けば、選択中のアイテム（の文字列）をメッセージボックスに出力できます。

▼選択中のアイテムを表示

```
MessageBox.Show(listBox1.SelectedItem.ToString());
```

▼リストボックス

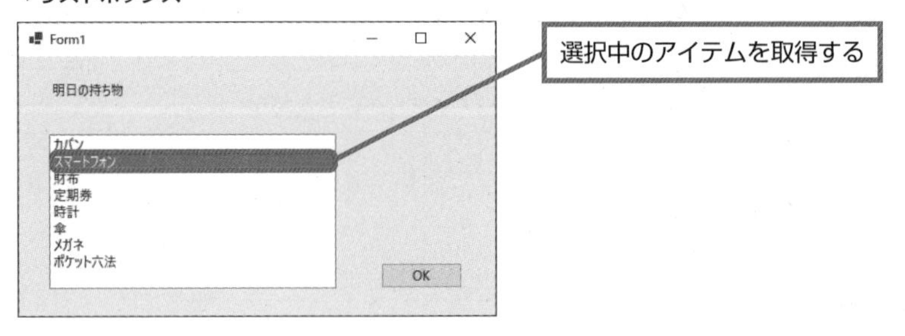

●複数選択可のリストボックス

一方、複数のアイテムを選択可（SelectionModeプロパティをMultiSimple）にした場合、選択されているアイテムの情報はListBox.SelectedObjectCollectionクラスのオブジェクトに、コレクションとして保持されるようになります。このオブジェクトは、ListBox.SelectedItemsプロパティで取得できます。

▼SelectedObjectCollectionオブジェクトを取得する

```
listBox1.SelectedItems
```

リストボックスの識別名（オブジェクトの参照変数）

▼リストボックス

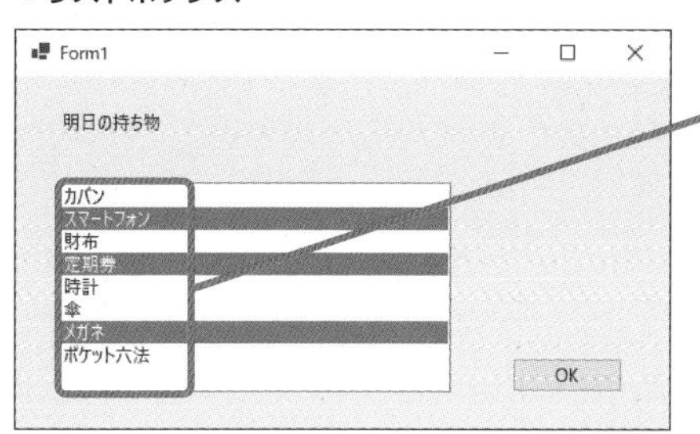

選択された項目数は、SelectedObjectCollectionクラスのCountプロパティで取得できます。

● ListBox.SelectedObjectCollection.Count プロパティ

コレクション内の項目の数を取得します。

▼選択された項目数を取得する

```
listBox1.SelectedItems.Count
```

SelectedItemsで取得したSelectedObjectCollectionオブジェクトから選択項目数を取得

一方、SelectedObjectCollectionクラスのオブジェクトそのものには、選択された項目の情報がコレクション（Object型の配列）として格納されています。次のように書くと、選択された項目のうちの先頭要素を参照できます。

▼選択されている最初の項目を参照する

```
listBox1.SelectedItems[0]
```

この状態だとコレクションの要素を参照しているだけなので、項目名を取得するには、toString()メソッドを使います。toString()は、Objectクラスで定義されているので、SelectedObjectCollectionオブジェクトに対して実行できます。

▼選択されている最初の要素の文字列（項目名）を取得する

```
listBox1.SelectedItems[0].ToString()
```

次のようにforステートメントを使えば、選択されているすべてのアイテムを取り出すことができます。

▼選択中のすべてのアイテムを取り出す

```
for (int i = 0; i < listBox1.SelectedItems.Count; i++)

    select = select + listBox1.SelectedItems[i].ToString() + "¥n";
```

選択された項目数のぶんだけ繰り返す

これで変数selectに選択されているすべての項目名が格納されますので、「複数の項目を選択できるようにする」の例では、Show()メソッドでメッセージボックスに出力しています。

リストボックスに項目を追加できるようにする

これまでは、リストボックスに設定された項目から選択する処理を行ってきましたが、今度は、テキストボックスに入力した文字列をリストボックスに追加するようにしてみましょう。

▼フォームデザイナー

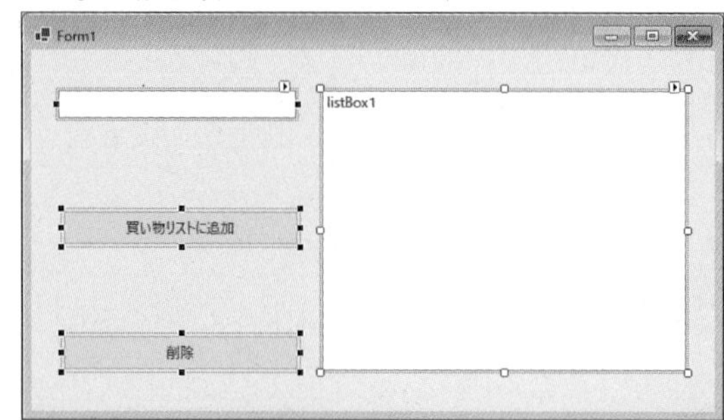

1 フォーム上にTextBox、ListBoxおよび2つのButtonを2つ配置します。

2 下表のとおりに、それぞれのプロパティを設定します。

▼各コントロールのプロパティ設定

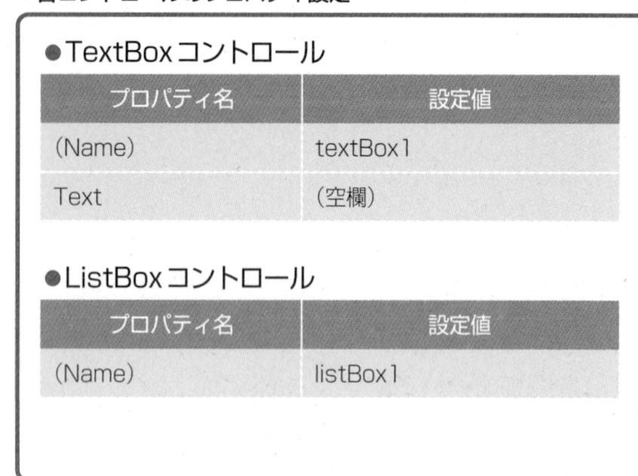

●TextBoxコントロール

プロパティ名	設定値
(Name)	textBox1
Text	(空欄)

●ListBoxコントロール

プロパティ名	設定値
(Name)	listBox1

●Buttonコントロール(上から1番目)

プロパティ名	設定値
(Name)	button1
Text	買い物リストに追加

●Buttonコントロール(上から2番目)

プロパティ名	設定値
(Name)	button2
Text	削除

3 button1をダブルクリックして、イベントハンドラーbutton1_Click()に次のように記述します。

▼イベントハンドラーbutton1_Click()(プロジェクト「ListBoxItemsAdd」)

```
private void button1_Click(object sender, EventArgs e)
{
    // リストボックスにテキストボックスの入力文字列を追加する
    listBox1.Items.Insert(
        0,                  // リストボックスの先頭位置(0)に追加
        textBox1.Text); // 追加するのはテキストボックスに入力された文字列
    // 追加が完了したらテキストボックスをクリアする
    textBox1.Clear();
}
```

4 button2ボタンをダブルクリックして、イベントハンドラーbutton2_Click()に次のように記述します。

▼イベントハンドラーbutton2_Click()

```
private void button2_Click(object sender, EventArgs e)
{
    // リストボックスのアイテムが未選択の場合は -1が返される
    if (listBox1.SelectedIndex == -1)
    {
        MessageBox.Show("削除する項目を選択してください。", "未選択");
    }
    // リストボックスのアイテムが選択されている場合は処理を実行
    else
    {
        // 選択されたアイテムをリストボックスから削除する
        listBox1.Items.RemoveAt(listBox1.SelectedIndex);
    }
}
```


▼実行中のプログラム

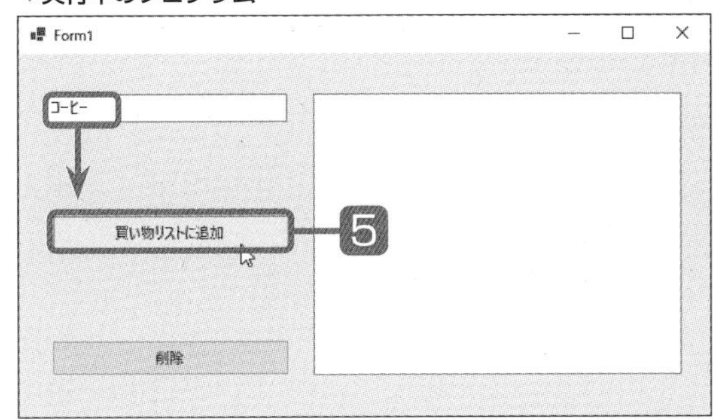

5 任意の文字列を入力して、**買い物リストに追加**ボタンをクリックすると、入力した文字列がリストボックスに追加されます。

▼項目の削除

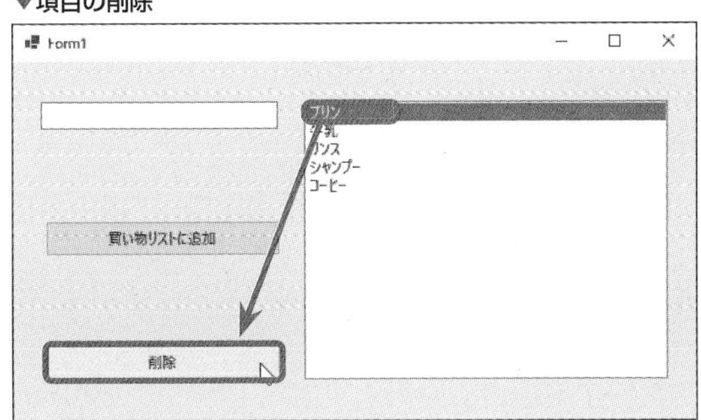

6 任意の項目を選択して、**削除**ボタンをクリックすると、選択した項目が削除されます。

Memo リストボックスにアイテムを追加／削除する

リストボックスのアイテムは、ListBox.ObjectCollectionクラスのオブジェクトに保持されています。

このオブジェクトをListBox.Items プロパティで取得し、ListBox.ObjectCollectionクラスのメソッドを使うことで、アイテムの追加や削除が行えます。Insert()はアイテムの追加、RemoveAt()はアイテムの削除を行うメソッドです。

▼テキストボックスに入力された文字列をリストボックスに追加する

```
listBox1.Items.Insert(0, textBox1.Text);
```

▽リストボックスに項目を追加する

構文

```
リストボックス名.Items.Insert(
        リストボックスに追加する位置を示す値, 追加する項目名を表すオブジェクト);
```

▽リストボックスの項目をインデックス値で指定して削除する

構文

```
リストボックス名.Items.RemoveAt(削除する項目のインデックス値);
```

また、「ListBox.SelectedIndex」プロパティを使うと、リストボックスで現在、選択されている項目のインデックス値を取得することができます。

▽リストボックスで選択されている項目のインデックス値を取得する

構文

```
リストボックス名.SelectedIndex
```

先の例では、RemoveAt()メソッドの引数としてSelectedIndexプロパティで取得したインデックス値を指定しています。これによって、**削除**ボタンをクリックしたタイミングで、リストボックスで選択されている項目が削除されます。

▼リストボックスで選択された項目を削除する

```
listBox1.Items.RemoveAt(listBox1.SelectedIndex);
```

なお、アイテムが未選択の場合、SelectedIndexプロパティは「-1」を返すので、次のように記述すれば、未選択かどうかがわかります。

▼アイテムが未選択かどうかを調べる

```
if (listBox1.SelectedIndex == -1)
{
    MessageBox.Show("削除する項目を選択してください。", "未選択");
}
```

Section

4.6 イベントドリブン型デスクトップアプリの作成

Level ★★★

Keyword カレンダーコントロール メッセージボックス メニュー ツールバー

これまでに、各種のコントロールを利用して、イベントドリブン型のプログラムの作成を行ってきました。このセクションでは、さらに様々な形態のデスクトップアプリを作成してみましょう。

カレンダーやメッセージボックスを利用したWindowsアプリの開発

このセクションでは、次のような機能を実装したアプリケーションソフトの開発を行います。

- **カレンダーを使って日付を取得する(誕生日計算プログラムの作成)**
- **メッセージボックスの利用**
- **メニューの利用**
- **他のアプリケーションとの連携**

カレンダーコントロール(DateTimePicker)は、任意の日付データをユーザーが選択できるコントロールです。

メッセージボックスは、目的に応じて、指定したメッセージを表示できる便利なアイテムです。

▼カレンダーの利用

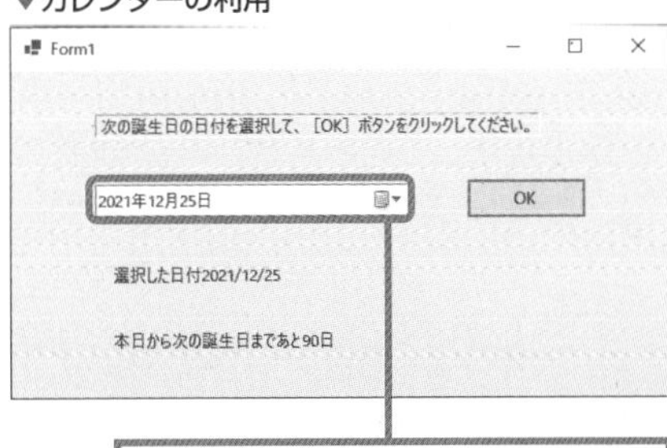

▼他のアプリケーションソフトの起動と終了を行うプログラム

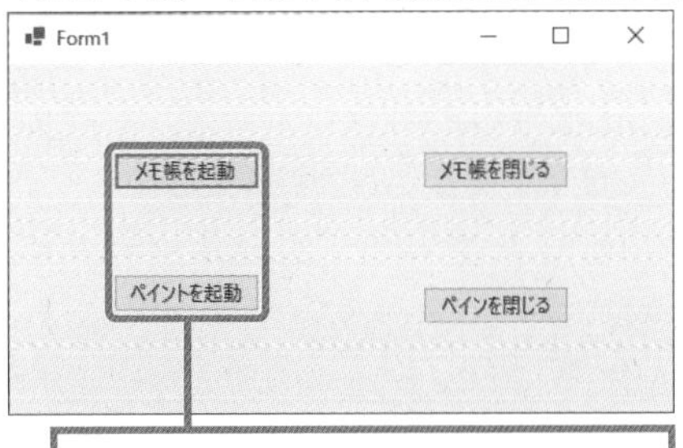

4.6.1 誕生日までの日数を計算する

DateTimePickerコントロールを使うと、ポップアップ表示されるカレンダー機能を使って、日付の入力が行えるようになります。

ここでは、次回の誕生日の日付を入力すると、誕生日までの日数を表示するプログラムを作成してみることにしましょう。

▼フォームデザイナー

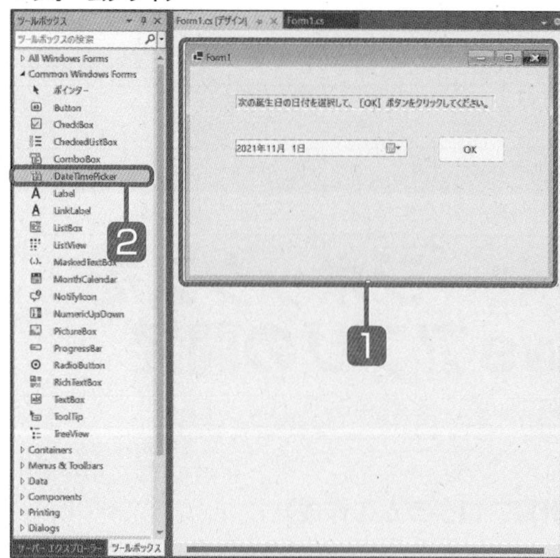

1. フォーム上にLabelを3個、Buttonを1個配置します。
2. ツールボックスのDateTimePickerをダブルクリックしてフォーム上に配置します。
3. 下表のとおりに、それぞれのプロパティを設定します。

▼各コントロールのプロパティ設定

●Labelコントロール（上から1番目）

プロパティ名	設定値
(Name)	label1
BorderStyle	Fixed3D
Text	次の誕生日の日付を選択して、[OK] ボタンをクリックしてください。

●Labelコントロール（上から2番目）

プロパティ名	設定値
(Name)	label2
Text	(空欄)

●Labelコントロール（上から3番目）

プロパティ名	設定値
(Name)	label3
Text	(空欄)

●Buttonコントロール

プロパティ名	設定値
(Name)	button1
Text	OK

OKボタンをダブルクリックして、イベントハンドラーbutton1_Click()に次のように記述します。

▼イベントハンドラーbutton1_Click()(プロジェクト「NextBirthday」)

```
using System;
using System.Windows.Forms;

namespace NextBirthday
{
    public partial class Form1 : Form
    {
        public Form1()
        {
            InitializeComponent();
        }

        // button1のイベントハンドラー
        private void button1_Click(object sender, EventArgs e)
        {
            // DateTimePickerで選択された年月日を取得してlabel2に出力
            label2.Text = "選択した日付" +
                              dateTimePicker1.Value.Date.ToString("yyyy/MM/dd");
            // DateTimePickerで選択された年月日から日付だけを取得し、
            // 現在の日付を引き算して次の誕生日までの日数を求める
            int birthday = dateTimePicker1.Value.Subtract(DateTime.Today).Days;
            // label3に誕生日までの日数を出力する
            label3.Text = "本日から次の誕生日まであと" + birthday.ToString() + "日";
        }
    }
}
```

▼実行中のプログラム

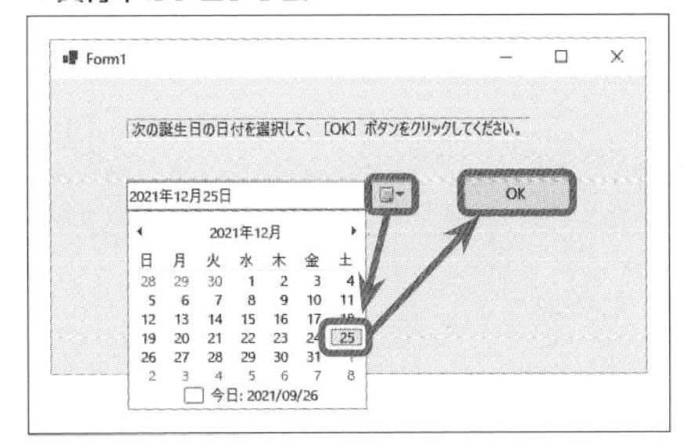

5 ボタンをクリックして、カレンダーを表示し、誕生日の月と日付を選択してOKボタンをクリックします。

4 デスクトップアプリの開発

▼実行中のプログラム

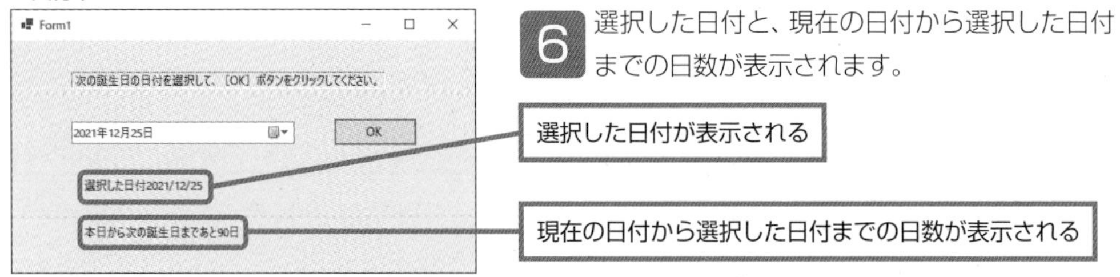

6 選択した日付と、現在の日付から選択した日付までの日数が表示されます。

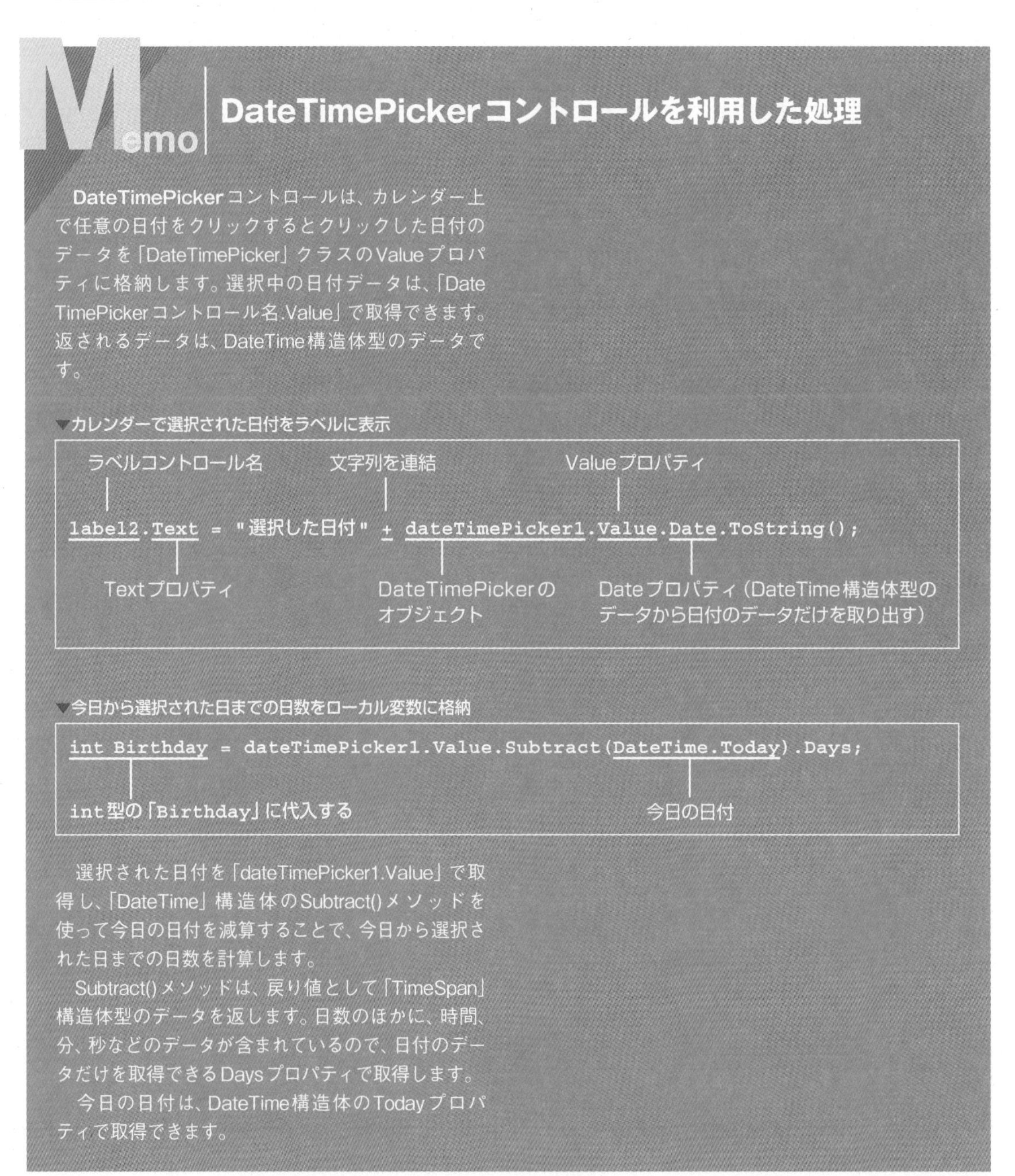

Memo DateTimePickerコントロールを利用した処理

DateTimePickerコントロールは、カレンダー上で任意の日付をクリックするとクリックした日付のデータを「DateTimePicker」クラスのValueプロパティに格納します。選択中の日付データは、「DateTimePickerコントロール名.Value」で取得できます。返されるデータは、DateTime構造体型のデータです。

▼カレンダーで選択された日付をラベルに表示

```
label2.Text = "選択した日付" + dateTimePicker1.Value.Date.ToString();
```


▼今日から選択された日までの日数をローカル変数に格納

```
int Birthday = dateTimePicker1.Value.Subtract(DateTime.Today).Days;
```


選択された日付を「dateTimePicker1.Value」で取得し、「DateTime」構造体のSubtract()メソッドを使って今日の日付を減算することで、今日から選択された日までの日数を計算します。

Subtract()メソッドは、戻り値として「TimeSpan」構造体型のデータを返します。日数のほかに、時間、分、秒などのデータが含まれているので、日付のデータだけを取得できるDaysプロパティで取得します。

今日の日付は、DateTime構造体のTodayプロパティで取得できます。

Memo MessageBoxButtons列挙体

MessageBox.Show()メソッドでは、次のようなMessageBoxButtons列挙体やMessageBoxIcon列挙体をパラメーターに指定することで、メッセージボックスに表示するボタンやアイコンを指定することができます。

▼MessageBoxButtons列挙体のメンバー（ボタン）

メンバー名	内容
OK	[OK] ボタンを表示する。
OKCancel	[OK] ボタンと [キャンセル] ボタンを表示する。
YesNo	[はい] ボタンと [いいえ] ボタンを表示する。
YesNoCancel	[はい] ボタン、[いいえ] ボタン、[キャンセル] ボタンを表示する。
RetryCancel	[再試行] ボタンと [キャンセル] ボタンを表示する。
AbortRetryIgnore	[中止] ボタン、[再試行] ボタン、[無視] ボタンを表示する。

▼MessageBoxIcon列挙体のメンバー（アイコン）

メンバー名	内容
Asterisk	情報メッセージアイコンを表示する。
Information	情報メッセージアイコンを表示する。
Error	警告メッセージアイコンを表示する。
Stop	警告メッセージアイコンを表示する。
Hand	警告メッセージアイコンを表示する。
Exclamation	注意メッセージアイコンを表示する。
Warning	注意メッセージアイコンを表示する。
Question	問い合わせメッセージアイコンを表示する。
None	メッセージ ボックスに記号を表示しない。

4.6.2 メッセージボックスを使う

メッセージボックスは、MessageBox.Show() メソッドで表示します。

▼メッセージボックスを表示する

```
MessageBox.Show("メッセージ","タイトル",ボタンとアイコンを指定する列挙体);
```

▼MessageBox.Show() メソッドのパラメーター

パラメーター	パラメーターの種類	内容
第1パラメーター	メッセージ	省略不可。メッセージとして表示する文字列を設定。
第2パラメーター	タイトル	省略可能。省略した場合は、タイトルバーに何も表示されない。
第3〜4パラメーター	ボタンとアイコンを指定する列挙体	省略可能。ただし、省略した場合は、[OK] ボタンのみを表示。詳細は、MessageBoxButtonsおよびMessageBoxIcon列挙体の表を参照。

▼「MessageBox.Show()」メソッドの使用例

```
MessageBox.Show(
    "ボタンがクリックされました",
    "確認",
    MessageBoxButtons.OK, ———— [OK] ボタンの表示を指定する列挙体
    MessageBoxIcon.Information); ———— インフォメーション用のアイコンの表示を指定する列挙体
```

Memo ボタンの戻り値

MessageBox.Show() メソッドで表示したメッセージボックスでは、クリックしたボタンに応じて、下の表で示した**DialogResult**列挙体のメンバーを返してきます。

▼戻り値 (DialogResult列挙体のメンバー)

ボタン	戻り値	ボタン	戻り値
キャンセル	Cancel	中止	Abort
はい	Yes	無視	Ignore
いいえ	No	再試行	Retry
OK	OK		

4.6.3 メニューが選択されたら処理を行う

フォームデザイナーでメニューアイテム（メニュー項目）をダブルクリックすると、イベントハンドラーが自動で作成されます。

ここでは、メニューアイテム選択時の処理について見ていきます。

1. ツールボックスの**Menus & Toolbars**カテゴリで**MenuStrip**をダブルクリックして、メニューを配置します。
2. メニューの名前とメニューのアイテム名を入力します。
3. メニューアイテムをクリックし、**プロパティ**ウィンドウで、**(Name)**の入力欄に、「ToolStripMenuItem1」と入力します。
4. 入力したメニューアイテムをダブルクリックし、イベントハンドラーToolStripMenuItem1_Click()に下記のように記述します。

▼フォームデザイナー（プロジェクト「Menu」）

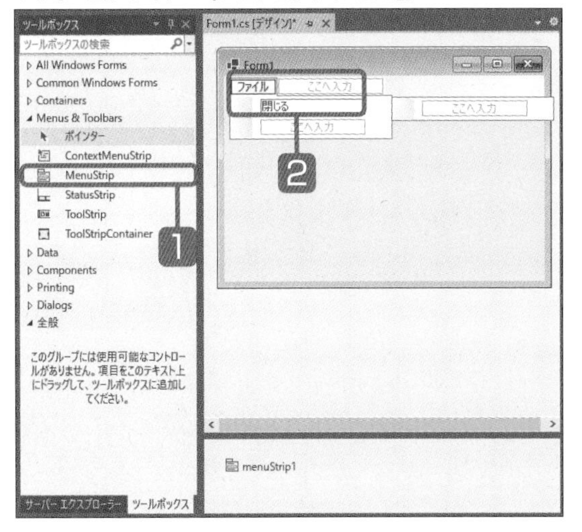

▼メニューアイテムのプロパティ設定

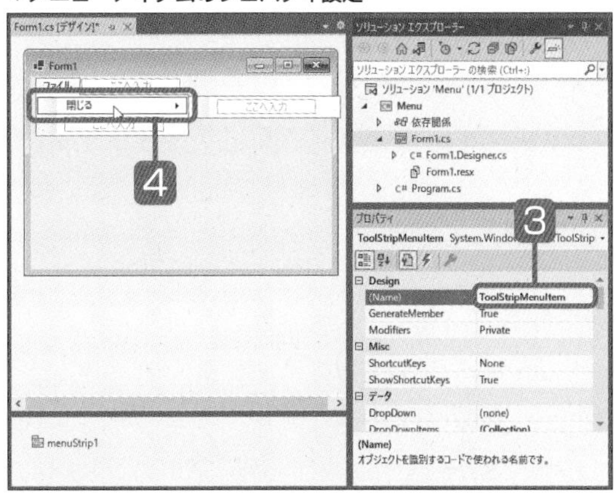

▼イベントハンドラーToolStripMenuItem1_Click()

```
private void ToolStripMenuItem1_Click(object sender, EventArgs e)
{
    // メッセージを表示
    MessageBox.Show("プログラムを終了します。", "終了");
    // プログラムを終了する
    Application.Exit();
}
```

▼実行中のプログラム

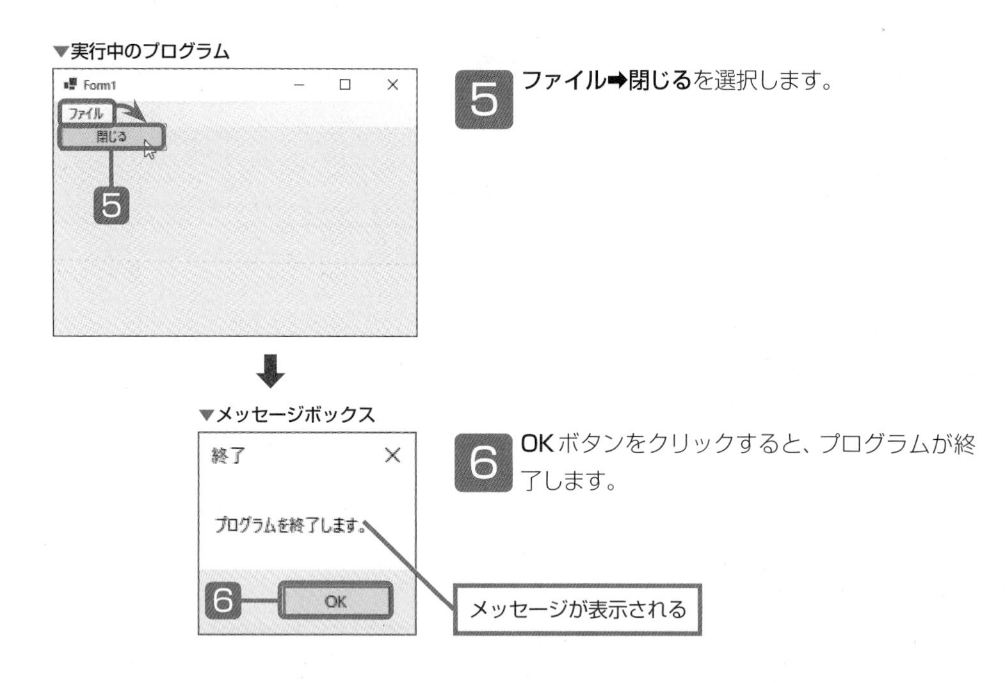

5 **ファイル➡閉じる**を選択します。

▼メッセージボックス

6 **OK**ボタンをクリックすると、プログラムが終了します。

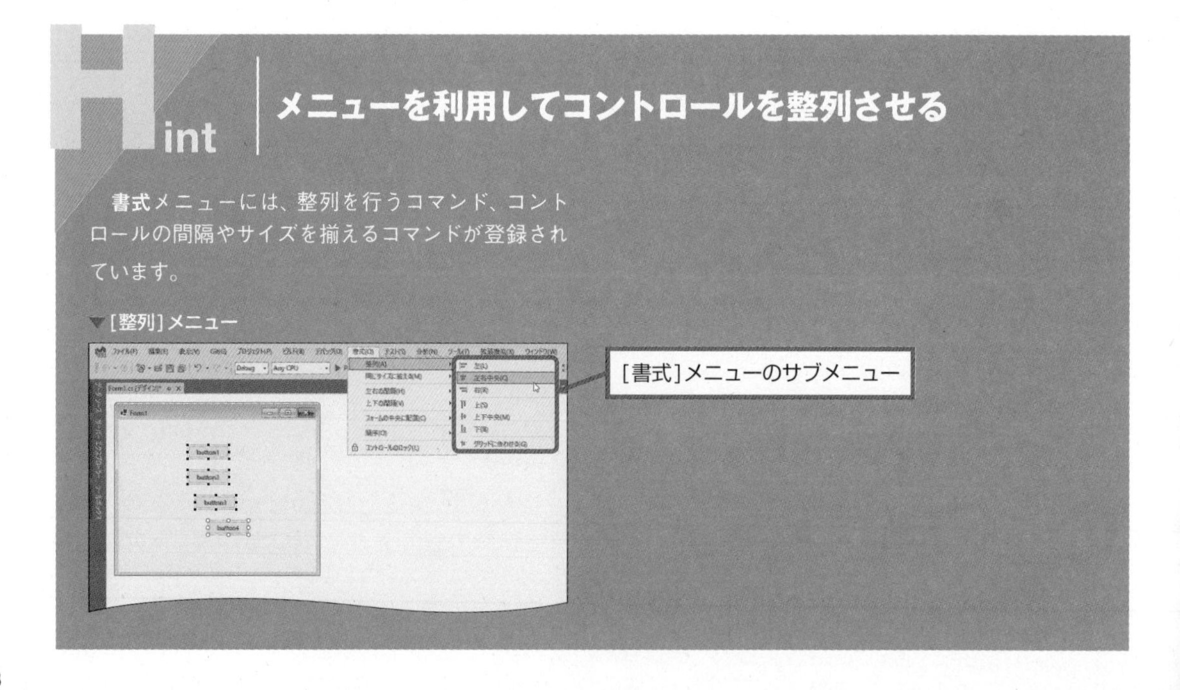

Hint メニューを利用してコントロールを整列させる

書式メニューには、整列を行うコマンド、コントロールの間隔やサイズを揃えるコマンドが登録されています。

▼[整列]メニュー

4.6.4 他のアプリケーションとの連携

Processコンポーネントを利用すると、コンピューターにインストール済みの他のアプリケーションソフトの起動、終了が行えます。ここでは、Windowsに標準搭載のメモ帳とペイントの起動と終了を行ってみます。

▼フォームデザイナー（プロジェクト「Process」）

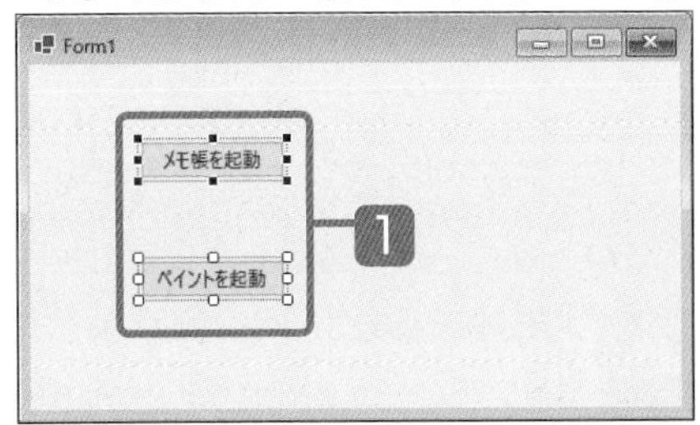

1 フォーム上にButtonを2つ配置して、下表のとおりに、それぞれのプロパティを設定します。

▼各コントロールのプロパティ設定

●Buttonコントロール（左上）

プロパティ名	設定値
(Name)	button1
Text	メモ帳を起動

●Buttonコントロール（左下）

プロパティ名	設定値
(Name)	button2
Text	ペイントを起動

▼ツールボックス

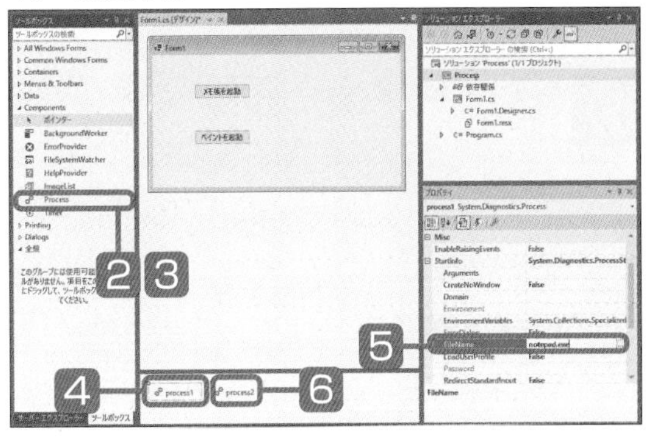

2 ツールボックスのCompornentsカテゴリにあるProcessをダブルクリックします。

3 続けて、もう一度Processコンポーネントをダブルクリックします。

4 コンポーネントトレイに「process1」「process2」という2つのコンポーネントが表示されるので、「process1」をクリックします。

5 **プロパティ**ウィンドウで、Misc➡StartInfoを展開し、FileNameの値の欄に、「notepad.exe」と入力します。

▼［プロパティ］ウィンドウ

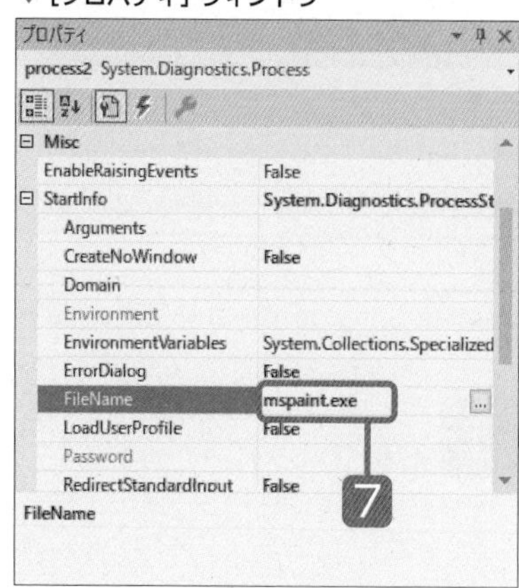

6 コンポーネントトレイに表示されている「process2」をクリックします。

7 **プロパティ**ウィンドウで、**StartInfo**カテゴリの**FileName**の欄に、「mspaint.exe」と入力します。

8 **メモ帳を起動**ボタン（button1）をダブルクリックし、イベントハンドラーbutton1_Click()に次のように記述します。

▼イベントハンドラーbutton1_Click()

```
private void button1_Click(object sender, EventArgs e)
{
    process1.Start();
}
```

Onepoint

ここでは、**メモ帳の起動**ボタン（button1）がクリックされたときの処理として、**Start()**メソッドを使って、メモ帳を起動するための「process1」コンポーネントを実行するようにしています。

9 **ペイントを起動**ボタン（button2）をダブルクリックし、イベントハンドラーbutton2_Click()に次のように記述します。

▼イベントハンドラーbutton2_Click()

```
private void button2_Click(object sender, EventArgs e)
{
    process2.Start();
}
```

Onepoint

ここでは、**ペイントの起動**ボタン（button2）がクリックされたときの処理として、**Start()**メソッドを使って、ペイントを起動するための「process2」コンポーネントを実行するようにしています。

プログラムを終了する処理を追加する

ClosMainWindow() メソッドを使うと、アプリケーションソフトのタイトルバーに表示される**閉じる**ボタンをクリックしたときと同じ操作を行うことができます。

▼Windowsフォームデザイナー

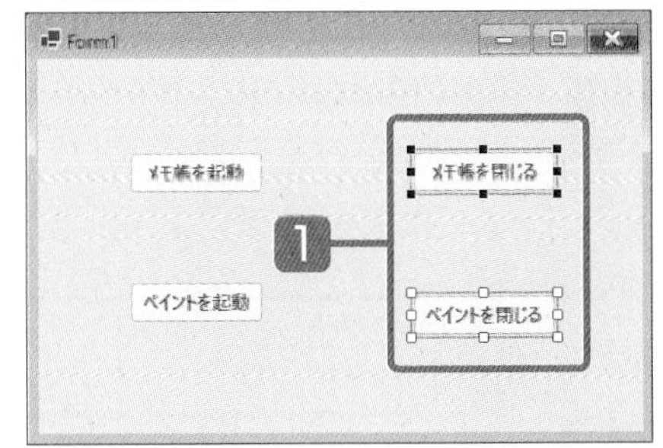

1 フォーム上にButtonを2つ追加し、下表のとおりに、それぞれのプロパティを設定します。

▼各コントロールのプロパティ設定

●Buttonコントロール（右上）

プロパティ名	設定値
(Name)	button3
Text	メモ帳を閉じる

●Buttonコントロール（右下）

プロパティ名	設定値
(Name)	button4
Text	ペイントを閉じる

2 **メモ帳を閉じる**ボタン（button3）をダブルクリックし、イベントハンドラーbutton3_Click()に次のように記述します。

▼イベントハンドラーbutton3_Click()

```
private void button3_Click(object sender, EventArgs e)
{
    process1.CloseMainWindow();
}
```

Onepoint

CloseMainWindow()メソッドを使って、メモ帳を実行しているprocess1コンポーネントを終了するようにしています。

3 **ペイントを閉じる**ボタン（button4）をダブルクリックし、イベントハンドラーbutton4_Click()に次のように記述します。

▼イベントハンドラーbutton4_Click

```
private void button4_Click(object sender, EventArgs e)
{
    process2.CloseMainWindow();
}
```

Onepoint

ここでは、ペイントを実行しているprocess2コンポーネントを終了するようにしています。

4 **デバッグ開始**ボタンをクリックして、プログラムを実行します。

▼実行中のプログラム

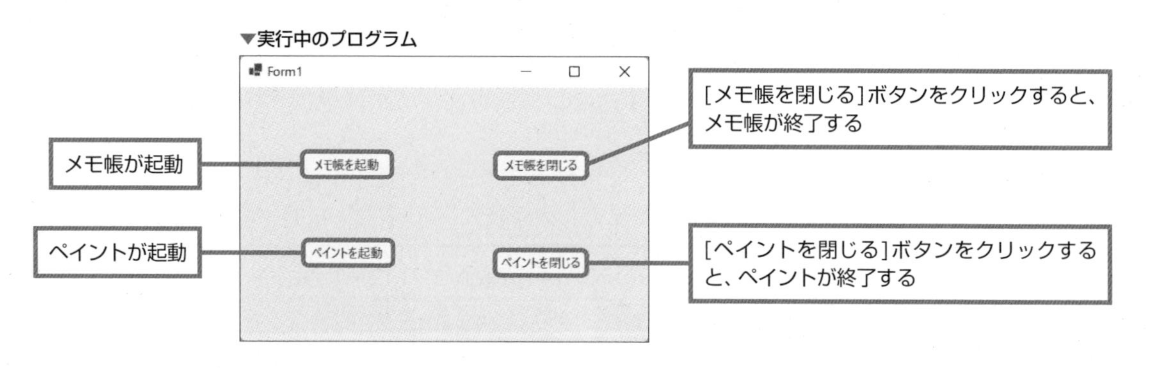

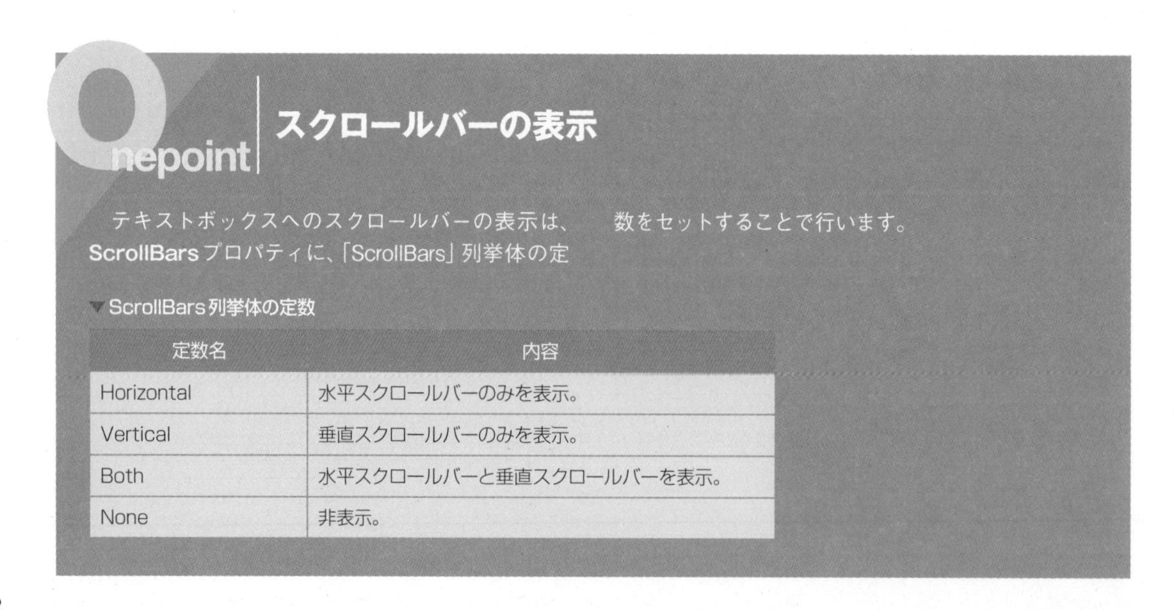

Onepoint スクロールバーの表示

テキストボックスへのスクロールバーの表示は、**ScrollBars**プロパティに、「ScrollBars」列挙体の定数をセットすることで行います。

▼ScrollBars列挙体の定数

定数名	内容
Horizontal	水平スクロールバーのみを表示。
Vertical	垂直スクロールバーのみを表示。
Both	水平スクロールバーと垂直スクロールバーを表示。
None	非表示。

Section

4.7 現在の日付と時刻の表示

Level ★★★ | Keyword | Timer コンポーネント

ここでは、コンピューターのシステム時刻から時刻を取得して画面に表示するプログラムや現在時刻をデジタル表示するプログラムを通じて、時刻や日付を取得する方法およびTimerコントロールの利用方法について見ていくことにしましょう。

現在の日付や時刻を取得して画面に表示する

システム時刻から日付や時刻を取得するプロパティには、次のものがあります。

●「DateTime」構造体の「Now」プロパティ

現在の日付と時刻を返す。

▼ラベルに今日の日付を表示　　▼ラベルに現在の時刻を表示

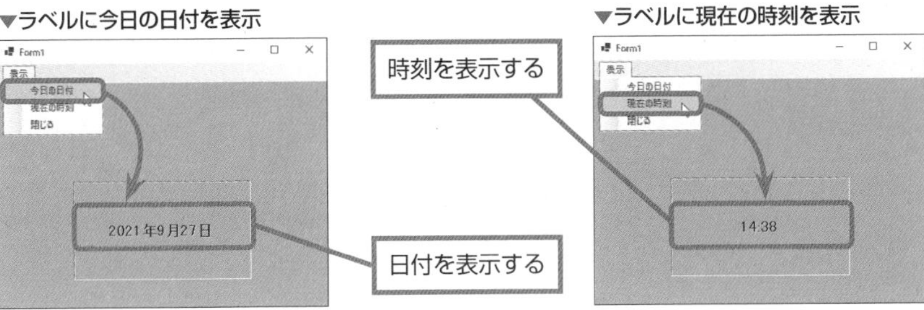

● Timerコントロールの利用

Timerコントロールを使うと、指定した間隔でシステム時刻を取得し、取得した時刻をリアルタイムに画面に表示させることができます。

▼1秒ごとに時刻を更新することで時計として動作するプログラムを作成する

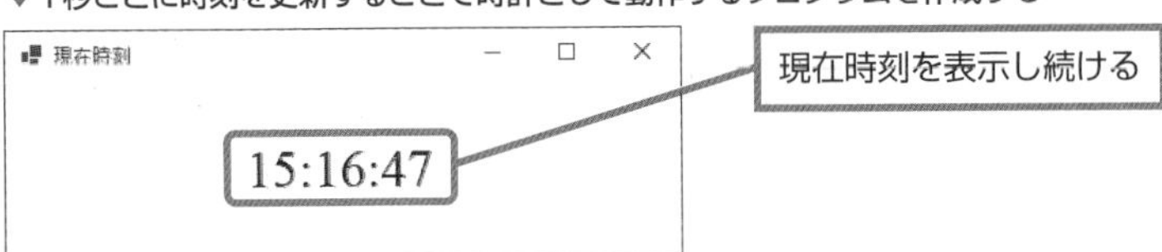

4.7.1 日付と時刻を表示するアプリ

選択したメニューに応じて今日の日付や現在の時刻を表示するプログラムと、デジタル表示の時計プログラムを作成してみましょう。

日付と時刻を表示するプログラムを作成する

DateStringやTimeStringプロパティでシステム時刻から日付や時刻データを取得できます。

▼フォームデザイナー（プロジェクト「DateTime」）

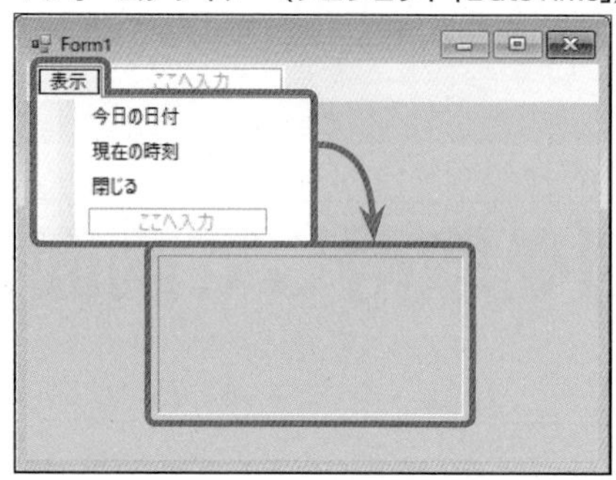

1. フォーム上にMenuStripを配置して、左の画面のようなアイテムを設定し、その下にラベルを配置します。
2. 下表のとおりに、それぞれのプロパティを設定します。
3. メニューの**今日の日付**をダブルクリックし、イベントハンドラーMenuItem1_Click()に次ページのリストのように記述します。

▼各コントロールのプロパティ設定

●Labelコントロール

プロパティ名	設定値
(Name)	label1
BorderStyle	Fixed3D
Font(Size)	14
Font(Bold)	True
AutoSize	False
Size(Width)	200
Size(Height)	100
Text	(空欄)
TextAlign	MiddleCenter

●メニュー

プロパティ名	設定値
(Name)	Menu1
Text	表示

●1つ目のアイテム

プロパティ名	設定値
(Name)	MenuItem1
Text	今日の日付

●2つ目のアイテム

プロパティ名	設定値
(Name)	MenuItem2
Text	現在の時刻

●3つ目のアイテム

プロパティ名	設定値
(Name)	MenuItem3
Text	閉じる

●フォーム

プロパティ名	設定値
BackColor	Plum

▼イベントハンドラーMenuItem1_Click()

```
private void MenuItem1_Click(object sender, EventArgs e)
{
    // システム時刻から現在の日時を取得
    DateTime dat = DateTime.Now;
    // ToLongDateString()で日付のみをstring型に変換してlabel1に出力する
    label1.Text = dat.ToLongDateString();
}
```

4 メニューの**現在の時刻**をダブルクリックし、イベントハンドラーMenuItem2_Click()に次のように記述します。

▼イベントハンドラーMenuItem2_Click()

```
private void MenuItem2_Click(object sender, EventArgs e)
{
    // システム時刻から現在の日時を取得
    DateTime dat = DateTime.Now;
    // ToShortTimeString()で時刻のみをstring型に変換してlabel2に出力する
    label1.Text = dat.ToShortTimeString();
}
```

5 フォームデザイナーでメニューの**閉じる**アイテムをダブルクリックし、イベントハンドラーMenuItem3_Click()に次のように記述します。

▼イベントハンドラーMenuItem3_Click()

```
private void MenuItem3_Click(object sender, EventArgs e)
{
    // プログラムを終了する
    Application.Exit();
}
```

▼日付の表示

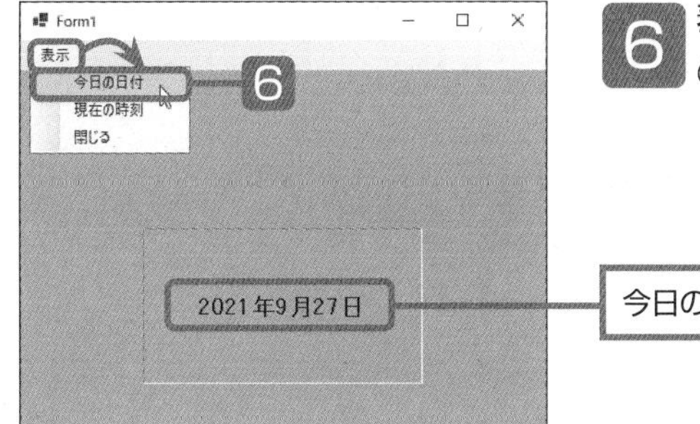

6 **表示**メニューの**今日の日付**を選択すると、今日の日付が表示されます。

▼時刻の表示

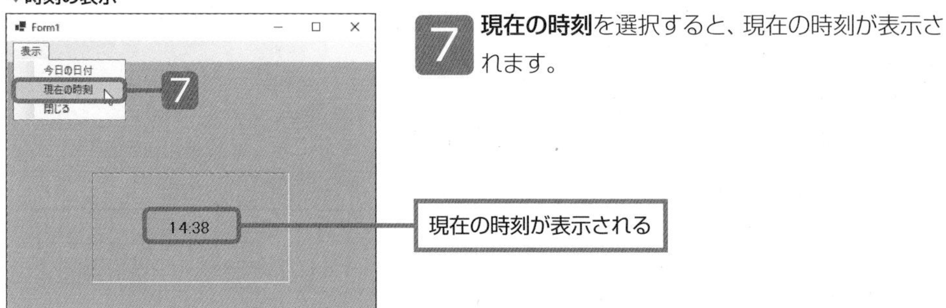

7 **現在の時刻**を選択すると、現在の時刻が表示されます。

時刻を表示するアプリ

ここでは、現在の時刻を表示する時計として機能するように、**Timer**コンポーネントを使って1秒ごとに最新のシステム時刻を取得して、これを表示させることにします。

▼フォームデザイナー（プロジェクト「ClockApp」）

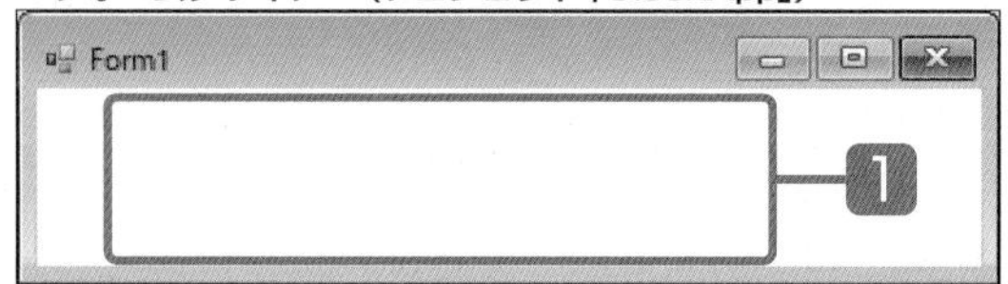

1 フォーム上にLabelを配置して、下表のとおりに、プロパティを設定します。

●フォームのプロパティ設定

プロパティ名	設定値
BackColor	White
Text	現在時刻

●Labelコントロールのプロパティ設定

プロパティ名	設定値
(Name)	label1
[配置] のAutoSize	False
FontのName	TimesNewRoman
FontのSize	24
FontのBold	True
Text	(空欄)
TextAlign	MiddleCenter

Memo Timerコンポーネント

Timerコンポーネントを利用すると、指定した間隔（デフォルトでは0.1秒ごと）でイベントを発生させ、対応する処理（イベントハンドラー）を実行させることができます。イベントを発生させる間隔は、**Interval**プロパティで設定することができます。

次ページの例では、**Interval**プロパティの値に「1000」（ミリ秒単位で設定する）を設定することで、1秒ごとにイベントが発生するようにしています。

▼Timerコンポーネントの設定

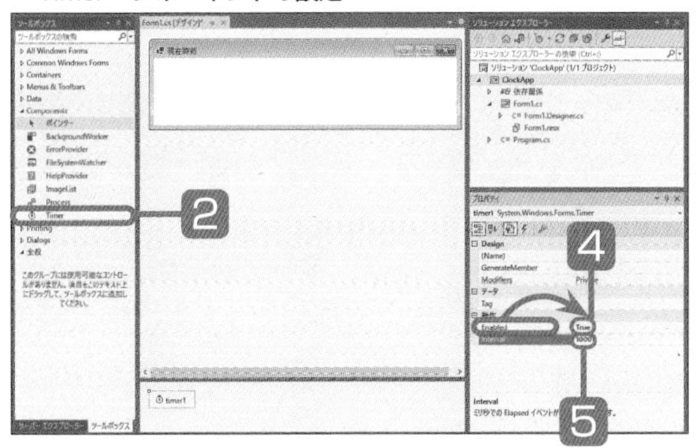

2 ツールボックスの**Components**カテゴリで**Timer**コンポーネントをダブルクリックします。

3 Windowsフォームデザイナーに**Timer**コンポーネントが表示されるので、これをクリックします。

4 **プロパティ**ウィンドウで、**Enabled**の▼をクリックして、**True**を選択します。

5 **Interval**の入力欄に、「1000」と入力します。

6 コンポーネントトレイに表示されている**Timer**コンポーネントをダブルクリックし、イベントハンドラーtimer1_Tick()に、以下のコードを記述します。

Onepoint

Enabledプロパティで**True**を選択することで、Timerコンポーネントが有効になります。また、Intervalの欄に、「1000」と入力することで、Timerコンポーネントのイベントが1秒ごとに発生するようになります。

▼イベントハンドラーtimer1_Tick()

```
private void timer1_Tick(object sender, EventArgs e)
{
    // 現在の日時を取得
    DateTime dt = DateTime.Now;
    // ToLongTimeString()で時刻を"hh:mm:ss"の形式に変換して表示
    label1.Text = dt.ToLongTimeString();
}
```

7 現在の時刻が表示され、1秒ごとに時刻が更新されます。

▼実行中のプログラム

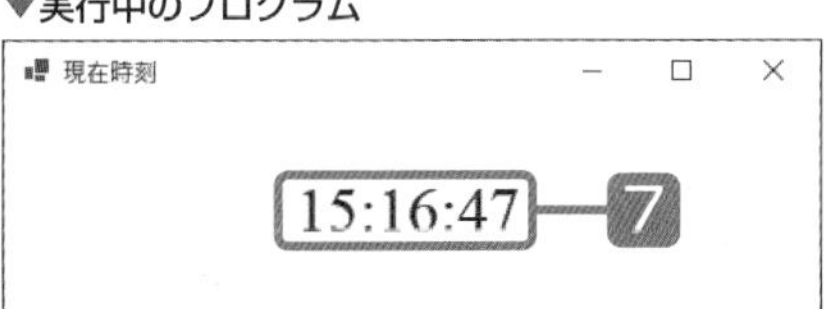

Onepoint

「DateTime.Now」プロパティで取得した「DateTime」型のデータを、「ToLongTimeString()」メソッドを使って、時刻の部分を長い書式の文字列（例えば12:56:15）に変換しています。

Hint 「DateTime」型のデータから任意の値を取り出す

DateTime.Nowプロパティで現在の日時を取得する場合、以下のDateTime構造体のメソッドを使うことで、取得した日時データから、任意の値を取り出すことができます。

▼日時データを任意の書式に変換する「DateTime」構造体のメソッド

メソッド	内容	取得データの例
ToLongDateString()	「DateTime」型データのうち、日付の部分を長い書式の文字列に変換する。	2021年11月29日
ToShortDateString()	「DateTime」型データのうち、日付の部分を短い書式の文字列に変換する。	2021/11/29
ToLongTimeString()	「DateTime」型データのうち、時刻の部分を長い書式の文字列に変換する。	15:20:38
ToShortTimeString()	「DateTime」型データのうち、時刻の部分を短い書式の文字列に変換する。	15:20

Hint LoadFile()メソッドのパラメーター

LoadFile()メソッドでは、「LoadFile(ファイル名, ファイルの種類)」とすることで、ファイル名とファイルの種類を指定してリッチテキストボックスにファイルを読み込ませることができます。このとき、ファイルの種類を指定する2番目の引数には、**RichTextBoxStreamType**列挙体を使います。

▼ファイルの種類をリッチテキストファイルに指定して読み込みを行う

```
リッチテキストボックス.LoadFile(openFileDialog1.FileName, RichTextBoxStreamType.
RichText)
```

▼RichTextBoxStreamType列挙体の値

値	内容
PlainText	テキストファイル(.txt)。
RichText	リッチテキストファイル(.rtf)。
RichNoOleObjs	OLE*オブジェクトをスペースに置き換えたリッチテキストファイル(.rtf)。
TextTextOleObjs	OLEオブジェクトをテキストで表現したリッチテキストファイル(.rtf)。
UnicodePlainText	OLEオブジェクトの代わりに空白が含まれているUnicodeの書式なしテキストファイル(.txt)。

* **OLE** Object Linking and Embeddingの略。

Section

4. 8

ファイルの入出力処理

Level ★★★　Keyword　ファイルの保存　ファイルを開く

テキストエディターを作成し、入力した文字列をテキストファイルとして保存する機能と保存済みのテキストファイルを開くための機能を組み込んでみることにします。

ファイルの保存とオープン

このセクションでは、**名前を付けて保存**ダイアログボックス、および**ファイルを開く**ダイアログボックスを使って、ファイルの入出力を行うことにします。

• ファイルを保存する機能を実装する手順

❶[名前を付けて保存]ダイアログボックスを表示する[SaveFileDialog]コントロールの組み込み
❷コードの記述

[名前を付けて保存]ダイアログボックスで指定されたファイル名とファイルへのパスを、FileDialogクラスのFileNameプロパティで取得してローカル変数に格納

ファイル名とパスを指定してファイルをオープン(既存のファイルがない場合は新規に作成)

StreamWriterクラスのWrite()メソッドでファイルにデータを書き込む

• ファイルを開く機能を実装する手順

❶[ファイルを開く]ダイアログボックスを表示する[OpenFileDialog]コントロールの組み込み
❷コードの記述

[開く]ダイアログボックスで指定されたファイル名を変数に格納

FileDialogクラスのFileNameプロパティで取得したファイル名とファイル番号を指定して、ファイルをオープン

▼

StreamReaderクラスのReadToEnd()メソッドでデータストリームの末尾までを読み込んで、テキストボックスにデータを表示

▼[名前を付けて保存]ダイアログボックス

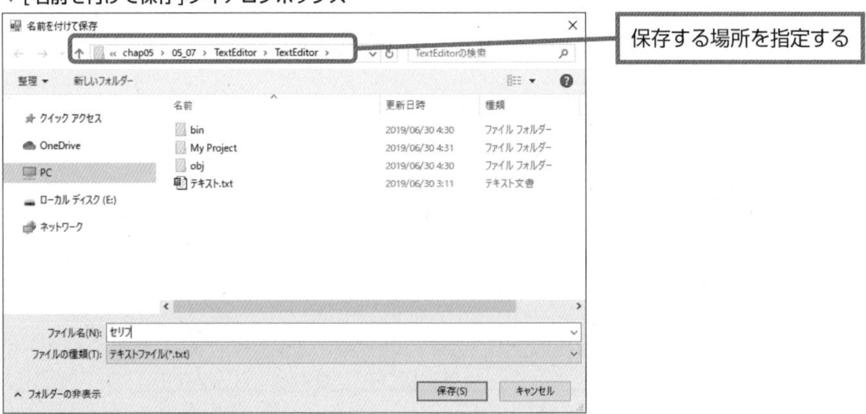
保存する場所を指定する

▼[開く]ダイアログボックス

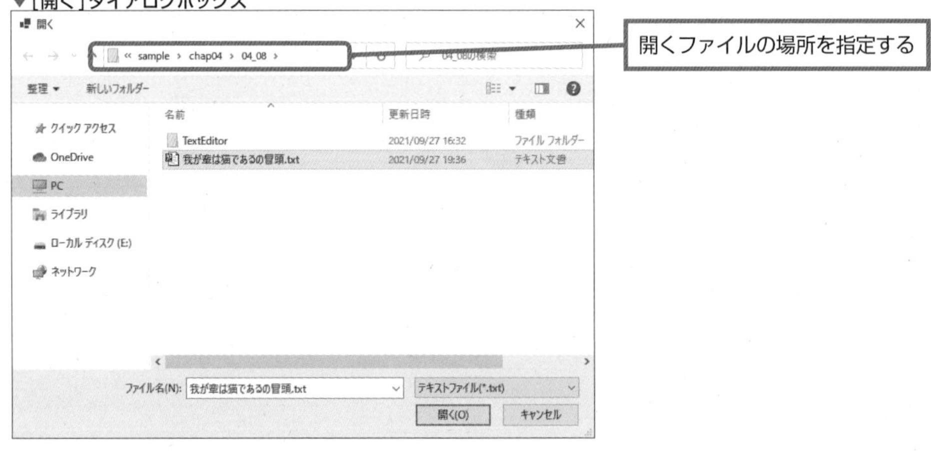
開くファイルの場所を指定する

4.8.1 テキストエディターの操作画面を作る

テキストエディターの操作画面には、テキストボックスを配置し、テキストボックスのMultiLineプロパティの値を「True」に設定することで、複数行の入力を行えるようにします。

▼デザイナー（プロジェクト「TextEditor」）

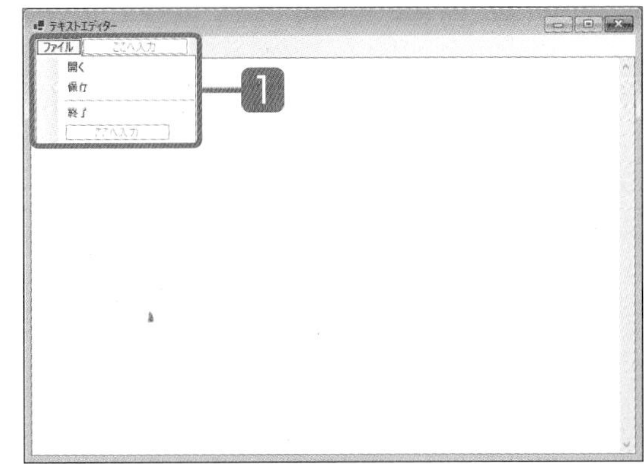

1. フォーム上にメニューを配置し、アイテムを3つ作成します。
2. テキストボックスを配置します。
3. 下表のように、それぞれプロパティを設定します。

▼各コントロールのプロパティ設定

●フォーム

プロパティ名	設定値
(Name)	Form1
Text	テキストエディター
Size	700, 500

●トップレベルメニュー

プロパティ名	設定値
(Name)	Menu1
Text	ファイル

●1つ目のアイテム

プロパティ名	設定値
(Name)	MenuItem1
Text	開く

●2つ目のアイテム

プロパティ名	設定値
(Name)	MenuItem2
Text	保存

●3つ目のアイテム

プロパティ名	設定値
(Name)	MenuItem3
Text	終了

●TextBoxコントロール

プロパティ名	設定値
(Name)	textBox1
[動作] のAcceptsReturn	True
[動作] のMultiLine	True
[動作] のWordWrap	True
[配置] のDock	Fill
FontのSize	11
ScrollBars	Vertical

Memo テキストボックスのプロパティ

作成例では、TextBoxコントロールで下表のプロパティの指定を行っています。

なお、WordWrapがtrue（文字列の折り返しが有効）になっていると、ScrollBarsプロパティでBothまたはHorizontalを指定しても、水平スクロールバーは表示されません。

また、AcceptsReturnプロパティでtrueを指定すると、Enterキーを使って改行できるようになりますが、フォームのAcceptButtonプロパティが「(なし)」に指定されている（デフォルトで「(なし)」に指定されている）場合は、AcceptsReturnプロパティの値にかかわらず、Enterキーで改行することができます。

▼作成例で指定したTextBoxコントロールのプロパティ

プロパティ	値	機能
MultiLine	True	テキストボックスに複数行の文字列を入力できるようになる。作成例では、Trueを指定。
	False	1行ぶんの文字列だけが入力できる。
WordWrap	True	入力された文字列を、テキストボックスの端で自動的に折り返す。作成例では、Trueを指定。
	False	折り返しなし。
Dock	Fill	TextBoxコントロールをフォームいっぱいに表示することができる。この場合、フォームの境界線との間の余白が0になる。作成例ではFillを指定。
	Top	TextBoxコントロールをフォームの上端にドッキングさせる。
	Left	TextBoxコントロールをフォームの左端にドッキングさせる。
	Right	TextBoxコントロールをフォームの右端にドッキングさせる。
	Bottom	TextBoxコントロールをフォームの下端にドッキングさせる。
	None	TextBoxコントロールをフォームの端にドッキングさせない。
ScrollBars	Vertical	垂直スクロールバーを表示。作成例ではVerticalを指定。
	Horizontal	水平スクロールバーのみを表示。
	Both	垂直スクロールバーと水平スクロールバーを表示。
	None	スクロールバーを表示しない。
AcceptsReturn	True	Enterキーを使って改行できるようになる。作成例ではTrueを指定。
	False	Enterキーによる改行不可。改行はCtrl+Enterキーで行う。

4.8.2 ダイアログボックスを利用したファイル入出力

名前を付けて保存と**開く**ダイアログボックスを表示するためのコントロールを組み込んで、ファイルの保存や読み込みを行うコードを記述します。

saveFileDialogコントロールを使うと、**名前を付けて保存**ダイアログボックスを表示して、ファイルの保存に関する操作を行えるようになります。ここでは、テキストボックスに入力された文字列をテキスト形式のファイルで保存できるようにしてみましょう。

1 ツールボックスの**Dialog**カテゴリの**Save FileDialog**をダブルクリックします。

2 コンポーネントトレイに**SaveFileDialog**コントロール「saveFileDialog1」が表示されるので、これをクリックし、**プロパティ**ウィンドウで、(Name)、DefaultExt、Filterの各プロパティの値を下表のとおりに設定します。

▼[SaveFileDialog]コントロールの組み込み

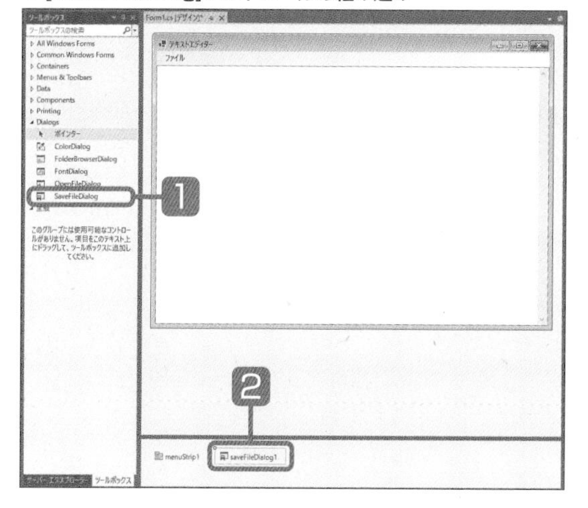

Onepoint

DefaultExtプロパティでは、ファイルを保存するときの拡張子を指定します。作成例では、テキスト形式で保存するので、「txt」を指定しています。

Filterプロパティは、ダイアログボックスの**ファイルの種類**にフィルタを適用するためのプロパティです。ここでは、「テキストファイル(＊.txt)」と「＊.txt」という文字列を「|」を挟んで記述しています。このように記述することで、選択できる項目名として「テキストファイル(＊.txt)」という項目名を表示し、ダイアログボックスの一覧にtxt形式のファイルだけを表示できるようになります。

▼プロパティ設定

●SaveFileDialogコントロール

プロパティ名	設定値
(Name)	saveFileDialog1
DefaultExt	txt
Filter	テキストファイル(＊.txt)｜＊.txt

3 フォーム上に配置したメニューの、**保存**アイテムをダブルクリックし、メニューの**保存**(MenuItem2)をクリックしたときに呼び出されるイベントハンドラーMenuItem2_Click()に次ページのコードを記述し、「using System.IO;」の記述を追加します。

▼イベントハンドラーMenuItem2_Click()

```
using System.IO; // System.IO名前空間

namespace TextEditor
{
    public partial class Form1 : Form
    {
        public Form1()
        {
            InitializeComponent();
        }

        private void MenuItem2_Click(object sender, EventArgs e)
        {
            // 保存するファイルのフルパスを格納する変数
            string filePath;

            // 名前を付けて保存ダイアログボックスを表示し、ファイル名が入力されて
            // [保存]ボタンがクリックされたら処理を行う
            if (saveFileDialog1.ShowDialog() == DialogResult.OK)
            {
                // [ファイル名]に入力されたファイル名のフルパスを取得する
                filePath = saveFileDialog1.FileName;
            }
            else
            {
                return;
            }
            // ファイルの書き込みを行うStreamWriterをインスタンス化
            StreamWriter textFile = new(
                // ファイルストリームのFileStreamをインスタンス化
                new FileStream(
                    // 保存するファイルのフルパス
                    filePath,
                    // ファイル作成モードで開く
                    FileMode.Create)
                );
            // textBox1に入力された文字列をファイルに書き込む
            textFile.Write(textBox1.Text);
            // StreamWriterオブジェクトを閉じる(破棄する)
            textFile.Close();
        }
```

```
        }
}
```

▼プログラムの実行

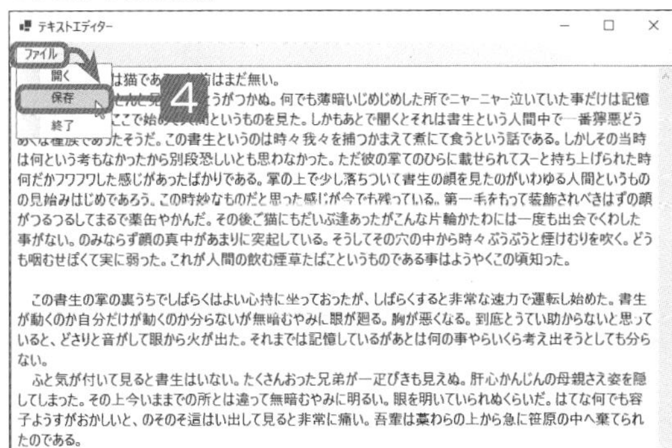

4 任意の文字列を入力し、**ファイル**メニューの**保存**を選択します。

▼[名前を付けて保存]ダイアログボックス

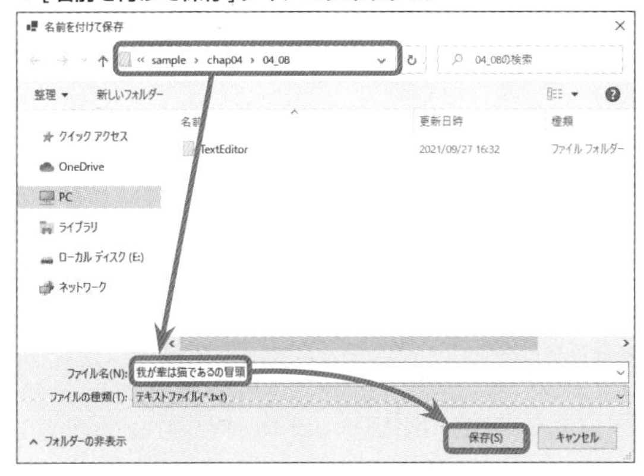

5 **名前を付けて保存**ダイアログボックスが表示されるので、保存先を選択し、**ファイル名**に、保存するファイルの名前を入力して、**保存**ボタンをクリックすると、テキスト形式のファイルとして保存されます。

データをファイルに保存するときの処理

テキストボックスに入力された文字列をファイルに保存するには、「ファイルパスの取得」➡「ファイルのオープン」➡「ファイルへのデータの書き出し」といった手順で処理を進めていきます。

●[名前を付けて保存]ダイアログボックスの表示

名前を付けて保存ダイアログボックスの表示は、**SaveFileDialog**コントロールを使って行います。SaveFileDialogコントロールの実体は、System.Windows.Forms名前空間のSaveFileDialogクラスのオブジェクトです。

ダイアログボックスの表示は、CommonDialog.ShowDialog()メソッドで行います。SaveFileDialogクラスは、間接的にCommonDialogクラスを継承しているので、SaveFileDialogオブジェクトから直接、ShowDialog()を実行できます。

▼SaveFileDialogの継承ツリー

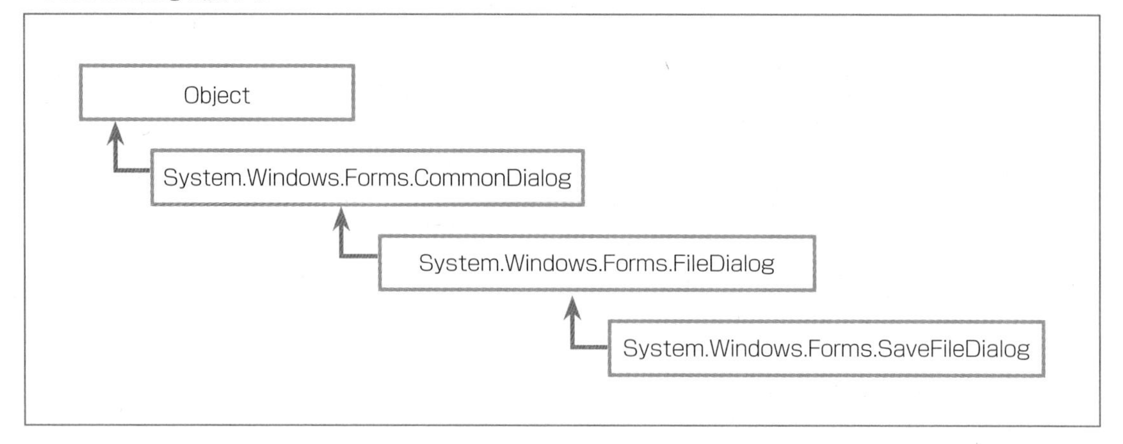

▼[名前を付けて保存]ダイアログボックスの表示

SaveFileDialogのオブジェクト ― saveFileDialog1

```
saveFileDialog1.ShowDialog()
```

●ファイルパスの取得

ファイルパスは、FileDialogクラスのFileNameプロパティで取得できます。

上記の継承ツリーのように、SaveFileDialogクラスはFileDialogを継承しているので、次のように書けば、ダイアログボックスで指定されたファイルパスを取得できます。

▼ダイアログボックスに入力されたファイル名とファイルへのパスの取得

```
変数名=SaveFileDialogのオブジェクト.FileName;
```

作成例では、次のように記述して、ダイアログボックスで指定されたファイルパスを取得しています。

▼FileNameプロパティを使用してファイルパスを取得

ファイルのフルパスを代入するstring型のローカル変数 ― file Path

```
file Path = saveFileDialog1.FileName;
```

●書き込み用のファイルを開く

データを保存するために、次の手順で書き込み用のファイルを開きます。

❶ファイルを開いてストリーム用のインスタンスを生成する

ストリームとは、データを入出力する際の状態のことを指します。ファイルからデータを読み込んだ直後は0と1のビットが一列に並んだ状態であり、これがストリームにあたります。プログラムでは、このストリームを読み取って、テキスト形式などの人間が認識できる状態のデータに加工します。

逆に、データをファイルに書き込む場合も、テキストなどのデータを、0と1のビットの並びが連続したストリームにしてから書き込みを行うので、一時的にストリームを格納できるオブジェクト(インスタンス)を、次の要領で生成しておくことが必要です。

・指定されたファイルが存在しない場合は、新たにファイルを作成して、ストリームオブジェクトを生成する。
・ファイルが存在する場合は、対象のファイルを開いてストリームオブジェクトを生成する。

●FileStream クラス

読み取り操作と書き込み操作を行うファイル用ストリームを操作するための機能を提供します。

●FileStream() コンストラクター

指定されたパスと、ファイルのオープンモードを使用して、FileStreamクラスのインスタンスを生成します。第2引数のオープンモードの指定は、FileMode列挙体のメンバーを使います。

▼FileStreamオブジェクトの生成

```
FileStream(ファイルのパス, オープンモード)
```

▼ファイルのオープンモードを指定するFileMode列挙体のメンバー

メンバー名	説明
Append	ファイルが存在する場合はそのファイルを開き、ファイルの末尾をシーク（探索）します。指定されたファイルが存在しない場合は、新しいファイルを作成します。
Create	新規にファイルを作成します。ファイルがすでに存在する場合は、上書きできる状態でファイルをオープンします。
CreateNew	新規にファイルを作成します。ファイルがすでに存在する場合は、System.IO.IOExceptionという例外を発生させます。
Open	既存のファイルを開きます。ファイルが存在しない場合は、System.IO.FileNotFoundExceptionという例外を発生させます。
OpenOrCreate	ファイルが存在する場合はそのファイルを開き、ファイルの末尾をシーク（探索）します。指定されたファイルが存在しない場合は、新しいファイルを作成します。このモードを使用した場合は、アクセス許可の指定が必要になります。
Truncate	指定したファイルを開くときに、データサイズが0になるようにデータを切り捨てた状態でファイルを開きます。このモードを使用した場合は、アクセス許可の指定が必要になります。

FileStreamクラスのインスタンスfsを作成するには次のように記述します。

▼ストリームのインスタンスを生成

```
FileStream fs = new FileStream(strFileName, FileMode.Create);
```

❷書き込み用のオブジェクトの生成

FileStreamオブジェクトは、ファイル用のストリームなので、これをファイルに書き込むには、StreamWriterクラスのオブジェクトが必要になります。

●StreamWriterクラス

文字を特定のエンコーディング（文字を符号化すること）でストリームに書き込むための機能を提供します。

●StreamWriter()コンストラクター

UTF-8と呼ばれる標準のエンコーディング形式で、StreamWriterクラスのインスタンスを生成します。引数には対象のストリームを指定します。

▼FileStreamオブジェクトをファイルに書き込むためのStreamWriterオブジェクトを生成

```
StreamWriter textFile = new StreamWiter(FileStreamオブジェクト);
```

なお、FileStreamオブジェクトは名前を付ける必要がないので、次のように匿名のオブジェクトとして記述すればOKです。

▼ストリームを生成して書き込みモードでファイルを開く

```
StreamWriter textFile =
    new StreamWriter(
        new FileStream(filePath, FileMode.Create)

    );
```


●ファイルへのデータの書き出し

ファイルを開いたら、StreamWriterクラスのWrite()メソッドを使って、テキストボックスに入力されている文字列をファイルに書き出します。

このメソッドには、**シーケンシャル出力モード**（データをファイルの先頭から順番に書き込むこと）で開いたファイルに、改行を含むデータを書き込む機能があります。

▼データをファイルに書き出す

```
StreamWriterオブジェクト.Write(書き込むデータ);
```

▼ファイルにデータを書き込む

```
textFile.Write(textBox1.Text);
```

StreamWriterオブジェクトの参照

TextBoxコントロールのTextプロパティで文字列を取得

❸ StreamWriterオブジェクトの破棄

書き込み処理が終了したら、Close()メソッドでオブジェクトを破棄します。データサイズが大きいことがあるので、ガベージコレクションを待たずにメモリの解放を行います。

▼StreamWriterオブジェクトを破棄する

```
textFile.Close();
```


Memo 整列用のボタン

レイアウトツールバーには、複数のコントロールをまとめて整列させるための次のようなボタンが用意されています。基準となるコントロールを最初に選択したあと他のコントロールを選択していき、整列用のいずれかのボタンをクリックすれば、最初に選択したボタンを基準にして、他のボタンが整列します。

▼整列用のボタン

ボタン名	[整列]メニューの項目名	機能
[左揃え]	[左]	縦に並んだコントロールの左端を揃える。
[左右中央整列]	[左右中央]	縦に並んだコントロールの左右の中心を揃えて配置する。
[右揃え]	[右]	縦に並んだコントロールの右端を揃える。
[上揃え]	[上]	横に並んだコントロールの上端を揃える。
[上下中央整列]	[上下中央]	横に並んだコントロールの上下の中心を揃えて配置する。
[下揃え]	[下]	横に並んだコントロールの下端を揃える。

ダイアログボックスを使ってファイルを開くための処理を記述する

OpenFileDialogコントロールを使うと、**開く**ダイアログボックスを表示して、任意のファイルを開くための操作が行えるようになります。

▼ツールボックス

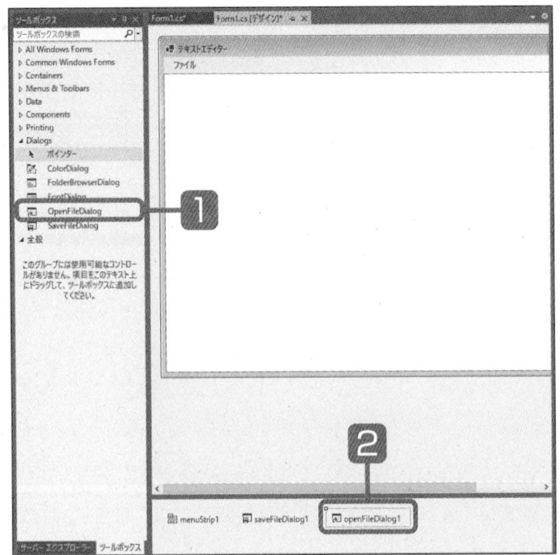

1 ツールボックスの**OpenFileDialog**コントロールをダブルクリックします。

2 コンポーネントトレイに**OpenFileDialog**コントロール「open File Dialog1」が表示されるので、これをクリックし、**プロパティ**ウィンドウで、各プロパティの値を下表のように設定します。

▼プロパティ設定

●OpenFileDialogコントロール

プロパティ名	設定値
(Name)	openFileDialog1
DefaultExt	txt
Filter	テキストファイル(*.txt)｜*.txt

Onepoint

DefaultExtプロパティは、開く対象のファイルの拡張子を指定し、Filterプロパティは、ダイアログボックスの**ファイルの種類**にフィルタを適用するためのプロパティです。

3 フォーム上に配置したメニューの**開く**アイテムをダブルクリックし、イベントハンドラーMenuItem1_Click()に以下のコードを記述します。

▼イベントハンドラーMenuItem1_Click()

```
private void MenuItem1_Click(object sender, EventArgs e)
{
    // ファイルのフルパスを格納する変数
    string openFilePath;

    // [開く]ダイアログを表示し、ファイルが選択されて
    // [開く]ボタンがクリックされたら処理を行う
    if (openFileDialog1.ShowDialog() == DialogResult.OK)
    {
        // ダイアログで選択されたファイルのフルパスを取得する
        openFilePath = openFileDialog1.FileName;
```

```
    }
    else
    {
        return;
    }
    // ファイルのデータを表示する前にテキストボックスをクリアする
    textBox1.Clear();
    // ファイルの読み込みを行うStreamReaderをインスタンス化
    StreamReader textFile = new(openFilePath);
    // ファイルストリームの先頭から末尾までを読み込む
    textBox1.Text = textFile.ReadToEnd();
    // StreamReaderオブジェクトを閉じる(破棄する)
    textFile.Close();
}
```


4 **ファイル**メニューの**開く**を選択します。

5 **開く**ダイアログボックスが表示されるので、**ファイルの場所**でファイルが保存されている場所を選択し、目的のファイルを選択して、**開く**ボタンをクリックすると、指定したファイルが開きます。

▼実行中のプログラム

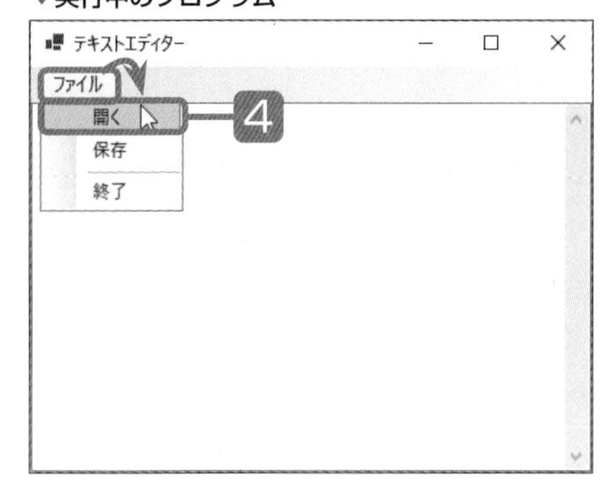

▼[開く]ダイアログボックス

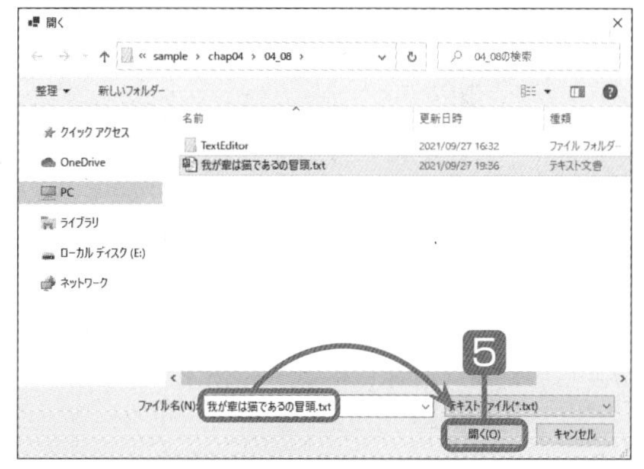

ファイルのデータを読み込むときの処理

開くダイアログボックスを表示するOpenFileDialogコントロールの実体はOpenFileDialogクラスのオブジェクトです。**名前を付けて保存**ダイアログボックスと同様に**ShowDialog()**メソッドで表示します。さらに、ファイル名を選択して**開く**ボタンをクリックすると、ShowDialog()メソッドで次の2つの処理を行います。

▼ShowDialog()メソッドの処理

- ・DialogResult列挙体のオブジェクトにOKという値を格納して戻り値として返す
- ・OpenFileDialogオブジェクトのFileNameプロパティにファイル名をフルパスで格納する

作成例では、これを利用して、次のようにif...elseステートメントを使って処理を分岐しています。

▼ユーザーがファイル名を選択して[開く]ボタンをクリックした場合の処理

```
if (openFileDialog1.ShowDialog() == DialogResult.OK)
{
    openFilePath = openFileDialog1.FileName;
else
{
    return;
}
```

- if (openFileDialog1.ShowDialog() == DialogResult.OK) — DialogResultオブジェクトにOKが格納されていれば以下の処理を実行
- openFilePath = openFileDialog1.FileName; — FileNameプロパティに格納されたファイルパスをopenFileNameに代入
- return; — [キャンセル]ボタンや[閉じる]ボタンがクリックされた場合はイベントハンドラーを抜ける

●ファイルを開くときの処理

ファイルを開くには、「ファイル名とファイルへのパスの取得」➡「ファイルのオープン」➡「ファイルからのデータの読み込み」の順で処理を進めます。

●ファイルパスの取得

ファイルのパスは、FileDialogクラスのFileNameプロパティで取得できます。

▼ファイルのパスを取得

```
openFileName = openFileDialog1.FileName;
```

openFileName — ファイルへのパスを代入するstring型のローカル変数

●ファイルのオープン

ファイル名とパスを取得したら、StreamReaderクラスのオブジェクトにファイルのデータを読み込みます。

▼StreamReaderクラスを使ってファイルをオープン

```
textBox1.Clear(); ――――― ❶
StreamReader textFile = new(openFilePath); ――――― ❷
textBox1.Text = textFile.ReadToEnd(); ――――― ❸
textFile.Close(); ――――― ❹
```

前処理として、TextBoxに入力されている文字列を削除します(❶)。

StreamReaderクラスのコンストラクターのStreamReader()の引数にファイルパスを指定すると、ファイルからデータをストリームとして読み出し、これを格納したStreamReaderオブジェクトが生成されます(❷)。

StreamReaderクラスのReadToEnd()は、ストリームの先頭から最後までを読み込むメソッドです。戻り値をそのままtextBox1のTextプロパティにセットすることで画面に表示します(❸)。

最後にStreamReaderオブジェクトを閉じます(❹)。

プログラムの終了処理

最後に、**ファイル**メニューの**終了**アイテムをダブルクリックして、プログラムを終了する処理を記述しておきましょう。

▼イベントハンドラーMenuItem3_Click()

```
private void MenuItem3_Click(object sender, EventArgs e)
{
    // プログラムを終了
    Application.Exit();
}
```

Memo [保存]ボタンまたは[キャンセル]ボタンがクリックされたときの処理

saveFileDialogコントロールに対してShowDialog()メソッドを実行すると、**名前を付けて保存**ダイアログボックスが表示されます。

なお、**ShowDialog()**メソッドは、ダイアログボックスの**保存**ボタンがクリックされると次の2つの処理も行います。

・Forms.DialogResult列挙体のオブジェクトにOKという値を格納して戻り値として返す
・SaveFileDialogオブジェクトのFileNameプロパティにファイル名をフルパスで格納する

作成例では、これを利用して、次のようにif...elseステートメントを使って処理を分岐しています。

▼ユーザーがファイル名を入力して[保存]ボタンをクリックした場合の処理

```
if (saveFileDialog1.ShowDialog() == DialogResult.OK)── DialogResultオブジェクトにOKが格納されていれば以下の処理を実行
{
    file Path = saveFileDialog1.FileName;
}                   └── FileNameプロパティに格納されたファイルパスをfile Pathに代入
else
{
    return;      ──── [キャンセル]ボタンや[閉じる]がクリックされた場合は、OK以外の値が返されるのでイベントハンドラーを抜ける
}
```

Memo 左右の間隔調整用のボタン

レイアウトツールバーには、コントロールの左右の間隔を調整するために次のようなボタンが用意されています。

▼左右間隔の調整用のボタン

ボタン名	[左右の間隔]メニューの項目名	機能
[左右の間隔を均等にする]	[間隔を均等にする]	選択したコントロールの左右の間隔を同じにする。
[左右の間隔を広くする]	[間隔を広くする]	選択したコントロールの左右の間隔を広げる。
[左右の間隔を狭くする]	[間隔を狭くする]	選択したコントロールの左右の間隔を狭める。
[左右の間隔を削除する]	[削除]	選択したコントロールの左右の間隔をなくす。

Section

4.9 印刷機能の追加

Level ★★★ | Keyword 印刷ダイアログボックス　印刷プレビュー　ページ設定ダイアログボックス

ここでは、「4.8　ファイルの入出力処理」で作成したアプリケーションに、印刷を行うための機能を組み込んで、ページ設定や印刷プレビューが行えるようにしていきます。

印刷機能の実装

印刷機能を実装するには、次の２つのコントロールの組み込みを行います。

• PrintDocumentコントロール

印刷を実行するためのインスタンスを作成するコントロールです。PrintDialogコントロールと一緒に使用することで、ドキュメント印刷のすべての設定を管理できます。

• PrintDialogコントロール

出力先のプリンターや印刷範囲などの印刷設定を行う印刷ダイアログボックスを表示するためのコントロールです。ShowDialog()メソッドを使用して、**印刷**ダイアログボックスを表示します。

印刷を支援するための機能として、次の２つのコントロールの組み込みを行います。

• PrintPreviewDialogコントロール

印刷イメージを確認するための**印刷プレビュー**ダイアログボックスを表示するためのコントロールです。

• PageSetupDialogコントロール

マージンや印刷の向きなどを指定する**ページ設定**ダイアログボックスを表示するためのコントロールです。

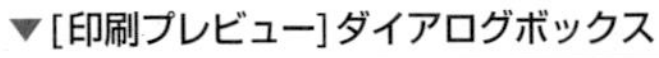
▼[印刷プレビュー]ダイアログボックス

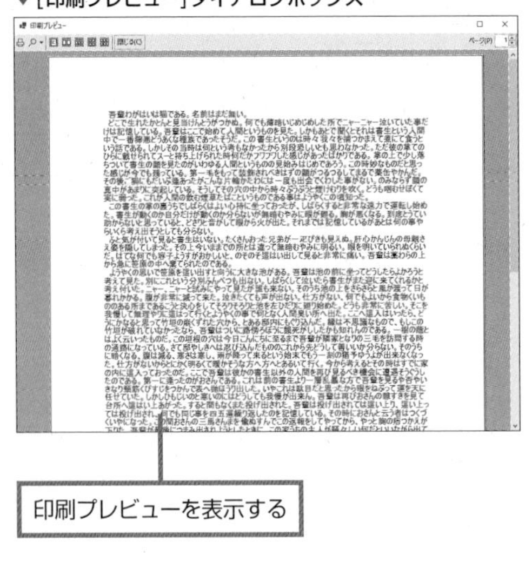

▼[ページ設定]ダイアログボックス

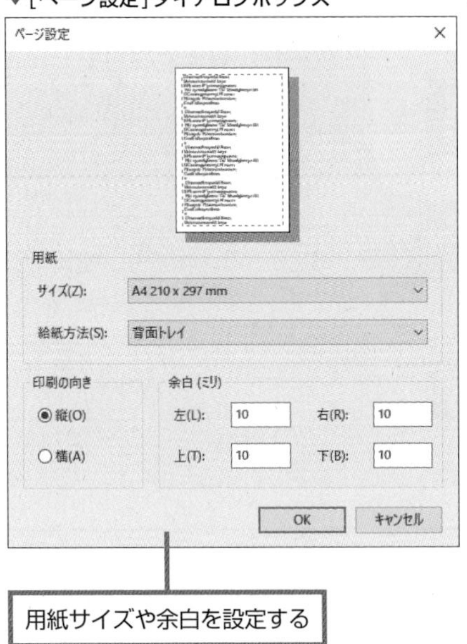

Memo サイズ揃え用のボタン

レイアウトツールバーには、コントロールのサイズを揃えるため、次のようなボタンが用意されています。基準となるコントロールを最初に選択し、その他のコントロールを選択して、下記のいずれかのボタンをクリックすると、最初に選択したコントロールと同じサイズに揃えられます。

▼サイズ揃え用のボタン

ボタン名	[同じサイズに揃える]メニューの項目名	機能
[幅を揃える]	[幅]	基準となるコントロールの幅に揃える。
[高さを揃える]	[高さ]	基準となるコントロールの高さに揃える。
[同じサイズに揃える]	[両方]	基準となるコントロールの幅と高さに揃える。
[サイズをグリッドに合わせる]	[サイズをグリッドに合わせる]	コントロールのサイズをグリッドに合わせる。

4.9.1 印刷機能の組み込み（PrintDocumentとPrintDialog）

Visual C#には、印刷を行うための様々なコントロールが用意されています。ここでは、**印刷**ダイアログボックスを使って印刷を行うためのコントロールを組み込んで、テキストボックスに表示されている文字列を印刷できるようにしてみましょう。

［印刷］ダイアログボックスを使って印刷が行えるようにする

印刷を行うためには、印刷を行う対象をオブジェクトとして扱えるように「PrintDocument」コントロールの組み込みを行います。

さらに、**印刷**ダイアログボックスを表示して印刷を実行する「PrintDialog」コントロールを組み込んで、必要なコードを記述します。

まずは印刷メニューの印刷を選択したタイミングで**印刷**ダイアログボックスを表示して、テキストボックスに表示されている文字列を印刷する機能を組み込むことにしましょう。

▼デザイナー（プロジェクト「TextEditor」）

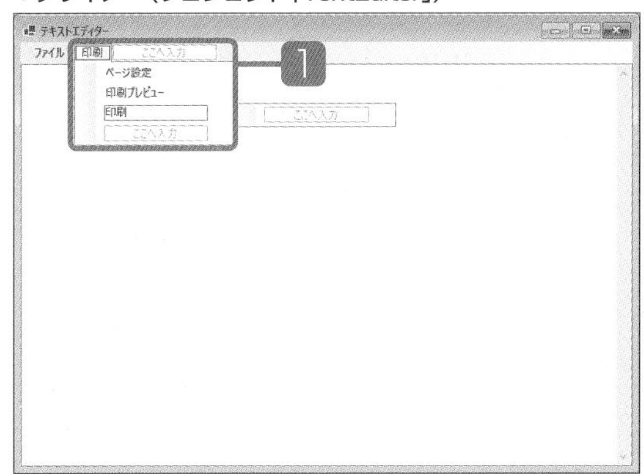

1 配置済みのメニューに、**印刷**メニューを追加し、メニューのアイテムとして**ページ設定**、**印刷プレビュー**、**印刷**を追加します。

2 下表のとおりに各プロパティを設定します。

▼MenuStripコントロールのプロパティ設定

●2つ目のトップレベルメニュー

プロパティ名	設定値
(Name)	Menu2
Text	印刷

●1つ目のアイテム

プロパティ名	設定値
(Name)	MenuItem4
Text	ページ設定

●2つ目のアイテム

プロパティ名	設定値
(Name)	MenuItem5
Text	印刷プレビュー

●3つ目のアイテム

プロパティ名	設定値
(Name)	MenuItem6
Text	印刷

▼フォームデザイナー

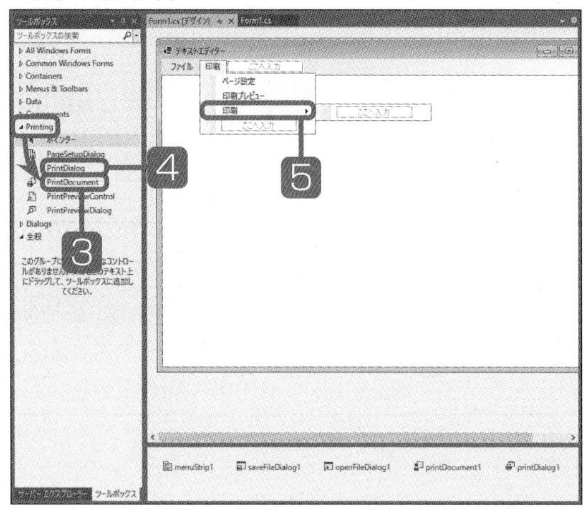

3 ツールボックスで、**印刷**タブの**PrintDocument**コントロールをダブルクリックします。

4 **PrintDialog**コントロールをダブルクリックします。

5 メニューの**印刷**をダブルクリックします。

6 **印刷**アイテムをクリックしたときのイベントハンドラーMenuItem6_Click()の内部に次のコードを記述します。イベントハンドラーが記述されているソースファイル「Form1.cs」の上部に2行のusing句と、フィールド_strPrint、_pageSettingを宣言するコードを追加します。

▼「Form1.cs」ファイル

```
using System;
using System.Windows.Forms;
using System.IO;                // System.IO名前空間
using System.Drawing;           // System.Drawing名前空間を追加
using System.Drawing.Printing; // PageSettingsで必要


namespace TextEditor
{
    public partial class Form1 : Form
    {
        // テキストボックスに入力された文字列を保持するフィールド
        private string _strPrint = "";
        //ページ設定を行うPageSettingsをインスタンス化
        private PageSettings _pageSetting = new();

        public Form1()
        {
            InitializeComponent();
        }

        // [保存]のイベントハンドラー
        private void MenuItem2_Click(object sender, EventArgs e)
        {
            // ......内容省略。.....
```

```
}

// ［開く］のイベントハンドラー
private void MenuItem1_Click(object sender, EventArgs e)
{
    // ......内容省略......        }

// ［終了］のイベントハンドラー
private void MenuItem3_Click(object sender, EventArgs e)
{
    // プログラムを終了
    Application.Exit();
}

// ［印刷］のイベントハンドラー
private void MenuItem6_Click(object sender, EventArgs e)
{
    try
    {
        // ❶PrintDocumentコンポーネント（印刷情報を保持）の
        // DefaultPageSettingsプロパティ（印刷情報の既定値）に
        // 印刷情報を保持するPageSettingsオブジェクトを設定
        printDocument1.DefaultPageSettings = _pageSetting;
        // ❷テキストボックスに入力された文字列を取得する
        _strPrint = textBox1.Text;
        // ❸［印刷］ダイアログボックスを表示するPrintDialogコンポーネントの
        // DocumentプロパティにPrintDocumentコンポーネント
        // （［印刷］ダイアログボックス）の印刷情報を設定する
        printDialog1.Document = printDocument1;

        // ❹［印刷］ダイアログボックスを表示して［印刷］ボタンがクリックされたら
        // 印刷を実行する
        if (printDialog1.ShowDialog() == DialogResult.OK)
        {
            // ❺PrintDocumentオブジェクトが保持している印刷情報を
            // Print()でプリンターに送信
            printDocument1.Print();
        }
        else
        {
            return;
        }
```

```
            }
            catch (Exception ex)
            {
                MessageBox.Show(ex.Message, "エラー");
            }
        }
    }
}
```

Memo 上下の間隔を調整するボタン

レイアウトツールバーには、コントロールの上下の間隔を調整するための以下のボタンが用意されています。

▼上下間隔の調整用のボタン

ボタン名	[上下の間隔]メニューの項目名	機能
[上下の間隔を均等にする]	[間隔を均等にする]	選択したコントロールの上下の間隔を同じにする。
[上下の間隔を広くする]	[間隔を広くする]	選択したコントロールの上下の間隔を広げる。
[上下の間隔を狭くする]	[間隔を狭くする]	選択したコントロールの上下の間隔を狭める。
[上下の間隔を削除する]	[削除]	選択したコントロールの上下の間隔をなくす。

メニューの[印刷]を選択したときの処理

メニューの印刷を選択したときに呼ばれるイベントハンドラーの処理を見ていきましょう。

Form1に組み込んだPrintDocumentコンポーネントの実体は、PrintDocumentクラスのオブジェクトです。PrintDocumentクラスには、印刷する対象や印刷に関する設定情報を保持するプロパティ、印刷を開始するPrint()メソッドが定義されています。

●印刷が行われる流れ

印刷を開始するまでの処理の流れです。

●PrintDocumentオブジェクト(PrintDocumentコンポーネントとして組み込み)

❶印刷の設定情報(ページ設定)の登録
PrintDocument.DefaultPageSettingsプロパティ ⬅PageSettingsオブジェクトをセット

❷テキストボックスの文字列をフィールドに格納
_strPrintフィールド ⬅textBox1.Textプロパティの値

●PrintDialogオブジェクト([印刷] ダイアログボックス)(PrintDialogコンポーネントとして組み込み)

❸PrintDialog.Documentプロパティ ⬅ 印刷情報を保持しているPrintDocumentオブジェクトをセットする

❹PrintDialog.ShowDialog() メソッドでダイアログボックスを表示

[印刷] ボタンがクリックされる

●PrintDocumentオブジェクト
❺PrintDocument.Print() で印刷開始

❶現在のページ設定をPrintDocumentオブジェクトに登録する

PrintDocumentクラスのプロパティ

```
printDocument1.DefaultPageSettings = _pageSetting;
```

Form1に貼り付けたPrintDocumentコンポーネント

PageSettingsクラスのオブジェクトを格納している

ページ設定の情報は、PageSettingsクラスのオブジェクトに登録します。このオブジェクトはForm1クラスの冒頭で生成し、参照を_pageSettingフィールドに格納しました。

▼PageSettingsオブジェクトを保持するフィールドの宣言

```
private PageSettings _pageSetting = new();
```

イベントハンドラーの最初のコードでは、PrintDocumentオブジェクト（printDocument1）のDefaultPageSettingsプロパティに、フィールド_pageSettingに格納されているPageSettingsオブジェクトを代入します。PageSettingsオブジェクトには、下表のプロパティを使って印刷に関する設定情報（ページ設定）を格納できます（情報の格納はこのあとの項目で行います）。

▼PrintDocumentオブジェクトにページ設定の情報を登録

```
PrintDocumentオブジェクト.DefaultPageSettings = PageSettingsオブジェクト;
```

▼ページ設定に関するPageSettingsクラスのプロパティ

プロパティ	内容
Bounds	「Landscape」プロパティで指定した用紙方向が考慮されたページのサイズを取得する。
Color	ページを色付きで印刷するかどうかを示す値を取得または設定する。
HardMarginX	ページの左側のハードマージンのx座標（1/100インチ単位）を取得する。
HardMarginY	ページの上部のハードマージンのy座標（1/100インチ単位）を取得する。
Landscape	ページの印刷時に用紙を横向きにするか縦向きにするかを示す値を取得または設定する。
Margins	ページの余白を取得または設定する。
PaperSize	ページの用紙サイズを取得または設定する。
PaperSource	ページの給紙方法を取得または設定する（例えば、プリンターの上段トレイ）。
PrintableArea	プリンターのページの印刷可能領域の範囲を取得する。
PrinterResolution	ページのプリンター解像度を取得または設定する。
PrinterSettings	ページに関連するプリンター設定を取得または設定する。

❷印刷する対象を登録（テキストボックスの文字列）

テキストボックス（textBox1）に入力されている文字列をフィールド_strPrintに格納します。

❸[印刷]ダイアログボックスのDocumentプロパティに印刷情報をセットする

Form1に組み込んだPrintDialogコンポーネントの実体はPrintDialogクラスのオブジェクトです。

●PrintDialog クラス

プリンターの選択や印刷方法を設定するための[印刷]ダイアログボックスを表示するクラスです。

PrintDialogオブジェクトのDocumentプロパティに、PrintDocumentオブジェクトをセットし、印刷情報を渡します。

●PrintDialog.Document プロパティ

PrintDocumentオブジェクトを設定します。

▼PrintDialogのDocumentプロパティにPrintDocumentオブジェクトを格納

```
printDialog1.Document = printDocument1;
```

PrintDialogオブジェクト　PrintDocumentオブジェクト

❹PrintDialog.ShowDialog() メソッドでダイアログボックスを表示

❺PrintDocument.Print() で印刷開始

PrintDialogオブジェクトにShowDialog() メソッドを実行して、[印刷]ダイアログボックスを表示します。なお、ShowDialog() メソッドは、ダイアログボックスのボタンをクリックするとどのボタンがクリックされたのかを示すDialogResult列挙体のメンバーを返します。[印刷] ボタンであれば「DialogResult.OK」が返されるので、ifステートメントで印刷実行／中止の処理を行います。

●PrintDocument.Print() メソッド

印刷開始直前に発生するPrintPageイベントを処理します。このメソッドは、印刷開始の「きっかけ」を作るようなものなので、実際の印刷処理はこのあとで扱うPrintPageイベントのイベントハンドラーにおいて行います。

▼[印刷]ダイアログボックスボックスを表示して、[OK]ボタンがクリックされたら印刷を開始

```
if (printDialog1.ShowDialog() == DialogResult.OK) —— 戻り値がOKなら以下の処理を実行
                        └─[印刷]ダイアログボックスを表示
{
    printDocument1.Print(); ———— Print()メソッドで印刷を実行
}
else
{
    return; —— [キャンセル]ボタンや[閉じる]ボタンがクリックされた場合はイベントハンドラーを抜ける
}
```

最後に処理全体をtryブロックで囲み、印刷時のエラーに対処できるようにしておきます。エラー発生時に実行されるcatchブロックには、メッセージを表示するコードを書いておきます。なお、エラーが発生するとシステムからエラーの内容を通知するExceptionクラスのオブジェクトが渡されてくるので、これを取得できるようにcatch(Exception ex)と記述しています。

▼try...catchブロックの設定

```
try —— tryブロック
{
    printDocument1.DefaultPageSettings = _pageSetting;
    _strPrint = textBox1.Text;
    printDialog1.Document = printDocument1;
    if (printDialog1.ShowDialog() == DialogResult.OK)
    {
        printDocument1.Print();
    }
    else
    {
        return;
    }
}
catch (Exception ex) ———— tryブロックでエラーが発生したときに実行されるcatchブロック
{
    MessageBox.Show(ex.Message, "エラー");
}
```

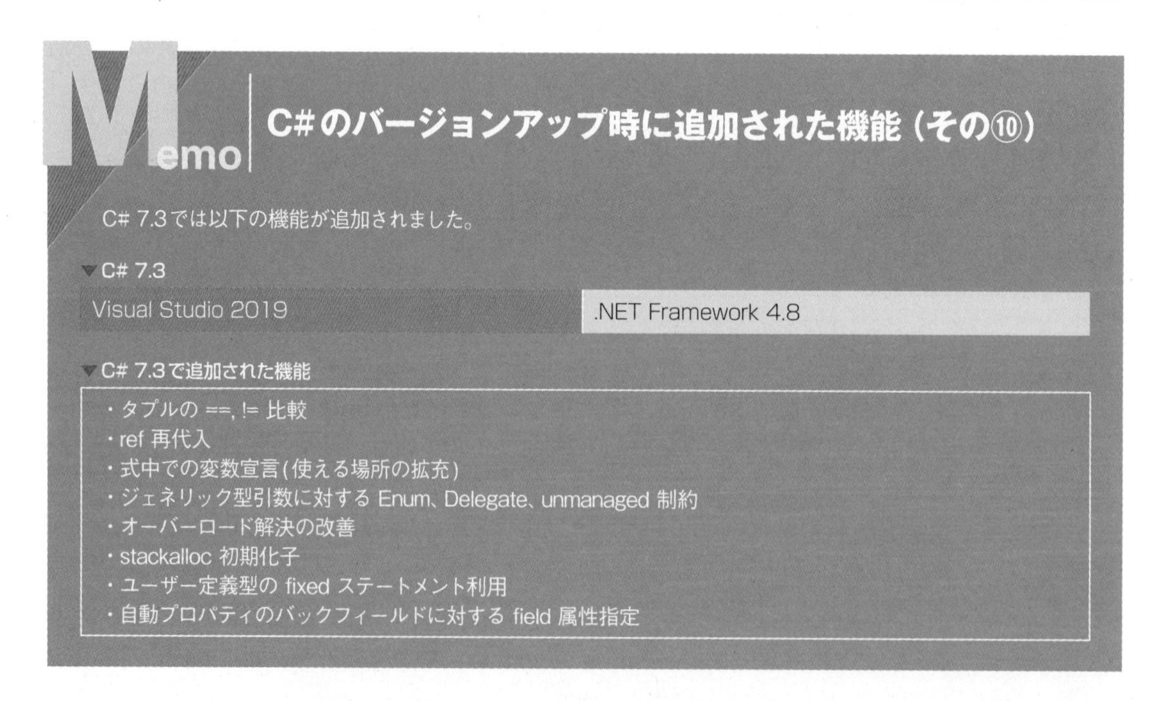

Memo C#のバージョンアップ時に追加された機能(その⑩)

C# 7.3では以下の機能が追加されました。

▼C# 7.3

Visual Studio 2019	.NET Framework 4.8

▼C# 7.3で追加された機能

- タプルの ==, != 比較
- ref 再代入
- 式中での変数宣言(使える場所の拡充)
- ジェネリック型引数に対する Enum、Delegate、unmanaged 制約
- オーバーロード解決の改善
- stackalloc 初期化子
- ユーザー定義型の fixed ステートメント利用
- 自動プロパティのバックフィールドに対する field 属性指定

PrintDocumentオブジェクトの印刷内容を設定する

印刷メニューの**印刷**を選択すると、ダイアログボックスが表示され、**印刷**ボタンをクリックするとプリントアウトされるようにはなりました。ただし、前項で紹介した印刷手順の❷、印刷する対象を登録する処理が残っていますので、ここで処理を作ることにしましょう。

印刷する対象は、テキストボックスに入力されている文字列なので、単純にtextBox1.Textプロパティの値をPrintDocumentオブジェクトに渡せば済むような気がしますが、印刷範囲の設定など、少々細かな作業が必要になります。

一方、PrintDocumentクラスでは、このような処理が行いやすいように、印刷する対象をPrintPageというイベントを利用して設定する仕組みが用意されています。まずは、フォームデザイナーのコンポーネントトレイに表示されているコンポーネント「printDocument1」をダブルクリックしてみてください。

▼フォームデザイナー

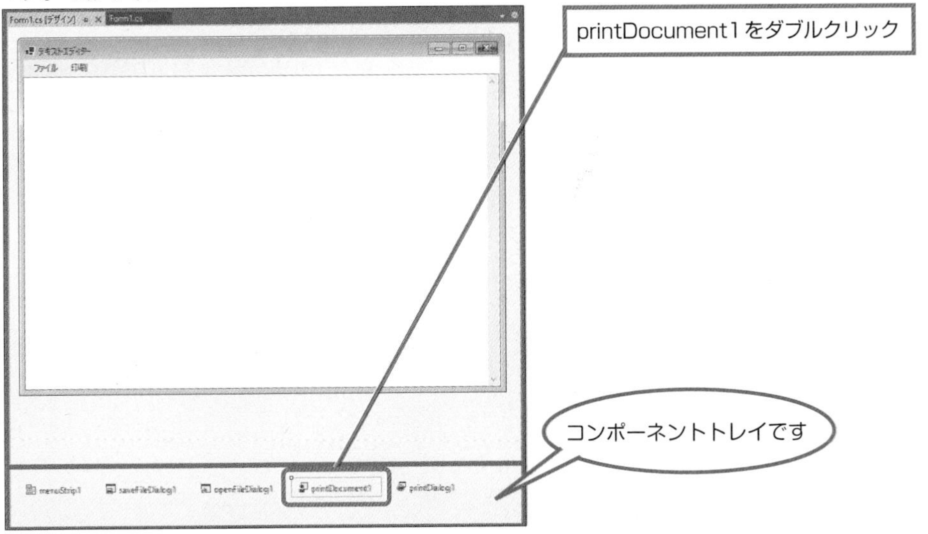
printDocument1をダブルクリック
コンポーネントトレイです

●printDocument1_PrintPage()って何？

すると、次のように空のイベントハンドラーprintDocument1_PrintPage()が作成されます。これは、[印刷]ダイアログボックスの[印刷]ボタンがクリックされた際、つまり印刷が実行されようとしたときに呼ばれるメソッドです。

▼印刷の直前に呼ばれるイベントハンドラー

```
private void printDocument1_PrintPage(object sender, PrintPageEventArgs e)
{
}
```

このイベントハンドラーは、「Form1.Designer.cs」に自動で記述されたコードによって呼び出しの仕組みが定義されています。

▼Form1.Designer.csに記述されたイベントハンドラーを呼び出すためのコード

```
this.printDocument1.PrintPage +=
    // PrintPageEventHandlerデリゲートにイベントハンドラーを登録
    new System.Drawing.Printing.PrintPageEventHandler(
        this.printDocument1_PrintPage);
```

コードが見やすいように改行を入れてありますが、PrintPageイベントの処理をデリゲートに登録されたメソッド（イベントハンドラー）で行うためのコードです。

●PrintDocument.PrintPageイベント

プリンターへの出力が必要なときに発生するイベントです。このイベントにイベントハンドラーを関連付けることで、印刷処理の直前にイベントハンドラーが呼び出され、ハンドラー内部の処理がPrintDocumentオブジェクトに反映されるようになります。

イベントのイベントハンドラーへの関連付けは、PrintPageEventHandlerデリゲートのインスタンスをイベントに追加することで行います。

●PrintPageEventHandler デリゲート

PrintDocumentのPrintPageイベントを処理するメソッドを表します。

▼デリゲートの宣言部

```
public delegate void PrintPageEventHandler(
    Object sender,
    PrintPageEventArgs e
)
```

▼パラメーター

パラメーター	型	内容
sender	Object	イベントの発生源のオブジェクト。
e	System.Drawing.Printing.PrintPageEventArgs	イベントデータを格納している PrintPageEventArgsクラスのオブジェクト。

イベントに対応したデリゲート（**イベントデリゲート**）は、イベントの**シグネチャ**（パラメーターの構成）を定義するために使用され、特定のイベントに対して専用のイベントデリゲートが定義されています。PrintPage イベントにはPrintPageEventHandlerデリゲート、という具合です。

なお、.NET Frameworkでは、イベントデリゲートはイベントの発生元と、そのイベントのデータという 2 つのパラメーターを持つことを定めています。

.NETのイベントのひな型に「EventName(sender, e)」というシグネチャがあります。senderは、イベントを発生させたクラスへの参照を示すObject型のインスタンスで、eはイベントデータを提供するEventArgsオブジェクト、またはサブクラスのオブジェクトです。

PrintPageイベントは「PrintPage(Object sender, PrintPageEventArgs e)」なので、PrintPageEventHandlerもこれと同じシグネチャを持ちます。ただし、イベントデリゲートのインスタンスは、シグネチャと一致する任意のメソッドに関連付けることができます。

「PrintPageEventHandler(this.printDocument1_PrintPage)」とすれば、PrintPageイベントの発生時に、イベントハンドラーが呼び出されるというわけです。このとき、PrintPageイベントは、イベントの発生源のオブジェクトとEventArgsから派生したPrintPageEventArgsクラスのインスタンスをイベントハンドラーに渡すことができます。

●イベントハンドラーに渡されるPrintPageEventArgsオブジェクト

PrintPageイベントが発生すると、PrintPageEventHandlerデリゲートのインスタンスによってイベントハンドラーが呼ばれます。最後に、ポイントとなるPrintPageEventArgsクラスが何なのか見ておくことにしましょう。

●PrintPageEventArgs クラス

PrintPage イベントにデータを提供します。

コンストラクターの構造を見てみましょう。

▼PrintPageEventArgs コンストラクターの宣言部

```
public PrintPageEventArgs(
    Graphics graphics,
    Rectangle marginBounds,
    Rectangle pageBounds,
    PageSettings pageSettings
)
```

▼パラメーター

パラメーター	型	内容
graphics	System.Drawing.Graphics	項目の描画に使用される Graphics。
marginBounds	System.Drawing.Rectangle	余白と余白の間の領域。
pageBounds	System.Drawing.Rectangle	用紙の全領域。
pageSettings	System.Drawing.Printing.PageSettings	ページの PageSettings。

4つのパラメーターがあります。ということは、PrintPageEventArgsクラスには、これらの値を扱うプロパティがあるはずなので、イベントハンドラーでプロパティを利用して印刷する文字列や印刷範囲などを設定すれば、PrintDocumentオブジェクトにこれらの情報が反映されることになります。では、そのためのコードを次項で記述していきましょう。

printDocument1_PrintPage()の処理を記述する

少々、長いコードになりますが、一気に入力してしまいましょう。

▼printDocument1_PrintPage()イベントハンドラー(Form1.cs)

```
// printDocument1のイベントハンドラー([印刷]ボタンクリック時に呼ばれる)
// 第2パラメーターeにはページ設定の情報を格納した
// PrintPageEventArgsオブジェクトが渡される
private void printDocument1_PrintPage(object sender, PrintPageEventArgs e)
{
    // ❶Fontオブジェクトを生成してフォントの情報を格納
    Font font = new("MS UI Gothic", 11);
    // ❷1ページに印刷可能な文字数を格納する変数
    int numberChars;
    // 1ページに印刷可能な行数を格納する変数
    int numberLines;
    // 1ページに印刷する文字列を格納する変数
    string printString;
    // 書式情報を保持するStringFormat型の変数
    StringFormat format = new();

    // ❸ページ設定の情報から印刷領域の四角形の位置とサイズを
    // パラメーターeで取得し、RectangleF構造体型の変数に格納
    RectangleF rectSquare = new (
        e.MarginBounds.Left,   // 左端を示すx座標
        e.MarginBounds.Top,    // 上端を示すy座標
        e.MarginBounds.Width,  // 四角形の幅
        e.MarginBounds.Height  // 四角形の高さ
        );

    // ❹1ページに印刷可能な文字数を計算するときに使用する
    // 印刷領域の幅と高さを取得してSizeF構造体型の変数に格納
    //
    // 領域の高さは書式設定から取得した高さから1行少なくしたものに補正
    SizeF SquareSize = new (
        // 四角形の幅
        e.MarginBounds.Width,
        // 四角形の高さからフォントサイズの高さを引く
        e.MarginBounds.Height - font.GetHeight(e.Graphics)
        );

    // ❺1ページに印刷可能な文字数と行数を取得
```

```
    e.Graphics.MeasureString(
        _strPrint,          // テキストボックスに入力された文字列
        font,               // フォントの情報
        SquareSize,         // 実際に印刷する領域の幅と高さ
        format,             // 書式情報を格納したStringFormatオブジェクト
        out numberChars,    // 1ページに印刷可能な文字数をnumberCharsに参照渡し
        out numberLines     // 1ページに印刷可能な行数をnumberLinesに参照渡し
        );

    // ❻1ページに印刷可能な文字列をSubstring()で抽出
    printString = _strPrint.Substring(
        0,              // 抽出する開始位置
        numberChars     //  1ページに印刷可能な文字数
        );

    // ❼印刷可能な領域に1ページぶんの文字列を描画する
    e.Graphics.DrawString(
        printString,    // 1ページぶんの文字列
        font,           // フォントの情報
        Brushes.Black,  // フォントカラーを黒にする
        rectSquare,     // 印刷領域の四角形の位置とサイズ
        format          // 書式設定の情報
        );

    // ❽1ページに収まらなかった文字列の処理
    // _strPrintよりnumberCharsのサイズが小さい場合
    if (numberChars < _strPrint.Length)
    {
        // _strPrintから印刷済みの文字数numberCharsを
        // 取り除いて再代入する
        _strPrint = _strPrint.Substring(numberChars);
        // 追加のページを印刷するかどうかを示すHasMorePagesプロパティを
        // true(印刷続行)にする
        e.HasMorePages = true;
    }
    else
    {
        // すべての文字列が印刷されたらHasMorePagesプロパティを
        // falseにして_strPrintの値を元に戻す
        e.HasMorePages = false;
        _strPrint = textBox1.Text;
```

4
デスクトップアプリの開発

```
        }
}
```

▼実行中のプログラム

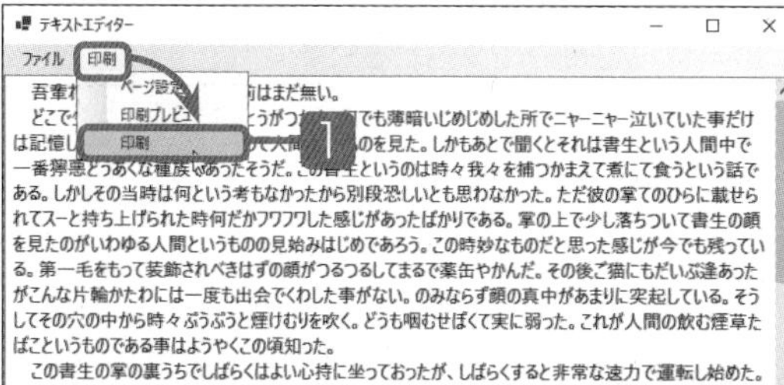

1 メニューの**印刷**をクリックして、**印刷**を選択します。

2 **印刷**ボタンをクリックすると印刷が開始されます。

▼[印刷]ダイアログボックス

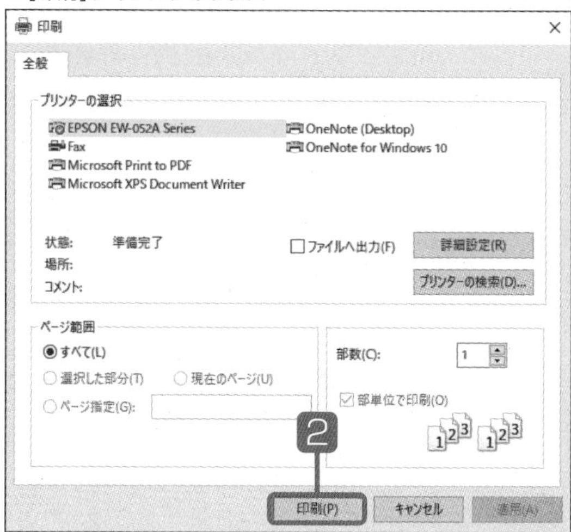

印刷処理の手順を確認

イベントハンドラーに記述したコードを詳しく見ていきましょう。

❶印刷する文字列のフォントとサイズを指定

Font型の変数に印刷する文字のフォントとサイズを格納します。

▼フォントを「MS UI Gothic」、サイズを「11」ポイントに指定

```
Font font = new("MS UI Gothic", 11);
```

❷ローカル変数の宣言

▼印刷可能な1ページあたりの文字数を格納するための変数

```
int numberChars;
```

▼印刷可能な1ページあたりの行数を格納するための変数

```
int numberLines;
```

▼1ページぶんの文字列を格納するための変数

```
string printString;
```

▼行間などの書式情報を表すStringFormatオブジェクトを格納するための変数

```
StringFormat format = new();
```

❸ページ上の描画可能な領域の指定

ページ設定に基づく印刷領域の情報をRectangleF構造体型の変数rectSquareに格納しています。RectangleF構造体は、四角形の位置とサイズを表す4つの値（浮動小数点数）により任意の四角形の領域を指定することが可能であり、文字列を描画するためのDrawString()メソッド（後述）の引数にすることで、文字列を描画する範囲を指定することができます。

RectangleF構造体の4つの引数は、左端の位置、上端の位置、四角形の幅、四角形の高さの順で指定します。

▼パラメーターeからページ余白の内側の部分を表す四角形の領域を取得する

```
RectangleF rectSquare = new (
    e.MarginBounds.Left,   // 左端を示すx座標
    e.MarginBounds.Top,    // 上端を示すy座標
    e.MarginBounds.Width,  // 四角形の幅
    e.MarginBounds.Height  // 四角形の高さ
    );
```

ここでパラメーターのeが出てきました。例のPrintPageEventArgsオブジェクトです。このオブジェクトには、印刷に関する情報を設定するためのプロパティがあるとお話ししましたが、以下がそのプロパティです。

▼PrintPageEventArgsのプロパティ

プロパティ名	説明
Cancel	印刷ジョブをキャンセルするかどうかを示す値を取得する。
Graphics	ページの描画に使用されるGraphicsを取得する。
HasMorePages	追加のページを印刷するかどうかを示す値を取得する。
MarginBounds	ページ余白の内側の部分を表す四角形領域を取得する。
PageBounds	ページの全領域を表す四角形領域を取得する。
PageSettings	現在のページのページ設定を取得する。

MarginBoundsは、RectangleF構造体型のプロパティです。「e.MarginBounds.Left」とすれば、PrintPageEventArgs.MarginBoundsプロパティから、左端からのx座標を取得できます。

▼RectangleF構造体型のプロパティ

プロパティ名	内容
Bottom	構造体のYプロパティ値とHeightプロパティ値の和であるy座標を取得する。
Height	高さを取得または設定する。
IsEmpty	RectangleF のすべての数値プロパティに値ゼロがあるかどうかをテストする。
Left	左端のx座標を取得する。
Location	RectangleF 構造体の左上隅の座標を取得または設定する。
Right	構造体のXプロパティ値とWidthプロパティ値の和であるx座標を取得する。
Size	構造体のサイズを取得または設定する。
Top	上端のy座標を取得する。
Width	幅を取得または設定する。
X	左上隅のx座標を取得または設定する。
Y	左上隅のy座標を取得または設定する。

❹印刷する領域のサイズをSizeF構造体で指定

SizeF構造体は、四角形の幅と高さを格納します。ここでは、左右のマージンの内側の幅と、上下のマージンの内側の高さを取得して変数SquareSizeに格納していますが、フォントサイズや行間によっては最後の行の文字の高さが途中で切れてしまうことがあるので、Font.GetHeight()メソッドで行間を取得し、実際のサイズよりも1行ぶん小さくしておきます。このあとの計算で1ページあたりの文字数が1行ぶん多く計算されても、最後の行まできれいに印刷されるようにするためです。

▼高さを1行分小さくした印刷領域のサイズをSizeF構造体に格納

```
SizeF SquareSize = new(
    e.MarginBounds.Width,
    e.MarginBounds.Height - font.GetHeight(e.Graphics));
```

●Font.GetHeight()メソッド

フォントの行間を、ピクセル単位で返します。なお、引数にGraphicsオブジェクトを指定すると現在の描画オブジェクトで使用されている単位で返します。特に指定しなくてもよいのですが、PrintPageEventArgsにはGraphicsプロパティがあるので、これを使って引数を指定してみました。

❺印刷可能な1ページあたりの文字数と行数の計算

Graphicsクラスの**MeasureString()**メソッドは、指定された領域に表示可能な文字数と行数を計測します。

▼MeasureString() メソッドの宣言部

```
public SizeF MeasureString(
    string text,
    Font font,
    SizeF layoutArea,
    StringFormat stringFormat,
    out int charactersFitted,
    out int linesFilled
)
```


▼Graphics.MeasureString() メソッドのパラメーター

パラメーター	内容
第1パラメーター (text)	計測する文字列。
第2パラメーター (font)	文字列のテキスト形式を定義する Fontオブジェクト。
第3パラメーター (layoutArea)	テキストの最大レイアウト領域を指定するSizeF構造体。
第4パラメーター (stringFormat)	行間など、文字列の書式情報を表すStringFormatオブジェクト。
第5パラメーター (charactersFitted)	文字列の文字数。
第6パラメーター (linesFilled)	文字列のテキスト行数。

ここでは、次のように記述して、1ページに印刷可能な文字数と行数を求めています。MeasureString()はSizeF構造体型の戻り値を返しますが、第5、第6パラメーターがoutキーワードによる参照渡しになっています。実は、この2つのパラメーターは、「2つの戻り値を返すための手段」なのです。メソッドを使って知りたいのは、印刷可能な「文字数」と「行数」という2つの値です。でも、メソッドは戻り値を1つしか返せませんので、参照渡しのパラメーターを2つ用意し、これを通じて結果を伝えるようにしているというわけです。参照ですので、変数を初期化しなくてもエラーにはなりません。メソッドの実行後、変数を参照すれば計測された文字数と行数がわかります。

▼1ページあたりの印刷可能な文字数と行数を計算してローカル変数にoutで渡す

```
e.Graphics.MeasureString(
    _strPrint,          // テキストボックスに入力された文字列
    font,               // フォントの情報
    SquareSize,         // 実際に印刷する領域の幅と高さ
    format,             // 書式情報を格納したStringFormatオブジェクト
    out numberChars,    // 1ページに印刷可能な文字数をnumberCharsに参照渡し
    out numberLines     // 1ページに印刷可能な行数をnumberLinesに参照渡し
    );
```

❻印刷する１ページぶんの文字列の取り出し

　Stringクラスの**Substring()**メソッドを使って、印刷対象の文字列を格納しているフィールドから１ページぶんの文字列を取り出します。

　Substring()メソッドの引数に文字列の開始位置と文字数を指定することで、特定の位置以降の文字列を取り出すことができます。

▼１ページに収まる文字列を取り出して変数printStringに代入する

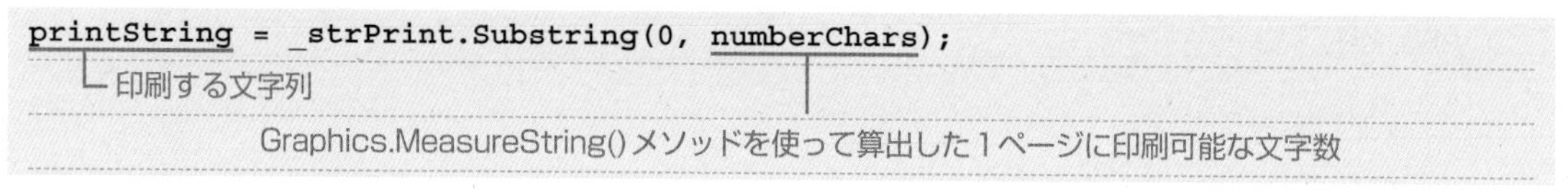

❼文字列の描画

　Substringを使って取り出した１ページぶんの文字列をGraphicsクラスの**DrawString()**メソッドで描画します。

　DrawString()は、５個のパラメーターを使用して、指定された領域に指定された文字列を描画します。指定した文字列は、RectangleF構造体によって指定された四角形の内部に描画され、四角形の内部に収まらないテキストは切り捨てられます。

▼DrawString()メソッドの宣言部

```
public void DrawString(
     string s,
     Font font,
     Brush brush,
     RectangleF layoutRectangle,
     StringFormat format
)
```

▼Graphics.DrawString()メソッドのパラメーター

パラメーター	内容
s	描画する文字列。
font	文字列のテキスト形式を定義するFontオブジェクト。
brush	描画するテキストの色とテクスチャを決定するBrushオブジェクト。
layoutRectangle	描画するテキストの位置を指定するRectangleF構造体。
format	描画するテキストに適用する行間や配置などの書式属性を指定するStringFormatオブジェクト。

▼変数printStringに格納された文字列を描画

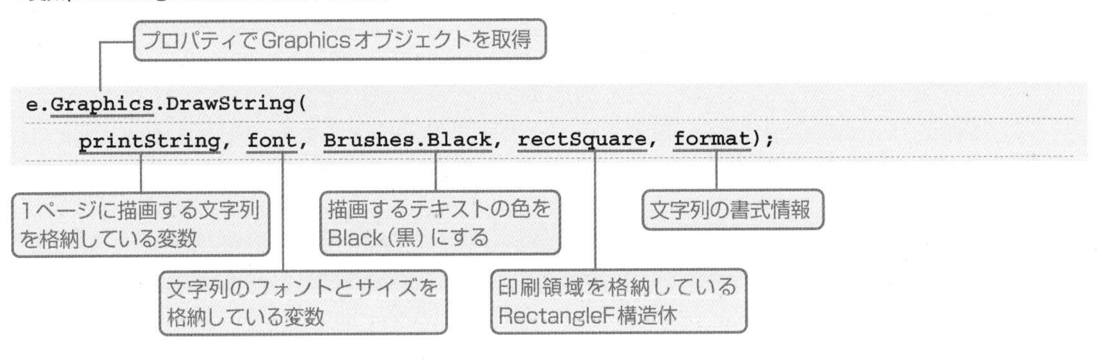
プロパティでGraphicsオブジェクトを取得
e.Graphics.DrawString(
printString, font, Brushes.Black, rectSquare, format);
1ページに描画する文字列を格納している変数
描画するテキストの色をBlack(黒)にする
文字列の書式情報
文字列のフォントとサイズを格納している変数
印刷領域を格納しているRectangleF構造体

❽ 1ページに収まらなかった文字列の処理

印刷対象の文字列が1ページに収まらなかった場合は、さらに印刷を続行して、すべての文字列を印刷する必要があります。

印刷すべき文字列が残っているかどうかは、1ページあたりの印刷可能な文字数と印刷対象の文字列を比較することで確認できます。

▼印刷可能な文字数より印刷対象の文字列が多い場合は処理を続行

```
if (numberChars < _strPrint.Length)
```

1ページあたりの印刷可能な文字数を格納している変数 / 印刷対象の文字列を格納している変数

▼印刷対象の文字列から印刷済みの文字列を取り除く

```
_strPrint = _StrPrint.Substring(numberChars);
```

▼印刷を続行するためのHasMorePagesプロパティを有効(true)にする

```
e.HasMorePages = true;
```

▼すべての文字列が印刷されたらHasMorePagesプロパティを無効(false)にして変数_strPrintの値を元に戻す

```
else
{
    e.HasMorePages = false;
    _strPrint = textBox1.Text;
}
```

HasMorePagesプロパティがtrueの間はPrintPageイベントが発生するので、_strPrintに未印刷の文字列が残っている場合は、イベントハンドラーprintDocument1_PrintPage()が繰り返し実行されます。この間、_strPrintは未印刷の文字列を保持し続けるので、_strPrintが空になるまでページの出力が行われ、結果としてすべての文字列が印刷される仕組みです。

4.9.2 印刷プレビューとページ設定の追加

印刷に関するコンポーネントに、**印刷プレビュー**ダイアログボックスを表示するためのPrintPreviewDialogと**ページ設定**ダイアログボックスを表示するためのPageSetupDialogがあります。

[印刷プレビュー]ダイアログボックスを表示する機能を追加する

印刷メニューの**印刷プレビュー**アイテムから**印刷プレビュー**ダイアログボックスを表示して、印刷イメージが確認できるようにしましょう。

▼フォームデザイナー

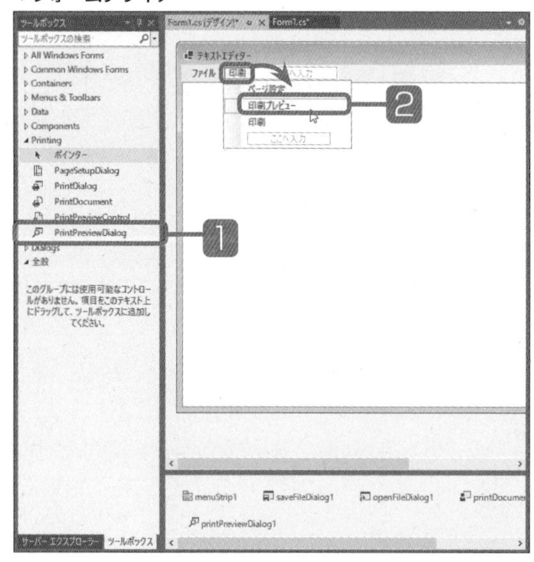

1. ツールボックスで**PrintPreviewDialog**コントロールをダブルクリックします。
2. メニューの**印刷プレビュー**アイテムをダブルクリックし、イベントハンドラーMenuItem5_Click()に以下のコードを記述します。

Onepoint

ここでは、**印刷プレビュー**ダイアログボックスを表示するために、PrintPreviewDialogコントロールを組み込んでいます。

▼イベントハンドラーMenuItem5_Click()

```
private void MenuItem5_Click(object sender, EventArgs e)
{
    // PrintDocumentオブジェクトにページ設定を登録
    printDocument1.DefaultPageSettings = _pageSetting;
    // テキストボックスの文字列を取得
    _strPrint = textBox1.Text;
    // PrintPreviewDialogオブジェクトに
    // PrintDocumentオブジェクトを登録
    printPreviewDialog1.Document = printDocument1;
    // [印刷プレビュー]ダイアログボックスを表示
    printPreviewDialog1.ShowDialog();
}
```

▼実行中のプログラム

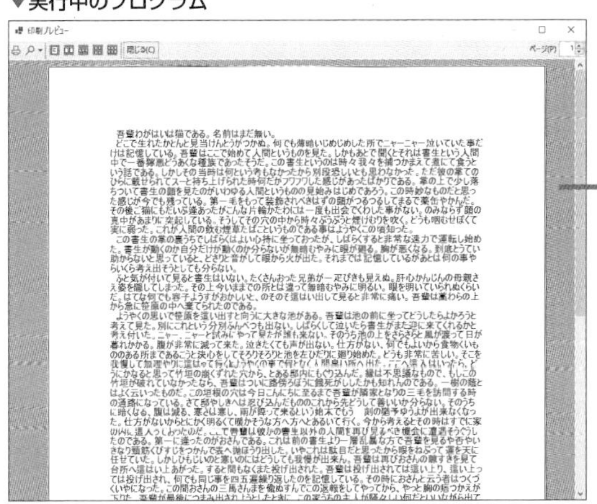

3 メニューの**印刷**をクリックして**印刷プレビュー**を選択すると、印刷イメージが表示されます。

印刷イメージが表示される

Onepoint

文字の表示倍率を調整する場合は、**ズームボタン**をクリックして、目的の表示倍率を選択します。このまま画面を閉じる場合は、**閉じるボタン**閉じる(C)をクリックし、印刷を行う場合は、**印刷ボタン**をクリックします。

[ページ設定]ダイアログボックスを表示する

ページ設定ダイアログボックスを使うと、印刷の向きや用紙サイズ、上下左右のマージン(余白)の設定が行えるようになります。

▼フォームデザイナー

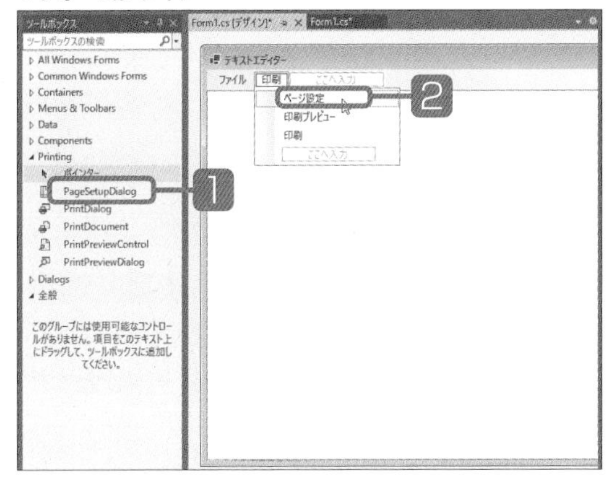

1 ツールボックスで**PageSetupDialog**コントロールをダブルクリックします。

2 メニューの**ページ設定**をダブルクリックし、イベントハンドラーMenuItem4_Click()に次ページのコードを記述します。

Onepoint

ここでは、**ページ設定**ダイアログボックスを表示するために、PageSetupDialogコントロールを組み込んでいます。

Memo

[印刷プレビュー]ダイアログボックスの表示

PrintPreviewDialogでは、**印刷**ダイアログボックスのように、どのボタンがクリックされたのかといった処理を記述する必要はありません。

印刷を実行するボタンをクリックするとPrintPageイベントが発生し、イベントハンドラーprintDocument1_PrintPage()が呼び出されて印刷が行われます。

▼イベントハンドラーMenuItem4_Click()

```
// [ページ設定]選択時に実行されるイベントハンドラー
private void MenuItem4_Click(object sender, EventArgs e)
{
    // PageSetupDialogオブジェクトにページ設定を登録
    pageSetupDialog1.PageSettings = _pageSetting;
    // [ページ設定]ダイアログボックスを表示
    pageSetupDialog1.ShowDialog();
}
```

▼実行中のプログラム

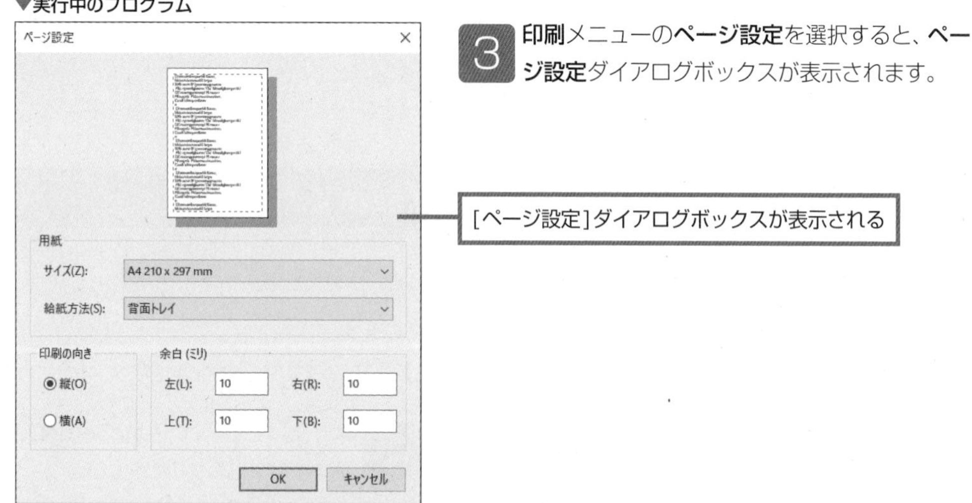

3 **印刷**メニューの**ページ設定**を選択すると、**ページ設定**ダイアログボックスが表示されます。

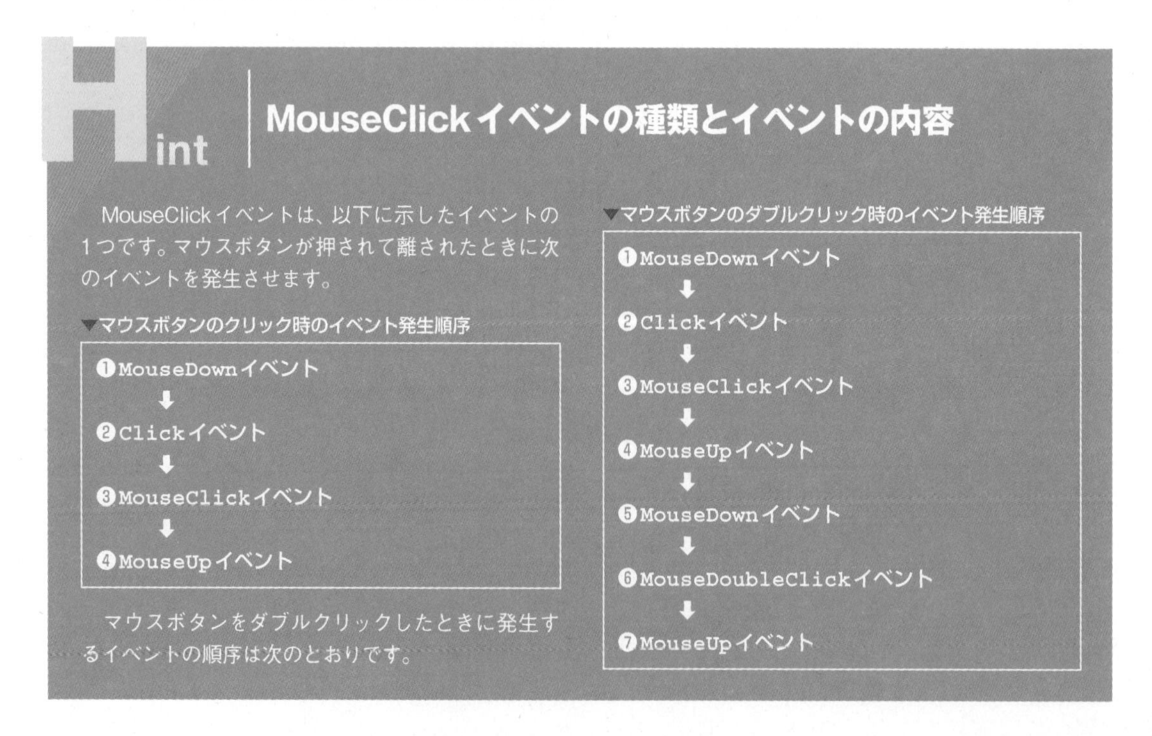

Hint MouseClickイベントの種類とイベントの内容

MouseClickイベントは、以下に示したイベントの1つです。マウスボタンが押されて離されたときに次のイベントを発生させます。

▼マウスボタンのクリック時のイベント発生順序

❶MouseDownイベント
⬇
❷Clickイベント
⬇
❸MouseClickイベント
⬇
❹MouseUpイベント

マウスボタンをダブルクリックしたときに発生するイベントの順序は次のとおりです。

▼マウスボタンのダブルクリック時のイベント発生順序

❶MouseDownイベント
⬇
❷Clickイベント
⬇
❸MouseClickイベント
⬇
❹MouseUpイベント
⬇
❺MouseDownイベント
⬇
❻MouseDoubleClickイベント
⬇
❼MouseUpイベント

Section

4.10 デバッグ

Level ★★★ | Keyword デバッグ　ステップ実行　ブレークポイント

デバッグとは、プログラムに潜む論理的な誤り（**論理エラー**）を見つけるための作業のことです。プログラムの実行はできるものの、プログラムの実行結果が意図したとおりの結果にならない場合は、論理エラーの原因をデバッグによって探し出して修正しなければなりません。Visual C#には、このような論理エラーを発見するためのツールとして、**デバッガー**が用意されています。

Visual C#におけるデバッグ

Visual C#では、ステップ実行によるデバッグやブレークポイントの設定によるデバッグを利用して、プログラムの実行状態を確認することができます。

• ステップ実行

ステートメントを1行ずつ実行しながら動作を確認することができます。

• ブレークポイントの設定によるデバッグ

実行中のプログラムを、あらかじめ設定しておいたブレークポイントで停止して、動作状況を確認することができます。

さらに、プログラムを中断モードにしておけば、自動変数ウィンドウ、ローカルウィンドウ、ウォッチウィンドウなどのウィンドウを使って、変数の値を確認したり、変数の値に新たな値を代入して、プログラムの動作を確認することができます。

4.10.1 ステートメントの1行単位の実行(ステップ実行)

ステップ実行を使うとステートメントを1行ずつ実行しながら動作を確認できます。ステップ実行には、次のように**ステップイン**と**ステップオーバー**があります。

●ステップイン

ステップインを使うと、ステートメントを1行ずつ実行し、他のステートメントが呼び出された場合は呼び出したステートメントも1行ずつ実行します。

なお、呼び出したステートメントを一括して実行した上で、呼び出し元のステートメントに戻りたい場合は、**ステップアウト**を利用します。

●ステップオーバー

ステートメントを1行ずつ実行するところはステップインと同じです。ただし、呼び出し先のステートメントは一括して実行された上で、呼び出し元の次のステートメントで中断モードになります。

ステッピインでステートメントを1行ずつ実行する

ステップインを使って、2.5.2で作成したプログラムCalculatorを実行してみることにしましょう。

▼[デバッグ]メニュー

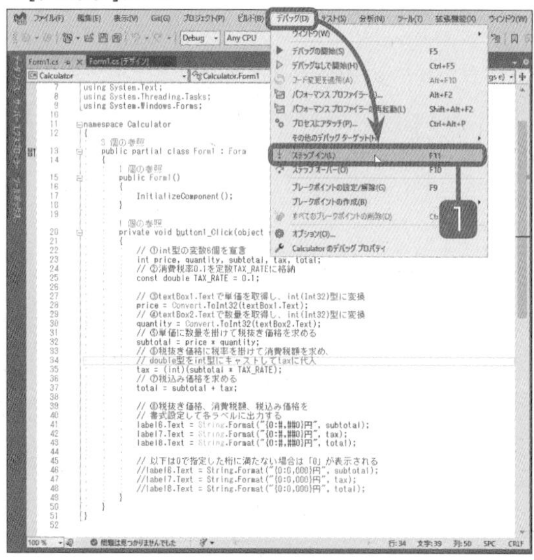

1 メニューの**デバッグ**を選択して、**ステップイン**を選択します。

2 ステートメントが1行実行されて、中断モードになります。

▼中断モード

Onepoint

[F11] キーを押してステップインすることもできます。

▼［デバッグ］メニュー

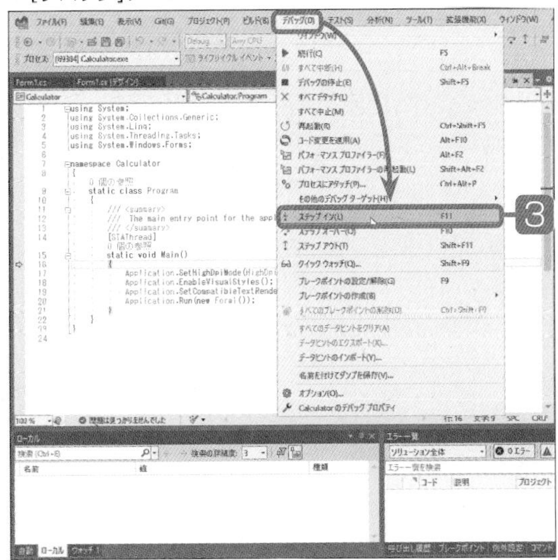

3 さらに、次の行を実行するには、メニューバーの**デバッグ**を選択して、**ステップイン**をクリックします。

Onepoint

F11 キーを押しても同じように操作できます。

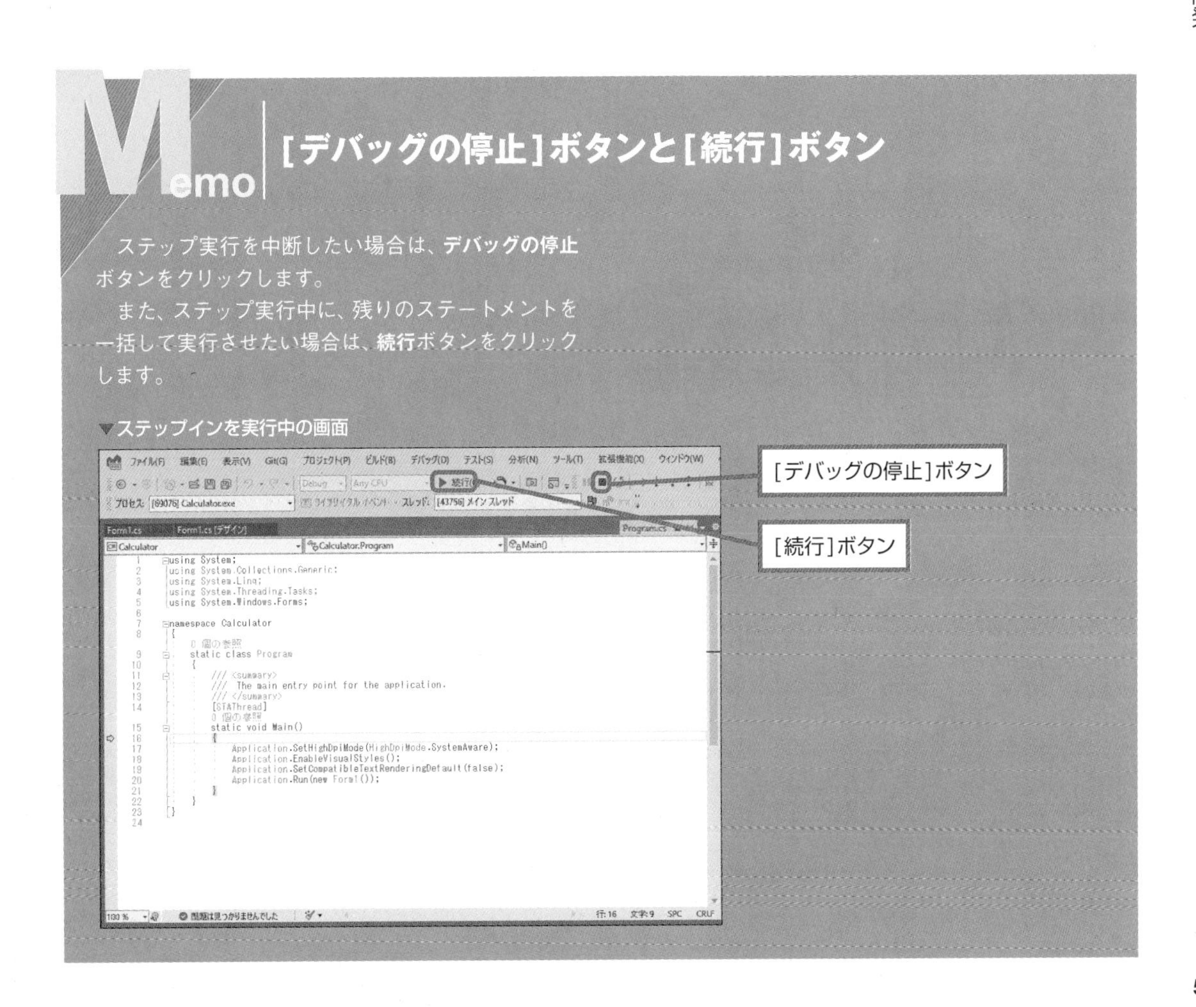

Memo ［デバッグの停止］ボタンと［続行］ボタン

ステップ実行を中断したい場合は、**デバッグの停止**ボタンをクリックします。

また、ステップ実行中に、残りのステートメントを一括して実行させたい場合は、**続行**ボタンをクリックします。

▼ステップインを実行中の画面

4.10.2 指定したステートメントまでの実行（ブレークポイントの設定）

ブレークポイントを設定すると、ブレークポイントを設定したステートメントのところでプログラムの実行を中断できます。ブレークポイントは必要なぶんだけ設定できます。

▼コードエディター左側のインジケーターバー

1 コードエディター左側のインジケーターバー上にマウスポインターを移動し、ブレークポイントを設定したいステートメントの左側をクリックして、ブレークポイントを設定します。

2 **デバッグの開始**ボタンをクリックします。

▼コードエディター

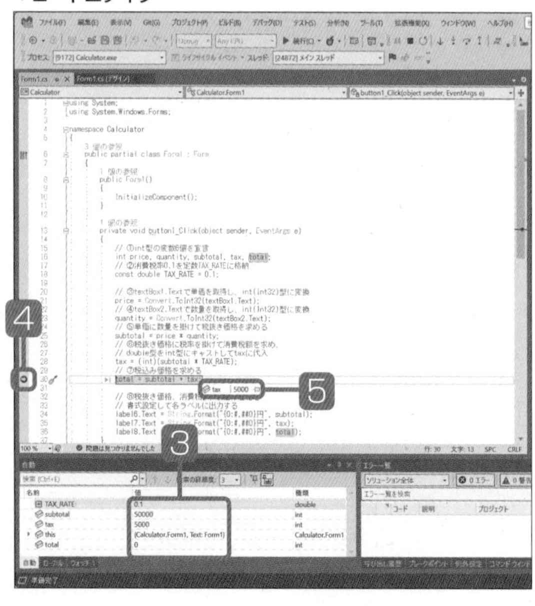

3 単価欄と数量欄に、それぞれ値を入力し、**計算実行**ボタンをクリックします。

4 ブレークポイントで中断モードになります。

5 任意の変数やプロパティをポイントすると、現在の値が表示されます。

Memo
設定したブレークポイントを解除するには、対象のブレークポイントをクリックします。

中断しているステートメント内の変数の値を確認する

自動変数ウィンドウは、中断しているステートメントが含まれるコードブロック内でアクセス可能なローカル変数の名前、値、およびデータ型を表示します。

▼[デバッグ]メニュー

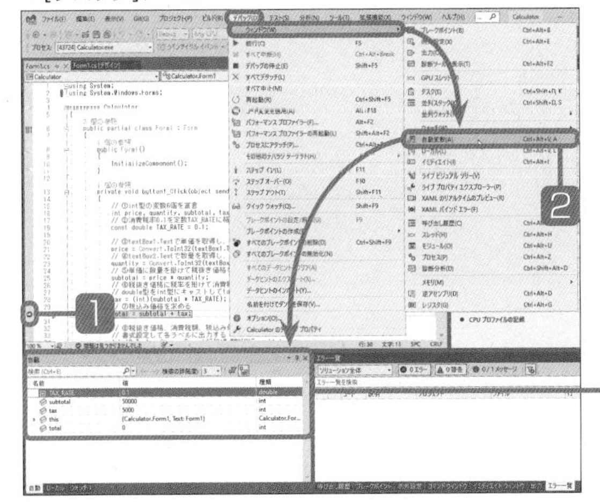

1 前項の1～4の操作を行って、ブレークポイントでプログラムの実行を中断します。

2 **デバッグ**メニューの**ウィンドウ➡自動変数**を選択すると、**自動**ウィンドウに、各ローカル変数の値とデータ型が一覧で表示されます。

メソッドに含まれるすべてのローカル変数の値を確認する

ローカルウィンドウは、メソッド内のローカル変数の名前、値、およびデータ型を表示します。

▼[ローカル]ウィンドウの表示

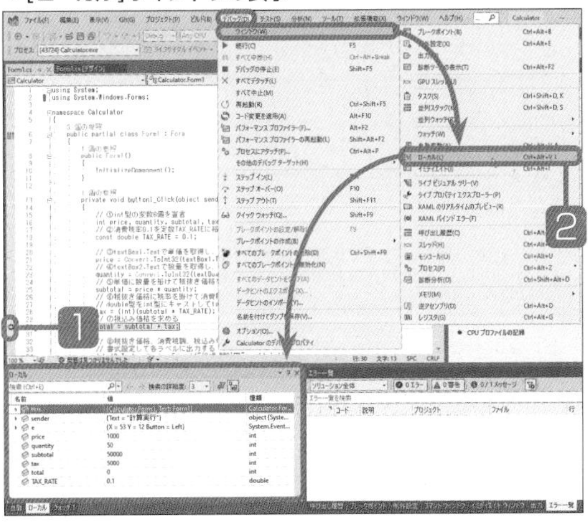

1 前ページの1～4の操作を行って、ブレークポイントでプログラムの実行を中断します。

2 **デバッグ**メニューの**ウィンドウ➡ローカル**を選択すると、**ローカル**ウィンドウにローカル変数が一覧で表示されます。

Section

4.11 Visual C#アプリの実行可能ファイルの作成

Level ★★★ | Keyword | 実行可能ファイル　ビルド

Visual C#で作成したデスクトップアプリは、実行可能ファイルに変換すれば、他のコンピューターにインストールして動作させることができます。

実行可能ファイルの作成

作成したプログラムから、次の方法を使って実行可能ファイルを作成します。

●実行可能ファイルの作成

❶ビルドを実行して実行可能ファイルを作成する
❷作成した実行可能ファイルを配布先のコンピューターにコピーする

▼ビルドによって作成された実行可能ファイル

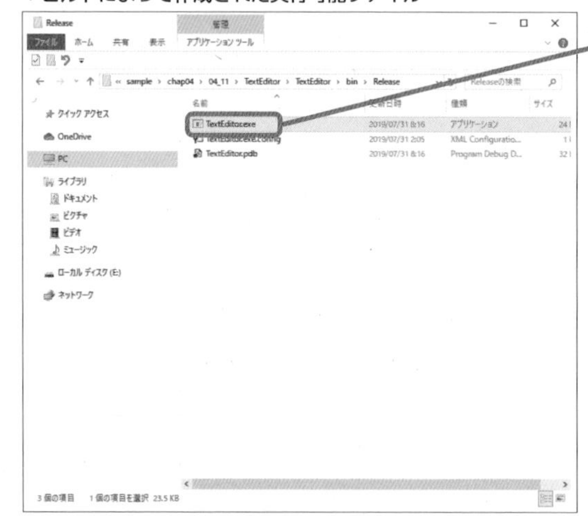

4.11.1 実行可能ファイルの作成

通常のビルドを行うと、デバッグ用の実行可能ファイルしか作成されません。このため、配布用の実行可能ファイルが作成できるように以下の操作を行います。

なお、配布用の実行可能ファイルは最適化の処理が行われているため、デバッグ用の実行可能ファイルよりもファイルサイズが小さくなっています。

▼[構成マネージャー]ダイアログボックス

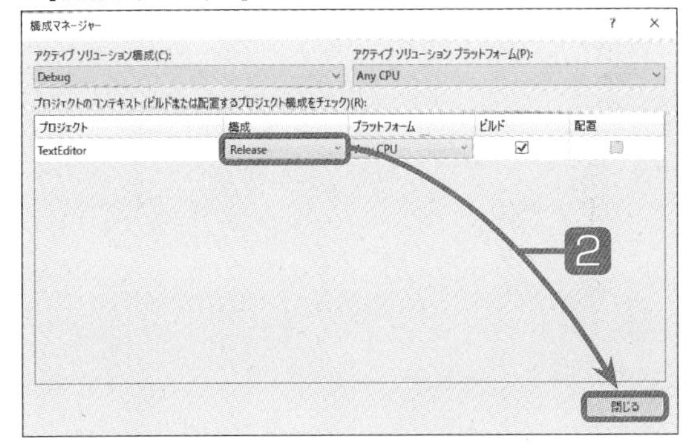

1 **ビルド**メニューの**構成マネージャー**を選択します。

2 **プロジェクトのコンテキスト**でReleaseを選択して、**閉じる**ボタンをクリックします。

▼[ビルド]メニュー

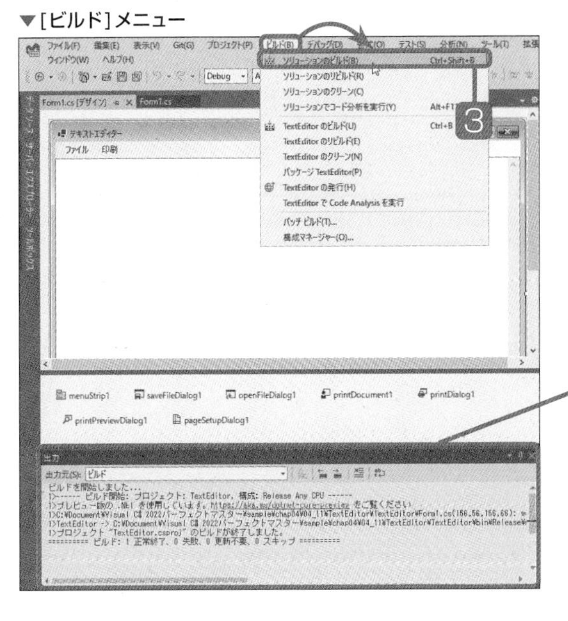

3 **ビルド**メニューの**ソリューションのビルド**を選択します。

4 ビルドが実行され、コンパイルとリンクが行われ、完了すると出力ウィンドウに結果が表示されます。

コンパイルとリンクが行われる

出力ウィンドウに結果が表示される

作成した実行可能ファイル（EXEファイル）を実行する

実行可能ファイルは、プロジェクトが格納されているフォルダーの中の「bin」フォルダー➡「Release」フォルダー内に作成されます。

▼「Release」フォルダー内の実行可能ファイル

1 対象のプロジェクトが保存されているフォルダー➡「bin」フォルダー➡「Release」フォルダーを順に開きます。

2 実行可能ファイル（EXEファイル）をダブルクリックします。

Onepoint

.NET対応のフォームアプリケーションの場合は、「Release」フォルダー内に「net6.0-windows」が作成されますので、このフォルダー内に保存します。

▼起動したプログラム

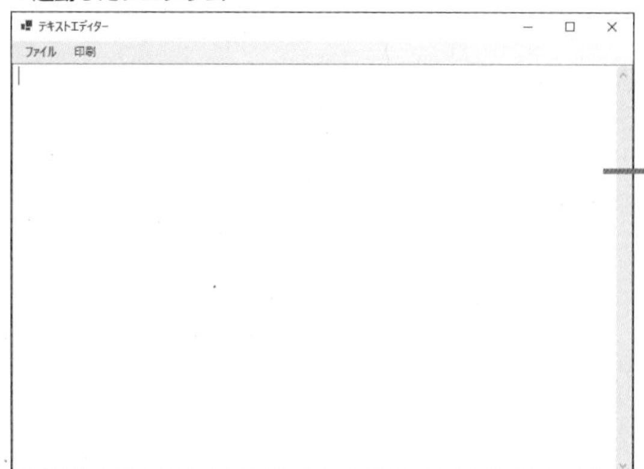

3 プログラムが単独で起動します。

Memo 実行可能ファイルが保存されているフォルダー

「bin」➡「Release」…最適化が行われた実行可能ファイルが保存されています。

「bin」➡「Debug」…デバッグモードで作成されるため、最適化は行われていない実行可能ファイルが保存されています。

Section

4.12 プログラムに「感情」を組み込む（正規表現）

Level ★★★ Keyword 正規表現　辞書

3章で作成した「C#ちゃん」は、パターンに反応するものの表情を変えることはありませんでした。本節ではシンプルな感情モデルの仕組みを使って、表情にバリエーションを付けてみようと思います。表情を増やすということは、表示するイメージを増やすということですが、それには、C#ちゃんの感情をモデル化し、感情の表れとしての表情の変化をどのように実現するかということを考えます。

正規表現で感情をモデル化する

C#ちゃんの感情をモデル化する、つまりC#ちゃんが感情を持つとはどういうことか、それをプログラムで表すとどうなるのかということを検討し、また感情の表れとしての表情の変化をどのように実現するかを考えます。

ここで作成するC#ちゃんアプリのプロジェクトは「Chatbot」です。ぜひ、ダウンロード用のサンプルデータをチェックしながら進めてください。

●作成するクラスファイル

- Cchan.cs
- CchanEmotion.cs
- Cdictionary.cs
- ParseItem.cs
- Responder.cs
- PatternResponder.cs
- RandomResponder.cs
- RepeatResponder.cs

4.12.1 アプリの画面を作ろう

いろいろやることが多いので、まずはアプリの画面を先に作っちゃいましょう。基本的に3章で作成したC#ちゃんアプリと同じ構造です。

C#ちゃんのGUI

右にはC#ちゃんのイメージが表示される領域があり、その下にC#ちゃんからの応答メッセージ領域があります。新バージョンでは思わず語りかけてくるように見えるようなキャラに交代してもらいました。この画面に「中の人*」に相当するプログラムを組み込み、ユーザーの入力内容によって怒った顔や笑った顔に変化させます。

さて、左側はログを表示するためのテキストボックスで、ユーザーとC#ちゃんの対話が記録されていきます。画面の下部には入力エリアとしてのテキストボックスがあり、ここに言葉を入力して**話す**ボタンをクリックすることでC#ちゃんと会話することができます。この辺りは3章で作成したものと同じです。その下にはC#ちゃんの「機嫌値」を表示するListコントロールが配置されています。実はこの機嫌値こそが今回のアプリの最大のポイントで、機嫌値としての数値によってC#ちゃんの表情を変化させます。なので、ユーザーはこの機嫌値を見ながら「どのくらい怒っているのか」、言い換えると怒りや喜びの度合いを知ることができるというわけです。

▼C#ちゃんのGUI

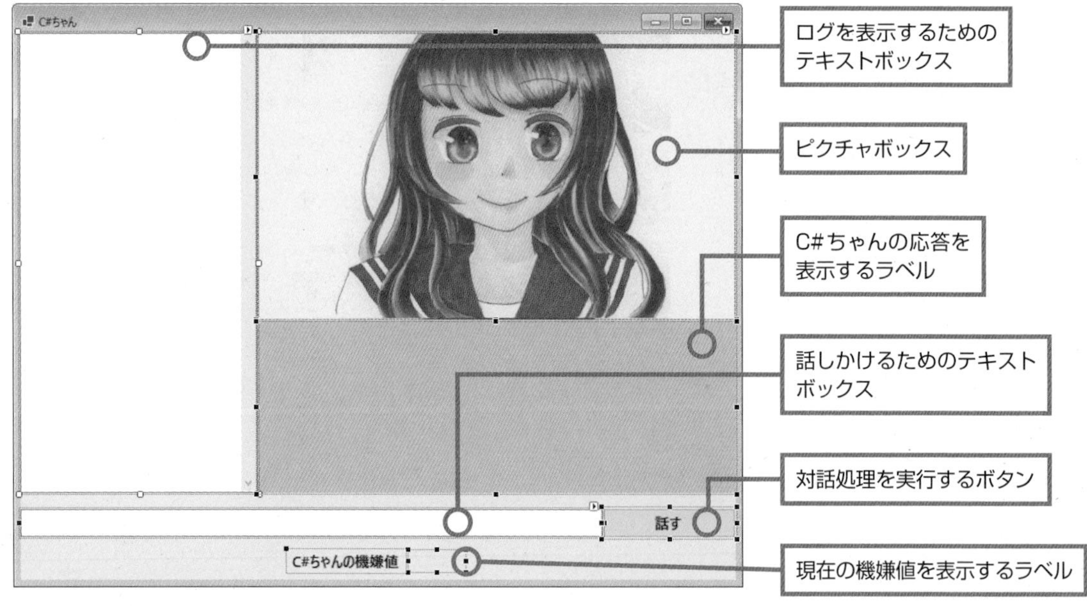

*中の人 アニメのキャラを担当する声優さんを「中の人」と呼ぶことがあります。

Memo イメージをプロジェクトのリソースとして追加する

プロジェクトで使用するイメージについては、以下の手順でプロジェクトのリソースとして登録してください。

❶**ソリューションエクスプローラー**でPropertiesを展開し、Resources.resxをダブルクリックします。
❷ドキュメントウィンドウにResources.resxが表示されるので、上部の**リソースの追加**の横の▼をクリックして**既存のファイルの追加**を選択します。

▼［既存のファイルの追加］を選択

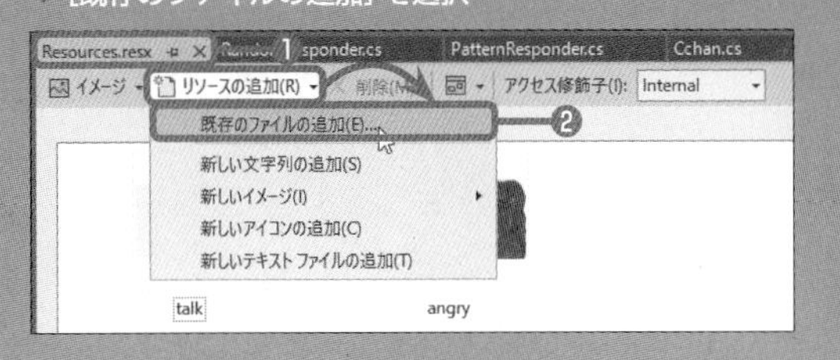

❸**既存のファイルをリソースに追加**ダイアログボックスが表示されるので、イメージのファイルを選択して**開く**ボタンをクリックします。

この方法ですべてのイメージをリソースに追加し、最後にツールバーの**〜の保存**ボタンをクリックすれば完了です。

▼ログ表示用のテキストボックス

プロパティ名	値
(Name)	textBox2
動作のMultiline	True
ScrollBars	Both
表示のBackColor	White
FontのSize	10

▼フォーム

プロパティ名	値
(Name)	Form1
Size	795, 614
Text	C#ちゃん

▼C#ちゃんの応答を表示するラベル

プロパティ名	値
(Name)	label1
配置のAutoSize	False
Size	519, 181
表示のBackColor	192, 192, 255（薄いパープルのRGB値）
FontのSize	16
Text	（空欄）
Text Allign	MiddleCenter

▼ピクチャボックス

プロパティ名	値
(Name)	textBox2
Image	事前に4枚のイメージをリソースに登録しておく。 プロパティの値の欄のボタンをクリックして［プロジェクトリソースファイル］をオンにし、［インポート］ボタンをクリックしてイメージ（ここではtalk.gif）を選択したあと［OK］ボタンをクリックする。
size	519, 302

▼入力用のテキストボックス

プロパティ名	値
(Name)	textBox1
FontのSize	12
Size	635, 29

▼ボタン

プロパティ名	値
(Name)	button1
FontのSize	12
Text	話す
FontのBold	True
Size	144, 31

▼テキストボックス下のラベル

プロパティ名	値
(Name)	label3
配置のAutoSize	True
Size	127, 21
FontのSize	12
FontのBold	True
Text	C#ちゃんの機嫌値

▼C#ちゃんの機嫌値を表示するラベル

プロパティ名	値
(Name)	label2
配置のAutoSize	False
Size	60, 21
FontのSize	12
FontのBold	True
Text	(空欄)

▼C#ちゃんアプリで使用するイメージファイル

デフォルトの
イメージです

喜んだときの
イメージです

ちょっと悲しげになった
ときのイメージです

怒っちゃったときの
イメージです

4.12.2 辞書を片手に(Cdictionaryクラス)

C#ちゃんの旧バージョンでは、ランダムに選択するための複数の応答例が入ったリストを持っているRandomResponderクラスがありました。いってみればこれも立派な辞書なのですが、応答例を追加するのにいちいちソースコードを書き直すのは非常に面倒なので、外部ファイルを辞書として持たせ、プログラムの実行時に読み込んで使うことを考えたいと思います。

辞書とは一般的に言葉の意味を調べる書物のことをいいますが、ある言葉から別の言葉をひっぱり出せる機能を持つことから、プログラミングの世界ではオブジェクト同士を対応付ける表のことを「辞書(dictionary)」と呼ぶことがあります。Visual C#のDictionaryオブジェクトがまさしくそれで、キーを指定することで関連付けられた値を取り出すことができます。このほかにも、IMEなどの日本語入力プログラムの変換辞書は、読みと漢字を結び付けるものですので、まさしく辞書です。

本セクションでは、C#ちゃんの応答システムとして基本的な辞書を導入します。チャットボットにとっての「辞書」とは、ユーザーからの発言に対してどのように応答したらよいのかを示す文例集のようなものです。そのような情報をプログラム以外の外部ファイルとして用意し、それを指して「辞書」として使うのがプログラミングの世界では一般的です。

記述されている「文例」は、ランダムに選択した文章をそのまま返すという単純なものから、キーワードに反応して文章を選択したり、ユーザーメッセージの一部を応答メッセージに埋め込んで使ったりと、いかにも「それっぽい」メッセージを作り出す様々な仕掛けの基礎となります。

ランダム応答用の辞書

辞書を外部ファイルとして持たせ、プログラムの実行時に読み込んで使うことを考えた場合、テキストファイルにしておけば手軽に編集できますし、辞書ファイルを取り替えることで人格が豹変(ひょうへん)、なんてことも簡単ですね。C#ちゃんのランダム応答用の辞書として、次のテキストファイルを用意しました。

▼テキストファイル(random.txt)(「bin」➡「Debug」➡(.NET対応のフォームアプリケーションの場合は、「Release」フォルダー)➡「dics」フォルダー内に保存)

```
いい天気だね
今日は暑いね
おなかすいた
10円おちてた
それねー
じゃあこれ知ってる?
めちゃテンション下がる～
御機嫌だね♪
めっちゃいいね!
本当に～?
あはは、スベったー!
```

```
それまずいよ
それいいね！
それかわいい♪
だってボットだもん
まって、それすごい！
ロック好き？
ヘビメタ好き？
スポーツ好き？
正直しんどいよー
ひょっとしてパリピなの？
ごめんごめん
エモい！
あれってどうなったの？
歯磨きした？
何か忘れてることない？
楽しそうだねー
そんなこと知らないもん
きたきたきたきた
いま何時かなぁ
何か食べたい
喉かわいたー
面倒くさーい
なんか眠くなっちゃった
推しは誰ですか？
ゴホンゴホン！
そっか、ポジティブに行こう！
```

気を付けたいのが辞書ファイルの保存先です。Visual Studioではプログラムを実行すると、プロジェクト内の「bin」➡「Debug」フォルダー内のファイルを読みに行きます。つまり、プログラムで読み出しや書き込みを行うファイルは、「Debug」フォルダー内に保存する必要があります。リリースビルドの場合は「Release」フォルダー内です。で、今回は、Debugフォルダー内に「dics」フォルダーを作成し、先のrandom.txtとこのあとで紹介するpattern.txtを保存するようにしました。

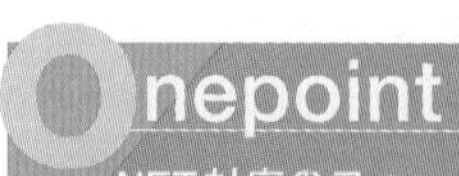

.NET対応のフォームアプリケーションの場合は、「Release」フォルダー内に「net6.0-windows」が作成されますので、このフォルダー内に保存します。

C#ちゃん、パターンに反応する（応答パターンを「辞書化」する）

応答のバリエーションが増えましたし、辞書を拡張することでさらにメッセージの種類を増やすこともできるようになりました。しかし、ツボにはまった切り返しを時折見せるものの、ユーザーの発言をまったく無視したランダムな応答には限界があります。たまに見せるトンチンカンな応答をなくし、何とかこちらの言葉に関係のある発言ができないか考えてみたいと思います。

そこで**パターン辞書**というものを使うことにしましょう。パターン辞書とは、ユーザーからの発言があらかじめ用意したパターンに適合（マッチ）したときに、どのような応答を返せばよいのかを記述した辞書です。辞書といっても普通のテキストファイルで十分です。これに従って応答できるようになれば、少なくともランダム辞書による脈絡のなさは解消できるはずです。

パターン辞書の中身は、

```
パターン[Tab] 応答
```

のようにパターンと応答のペアをTab（タブ）で区切って、1行のテキストデータとします。これを必要な行数だけ書いてテキストファイルとして保存することにします。ユーザーの発言があれば、辞書の1行目からパターンに適合するか調べていき、適合したパターンのペアとなっている応答を返す、という仕組みです。「パターン」とはすなわち「発言に含まれる特定の文字列」のことで、「キーワード」と考えることができます。

パターンに反応する

ユーザーが「今日は何だか気分がいいな」と発言した場合、

```
気分[Tab] それなら散歩に行こうよ！
```

というペアがあれば「気分」という文字列がパターンにマッチしたと判断され、「それなら散歩に行こうよ！」とC#ちゃんが返すことになります。「今日の気分はイマイチだな」にも反応します。何か会話っぽくなってきましたね！

正規表現

この「パターン」、たんに文字列でもいいのですが、もっとパターンとしての表現力の高い**正規表現**を使うことにしましょう。正規表現とは「いくつかの文字列を1つの形式で表現するための表現方法」のことで、この表現方法を利用すれば、たくさんの文章の中から容易に見つけたい文字列を検索することができるのです。Perlなどのテキスト処理に強いプログラミング言語ではおなじみですが、Visual C#でも当然使えます。

正規表現を使うことで、たんに文字列を見つけるだけでなく、発言の最初や最後といった位置に関する指定や、AまたはBという複数の候補、ある文字列の繰り返しなど、正規表現ならではの柔軟性を活かしたパターンを設定すれば、ユーザー発言の真意をある程度までは絞り込むことができ、それに応じた応答メッセージを辞書にセットしておくことができるでしょう。

見た目はコンパクトな正規表現ですが、その機能はおそろしく豊富です。網羅的な説明をしようと思ったら書籍として1冊ぶんになるくらいのページ数が必要になるので、パターン辞書を書くための「おいしい機能」だけをかいつまんで紹介したいと思います。

正規表現のパターン

正規表現は文字列のパターンを記述するための表記法です。ですので、いろんな文字列とひたすら適合チェックするわけですが、この適合チェックのことを「パターンマッチ」といいます。パターンマッチでは、正規表現で記述したパターンが対象文字列に登場するかを調べます。みごと発見できたときは、「マッチした」という瞬間が訪れます。

Visual C#において、正規表現を使ってパターンマッチを行う方法でオーソドックスなのは、RegexクラスのMatch()やMatches()メソッドを使う方法です。

▼Matches()メソッドでパターンマッチを行う

```
// 正規表現のパターンを保持する変数
string SEPARATOR = "正規表現のパターン";

// MatchCollectionオブジェクトを取得する
Regex rgx = new Regex(SEPARATOR);
MatchCollection m = rgx.Matches(マッチさせる文字列);
```

Match()メソッドは、パターンにマッチする文字列があるかを調べます。ただし、最初にマッチした文字列をMatchオブジェクトとして返すだけです。これに対し、Matches()メソッドは、パターンにマッチしたすべての文字列のMatchオブジェクトを格納したMatchCollectionを返します。

ふつうの文字列

正規表現は、「プログラム」のようなたんなる文字列と、**メタ文字**と呼ばれる特殊な意味を持つ記号の組み合わせです。正規表現の柔軟さや複雑さは、メタ文字の種類の多さによるものなのですが、まずは文字列だけの簡単なパターンを見てみましょう。

メタ文字以外の「プログラム」などのたんなる文字列は、単純にその文字列にマッチします。ひらがなとカタカナの違い、空白のあり／なしなども厳密にチェックされます。また言葉の意味は考慮されないので、単純なパターンは思わぬ文字列にもマッチすることがあります。

▼文字列のみにマッチさせる

正規表現	マッチする文字列	マッチしない文字列
やあ	やあ、こんちは	ヤア、こんちは
	いやあ、まいった	やぁやぁやぁ！
	そういやあれはどうなった？	やや、あれはどうなった？

この中のどれか

メタ文字「|」を使うと「これじゃなきゃそれ」という具合で、いくつかのパターンを候補にできます。「ありがとう」「あざっす」「あざーす」などの似た意味の言葉をまとめて反応させるためのパターンや、「面白い」「おもしろい」「オモシロイ」などの漢字／ひらがな／カタカナの表記の違いをまとめるためのパターンなどに使うと便利です。

▼複数のパターンにマッチさせる

正規表現	マッチする文字列	マッチしない文字列
こんにちは|今日は|こんちは	こんにちは、C#ちゃん	こんばんはC#ちゃん、こっちにきてよC#
	今日はもうおしまい	今日のご飯なに？
	こんちは〜C#です	ちーす、C#です

アンカー

アンカーは、パターンの位置を指定するメタ文字のことです。アンカーを使うと、対象の文字列のどこにパターンが現れなければならないかを指定できます。指定できる位置はいくつかありますが、行の先頭「^」と行末「$」がよく使われます。文字列に複数の行が含まれている場合は、1つの対象の中に複数の行頭／行末があることになりますが、本書で作るプログラムをはじめ、たいていのプログラムでは行ごとに文字列を処理するので、「^」を文字列の先頭、「$」を文字列の末尾にマッチするメタ文字と考えてほぼ問題ありません。

たんに文字列だけをパターンにすると意図しない文字列にもマッチしてしまうという問題がありましたが、先頭にあるか末尾にあるかを限定できるアンカーを効果的に使えば、うまくパターンマッチさせることができます。

▼アンカーを使う

正規表現	マッチする文字列	マッチしない文字列
^やあ	やあ、C#ちゃん	おおー、やあC#ちゃん
	やあだC#ちゃん	よもやあいつだとは
じゃん$	これ、いいじゃん	じゃんじゃん食べな
	やってみればいいじゃん	すべておじゃんだ
^ハイ$	ハイ	ハイ、C#ちゃん
		ハイハイ
		チューハイまだ？
		[空白]ハイ[空白]

どれか1文字

いくつかの文字を[ ]で囲むことで、「これらの文字の中でどれか1文字」という表現ができます。例えば「[。、]」は「。」か「、」のどちらか句読点1文字、という意味です。アンカーと同じように、直後に句読点がくることを指定して、マッチする対象を絞り込むテクニックとして使えるでしょう。また「[ＣC]」のように、全角/半角表記の違いを吸収する用途にも使えます。

▼どれか1文字

正規表現	マッチする文字列	マッチしない文字列
こんにち[はわ]	こんにちは	こんにちぺ
	こんにちわ	こんにちっわ
ども[～ー…！、]	どもーっす	ども。
	毎度、ども～	女房ともどもよろしく
	ものども！ついてきやがれ！	こどもですが何か？

何でも1文字

「.」は何でも1文字にマッチするメタ文字です。普通の文字はもちろんのこと、スペースやタブなどの目に見えない文字にもマッチします。1つだけでは役に立ちそうにありませんが、「...」（何か3文字あったらマッチ）のように連続して使ったり、次に紹介する繰り返しのメタ文字と組み合わせたりして「何でもいいので何文字かの文字列がある」というパターンを作るのに使います。

▼何でも1文字

正規表現	マッチする文字列	マッチしない文字列
うわっ、...！	うわっ、出たっ！	うわっ、出たあっ！
	うわっ、それか！	うわっ、そっちかよ！
	うわっ、くさい！	うわっ、くさ！

繰り返し

繰り返しを意味するメタ文字を置くことで、直前の文字が連続することを表現できます。ただし、繰り返しが適用されるのは直前の1文字だけです。1文字以上のパターンを繰り返すには、後述するカッコでまとめてから繰り返しのメタ文字を適用します。

「+」は1回以上の繰り返しを意味します。つまり「w+」は「w」にも「ww」にも「wwwwww」にもマッチします。

「*」は0回以上の繰り返しを意味します。「0回以上」であるところがミソで、繰り返す対象の文字が一度も現れなくてもマッチします。つまり「w*」は「w」や「wwww」にマッチしますが、「123」や「(空文字列」や「人間観察」にもマッチします。要するに、ある文字が「あってもなくてもかまわないし連続していてもかまわない」ことを意味します。繰り返し回数を限定したいときは「{m}」を使えばOKです。mは回数を表す整数です。また、「{m,n}」とすると「m回以上、n回以下」という繰り返し回数の範囲まで指定できます。「{m,}」のようにnを省略することもできます。「+」は「{1,}」と、「*」は「{0,}」と同じ意味になります。

▼文字の繰り返し

正規表現	マッチする文字列	マッチしない文字列
は+	ははは	ハハハ
	あはは	うふふ
	あれはどうなった？	あれがいいよ
^ええーっ！*	ええーっ！！！	うめええーっ！
	ええーっ、もう帰っちゃうの？	超はええーっ！
	ええーっこれだけ？	おええーっ！
ぷ{3,}	ぷぷぷ	ぷもーうぷぷっっ
	うぷぷぷぷ	うぷぷっ

あるかないか

「?」を使うと、直前の1文字が「あってもなくてもいい」ことを表すことができます。繰り返しのメタ文字と同じく、カッコを使うことで1文字以上のパターンに適用することもできます。

▼指定した文字があるかないか

正規表現	マッチする文字列	マッチしない文字列
盛った[よぜ]?$	この写真、だいぶ盛ったよ	いやあだいぶ盛ったねぇ
	盛ったよ、盛ったぜ	マネージャーさんが盛った。
	よし、完璧に盛った	盛った写真じゃだめですか

パターンをまとめる

すでに何度かお話ししましたが、カッコ「( )」を使うことで1文字以上のパターンをまとめることができます。まとめたパターンはグループとしてメタ文字の影響を受けます。例えば「(abc)+」は「abcという文字列が1つ以上ある」文字列にマッチします。メタ文字「|」を使うと複数のパターンを候補として指定できますが、「|」の対象範囲を限定させるときにもカッコを使います。例えば「^さよなら|バイバイ|じゃまたね$」というパターンは、「^さよなら」「バイバイ」「じゃまたね$」の3つの候補を指定したことになります。アンカーの場所に注意してください。このとき、カッコを使って「^(さよなら|バイバイ|じゃまたね)$」とすれば、「^さよなら$」「^バイバイ$」「^じゃまたね$」を候補にできます。

▼パターンでまとめる

正規表現	マッチする文字列	マッチしない文字列
(まじ|マジ)で	ま、まじで?	まーじーで?
	マジでそう思います	まじ。でそう思います
(ほわん)+	そのしっぽほわんほわんしてるね	そのセーターほわほわしてるね
	心がほわんとするわ	心がほわっとするわ

パターン辞書ファイルを作ろう

メタ文字の種類はまだまだあるのですが、パターン辞書に使用できるものをまとめてみました。もともと正規表現は、Webのアドレス(URL)とかメールアドレスからドメインを抜き出すとか非常に限定されたフォーマットの文字列に対してパターンマッチを行うためのものなので、会話文のような自然言語(とくに日本語)に対しては非力な面があります。が、工夫次第である程度まで発言の意図をくみ取ることができます。まず反応すべきキーワードを文字列で設定し、それを補助する目的でメタ文字を使うと辞書を作りやすいと思います。

次は、サンプルとして用意したパターン辞書ファイルです。「パターン[Tab] 応答」のようにパターンと応答のペアをTAB(タブ)で区切って、1行のテキストデータとしています。工夫次第でいろんなデータを作れるので、いろいろと作ってみてください。なお、先にも述べましたが、このファイルはプロジェクトフォルダー以下の「bin」➡「Debug」➡「dics」フォルダー内に保存します。

▼パターン辞書ファイル(dic/pattern.txt)

```
こん(ちは|にちは)$[Tab]こんにちは|やほー|ハーイ|どうもー|またあなた?
おはよう|おはよー|オハヨウ[Tab]おはよ!|まだ眠い…|さっき寝たばかりなんだー
こんばん(は|わ)[Tab]こんばんわ|わんばんこ|いま何時?
^(お|うい)っす$[Tab]ウエーイ
^やあ[、。!]*$[Tab]やっほー
バイバイ|ばいばい[Tab]ばいばい|バイバーイ|ごきげんよう
^じゃあ?ね?$|またね[Tab]またねー|じゃあまたね|またお話ししに来てね♪

^どれ[??]$[Tab]アレだよ|いま手に持ってるものだよ|それだよー
^[し知]ら[なね][Tab]やばいー|知らなきゃまずいじゃん|知らないの?

5##かわいい|可愛い|カワイイ|きれい|綺麗|キレイ[Tab]%match%ってホント!?ホントに!?|わーい
-5##ブス|ぶす[Tab]-10##まじ怒るから!|-5##ひどーい|-10##だれが%match%なの!
-2##おまえ|あんた|お前|てめー[Tab]-5##%match%じゃないよー|-5##%match%って誰のこと?|%match%なんて言われても…
-5##バカ|ばか|馬鹿[Tab]%match%じゃないもん!|%match%って言う人が%match%なの!|そんなふうに言わないで!

何時[Tab]眠くなった?|もう寝るの?|もうこんな時間?|もう寝なきゃ
甘い|あまい[Tab]おやつ買ってくる?|あんこも好きだよ|チョコもいいね

チョコ[Tab]ギミチョコ!|よこせチョコレート!|ビターは苦手|冷やすといいかもね|虫歯が気になる
パンケーキ[Tab]パンケーキいいよね!|しっとり感がたまらん!
グミ[Tab]すっぱーいのが好き!|たまに歯にはさまらない?
アイス[Tab]ハー○ンダッツしか勝たん|トッピングは?
おやつ[Tab]き○この山がいいな|やっぱ、○○○○の里でしょ|王道は雪見○○ふく
```

```
あんこ|アンコ	アンコなら○村屋のあんぱんね！|アンコ微妙...|こしあんが好き！
餃子|ぎょうざ|ギョーザ[Tab]お腹すいたー！|ぎょうざ...|餃子のことを考えると夜も眠れません
ラーメン|らーめん[Tab]ラーメン大好きC#さん♪|自分でも作るよ|ボクはしょうゆ派かな

自転車|チャリ|ちゃり[Tab]ルンルンだね|雨降っても乗るんだ！|電動アシストほしい～

春[Tab]お花見したいね～|いくらでも寝れるよ|ハイキング！
夏[Tab]海！海！海！|プール！ プール！！|野外フェス♪|花火しようよ！
秋[Tab]読書するぞー！|ブンガクの季節だ|温泉行きたい|サンマ焼こうよ！
冬[Tab]お鍋大好き！|かわいいコートほしい！|スノボできる？|寒いからヤダ
```

お気付きかと思いますが、

```
5##かわいい|可愛い|カワイイ|きれい|綺麗|キレイ[Tab]%match%ってホント！？ホントに！？|わーい
```

のように、「数字##」や「%match%」といった記号めいたものが入っています。実はこれがC#ちゃんに感情（！）を与え、感情に応じた応答を返すための仕掛けです。これについては、「4.12.3　感情の創出」の項目で詳しく見ていくことにして、辞書の読み込み処理を続けましょう。

C#ちゃん、辞書を読み込む

これで材料は揃いました。では、ランダム辞書とパターン辞書を読み込むCdictionaryクラスの実装を見てみましょう。プロジェクトにクラス用ファイル「Cdictionary.cs」を追加し、以下のように記述します。

▼Cdictionaryクラス（Cdictionary.cs）

```
using System;
using System.Collections.Generic;
using System.IO; // Fileクラスを利用するために必要

namespace Chatbot
{
    /// <summary>
    /// ランダム辞書とパターン辞書を用意
    /// </summary>
    internal class Cdictionary
    {
        /// <summary>
```

```
/// 応答用に加工したランダム辞書の各1行を要素に持つリスト型フィールド
/// </summary>
private List<string> _randomList = new();

/// <summary>
/// パターン辞書から生成したParseItemオブジェクトを保持するリスト型フィールド
/// </summary>
private List<ParseItem> _patternList = new();

/// <summary>
/// ランダム辞書_randomListの読み取り専用プロパティ
/// </summary>
public List<string> Random
{ get => _randomList; }
/// <summary>
/// パターン辞書_patternListの読み取り専用プロパティ
/// </summary>
public List<ParseItem> Pattern
{ get => _patternList; }

/// <summary>
/// コンストラクター
/// ランダム辞書ファイルとパターン辞書ファイルを読み込んで
/// ランダム辞書_randomListとパターン辞書_patternListを用意する
/// </summary>
public Cdictionary()
{
    // ----- ランダム辞書の用意 -----
    // ❶ランダム辞書ファイルをオープンし、各行を要素として配列に格納
    string[] r_lines = File.ReadAllLines(
        @"dics¥random.txt",
        System.Text.Encoding.UTF8
        );

    // ❷ランダム辞書の各1行を応答用に加工して_randomListに追加する
    foreach (string line in r_lines)
    {
        // 末尾の改行文字を取り除く
        string str = line.Replace("¥n", "");
        // 空文字でなければリスト_randomListに追加
        if (line != "")
        {
```

```
            _randomList.Add(str);
        }
    }

    // ----- パターン辞書の用意 -----
    // ❸パターン辞書ファイルをオープンし、各行を要素として配列に格納
    string[] p_lines = File.ReadAllLines(
        @"dics¥pattern.txt",
        System.Text.Encoding.UTF8
        );

    // 応答用に加工したパターン辞書の各1行を保持するリスト
    List<string> new_lines = new();

    // ❹ランダム辞書の各1行を応答用に加工してリストに追加する
    foreach (string line in p_lines)
    {
        // 末尾の改行文字を取り除く
        string str = line.Replace("¥n", "");
        // 空文字でなければリストに追加
        if (line != "")
        {
            new_lines.Add(str);
        }
    }

    // ❺パターン辞書の各行をタブで分割し、
    // パターン文字列と応答フレーズに切り分け、ParseItem()の引数に
    // してオブジェクトに格納
    // ParseItemをリスト要素として_patternListに追加する
    foreach (string line in new_lines)
    {
        // パターン辞書の各行をタブで切り分ける
        string[] carveLine = line.Split(new Char[] { '¥t' });
        // ❻ParseItemオブジェクトを生成してリスト_patternListに追加
        _patternList.Add(
            new ParseItem(
                // carveLine[0]: パターン辞書1行のパターン文字列
                // （機嫌変動値が存在する場合はこれも含む）
                carveLine[0],
                //carveLine[1]: パターン辞書1行の応答フレーズ
                carveLine[1])
```

4

デスクトップアプリの開発

```
                    );
                }
            }
        }
}
```

❶でランダム辞書をオープンし、各行の文字列を要素にして配列r_linesに格納しています。
ファイルパスの前に付いている@は、後続の文字列全体をリテラルとして扱うためのものです。

1行ごとの応答例から末尾の¥nを取り除き、ついでに空白行の¥nも削除する

ReadAllLines()メソッドは各行の末尾に改行（¥n）を付けて読み込むので、❷のforeachループでこれを取り除く処理を行います。削除しなくても特に支障はないのですが、文字列だけのプレーンな状態の方がスッキリするので取り除いておくことにします。この処理はr_linesの要素line（1行の文字列）に対してReplace()メソッドを実行して、改行文字¥nを空白文字""に置き換えることで行います。

これでリスト_randomListに1つずつ追加していけばよいのですが、辞書ファイルのデータの中に空白行が含まれている場合を考慮し、「if (line != "")」を条件にしてstrの中身が空ではない場合にのみ_randomListに追加します。空白行がある場合は¥nを取り除くと空の文字列になるので、これはリストに加えないようにするというわけです。

パターン辞書の読み込み

❸以下でパターン辞書（pattern.txt）が読み込まれます。ランダム辞書と同じくdicsフォルダー内に「pattern.txt」という名前で保存してあるので、それをReadAllLines()メソッドで読み出して配列p_linesに格納します。

❹以下のforeachループでは、パターン辞書の各行についての処理が行われるのですが、1行ごとに末尾の改行（¥n）と空白行を取り除く処理はランダム辞書のときと同じです。

❺のforeachループでは、行末の¥nと空白行のみの要素を除いた1行データを[Tab]のところで切り分けます。で、これをどうするかというと、配列carveLineに格納します。carveLineの第1要素に正規表現のパターン、第2要素に応答例の文字列を格納します。

続く❻でParseItemクラスのコンストラクターの引数にしてParseItemオブジェクトを生成し、リスト型フィールド_patternListに追加します。パターン辞書は、ランダム辞書のようにリストで管理するのは困難なので、ParseItemオブジェクトとして管理することにしました。ParseItemは「パターン辞書1行分の情報を持ったクラス」で、このクラスは次項で作成します。辞書ファイルの読み込みについては、以上で完了です。

4.12.3　感情の創出

C#ちゃん新バージョンでは、パターンに反応して表情を変えるのが最大のウリです。無表情のまま「わーい、うれしー！」とか言われても不気味なので、シンプルな感情モデルの仕組みを使って、表情にバリエーションを付けてみようと思います。表情を増やすということは、表示するイメージを増やすということですが、それには、C#ちゃんの感情をモデル化し、感情の表れとしての表情の変化をどのように実現するかということを考える必要があります。

C#ちゃんに「感情」を与えるためのアルゴリズム

C#ちゃんはプログラムですので、人間と同じように悲しんだり喜んだりすることはできません。しかし、「感情の振れ」を観察し、感情の表現方法をプログラムに組み込めば、あたかも感情を持っているかのような「フリ」をさせることはできます。そこで、「感情らしさ」を表現するために、どのようなことを行えばアルゴリズム（あることをプログラムで達成するための処理手順）として表現できるのかを考えていきます。

まず「喜怒哀楽」という言葉どおり、感情には様々な「状態」があります。そういった状態のいくつかは、「悲しい⇔嬉(うれ)しい」や「不機嫌⇔上機嫌」というように、1つの軸の両端に位置付けて表現できます。このようなある感情を表すペアの状態は、1つのパラメーター（入力値）でモデル化できます。つまり、「悲しい⇔嬉しい」であれば0の位置を平静な状態であるとして、値がプラス方向に向かえば上機嫌、マイナス方向に向かえば不機嫌、とするわけです。

▼1つの感情のパターンをモデル化する

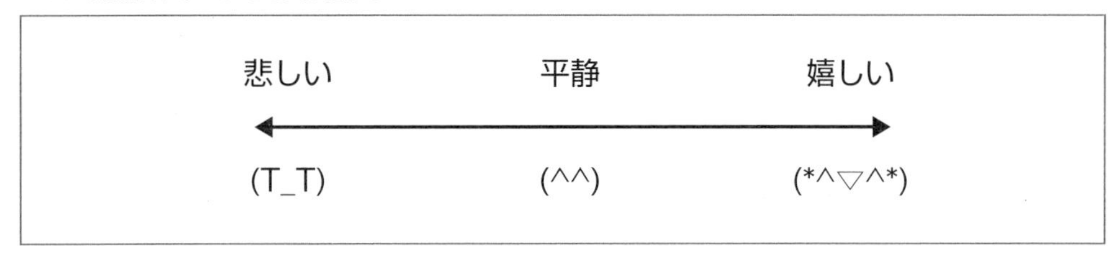

感情は主に外部からの刺激によって変化します。今のところ、C#ちゃんにとっての外部刺激はユーザーからの入力だけですので、いやなことを言われればパラメーターをマイナス方向に動かして不機嫌になり、嬉しい言葉を言ってもらうとプラス方向に動いて上機嫌になる、という仕組みを作ればよいでしょう。快と不快をどう判断するかがポイントですが、これは開発者が教えてあげることにしましょう。そこでパターン辞書を使うことになりますが、悪口などの不快なキーワードが入ったパターンにマッチすればパラメーターをマイナス方向に動かして不機嫌に、ほめ言葉にマッチすればプラス方向に動かして上機嫌に、というような感じです。

また、感情は揺れるものですから同じ状態が長く続くことはありません。いったんは不機嫌になったとしても、しばらくすれば徐々に平静な状態に戻ってくるのが普通です。ですので、パラメーターがプラス／マイナスのどちらかに動いても、何でもない会話を続けているうちに少しずつ0に戻るようにすれば、この振る舞いを実現できるでしょう。

感情の表現はイメージを取り換えることで伝える

　いずれにしても感情を表現する手段は必要ですので、不機嫌になればプンプン怒った表情を、上機嫌になればニッコリした笑顔を見せるようにします。また表情だけでなく、応答メッセージにも変化があるとなおよいでしょう。ムッとした表情で「タピオカってス・テ・キ！」とか言われても気持ち悪いので、そのときの感情に合わせた応答メッセージが選択されるようにしたいと思います。では、これまでのことをまとめて、プログラムの仕様を決めていきましょう。

●感情の状態は「不機嫌⇔上機嫌」を表す１つのパラメーターで管理する

　−15〜15の範囲を持つパラメーターを用意します。このパラメーターは、C#ちゃんの機嫌を表すことから「**機嫌値**」と呼ぶことにします。機嫌値は−15〜15の範囲の値を保持し、値の範囲を４つのエリアに分けて、エリアによってイメージを切り替えます。

・−5 <= 機嫌値 <= 5:
　平常な状態です。「talk.gif」を表示します。

・−10 <= 機嫌値 < −5
　やや不機嫌な状態です。うつろな表情をした「empty.gif」を表示します。

・−15 <= 機嫌値 < −10
　怒っています。「angry.gif」を表示します。

・5 <= 機嫌値 <= 15
　ハッピーな状態です。「happy.gif」を表示します。

▼機嫌値

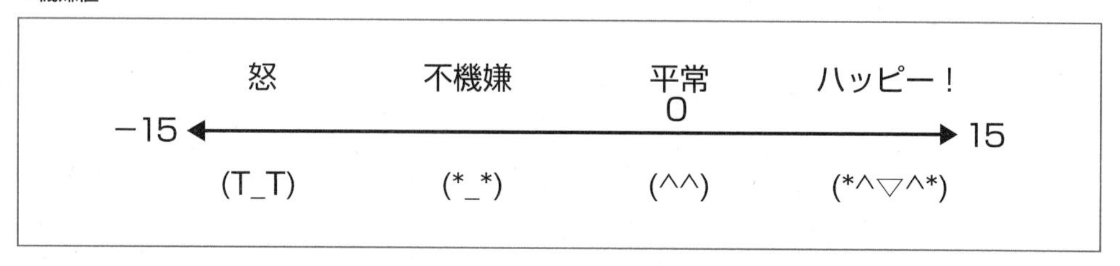

●ユーザー入力を感情の起伏に結び付けるには、パターン辞書のパターン部分に変動値（機嫌変動値）を設定しておき、マッチしたパターンの変動値を機嫌値に反映する

　「×××」という悪い言葉のパターンに−10の「機嫌変動値」が設定されていたら、ユーザーの「お前×××じゃん」という発言で機嫌値には−10が適用されることになり、かなり不機嫌になります。機嫌変動値が設定されていないパターンの場合は、機嫌値は変化しません。

●パターン辞書の応答例のうち、強い意味を持つ応答については「これだけの機嫌値がないと発言されない」という仕組みを作る

特定の応答については機嫌値の「最低ライン」を設定します。いわゆる「必要機嫌値」です。ハッピースマイルで「しばいたろか？」と言われるのは怖いし、逆にぷんすかした顔で「カワイイって言った！？言った！？」と言っても真意が伝わりません。必要機嫌値はプラス／マイナスのどちらでも設定できるようにして、プラスを設定したときは機嫌値がそれ以上であるとき、マイナスのときはそれ以下であるときに発言候補となるようにします。「この値以上に不機嫌、あるいは上機嫌のときに発言する応答」として設定できるようにして、表情と応答内容がチグハグになることを回避します。一方、必要機嫌値が設定されていなければ、その応答は機嫌値に左右されず発言の選択対象とします。

●機嫌値は応答を返すたびに0に向かって1ポイントずつ戻っていくようにする

会話を繰り返すうちに、不機嫌／上機嫌の状態が徐々に平静に戻るようにします。

●「感情」を表すCchanEmotionクラスを作る

感情を扱うCchanEmotionクラスを作り、フィールドに機嫌値を保持させます。またCchanEmotionクラスには、ユーザーの入力によって機嫌値を変動させるためのメソッドや、次第に0へ戻すメソッドを用意します。

パターン辞書の書式

パターン辞書の書式は、機嫌変動値や必要機嫌値を設定できるように変更されます。これに伴って、パターン辞書の読み込み手順やCdictionaryクラスでの管理方法、PatternResponderのパターンマッチ／応答作成処理にも影響が出てきますので、それぞれ修正の必要が出てきます。パターンマッチのやり方そのものについてはこれまでどおり、たんに文字列のみでパターンマッチさせます。ですので、例えば「ブ●」というキーワードで不機嫌になるよう設定したとすると「あの娘ってブ●だよね〜」というような発言に対してもマッチしてしまい、勝手に怒り出す可能性がありますが、これはC#ちゃんの天然っぽい一面ということにしておきましょう。パターン辞書のフォーマットは、次のように変更になります。

機嫌変動値も必要機嫌値もそれぞれパターン、応答例の先頭に「##」で区切って「機嫌変動値##」「必要機嫌値##」のように書き込みます。

▼フォーマット

```
機嫌変動値##パターン[Tab]必要機嫌値##応答例1|必要機嫌値##応答例2|...
```

▼不機嫌になるパターンと応答

```
−5##ブス|ぶす[Tab]−10##まじ怒るから!|−5##ひどーい|−10##だれが%match%なの!
−2##おまえ|あんた|お前|てめー[Tab]−5##%match%じゃないもん!|−5##%match%って誰の
こと?|%match%なんて呼ばれても…
−5##バカ|ばか|馬鹿[Tab]%match%じゃないもん!|%match%って言う人が%match%なの!|そ
んなふうに言わないで!
```

▼上機嫌になるパターンと応答

```
5##かわいい|可愛い|カワイイ|きれい|綺麗|キレイ[Tab]%match%ってホント!?ホントに!?|わーい
```

例えばユーザー入力に「おまえ|あんた|お前|てめー」が含まれていた場合は機嫌値を−2します。一方、応答例はランダムに返すわけですが、「%match%なんて呼ばれても…」が無条件で応答にされる一方、「%match%じゃないもん!」「match%って誰のこと?」にはそれぞれ必要機嫌値−5が設定されていますので、この値以上(マイナス側に)でなければ選択が却下されます。この場合はランダム辞書からの応答に切り替えます。

同様に「かわいい|可愛い|カワイイ|きれい|綺麗|キレイ」にパターンマッチすれば、機嫌値に5が加算され、「%match%ってホント!?ホントに!?」または「わーい」が無条件に選択されます。もし、前者に必要機嫌値を設定する場合は「10##%match%ってホント!?ホントに!?」とすれば、機嫌値が10以上でなければこの応答はチョイスされないようになります。

あとは、「機嫌値は応答を返すたびに1ポイントずつ0に戻る」という地味な処理も必要になりますので、これはCchanEmotionクラスに「1ポイントずつ0に戻す」メソッドを用意し、応答を返すCchanクラスのDialogue()メソッドから呼び出すようにすればよいでしょう。

4.12.4　感情モデルの移植（CchanEmotionクラス）

まずは感情モデルのコア（核）となる、CchanEmotionクラスから見ていきましょう。クラスの定義は、「CchanEmotion.cs」に書くことにします。

とはいえ、大仰な名前のわりには内容はあっさりしています。役目は1つ、C#ちゃんの感情をつかさどる機嫌値を扱うことです。機嫌値を保持して、ユーザーの発言や対話の経過によって機嫌値を増減させます。

▼CchanEmotionクラス（CchanEmotion.cs）

```
namespace Chatbot
{
    /// <summary>
    /// C#ちゃんの感情モデル
    /// </summary>
    class CchanEmotion
    {

        // ❶
        /// <summary>
        /// Cdictionaryオブジェクトを保持するフィールド
        /// </summary>
        private Cdictionary _dictionary;

        // ❷
        /// <summary>
        /// 機嫌値を保持するフィールド
        /// </summary>
        private int _mood;

        // ❸
        /// <summary>
        /// 機嫌値の下限値を保持する定数型のフィールド
        /// </summary>
        private const int MOOD_MIN = -15;
        /// <summary>
        /// 機嫌値の上限値を保持する定数型のフィールド
        /// </summary>
        private const int MOOD_MAX = 15;
        /// <summary>
        /// 機嫌値の回復値を保持する定数型のフィールド
        /// </summary>
```

```
        private const int MOOD_RECOVERY = 1;

        // 機嫌値を保持するフィールド_moodの読み取り専用プロパティ
        public int Mood { get => _mood; }


        // ❹
        /// <summary>
        /// コンストラクター
        /// </summary>
        /// <param name="dictionary">Cdictionaryオブジェクト</param>
        public CchanEmotion(Cdictionary dictionary)
        {
            // Cdictionaryオブジェクトをフィールド_dictionaryにセット
            _dictionary = dictionary;
            // 機嫌値_moodを0で初期化する
            _mood = 0;
        }

        // ❺
        /// <summary>
        /// ユーザーの発言をパターン辞書にマッチさせ、
        /// マッチした場合は機嫌値の更新を試みる
        /// </summary>
        /// <param name="input">ユーザーの発言</param>
        public void Update(string input)
        {
            // ❻機嫌を徐々に戻す処理
            if (_mood < 0)
                // 機嫌値が0より小さい場合は回復値を加算
                _mood += MOOD_RECOVERY;
            else if (_mood > 0)
                // 機嫌値が0より大きい場合は回復値を減算
                _mood -= MOOD_RECOVERY;

            // ❼パターン辞書を格納したParseItemオブジェクトのリストを
            // CdictionaryクラスのPatternプロパティで取得する
            //
            // 1行のデータに相当するParseItemオブジェクトを
            // ブロックパラメーターitemに取り出して
            // ユーザーの発言に繰り返しパターンマッチさせる
            foreach (ParseItem item in _dictionary.Pattern)
```

```
            {
                // ❽ParseItemクラスのMatch()でパターン文字列を1行ずつ
                // ユーザーの発言にパターンマッチさせ、
                // マッチした場合はAdjust_mood()で機嫌値を更新する
                if (!string.IsNullOrEmpty(item.Match(input)))
                    // Modifyにはマッチングしたパターン文字列の機嫌変動値が格納されている
                    Adjust_mood(item.Modify);
            }
        }

        // ❾
        /// <summary>
        /// C#ちゃんの現在の機嫌値を更新する
        /// </summary>
        /// <remarks>クラス内部でのみ使用するのでprivate</remarks>
        /// <param name="val">ParseItemのModifyプロパティの値(機嫌変動値)</param>
        private void Adjust_mood(int val)
        {
            // 機嫌値_moodの値を機嫌変動値valによって増減する
            _mood += val;
            // MOOD_MAXとMOOD_MINと比較し、Moodの値を機嫌値がとり得る範囲に収める
            if (_mood > MOOD_MAX)
                _mood = MOOD_MAX;
            else if (_mood < MOOD_MIN)
                _mood = MOOD_MIN;
        }
    }
}
```

プロパティの定義

❶では、Cdictionaryオブジェクトを保持するフィールド_dictionaryを宣言しています。❷が機嫌値を保持するフィールドです。❸以下で機嫌値の上限（MOOD_MAX）と下限（MOOD_MIN）、および機嫌値を回復する度合い（MOOD_RECOVERY）を定数として定義しています。

コンストラクターの定義

❹のコンストラクターは、パラメーターとしてCdictionaryオブジェクトを必要とします。パターン辞書に設定されている機嫌変動値を参照するためです。ここで0に初期化されている❷の_moodが機嫌値の保持、いわばC#ちゃんの感情の揺れを保持するフィールドです。

Update() メソッド

❺のUpdate()メソッドは対話のたびに呼び出されるメソッドです。ユーザーからの入力をパラメーターinputで受け取り、パターン辞書にマッチさせて機嫌値を変動させる処理を行います。

機嫌を徐々に元に戻す地味な処理を行うのが❻以下のIfブロックです。機嫌値プラスのフレーズを連発されたからといっていつまでも喜んでいるのも何ですし、機嫌値マイナスのことを言ったばかりにずーっと根に持たれるのも怖いので、_moodがマイナスであればMOOD_RECOVERYぶん［1］増やし、プラスであれば減らすことで機嫌値を0に近付けます。0のときは何もしません。

❼のforeachループでパターン辞書の各行を繰り返し処理します。_dictionary.PatternはParseItemというオブジェクトのリストになりますので、ブロックパラメーターitemの中身はParseItemオブジェクトです。ParseItemは「パターン辞書1行分の情報を持ったクラス」で、このクラスは次項で作成します。❽ではParseItemで定義するMatch()メソッドを使ってパターンマッチを行います。マッチしたら機嫌値を変動させるのですが、その処理は❾のAdjust_mood()メソッドに任せます。なお、引数にしているParseItemのModifyは、そのパターンの機嫌変動値を保持しているプロパティです。

Adjust_mood() メソッド

❾が機嫌値を増減させるAdjust_mood()メソッドの定義です。まずはパラメーターvalに従って_moodを増減させたあと、MOOD_MAXおよびMOOD_MINと比較して、機嫌値がとり得る範囲に収まるように_moodの値を調整します。

以上でCchanEmotionクラスの定義は終わりです。

4.12.5　パターン辞書1行ぶんの情報を保持する（ParseItemクラス）

ParseItemは、パターン辞書1行ぶんの情報を保持するためのクラスです。C#ちゃんの新バージョンではパターン辞書の書式が複雑になるので、リストで管理するのが困難です。そこで、パターン辞書を1行読み込むのと同時に、それらの情報を1つのオブジェクトに格納することにしました。クラスの定義は、クラスファイル「ParseItem.cs」をプロジェクトに追加し、このファイルで行います。

▼ParseItemクラス（ParseItem.cs）

```
using System;
using System.Collections.Generic;
using System.Text.RegularExpressions;

namespace Chatbot
{
    /// <summary>
    /// パターン辞書から抽出したパターン文字列、応答フレーズに関する処理を行う
    /// </summary>
    /// <remarks>
    /// ParseItem(string pattern, string phrases):
    ///         パターン辞書1行から抽出した応答フレーズを加工処理する
    /// Match(string str):
    ///         パターン文字列をユーザーの発言にパターンマッチさせる
    /// Choice(int mood):
    ///         応答フレーズ群からチョイスした応答フレーズをランダムに抽出して返す
    /// </remarks>
    class ParseItem
    {
        /// <summary>
        /// パターン辞書1行から抽出したパターン文字列を保持するフィールド
        /// </summary>
        private string _pattern = "";

        /// <summary>
        /// パターン辞書1行から抽出した応答フレーズに対して作成した
        /// Dictionary: {[need, 必要機嫌値]}{[phrase, 応答フレーズ]}
        /// を応答フレーズの数だけ格納したリスト型のフィールド
        /// </summary>
        /// <remarks>
        /// リストの要素数はパターン辞書の1行の応答フレーズの数と同じ
        /// リスト要素としてDictionaryオブジェクト2個(needキーとphraseキー)が格納される
```

4　デスクトップアプリの開発

```
        /// </remarks>
        private List<Dictionary<string, string>> _phrases = new();

        /// <summary>
        /// 機嫌変動値を保持するフィールド
        /// </summary>
        private int _modify;

        /// <summary>
        /// 機嫌変動値_modifyの読み取り専用プロパティ
        /// </summary>
        public int Modify { get => _modify; }

        /// <summary>
        /// コンストラクター
        /// パターン辞書の1行データからパターン文字列を抽出して
        /// パターン文字列、機嫌変動値、必要機嫌値と応答フレーズ（複数あり）
        /// に分解し、_pattern、_modify、_phrasesにそれぞれ格納する
        /// </summary>
        /// <remarks>
        /// パターン辞書の行の数だけ呼ばれる
        /// </remarks>
        /// <param name="pattern">
        /// パターン辞書1行から抽出した「機嫌変動値##パターン文字列」
        /// </param>
        /// <param name="phrases">
        /// パターン辞書1行から抽出した応答フレーズ（複数あり）
        /// </param>
        public ParseItem(string pattern, string phrases)
        {
            // ❶「機嫌変動値##パターン文字列」を抽出するための正規表現
            string SEPARATOR = @"^((-?¥d+)##)?(.*)$";

            // ----- パターン文字列の処理 -----
            //
            //
            // SEPARATORを引数にして正規表現のオブジェクトRegexを生成
            Regex rgx = new(SEPARATOR);
            // ❷SEPARATORを「機嫌変動値##パターン文字列」にパターンマッチさせる
            // マッチングした数だけMatchオブジェクトが生成され、
            // MatchCollectionオブジェクトの要素に格納されて返される
            // マッチングしなかった場合は空のMatchCollectionが返される
```

```
MatchCollection m = rgx.Matches(pattern);

// ❸パターン辞書の1行データの構造上、マッチングするのは1回のみなので
// MatchCollectionオブジェクトには1個のMatchオブジェクトが格納されている
// そこでインデックス0を指定してMatchオブジェクトを抽出する
Match mach = m[0];

// ❹機嫌変動値_modifyの値を0にする
_modify = 0;

// ❺「機嫌変動値##パターン文字列」に完全一致した場合は、
// Matchオブジェクトに以下の文字グループがコレクションとして格納される
// インデックス0にマッチした文字列すべて
// インデックス1に"機嫌変動値##"
// インデックス2に"機嫌変動値"
// インデックス3にパターン文字列
//
// インデックス2に"機嫌変動値"が格納されていればint型に変換して
// 機嫌変動値_modifyの値を更新する
if (string.IsNullOrEmpty(mach.Groups[2].Value) != true)
{
    _modify = Convert.ToInt32(mach.Groups[2].Value);
}

// ❻Matchオブジェクトのインデックス3に格納されている
// パターン文字列をフィールド_patternに代入する
_pattern = mach.Groups[3].Value;

// ----- 応答フレーズの処理 -----
//
// ❼パラメーターphrasesで取得した応答フレーズを'|'を境に分割して
// ブロックパラメーターphraseに順次、格納する
// phraseに対してSEPARATORをパターンマッチさせてDictionaryの
// {[need, 必要機嫌値]}と{[phrase, 応答フレーズ]}を
// リスト型フィールド_phrasesの要素として順次、格納する
foreach (string phrase in phrases.Split(new Char[] { '|' }))
{
    // ❽ハッシュテーブルDictionaryを用意
    Dictionary<string, string> dic = new();

    // ❾分割した応答フレーズに対してSEPARATORをパターンマッチさせる
    // 結果としてMatchオブジェクトを格納したMatchCollectionを取得
```

```
            MatchCollection m2 = rgx.Matches(phrase);

            // ⑩MatchCollectionから先頭要素のMatchオブジェクトを取り出す
            Match mach2 = m2[0];

            // ⑪Dictionaryのキー"need"を設定してキーの値を0で初期化
            dic["need"] = "0";

            // ⑫「必要機嫌値##応答フレーズ」に完全一致した場合は、
            // Matchオブジェクトに以下の文字グループがコレクションとして格納される
            // インデックス0にマッチした文字列すべて
            // インデックス1に"必要機嫌値##"
            // インデックス2に"必要機嫌値"
            // インデックス3に応答フレーズ（単体）
            //
            // mach2.Groups[2]に必要機嫌値が存在すれば"need"キーの値としてセット
            if (string.IsNullOrEmpty(mach2.Groups[2].Value) != true)
            {
                dic["need"] = Convert.ToString(mach2.Groups[2].Value);
            }

            // ⑬"phrase"キーの値として応答フレーズ（mach.Groups[3]）を格納
            dic["phrase"] = mach2.Groups[3].Value;

            // ⑭作成したDictionary
            // {[need, 必要機嫌値]}と{[phrase, 応答フレーズ]}を
            // _phrasesの要素として追加する
            _phrases.Add(dic);
        }
    }

    // ⑮
    /// <summary>
    /// _pattern（パターン辞書1行から抽出したパターン文字列）を
    /// ユーザーの発言にパターンマッチさせる
    /// </summary>
    /// <param name="str">ユーザーの発言</param>
    /// <returns>
    /// マッチングした場合は対象の文字列を返す
    /// マッチングしない場合は空文字が返される
    /// </returns>
    public string Match(string str)
```

```
{
    // パターン文字列_patternを正規表現のRegexオブジェクトに変換する
    Regex rgx = new(_pattern);
    // パターン文字列がユーザーの発言にマッチングするか試みる
    Match mtc = rgx.Match(str);
    // Matchオブジェクトの値を返す
    return mtc.Value;
}

// ⑯
/// <summary>
/// 応答フレーズ群からチョイスした応答フレーズをランダムに抽出して返す
/// </summary>
/// <param name="mood">C#ちゃんの現在の機嫌値</param>
/// <returns>
/// 応答フレーズのリストからランダムに1フレーズを抽出して返す
/// 必要機嫌値による条件をクリアしない場合はnullが返される
/// </returns>
public string Choice(int mood)
{
    // 応答フレーズを保持するリスト
    List<String> choices = new();

    // _phrasesに格納されているDictionaryオブジェクト
    // {[need,必要機嫌値]}{[phrase, 応答フレーズ]}を
    // ブロックパラメーターdicに取り出す
    foreach (Dictionary<string, string> dic in _phrases)
    {
        // Suitable()を呼び出し、結果がtrueであれば
        // リストchoicesに"phrase"キーの応答フレーズを追加
        if (Suitable(
            // "need"キーで必要機嫌値を取り出す
            Convert.ToInt32(dic["need"]),
            // パラメーターmoodで取得した現在の機嫌値
            mood
            ))
        {
            // 結果がtrueであればリストchoicesに
            // "phrase"キーの応答フレーズを追加
            choices.Add(dic["phrase"]);
        }
    }
```

```
        // リストchoicesが空であればnullを返す
        if (choices.Count == 0)
            return null;
        // 応答フレーズのランダムチョイスを実行
        else
        {
            // choicesリストが空でなければシステム起動後のミリ秒単位の経過時間を取得
            int seed = Environment.TickCount;
            // シード値を引数にしてRandomオブジェクトを生成
            Random rnd = new(seed);
            // リストchoicesに格納されている応答フレーズをランダムに抽出して返す
            return choices[rnd.Next(0, choices.Count)];
        }
    }

    // ⑰
    /// <summary>
    /// 現在のC#ちゃんの機嫌値が応答フレーズの必要機嫌値を
    /// 満たすかどうかを判定する
    /// </summary>
    /// <remarks>
    /// 静的メソッド（インスタンスへのアクセスがないため）
    /// </remarks>
    /// <param name="need">必要機嫌値</param>
    /// <param name="mood">C#ちゃんの現在の機嫌値</param>
    /// <returns>
    /// 現在の機嫌値が応答フレーズの必要機嫌値の条件を満たす場合は
    /// true、満たさない場合はfalseを返す
    /// </returns>
    static bool Suitable(int need, int mood)
    {
        if (need == 0)
            // 必要機嫌値が0であればtrueを返す
            return true;
        else if (need > 0)
            // 必要機嫌値がプラスの場合は、機嫌値が必要機嫌値より
            // 大きい場合はtrue、そうでなければfalseを返す
            return (mood > need);
        else
            // 必要機嫌値がマイナスの場合は、機嫌値が必要機嫌値より
            // 小さければtrue、そうでなければfalseを返す
            return (mood < need);
```

```
        }
    }
}
```

正規表現のパターン

コンストラクターの❶では変数SEPARATORを正規表現のパターンで初期化しています。コンストラクターのパラメーターpatternにはパターン辞書のパターン部分、「機嫌変動値##パターン」という書式の文字列が入っているはずです。❷で、SEPARATORの正規表現パターンと、patternに格納されている文字列とのパターンマッチを試みます。このコードの目的は「機嫌変動値##パターン」の書式から機嫌変動値とパターンを抜き出すことです。「機嫌変動値##」が付いていないパターンがたくさんありますし、もしかしたら「##」という文字列がパターンの一部として使われるかもしれません。このような少々複雑な書式から目的の部分だけを抜き出すには、正規表現の「後方参照」という機能がぴったりです。後方参照を使うとマッチした文字列の中から特定の部分を変数として取り出すことができます。変数SEPARATORには、以下のメタ文字を組み合わせた正規表現のパターンを代入しています。

メタ文字	意味
.(ピリオド)	とにかく何でもいい1文字
^	行の先頭
$	行の最後
*	*の直前の文字がないか、直前の文字が1個以上連続する
.*	何でもよい1文字がまったくないか、連続する。いろんな文字の連続という意味

パターン辞書のパターンと応答フレーズには、それぞれ次のように先頭に「機嫌変動値##」もしくは「必要機嫌値##」が付くものと、何も付かないものがあります。

▼パターン辞書のパターンの部分

```
5##かわいい|可愛い|カワイイ|きれい|綺麗|キレイ ⬅先頭に「機嫌変動値##」
餃子|ぎょうざ|ギョーザ ⬅「機嫌変動値##」がない
```

これらの文字列に対して、「値##」の部分を省略可にする正規表現を作ります。

▼'^((-?¥d+)##)?(.*)$'によるパターンマッチ

^(-?¥d+)	先頭にマイナス省略可の整数が1つある
^(-?¥d+)##	その次に##がある
^((-?¥d+)##)?	まとめて省略可にする
(.*)$'	文字列の最後は「何でもよい文字がまったくないか連続する」グループを作る
'^((-?¥d+)##)?(.*)$'	完成

●パターン辞書1行のパターン文字列へのマッチング

ここでもう一度❶と❷のコードを見てみましょう。ここでは正規表現を作成して、Regex.Matches()メソッドでパターンマッチを試みます。

▼❶と❷のコード

```
// ❶「機嫌変動値##パターン文字列」を抽出するための正規表現
string SEPARATOR = @"^((-?¥d+)##)?(.*)$";
// ❷SEPARATORを「機嫌変動値##パターン文字列」のグループにパターンマッチさせる
// マッチングした数だけMatchオブジェクトが生成され、
// MatchCollectionオブジェクトの要素に格納されて返される
// マッチングしなかった場合は空のMatchCollectionが返される
MatchCollection m = rgx.Matches(pattern);
```

Matches()メソッドの引数はコンストラクターのパラメーターpatternです。patternには、パターン辞書1行のパターン文字列が格納されています。コンストラクターの呼び出し元はCdictionaryクラスのコンストラクターで、次のようにしてParseItem()を呼び出しています。

▼Cdictionaryクラスのコンストラクターの内部処理

```
//  パターン辞書の各行をタブで分割し、
//  パターン文字列と応答フレーズに切り分け、ParseItem()の引数に
//  してオブジェクトに格納
//  ParseItemをリスト要素として_patternListに追加する
foreach (string line in new_lines)
{
    // パターン辞書の各行をタブで切り分ける
    string[] carveLine = line.Split(new Char[] { '¥t' });
    // ParseItemオブジェクトを生成してリスト_patternListに追加
    _patternList.Add(
        new ParseItem(
            // carveLine[0]: パターン辞書1行のパターン文字列
            // (機嫌変動値が存在する場合はこれも含む)
            carveLine[0],
            //carveLine[1]: パターン辞書1行の応答フレーズ
            carveLine[1])
        );
}
```

コメントを見ると、ParseItem()の引数には、パターン辞書1行のデータを切り分けた

- パターン文字列(例:5##かわいい|可愛い|カワイイ|きれい|綺麗|キレイ)
- 応答フレーズ(例:%match%ってホント!?ホントに!?|わーい)

が引数として指定されています。したがって❷の

```
MatchCollection m = rgx.Matches(pattern);
```

のpatternには「パターン辞書1行から抽出したパターン文字列」が格納されています。Regex.Matches()メソッドは、パターンマッチングするとマッチした数だけMatchオブジェクトをMatchCollectionの要素にして返すので、上記のコードを実行すると「1個のMatchオブジェクトを格納したMatchCollectionが返されます。先に作成した正規表現SEPARATORはパターン文字列に対して1回だけマッチングするように作っていますので、MatchCollectionの要素であるMatchオブジェクトは1個、というのがポイントです。

そこで❸では、

▼❸のコード

```
Mach mach = m[0];
```

のようにしてMatchCollectionオブジェクトmのインデックス0の要素を抽出してMatch型の変数machに代入します。

●Matchオブジェクト

Matchオブジェクトには正規表現がマッチングしたときの情報が格納されています。「どの文字列にマッチしたのか」がコレクション形式で格納されていて、これはMatch.Groups プロパティで参照することができます。個々で使用している正規表現は、以下のようにマッチングする箇所が3つのグループに分けられます。

```
string SEPARATOR = @"^((-?¥d+)##)?(.*)$";
```

▼「5##かわいい|可愛い|カワイイ」の場合

mach.Groups[0].Value	mach.Groups[1].Value	mach.Groups[2].Value	mach.Groups[3].Value
5##かわいい|可愛い|カワイイ	5##	5	かわいい|可愛い|カワイイ

▼「かわいい|可愛い|カワイイ」の場合

mach.Groups[0].Value	mach.Groups[1].Value	mach.Groups[2].Value	mach.Groups[3].Value
かわいい|可愛い|カワイイ			かわいい|可愛い|カワイイ

mach.Groups[0]には、マッチングしたすべての文字列が格納されます。mach.Groups[1]には「機嫌変動値##」の部分が格納されます。続くmach.Groups[2]には機嫌変動値の値の部分、mach.Groups[3]にはパターン文字列の部分が格納されます。このようにMatchオブジェクトには、正規表現のパターンがグループごとに分割できる場合は、マッチングした文字列全体と、グループごとの部分文字列が格納されます。

これを利用して❺では、

```
if (string.IsNullOrEmpty(mach.Groups[2].Value) != true)
```

でmach.Groups[2]に数字（機嫌変動値）が格納されていれば、

```
_modify = Convert.ToInt32(mach.Groups[2].Value);
```

を実行して機嫌変動値_modifyの値を更新します。
　一方、パターン文字列の部分はmach.Groups[3]で取得できるので、

```
_pattern = mach.Groups[3].Value;
```

を実行して、フィールド_patternに格納します。

ParseItemクラスのコンストラクターによるオブジェクトの初期化

　正規表現の説明が長くなってしまいました。コンストラクターの処理を冒頭から見ていきます。

パターンの部分に対してSEPARATORをパターンマッチさせる

　❷のMatches()メソッドでは、パターン辞書のパターンの部分に対してSEPARATORをパターンマッチさせます。結果として返されるのは、Matchオブジェクトを格納したMatchCollectionオブジェクトです。Matchオブジェクトのインデックス2の要素には、「機嫌変動値##パターン」の機嫌変動値の部分が格納され、インデックス3の要素にはパターン文字列（「かわいい|可愛い|カワイイ|きれい|綺麗|キレイ」など）が格納されています。

機嫌変動値と応答フレーズの処理

　❸でMatchCollectionに格納されている1番目の要素（Matchオブジェクト）を取り出し、変数machに格納します。❹でフィールド_modifyを0で初期化し、❺でMatchオブジェクトのインデックス2の要素に機嫌変動値が存在する場合は、文字列からint型に変換してからフィールド_modifyに代入します。_modifyは、機嫌変動値がない（空文字として返される）場合は、0のままです。
　❻では、Matchオブジェクトのインデックス3に格納されているパターン文字列をフィールド_patternに代入します。もし、マッチしていない場合はインデックス3の要素は空文字なので、空文字が代入されます。

▼パラメーターpattern処理後の_modifyと_pattern

パラメーターpatternの値：－5##ブス|ぶす
⬇
❸❹❺❻の処理後
⬇
_modifyの値：　－5
_patternの値：　ブス|ぶす

応答フレーズの処理

❼からは応答フレーズの処理になります。応答フレーズにも「必要機嫌値##」が先頭にある場合があり、これを考慮したランダム選択という込み入った処理が必要になるので、ここでできるだけ情報を取り出しておくことにします。コンストラクターのパラメーターphrasesには、

-5##%match%じゃないよー|-5##%match%って誰のこと？|%match%なんて言われても…

のような1行ぶんの応答フレーズのグループが格納されていますので、これを'|'で分割してイテレート（反復処理）していきます。foreachのブロックパラメーターphraseには「-5##%match%じゃないよー|-5##%match%って誰のこと？...」のように、パターン辞書の書式のままの文字列が入ってきます。これを必要機嫌値と応答フレーズとに分解するのですが、パターン文字列の部分と書式が同じなのでSEPARATORの正規表現がそのまま使えます。そこで❾でパターンマッチを試みて、結果として返されるMatchCollectionの先頭要素（インデックス0）のMatchオブジェクトを変数mach2に格納します（❿）。Matchオブジェクトのインデックス2が必要機嫌値、インデックス3の要素が1個ずつに分割された応答フレーズです。

⓬で、❽で用意したハッシュテーブルdicの'need'キーの値として、string型に変換した必要機嫌値を代入します。必要機嫌値が存在しない場合は、'need'キーの値は0で初期化されていますので、0のままです。

▼⓬のコード

```
// ⓬「必要機嫌値##応答フレーズ」に完全一致した場合は、
// Matchオブジェクトに以下の文字グループがコレクションとして格納される
// インデックス0にマッチした文字列すべて
// インデックス1に"必要機嫌値##"
// インデックス2に"必要機嫌値"
// インデックス3に応答フレーズ(単体)
//
// mach2.Groups[2]に必要機嫌値が存在すれば"need"キーの値としてセット
if (string.IsNullOrEmpty(mach2.Groups[2].Value) != true)
{
```

```
    dic["need"] = Convert.ToString(mach2.Groups[2].Value);
}
```

⑬で'phrase'キーの値として、応答フレーズを格納します。最後にハッシュテーブルdicをリスト型のフィールド_phrasesに追加します（⑭）。foreachが繰り返されると、先の応答フレーズの場合は次のようなハッシュテーブルのリストになります。

▼フィールド_phrasesの第1要素（_phrases[0]）

```
{[need, -5]}
{[phrase, %match%じゃないよー]}
```

▼フィールド_phrasesの第2要素（_phrases[1]）

```
{[need, -5]}
{[phrase, %match%って誰のこと?]}
```

▼フィールド_phrasesの第3要素（_phrases[2]）

```
{[need, 0]}
{[phrase, %match%なんて言われても…]}
```

以上でforeachループの処理は終わり、コンストラクターの処理も完了です。この結果、ParseItemオブジェクトの各フィールドの値は次のようになります。

▼ParseItemオブジェクトのフィールド値

フィールド	値
_pattern	おまえ|あんた|お前|てめー
_modify	-2
_phrases	{[need, -5]} {[phrase, %match%じゃないよー]}
	{[need, -5]} {[phrase, %match%って誰のこと？]}
	{[need, 0]} {[phrase, %match%なんて言われても…]}

このような状態のParseItemオブジェクトがパターン辞書のすべての行（空行を除く）に対して作成され、Cdictionaryオブジェクトのプロパティ Patternにリスト要素として追加されていきます。

Match()、Choice()、Suitable() メソッドの追加

追加機能の1つが⑮のMatch() メソッドです。

▼Match() メソッド

```
// ⑮
/// <summary>
/// _pattern(パターン辞書1行から抽出したパターン文字列)を
/// ユーザーの発言にパターンマッチさせる
/// </summary>
/// <param name="str">ユーザーの発言</param>
/// <returns>
/// マッチングした場合は対象の文字列を返す
/// マッチングしない場合は空文字が返される
/// </returns>
public string Match(string str)
{
    // パターン文字列_patternを正規表現のRegexオブジェクトに変換する
    Regex rgx = new(_pattern);
    // パターン文字列がユーザーの発言にマッチングするか試みる
    Match mtc = rgx.Match(str);
    // Matchオブジェクトの値を返す
    return mtc.Value;
}
```

パラメーターstrで受け取ったユーザーの発言と_patternに格納されたパターン文字列とをパターンマッチして結果を返します。

⑯のChoice() メソッドはもう1つの追加機能です。

▼Choice() メソッド

```
// ⑯
/// <summary>
/// 応答フレーズ群からチョイスした応答フレーズをランダムに抽出して返す
/// </summary>
/// <param name="mood">C#ちゃんの現在の機嫌値</param>
/// <returns>
/// 応答フレーズのリストからランダムに1フレーズを抽出して返す
/// 必要機嫌値による条件をクリアしない場合はnullが返される
/// </returns>
public string Choice(int mood)
```

4 デスクトップアプリの開発

```
{
    // 応答フレーズを保持するリスト
    List<String> choices = new();

    // _phrasesに格納されているDictionaryオブジェクト
    // {[need,必要機嫌値]}{[phrase, 応答フレーズ]}を
    // ブロックパラメーターdicに取り出す
    foreach (Dictionary<string, string> dic in _phrases)
    {
        // Suitable()を呼び出し、結果がtrueであれば
        // リストchoicesに"phrase"キーの応答フレーズを追加
        if (Suitable(
            // "need"キーで必要機嫌値を取り出す
            Convert.ToInt32(dic["need"]),
            // パラメーターmoodで取得した現在の機嫌値
            mood
            ))
        {
            // 結果がtrueであればリストchoicesに
            // "phrase"キーの応答フレーズを追加
            choices.Add(dic["phrase"]);
        }
    }
    // リストchoicesが空であればnullを返す
    if (choices.Count == 0)
        return null;
    // 応答フレーズのランダムチョイスを実行
    else
    {
        // choicesリストが空でなければシステム起動後のミリ秒単位の経過時間を取得
        int seed = Environment.TickCount;
        // シード値を引数にしてRandomオブジェクトを生成
        Random rnd = new(seed);
        // リストchoicesに格納されている応答フレーズをランダムに抽出して返す
        return choices[rnd.Next(0, choices.Count)];
    }
}
```

パターンがマッチしたときには、複数設定されているうちのどの応答を返すかという選択処理において、感情モデルの導入によって必要機嫌値を考慮することが必要となりました。Choice()メソッドは、機嫌値moodをパラメーターとします。これは応答を選択する上での条件値となり、これ以上の

感情の振れを必要とする応答は選択されないことになります。

ローカル変数choicesは必要機嫌値による条件を満たす応答フレーズを集めるためのリストです。foreachループのinで_phrasesが保持するリストの要素（ハッシュテーブル）1つ1つに対してチェックを行い、条件を満たす応答例（"phrase"キーの値）がchoicesに追加されます。このチェックを担当するのが⑰のSuitable()メソッドです。

▼Suitable()メソッド

```
// ⑰
/// <summary>
/// 現在のC#ちゃんの機嫌値が応答フレーズの必要機嫌値を
/// 満たすかどうかを判定する
/// </summary>
/// <remarks>
/// 静的メソッド(インスタンスへのアクセスがないため)
/// </remarks>
/// <param name="need">必要機嫌値</param>
/// <param name="mood">C#ちゃんの現在の機嫌値</param>
/// <returns>
/// 現在の機嫌値が応答フレーズの必要機嫌値の条件を満たす場合は
/// true、満たさない場合はfalseを返す
/// </returns>
static bool Suitable(int need, int mood)
{
    if (need == 0)
        // 必要機嫌値が0であればtrueを返す
        return true;
    else if (need > 0)
        // 必要機嫌値がプラスの場合は、機嫌値が必要機嫌値より
        // 大きい場合はtrue、そうでなければfalseを返す
        return (mood > need);
    else
        // 必要機嫌値がマイナスの場合は、機嫌値が必要機嫌値より
        // 小さければtrue、そうでなければfalseを返す
        return (mood < need);
}
```

メソッドの中身は、条件判断の考え方をそのままコード化しただけの簡素な実装です。Choice()から渡された必要機嫌値needが0（省略されたときも0となる）のときは無条件に選択候補としますが、それ以外では、プラスのときは「機嫌値＞必要機嫌値」を、マイナスのときは「機嫌値＜必要機嫌値」を判定します。

では、再びChoice()メソッドに戻って、Suitable()を呼んだときにどのようなことになるのか例を見てみましょう。

◎パターン「－5##ブス|ぶす」にマッチする「おブスだねー」と入力した場合

◎応答は、

－10##まじ怒るから！|－5##ひどーい|－10##だれが%match%なの！

のどれかを抽出

●機嫌値と必要機嫌値の比較

▼「－5 < 機嫌値」の場合

応答例	choicesに追加される値
－5##ひどーい（false）	（リストの中身は空）
－10##まじ怒るから！（false）	
－10##だれが%match%なの！（false）	

▼「－10<機嫌値 ≦ －5」の場合

応答例	choicesに追加される値
－5##ひどーい（true）	{"ひどーい"}
－10##まじ怒るから！（false）	
－10##だれが%match%なの！（false）	

▼「機嫌値 ≦ －10」の場合

応答例	choicesに追加される値
－5##ひどーい（true）	{"まじ怒るから！", "ひどーい","だれが%match%なの！"}
－10##まじ怒るから！（true）	
－10##だれが%match%なの！（true）	

「－5##ブス|ぶす」の応答例には必要機嫌値が付いていて、Suitable()が機嫌値と比較してtrue／falseを返してくるので、これに従ってChoice()メソッドでは、ローカル変数choicesのリストに応答を追加していきます。foreachループが完了したあとは、choicesに集められた中からランダムに選択して返すことにしましょう。

4.12.6 感情モデルの移植（Responderクラス、PatternResponderクラス、RandomResponderクラス、RepeatResponderクラス、Cchanクラス）

あとはResponderクラスとそのサブクラス群、Cchanクラスの作成ですので、あと少し頑張りましょう。

ResponderクラスとRepeatResponder、RandomResponder

応答処理を行うスーパークラスResponderでは、Response()メソッドが機嫌値moodを受け取るようにしました。これに伴い、RepeatResponderとRandomResponderのResponse()メソッドにもパラメーターmoodが設定されています。

▼Responderクラス（Responder.cs）

```
namespace Chatbot
{
    /// <summary>
    /// 応答クラスのスーパークラス
    /// </summary>
    class Responder
    {
        /// <summary>応答に使用されるクラス名を参照/設定するプロパティ</summary>
        public string Name { get; set; }

        /// <summary>Cdictionaryオブジェクトを参照/設定するプロパティ</summary>
        public Cdictionary Cdictionary { get; set; }

        /// <summary>
        /// コンストラクター
        /// </summary>
        /// <param name="name">応答に使用されるクラスの名前</param>
        /// <param name="dic">Cdictionaryオブジェクト</param>
        public Responder(string name, Cdictionary dic)
       {
            // 応答するクラス名をプロパティにセット
            Name = name;
            // Cdictionaryオブジェクトをプロパティにセット
            Cdictionary = dic; //
        }
```

4

デスクトップアプリの開発

```
        /// <summary>
        /// ユーザーの発言に対して応答を返す
        /// </summary>
        /// <param name="input">ユーザーの発言</param>
        /// <param name="mood">C#ちゃんの現在の機嫌値</param>
        public virtual string Response(string input, int mood)
        {
            return "";
        }
    }
}
```

▼サブクラスRepeatResponder(RepeatResponder.cs)

```
namespace Chatbot
{
    /// <summary>Responderクラスのサブクラス</summary>
    /// <remarks>オウム返しの応答フレーズを作る</remarks>
    class RepeatResponder : Responder
    {
        /// <summary>RepeatResponderのコンストラクター</summary>
        /// <remarks>スーパークラスResponderのコンストラクターを呼び出す</remarks>
        /// <param name="name">応答に使用されるクラスの名前</param>
        /// <param name="dic">Cdictionaryオブジェクト</param>
        public RepeatResponder(string name, Cdictionary dic) : base(name, dic)
        {

        }

        /// <summary>スーパークラスのResponse()をオーバーライド</summary>
        /// <remarks>オウム返しの応答フレーズを作成する</remarks>
        /// <param name="input">ユーザーの発言</param>
        /// <param name="mood">C#ちゃんの現在の機嫌値</param>
        /// <returns>ユーザーの発言をオウム返しするフレーズ</returns>
        public override string Response(string input, int mood)
        {
            // ユーザーの発言に"ってなに?"を付けたものを応答フレーズとして返す
            return string.Format("{0}ってなに?", input);
        }
    }
}
```

▼サブクラスRandomResponder(RandomResponder.cs)

```
using System;

namespace Chatbot
{
    /// <summary>Responderクラスのサブクラス</summary>
    /// <remarks>ランダム辞書から無作為に抽出した応答フレーズを作る</remarks>
    class RandomResponder : Responder
    {
        /// <summary>RandomResponderのコンストラクター</summary>
        /// <remarks>スーパークラスResponderのコンストラクターを呼び出す</remarks>
        /// <param name="name">応答に使用されるクラスの名前</param>
        /// <param name="dic">Cdictionaryオブジェクト</param>
        public RandomResponder(string name, Cdictionary dic) : base(name, dic)
        {

        }

        /// <summary>スーパークラスのResponse()をオーバーライド</summary>
        /// <remarks>ランダム辞書から無作為に抽出して応答フレーズを作成する</remarks>
        /// <param name="input">ユーザーの発言</param>
        /// <param name="mood">C#ちゃんの現在の機嫌値</param>
        /// <returns>ランダム辞書から無作為に抽出した応答フレーズ</returns>
        public override string Response(string input, int mood)
        {
            // システム起動後のミリ秒単位の経過時間を取得
            int seed = Environment.TickCount;
            // シード値を引数にしてRandomオブジェクトを生成
            Random rdm = new(seed);

            // ランダム辞書のリストからランダムに抽出し、応答フレーズとして返す
            return Cdictionary.Random[rdm.Next(0, Cdictionary.Random.Count)];
        }
    }
}
```

パターン辞書を扱うPatternResponderクラス

では、パターン辞書のユーザーであるPatternResponderを見てみましょう。

▼PatternResponderクラス（PatternResponder.cs）

```
using System;

namespace Chatbot
{
    /// <summary>Responderクラスのサブクラス</summary>
    /// <remarks>ユーザーの発言に反応した応答フレーズを作る</remarks>
    class PatternResponder : Responder
    {
        /// <summary>PatternResponderのコンストラクター</summary>
        /// <remarks>スーパークラスResponderのコンストラクターを呼び出す</remarks>
        /// <param name="name">応答に使用されるクラスの名前</param>
        /// <param name="dic">Cdictionaryオブジェクト</param>
        public PatternResponder(string name, Cdictionary dic) : base(name, dic)
        {

        }

        public override string Response(string input, int mood)
        {
            /// <summary>スーパークラスのResponse()をオーバーライド</summary>
            /// <remarks>パターン辞書から応答フレーズを作成する</remarks>
            /// <param name="input">ユーザーの発言</param>
            /// <param name="mood">C#ちゃんの現在の機嫌値</param>
            ///
            /// <returns>
            /// ・ユーザーの発言にパターン辞書がマッチした場合：
            ///         パターン辞書の応答フレーズからランダムに抽出して返す
            ///
            /// ・ユーザーの発言にパターン辞書がマッチしない場合：
            /// ・またはパターン辞書の応答フレーズが返されなかった場合：
            ///         ランダム辞書から抽出した応答フレーズを返す
            /// </returns>

            // ❶Cdictionary.PatternプロパティでParseItemオブジェクトを1つずつ取り出す
            foreach (ParseItem parseItem in Cdictionary.Pattern)
            {
```

```
                // ❷ParseItem.Match()でユーザーの発言に対する
                // パターン文字列のマッチングを試みる
                string mtc = parseItem.Match(input);

                // パターン文字列がマッチングした場合の処理
                if (String.IsNullOrEmpty(mtc) == false)
                {
                    // ❸機嫌値moodを引数にしてChoice()を実行
                    // 条件をクリアした応答フレーズ、またはnullを取得
                    string resp = parseItem.Choice(mood);

                    // ❹Choice()の戻り値がnullでない場合の処理
                    if (resp != null)
                        // 応答フレーズの中に%match%があればマッチングした
                        // 文字列に置き換えてから戻り値としてreturnする
                        return resp.Replace("%match%", mtc);
                }
            }

            // ユーザーの発言にパターン文字列がマッチングしない場合、
            // またはChoice()を実行して応答フレーズが返されなかった場合は
            // 以下の処理を実行する

            // システム起動後のミリ秒単位の経過時間を取得
            int seed = Environment.TickCount;
            // シード値を引数にしてRandomオブジェクトを生成
            Random rdm = new(seed);

            // ❺リストから応答フレーズをランダムに抽出して返す
            return Cdictionary.Random[rdm.Next(0, Cdictionary.Random.Count)];
        }
    }
}
```

オーバーライドしたResponse()メソッドの処理

❶のforeachループでは、パターン辞書を扱うParseItemオブジェクトのリストCdictionary.PatternからブロックパラメーターparseltemにParseItemオブジェクトが1つずつ入るようになっています。以降のループ処理では、このParseItemオブジェクトを使ってパターンマッチや応答選択などの処理が行われます。

❷ではParseItemのMatch()メソッドを使ってパターンマッチを行います。C#のMatch()ではないので注意してください。マッチしたら応答を選択するのですが、これはparseItem(ParseItemオブジェクト)のChoice()メソッドを呼び出して選んでもらいます(❸)。ここで、引数として現在の機嫌値が必要なので、パラメーターで受け取っているmoodをそのまま引数として渡します。

こんな感じで応答メッセージの選択処理をParseItem側に任せたのでシンプルなコードになりましたが、ここで1つ注意。Choice()メソッドは応答例をチョイスできなかった場合にnullを返してきます。これが思わぬ落とし穴にならないよう、❹ではrespがnullでない場合に限り応答フレーズの「%match%」をマッチした文字列と置き換えてreturnします。

どのParseItemもマッチしなければ、あるいは選択できる応答例が1つもなければ、❺でランダム辞書から無作為に抽出した応答フレーズをreturnします。以上でPatternResponderクラスの定義は完了です。

Memo エラーの種類とエラー関連の用語

プログラムにおいて発生するエラーには、次のような種類があります。

●構文エラー

構文エラーは、コードの記述ミスが原因で発生するエラーです。Visual C#のIDEでは、入力したコードが常にチェックされ、キーワードなどのスペルや使い方に間違いがあると波線を使って警告が表示されます。完全に修正しない限り、プログラムを動作させることができず、プログラムのビルドを行うこともできません。

●ビルドエラー(コンパイルエラー)

構文エラーが原因で、プログラムのビルド時に発生するエラーです。このため、構文エラーとビルドエラーは、同じ意味で使われます。

●実行時エラー

本セクションで取り上げているエラーで、プログラムを実行しているときに発生するエラーです。実行時エラーが発生すると、プログラムの実行が続けられなくなります。

実行時エラーが発生する際に、プログラム側でエラーを伝えるためのオブジェクト(例外オブジェクト)を生成することができます。Exceptionクラスのオブジェクトがこれにあたります。ライブラリで定義されているメソッドにおいても、処理中のエラーに対してExceptionのサブクラスのオブジェクトを生成するものが多くあります。このようにしてエラー時にオブジェクトを発生させることを「例外をスローする」、あるいは「例外を投げる」と表現します。一方、catchブロックにおいて例外オブジェクトを取得し、対処することを「例外をキャッチする」、あるいは「例外を拾う」と表現します。

「trayブロックで例外が発生」➡例外をスローする➡catchブロックで例外をキャッチする、という流れになります。

●論理エラー

論理エラーは、プログラムを実行したときに、意図しない結果が導き出されるといった、プログラムの論理的な誤りによるエラーのことを指します。エラーの中では、最も修正の困難なエラーです。

4.12.7 感情モデルの移植（C#ちゃんの本体クラス）

最後はC#ちゃんの本体、Cchanクラスに感情を移植します。とはいってもCchanEmotionオブジェクトの生成を含めて、旧バージョンからの変更はわずかです。なお、今回はC#ちゃんの本体クラスの名前を「Cchan」、クラスのファイル名を「Cchan.cs」としました。

▼Cchanクラス（Cchan.cs）

```
using System;

namespace Chatbot
{
    class Cchan
    {
        /// <summary>プログラム名を保持するフィールド</summary>
        private string _name;

        /// <summary>Cdictionaryオブジェクトを保持するフィールド</summary>
        private Cdictionary _dictionary;

        /// <summary>CchanEmotionオブジェクトを保持するフィールド</summary>
        private CchanEmotion _emotion;

        /// <summary>RandomResponderオブジェクトを保持するフィールド</summary>
        private RandomResponder _res_random;

        /// <summary>RepeatResponderオブジェクトを保持するフィールド</summary>
        private RepeatResponder _res_repeat;

        /// <summary>PatternResponderオブジェクトを保持するフィールド</summary>
        private PatternResponder _res_pattern;

        /// <summary>Responder型のフィールド</summary>
        private Responder _responder;

        // _nameの読み取り専用プロパティ
        public string Name
        {
            get => _name;
        }

        // _emotionの読み取り専用プロパティ
```

```
    public CchanEmotion Emotion
    {
        get => _emotion;
    }

    /// <summary>
    /// Cchanクラスのコンストラクター
    /// 必要なクラスのオブジェクトを生成してフィールドに格納する
    /// </summary>
    /// <param name="name">プログラムの名前</param>
    public Cchan(string name)
    {
        _name = name;
        // Cdictionaryのインスタンスをフィールドに格納
        _dictionary = new Cdictionary();
        // ❶CchanEmotionのインスタンスをフィールドに格納
        _emotion = new CchanEmotion(_dictionary);
        // RepeatResponderのインスタンスをフィールドに格納
        _res_repeat = new RepeatResponder("Repeat", _dictionary);
        // RandomResponderのインスタンスをフィールドに格納
        _res_random = new RandomResponder("Random", _dictionary);
        // PatternResponderのインスタンスをフィールドに格納
        _res_pattern = new PatternResponder("Pattern", _dictionary);
        // Responderのインスタンスをフィールドに格納
        _responder = new Responder("Responder", _dictionary);
    }

    /// <summary>
    /// 応答に使用するResponderサブクラスをチョイスして応答フレーズを作成する
    /// </summary>
    /// <param name="input">ユーザーの発言</param>
    ///
    /// <returns>Responderサブクラスによって作成された応答フレーズ</returns>
    public string Dialogue(string input)
    {
        // ❷ユーザーの発言をパターン辞書にマッチさせ、
        // マッチした場合はC#ちゃんの機嫌値の更新を試みる
        _emotion.Update(input);

        // Randomオブジェクトを生成
        Random rnd = new();
        // 0～9の範囲の値をランダムに生成
```

```
            int num = rnd.Next(0, 10);

            // 0〜5ならPatternResponderをチョイス
            if (num < 6)
                _responder = _res_pattern;
            else if (num < 9)
                // 6〜8ならRandomResponderをチョイス
                _responder = _res_random;
            else
                // どの条件も成立しない場合はRepeatResponderをチョイス
                _responder = _res_repeat;

            // ❸チョイスしたオブジェクトのResponse()メソッドを実行し
            // 戻り値として返された応答フレーズをreturnする
            return _responder.Response(
                input,              // ユーザーの発言
                _emotion.Mood); // C#ちゃんの現在の機嫌値
        }


        /// <summary>
        /// ResponderクラスのNameプロパティを参照して
        /// 応答に使用されたサブクラス名を返す
        /// </summary>
        /// <remarks>
        /// Form1クラスのPrompt()メソッドから呼ばれる
        /// Prompt()はC#ちゃんのプロンプト文字を作るメソッド
        /// </remarks>
        public string GetName()
        {
            return _responder.Name;
        }
    }
}
```

❶ではCchanEmotionオブジェクトを生成しています。感情の創出です。CchanEmotionオブジェクトは、対話が行われるたびにUpdate()メソッドを呼び出して機嫌値を変動させなければなりませんが、それを行っているのがDialogue()メソッドの❷の部分です。ユーザーの発言で感情を変化させたり、対話の継続によって感情を平静に近付ける処理を応答処理の最初に行います。

❸ではResponderクラスのResponse()メソッドを呼び出す際に、引数として機嫌値_emotion.Moodを追加しています。

以上で感情モデルが機能するようになりました。

4.12.8 C#ちゃん、笑ったり落ち込んだり(Form1クラス)

C#ちゃんへの感情の移植の最終段階です。感情モデルを具現化するCchanEmotionクラスを組み込み、C#ちゃんの本体クラスで感情を作り出しました。最後の仕上げとして感情によって表情を切り替える仕組みを作っていきます。

感情の揺らぎを表情で表す

画像の切り替えは、インプット用のボタンがクリックされたタイミングで行いますので、ボタンクリックのイベントハンドラーで処理するようにします。イベントハンドラーでは、ボタンクリック時にDialogue()メソッドがコールバックされ、応答のための処理が開始されるようにしますが、画像を切り替えるタイミングとしては、一連の処理が完了した時点が適切です。

では、ボタンクリックのイベントハンドラーをはじめとする処理を定義しているForm1クラスを見てみましょう。

▼Form1クラス(Form1.cs)

```
using System;
using System.Windows.Forms;

namespace Chatbot
{
    public partial class Form1 : Form
    {
        public Form1()
        {
            InitializeComponent();
        }

        /// <summary>
        /// Cchanオブジェクトを保持するフィールド
        /// </summary>
        private Cchan _chan = new("C#ちゃん");

        /// <summary>
        /// 対話ログをテキストボックスに追加する
```

```
/// </summary>
/// <param name="str">
/// プロンプト文字が付加されたユーザーの発言
/// またはC#ちゃんの応答フレーズ
/// </param>
private void PutLog(string str)
{
    textBox2.AppendText(str + "¥n");
}

/// <summary>C#ちゃんのプロンプトを作る</summary>
/// <returns>プロンプト用の文字列</returns>
private string Prompt()
{
    return _chan.Name + "：" + _chan.GetName() + "> ";
}

private void button1_Click(object sender, EventArgs e)
{
    // テキストボックスに入力されたユーザーの発言を取得
    string value = textBox1.Text;
    // 未入力の場合は"なに?"と出力する
    if (string.IsNullOrEmpty(value))
    {
        label1.Text = "なに?";
    }
    // テキストボックスに入力されていればC#ちゃんの応答処理を開始
    else
    {
        // ユーザーの発言を引数にしてDialogue()を実行して
        // C#ちゃんの応答フレーズを取得
        string response = _chan.Dialogue(value);
        // 応答フレーズをラベルに出力
        label1.Text = response;
        // ユーザーの発言をログとしてテキストボックスに出力
        PutLog("> " + value);
        // 応答フレーズをログとしてテキストボックスに出力
        PutLog(Prompt() + response);
        // 入力用のテキストボックスをクリア
        textBox1.Clear();

        // C#ちゃんの現在の機嫌値を取得
```

```
                int em = _chan.Emotion.Mood;

                // ❶現在の機嫌値に応じて画像を取り換える
                //
                // -5～5の範囲なら基本の表情
                if ((-5 <= em) && (em <= 5))
                {
                    this.pictureBox1.Image = Properties.Resources.talk;
                }
                // -10～-5の範囲なら虚ろな表情
                else if (-10 <= em & em < -5)
                {
                    this.pictureBox1.Image = Properties.Resources.empty;
                }
                // -15～-10の範囲なら怒り心頭な表情
                else if (-15 <= em & em < -10)
                {
                    this.pictureBox1.Image = Properties.Resources.angry;
                }
                // 5～15の範囲ならハッピーな表情
                else if (5 <= em & em <= 15)
                {
                    this.pictureBox1.Image = Properties.Resources.happy;
                }

                // 応答後の機嫌値をラベルに出力
                label2.Text = Convert.ToString(_chan.Emotion.Mood);
            }
        }
    }
}
```

表情を変えているのは❶のifブロックです。ここでC#ちゃんの感情を表現するための適切な画像を選びます。といっても動作は単純で、機嫌値emが「−5 ～ 5」の範囲であればtalk.gifが選択され、「−10 ～ −5」の範囲であればうつろなempty.gif、「−15 ～ −10」の範囲であれば怒りのangry.gif、「5 ～ 15」の範囲であればご機嫌なhappy.gifが選択されます。

これで特に問題はないでしょう。以上をもってC#ちゃんが「感情」というパラメーターを持つようになり、感情の揺らぎを表情に表すことができるようになりました。さっそく、サンプルプログラムを実行して、いくつかのワルイ言葉やほめ言葉を言ってみてください。

▼C#ちゃん実行中

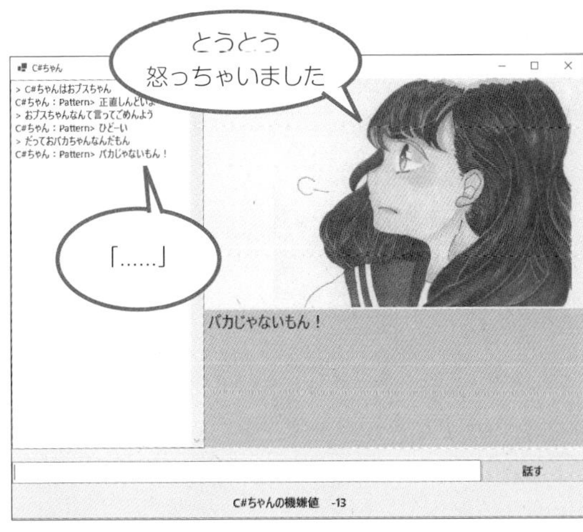

バッチリです。みごと表情が変わりました。とはいえ怒り心頭のC#ちゃんを放置してはいけません。ほめ言葉を連打して機嫌を直してあげましょう。

▼上機嫌のC#ちゃん

MEMO

Perfect Master Series
Visual C# 2022

Chapter 5

「記憶」のメカニズムを実装する(「C#ちゃん」のAI化)

「記憶」とか「AI化」など、少々盛ったお題を付けさせていただきましたが、C#ちゃんに相手の言葉を記憶してもらえば、次回の対話に活かせそうです。また、相手が「何を言ったのか」を少しでも理解できれば、会話のバリエーションが飛躍的に増えそうです。

Section 5.1

機械学習的な何かを

Level ★★★ | Keyword | ランダム辞書

チャットボットプログラム「C#ちゃん」にとって辞書ファイルは知識そのものです。絶妙な返しができるかどうかは辞書の充実度に大きく左右されます。これまで辞書は開発者自身で作成しましたが、C#ちゃんが自ら進んで辞書を充実させることを考えてみたいと思います。

本格的な機械学習には及びませんが、ユーザーの発言を自ら記録（記憶？）し、次回の発言に活かすことについて取り組んでみることにしましょう。

辞書ファイルがC#ちゃんの記憶領域なのです

辞書を作る作業は楽しくもありますが、苦労のわりには思うようなレスポンスがなくてがっかりすることもあります。そこで、C#ちゃん自らにも辞書作りに参加してもらいましょう。以下は、本節のポイントです。

●学習メソッドの追加

ユーザーの発言をランダム辞書と照合し、辞書に存在しないフレーズであれば辞書オブジェクトに記録します。CdictionaryクラスのStudy()メソッドとして実装します。

●記憶メソッドの追加

せっかく学習したのですから、これをランダム辞書ファイルに記憶（正しくは保存ですね）することにします。同じくCdictionaryクラスのSave()メソッドとして実装します。

5.1.1　ユーザーの発言を丸ごと覚える

C#ちゃんが学習するのは、「応答のためのフレーズ」です。ユーザーの発言を次回の応答フレーズとして使えば、オウム返しの会話よりももっと楽しい会話になりそうです。辞書ファイルにインプットすることで「学習」してもらうのですが、どの辞書にどのようなかたちで保存するのかについては様々な方法が考えられます。まずはシンプルにユーザーの発言をそのまま記録することから始めましょう。

保存先の辞書ファイルは「ランダム辞書」が最適でしょうか。C#ちゃんと会話するたびにランダム辞書の応答フレーズが増えていくので、いろいろな応答を返してくれることが期待できます。C#ちゃんとの会話中は返ってくる応答フレーズに注目しますし、ユーザー自らの発言には案外、無頓着なものです。そうした中で絶妙のタイミングで過去の発言を引用してくることがありますので、単純ながら効果の高い仕組みではないでしょうか。ユーザーの語り口の癖がそのまま出てしまいますが、あらかじめ辞書に用意された定型的な応答よりも、むしろ自然な感じがするかもしれません。

もちろん、「今回の対話はイマイチだった」ということもありますので、記憶するかどうかはプログラム終了時に選択できるようにすることも考えつつ、実装を進めることにしましょう。

開発については、前章で作成したプロジェクト「Chatbot」をそのままコピーして、改造するかたちで進めたいと思いますので、事前にプロジェクトを任意の場所にコピーしておいてください。

辞書の学習を実現するためにクリアすべき課題

ランダム辞書の学習を実現するにあたって、プログラミング的な課題がいくつかありますので、ここで解決しておきましょう。

●ユーザーの発言をどこに記録するか

ユーザーの発言をランダム辞書ファイルに追加する場合、発言があるたびにファイルを開いて書き込んでいたら、効率がよくありません。そこで、プログラムの実行中はランダム辞書を展開した辞書オブジェクト（リスト）に追加するようにしましょう。そうすれば、辞書ファイルの更新を待たずに、覚えたてのフレーズを返せるようになるメリットもあります。

●辞書ファイルはどうやって更新するか

辞書オブジェクトに保存しても、プログラムが終了するとオブジェクトは破棄されるので、辞書ファイルに保存しなくてはなりません。学習したフレーズを辞書ファイルの末尾に追加することも方法の1つですが、辞書オブジェクトには既存のフレーズも格納されていますので、ファイルの中身を丸ごと書き換えればよいでしょう。

●辞書ファイルにいつ書き込むか

辞書ファイルへの書き込み（更新）は、プログラムを終了するときに行うことにしましょう。

「学習メソッド」と「記憶メソッド」の追加

ユーザーの発言を学習するメソッドと、学習した内容を含む辞書オブジェクトの内容をファイルに書き込むメソッドは、Cdictionaryクラスで定義しましょう。ランダム辞書ファイルや辞書オブジェクトを扱うクラスなので、これらのメソッドを定義するのに最適です。

「Cdictionary.cs」をコードエディターで開いて、Study()メソッドとSave()メソッドの定義コードを入力しましょう。

▼Cdictionaryクラス (Cdictionary.cs)

```
using System;
using System.Collections.Generic;
using System.IO; // Fileクラスを利用するために必要

namespace Chatbot
{
    /// <summary>
    /// ランダム辞書とパターン辞書を用意
    /// </summary>
    internal class Cdictionary
    {
        /// <summary>
        /// 応答用に加工したランダム辞書の各1行を要素に持つリスト型フィールド
        /// </summary>
        private List<string> _randomList = new();

        /// <summary>
        /// パターン辞書から生成したParseItemオブジェクトを保持するリスト型フィールド
        /// </summary>
        private List<ParseItem> _patternList = new();

        /// <summary>
        /// ランダム辞書_randomListの読み取り専用プロパティ
        /// </summary>
        public List<string> Random
        { get => _randomList; }
        /// <summary>
        /// パターン辞書_patternListの読み取り専用プロパティ
        /// </summary>
        public List<ParseItem> Pattern
        { get => _patternList; }
        /// <summary>
```

```
/// コンストラクター
/// ランダム辞書（リスト）、パターン辞書（リスト）を作成するメソッドを実行する
/// </summary>
public Cdictionary() // ―――――――――――――――――――――――――――――― ❶
{
    // ランダム辞書（リスト）を用意する
    MakeRndomList();
    // パターン辞書（リスト）を用意する
    MakePatternList();
}

private void MakeRndomList() // ―――――――――――――――――――――――― ❷
{
    // ----- ランダム辞書の用意 -----
    // ランダム辞書ファイルをオープンし、各行を要素として配列に格納
    string[] r_lines = File.ReadAllLines(
        @"dics¥random.txt",
        System.Text.Encoding.UTF8
        );

    // ランダム辞書ファイルの各1行を応答用に加工して_randomListに追加する
    foreach (string line in r_lines)
    {
        // 末尾の改行文字を取り除く
        string str = line.Replace("¥n", "");
        // 空文字でなければリスト_randomListに追加
        if (line != "")
        {
            _randomList.Add(str);
        }
    }
}

/// <summary>
/// パターン辞書（リスト）を作成する
/// </summary>
private void MakePatternList() // ―――――――――――――――――――――― ❸
{
    // パターン辞書ファイルをオープンし、各行を要素として配列に格納
    string[] p_lines = File.ReadAllLines(
        @"dics¥pattern.txt",
        System.Text.Encoding.UTF8
```

```
        );

    // 応答用に加工したパターン辞書ファイルの各1行を保持するリスト
    List<string> new_lines = new();

    // パターン辞書ファイルの各1行を応答用に加工してリストに追加する
    foreach (string line in p_lines)
    {
        // 末尾の改行文字を取り除く
        string str = line.Replace("¥n", "");
        // 空文字でなければリストに追加
        if (line != "")
        {
            new_lines.Add(str);
        }
    }

    // パターン辞書ファイルの各行をパターン文字列と応答フレーズに切り分けて
    // 配列に格納後、パターン辞書（リスト）_patternListに追加する
    foreach (string line in new_lines)
    {
        // パターン辞書の各行をタブで切り分ける
        string[] carveLine = line.Split(new Char[] { '¥t' });
        // ParseItemオブジェクトを生成してリスト_patternListに追加
        _patternList.Add(
            new ParseItem(
                // carveLine[0]: パターン辞書1行のパターン文字列
                // （機嫌変動値が存在する場合はこれも含む）
                carveLine[0],
                //carveLine[1]: パターン辞書1行の応答フレーズ
                carveLine[1])
            );
    }
}

/// <summary>ユーザーの発言をランダム辞書（リスト）に追加する</summary>
/// <remarks>Cchanクラスから呼ばれる</remarks>
/// <param name="input">ユーザーの発言</param>
public void Study(string input)   // ―――――――――――――― ❹
{
    // 末尾の改行文字を取り除く
    string userInput = input.Replace("¥n", "");   // ――――――― ❺
```

```
            // ユーザーの発言がランダム辞書(リスト)に存在しない場合は
            // 末尾の要素として追加する
            if (_randomList.Contains(userInput) == false) // ──────────── ❻
            {
                _randomList.Add(userInput);
            }
        }

        /// <summary>ランダム辞書(リスト)をランダム辞書ファイルに書き込む</summary>
        /// <remarks>Cchanクラスから呼ばれる</remarks>
        public void Save() // ─────────────────────────────────── ❼
        {
            // Fileクラスを使用するのでusing System.IO;の記述が必要
            // WriteAllLines()でランダム辞書(リスト)のすべての要素をファイルに書き込む
            // 書き込み完了後、ファイルは自動的に閉じられる
            File.WriteAllLines( // ──────────────────────────────── ❽
                @"dics¥random.txt", // ランダム辞書ファイルを書き込み先に指定
                _randomList,         // ランダム辞書の中身を書き込む
                System.Text.Encoding.UTF8 // 文字コードをUTF-8に指定
                );
        }
    }
}
```

●ソースコードの解説

今後の拡張を考えて、コンストラクターで行っていたランダム辞書(リスト)とパターン辞書(リスト)の作成を、それぞれ専用のメソッドで行うようにしました。

❶public Cdictionary()

Cdictionaryクラスのコンストラクターでは、

```
MakeRndomList();
MakePatternList();
```

を実行して、ランダム辞書(リスト)、パターン辞書(リスト)を用意するメソッドの呼び出しを行うようにしました。

❷private void MakeRndomList()

　ランダム辞書ファイルを読み込んで、ランダム辞書(リスト)を作成します。以前はコンストラクターで行っていた処理をそのまま移植しています。

❸private void MakePatternList()

　パターン辞書ファイルを読み込んで、パターン辞書(リスト)を作成します。以前はコンストラクターで行っていた処理をそのまま移植しています。

❹public void Study(string input)

　Study()は「学習するメソッド」で、今回の改良のキモとなるメソッドですが、その中身はいたってシンプルです。パラメーターのinputには、ユーザーの発言が渡されます。

❺string userInput = input.Replace("¥n", "");

　重複チェックの前に、ユーザーの発言の末尾に改行文字が付いている場合は、これを取り除きます。

❻if (_randomList.Contains(userInput) == false)

　ifステートメントで、ユーザーの発言がランダム辞書（リスト）に存在するかチェックします。List<T>クラスのContains()は、引数に指定した文字列（string）がリストに存在する場合はtrueを返し、それ以外はfalseを返すので、falseの場合は

```
_randomList.Add(userInput);
```

を実行して、ランダム辞書（リスト）の末尾要素としてユーザーの発言を追加します。

❼public void Save()

　Save()は「記憶するメソッド」です。ランダム辞書ファイルを開いてランダム辞書（リスト）の中身を書き込む処理のみを行います。

❽File.WriteAllLines(@"dics¥random.txt", _randomList, System.Text.Encoding.UTF8);

　File.WriteAllLines()メソッドで、ランダム辞書（リスト）の中身をすべてランダム辞書ファイルに書き込み（上書き）します。このメソッドは、名前のとおり配列またはリストのすべての要素を書き込む処理を行います。処理完了後に開いたファイルを自動的に閉じるので、ファイルが開きっぱなしになることはありません。ファイルパスを指定する際はデコレーターの「@」を冒頭に付けておきましょう。

　第3引数に指定した以下の記述は、文字コードのエンコーディング方式をUTF-8にするためのものです。辞書ファイルのエンコード方式はすべてUTF-8ですので、文字化けが起こらないよう、念のために指定しています。

```
System.Text.Encoding.UTF8
```

C#ちゃんの本体クラス(Cchan)の改造

C#ちゃんの本体クラス「Cchan」は、次のように変更になります。

▼Cchanクラス(Cchan.cs)

```
using System;

namespace Chatbot
{
    class Cchan
    {
        /// <summary>プログラム名を保持するフィールド</summary>
        private string _name;

        /// <summary>Cdictionaryオブジェクトを保持するフィールド</summary>
        private Cdictionary _dictionary;

        /// <summary>CchanEmotionオブジェクトを保持するフィールド</summary>
        private CchanEmotion _emotion;

        /// <summary>RandomResponderオブジェクトを保持するフィールド</summary>
        private RandomResponder _res_random;

        /// <summary>RepeatResponderオブジェクトを保持するフィールド</summary>
        private RepeatResponder _res_repeat;

        /// <summary>PatternResponderオブジェクトを保持するフィールド</summary>
        private PatternResponder _res_pattern;

        /// <summary>Responder型のフィールド</summary>
        private Responder _responder;

        // _nameの読み取り専用プロパティ
        public string Name
        {
            get => _name;
        }

        // _emotionの読み取り専用プロパティ
        public CchanEmotion Emotion
        {
```

```
        get => _emotion;
    }

    /// <summary>
    /// Cchanクラスのコンストラクター
    /// 必要なクラスのオブジェクトを生成してフィールドに格納する
    /// </summary>
    /// <param name="name">プログラムの名前</param>
    public Cchan(string name)
    {
        // プログラム名をフィールドに格納
        _name = name;
        // Cdictionaryのインスタンスをフィールドに格納
        _dictionary = new Cdictionary();
        // CchanEmotionのインスタンスをフィールドに格納
        _emotion = new CchanEmotion(_dictionary);
        // RepeatResponderのインスタンスをフィールドに格納
        _res_repeat = new RepeatResponder("Repeat", _dictionary);
        // RandomResponderのインスタンスをフィールドに格納
        _res_random = new RandomResponder("Random", _dictionary);
        // PatternResponderのインスタンスをフィールドに格納
        _res_pattern = new PatternResponder("Pattern", _dictionary);
        // Responderのインスタンスをフィールドに格納
        _responder = new Responder("Responder", _dictionary);
    }

    /// <summary>
    /// 応答に使用するResponderサブクラスをチョイスして応答フレーズを作成する
    /// </summary>
    /// <param name="input">ユーザーの発言</param>
    ///
    /// <returns>Responderサブクラスによって作成された応答フレーズ</returns>
    public string Dialogue(string input)
    {
        // ユーザーの発言をパターン辞書にマッチさせ、
        // マッチした場合はC#ちゃんの機嫌値の更新を試みる
        _emotion.Update(input);

        // Randomオブジェクトを生成
        Random rnd = new();
        // 0～9の範囲の値をランダムに生成
        int num = rnd.Next(0, 10);
```

```
        // 0～5ならPatternResponderをチョイス
        if (num < 6)
            _responder = _res_pattern;
        else if (num < 9)
            // 6～8ならRandomResponderをチョイス
            _responder = _res_random;
        else
            // どの条件も成立しない場合はRepeatResponderをチョイス
            _responder = _res_repeat;

        // ユーザーの発言を記憶する前にResponse()メソッドを実行して
        // 応答フレーズを生成
        string resp = _responder.Response(  // ――――――――――― ❶
            input,              // ユーザーの発言
            _emotion.Mood); // C#ちゃんの現在の機嫌値

        // CdictionaryのStudy()を実行してユーザーの発言を
        // ランダム辞書(List)に追加する
        _dictionary.Study(input);  // ――――――――――――――― ❷

        // 応答フレーズをreturnする
        return resp;  // ―――――――――――――――――――― ❸
    }


    /// <summary>
    /// ResponderクラスのNameプロパティを参照して
    /// 応答に使用されたサブクラス名を返す
    /// </summary>
    /// <remarks>
    /// Form1クラスのPrompt()メソッドから呼ばれる
    /// Prompt()はC#ちゃんのプロンプト文字を作るメソッド
    /// </remarks>
    public string GetName()
    {
        return _responder.Name;
    }

    /// <summary>CdictionaryクラスのSave()を呼び出すための中継メソッド</summary>
    /// <remarks>Form1クラスのForm1_FormClosed()から呼ばれる</remarks>
    public void Save()  // ――――――――――――――――――――― ❹
```

```
        {
            _dictionary.Save();
        }
    }
}
```

●ソースコードの解説

ユーザーの発言のランダム辞書(リスト)_randomListへの追加は、ユーザーからの入力があるたびに行います。そうすると、応答フレーズを生成するDialogue()メソッド内部でStudy()メソッドを呼び出せば、入力のたびに学習してもらえることになります。

❶string resp = _responder.Response(input, _emotion.Mood);

学習メソッドを呼び出すタイミングが重要です。応答フレーズを生成する前に学習してしまうと、ユーザーが入力したばかりの発言をいきなりオウム返しする可能性があります。それは少々おバカですので、先に応答フレーズを作ってから呼び出すようにしましょう。ここで作成した応答フレーズは❸のreturnステートメントで返します。

❷_dictionary.Study(input);

Cdictionaryクラスのオブジェクト_dictionaryから学習メソッドStudy()を呼び出します。引数のinputはユーザーの発言です。

❹public void Save()

CchanクラスのSave()メソッドの処理は、CdictionaryクラスのSave()を呼び出すだけです。ランダム辞書ファイルへの書き込みは、プログラムを終了するタイミングで行いますが、これにはフォームが閉じるイベント「FormClosed」を利用したイベントハンドラーで処理することが必要です。イベントハンドラーは「Form1」クラスで定義しますので、このクラスからSave()を呼び出すときの中継役として存在します。

プログラム終了時の処理

辞書ファイルの更新処理が残っていますね。ファイルの更新はフォームが閉じるタイミングで行います。まずは、フォームが閉じるタイミングで発生するFormClosedイベントのイベントハンドラーを作成しましょう。

▼イベントハンドラーForm1_FormClosed()の作成

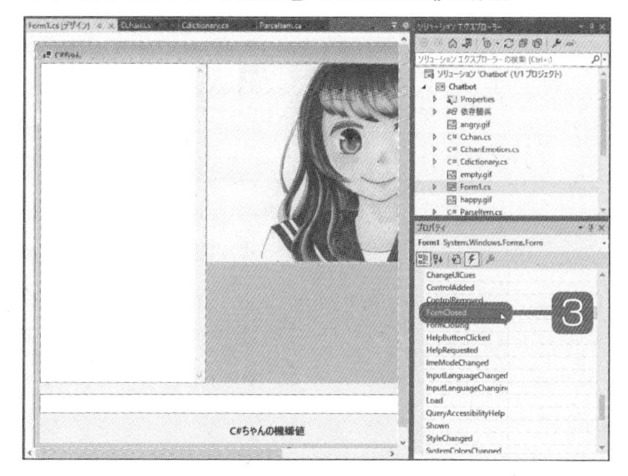

1 フォームデザイナーでフォームを選択します。

2 プロパティウィンドウでイベントボタンをクリックします。

3 FormClosedをダブルクリックします。

Form1.csがコードエディターで表示され、イベントハンドラーForm1_FormClosed()にカーソルが移動します。以下のコードを入力しましょう。

▼イベントハンドラーForm1_FormClosed()の実装(Form1.cs)

```
// フォームが閉じられるときに実行されるイベントハンドラー
private void Form1_FormClosed(object sender, FormClosedEventArgs e)
{
    // メッセージとキャプション
    const string message = "記憶しちゃってもOK?";
    const string caption = "質問でーす";
    // メッセージボックスで辞書ファイルを更新するか確認する
    var result = MessageBox.Show(message,
                                 caption,
                                 MessageBoxButtons.YesNo,
                                 MessageBoxIcon.Question);

    // [OK]ボタンがクリックされたら辞書ファイルを更新する
    if (result == DialogResult.Yes)
    {
        // CchanクラスのSave()を経由してCdictionaryクラスの
        // Save()を実行し、辞書の内容を辞書ファイルに書き込む
        _chan.Save();
    }
}
```

起動中のC#ちゃんの×（閉じる）ボタンをクリックするとFormClosedイベントが発生し、イベントハンドラーForm1_FormClosed()が呼ばれますので、このタイミングでランダム辞書ファイルを更新するかどうかを確認するメッセージボックスを表示します。**はい**ボタンがクリックされたかどうかを

```
if (result == DialogResult.Yes)
```

で判定し、クリックされたのであれば、

```
_chan.Save();
```

でCchanオブジェクト_chanからSave()メソッドを実行します。このメソッドは、Cdictionaryクラスのsave()を呼び出すための中継メソッドなので、最終的にCdictionary.Save()によってランダム辞書ファイルの更新が行われます。

▼C#ちゃん終了時に表示されるメッセージボックス

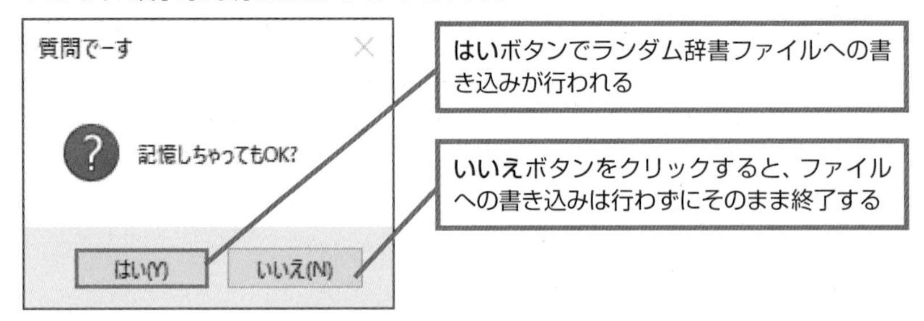

▼[はい]ボタンがクリックされてからランダム辞書ファイルへの書き込みが行われるまでの流れ

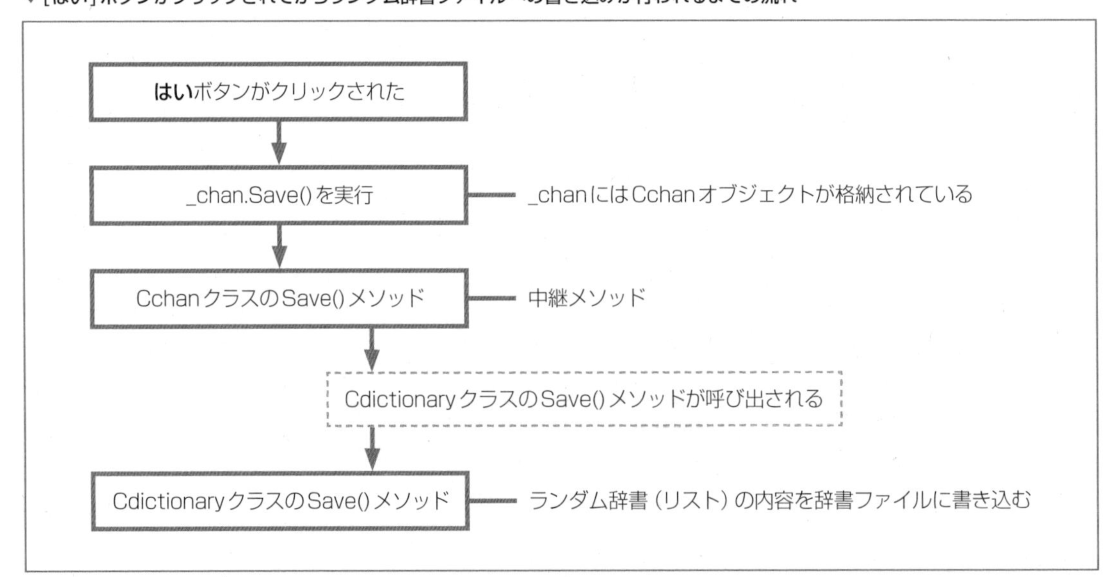

プログラムの実行

修正は以上になります。さっそくC#ちゃんを実行して辞書ファイルの更新処理を確認してみましょう。

▼C#ちゃんを起動しておしゃべりする

▼終了時に[はい]ボタンをクリック

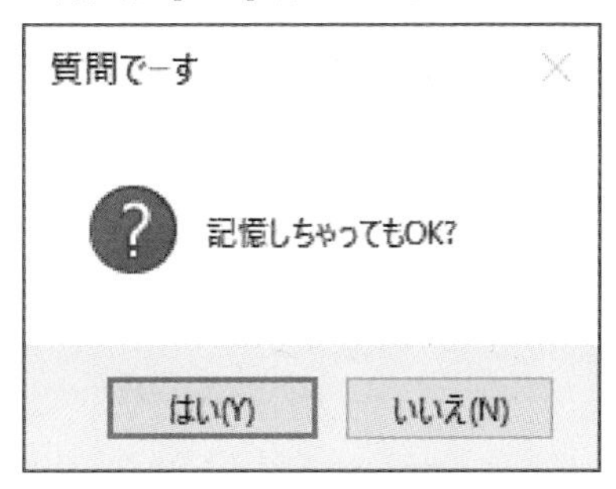

ソリューションエクスプローラーの**すべてのファイルを表示**をクリックし、「bin」➡「Debug」以下の「dics」を展開し、「random.txt」をダブルクリックして開いてみましょう。

▼ランダム辞書ファイル「random.txt」を開く

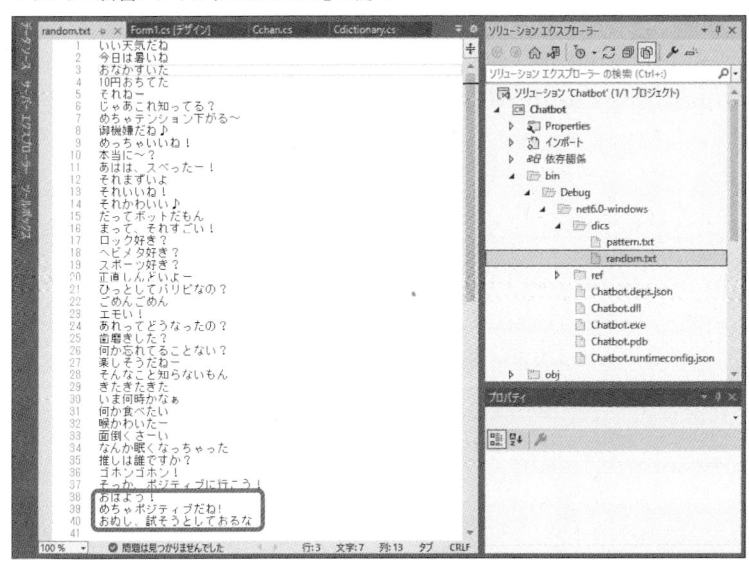

発言した内容がファイルの末尾に追加されていることが確認できます。会話するたびにこちらの発言を学習してくれるので、C#ちゃんの応答フレーズのバリエーションが増えそうですね。

Section

5.2 「形態素解析」を実装してユーザーの発言を理解する

Level ★★★ Keyword 形態素解析 MeCab

学習／記憶メソッドを実装したことにより、C#ちゃんはユーザーの発言を覚えるようになりました。とはいえ、言われたことを丸ごと覚えるので、応答のときも丸ごと返すしかありません。RandomResponderの応答としてはこれでよいのですが、発言の中に未知の単語があったらそれを覚えてもらい、覚えた単語を応答フレーズに組み込むことができたなら、もっと楽しい会話ができそうです。

形態素解析で文章を品詞に分解する

「形態素」とは文章を構成する要素で、意味を持つことができる最小単位のことです。形態素は「単語」だと考えてもよいのですが、名詞をはじめ、動詞や形容詞などの「品詞」として捉えることもできます。例えば「わたしはプログラムの女の子です」という文章は、次のような形態素に分解できます。

わたし	➡ 名詞,代名詞,一般,
は	➡ 助詞,係助詞,
プログラム	➡ 名詞,サ変接続,
の	➡ 助詞,連体化,
女の子	➡ 名詞,一般,
です	➡ 助動詞,

文章を形態素に分解し、品詞を決定することを**形態素解析**と呼びます。形態素にまで分解できれば、名詞をキーワードとして抜き出すなど、文章の分析の幅が広がります。「アンドロメダ星雲には宇宙船で行くものだ」とユーザーが発言したときに「アンドロメダ星雲」と「宇宙船」という単語を記憶しておけば、これらの単語をパターン文字にして「アンドロメダ星雲には宇宙船で行くものだ」という応答フレーズを作り、新しいデータとしてパターン辞書に記録することができます。また、既存のパターン辞書に「アンドロメダ星雲」や「宇宙船」というパターン文字列が存在していれば、これに対応する応答フレーズを返すことができるので、会話のバリエーションがグッと増えそうです。

5.2.1 形態素解析モジュール「MeCab」の導入

日本語の文章を形態素解析するにあたり、単語の「わかち書き」の問題があります。「わかち書き」とは、文章を単語ごとに区切って書くことを指します。英語の文章は単語ごとにスペースで区切られているので、最初から「わかち書き」されている、つまりすでに形態素に分解された状態になっています。これに対して日本語の文章は、すべての単語が連続しています。見た目からは形態素の区切りを判断することは不可能なので、プログラムによる形態素解析は非常に困難です。これをクリアするには膨大な数の単語を登録した辞書を用意し、それを参照しながら文法に基づいて文章を分解していく、というかなり複雑な処理が必要になります。

幸いなことに、これまでにフリーで公開されている形態素解析プログラムがいくつもあって、中でも有名なのが「MeCab(和布蕪)」というライブラリですが、Visual Studioからインストールできるのでこれを利用することにしましょう。

プロジェクトに「MeCab」をインストールしよう

Visual Studioのプロジェクトに外部ライブラリをインストールするには、「NuGet」のパッケージマネージャーを使います。インストールはいたって簡単で、以下の手順で「MeCab」をインストールすることができます。コンソールアプリケーションのプロジェクト「UseMeCab」を作成して、次のように操作しましょう。

▼「NuGet」のパッケージマネージャーを起動

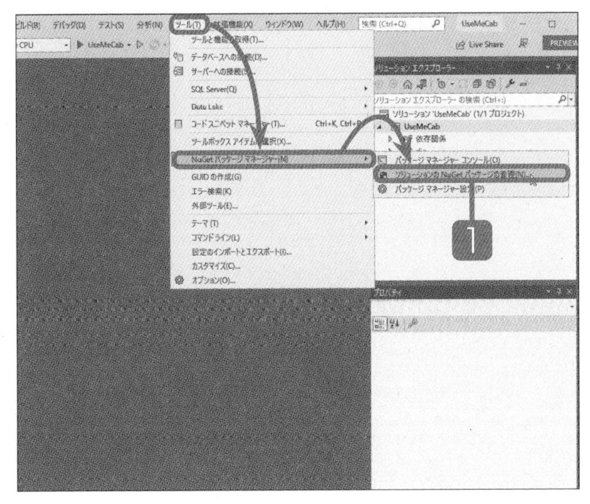

1 **ツール**メニューの**NuGetパッケージマネージャー➡ソリューションのNuGetパッケージの管理**を選択します。

2 **参照**をクリックし、検索欄に「MeCab」と入力して**Enter**キーを押します。

3 **MeCab.DotNet**を選択し、**プロジェクト**と**プロジェクト名**のチェックボックスにチェックを入れて**インストール**ボタンをクリックします。

▼「NuGet」のパッケージマネージャー

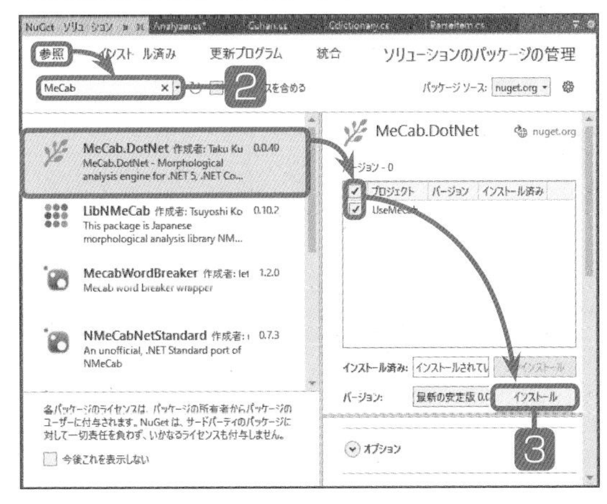

▼インストールの実行

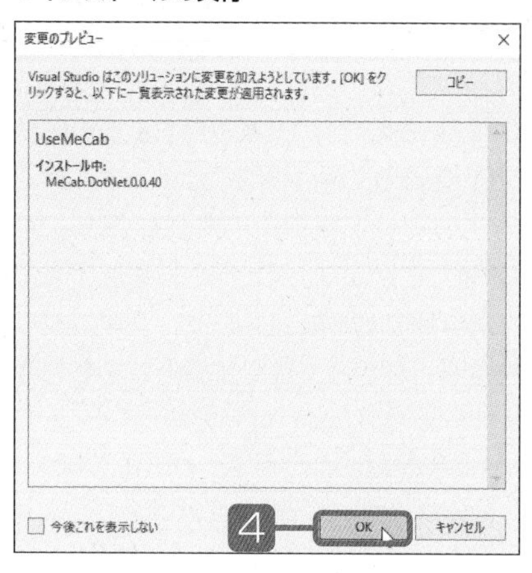

4 OKボタンをクリックしてインストールします。

「MeCab」で形態素解析

では、コンソールアプリケーション用のプロジェクトを作成し、MeCabをインストールして形態素解析をしてみましょう。「Program.cs」に以下のように記述して実行してみます。

▼コンソールに入力された日本語の文章を形態素解析にかける (Program.cs)

```
using MeCab; // MeCabライブラリを読み込む ―――――― ❶
using System;

// MeCabTaggerをインスタンス化
var tagger = MeCabTagger.Create(); // ―――――― ❷

// プロンプト記号を表示して入力文字列を取得する
Console.Write(">>");
var input = Console.ReadLine();

// MeCabTagger.ParseToNodes()で形態素解析を実行し
// MecabNodeのコレクションに対して処理を繰り返す
foreach (var node in tagger.ParseToNodes(input)) // ―――――― ❸
{
    // CharTypeが0は形態素ではないので省く
    if (node.CharType > 0) // ―――――― ❹
    {
        Console.WriteLine(
            node.Surface + " " + node.Feature);
    }
}
```

▼実行結果

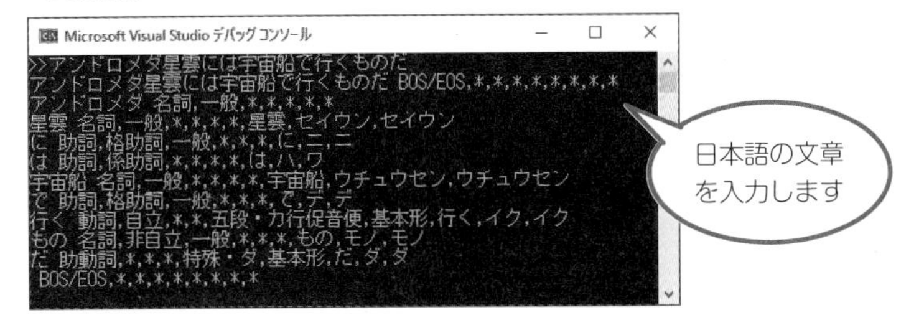

形態素解析は次の２つの手順で行います。

- MeCabTaggerクラスのオブジェクトをCreate()メソッドで生成する。
- MeCabTaggerのオブジェクトからParseToNodes()メソッドを実行する。

❶のusing句でMeCabを使えるようにします。

❷でMeCabTaggerクラスのオブジェクトをCreate()メソッドで生成します。

❸でMeCabTagger.ParseToNodes()メソッドの引数に解析対象の文字列を渡し、形態素解析の結果を取得します。解析結果はMecabNodeのコレクションとして返されるので、foreachループで個々のMecabNodeオブジェクトのSurfaceプロパティで形態素（文字列）を取り出し、Featureプロパティで品詞情報を取り出します。

「アンドロメダ星雲には宇宙船で行くものだ」という文章を形態素解析にかけた場合、次のような情報を格納したMecabNodeオブジェクトのコレクションが返ってきます。

▼MecabNodeオブジェクトのコレクション

インデックス	内容
[0]	{[Surface:BOS] [Feature:BOS/EOS,＊,＊,＊,＊,＊,＊,＊,＊] [BPos:0][EPos:0][RCAttr:0][LCAttr:0][PosId:0][CharType:0][Stat:2] [IsBest:True][Alpha:0][Beta:0][Prob:0][Cost:0]}
[1]	{[Surface:アンドロメダ] [Feature:名詞,一般,＊,＊,＊,＊,＊] [BPos:0][EPos:0][RCAttr:1285][LCAttr:1285][PosId:38] [CharType:7][Stat:1][IsBest:True][Alpha:0][Beta:0][Prob:0][Cost:9178]}
[2]	{[Surface:星雲] [Feature:名詞,一般,＊,＊,＊,＊,星雲,セイウン,セイウン] [BPos:6][EPos:8][RCAttr:1285][LCAttr:1285][PosId:38] [CharType:2][Stat:0][IsBest:True][Alpha:0][Beta:0][Prob:0][Cost:14853]}
[3]	{[Surface:に] [Feature:助詞,格助詞,一般,＊,＊,＊,に,ニ,ニ] [BPos:0][EPos:0][RCAttr:151][LCAttr:151][PosId:13] [CharType:6][Stat:0][IsBest:True][Alpha:0][Beta:0][Prob:0][Cost:14700]}

インデックス	内容
[4]	{[Surface:は] [Feature:助詞,係助詞,＊,＊,＊,＊,は,ハ,ワ] [BPos:0][EPos:0][RCAttr:261][LCAttr:261][PosId:16] [CharType:6][Stat:0][IsBest:True][Alpha:0][Beta:0][Prob:0][Cost:14922]}
[5]	{[Surface:宇宙船] [Feature:名詞,一般,＊,＊,＊,＊,宇宙船,ウチュウセン,ウチュウセン] [BPos:10][EPos:13][RCAttr:1285][LCAttr:1285][PosId:38] [CharType:2][Stat:0][IsBest:True][Alpha:0][Beta:0][Prob:0][Cost:20581]}
[6]	{[Surface:で] [Feature:助詞,格助詞,一般,＊,＊,＊,で,デ,デ] [BPos:0][EPos:0][RCAttr:149][LCAttr:149][PosId:13] [CharType:6][Stat:0][IsBest:True][Alpha:0][Beta:0][Prob:0][Cost:21282]}
[7]	{[Surface:行く] [Feature:動詞,自立,＊,＊,五段・カ行促音便,基本形,行く,イク,イク] [BPos:0][EPos:0][RCAttr:696][LCAttr:696][PosId:31] [CharType:2][Stat:0][IsBest:True][Alpha:0][Beta:0][Prob:0][Cost:23540]}
[8]	{[Surface:もの] [Feature:名詞,非自立,一般,＊,＊,＊,もの,モノ,モノ] [BPos:0][EPos:0][RCAttr:1310][LCAttr:1310][PosId:63] [CharType:6][Stat:0][IsBest:True][Alpha:0][Beta:0][Prob:0][Cost:22310]}
[9]	{[Surface:だ] [Feature:助動詞,＊,＊,＊,特殊・ダ,基本形,だ,ダ,ダ] [BPos:18][EPos:19][RCAttr:453][LCAttr:453][PosId:25] [CharType:6][Stat:0][IsBest:True][Alpha:0][Beta:0][Prob:0][Cost:22709]}
[10]	{[Surface:EOS] [Feature:BOS/EOS,＊,＊,＊,＊,＊,＊,＊,＊] [BPos:0][EPos:0][RCAttr:0][LCAttr:0][PosId:0] [CharType:0][Stat:3][IsBest:True][Alpha:0][Beta:0][Prob:0][Cost:21354]}

MecabNodeオブジェクトの中身はDictionaryになっていて、それぞれキーに対応する値が格納されています。Surfaceキーが形態素で、Featureキーが品詞情報です。これをSurfaceプロパティとFeatureプロパティで取得できます。

さて、インデックスの0と最後の10には、解析とは関係のない情報が格納されていますが、これらはCharTypeの値が0に設定されているので、❹の

```
if (node.CharType > 0)
```

で除外すれば、node.Surfaceとnode.Featureで解析結果のみを取り出せます。

5.2.2 キーワードで覚える

ここからはC#ちゃんのプログラムを改造していくことにします。前節で作成したプロジェクト「Chatbot」を任意の場所にコピーし、プロジェクトにMeCabをインストールしてから開発を進めることにしましょう。

「キーワード学習」を実現するために必要な機能

MeCabライブラリを導入したことで形態素解析ができるようになったので、それを活かした学習方法を考えてみたいと思います。形態素解析では、わかち書きと同時に品詞の情報もわかるので、これを利用しましょう。ユーザーの発言から名詞だけをキーワードとして抜き出して、パターン辞書のリスト (Cdctionaryクラスの_patternList) のパターン文字列として登録するのです。

本節の冒頭でもお話ししましたが、「アンドロメダ星雲には宇宙船で行くものだ」という入力があったとき、これに含まれる名詞「アンドロメダ星雲」と「宇宙船」を別々のパターン文字列として学習し、「アンドロメダ星雲には宇宙船で行くものだ」をそれぞれの応答フレーズとして、パターン辞書1行ぶんのデータをそれぞれ作成します。次回以降の起動時に、ユーザーの発言の中に「アンドロメダ星雲」または「宇宙船」が含まれていれば、「アンドロメダ星雲には宇宙船で行くものだ」と応答できるようになります。

このような「キーワード学習」を実現する上で、形態素解析に関して必要な機能がいくつかあります。

- 形態素解析の結果の文字列から形態素と品詞情報を取り出し、利用しやすいデータ構造として組み立てる。
- 得られた品詞情報から、その単語をキーワード (パターン文字列) と見なすかどうかを判定する。

これらは形態素解析に関連する機能なので、MeCabライブラリを使う専用のソースファイルを用意し、Analyzerクラスとして実装することにしましょう。

形態素解析を行うAnalyzerクラスを定義しよう

形態素解析の処理は「Analyzer.cs」を作成し、Analyzerクラスにまとめることにしました。プロジェクトに新規のソースファイル「Analyzer.cs」を作成し、次のように入力しましょう。

▼Analyzerクラスの定義 (Analyzer.cs)

```
using System.Collections.Generic;
using System.Text.RegularExpressions; // Regexクラスで必要
using MeCab;                          // MeCabを使用できるようにする

```

```
namespace Chatbot
{
    internal class Analyzer
    {
        /// <summary>形態素解析を実行する静的メソッド</summary>
        /// <param name="input">ユーザーの発言</param>
        /// <returns>
        /// 形態素解析の結果{形態素, 品詞情報}の配列を格納したリスト
        /// </returns>
        public static List<string[]> Analyze(string input) // ――――― ❶
        {
            // MeCabTaggerオブジェクトを生成
            var tagger = MeCabTagger.Create(); // ――――― ❷
            // string型配列を要素にするリストを生成
            List<string[]> result = new(); // ――――― ❸

            // 形態素解析を実行し、形態素オブジェクトをnodeに取り出す
            foreach (var node in tagger.ParseToNodes(input)) // ――――― ❹
            {
                // CharTypeが0は形態素ではないので省く
                if (node.CharType > 0) // ――――― ❺
                {
                    // string型の配列要素として形態素と品詞情報を格納
                    string[] surface_feature = new string[] { // ――――― ❻
                        node.Surface,  // 第1要素は形態素
                        node.Feature   // 第2要素は品詞情報
                        };

                    // {形態素, 品詞情報}の配列をリストresultに追加
                    result.Add(surface_feature); // ――――― ❼
                }
            }
            // {{形態素, 品詞情報}, {形態素, 品詞情報}, ...}の形状のリストを返す
            return result;
        }

        /// <summary>品詞が名詞であるかを調べる静的メソッド</summary>
        /// <param name="part">形態素の品詞情報</param>
        /// <returns>
        /// 品詞情報をパターンマッチさせた結果を格納したMatchオブジェクト
        /// </returns>
        public static Match KeywordCheck(string part) // ――――― ❽
```

```
        {
            // 正規表現のパターンを作る
            Regex rgx = new("名詞,(一般|固有名詞|サ変接続|形容動詞語幹)");
            // 正規表現のパターンを形態素の品詞情報にパターンマッチさせる
            Match m = rgx.Match(part);
            return m;
        }
    }
}
```


ソースコードの解説

新設のAnalyzerクラスの内容を見ていきましょう。

❶public static List<string[]> Analyze(string input)

ユーザーの発言を形態素解析にかけるメソッドです。結果を返すだけの処理なので静的メソッドとして定義しました。パラメーターinputにはユーザーの発言が丸ごと渡されます。

❷var tagger = MeCabTagger.Create();

MeCabTaggerオブジェクトを生成します。

❸List<string[]> result = new();

解析結果は{形態素, 品詞情報}の配列として形態素の数だけ作成されます。作成された配列を格納するためのリストです。

❹foreach (var node in tagger.ParseToNodes(input))

❷で生成したMeCabTaggerオブジェクトからParseToNodes()メソッドを実行し、戻り値のMecabNodeオブジェクトのコレクションからオブジェクトを1個ずつ取り出します。ParseToNodes()メソッドの引数はユーザーの発言です。

❺if (node.CharType > 0)

foreachによる繰り返し処理では、MecabNode.CharTypeプロパティが0以外のMecabNodeオブジェクトに対して処理を行います。

❻string[] surface_feature = new string[] {node.Surface, node.Feature};
❼result.Add(surface_feature);

ParseToNodes()メソッドはMecabNodeオブジェクトのコレクションを返してきますので、それぞれのMecabNodeオブジェクトから形態素の文字列と品詞情報を取り出し、この2つの値のペアをstring型の配列に格納します（❻）。❼では❸で作成したリストに配列を格納します。

例えば、解析する文章が「わたしはプログラムの女の子です」の場合、foreachのループが完了すると、リストresultの中身は次のようになります。

▼「わたしはプログラムの女の子です」をAnalyze()メソッドで処理後の戻り値

```
{ {"わたし", "名詞,代名詞,一般,"},
  {"は", "助詞,係助詞,"}
  {"プログラム", "名詞,サ変接続,"}
  {"の", "助詞,連体化,"}
  {"女の子", "名詞,一般,"}
  {"です", "助動詞,"} }
```

形態素と品詞情報のペアの配列が、形態素の数だけ格納されたリストです。呼び出し側では、解析したい文章を引数にして「Analyze("わたしはプログラムの女の子です")」のように呼び出せば、形態素解析の結果が配列を格納したリストとして返ってきます。

❽public static Match KeywordCheck(string part)

このメソッドは、品詞情報をパラメーターpartで受け取り、それがキーワードと見なせるか判断します。Analyze()メソッドの解析結果から品詞情報の部分を取り出し、これを引数にして呼び出されることを想定しています。

ここでの「キーワード」は名詞のことを指しますが、名詞であってもキーワードとしてはふさわしくないものも多く含まれるので、

```
Regex rgx = new("名詞,(一般|固有名詞|サ変接続|形容動詞語幹)");
```

のように正規表現のパターンを作成して、

```
Match m = rgx.Match(part);
```

のように、パラメーターpartで取得した品詞情報にパターンマッチさせます。この場合、品詞情報が名詞、かつ一般、固有名詞、サ変接続、形容動詞語幹のいずれかにマッチします。先の例ですと

```
{"プログラム", "名詞,サ変接続,"}
{"女の子", "名詞,一般,"}
```

の2つの形態素がMatchすることになります。戻り値は、このとき取得したMatchオブジェクトです。

C#ちゃんの本体クラスを改造する

新設のAnalyzerクラスのAnalyze()メソッドは、ユーザーの発言を丸ごと形態素解析にかけます。このメソッドを実行するタイミングは、ユーザーが発言するときに使う［話す］ボタンがクリックされたときです。ボタンクリック時に呼ばれるイベントハンドラーからはCchanクラスのDialogue()メソッドがコールバックされるので、このメソッド内部でAnalyzer()を実行するようにしましょう。

▼Cchanクラス（Cchan.cs）

```
using System;
using System.Collections.Generic; // Listのために必要 ―――――――― ❶

namespace Chatbot
{
    class Cchan
    {
        /// <summary>プログラム名を保持するフィールド</summary>
        private string _name;

        /// <summary>Cdictionaryオブジェクトを保持するフィールド</summary>
        private Cdictionary _dictionary;

        /// <summary>CchanEmotionオブジェクトを保持するフィールド</summary>
        private CchanEmotion _emotion;

        /// <summary>RandomResponderオブジェクトを保持するフィールド</summary>
        private RandomResponder _res_random;

        /// <summary>RepeatResponderオブジェクトを保持するフィールド</summary>
        private RepeatResponder _res_repeat;

        /// <summary>PatternResponderオブジェクトを保持するフィールド</summary>
        private PatternResponder _res_pattern;

        /// <summary>Responder型のフィールド</summary>
        private Responder _responder;

        // _nameの読み取り専用プロパティ
        public string Name
        {
            get => _name;
        }
```

```
        // _emotionの読み取り専用プロパティ
        public CchanEmotion Emotion
        {
            get => _emotion;
        }

        /// <summary>
        /// Cchanクラスのコンストラクター
        /// 必要なクラスのオブジェクトを生成してフィールドに格納する
        /// </summary>
        /// <param name="name">プログラムの名前</param>
        public Cchan(string name)
        {
            _name = name;
            // Cdictionaryのインスタンスをフィールドに格納
            _dictionary = new Cdictionary();
            // CchanEmotionのインスタンスをフィールドに格納
            _emotion = new CchanEmotion(_dictionary);
            // RepeatResponderのインスタンスをフィールドに格納
            _res_repeat = new RepeatResponder("Repeat", _dictionary);
            // RandomResponderのインスタンスをフィールドに格納
            _res_random = new RandomResponder("Random", _dictionary);
            // PatternResponderのインスタンスをフィールドに格納
            _res_pattern = new PatternResponder("Pattern", _dictionary);
            // Responderのインスタンスをフィールドに格納
            _responder = new Responder("Responder", _dictionary);
        }

        /// <summary>
        /// 応答に使用するResponderサブクラスをチョイスして応答フレーズを作成する
        /// </summary>
        /// <param name="input">ユーザーの発言</param>
        ///
        /// <returns>Responderサブクラスによって作成された応答フレーズ</returns>
        public string Dialogue(string input)
        {
            // ユーザーの発言をパターン辞書にマッチさせ、
            // マッチした場合はC#ちゃんの機嫌値の更新を試みる
            _emotion.Update(input);

            // ユーザーの発言を形態素解析にかけて
```

```
    // {形態素, 品詞情報}の配列を格納したリストを取得
    List<string[]> parts = Analyzer.Analyze(input); // ――――――― ❷

    // Randomオブジェクトを生成
    Random rnd = new();
    // 0~9の範囲の値をランダムに生成
    int num = rnd.Next(0, 10);

    // 0~5ならPatternResponderをチョイス
    if (num < 6)
        _responder = _res_pattern;
    else if (num < 9)
        // 6~8ならRandomResponderをチョイス
        _responder = _res_random;
    else
        // どの条件も成立しない場合はRepeatResponderをチョイス
        _responder = _res_repeat;

    // ユーザーの発言を記憶する前にResponse()メソッドを実行して
    // 応答フレーズを生成
    string resp = _responder.Response(
        input,          // ユーザーの発言
        _emotion.Mood); // C#ちゃんの現在の機嫌値

    // ユーザーの発言と形態素解析の結果を引数にして
    // CdictionaryのStudy()を実行する
    _dictionary.Study(input, parts); // ――――――― ❸

    // 応答フレーズをreturnする
    return resp;
}

/// <summary>
/// Responderクラスのnameプロパティを参照して
/// 応答に使用されたサブクラス名を返す
/// </summary>
/// <remarks>
/// Form1クラスのPrompt()メソッドから呼ばれる
/// Prompt()はC#ちゃんのプロンプト文字を作るメソッド
/// </remarks>
public string GetName()
{
```

```
            return _responder.Name;
        }

        /// <summary>Cdictionaryクラスのsave()を呼び出すための中継メソッド</summary>
        /// <remarks>Form1クラスのForm1_FormClosed()から呼ばれる</remarks>
        public void Save()
        {
            _dictionary.Save();
        }
    }
}
```

ソースコードの解説

❶using System.Collections.Generic;

System.Collections.Genericを使用できるようにしています。List<t>クラスを使用するためのものです。状況によっては記述が不要な場合があります。

❷List<string[]> parts = Analyzer.Analyze(input);

［話す］ボタンのイベントハンドラーから呼ばれるDialogue()メソッドの2番目の処理としてAnalyzer.Analyze()メソッドを実行します。静的メソッドなので、クラス名で呼び出すことができます。ユーザーの発言を引数にして実行すると形態素解析が行われ、

```
{{"形態素", "品詞情報"}, {"形態素", "品詞情報"}, {"形態素", "品詞情報"}, ...}
```

のように形態素と品詞情報のペアの配列を格納したリストが返ってきますので、List<string[]> 型の変数partsに格納します。

❸ _dictionary.Study(input, parts);

フィールド_dictionaryには、Cdictionaryクラスのオブジェクトが格納されていますので、このオブジェクトを利用してStudy()メソッドを呼び出します。これまで、Study()メソッドのパラメーターはユーザーの発言を取得するinputのみでしたが、新たに形態素解析の結果もパラメーターで受け取るように改造します。これに伴い、Study()を呼び出す際に第2引数としてpartsを設定しています。

Cdictionaryクラスを改造する

C#ちゃんの本体クラスのDialogue()メソッドでは、新たに設定された形態素解析の結果を引数にして、CdictionaryクラスのStudy()が呼び出されます。これに伴い、Cdictionaryクラスにはパターン辞書の学習機能が追加され、パターン辞書ファイルへの保存処理が行われるようになりました。

▼Cdictionaryクラス（Cdictionary.cs）

```
using System;
using System.Collections.Generic;
using System.IO; // Fileクラスを利用するために必要

namespace Chatbot
{
    /// <summary>
    /// ランダム辞書とパターン辞書を用意
    /// </summary>
    internal class Cdictionary
    {
        /// <summary>
        /// 応答用に加工したランダム辞書の各1行を要素に持つリスト型フィールド
        /// </summary>
        private List<string> _randomList = new();

        /// <summary>
        /// パターン辞書から生成したParseItemオブジェクトを保持するリスト型フィールド
        /// </summary>
        private List<ParseItem> _patternList = new();

        /// <summary>
        /// ランダム辞書_randomListの読み取り専用プロパティ
        /// </summary>
        public List<string> Random
        { get => _randomList; }

        /// <summary>
        /// パターン辞書_patternListの読み取り専用プロパティ
        /// </summary>
        public List<ParseItem> Pattern
        { get => _patternList; }

        /// <summary>
```

```
        /// コンストラクター
        /// ランダム辞書(リスト)、パターン辞書(リスト)を作成するメソッドを実行する
        /// </summary>
        public Cdictionary()
        {
            // ランダム辞書(リスト)を用意する
            MakeRndomList();
            // パターン辞書(リスト)を用意する
            MakePatternList();
        }

        private void MakeRndomList()
        {
            // ----- ランダム辞書の用意 -----
            // ランダム辞書ファイルをオープンし、各行を要素として配列に格納
            string[] r_lines = File.ReadAllLines(
                @"dics¥random.txt",
                System.Text.Encoding.UTF8
                );

            // ランダム辞書ファイルの各1行を応答用に加工して_randomListに追加する
            foreach (string line in r_lines)
            {
                // 末尾の改行文字を取り除く
                string str = line.Replace("¥n", "");
                // 空文字でなければリスト_randomListに追加
                if (line != "")
                {
                    _randomList.Add(str);
                }
            }
        }

        /// <summary>
        /// パターン辞書(リスト)を作成する
        /// </summary>
        private void MakePatternList()
        {
            // パターン辞書ファイルをオープンし、各行を要素として配列に格納
            string[] p_lines = File.ReadAllLines(
                @"dics¥pattern.txt",
                System.Text.Encoding.UTF8
```

```
            );

        // 応答用に加工したパターン辞書ファイルの各1行を保持するリスト
        List<string> new_lines = new();

        // パターン辞書ファイルの各1行を応答用に加工してリストに追加する
        foreach (string line in p_lines)
        {
            // 末尾の改行文字を取り除く
            string str = line.Replace("¥n", "");
            // 空文字でなければリストに追加
            if (line != "")
            {
                new_lines.Add(str);
            }
        }

        // パターン辞書ファイルの各行をパターン文字列と応答フレーズに切り分けて
        // 配列に格納後、パターン辞書(リスト)_patternListに追加する
        foreach (string line in new_lines)
        {
            // パターン辞書の各行をタブで切り分ける
            string[] carveLine = line.Split(new Char[] { '¥t' });
            // ParseItemオブジェクトを生成してリスト_patternListに追加
            _patternList.Add(
                new ParseItem(
                    // carveLine[0]: パターン辞書1行のパターン文字列
                    // (機嫌変動値が存在する場合はこれも含む)
                    carveLine[0],
                    //carveLine[1]: パターン辞書1行の応答フレーズ
                    carveLine[1])
                );
        }
    }

    /// <summary>
    /// ユーザーの発言をStudyRandom()とStudyPttern()で学習させる
    /// </summary>
    /// <remarks>Cchanクラスから呼ばれる</remarks>
    ///
    /// <param name="input">ユーザーの発言</param>
    /// <param name="parts">
```

```
/// ユーザーの発言を形態素解析した結果
/// {{形態素, 品詞情報}, {形態素, 品詞情報}, ...}の形状のリスト
/// </param>
public void Study(string input, List<string[]> parts)  // ―――――― ❶
{
    // ユーザーの発言の末尾の改行文字を取り除く
    string userInput = input.Replace("¥n", "");
    // ユーザーの発言を引数にしてStudyRandom()を実行
    StudyRandom(userInput); // ―――――――――――――――――― ❷
    // ユーザーの発言と形態素解析結果を引数にしてStudyPttern()を実行
    StudyPttern(userInput, parts); // ―――――――――――― ❸
}

/// <summary>
/// ユーザーの発言をランダム辞書（リスト）に追加する
/// </summary>
/// <remarks>Study()から呼ばれる内部メソッド</remarks>
/// <param name="userInput">ユーザーの発言</param>
public void StudyRandom(string userInput) // ―――――――――― ❹
{
    // ユーザーの発言がランダム辞書（リスト）に存在しない場合は
    // 末尾の要素として追加する
    if (_randomList.Contains(userInput) == false)
    {
        _randomList.Add(userInput);
    }
}

/// <summary>
/// ユーザーの発言をパターン学習し、パターン辞書（リスト）に追加する
/// </summary>
/// <remarks>Study()から呼ばれる内部メソッド</remarks>
///
/// <param name="userInput">
/// ユーザーの発言
/// </param>
/// <param name="parts">
/// 形態素と品詞を格納したstring配列のリスト
/// {{形態素, 品詞情報}, {形態素, 品詞情報}, ...}の形状のリスト
/// </param>
public void StudyPttern(string userInput, List<string[]> parts) // ― ❺
{
```

```
// ユーザーの発言の形態素に対して処理を繰り返す
foreach (string[] morpheme in parts) // ―――――――――――――― ❻
{
    // Analyzer.KeywordCheck()を実行して形態素の品詞情報morpheme[1]が
    // "名詞,(一般|固有名詞|サ変接続|形容動詞語幹)"にマッチングするか調べる
    if (Analyzer.KeywordCheck(morpheme[1]).Success) // ―――――― ❼
    {
        // ユーザーの発言から抽出した形態素にマッチした
        // ParseItemオブジェクトを格納する変数
        ParseItem? depend = null;  // nullで初期化する ―――――― ❽

        // ユーザーの発言をパターン辞書(リスト)の
        // パターン文字列に対してマッチングを繰り返す
        foreach (ParseItem item in _patternList) // ―――――― ❾
        {
            //  ParseItem.Match()はParseItemオブジェクトから抽出した
            //  パターン文字列をユーザーの発言にパターンマッチさせる
            if (!string.IsNullOrEmpty(item.Match(userInput))) // - ❿
            {
                // マッチした場合はブロックパラメーターitemの
                // ParseItemオブジェクトをdependに格納
                depend = item; // ―――――――――――――― ⓫
                // マッチしたらこれ以上のマッチングは行わない
                break;
            }
        }

        // パターン辞書への追加処理
        if (depend != null) // ―――――――――――――――――― ⓬
        {
            // ユーザーの発言から抽出した形態素が既存の
            // パターン文字列にマッチした場合、
            // 対応する応答フレーズの末尾にユーザーの発言を追加する
            depend.AddPhrase(userInput); // ―――――――――― ⓭
        }
        else
        {
            // パターン辞書のパターン文字列に存在しない場合は
            // パターン辞書1行のデータ(ParseItemオブジェクト)を生成して
            // _patternListに追加する
            _patternList.Add(new ParseItem( // ――――――――― ⓮
                // morphemeの第1要素はユーザー発言の形態素なので
```

```
                        // パターン文字列に設定
                        morpheme[0],
                        // ユーザーの発言を応答フレーズにする
                        userInput));
                }
            }
        }
    }

    /// <summary>
    /// ランダム辞書（リスト）をランダム辞書ファイルに書き込む
    /// パターン辞書（リスト）をパターン辞書ファイルに書き込む
    /// </summary>
    /// <remarks>Cchanクラスから呼ばれる</remarks>
    public void Save()
    {
        // Fileクラスを使用するのでusing System.IO;の記述が必要
        // WriteAllLines()でランダム辞書（リスト）のすべての要素をファイルに書き込む
        // 書き込み完了後、ファイルは自動的に閉じられる
        File.WriteAllLines(
            @"dics¥random.txt", // ランダム辞書ファイルを書き込み先に指定
            _randomList,         // ランダム辞書の中身を書き込む
            System.Text.Encoding.UTF8 // 文字コードをUTF-8に指定
            );

        // 現在のパターン辞書_patternListから作成したパターン辞書1行のデータを
        // 格納するためのリストを生成
        List<string> patternLine = new(); // ―――――――― ⑮

        // パターン辞書_patternListのParseItemオブジェクトの処理を繰り返す
        foreach (ParseItem item in _patternList) // ―――――――― ⑯
        {
            // ParseItemクラスのMakeLine()メソッドでパターン辞書1行の
            // データを作成し、patternLineに追加する
            patternLine.Add(item.MakeLine()); // ―――――――― ⑰
        }

        // パターン辞書（リスト）から生成したすべての行データをファイルに書き込む
        File.WriteAllLines(
            @"dics¥pattern.txt",        // パターン辞書ファイルを書き込み先に指定
            patternLine,                 // 作成されたすべての行データを書き込む
            System.Text.Encoding.UTF8 // 文字コードをUTF-8に指定
```

```
                ); // ――――――――――――――――――――――――――――――――⑱
            }
        }
}
```

Study()、StudyRandom()、StudyPttern()の解説

大きく変更されたのは、学習メソッドがStudy()をベースとし、学習する内容によってStudyRandom()とStudyPttern()に振り分けられるようになったことです。

❶public void Study(string input, List<string[]> parts)

Study()メソッドの具体的な変更点は2つです。1つ目の変更として、形態素解析の結果を受け取るためのList<string[]>型のパラメータpartsが新設されました。

▼「雨かもね」と入力があったときのパラメーターInputとparts

input	ユーザーの発言が格納される 【例】"雨かもね"
parts	形態素解析の結果（string型配列のリスト）が格納される 【例】{ {"雨", "名詞,一般,"}, {"かも", "助詞,副助詞,"}, {"ね", "助詞,終助詞,"} }

❷StudyRandom(userInput);
❸StudyPttern(userInput, parts);

Study()メソッドの変更点の2つ目は、以前ここに書かれていたランダム辞書（リスト）への応答フレーズの追加処理を❹のStudyRandom()メソッドに移動したことです。一方、形態素解析の結果を基にしてパターン辞書の学習を行う処理をStudyPttern()にまとめましたので、userInputおよびStudy()のパラメーターpartsを引数にしてStudyPttern()を実行するようにしています。

❹public void StudyRandom(string userInput)

新設された学習メソッドです。ユーザーの発言がランダム辞書（リスト）に存在しない場合は、リストの末尾に追加する処理を行います。以前のStudy()メソッドで行っていた処理をそのまま引き継いでいます。

❺public void StudyPttern(string userInput, List<string[]> parts)

新設されたもう1つのメソッドで、パターン辞書の学習を担当します。2個のパラメーターがあり、第1パラメーターはユーザーの発言を取得するためのuserInput、第2パラメーターはユーザーの発言を形態素解析した結果を取得するためのpartsです。この2つの情報を基に、パターン辞書に学習させるのがStudyPttern()メソッドの役目です。

❻foreach (string[] morpheme in parts)

List<string[]>型のpartsには、

```
{{"形態素", "品詞情報"}, {"形態素", "品詞情報"}, {"形態素", "品詞情報"}, ...}
```

のように形態素と品詞情報をペアにした配列が格納されていますので、これを1個ずつ取り出して❼以下の処理に進みます。

❼if (Analyzer.KeywordCheck(morpheme[1]).Success)

Analyzer.KeywordCheck()を実行して、形態素の品詞情報morpheme[1]が「"名詞,(一般|固有名詞|サ変接続|形容動詞語幹)"にマッチングするか調べます。foreachのブロックパラメーターmorphemeは{"形態素", "品詞情報"}の配列なので、インデックス1を指定して品詞情報を取り出し、

```
Analyzer.KeywordCheck(morpheme[1])
```

のように引数に設定し、さらに

```
Analyzer.KeywordCheck(morpheme[1]).Success
```

として、KeywordCheck()の結果、形態素の品詞情報がマッチしたかどうかを調べます。KeywordCheck()の戻り値はパターンマッチの結果を格納したMatchオブジェクトなので、Successプロパティを参照すればtrue(マッチした)、false(マッチしない)の結果がわかります。マッチ(true)した場合はifステートメントの処理が行われるという仕掛けです。

▼AnalyzerクラスのKeywordCheck()メソッド

```
public static Match KeywordCheck(string part)
{
    Regex rgx = new("名詞,(一般|固有名詞|サ変接続|形容動詞語幹)"); // 正規表現のパターン
    Match m = rgx.Match(part); // 形態素の品詞情報にパターンマッチさせる
    return m;
}
```

❾foreach (ParseItem item in _patternList)

ネストされたforeachでは、パターン辞書_patternListに格納されているすべてのParseItemオブジェクトに対して処理を繰り返します。パターン辞書_patternListは、パターン辞書ファイル1行ぶんのデータを保持するParseItemオブジェクトのリストです。まずはそのパターン辞書(リスト)のもとになるパターン辞書ファイルについて確認しておきましょう。

▼パターン辞書ファイルのフォーマット

> 1行のデータは、
>
> 「こん(ちは|にちは)$[Tab]こんにちは|やほー|ハーイ|どうもー|またあなた？」
>
> のように、1つまたは複数のパターン文字列に対して複数の応答フレーズを設定できるようになっています。パターン文字列の冒頭には機嫌値を変更するための「機嫌変動値##」が付いていることがあります。同じように、個々の応答フレーズの冒頭には「必要機嫌値##」が付いていることがあります。

ここでやりたいことは、次の2点です。

・Analyzer.KeywordCheck()による形態素解析の結果、キーワードとして判定された名詞をパターン辞書のパターン文字列として登録し、ユーザーの発言を応答フレーズとして登録し、パターン辞書ファイル1行のデータを作成する。
・キーワードとして判定された名詞が既存のパターン辞書のパターン文字列に存在すれば、対応する応答フレーズの末尾にユーザーの発言を追加する。

「雨かもね」という発言があれば、次のように"雨"をパターン文字列に、"雨かもね"を応答フレーズにします。パターン文字列の冒頭に機嫌変動値「0##」が付けられていますが、機嫌変動値を判断すべき材料がないので、デフォルト値の0としてパターン辞書の行データを作っているためです。見た目は変わりますが、辞書としての機能には変化はありません。

▼パターン辞書1行のデータ

「雨かもね」という発言があった

`0##雨 [Tab] 0##雨かもね` ←パターン辞書1行ぶんのデータを作る

単純な処理ではありますが、たんに新たな1行としてこれらを追加すると、そのキーワードがすでに存在するパターンと重複する可能性が出てきます。応答フレーズを作るとき、パターンマッチは先頭行から行われるので、ユーザーの発言にそのキーワードが含まれていたとしても、マッチするのはそのキーワードをパターン文字列とする既存の行データになり、せっかくの学習が活かされません。これでは学習する意味がないので、KeywordCheck()によってキーワードとして判定されたものと、既存のパターン文字列との重複チェックを行いましょう。重複していたら既存の行データの応答フレーズの1つとしてユーザーの発言を追加し、重複していないときに限り、キーワード認定のパターン文字列とユーザーの発言を応答フレーズにしたParseItemオブジェクトを生成し、パターン辞書（リスト）の末尾に追加するのです。これらの処理は、❿以下で行われます。

⑩if (!string.IsNullOrEmpty(item.Match(userInput)))

ParseItem.Match()メソッドはParseItemオブジェクトから抽出したパターン文字列をユーザーの発言にパターンマッチさせ、マッチした場合は対象の文字列を返し、マッチしない場合は空の文字列を返します。

▼ParseItemクラスのMatch()メソッド

```
public string Match(string str)
{
    Regex rgx = new(_pattern);   // パターン文字列を正規表現のRegexオブジェクトに変換
    Match mtc = rgx.Match(str); // パターン文字列をユーザーの発言にマッチングさせる
    return mtc.Value;            // Matchオブジェクトの値を返す
}
```

Match()メソッドの戻り値の判定をifの条件にして、戻り値が空文字ではない、つまりマッチングした場合に、⑪において

```
depend = item;
```

のように、❽で作成したParseItem型の変数dependに、マッチングした文字列が格納されたParseItemオブジェクトを格納します。マッチングさせるのはパターン文字列1個で十分ですので、このあと即座にbreakしてforeachのループを抜けます。

⑫if (depend != null)

ネストされたforeachを抜ける、あるいは_patternListのすべてのParseItemオブジェクトに対する重複チェックの処理が完了すると、⑪の処理によって変数dependはParseItemが格納されている、もしくは格納されていないnullの状態になっています。そこで、ifステートメントでdependがnullではない、すなわち現在の時点でキーワードとして認定されている文字列が既存のパターン文字列に存在する場合は、⑬の

```
depend.AddPhrase(userInput);
```

が実行されます。AddPhrase()はParseItemクラスに新設されるメソッドで、既存のパターン辞書の応答フレーズ末尾にユーザーの発言を追加する処理を行います。ここで、先に示した

・キーワードとして判定された名詞が既存のパターン辞書のパターン文字列に存在すれば、対応する応答フレーズの末尾にユーザーの発言を追加する。

という処理が行われることになります。

⑭_patternList.Add(new ParseItem(morpheme[0], userInput));

キーワードとして判定された名詞が既存のパターン辞書のパターン文字列に存在しなかった場合の処理です。冒頭（外側）のforeachのブロックパラメーターmorphemeの第1要素にはユーザーの発言から抽出した形態素が格納されています。さらに、この形態素はこれまでの処理によって新たなパターン文字列として判定されたものですので、ユーザーの発言と共にコンストラクターParseItem()の引数にして、新規のParseItemオブジェクトを生成し、これをパターン辞書（リスト）の末尾に追加します。

▼ユーザーの発言が"雨かもね"の場合に生成されるParseItemオブジェクトの中身

●形態素解析にかけて各形態素の品詞情報をKeywordCheck()で判定する

"雨" は "名詞,一般," なのでキーワード認定

ParseItemオブジェクトを生成

・_patternフィールド　←― "雨"を格納

・_phrasesフィールド　←― { [need, 0], [phrase, "雨かもね"] }をリスト要素として格納

（_phrasesはList<Dictionary<string, string>>型）

先に示した以下の処理、

・Analyzer.KeywordCheck()による形態素解析の結果、キーワードとして判定された名詞をパターン辞書のパターン文字列として登録し、ユーザーの発言を応答フレーズとして登録し、パターン辞書ファイル1行のデータを作成する。

がここで行われることになります。

以上でStudyPttern()メソッドは、パターン辞書自らの学習を可能にしました。学習したことはパターン辞書（リスト）が保持していますので、さっそく次の会話から反映されるようになります。あとは、学習したことを記憶するための辞書ファイルへの保存処理です。

パターン辞書ファイルへの保存

Save()メソッドの新たに追加された⑮以降が、パターン辞書（リスト）をパターン辞書ファイルpattern.txtへ保存するための処理です。パターン辞書（リスト）には、新たに学習したパターン文字列と応答フレーズを含め、既存のデータも保持されていますので、これを丸ごとファイルの内容と書き換えます。

⑮List<string> patternLine = new();

学習後のパターン辞書（リスト）から生成された1行ぶんのデータを格納するためのリストです。

⑯foreach (ParseItem item in _patternList)

foreachの処理は、_patternListの要素であるParseItemオブジェクト1つ1つに対してMakeLine()メソッドを呼び出し、その戻り値をpatternLineに追加する、というものです。MakeLine()はParseItemクラスに新設するメソッドで、パターン辞書1行の複雑なフォーマットを作るための処理を行います。つまり、ParseItemオブジェクトからMakeLine()を実行すれば、パターン辞書の1行分の文字列が返ってくるというわけです。

⑰patternLine.Add(item.MakeLine());

リスト要素を追加するAdd()メソッドの引数に指定したのは、foreachのブロックパラメーターitemからのMakeLine()メソッドの実行です。ParseItemクラスに新設するMakeLine()メソッドは、ParseItemオブジェクトからパターン辞書1行のデータを生成してこれを返す処理をします。

▼こんなデータが返ってくる予定

```
こん(ちは|にちは)$[Tab]こんにちは|やほー|ハーイ|どうもー|またあなた?
```

これで、foreachで取り出したParseItemオブジェクトからパターン辞書ファイル1行ぶんのデータが出来上がります。これを、_patternListに格納されているすべてのParseItemオブジェクトについて繰り返し、最終的にパターン辞書ファイルに書き込むためのリストを作り上げます。

▼リストpatternLineの最終的な中身

```
{ "こん(ちは|にちは)$        こんにちは|やほー|ハーイ|どうもー|またあなた?",
  "おはよう|おはよー|オハヨウ   おはよ!|まだ眠い…|さっき寝たばかりなんだー",
  "こんばん(は|わ)           こんばんわ|わんばんこ|いま何時?",
  "^(お|うい)っす$           ウエーイ",
  "^やあ[、。!]*$            やっほー",
  "バイバイ|ばいばい          ばいばい|バイバーイ|ごきげんよう",
  "^じゃあ?ね?$|またね        またねー|じゃあまたね|またお話ししに来てね♪",
   ......1行ぶんのデータが続く......
}
```

このようにして作成されたpatternLineを、パターン辞書ファイルへの書き込み用のデータにします。

⑱File.WriteAllLines(@"dics¥pattern.txt", patternLine, System.Text.Encoding.UTF8);

File.WriteAllLines()でパターン辞書ファイルが開かれ、ファイルの内容がpatternLineのすべての要素に書き換えられます。

説明が長くなってしまいましたが、Cdictionaryクラスの変更点は以上です。これで、パターン辞書(リスト)の学習と、パターン辞書ファイルへの保存ができるようになりました。残るは、ParseItemクラスに新設するAddPhrase()とMakeLine()の定義です。

ParseItemクラスのAddPhrase()とMakeLine()

ParseItemクラスには、AddPhrase()とMakeLine()の2つのメソッドが新たに定義されます。

▼ParseItemクラスにAddPhrase()とMakeLine()を定義する（ParseItem.cs）

```
using System;
using System.Collections.Generic;
using System.Text.RegularExpressions;
using System.Text; // StringBuilderクラス使用のためusing句を追加

namespace Chatbot
{
    /// <summary>
    /// パターン辞書から抽出したパターン文字列、応答フレーズに関する処理を行う
    /// </summary>
    /// <remarks>
    /// ParseItem(string pattern, string phrases):
    ///         パターン辞書1行から抽出した応答フレーズを加工処理する
    /// Match(string str):
    ///         パターン文字列をユーザーの発言にパターンマッチさせる
    /// Choice(int mood):
    ///       応答フレーズ群からチョイスした応答フレーズをランダムに抽出して返す
    /// Suitable(int need, int mood)
    ///       C#ちゃんの機嫌値が応答フレーズの必要機嫌値を満たしているか判定する
    /// public void AddPhrase(string userInput)
    ///         キーワード認定されたユーザー発言をパターン辞書の応答フレーズに追加する
    /// public string MakeLine()
    ///         パターン辞書ファイルのフォーマットに従って1行のデータを作る
    /// </remarks>
    class ParseItem
    {
        /// <summary>
        /// パターン辞書1行から抽出したパターン文字列を保持するフィールド
        /// </summary>
        private string _pattern = "";

        /// <summary>
        /// パターン辞書1行から抽出した応答フレーズに対して作成した
        /// Dictionary: {{"need", "必要機嫌値"}, {"phrase", "応答フレーズ"}}
        /// を応答フレーズの数だけ格納したリスト型のフィールド
        /// </summary>
```

5

「記憶」のメカニズムを実装する（「C#ちゃん」のAI化）

```
/// <remarks>
/// リストの要素数はパターン辞書の1行の応答フレーズの数と同じ
/// リスト要素としてDictionaryオブジェクト2個(needキーとphraseキー)が格納される
/// </remarks>
private List<Dictionary<string, string>> _phrases = new();

/// <summary>
/// 機嫌変動値を保持するフィールド
/// </summary>
private int _modify;

/// <summary>
/// 機嫌変動値_modifyの読み取り専用プロパティ
/// </summary>
public int Modify { get => _modify; }

/// <summary>
/// コンストラクター
/// パターン辞書の1行データをパターン文字列、機嫌変動値、
/// 必要機嫌値と応答フレーズ(複数あり)に分解し、
/// _pattern、_modify、_phrasesにそれぞれ格納する
/// </summary>
/// <remarks>
/// パターン辞書の行の数だけ呼ばれる
/// </remarks>
/// <param name="pattern">
/// パターン辞書1行から抽出した「機嫌変動値##パターン文字列」
/// </param>
/// <param name="phrases">
/// パターン辞書1行から抽出した応答フレーズ(複数あり)
/// </param>
public ParseItem(string pattern, string phrases)
{
    // 「機嫌変動値##パターン文字列」を抽出するための正規表現
    string SEPARATOR = @"^((-?¥d+)##)?(.*)$";

    // ----- パターン文字列の処理 -----
    //
    //
    // SEPARATORを引数にして正規表現のオブジェクトRegexを生成
    Regex rgx = new(SEPARATOR);
    // SEPARATORを「機嫌変動値##パターン文字列」にパターンマッチさせる
```

```
// マッチングした数だけMatchオブジェクトが生成され、
// MatchCollectionオブジェクトの要素に格納されて返される
// マッチングしなかった場合は空のMatchCollectionが返される
MatchCollection m = rgx.Matches(pattern);

// パターン辞書の1行データの構造上、マッチングするのは1回のみなので
// MatchCollectionオブジェクトには1個のMatchオブジェクトが格納されている
// そこでインデックス0を指定してMatchオブジェクトを抽出する
Match mach = m[0];

// 機嫌変動値_modifyの値を0にする
_modify = 0;

// 「機嫌変動値##パターン文字列」に完全一致した場合は、
// Matchオブジェクトに以下の文字グループがコレクションとして格納される
// インデックス0にマッチした文字列すべて
// インデックス1に"機嫌変動値##"
// インデックス2に"機嫌変動値"
// インデックス3にパターン文字列
//
// インデックス2に"機嫌変動値"が格納されていればint型に変換して
// 機嫌変動値_modifyの値を更新する
if (string.IsNullOrEmpty(mach.Groups[2].Value) != true)
{
    _modify = Convert.ToInt32(mach.Groups[2].Value);
}

// Matchオブジェクトのインデックス3に格納されている
// パターン文字列をフィールド_patternに代入する
_pattern = mach.Groups[3].Value;

// ----- 応答フレーズの処理 -----
//
// パラメーターphrasesで取得した応答フレーズを'|'を境に分割して
// ブロックパラメーターphraseに順次、格納する
// phraseに対してSEPARATORをパターンマッチさせてDictionaryの
// {[need, 必要機嫌値]}と{[phrase, 応答フレーズ]}を
// リスト型フィールド_phrasesの要素として順次、格納する
foreach (string phrase in phrases.Split(new Char[] { '|' }))
{
    // ハッシュテーブルDictionaryを用意
    Dictionary<string, string> dic = new();
```

```
            // 分割した応答フレーズに対してSEPARATORをパターンマッチさせる
            // 結果としてMatchオブジェクトを格納したMatchCollectionを取得
            MatchCollection m2 = rgx.Matches(phrase);

            // MatchCollectionから先頭要素のMatchオブジェクトを取り出す
            Match mach2 = m2[0];

            // Dictionaryのキー"need"を設定してキーの値を0で初期化
            dic["need"] = "0";

            // 「必要機嫌値##応答フレーズ」に完全一致した場合は、
            // Matchオブジェクトに以下の文字グループがコレクションとして格納される
            // インデックス0にマッチした文字列すべて
            // インデックス1に"必要機嫌値##"
            // インデックス2に"必要機嫌値"
            // インデックス3に応答フレーズ(単体)
            //
            // mach2.Groups[2])に必要機嫌値が存在すれば"need"キーの値としてセット
            if (string.IsNullOrEmpty(mach2.Groups[2].Value) != true)
            {
                dic["need"] = Convert.ToString(mach2.Groups[2].Value);
            }

            // "phrase"キーの値として応答フレーズ(mach.Groups[3])を格納
            dic["phrase"] = mach2.Groups[3].Value;

            // 作成したDictionary
            // {[need, 必要機嫌値]}と{[phrase, 応答フレーズ]}を
            // _phrasesの要素として追加する
            _phrases.Add(dic);
        }
    }

    /// <summary>
    /// _pattern(パターン辞書1行から抽出したパターン文字列)を
    /// ユーザーの発言にパターンマッチさせる
    /// </summary>
    /// <param name="str">ユーザーの発言</param>
    /// <returns>
    /// マッチングした場合は対象の文字列を返す
    /// マッチングしない場合は空文字が返される
```

```
        /// </returns>
        public string Match(string str)
        {
            // パターン文字列_patternを正規表現のRegexオブジェクトに変換する
            Regex rgx = new(_pattern);
            // パターン文字列がユーザーの発言にマッチングするか試みる
            Match mtc = rgx.Match(str);
            // Matchオブジェクトの値を返す
            return mtc.Value;
        }

        /// <summary>
        /// 応答フレーズ群からチョイスした応答フレーズをランダムに抽出して返す
        /// </summary>
        /// <param name="mood">C#ちゃんの現在の機嫌値</param>
        /// <returns>
        /// 応答フレーズのリストからランダムに1フレーズを抽出して返す
        /// 必要機嫌値による条件をクリアしない場合はnullが返される
        /// </returns>
        public string Choice(int mood)
        {
            // 応答フレーズを保持するリスト
            List<String> choices = new();

            // _phrasesに格納されているDictionaryオブジェクト
            // {[need,必要機嫌値]}{[phrase, 応答フレーズ]}を
            // ブロックパラメーターdicに取り出す
            foreach (Dictionary<string, string> dic in _phrases)
            {
                // Suitable()を呼び出し、結果がtrueであれば
                // リストchoicesに"phrase"キーの応答フレーズを追加
                if (Suitable(
                    // "need"キーで必要機嫌値を取り出す
                    Convert.ToInt32(dic["need"]),
                    // パラメーターmoodで取得した現在の機嫌値
                    mood
                    ))
                {
                    // 結果がtrueであればリストchoicesに
                    // "phrase"キーの応答フレーズを追加
                    choices.Add(dic["phrase"]);
                }
```

```
        }
        // リストchoicesが空であればnullを返す
        if (choices.Count == 0)
            return null;
        // 応答フレーズのランダムチョイスを実行
        else
        {
            // choicesリストが空でなければシステム起動後のミリ秒単位の経過時間を取得
            int seed = Environment.TickCount;
            // シード値を引数にしてRandomオブジェクトを生成
            Random rnd = new(seed);
            // リストchoicesに格納されている応答フレーズをランダムに抽出して返す
            return choices[rnd.Next(0, choices.Count)];
        }
    }

    /// <summary>
    /// 現在のC#ちゃんの機嫌値が応答フレーズの必要機嫌値を
    /// 満たすかどうかを判定する
    /// </summary>
    /// <remarks>
    /// 静的メソッド(インスタンスへのアクセスがないため)
    /// </remarks>
    /// <param name="need">必要機嫌値</param>
    /// <param name="mood">C#ちゃんの現在の機嫌値</param>
    /// <returns>
    /// 現在の機嫌値が応答フレーズの必要機嫌値の条件を満たす場合は
    /// true、満たさない場合はfalseを返す
    /// </returns>
    static bool Suitable(int need, int mood)
    {
        if (need == 0)
            // 必要機嫌値が0であればtrueを返す
            return true;
        else if (need > 0)
            // 必要機嫌値がプラスの場合は、機嫌値が必要機嫌値より
            // 大きい場合はtrue、そうでなければfalseを返す
            return (mood > need);
        else
            // 必要機嫌値がマイナスの場合は、機嫌値が必要機嫌値より
            // 小さければtrue、そうでなければfalseを返す
            return (mood < need);
```

```
    }

    /// <summary>
    /// キーワード認定されたユーザー発言をパターン辞書の応答フレーズに追加する
    /// </summary>
    /// <remarks>
    /// ユーザー発言に含まれるキーワード認定の単語が既存のパターン文字列と
    /// マッチした場合にCdictionaryのStudyPttern()から呼ばれる
    /// </remarks>
    /// <param name="userInput">ユーザーの発言</param>
    public void AddPhrase(string userInput) // ―――――――――― ❶
    {
        // このメソッドはユーザー発言からキーワード判定された単語が
        // 既存のパターン文字列に一致する場合、対象のパターン文字列を格納した
        // ParseItemオブジェクトによって実行される
        //
        // フィールド_phrasesを参照すれば応答フレーズの
        // {["need", "必要機嫌値"], ["phrase", "応答フレーズ"]}
        // を格納したリストが取得できるので1個ずつ取り出す
        foreach (var p in _phrases) // ―――――――――― ❷
        {
            // Dictionaryの"phrase"キーの値がユーザーの発言と
            // 同じ場合はforeachを抜ける
            if (p["phrase"] == userInput) // ―――――――――― ❸
                return;
        }
        // 新規のDictionary:{["need": 0], ["phrase": "ユーザーの発言"]}
        // を作成して既存の応答フレーズのリストに追加する処理
        _phrases.Add(
            new Dictionary<string, string> {
                { "need", "0" }, { "phrase", userInput }
            }); // ―――――――――― ❹
    }

    /// <summary>
    /// パターン辞書ファイルのフォーマットに従って1行のデータを作る
    /// </summary>
    /// <remarks>
    /// CdictionaryのSave()から呼ばれる
    /// </remarks>
    /// <returns>パターン辞書ファイル用の1行データ</returns>
    public string MakeLine() // ―――――――――― ❺
```

```
        {
            // "機嫌変動値##パターン文字列"を作る
            string pattern = Convert.ToString(_modify) + "##" + _pattern; // - ❻
            // 1行データを格納するStringBuilder
            StringBuilder responseList = new(); // ──────────────── ❼

            // パターン辞書1行の応答フレーズ群から作成されたリスト_phrasesから
            // {{"need", "必要機嫌値"}, {"phrase", "応答フレーズ"}}
            // を1個ずつ取り出して処理する
            foreach (var dic in _phrases) // ──────────────── ❽
            {
                // "|必要機嫌値##応答フレーズ"の文字列をStringBuilderに追加
                responseList.Append("|" + dic["need"] + "##" + dic["phrase"]);
            }

            // パターン辞書の1行データ
            // "機嫌変動値##パターン文字列[Tab]|必要機嫌値##応答フレーズ"
            // を作成して返す
            return pattern + "¥t" + responseList; // ──────────────── ❾
        }
    }
}
```

ソースコードの解説

❶public void AddPhrase(string userInput)

AddPhrase()メソッドは、ユーザー発言にキーワード認定された単語がある場合に呼ばれるメソッドで、ユーザーの発言を既存の応答フレーズに追加します。したがって、パラメーターは、ユーザーの発言を受け取るuserInputだけが設定されています。

❷foreach (var p in _phrases)

ソースコードのコメントに記述されているように、このメソッドはユーザー発言からキーワード判定された単語が既存のパターン文字列に一致する場合に、対象のパターン文字列を格納したParseItemオブジェクトによって実行されます。ParseItemはこのメソッドが定義されているクラスなので、フィールド_phrasesを参照すれば応答フレーズの

```
{[need, 必要機嫌値], [phrase, 応答フレーズ]}
```

の形状をしたDictionaryを格納したリストが取得できます。foreachでは、Dictionaryを1個ずつ取り出して以下の処理を行います。

❸if (p["phrase"] == userInput)

応答フレーズの重複チェックです。"phrase"キーを使って既存の応答フレーズに同じものがある場合は、新たに追加する必要がないため、returnでforeachを抜けます。

インプット文字列が"雨かもね"で、既存のパターン辞書に次の1行があったとします。

▼パターン辞書ファイルの1行データ

```
雨 [Tab] 雨降ってる | 明日も雨かな
```

そうすると、AddPhrase()メソッドを実行しているParseItemオブジェクトの_phrasesの中身は次のようになっているはずです。

▼ParseItemオブジェクトのフィールド_phrasesの中身

```
{ ["need", "0"], ["phrase", "雨降ってる"],
  ["need", "0"], ["phrase", "明日も雨かな"] }
```

if (p["phrase"] == userInput)とすれば、foreachの反復処理によって応答フレーズの中にユーザーの発言があるかがわかります。上記の例の場合は、一致する応答フレーズがないので❹の処理に進みます。

❹_phrases.Add(new Dictionary<string, string> { { "need", "0" }, { "phrase", userInput } });

応答フレーズが重複していない場合は、必要機嫌値の0とインプット文字列のDictionaryを作成し、応答フレーズのリストに追加します。

先の例の場合ですと、_phrasesの中身は、次のようになります。

▼ParseItemオブジェクトのフィールド_phrasesの中身

```
{ ["need", "0"], ["phrase", "雨降ってる"],
  ["need", "0"], ["phrase", "明日も雨かな"],
  ["need", "0"], ["phrase", "雨かもね"] } ———— 追加されたDictionary
```

❺public string MakeLine()

MakeLine()は、CdictionaryクラスのSave()メソッドがパターン辞書ファイルに書き込む際に呼ばれるメソッドです。呼び出し元のSave()メソッドでは、パターン辞書の1行のデータに相当するParseItemオブジェクトを1つずつ抽出し、このオブジェクトからMakeLine()メソッドを実行します。

このメソッドでやるべきことは、パターン辞書1行ぶんのデータを作ることです。

▼CdictionaryクラスのSave()メソッドのパターン辞書に関する部分

```
public void Save()
{
    //  ランダム辞書ファイルの処理省略
```

```
        // patternListから作成したパターン辞書1行のデータを格納するリスト
        List<string> patternLine = new();
        // パターン辞書_patternListのParseItemオブジェクトの処理を繰り返す
        foreach (ParseItem item in _patternList)     {
            // MakeLine()メソッドでパターン辞書1行のデータを作成してpatternLineに追加
            patternLine.Add(item.MakeLine());
        }

        // パターン辞書(リスト)から生成したすべての行データをファイルに書き込む
        File.WriteAllLines(
            @"dics¥pattern.txt",       // パターン辞書ファイルを書き込み先に指定
            patternLine,               // 作成されたすべての行データを書き込む
            System.Text.Encoding.UTF8 // 文字コードをUTF-8に指定
            );
    }
```

❻string pattern = Convert.ToString(_modify) + "##" + _pattern;

MakeLine()を実行しているParseItemオブジェクトにはパターン辞書1行ぶんのデータが格納されています。フィールド_modifyで機嫌変動値、同じくフィールド_patternでパターン文字列を参照できるので、辞書ファイルのフォーマットに従って1行ぶんのデータの前半部分（機嫌変動値##パターン文字列）を作成します。

▼作成例

```
0##雨
```

❼StringBuilder responseList = new();

応答フレーズは複数存在することが多いので、文字列の追加処理に特化したStringBuilder型の変数responseList を用意します。

❽foreach (var dic in _phrases)
{ responseList.Append("|" + dic["need"] + "##" + dic["phrase"]); }

ParseItemの_phrasesは、

```
{{"need", "必要機嫌値"}, {"phrase", "応答フレーズ"}}
```

を応答フレーズの数だけ格納したリストです。格納されているDictionaryを1個ずつ取り出し、

```
"|必要機嫌値##応答フレーズ"
```

のような1個の応答フレーズを作成し、変数responseListに追加します。foreachが完了すると、

```
0##雨降ってる|0##明日は雨かな|0##雨かもね
```

のような応答フレーズの部分が出来上がります。

❾return pattern + "¥t" + responseList;

patternとresponseListの間にタブを入れて、パターン辞書1行ぶんのデータを作成し、呼び出し元に返します。

▼作成例

```
"0##雨[Tab]0##雨降ってる|0##明日も雨かな|0##雨かもね"
```

StringBuilder型のresponseListには、複数の応答フレーズが1個の文字列として連結されたかたちで格納されているので、上記のようなデータが作成されます。

5.2.3 形態素解析版C#ちゃんと対話してみる

以上で修正作業は完了しました。これでC#ちゃんはパターン辞書の学習ができるようになったはずです。試してみましょう。

▼C#ちゃん実行中

かなり作為的な会話ですが、「電動アシスト付きの自転車はいいよね」という発言を応答フレーズとして学習し、「自転車は楽しいものね」という発言に対してすぐに学習した応答フレーズを返してきているのがわかります。

「雨降ると自転車乗れないしね」という発言に対しても、学習した応答フレーズ「自転車は楽しいものね」を返しています。ここでC#ちゃんを終了し、パターン辞書ファイル「dics¥pattern.txt」を開いてみると、どんなふうに学習したかがわかります。

▼パターン辞書ファイルの中身

```
*pattern.txt - メモ帳
ファイル(F) 編集(E) 書式(O) 表示(V) ヘルプ(H)
0##こん(ちは|にちは)$    |0##こんにちは|0##やほー|0##ハーイ|0##どうもー|0##またあなた？
0##おはよう|おはよー|オハヨウ    |0##おはよ！|0##まだ眠い…|0##さっき寝たばかりなんだー
0##こんばん(は|わ)       |0##こんばんわ|0##わんばんこ|0##いま何時？
0##^(お|うい)っす$       |0##ウエーイ
0##^やあ[、。！]*$       |0##やっほー
0##バイバイ|ばいばい     |0##ばいばい|0##バイバーイ|0##ごきげんよう
0##^じゃあ?ね?$|またね   |0##またねー|0##じゃあまたね|0##またお話ししに来てね♪
0##^どれ[？?]$  |0##アレだよ|0##いま手に持ってるものだよ|0##それだよー
0##^[し知]ら[なね]       |0##やばいー|0##知らなきゃまずいじゃん|0##知らないの？
5##かわいい|可愛い|カワイイ|きれい|綺麗|キレイ   |0##%match%ってホント！？ホントに！？|0##わーい
-5##ブス|ぶす    |-10##まじ怒るから！|-5##ひどーい|-10##だれが%match%なの！
-2##おまえ|あんた|お前|てめー    |-5##%match%じゃないよー|-5##%match%って誰のこと？|0##%match%なんて言われても…
-5##バカ|ばか|馬鹿       |0##%match%じゃないもん！|0##%match%って言う人が%match%なの！|0##そんなふうに言わないで！
0##何時  |0##眠くなった？|0##もう寝るの？|0##もうこんな時間？|0##もう寝なきゃ
0##甘い|あまい   |0##おやつ買ってくる？|0##あんこも好きだよ|0##チョコもいいね
0##チョコ        |0##ギミチョコ！|0##よこせチョコレート！|0##ビターは苦手|0##冷やすといいかもね|0##虫歯が気になる
0##パンケーキ    |0##パンケーキいいよね！|0##しっとり感がたまらん！
0##グミ  |0##すっぱーいのが好き！|0##たまに歯にはさまらない？
0##アイス        |0##ハー○ンダッツしか勝たん|0##トッピングは？
0##おやつ        |0##き○この山がいいな|0##やっぱ、○○○○の里でしょ|0##王道は雪見○○ふく
0##あんこ|アンコ         |0##アンコなら○村屋のあんぱんね！|0##アンコ微妙...|0##こしあんが好き！
0##餃子|ぎょうざ|キョーザ        |0##お腹すいたー！|0##ぎょうざ...|0##餃子のことを考えると夜も眠れません
0##ラーメン|らーめん     |0##ラーメン大好きC#さん♪|0##自分でも作るよ|0##ボクはしょうゆ派かな
0##自転車|チャリ|ちゃり  |0##ルンルンだね|0##雨降っても乗るんだ！|0##電動アシストほしい～|0##雨降ってきちゃった！自転車中に入れなきゃ|0##雨だよ、自転車濡れちゃうよ|0##電動アシスト付きの自転車はいいよね|0##自転車は楽しいものね|0##雨降ると自転車乗れないしね
0##春    |0##お花見したいね～|0##いくらでも寝れるよ|0##ハイキング！
0##夏    |0##海！海！海！|0##プール！ プール！！|0##野外フェス♪|0##花火しようよ！
0##秋    |0##読書するぞー！|0##ブンガクの季節だ|0##温泉行きたい|0##サンマ焼こうよ！
0##冬    |0##お鍋大好き！|0##かわいいコート欲しい！|0##スノボできる？|0##寒いからヤダ
0##雨    |0##雨だとお腹がすくんだ|0##雨降っててテンション下がる
```

新たにパターン辞書ファイルの更新を行うようになったので、これまで機嫌変動値や必要機嫌値が省略されていた箇所には、すべてデフォルト値の0が設定されています。これは、ParseItemが「機嫌変動値や必要機嫌値が省略されている場合は0として扱う」という仕様になっているためです。見た目はだいぶ変わりますが、パターン辞書としての機能には変化はありません。むしろきっちりとしたフォーマットになったといえるでしょう。

1つ目の赤枠を見てみると、既存の"自転車|チャリ|ちゃり"というパターン文字列に新たに以下の応答フレーズが追加されたことが確認できます。

▼パターン文字列"自転車|チャリ|ちゃり"に追加された応答フレーズ

```
|0##雨降ってきちゃった！自転車中に入れなきゃ|0##雨だよ、自転車濡れちゃうよ|0##電動アシスト付きの自転車はいいよね|0##自転車は楽しいものね|0##雨降ると自転車乗れないしね
```

これらの追加された応答フレーズはすべて、ユーザーの発言です。発言から抽出した"自転車"が含まれるパターン文字列を見つけて、これに対応する応答フレーズとしてユーザーの発言が追加されたことになります。

2つ目の赤枠は、"雨"をパターン文字列にしたいくつかの応答フレーズが新たに追加されていることを示しています。「雨だとお腹がすくんだ」という発言や「雨降っててテンション下がる」という発言が追加されています。

Section

5.3 テンプレートで覚える

Level ★★★　Keyword　テンプレート学習　テンプレート辞書

前節では、ユーザーの入力から名詞を抜き出し、これをキーワードとしてパターン辞書に登録しました。この仕組みのポイントはキーワードである名詞そのものであり、これを次回反応するためのパターンとして記録するのが前回の学習方法でした。

今回は、新たに実装された形態素解析の機能を用いて、新たな学習方法を考えてみたいと思います。

テンプレート学習

今回は文章の中の名詞ではなく、それ以外の部分に着目します。名詞を除いた文章というのは、ちょうど国語の穴埋め式文章問題のような感じです。これを文章のテンプレートとして穴埋め式に名詞を当てはめることで、新しい文章を作り出すことを考えてみます。例えば「わたしはプログラムの女の子です」をテンプレート化すると、

```
わたしは[ ] の[ ] です
```

となります。ここに「国会議員」「秘書」という名詞を当てはめれば、

```
わたしは[国会議員] の[秘書] です
```

という文章が出来上がります。穴埋めに使う名詞が必要ですが、これは直前のユーザーの発言から抽出すればよいでしょう。上記のような応答が返されたとしたら、いったいどんなやり取りがあったのかは不明ですが、「国会議員」と「秘書」という2つの名詞を含んだ発言がユーザーから入力されていたことになります。

ランダム辞書やパターン辞書の学習では、ユーザーの発言をそのまま辞書に登録していました。これに対してテンプレート学習では、ユーザー発言から名詞を抜いた部分を辞書に登録します。これには、テンプレートを名詞で穴埋めして応答を作り出す新しい仕組みも必要になります。

そこで今回のテンプレート学習では、C#ちゃんに新しい辞書クラスとResponderのサブクラスを用意してあげることにします。

5.3.1 テンプレート学習用の辞書を作ろう

まずは、前節で開発済みのプロジェクト「Cchan」を任意の場所にコピーしておきましょう。コピーしたプロジェクトを利用して本節での開発を進めます。

▼プロジェクト「Cchan」において編集するソースファイル一覧

●フォームのソースファイル

・Form1.cs

● C#ちゃんの本体クラス

・Cchan.cs

● C#ちゃんの感情モデル

・CchanEmotion.cs

●辞書関連のクラス

・Cdictionary.cs

・ParseItem.cs

●応答フレーズを生成するクラス

・Responder.cs

・RandomResponder.cs

・RepeatResponder.cs

・PatternResponder.cs

・TemplateResponder.cs（今回新たに作成）

テンプレート辞書の構造

まずはテンプレート学習を行うための辞書（「テンプレート辞書」と呼ぶことにしましょう）のデータ構造を決めましょう。

応答を作るときは、ユーザーの発言から抽出できた名詞の数によってどのテンプレートを使うのかが決まるので、テンプレートに埋め込まれた空欄の数で整理しておくと使いやすそうです。1つの発言に含まれる名詞の数は0～3個、多くてもせいぜい4個か5個くらいでしょうから、テンプレートには空欄の数を表す数字を付けておくのがよいでしょう。

テンプレート自体も文字列ですが、名詞を埋め込む箇所には、次のように「%noun%」というマーク（文字列）を入れておきます。

▼テンプレートの名詞を入れる部分に%noun%を埋め込む

```
わたしは%noun%の%noun%です
```

抽出したキーワードで「%noun%」を置換すれば穴埋め処理ができます。テンプレート辞書の学習は、ユーザーの発言からキーワードの数を数え、その部分を%noun%で置き換えたテンプレートを登録するという処理になります。テンプレート辞書ファイルの1行は次のようになります。

▼テンプレート辞書ファイルの1行

```
"%noun%の数"[Tab]"テンプレート文字列"
```

%noun%の数が1か2のテンプレート文字列が多くなりそうですが、これをパターン辞書のように1行にまとめてしまうと非常に長くなりそうなので、「1行に1テンプレート」としましょう。

これを踏まえて、次のようなテンプレート辞書ファイルを作りました。もっといいテンプレートがあればどんどん追加してみてください。

▼テンプレート辞書 (dics/template.txt)

```
1	%noun%なのね
1	%noun%がいいんだ
1	%noun%はヤダ!
1	%noun%が問題だね
1	%noun%が?
1	%noun%きたー
1	%noun%してるとこだよ
1	%noun%じゃないよ
1	%noun%だって言ったんでしょ?
1	%noun%だなんて言ってません
1	%noun%だね!
1	%noun%ってかわいい~
1	%noun%ってことはないけどね
1	%noun%ってことはわかってるもん
1	%noun%ってすごい!
1	%noun%ってよくわかんないよ
1	%noun%って大事だよね
1	%noun%ですかね?
1	%noun%でもあるの?
1	%noun%なんて知らない
1	%noun%ねえ...
1	%noun%のことかな?
1	%noun%はないでしょ
1	%noun%はニガテだあ
1	%noun%は必要?
1	%noun%みたいな人だね
1	%noun%もなかなかいいんだけどね
1	%noun%好きだよ
1	%noun%!それな
```

```
1    %noun%??
1    あ、%noun%ですね
1    あ、%noun%はちょっとね
1    うーん、%noun%かあ
1    え、やだ、%noun%
1    え?%noun%?
1    おおー%noun%!
1    かわいい%noun%
1    これから%noun%するんだ
1    さあ?たぶん%noun%でしょうね
1    じゃあ%noun%するね
1    すでに%noun%の話は聞きました
1    それはこっちの%noun%なの
1    そんな%noun%なんてないぞ
1    そんなの%noun%だよ
1    だから%noun%なの
1    だって%noun%なんだもん!
1    ときどき%noun%の話しているから
1    すごく%noun%好きなんだね
1    どういう%noun%なの?
1    なかなか%noun%だね
1    なるほど、%noun%ね
1    ねえねえ、それはこっちの%noun%だよ
1    ばいばい%noun%
1    ぷぷぷ、%noun%だって
1    めっちゃ%noun%だね
1    やっぱり%noun%だよね
1    わたしは%noun%ではありません!
1    それいいかも、でも今は%noun%じゃないね
1    今日の%noun%は何?
1    最近、%noun%にどハマりしてるんだ
2    %noun%!%noun%!
2    %noun%?%noun%?
2    %noun%が%noun%なんだね
2    %noun%があるから%noun%があるんだね
2    %noun%がわかると、%noun%のよさがわかるんだ
2    %noun%って、その%noun%だよ
2    %noun%と%noun%のこと知りたいなあ
2    %noun%と%noun%はもういいよ
2    %noun%とか%noun%ばっかりだね
2    %noun%の%noun%もいいぞ
2    %noun%は%noun%かな?
```

```
2	%noun%は%noun%してないよ
2	%noun%は%noun%なのかな
2	%noun%は%noun%のときにやるんだよ
2	%noun%は%noun%?
2	%noun%は何でも%noun%だよ
2	%noun%もいいけど%noun%もね
2	%noun%を%noun%にしなくちゃね
2	そんなに%noun%なら%noun%しなきゃ
2	ぷぷぷ、%noun%は%noun%なんだね
2	まだ早いから%noun%の%noun%しようよ
3	%noun%の%noun%に%noun%がいるよ
3	%noun%は%noun%で%noun%なの?
3	%noun%は%noun%と%noun%に任せよう
3	%noun%は%noun%とか%noun%じゃないと思う
3	%noun%は%noun%な%noun%のことだよ
3	%noun%以外に%noun%な%noun%は何?
3	%noun%いいな、でも%noun%の%noun%がいいかな
3	あ、%noun%%noun%の%noun%が。。。
3	いいえ、%noun%が%noun%な%noun%です
3	%noun%と%noun%を混ぜると%noun%になっちゃうんだよ
4	%noun%と%noun%を混ぜると%noun%と%noun%になっちゃうんだよ
4	「%noun%の%noun%」に出てくる%noun%な%noun%
4	なるほど、%noun%が%noun%な%noun%の%noun%なのね
4	そう、%noun%と%noun%が%noun%な%noun%っていいよね
5	「%noun%の%noun%」に出てくる%noun%と%noun%と%noun%
6	%noun%と%noun%や%noun%が%noun%な%noun%の%noun%です
```


テンプレート辞書をプログラムで使う際は、次のようなDictionaryにすると扱いやすそうです。

▼テンプレート辞書を扱うDictionary<string, List<string>>

```
{  "1", [%noun%が1個のテンプレート文字列, ...],
   "2", [%noun%が2個のテンプレート文字列, ...],
   "3", [%noun%が3個のテンプレート文字列, ...],
   "4", [%noun%が4個のテンプレート文字列, ...],
   ......
}
```

%noun%の出現回数をキーに、対応するテンプレートをリストにしてキーの値とします。テンプレート辞書ファイルを読み込むときに、%noun%の出現回数が同じテンプレート文字列をリストにまとめます。

5.3.2 プログラムの改造

テンプレート辞書を利用した応答フレーズを生成し学習できるように、Cdictionaryクラスをはじめとするいくつかのクラスを改造します。

Cdictionaryクラスの改造

Cdictionaryクラスのコードを見ていきましょう。テンプレート辞書ファイルに関する処理が追加になったので、これまでコンストラクターで行っていた辞書オブジェクトの作成を、個別に専用のメソッドで処理するようにしています。

▼Cdictionaryクラス (Cdictionary.cs)

```
using System;
using System.Collections.Generic;
using System.IO; // Fileクラスを利用するために必要

namespace Chatbot
{
    /// <summary>
    /// ランダム辞書とパターン辞書とテンプレート辞書を用意
    /// </summary>
    internal class Cdictionary
    {
        /// <summary>
        /// 応答用に加工したランダム辞書の各1行を要素に持つリスト型フィールド
        /// </summary>
        private List<string> _randomList = new();

        /// <summary>
        /// パターン辞書から生成したParseItemオブジェクトを保持するリスト型フィールド
        /// </summary>
        private List<ParseItem> _patternList = new();

        /// <summary>
        /// テンプレート辞書から作成したDictionaryを保持するフィールド
        /// </summary>
        Dictionary<string, List<string>> _templateDictionary = new(); // ―― ❶

        /// <summary>
```

```
    /// ランダム辞書_randomListの読み取り専用プロパティ
    /// </summary>
    public List<string> Random
    { get => _randomList; }

    /// <summary>
    /// パターン辞書_patternListの読み取り専用プロパティ
    /// </summary>
    public List<ParseItem> Pattern
    { get => _patternList; }

    /// <summary>
    /// テンプレート辞書_templateDictionaryの読み取り専用プロパティ
    /// </summary>
    public Dictionary<string, List<string>> Template // ―――――――― ❷
    { get => _templateDictionary; }


    /// <summary>
    /// コンストラクター
    /// ランダム辞書(リスト)、パターン辞書(リスト)、テンプレート辞書(Dictionary)
    /// を作成するメソッドを実行する
    /// </summary>
    public Cdictionary()
    {
        // ランダム辞書(リスト)を用意する
        MakeRndomList();
        // パターン辞書(リスト)を用意する
        MakePatternList();
        // テンプレート辞書(Dictionary)を用意する
        MakeTemplateDictionary(); // ―――――――――――――――― ❸
    }

    /// <summary>
    /// ランダム辞書(リスト)を作成する
    /// </summary>
    private void MakeRndomList()
    {
        // 内容省略
    }

    /// <summary>
```

```
/// パターン辞書（リスト）を作成する
/// </summary>
private void MakePatternList()
{
    // 内容省略
}

/// <summary>
/// テンプレート辞書（Dictionary）を作成する
/// </summary>
private void MakeTemplateDictionary() // ―――――――――――――― ❹
{
    // テンプレート辞書ファイルをオープンし、各行を要素として配列に格納
    string[] t_lines = File.ReadAllLines(
        @"dics¥template.txt",
        System.Text.Encoding.UTF8
        ); // ――――――――――――――――――――――――― ❺

    // 応答用に加工したパターン辞書ファイルの各1行を保持するリスト
    List<string> new_lines = new();

    // テンプレート辞書ファイルの各1行を応答用に加工してリストに追加する
    foreach (string line in t_lines) // ―――――――――――――― ❻
    {
        // 末尾の改行文字を取り除く
        string str = line.Replace("¥n", "");
        // 空文字でなければリストに追加
        if (line != "")
        {
            new_lines.Add(str);
        }
    }

    // %noun%の出現回数をキー、対応するテンプレート文字列のリストを値にした
    // テンプレート辞書（Dictionary）を作成する
    foreach (string line in new_lines) // ―――――――――――― ❼
    {
        // テンプレート辞書の各行をタブで切り分ける
        string[] carveLine = line.Split(new Char[] { '¥t' }); // ―― ❽

        // テンプレート辞書（Dictionary）に%noun%の出現回数のキーが
        // 存在しない場合はcarveLine[0]をキー、空のリストのペアを追加する
```

```
            if (!_templateDictionary.ContainsKey(carveLine[0])) // ──── ❾
            {
                _templateDictionary.Add(carveLine[0],        // キーは新規の出現回数
                                        new List<string>()); // 値は空のリスト
            }

            // 現在の出現回数のキーcarveLine[0]のリストに
            // テンプレート文字列carveLine[1]を追加
            _templateDictionary[carveLine[0]].Add(carveLine[1]); // ──── ❿
        }
    }

    /// <summary>
    /// ユーザーの発言をStudyRandom()とStudyPttern()とStudyTemplate()で学習させる
    /// </summary>
    /// <remarks>Cchanクラスから呼ばれる</remarks>
    /// <param name="input">ユーザーの発言</param>
    /// <param name="parts">
    /// ユーザーの発言を形態素解析した結果
    /// {{形態素, 品詞情報}, {形態素, 品詞情報}, ...}の形状のリスト
    /// </param>
    public void Study(string input, List<string[]> parts)
    {
        // ユーザーの発言の末尾の改行文字を取り除く
        string userInput = input.Replace("¥n", "");
        // ユーザーの発言を引数にしてランダム学習メソッドを実行
        StudyRandom(userInput);
        // ユーザーの発言と形態素解析結果を引数にしてパターン学習メソッドを実行
        StudyPttern(userInput, parts);
        // 形態素解析の結果を引数にしてテンプレート学習メソッドを実行
        StudyTemplate(parts); // ──────────────────── ⓫
    }

    /// <summary>
    /// ユーザーの発言をランダム辞書(リスト)に追加する
    /// </summary>
    /// <remarks>Study()から呼ばれる内部メソッド</remarks>
    /// <param name="userInput">ユーザーの発言</param>
    public void StudyRandom(string userInput)
    {
        // 内容省略
    }
```

```
/// <summary>
/// ユーザーの発言をパターン学習し、パターン辞書(リスト)に追加する
/// </summary>
/// <remarks>Study()から呼ばれる内部メソッド</remarks>
/// <param name="userInput">
/// ユーザーの発言
/// </param>
/// <param name="parts">
/// 形態素と品詞を格納したstring配列のリスト
/// {{形態素, 品詞情報}, {形態素, 品詞情報}, ...}の形状のリスト
/// </param>
public void StudyPttern(string userInput, List<string[]> parts)
{
    // 内容省略
}

/// <summary>
/// ユーザーの発言をテンプレート学習し、テンプレート辞書(Dictionary)に追加する
/// </summary>
/// <remarks>Study()から呼ばれる内部メソッド</remarks>
///
/// <param name="parts">
/// 形態素と品詞を格納したstring配列のリスト
/// {{形態素, 品詞情報}, {形態素, 品詞情報}, ...}
/// </param>
public void StudyTemplate(List<string[]> parts) // ――――――――― ⑫
{
    string tempStr = ""; // ――――――――――――――――――――― ⑬
    int count = 0; // ―――――――――――――――――――――――― ⑭

    // 形態素と品詞を格納したstring配列のリストから
    // 配列{形態素, 品詞情報}を抽出して処理を繰り返す
    foreach (string[] morpheme in parts) // ――――――――――― ⑮
    {
        // Analyzer.KeywordCheck()を実行して、形態素の品詞情報morpheme[1]が
        // "名詞,(一般|固有名詞|サ変接続|形容動詞語幹)"にマッチングするか調べる
        if (Analyzer.KeywordCheck(morpheme[1]).Success) // ―――――― ⑯
        {
            // 形態素がキーワード認定された場合は{形態素, 品詞情報}の
            // 形態素を"%noun%"に書き換え、countの値に1加算する
            morpheme[0] = "%noun%";
```

```
                count ++;
            }

            // 形態素または"%noun%"をtempStrの文字列に連結する
            tempStr += morpheme[0]; // ──────────────── ⑰
        }

        // "%noun%"が存在する場合のみテンプレート辞書(Dictionary)に追加する処理に進む
        if (count > 0) ──────────────────────── ⑱
        {
            // "%noun%"の出現回数countの値を文字列に変換
            string num = Convert.ToString(count); //

            // テンプレート辞書(Dictionary)に%noun%の出現回数numのキーが
            // 存在しない場合はnumをキー、空のリストのペアを追加する
            if (!_templateDictionary.ContainsKey(num)) // ──── ⑲
            {
                _templateDictionary.Add(num,        // キーは"%noun%"の出現回数
                                        new List<string>()); // 値は空のリスト
            }

            // 処理中のテンプレート文字列が_templateDictionaryの
            // numをキーとするリストに存在しない場合
            if (!_templateDictionary[num].Contains(tempStr)) // ── ⑳
            {
                // キーnumのリストに処理中のテンプレート文字列を追加する
                _templateDictionary[num].Add(tempStr); // ──── ㉑
            }
        }
    }

    /// <summary>
    /// ランダム辞書(リスト)を辞書ファイルに書き込む
    /// パターン辞書(リスト)を辞書ファイルに書き込む
    /// テンプレート辞書(Dictionary)を辞書ファイルに書き込む
    /// </summary>
    /// <remarks>Cchanクラスから呼ばれる</remarks>
    public void Save()
    {
        //// ランダム辞書 ///
        // WriteAllLines()でランダム辞書(リスト)のすべての要素をファイルに書き込む
        // 書き込み完了後、ファイルは自動的に閉じられる
```

```
        File.WriteAllLines(
            @"dics¥random.txt",  // ランダム辞書ファイルを書き込み先に指定
            _randomList,         // ランダム辞書の中身を書き込む
            System.Text.Encoding.UTF8 // 文字コードをUTF-8に指定
            );

        /// パターン辞書 ///
        // 現在のパターン辞書_patternListから作成したパターン辞書1行のデータを
        // 格納するためのリストを生成
        List<string> patternLine = new();

        // パターン辞書_patternListのParseItemオブジェクトの処理を繰り返す
        foreach (ParseItem item in _patternList)
        {
            // ParseItemクラスのMakeLine()メソッドでパターン辞書1行の
            // データを作成し、patternLineに追加する
            patternLine.Add(item.MakeLine());
        }

        // パターン辞書(リスト)から生成したすべての行データをファイルに書き込む
        File.WriteAllLines(
            @"dics¥pattern.txt",         // パターン辞書ファイルを書き込み先に指定
            patternLine,                 // 作成されたすべての行データを書き込む
            System.Text.Encoding.UTF8 // 文字コードをUTF-8に指定
            );

        /// テンプレート辞書 ///
        // 現在のテンプレート辞書_templateDictionaryから作成した
        // テンプレート辞書1行のデータを格納するためのリストを生成
        List<string> templateLine = new(); // ―――――――――――――――― ㉒

        // テンプレート辞書からキーと値のペアをすべて取り出す
        foreach (var dic in _templateDictionary) // ――――――――――― ㉓
        {
            // 1個のキーの値(テンプレート文字列のリスト)から
            // 1個のテンプレート文字列を抽出
            foreach(var temp in dic.Value) ―――――――――――――――― ㉔
            {
                // テンプレート辞書ファイルのフォーマットで行データを作成して
                // 行データを保持するリストに追加する
                templateLine.Add(dic.Key + "¥t" + temp); // ―――――― ㉕
            }
```

```
        }

        // 行データの先頭にある"%noun%出現回数でソートする
        templateLine.Sort(); // ──────────────────── ㉖

        // テンプレート辞書(Dictionary)から生成した行データをファイルに書き込む
        File.WriteAllLines(
            @"dics¥template.txt",       // テンプレート辞書ファイルを書き込み先に指定
            templateLine,              // 作成されたすべての行データを書き込む
            System.Text.Encoding.UTF8 // 文字コードをUTF-8に指定
            ); // ──────────────────── ㉗
    }
  }
}
```

●新規のフィールドとプロパティ

❶Dictionary<string, List<string>> _templateDictionary = new();

テンプレート辞書ファイルを読み込んで作成したDictionaryを保持するフィールドです。キーはstiring型の文字列、値はList<string>です。

❷public Dictionary<string, List<string>> Template { get => _templateDictionary; }

テンプレート辞書(Dictionary)を外部で取得するための読み取り専用のプロパティです。

●テンプレート辞書(Dictionary)の作成

❸MakeTemplateDictionary();

コンストラクターの処理に、テンプレート辞書を作成するMakeTemplateDictionary()の呼び出しを追加します。

❹private void MakeTemplateDictionary()

新設のメソッドで、Dictionary<string, List<string>>型のテンプレート辞書を作成します。

❺string[] t_lines = File.ReadAllLines(@"dics¥template.txt",
System.Text.Encoding.UTF8);

テンプレート辞書ファイルからデータを1行ずつ読み込んで、string型の配列に格納します。

❻foreach (string line in t_lines)

テンプレート辞書ファイルの各1行を取り出し、応答用に加工して

```
new_lines.Add(str);
```

でパターン辞書ファイルの各1行を保持するリストに追加します。

❼foreach (string line in new_lines)

パターン辞書ファイルの各1行を保持するリストから1行のデータを取り出します。

❾if (!_templateDictionary.ContainsKey(carveLine[0]))

❽で行データをタブで切り分けたあと、切り分けた先頭要素（%noun%の出現回数）が現在のテンプレート辞書（Dictionary）のキーとして存在するかをContainsKey()メソッドで確認し、存在しない場合は、

```
_templateDictionary.Add(carveLine[0], new List<string>());
```

を実行して、テンプレート辞書（Dictionary）に新規のキー（%noun%の出現回数）と、その値として空のstring型のリストを追加します。

❿_templateDictionary[carveLine[0]].Add(carveLine[1]);

%noun%の出現回数（carveLine[0]）をキーに指定して、その値のリストにテンプレート文字列（carveLine[1]）を追加します。

foreachで繰り返すことにより、同じ出現回数のテンプレート文字列がリストにまとめられます。

▼テンプレート辞書（Dictionary）の中身

```
{"1", {"%noun%なのね", "%noun%がいいんだ", "%noun%はヤダ！", ... } }
```

最終的には、次のようにすべてのテンプレートが同じ出現回数ごとにリストにまとめられます。

▼辞書_templateDictionaryの最終的な中身

```
{"1", {"%noun%なのね", "%noun%がいいんだ", "%noun%はヤダ！", ...},
 "2", {"%noun%！%noun%！", "%noun%？%noun%？", "%noun%が%noun%なんだね", ...},
 "3", {"%noun%の%noun%に%noun%がいるよ", "%noun%は%noun%で%noun%なの？", ...},
 "4", {"%noun%と%noun%を混ぜると%noun%と%noun%になっちゃうんだよ", ...},
 ...}
```

●テンプレートの学習

ユーザーの発言(インプット文字列)からのテンプレート学習は、新設のStudyTemplate()メソッドで行います。これを呼び出しているのがStudy()メソッドの⑪です。呼び出すときは形態素解析結果のpartsを引数にします。

⑫public void StudyTemplate(List<string[]> parts)

StudyTemplate()メソッドの宣言部分です。形態素解析結果を受け取るパラメーターpartsが設定されています。

⑬string tempStr = "";
⑭int count = 0;

テンプレート文字列を格納するtempStrと、%noun%の出現回数を格納するcountを初期化します。

⑮foreach (string[] morpheme in parts)

形態素解析結果のリストから形態素と品詞情報の配列をブロックパラメーターmorphemeに格納します。

⑯if (Analyzer.KeywordCheck(morpheme[1]).Success)

morpheme[1]を引数にしてAnalyzer.KeywordCheck()を実行し、形態素の品詞情報がキーワードとして認定されるかを調べます。キーワード認定された場合は、ブロックパラメーターmorphemeの{形態素, 品詞情報}の形態素の部分を"%noun%"に書き換え、countの値に1加算します。

⑰tempStr += morpheme[0];

⑰では、ifステートメントとは関係なしに、morpheme[0]の内容を変数tempStrに追加していきます。foreachの処理が完了すると、次のようなテンプレート文字列が出来上がります。

▼ユーザーの発言が「パスタならカルボナーラがいいな」だった場合

```
"%noun%なら%noun%がいいな"
```

"パスタ"、"カルボナーラ"はキーワード認定されたので、%noun%に置き換えられました。このときのcountの値は2です。もし、ユーザーの発言の中にキーワードに認定される単語がなかった場合は、%noun%の埋め込みは行われず、countの値も0のままとなります。

⑱if (count > 0)

countの値が0より大きい、つまり%noun%に置き換えられたテンプレートが存在する場合は、テンプレート辞書(Dictionary)に追加する処理に進みます。

⑲if (!_templateDictionary.ContainsKey(num))

⑱にネストされたifステートメントで、テンプレート辞書（Dictionary）に、countを文字列化したnumがキーとして存在するかをチェックします。存在しない場合は、numをキー、空のリストを値にしてテンプレート辞書（Dictionary）に追加します。空のリストを値としたのは、同じ出現回数のテンプレート文字列を1つのリストにまとめるためです。

⑳if (!_templateDictionary[num].Contains(tempStr))

最後に、テンプレート辞書（Dictionary）のnumをキーとするリストの中に、⑰で作成したテンプレート文字列が存在するか確認します。未知のテンプレート文字列であれば、㉑でキーnumのリストに処理中のテンプレート文字列を追加します。これで、テンプレート辞書の中身は次のようになるはずです。

▼ユーザーの発言が「パスタならカルボナーラがいいな」の場合のテンプレート辞書

```
{"1", {"%noun%なのね", "%noun%がいいんだ", "%noun%はヤダ！", ...},
 "2", {"%noun%なら%noun%がいいな", "%noun%！%noun%！", "%noun%？%noun%？", ...},
 "3", {"%noun%の%noun%に%noun%がいるよ", "%noun%は%noun%で%noun%なの？", ...},
 "4", {"%noun%と%noun%を混ぜると%noun%と%noun%になっちゃうんだよ", ...},
 ...}
```

※赤字の箇所が新たに追加されたテンプレート文字列です。

●テンプレート辞書ファイルへの保存

残るはテンプレート辞書ファイルへの保存です。Save()メソッドの㉒からテンプレート辞書の保存処理が始まります。テンプレート辞書（Dictionary）のキーが持つリストを、ネストされたforeachで繰り返しながら1行ずつ出力していくという処理です。

㉒List<string> templateLine = new();

テンプレート辞書の1行を格納するリストを初期化します。

㉓foreach (var dic in _templateDictionary)

テンプレート辞書（Dictionary）からすべてのキー／値のペアを取り出して処理を繰り返します。

㉔foreach(var temp in dic.Value)

ネストされたforeachで、テンプレート文字列のリストをValueプロパティで参照し、要素のテンプレート文字列を1個ずつ取り出します。

㉕templateLine.Add(dic.Key + "¥t" + temp);

現在のキー/値のペアからKeyプロパティでキーを取り出し、タブ文字とテンプレート文字列tempを連結します。これでテンプレート辞書1行ぶんのデータの出来上がりです。

▼最初に追加される1行データの例

```
"1[Tab]%noun%なのね"
```

㉖templateLine.Sort();

外側のforeach(㉓)のループが完了すれば、すべてのテンプレートがリストtemplateLineの要素として格納されます。ただし、ここで気になることが1つあります。㉓において、テンプレート辞書(Dictionary)からキー/値のペアを取り出す際に、取り出す順序が決まっていない、ということです。このため、%noun%の出現回数がバラバラに並んでいる可能性があります。そこで、ListクラスのSort()メソッドで要素を昇順で並べ替えます。テンプレートの先頭は出現回数を示す数字になっているので、出現回数ごとにきれいに並べ替えられます。

㉗File.WriteAllLines(@"dics¥template.txt", templateLine,
System.Text.Encoding.UTF8);

最後にFileクラスのWriteAllLines()メソッドでテンプレート辞書ファイルに書き込んで終了です。templateリストは並べ替えが済んでいますので、出現回数ごとに昇順で並んだテンプレート1行のデータが順番にファイルに書き込まれます。

▼ファイルに書き込む直前のリストtemplateLineの中身

```
{ "1[Tab]%noun%なのね",
  "1[Tab]%noun%がいいんだ",
  "1[Tab]%noun%はヤダ!",
   ...... ,
  "2[Tab]%noun%!%noun%!",
  "2[Tab]%noun%が%noun%なんだね",
   ...... ,
  "3[Tab]%noun%の%noun%に%noun%がいるよ",
  "3[Tab]%noun%は%noun%と%noun%に任せよう", ...... }
```

Responderクラス群の新規のサブクラスTemplateResponder

応答フレーズを生成するResponderクラス一族の一員として、テンプレート辞書に反応して応答を返すためのTemplateResponderクラスが追加されました。ソースファイル「TemplateResponder.cs」を作成し、以下のコードを記述します。

▼TemplateResponderクラス(TemplateResponder.py)

```
using System;
using System.Collections.Generic;
using System.Text.RegularExpressions;

namespace Chatbot
```

```
{
    /// <summary>Responderクラスのサブクラス</summary>
    /// <remarks>テンプレート辞書を利用した応答フレーズを作る</remarks>
    internal class TemplateResponder : Responder // ──────────── ❶
    {
        /// <summary>TemplateResponderのコンストラクター</summary>
        /// <remarks>スーパークラスResponderのコンストラクターを呼び出す</remarks>
        /// <param name="name">応答に使用されるクラスの名前</param>
        /// <param name="dic">Cdictionaryオブジェクト</param>
        public TemplateResponder(string name, Cdictionary dic) : base(name, dic)
        {

        }

        /// <summary>スーパークラスのResponse()をオーバーライド</summary>
        /// <remarks>テンプレート辞書を参照して応答フレーズを作成する</remarks>
        /// <param name="input">ユーザーの発言</param>
        /// <param name="mood">C#ちゃんの現在の機嫌値</param>
        /// <param name="parts">{形態素, 品詞情報}の配列を格納したリスト</param>
        ///
        /// <returns>
        /// ・ユーザーの発言にパターン辞書がマッチした場合:
        ///       パターン辞書の応答フレーズからランダムに抽出して返す
        ///
        /// ・ユーザーの発言にパターン辞書がマッチしない場合:
        /// ・またはパターン辞書の応答フレーズが返されなかった場合:
        ///       ランダム辞書から抽出した応答フレーズを返す
        /// </returns>
        public override string Response(string input,
                                        int mood, List<string[]> parts) // ── ❷
        {
            // ユーザーの発言からキーワード認定された単語を保持するリスト
            List<string> keywords = new(); // ──────────── ❸

            // Cdictionary.PatternプロパティでParseItemオブジェクトを1つずつ取り出す
            foreach (string[] morpheme in parts) // ──────────── ❹
            {
                // ユーザーの発言にキーワード認定の単語が含まれている場合は
                // リストkeywordsに追加する
                if (Analyzer.KeywordCheck(morpheme[1]).Success) // ──── ❺
                {
                    keywords.Add(morpheme[0]);
```

```
            }
        }

        // システム起動後のミリ秒単位の経過時間を引数にしてRandomオブジェクトを生成
        Random rdm = new(Environment.TickCount); // ―――――――――― ❻

        // keywordsの要素数をListのCountプロパティで取得
        int count = keywords.Count; // ―――――――――――――――――― ❼

        // キーワード認定の単語が1個以上あり、なおかつ
        // テンプレート辞書のキーにcountと同じ数字が存在する場合
        if ((count > 0) &&
            (Cdictionary.Template.ContainsKey(Convert.ToString(count)))
            ) // ――――――――――――――――――――――――――――――― ❽
        {
            // 現在のcountをキーに指定して同じ数の%noun%を持つ
            // テンプレート文字列のリストを取得する
            var templates = Cdictionary.Template[Convert.ToString(count)]; // ― ❾
            // テンプレート文字列のリストからランダムに1個のテンプレートを抽出
            string temp = templates[rdm.Next(0, templates.Count)]; // ―― ❿
            // Regexオブジェクトに正規表現のパターンとして"%noun%"を登録
            Regex re = new("%noun%"); // ――――――――――――――――― ⓫

            // キーワードのリストからキーワードを取り出す
            foreach (string word in keywords) // ―――――――――――― ⓬
            {
                // テンプレート文字列の"%noun%"をキーワードに置き換える
                // 置き換えは1回のみにして、後続の"%noun%"が存在する場合は
                // 次のキーワードで置き換えるようにする
                temp = re.Replace(temp, word, 1); // ――――――――― ⓭
            }
            // "%noun%"を置き換えたあとのテンプレート文字列を返す
            return temp; // ――――――――――――――――――――――――― ⓮
        }

        // キーワード認定の単語が0、
        // またはテンプレート辞書のキーにキーワード認定の単語数が存在しない場合は
        // ランダム辞書(リスト)からランダムに抽出して返す
        return Cdictionary.Random[rdm.Next(0, Cdictionary.Random.Count)]; // ― ⓯
    }
  }
}
```

●ソースコードの解説

冒頭には、正規表現のパターンマッチを行うためのusing句、

```
using System.Text.RegularExpressions;
```

が記述されています。

❶internal class TemplateResponder : Responder

Responderクラスを継承したサブクラスTemplateResponderの宣言部です。

❷public override string Response(string input, int mood, List<string[]> parts)

スーパークラスResponderのResponse()をオーバーライドしていますが、メソッドのパラメーターにList<string[]> partsが追加されました。ユーザーの発言を形態素解析した結果の配列{"形態素", "品詞情報"}を要素にしたリストを取得するためです。このことで、スーパークラスとすべてのサブクラスのResponse()メソッドについてもパラメーターpartsが追加されます。

❸List<string> keywords = new();

ユーザーの発言からキーワード認定された単語を保持するリストを用意します。

❹foreach (string[] morpheme in parts)

パラメーターpartsから配列{"形態素", "品詞情報"}を取り出し、ブロックパラメーターmorphemeに格納します。

❺if (Analyzer.KeywordCheck(morpheme[1]).Success)

morpheme[1]に格納されている品詞情報をAnalyzerクラスのKeywordCheck()でチェックし、戻り値のMatchオブジェクトのSuccessプロパティがtrue、つまりキーワード認定された場合は、

```
keywords.Add(morpheme[0]);
```

でリストkeywordsに形態素morpheme[0]を追加します。

▼ユーザーの発言が"パスタならカルボナーラがいいな"の場合のkeywordsの中身

```
{"パスタ", "カルボナーラ"}
```

❻Random rdm = new(Environment.TickCount);

あとの処理で、応答フレーズをランダムに抽出する箇所があります。このためのRandomオブジェクトを生成しておきます。

❼int count = keywords.Count;

keywordsに格納されたキーワードの数をcountに代入します。

❽if ((count > 0) && (Cdictionary.Template.ContainsKey(Convert.ToString(count))))

テンプレート辞書が使える条件は、ユーザーの発言から1つ以上のキーワードが検出でき、キーワードの数に対応する%noun%が設定されたテンプレート文字列が存在することです。そこで、ifステートメントではこの2つの条件をチェックしています。

▼ifステートメントの2つの条件

- (count > 0)
  keywordsには1つ以上の名詞が存在するかを確認します。
- (Cdictionary.Template.ContainsKey(Convert.ToString(count)))
  辞書クラスのオブジェクトはスーパークラスResponderで定義されているCdictionaryプロパティで参照できます。テンプレート辞書（Dictionary）をCdictionaryクラスのTemplateプロパティで参照し、ContainsKey()メソッドでcountと同じ数のキーが存在するかを確認します。

❾var templates = Cdictionary.Template[Convert.ToString(count)];
❿string temp = templates[rdm.Next(0, templates.Count)];

❽のチェックにパスできれば、テンプレート辞書にはキーワードの数に対応するテンプレート文字列のリストが存在することになります。テンプレート辞書（Dictionary）からキーcountの値（テンプレート文字列のリスト）を取得します（❾）。

```
Cdictionary.Template[任意のキー(回数を示す数字)]
```

とすれば、%noun%の出現回数に対応するテンプレート文字列のリストが取得できます。続いて、取得したリストからランダムに1つのテンプレート文字列を抽出します（❿）。

⓫Regex re = new("%noun%");

テンプレート文字列の%noun%を正規表現のパターンとしてRegexオブジェクトに登録します。

⓬foreach (string word in keywords)

❿までの処理で、応答に使えるテンプレート文字列が取得できています。あとは、テンプレートの%noun%の部分にkeywordsに格納されている名詞を埋め込んでいけば、応答フレーズが完成します。

⓭temp = re.Replace(temp, word, 1);

%noun%を正規表現のパターンとして登録したRegexオブジェクトからReplace()メソッドを実行し、❿で変数tempに格納されているテンプレート文字列の%noun%をforeachで取り出したキーワードwordに置き換えます。

▼Regex.Replace()メソッドの書式

```
Regex.Replace(書き換え前の文字列, 書き換え後の文字列, 書き換える回数)
```

置き換えを行うのは1回だけにして、後続の%noun%が同じキーワードで置き換えられないようにします。ユーザーの発言が

"パスタならカルボナーラがいいな"

の場合、こんなふうになります。

▼keywordsの中身

```
{"パスタ", "カルボナーラ"]
```

▼抽出されたテンプレート文字列

```
"%noun%がわかると、%noun%のよさがわかるんだ"
```

▼foreachの1回目の処理

```
"パスタがわかると、%noun%のよさがわかるんだ"
```

▼foreachの2回目の処理

```
"パスタがわかると、カルボナーラのよさがわかるんだ"
```

処理を繰り返すことで、キーワードが%noun%の箇所に順番に埋め込まれます。抽出されるテンプレート文字列によってはまったく異なる内容になります。

▼抽出されたテンプレート文字列

```
"ぷぷぷ、%noun%は%noun%なんだね"
```

▼応答フレーズ

```
"ぷぷぷ、パスタはカルボナーラなんだね"
```

ちょっとイジワルな返しになりましたが、テンプレート文字列を使った置き換え処理はこのような感じで行われます。あとは応答フレーズをreturnすれば(⑭)メソッドの処理は完了です。

⑮の処理は、テンプレート辞書の処理に該当しない場合にランダム辞書から応答フレーズを返すためのものです。

スーパークラスResponderとサブクラスの修正

今回作成したTemplateResponderのResponse()メソッドでは、形態素解析の結果を取得するためのパラメーターが設定されたので、スーパークラスとそのサブクラスで定義されているResponse()メソッドにも同じパラメーターを設定しておきましょう。

▼Responderクラス（Responder.cs）

```
using System.Collections.Generic; // ―――――― 新規追加

namespace Chatbot
{
    /// <summary>応答クラスのスーパークラス</summary>
    class Responder
    {
        /// <summary>応答に使用されるクラス名を参照/設定するプロパティ</summary>
        public string Name { get; set; }
        /// <summary>Cdictionaryオブジェクトを参照/設定するプロパティ</summary>
        public Cdictionary Cdictionary { get; set; }

        /// <summary>コンストラクター</summary>
        public Responder(string name, Cdictionary dic)
        {
            Name = name; // 応答するクラス名をプロパティにセット
            Cdictionary = dic; // Cdictionaryオブジェクトをプロパティにセット
        }

        /// <summary>ユーザーの発言に対して応答を返す</summary>
        /// <param name="input">ユーザーの発言</param>
        /// <param name="mood">C#ちゃんの現在の機嫌値</param>
        /// <param name="parts">{形態素， 品詞情報}の配列を格納したリスト</param>
        public virtual string Response(
            string input, int mood,
            List<string[]> parts)  // ―――――― 形態素解析の結果を取得するパラメーター
        {
           return "";
        }
    }
}
```

▼RepeatResponderクラス (RepeatResponder.cs)

```
using System.Collections.Generic; // ──────── 新規追加

namespace Chatbot
{
    /// <summary>Responderクラスのサブクラス</summary>
    /// <remarks>オウム返しの応答フレーズを作る</remarks>
    class RepeatResponder : Responder
    {
        /// <summary>RepeatResponderのコンストラクター</summary>
        public RepeatResponder(string name, Cdictionary dic) : base(name, dic)
        {
        }

        /// <summary>スーパークラスのResponse()をオーバーライド</summary>
        /// <remarks>オウム返しの応答フレーズを作成する</remarks>
        public override string Response(
            string input, int mood,
            List<string[]> parts) // ──────── 形態素解析の結果を取得するパラメーター
        {
            // ユーザーの発言に"ってなに?"を付けたものを応答フレーズとして返す
            return string.Format("{0}ってなに?", input);
        }
    }
}
```

▼RandomResponderクラス (RandomResponder.cs)

```
using System;
using System.Collections.Generic;

namespace Chatbot
{
    /// <summary>Responderクラスのサブクラス</summary>
    /// <remarks>ランダム辞書から無作為に抽出した応答フレーズを作る</remarks>
    class RandomResponder : Responder
    {
        /// <summary>RandomResponderのコンストラクター</summary>
        public RandomResponder(string name, Cdictionary dic) : base(name, dic)
        {
        }

        /// <summary>スーパークラスのResponse()をオーバーライド</summary>
```

```
        /// <remarks>ランダム辞書から無作為に抽出して応答フレーズを作成する</remarks>
        public override string Response(
            string input, int mood,
            List<string[]> parts) // ——————— 形態素解析の結果を取得するパラメーター
        {

            int seed = Environment.TickCount; // システム起動後の経過時間を取得
            Random rdm = new(seed); // シード値を引数にしてRandomオブジェクトを生成
            // ランダム辞書のリストからランダムに抽出し、応答フレーズとして返す
            return Cdictionary.Random[rdm.Next(0, Cdictionary.Random.Count)];
        }
    }
}
```

▼PatternResponderクラス (PatternResponder.cs)

```
using System;
using System.Collections.Generic; // ——————— 新規追加

namespace Chatbot
{
    /// <summary>Responderクラスのサブクラス</summary>
    /// <remarks>ユーザーの発言に反応した応答フレーズを作る</remarks>
    class PatternResponder : Responder
    {
        /// <summary>PatternResponderのコンストラクター</summary>
        public PatternResponder(string name, Cdictionary dic) : base(name, dic)
        {
        }

        /// <summary>スーパークラスのResponse()をオーバーライド</summary>
        /// <remarks>パターン辞書を参照して応答フレーズを作成する</remarks>
        public override string Response(
            string input, int mood,
            List<string[]> parts) // ——————— 形態素解析の結果を取得するパラメーター
        {
            foreach (ParseItem parseItem in Cdictionary.Pattern)
            {
                string mtc = parseItem.Match(input);
                if (String.IsNullOrEmpty(mtc) == false)
                {
                    string resp = parseItem.Choice(mood);
                    if (resp != null)
```

```
                    return resp.Replace("%match%", mtc);
                }
            }
            int seed = Environment.TickCount;
            Random rdm = new(seed);
            return Cdictionary.Random[rdm.Next(0, Cdictionary.Random.Count)];
        }
    }
}
```

C#ちゃんの本体クラスの変更

C#ちゃんの本体クラスCchanに、TemplateResponderを使って応答フレーズを返すための記述を加えます。

▼Cchanクラス (Cchan.cs)

```
using System;
using System.Collections.Generic; // Listのために必要

namespace Chatbot
{
    class Cchan
    {
        /// <summary>プログラム名を保持</summary>
        private string _name;
        /// <summary>Cdictionaryオブジェクトを保持</summary>
        private Cdictionary _dictionary;
        /// <summary>CchanEmotionオブジェクトを保持</summary>
        private CchanEmotion _emotion;
        /// <summary>RandomResponderオブジェクトを保持</summary>
        private RandomResponder _res_random;
        /// <summary>RepeatResponderオブジェクトを保持</summary>
        private RepeatResponder _res_repeat;
        /// <summary>PatternResponderオブジェクトを保持</summary>
        private PatternResponder _res_pattern;
        /// <summary>TemplateResponderオブジェクトを保持</summary>
        private TemplateResponder _res_template; // ――――――――――― ❶
        /// <summary>Responder型のフィールド</summary>
        private Responder _responder;

        /// <summary>プログラム名_nameの読み取り専用プロパティ</summary>
```

```
        public string Name
        {
            get => _name;
        }
        /// <summary>_emotionの読み取り専用プロパティ</summary>
        public CchanEmotion Emotion
        {
            get => _emotion;
        }

        /// <summary>Cchanクラスのコンストラクター</summary>
        public Cchan(string name)
        {
            _name = name;
            _dictionary = new Cdictionary();
            _emotion = new CchanEmotion(_dictionary);
            _res_repeat = new RepeatResponder("Repeat", _dictionary);
            _res_random = new RandomResponder("Random", _dictionary);
            _res_pattern = new PatternResponder("Pattern", _dictionary);
            // TemplateResponderのインスタンスをフィールドに格納
            _res_template = new TemplateResponder("Template", _dictionary); // ❷
            _responder = new Responder("Responder", _dictionary);
        }

        /// <summary>Responderサブクラスをチョイスして応答フレーズを作成</summary>
        /// <param name="input">ユーザーの発言</param>
        public string Dialogue(string input)
        {
            // ユーザーの発言をパターン辞書にマッチさせ、機嫌値の更新を試みる
            _emotion.Update(input);
            // ユーザーの発言を形態素解析して{形態素, 品詞情報}の配列のリストを取得
            List<string[]> parts = Analyzer.Analyze(input);
            Random rnd = new(); // Randomオブジェクトを生成
            int num = rnd.Next(0, 10); // 0～9の範囲の値をランダムに生成

            if (num < 4)       // 0～3ならPatternResponderをチョイス
                _responder = _res_pattern;
            else if (num < 7) // 4～6ならTemplateResponderをチョイス
                _responder = _res_template; // ❸
            else if (num < 9) // 7～8ならRandomResponderをチョイス
                _responder = _res_random;
            else // どの条件も成立しない場合はRepeatResponderをチョイス
                _responder = _res_repeat;
```

```
            // ユーザーの発言を記憶する前にResponse()メソッドを実行して応答フレーズを生成
            string resp = _responder.Response(
                input,          // ユーザーの発言
                _emotion.Mood, // C#ちゃんの現在の機嫌値
                parts           // {形態素, 品詞情報}の配列を格納したリスト
                ); // ──────────────────────────────────────── ❹
            // ユーザーの発言と形態素解析の結果を引数にしてCdictionaryのStudy()を実行
            _dictionary.Study(input, parts);
            // 応答フレーズをreturnする
            return resp;
        }

        /// <summary>応答に使用されたサブクラス名を返す</summary>
        public string GetName()
        {
            return _responder.Name;
        }

        /// <summary>CdictionaryクラスのSave()を呼び出すための中継メソッド</summary>
        public void Save()
        {
            _dictionary.Save();
        }
    }
}
```

●ソースコードの解説

❶private TemplateResponder _res_template;

TemplateResponderオブジェクトを保持するフィールドです。

❷_res_template = new TemplateResponder("Template", _dictionary);

コンストラクター内部にTemplateResponderオブジェクトを生成する処理が追加されました。

❸if (num < 4) _responder = _res_pattern;
else if (num < 7) _responder = _res_template;
else if (num < 9) _responder = _res_random;
else _responder = _res_repeat;

30パーセントの確率でTemplateResponderオブジェクトが使われるようにしています。

❹ string resp = _responder.Response(input, _emotion.Mood, parts);

ResponderのResponse()メソッドが形態素解析の結果を引数として要求するようになったので、partsを引数に加えました。

テンプレート学習を実装したC#ちゃんと対話してみる

はたしてC#ちゃんはテンプレートを学習するようになったのでしょうか。試してみましょう。

▼実行中のC#ちゃん

ユーザーの発言からテンプレートを学習して受け答えしています

画面左に表示されているログを抜き出してみると、次のようになっていました。

▼C#ちゃんとの対話

```
> お腹すいたな
C#ちゃん：Pattern> お腹すいたな
> お腹すいたよね、パスタ食べたい
C#ちゃん：Template> そんなにお腹ならパスタしなきゃ
> パスタならカルボナーラがいいな
C#ちゃん：Template> パスタのカルボナーラもいいぞ
> トマトのリゾットもいいよね
C#ちゃん：Pattern> それねー
```

短い対話でしたが、パターン辞書にテンプレート辞書を織り交ぜたうまい応答が返ってきています。ただ、テンプレート辞書の場合は、たんに名詞を入れ替えているだけなので、「そんなにお腹ならパスタしなきゃ」とちょっとおかしなことを言ったりしています。

今回の対話では

```
パスタならカルボナーラがいいな
```

という発言から

```
2[Tab]%noun%なら%noun%がいいな
```

をテンプレートとして学習し、

```
パスタのカルボナーラもいいぞ
```

という発言から

```
2[Tab]%noun%の%noun%もいいぞ
```

を学習し、辞書ファイルへの保存がなされています。この場合、別の名詞を入れると意味不明の文章になることが考えられます。

応答の中で

```
そんなにお腹ならパスタしなきゃ
```

という応答がありましたが、これは

```
そんなに%noun%なら%noun%しなきゃ
```

というテンプレート文字列が使われた結果で、言いたいことはわかるものの、おかしな言い方になっています。この場合は、1つの案として、テンプレート辞書ファイルを開いて前記のテンプレートを

```
そんな%noun%なら%noun%にしなきゃ
```

のようなパターンに修正しておくとよいかもしれません。そうすると

```
そんなお腹ならパスタにしなきゃ
```

というフレーズにすることができます。キーワードを「アンドロメダ」と「宇宙船」に変えた場合も

```
そんなアンドロメダなら宇宙船にしなきゃ
```

という応答フレーズになり、ギリギリのところで意味の通る文章になります。

対話を長く続けると、パターン辞書と同様におかしなテンプレートを覚えてしまうこともあります。そのままにしておくと、滅茶苦茶なことを言う確率が上がってしまいますので、たまには辞書ファイルをのぞいて整理するとよいでしょう。

Perfect Master Series
Visual C# 2022

Chapter 6

ADO.NETによるデータベースプログラミング

ADO.NETは、.NET Framework環境においてデータベースシステムへのアクセスを実現するためのソフトウェア、およびクラスライブラリです。Visual C#では、ADO.NETを利用することで、データベースシステムと連携したアプリケーションを作成することができます。

この章では、ADO.NETを使用して、SQL Serverと連携したデータベースアプリケーションの開発手順を紹介します。

Section

6.1 ADO.NETの概要

Level ★★★ Keyword ADO.NET RDBMS sqlcmd

ADO.NETは、Visual C#などの.NET Framework対応の言語から、データベースシステム（DBMS：Database Management System）を扱うために、.NET Frameworkに組み込まれたクラスライブラリです。

ADO.NETのクラス群を利用することで、「SQL Server」や「Access」、「Oracle」などのデータベースと接続して、処理を行うことができます。

ADO.NETによるデータベースシステムへの接続

ADO.NETは、クラスライブラリとして.NET Frameworkに組み込まれています。

● ADO.NET に含まれるデータベースアクセス用のクラス

- **SqlConnection**
  SQL Serverに接続します。
- **OracleConnection**
  Oracleデータベースに接続します。
- **OleDbConnection**
  従来から利用されている汎用的なデータ接続を行うためのクラスです。

● SQLによるデータベースの操作

SQL Serverなどのデータベースシステムに処理を依頼するときは、SQL言語を使用します。Visual C#プログラムからのSQL文の送信にあたっては、ADO.NETで提供されているSqlCommandクラスのオブジェクト（インスタンス）にSQL文を格納し、ExecuteReader()メソッドを使って送信します。

6.1.1 ADO.NETとデータベースプログラミング

ADO.NETは、Visual C#などの.NET Framework対応の言語からデータベースシステム(DBMS：Database Management System)を扱うために、.NET Frameworkに組み込まれた機能です。

ADO.NETを利用すると、Microsoft社の「SQL Server」や「Access」、さらにはOracle社のデータベースなど、様々なシステムで稼動するデータベースに接続し、データの作成や更新、検索などのデータベース操作を行うことができます。

ADO.NETの実体はクラスライブラリ

ADO.NETの機能は、クラスライブラリとして.NET Frameworkに組み込まれています。Visual C#からデータベースにアクセスするには、ADO.NETのクラスライブラリに収録されているクラス群から生成されるオブジェクトを利用することになります。

・SqlConnection
SQL Serverに接続するためのクラスです。

・OracleConnection
Oracleデータベースに接続するためのクラスです。

・OleDbConnection
従来から利用されている汎用的なデータ接続を行うためのクラスです。

ADO.NETのインストール先

ADO.NETは、プログラム側からデータベースに接続するためのテクノロジーです。このため、ADO.NETはデータベースサーバーではなく、データベースを利用する側で用意することが必要なので、クライアントアプリケーションが稼動するコンピューターにはADO.NETを含む.NET Frameworkがインストールされていなければなりません。

●クライアント/サーバー型システム

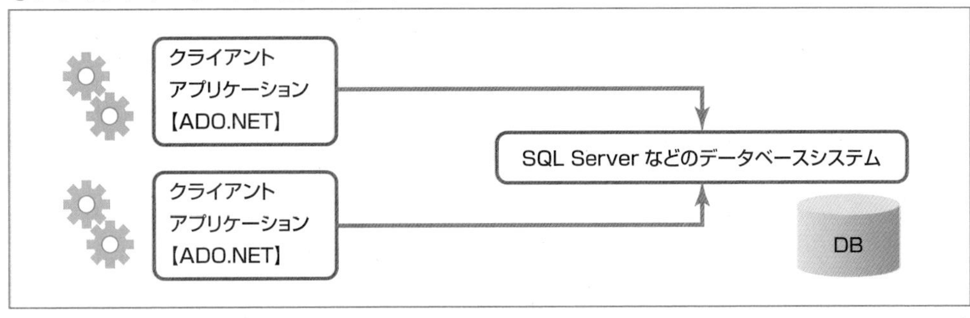

●Webを利用したシステム

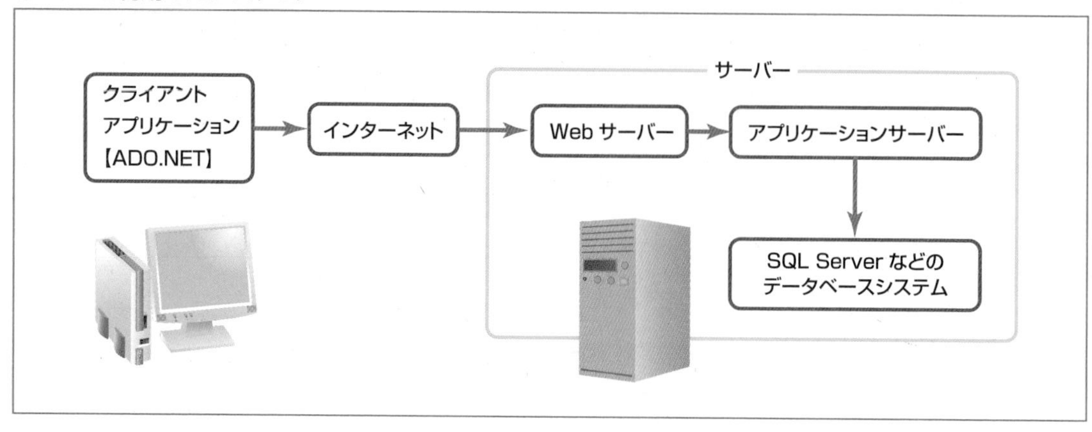

Memo 指定した文字を含むデータを検索する（LIKEによるあいまい検索）

指定した文字を含むデータを検索するには、**LIKE演算子**を使用してデータの抽出を行います。

▽指定した文字を含むデータを検索する

構文
```
SELECT 結果を表示する列名 FROM テーブル名 WHERE 検索対象の列名 LIKE 条件
```

●あいまい検索の条件設定

「LIKE 条件」の条件の部分は、「%」や「_」などのワイルドカード（次表）を使って検索する文字を指定します。

ワイルドカード	働き	使用例	該当する例
%	0文字以上の任意の文字列に相当	%タ	データ
ベース%	ベースの文字を指定	%木%	乃木坂
_（アンダースコア）	1文字に相当	_青山	南青山

6.1.2 データベース管理システム

データベースを管理するソフトウェアのことを**データベース管理システム**（**DBMS**：Database Management System）と呼びます。この中でも、SQL ServerやOracleデータベースは、データの管理形態である「テーブル」を複数、連結して処理を行えることから、**リレーショナルデータベース管理システム**（**RDBMS**：Relational Database Management System）と呼ばれます。

RDBMSを含むDBMSは、主に次のような処理を行います。

・データを保存するためのデータベースの作成
・データの追加や更新、削除
・問い合わせに対して蓄積されたデータの中から回答
・データベースの保守やセキュリティに関する処理

SQLによるデータベースの操作

クライアントプログラムがRDBMSに処理を依頼するときは、SQL言語を使って処理の内容を伝えます。SQL言語を使って記述したSQL文をRDBMSに送れば、RDBMSはSQL文の内容を解釈して処理を行います。

SQL Serverの「SQL Server Management Studio」のようにGUI画面を持つクライアントプログラムもありますが、すべての操作結果は最終的にSQL文に変換されて、RDBMSに送られます。また、SQL Serverの「sqlcmd」と呼ばれるクライアントプログラムでは、コマンドプロンプトを利用して、直接、SQL文を入力することで、処理を行います。

●Visual C#からのSQL文の送信

Visual C#のプログラムにおけるSQL文の送信は、ADO.NETで提供されているSqlCommandクラスのオブジェクト（インスタンス）を利用します。具体的には、SqlCommandオブジェクトにSQL文を格納し、ExecuteReader()メソッドを使って送信します。

データベースファイルとテーブル

データベースを利用するには、まずデータベース用のファイルを作成し、このファイルの中にテーブルを作成します。テーブルは具体的なデータを格納するためのもので、Excelのワークシートのように列と行で構成された表形式の構造を持ちます。列（カラム）には、それぞれ「Name」や「Address」など、データを分類するための名前を付け、登録するデータの型を指定します。

データベースの用語

テーブルは、列（カラム）と行（レコード）で構成されている表のことで、あらかじめ指定しておいた形式に従って、データを記録していきます。

●カラム

テーブルの列にあたり、顧客情報を扱うテーブルであれば、名前、住所、電話番号などのカラム名（列見出し）によって、データを管理します。

●レコード

テーブルの行にあたり、設定されたカラムに従ってデータが入力されます。

▼テーブル、カラム、レコード

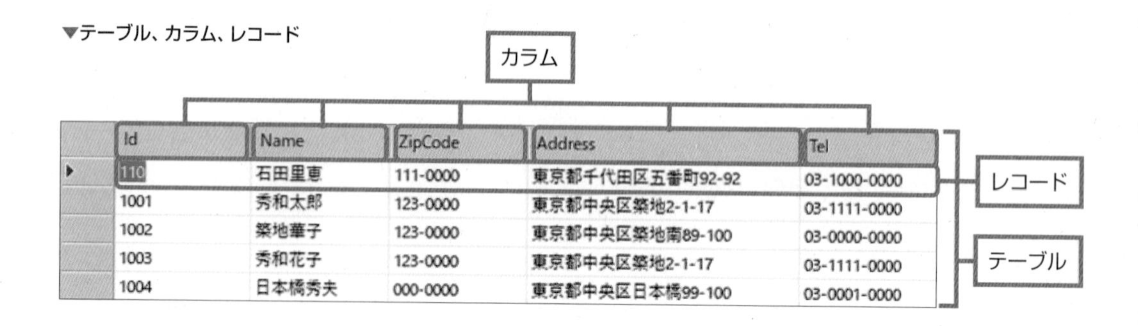

Id	Name	ZipCode	Address	Tel
110	石田里恵	111-0000	東京都千代田区五番町92-92	03-1000-0000
1001	秀和太郎	123-0000	東京都中央区築地2-1-17	03-1111-0000
1002	築地華子	123-0000	東京都中央区築地南89-100	03-0000-0000
1003	秀和花子	123-0000	東京都中央区築地2-1-17	03-1111-0000
1004	日本橋秀夫	000-0000	東京都中央区日本橋99-100	03-0001-0000

SQLの基本的な書き方

SELECTなどのキーワードは、すべて半角で入力します。なお、「東京」などの文字データの場合は、「'」または「"」で囲みます。

●キーワードは大文字でも小文字でもかまわない

SQLのキーワードは、大文字でも小文字でも同じように処理されます。ただし、大文字にした方が文の構造がわかりやすくなるため、一般的に次のような書き方が使われます。

▼キーワードは大文字

例：SELECT、FROM、WHEREなど

●単語と単語の間は半角スペースか改行で区切る

単語と単語の間は、半角スペースで区切るか、改行を入れなくてはなりません。

```
CREATE TABLE goods; ―――――― 単語と単語の間は半角スペースで区切ります。
CREATE    TABLE goods; ――― 2個以上の半角スペースでもかまいません。
CREATE TABLE
goods; ―――――――――――――――― このように改行を入れてもOKです。
```

●SQL文の最後には「;」を付ける(SQL Serverでは省略可)

SQL文の最後には、「;」(セミコロン)を付けます。「;」には、SQL文の終わりを示す働きがあります。ただし、SQL Serverでは「;」を省略することができます。

●SQLの命令文は3種類

SQLの命令文は、内容によって次の3つのグループに分類されます。

●DDL (Data Definition Language)

DDL(データ定義言語)は、データベースそのものの作成や削除、テーブルの作成や削除を行います。

```
CREATE ―――――――――――――――― データベースやテーブルを作成します。
DROP ―――――――――――――――――― データベースやテーブルを削除します。
ALTER ――――――――――――――――― データベースやテーブルの内容を変更します。
```

●DML (Data Manipulation Language)

DML(データ操作言語)は、テーブルのデータ(行データ)の登録や更新、削除、検索を行います。

```
SELECT ―――――――――――――――― データを検索します。
INSERT ―――――――――――――――― データを登録します。
UPDATE ―――――――――――――――― データを更新します。
DELETE ―――――――――――――――― データを削除します。
```

●DCL（Data Control Language）

DCLは、データベースに対して行った処理を確定したり、取り消したりします。また、データベースを操作する権限を与えたり、取り消したりすることも行います。

COMMIT	データベースに対して行った変更を確定します。
ROLLBACK	データベースに対して行った変更を取り消します。
GRANT	ユーザーに対して、データベースを操作する権限を与えます。
REMOVE	データベースを操作する権限を取り消します。

Memo 指定したデータを抽出する

SQL文では、次の構文を使ってデータの抽出を行っています。

▽データを検索する

構文

```
SELECT  結果として表示する列名
FROM    テーブル名
WHERE   検索する条件
```

●データ検索のポイント

- WHEREのあとに記述した条件に一致する行が検索されます。
- 条件に一致すると、「SELECT 列名」で指定した列のデータが表示されます。

●条件を指定する方法

- 検索条件を記述する場合は、列名に対して条件を指定します。条件を指定するには、「=」などの演算子を使います。

- 「～と等しい」とするには「=」を使います。

例：`Name = '太郎'`

- 「～より大きい」とするには「>」を使います。

例：`price > 100`

- 「～より小さい」とするには「<」を使います。

例：`price < 600`

Section 6.2 データベースの作成

Level ★★★ | Keyword テーブルデザイナー

Visual Studioでデータベースを作成し、データの登録までを行います。

データベースの作成

データベースやテーブルの作成は、すべてVisual Studioで行うことができます。

•データベースの作成からデータの登録までの手順

❶データベースを作成する

データベースは、[新しい項目の追加] ダイアログボックスの「サービスベースのデータベース」を使って作成します。

❷テーブルの作成

データを登録するためのテーブルはVisual Studioの「テーブルデザイナー」で作成します。

❸データの登録

テーブルデザイナーのデータウィンドウを使って行います。

▼[新しい項目の追加]ダイアログボックス

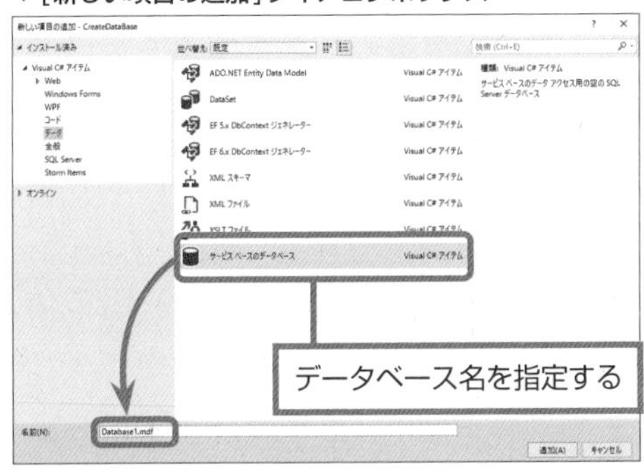

▼データウィンドウ

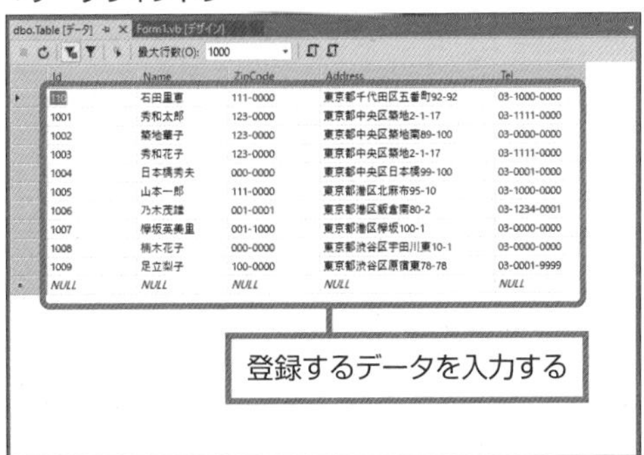

6.2.1 データベースを作成する

新しいプロジェクトの作成でWindowsフォームアプリケーション（.NET Framework）を選択してプロジェクトを作成します。今回は.NETではなく、.NET Framework対応のフォームアプリケーションとします。

Onepoint

データベースは、**新しい項目の追加**ダイアログボックスの**サービスベースのデータベース**を使って作成します。作成したデータベースファイル（拡張子「.mdf」）は、ソリューションフォルダー内のプロジェクト用フォルダーの中に作成されます。Windowsフォームアプリケーション用のプロジェクトを作成したあと、次の操作に進みましょう。

▼［新しい項目の追加］ダイアログボックス

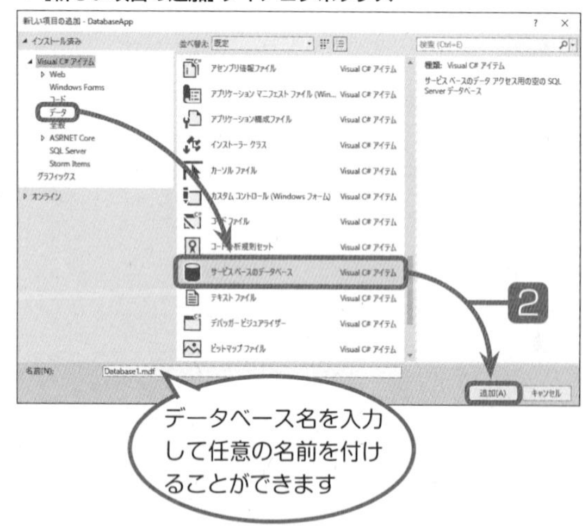
2
データベース名を入力して任意の名前を付けることができます

1 **プロジェクト**メニューの**新しい項目の追加**を選択します。

2 **データ**カテゴリを選択し、**サービスベースのデータベース**を選択して**追加**ボタンをクリックします。

Onepoint

ここでは、デフォルトで設定されているデータベース名（Database1.mdf）をそのまま使用しています。別の名前を付けたい場合は、名前の欄に任意のデータベース名を入力します（拡張子は「.mdf」）。

▼サーバーエクスプローラー

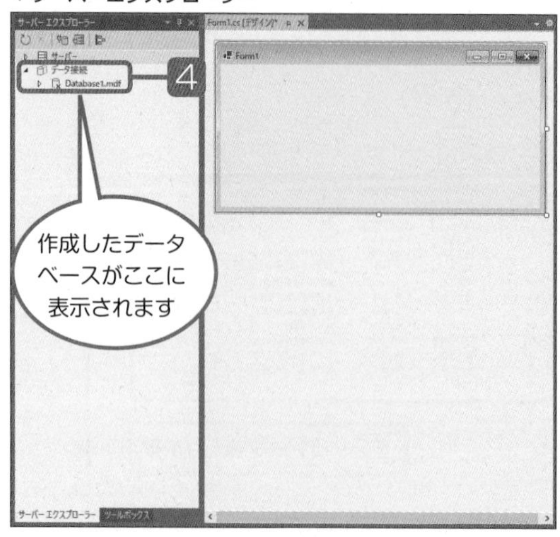
4
作成したデータベースがここに表示されます

3 **表示**メニューをクリックして**サーバーエクスプローラー**を選択します。

4 **サーバーエクスプローラー**が表示されるので、**データ接続**を展開すると、作成したデータベースが表示されます。

5 データベースのアイコンに切断状態を示す×印が付いています。**最新の情報に更新**ボタンをクリックしましょう。

▼サーバーエクスプローラー

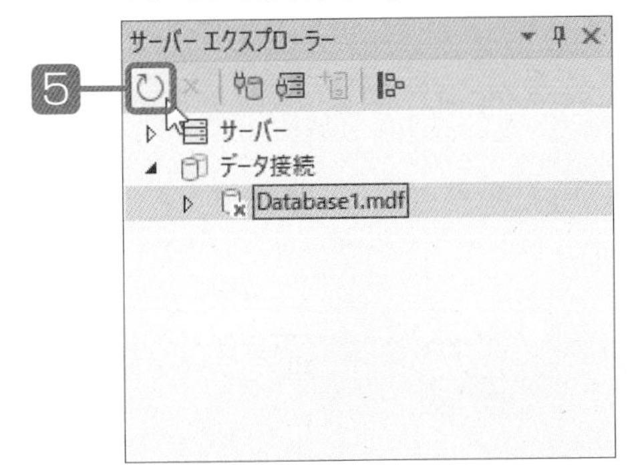

6 データベースに接続され、データベースのアイコンが接続状態を示すものに変わります。

▼サーバーエクスプローラー

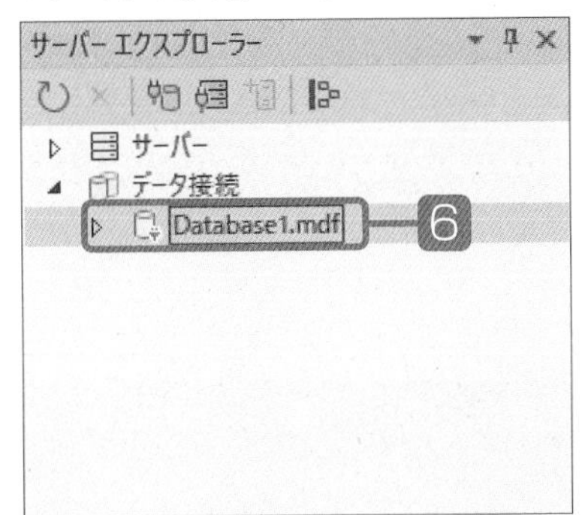

Onepoint

サーバーエクスプローラーにデータベース名（ファイル名）が表示されない場合は、ソリューションエクスプローラーでプロジェクトフォルダー以下に表示されているデータベースファイル（例「Database1.mdf」）をダブルクリック、または右クリックして開くを選択します。この操作を行うことで、サーバーエクスプローラーのデータ接続以下にデータベースのファイル名が表示されます。

Memo テーブル名の指定

データベースには、任意の数だけテーブルを作成することができます。この場合、初期状態で「Table」のように自動で名前が付けられますが、任意の名前にしたい場合は、コードペインに表示されている次のコードを直接、書き換えます。

```
CREATE TABLE [dbo].[Table]
```

これを次のように書き換えます。

```
CREATE TABLE [dbo].[Customer]
```

データベースへの接続と切断

データベースへの接続は、サーバーエクスプローラーで行うことができます。データベースから切断されている場合は、次のように表示されます。

▼データベースから切断されている場合

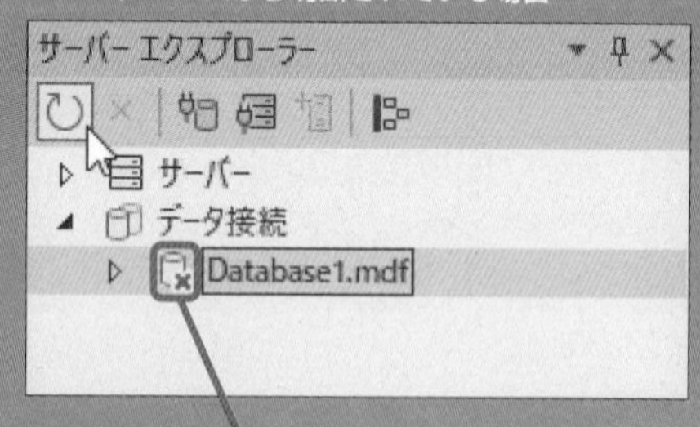

切断されている状態を示すアイコン

この場合、**最新の情報に更新**ボタンをクリックする、またはデータベース以下のフォルダーアイコンを展開するなどの操作を行うと、次のようにデータベースに接続されている状態であることを示すアイコンが表示されます。

▼データベースに接続している場合

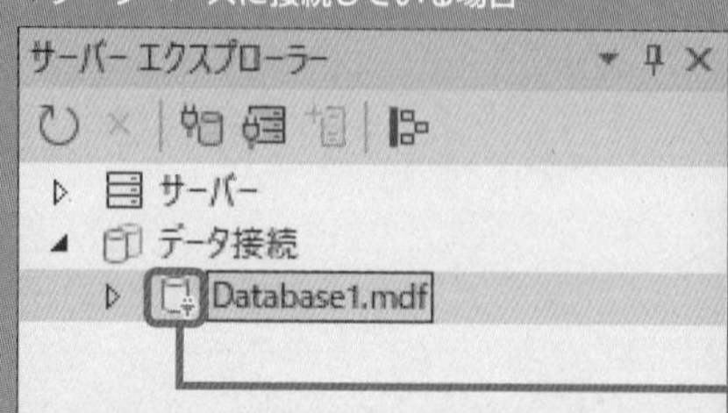

接続されている状態を示すアイコン

データベースから切断する場合は、データベース名が表示されている部分を右クリックして**データベースのデタッチ**を選択します。

▼データベースから切断する

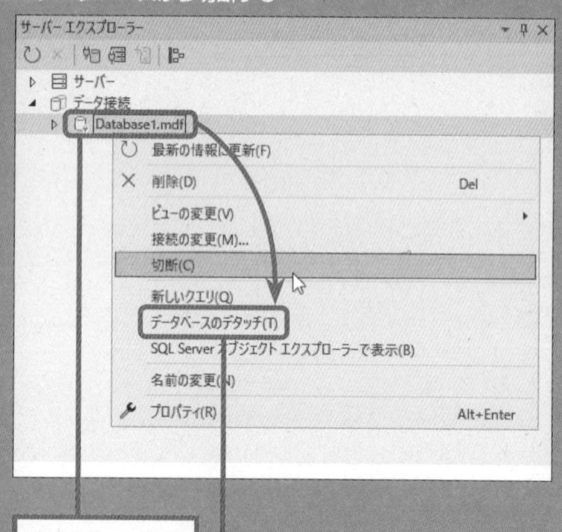

右クリックする

コンテキストメニューの[データベースのデタッチ]を選択する

6.2.2 テーブルの作成

データベースの作成が完了したら、実際にデータを登録するためのテーブルを作成しましょう。テーブルの作成は、Visual Studioの**テーブルデザイナー**を使って行います。

1 サーバーエクスプローラーで、データベースの内容を展開し、**テーブル**を右クリックして**新しいテーブルの追加**を選択します。

2 「テーブルデザイナー」が表示されるので、テーブルの1列目の名前を設定します。**名前**の欄に「Id」と入力します。

3 **データ型**の▼をクリックしてintを選択します。

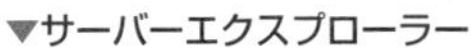

▼サーバーエクスプローラー

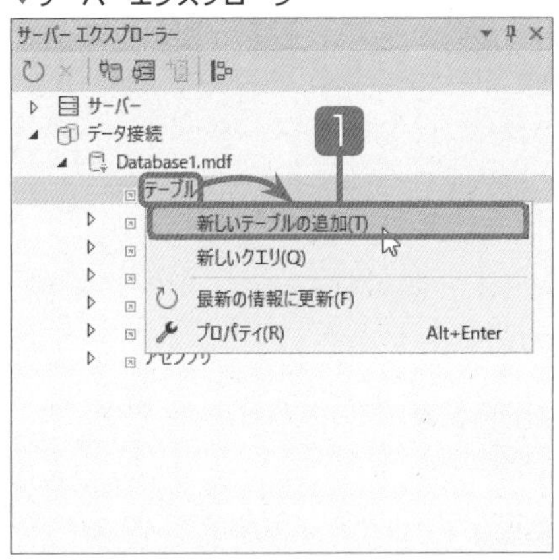

▼テーブルデザイナー

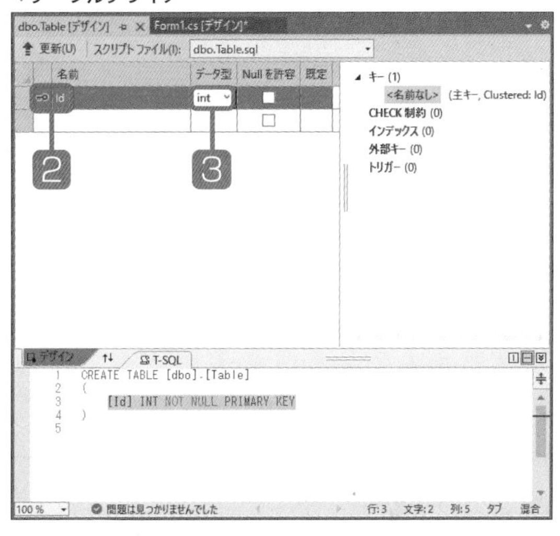

▼テーブルデザイナー

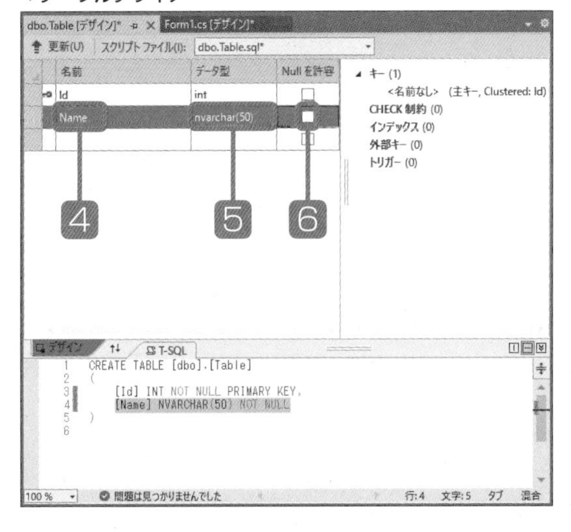

4 テーブルの2列目の名前を設定します。**名前**の欄に「Name」と入力します。

5 **データ型**でnvarchar(50)を選択します。

6 **Nullを許容**のチェックを外します。

「null」とは、何も値がないことを示すための値です。データを入力する際に特定の列データを入力しない場合は、代わりにnullが設定されます。ここでは、nullが設定されることを禁止することで、データの入力を強制するようにしています。

7 テーブルの3列目の名前を設定します。**名前**の欄に「ZipCode」と入力します。

8 **データ型**でnchar(10)を選択します。

9 **Nullを許容**にチェックを入れます。

▼テーブルデザイナー

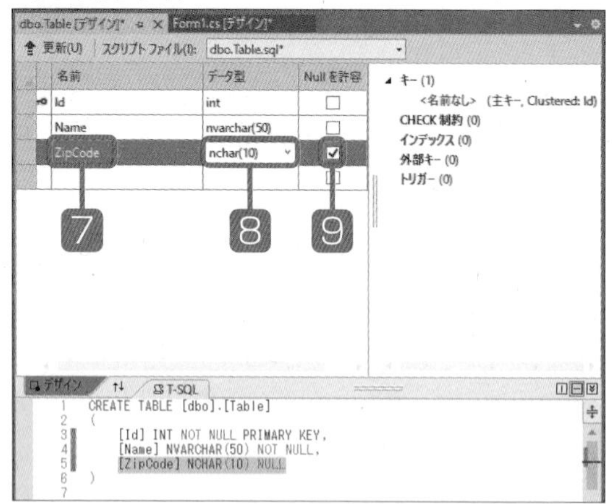

10 テーブルの4列目の名前を設定します。**名前**の欄に「Address」と入力します。

11 **データ型**でnvarchar(50)を選択します。

12 **Nullを許容**にチェックを入れます。

▼テーブルデザイナー

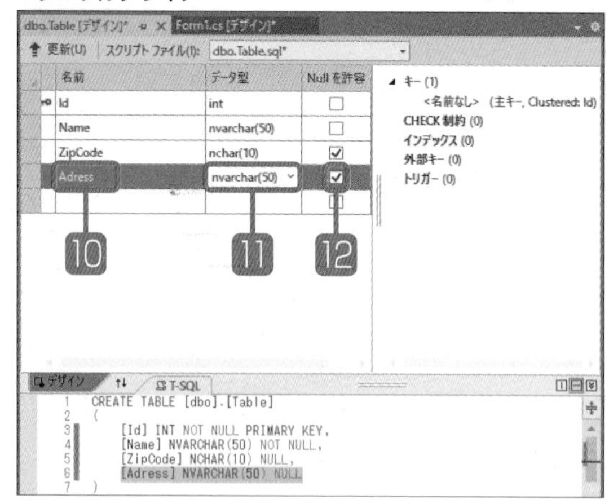

13 テーブルの5列目の名前を設定します。**名前**に「Tel」と入力します。

14 **データ型**でnvarchar(50)を選択します。

15 **Nullを許容**にチェックを入れます。

▼テーブルデザイナー

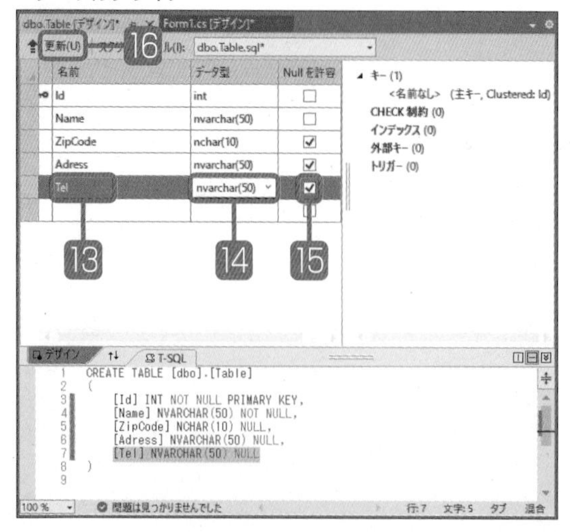

16 **更新**ボタンをクリックします。

17 **データベース更新のプレビュー**ダイアログボックスが表示されるので、**データベースの更新**をクリックして、データベースの内容を更新します。

▼[データベース更新のプレビュー] ダイアログボックス

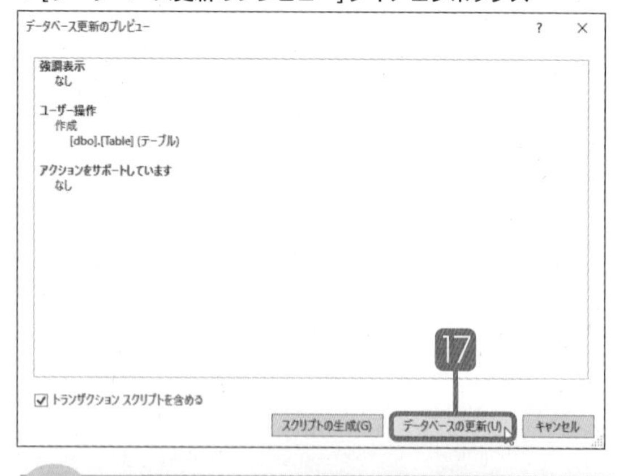

Onepoint

以上の操作で、「Table」という名前のテーブルがデータベースに追加されます。

作成したテーブルを確認する

作成したテーブルは、サーバーエクスプローラーで確認することができます。

▼サーバーエクスプローラー

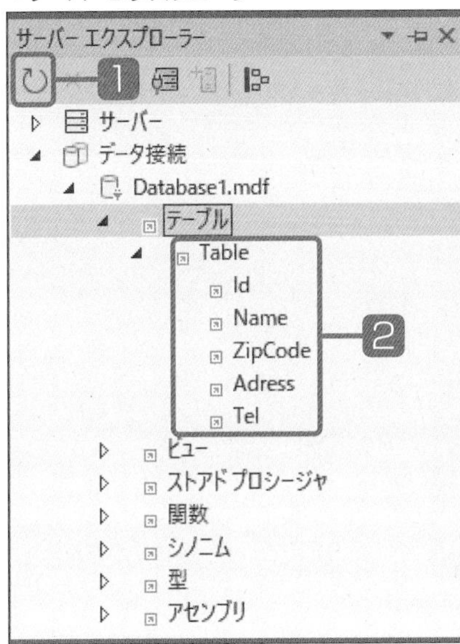

1. サーバーエクスプローラーの**最新の情報に更新**ボタンをクリックします。
2. テーブルの内容を展開します。

Attention

サーバーエクスプローラーに目的のデータベースが表示されない場合は、ソリューションエクスプローラーで、対象のデータベース名をダブルクリック、または右クリックして**開く**を選択します。

Hint　プライマリーキー

テーブルデザイナーを見てみると、**名前**の左横に🔑のアイコンが表示されています。この列（カラム）に**プライマリーキー**（**主キー**）が設定されていることを示すアイコンです。

●プライマリーキーの特徴

・値の重複を禁止します。
・空のデータ（null）の登録を禁止します。
・1つの列だけに設定できます。

IDや商品コード、社員番号のように、重複することが許されないことを「**一意**（いちい）である」または「**ユニーク**である」といいます。このような一意の値を設定しなければならない列には、プライマリーキーを設定します。

Memo SQL Serverで使用する主なデータ型

SQL Serverで使用する主なデータ型です。

型名	内容	値の範囲	メモリサイズ
int	整数データ型	−2,147,483,648 (-2^{31}) ～ 2,147,483,647 ($2^{31}-1$)	4バイト

数値を登録する列に指定するデータ型です。プラスとマイナスの両方の値を扱います。小数を含むことはできません。

型名	内容	文字列の長さ	メモリサイズ
char	固定長文字列データ型	1～8,000	nバイト（char(n)で指定）

・文字列の長さを、char(10)やchar(200)のように()を使って、バイト長で指定します。
・char(6)の列に「abc」と入力した場合は、「abc□□□」のように残りの文字として半角スペースが埋め込まれ、長さは常に6バイトに保たれます。
・固定長文字列を格納するので、電話番号や郵便番号のように長さが一定の文字列を格納するのに適しています。

型名	内容	文字列の長さ	メモリサイズ
varchar	可変長の文字列データ型	1～8,000	最大nバイト（varchar(n)で指定）

・文字列の最大の長さを、varchar(50)のように()を使って、バイト長で指定します。
・varchar(30)の列に「abc」と入力した場合は「abc」のように登録され、残りの文字として半角スペースが埋め込まれることはないので、登録する内容によって文字列の長さがバラバラです。
・格納サイズは、入力したデータの実際の長さ＋2バイトとなります。
・可変長文字列を格納するので、名前や住所などの長さが一定ではない文字列を格納するのに適しています。

型名	内容	文字列の長さ	メモリサイズ
nchar	固定長の文字列データ型	1～4,000	nの2倍のバイト数（nchar(n)で指定）

・nchar(n)のnで文字列の長さを指定します。この場合、nの2倍の記憶領域が用意されるため、2バイト文字であれば文字数とnの値が同じになるので、文字数でサイズ指定が行えます。

型名	内容	文字列の長さ	メモリサイズ
nvarchar	可変長の文字列データ	1～4,000	最大でnの2倍のバイト数 (nvarchar(n)で指定)

・nvarchar(n)のnで文字列の長さを指定します。この場合、最大でnの2倍の記憶領域が使用できます。2バイト文字であれば、文字数とnの値が同じになるので、最大文字数でサイズ指定が行えます。

型名	内容
datetime	24時間形式の時刻と組み合わせた日付

・日付の範囲は、西暦で1年1月1日から9999年12月31日まで。
・既定値は、「1900-01-01」
・メモリサイズは3バイト(固定)。
・データを登録する際は、「YYYY-MM-DD」のように、年、月、日をハイフンで区切って入力します。

Memo コードペイン

テーブルデザイナーを表示すると、画面の下部に**コードペイン**が表示されます。テーブルデザイナーで操作した内容に基づいてSQL文が生成され、コードペインに表示されます。**更新**ボタンをクリックすると、コードペインに表示されているSQL文がSQL Serverに送信され、データベースの更新が行われます。

コードペインを見てみると、SQLのキーワードがすべて大文字で記述されていることが確認できます。SQLでは、大文字と小文字の区別は行われないので、小文字で書くことも大文字で書くこともできますが、一般的にSQLのキーワードであることがわかるように大文字で記述されます。

▼テーブルデザイナーのコードペイン

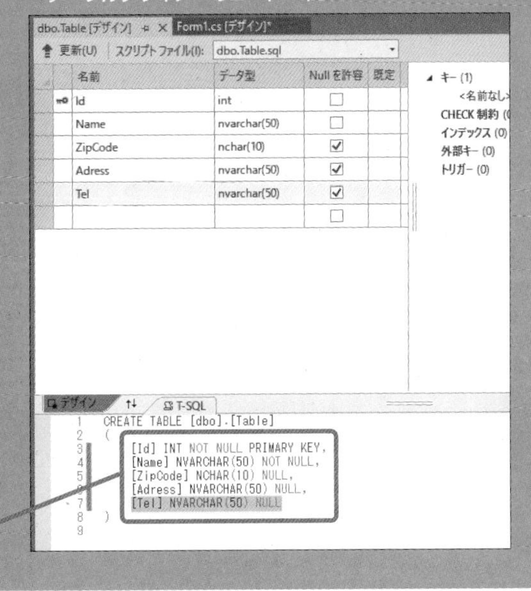

6.2.3 データの登録

テーブルの作成が完了したら、データの登録を行います。データの登録は、テーブルデザイナーのデータウィンドウを使って行います。

▼サーバーエクスプローラー

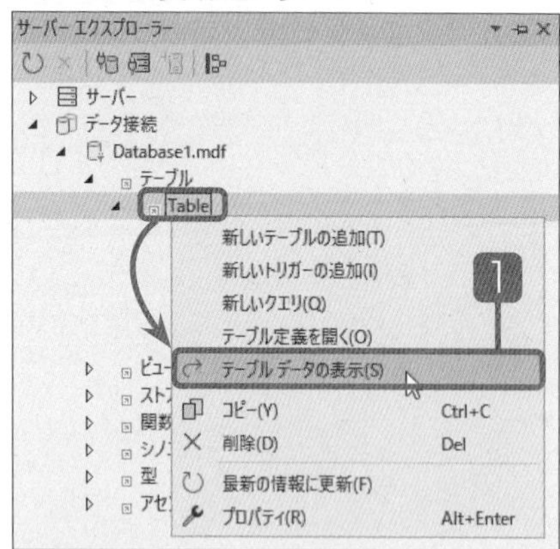

1 サーバーエクスプローラーで対象のテーブルを右クリックして、**テーブルデータの表示**を選択します。

▼テーブルデザイナー

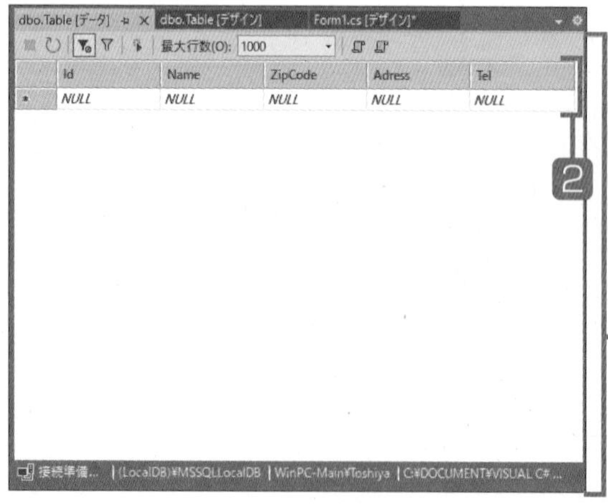

2 テーブルデザイナーに**データ**ウィンドウが表示されるので、1行目のデータから順に入力していきます。

[データ]ウィンドウが表示される

▼テーブルデザイナー

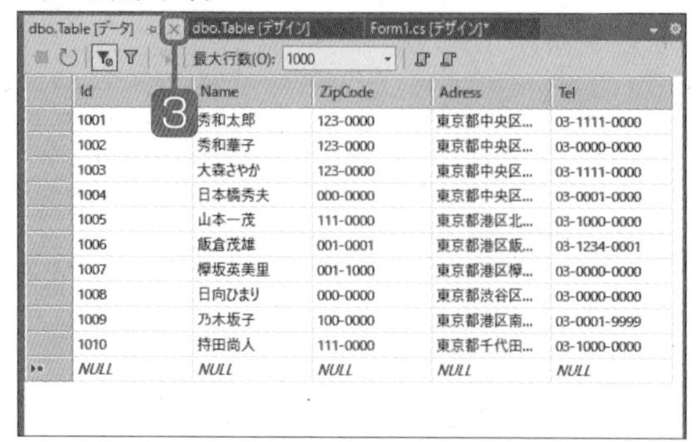

Id	Name	ZipCode	Adress	Tel
1001	秀和太郎	123-0000	東京都中央区...	03-1111-0000
1002	秀和華子	123-0000	東京都中央区...	03-0000-0000
1003	大森さやか	123-0000	東京都中央区...	03-1111-0000
1004	日本橋秀夫	000-0000	東京都中央区...	03-0001-0000
1005	山本一茂	111-0000	東京都港区北...	03-1000-0000
1006	飯倉茂雄	001-0001	東京都港区飯...	03-1234-0001
1007	檸坂英美里	001-1000	東京都港区檸...	03-0000-0000
1008	日向ひまり	000-0000	東京都渋谷区...	03-0000-0000
1009	乃木坂子	100-0000	東京都港区南...	03-0001-9999
1010	持田尚人	111-0000	東京都千代田...	03-1000-0000
NULL	NULL	NULL	NULL	NULL

3 すべてのデータの入力が済んだら、**データ**ウィンドウを閉じます。

Onepoint

サーバーエクスプローラーで対象のテーブルを右クリックして、**テーブルデータの表示**を選択すると、**データ**ウィンドウが再表示されます。

Section

6.3

データセットを利用したデータベースアプリの作成

Level ★★★ Keyword データセット データ接続 バインディングナビゲーター

データセットとは、データベースのデータをメモリ上に展開し、メモリ上のデータに対して、操作を行う機能のことです。

Visual Studioでは、データセットの作成が自動化されていて、ウィザードに沿って操作を進めるだけで済むようになっています。

データセットを利用したアプリの開発

本セクションでは、以下の環境と手順で、データベースアプリの開発を行います。

•開発手順

❶データセットの作成
❷データセットのフォームへの登録
❸データグリッドビューの設定

•サンプルプログラムの改造

❶データグリッドビューの削除
❷データの読み込みを行うボタンの配置
❸データの更新を行うボタンの配置
❹イベントプロシージャの作成

▼完成したデータベースアプリ

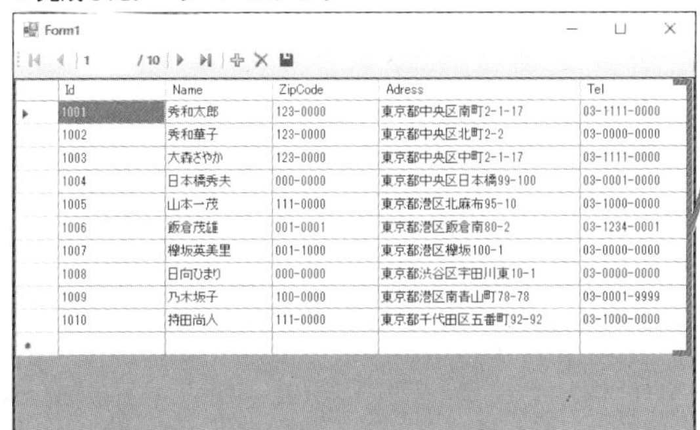

テーブルデータを読み込む

6.3.1 データセットを利用したデータベースプログラミング

ADO.NETでは、データベースへ接続するための機能やデータを操作するための機能などをオブジェクト化（プログラムとしての部品化）しています。これによって、複雑な操作を行わずに、個々の機能を組み合わせていくだけで、データベースへの操作が行えます。

データセットの仕組み

データセットとは、データベースのデータをメモリ上に展開し、データの閲覧や追加、および削除、修正などの編集を行うための仕組みのことです。

●データセットの特徴

データセットを使えば、最初に必要なデータを一括して読み込み、読み込んだデータ（正確にはメモリ上に展開されたデータ）に対してデータの編集が行えるので、データを追加したり削除するたびにデータベースに接続する必要はありません。編集や追加などの作業が済んだところでデータベースにアクセスし、データベースのデータをデータセットのデータで一気に上書きするためです。

このように、データセットは、データベースとデータベースプログラムの中間に位置する、仮想的なデータベース空間としての機能を提供します。

●「Visual C#」＋「SQL Server」で自動化されたデータベース接続

Visual Studioを使ってデータベースおよびテーブルを作成した場合、アプリケーションからデータベースへ接続するための「データ接続」が自動的に設定されるようになっています。

データ接続とは、データベースに接続するための設定情報を含む**Adapter**（アダプター）と呼ばれるプログラムや**Connection**（コネクション）と呼ばれるプログラムなど、データベースに接続するために必要なプログラムの総称です。

データベース、およびテーブルの作成を済ませて、ここで紹介するデータセットの作成さえ行えば、あとは、データセットをフォームにドラッグ＆ドロップするだけで、データの閲覧と編集が行えるアプリケーションを作成することができます。

ADO.NETのクラス

ADO.NETのデータセットでは、主に次のオブジェクトを使って、データベースへのアクセスや処理を行います。これらのオブジェクトは、コンポーネントやコントロールとして、ツールバーの**データ**カテゴリや**コンポーネント**カテゴリに登録されています。

●BindingSourceコンポーネント

フォーム上に配置されたコントロールとデータベースを接続する機能があります。

●TableAdapterコンポーネント

データベースのデータの取得やデータの変更の通知を管理するためのオブジェクト（コンポーネント）で、DataSetコンポーネントとデータベースのテーブル間で通信を行う機能を実装していて、データベースから返されたテーブルデータをDataSetに格納する処理を行います。

●DataSetコンポーネント

DataSetは、データベースのコピーを保持するためのオブジェクト（コンポーネント）で、データベースにアクセスして、データベースのデータをメモリ上に展開する働きをします。

データベースアプリケーションは、データベースのデータを直接、読み書きするのではなく、データベースから読み込んだデータをいったんメモリ上に展開し、メモリ上に展開されたデータベースのコピーに対して読み書きを行います。

データの更新を行う場合は、DataSet上のデータをデータベースに書き込む処理を行います。このような仕組みを**非同期データセット**と呼びます。

「非同期データセット」のメリットとしては、メモリ上のDataSetが処理の対象となるため、常にデータベースシステムと接続して処理を行う場合に比べて、高速で処理できる点が挙げられます。また、処理中にデータベースシステムと接続し続ける必要がないため、データベースを占有することがないというメリットがあります。

●BindingNavigatorコントロール

データの修正や追加、削除などの操作を行うためのユーザーインターフェイスをフォーム上に表示します。BindingNavigatorコントロールを使用せずに、独自にデザインしたユーザーインターフェイスに、必要なプログラムコードを関連付けることで、オリジナルのユーザーインターフェイスを実装することも可能です。

●DataGridViewコントロール

DataSetのデータをフォーム上に表示するためのコントロールです。

Memo

行単位でデータを削除する

登録したデータが不要になった場合は、DELETE文を使って削除することができます。

DELETE文は、特定の行だけを削除するほかに、すべての行のデータを一括で削除することもできます。

●行のデータを削除するときのポイント

WHEREのあとに「列名 = 列のデータ」のような条件を記述すれば、条件に合う一致したデータが登録されている行が削除されます。

特定の行データを削除する

構文

```
DELETE FROM テーブル名 WHERE 条件
```

▼ADO.NETにおけるデータベースシステムへのアクセス

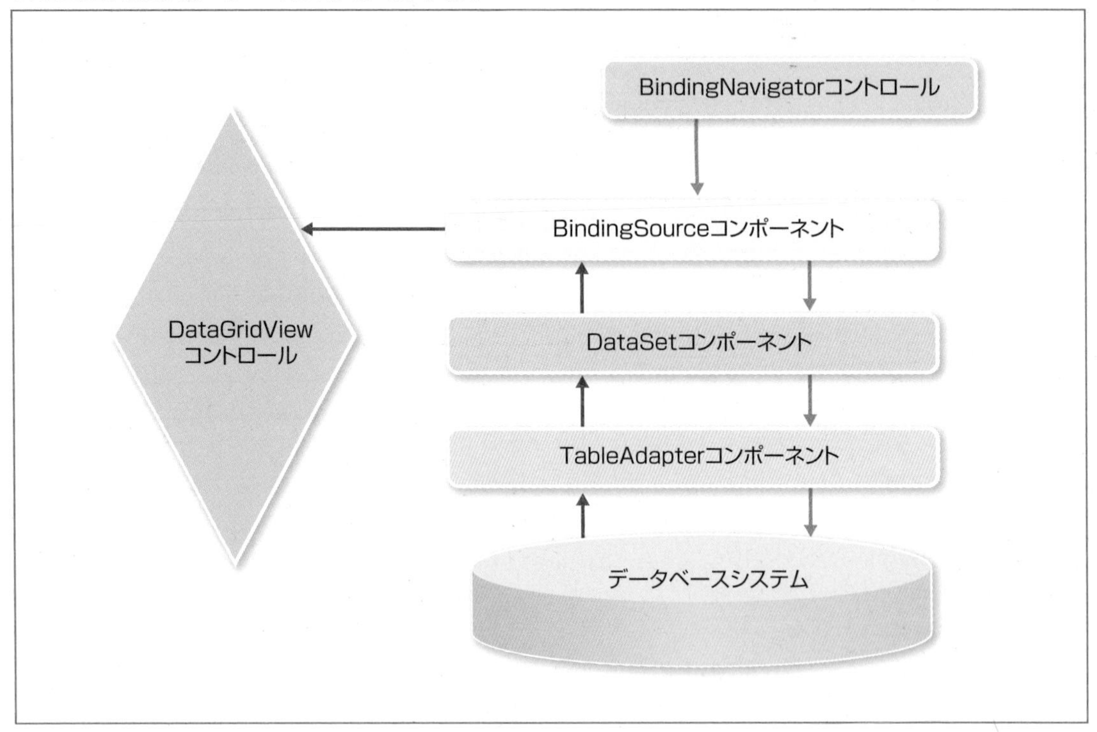

▼ツールボックスの[データ]カテゴリ

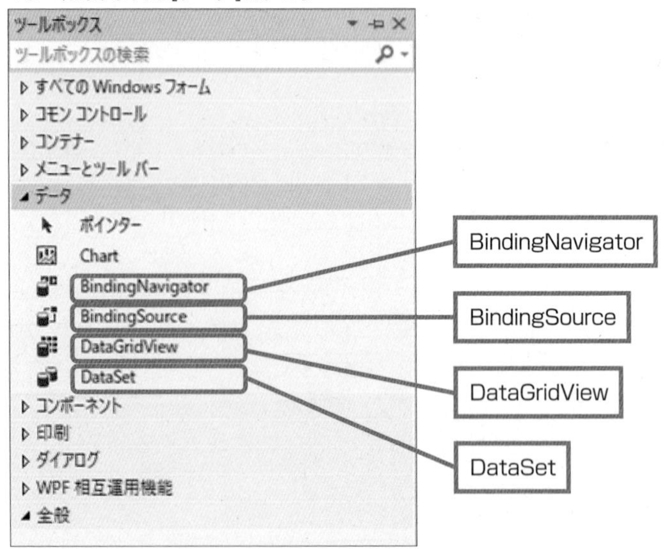

データセットを作成する

ここでは、前節で作成したWindowsフォームアプリケーションのプロジェクト（データベース「Database1.mdf」作成済み）をそのまま使用してアプリケーションの作成を行います。

1 **表示**メニューをクリックして**その他のウィンドウ➡データソース**を選択します。

▼ソリューションエクスプローラー（プロジェクト「DatabaseApp」）

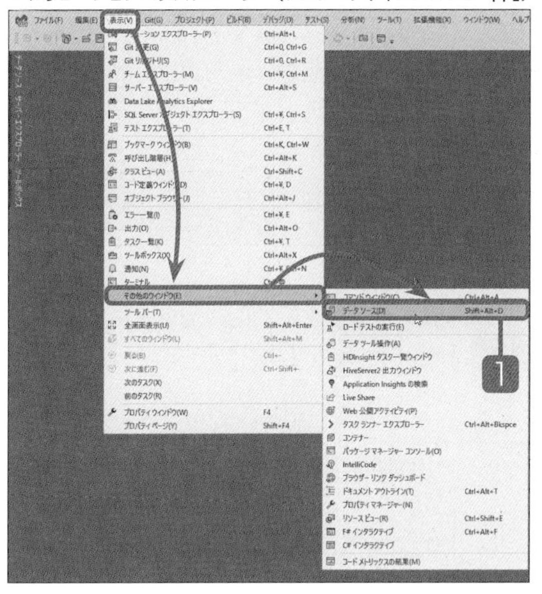

2 **新しいデータソースの追加**ボタンをクリックし、**データソース構成ウィザード**を表示します。

▼データソースウィンドウ

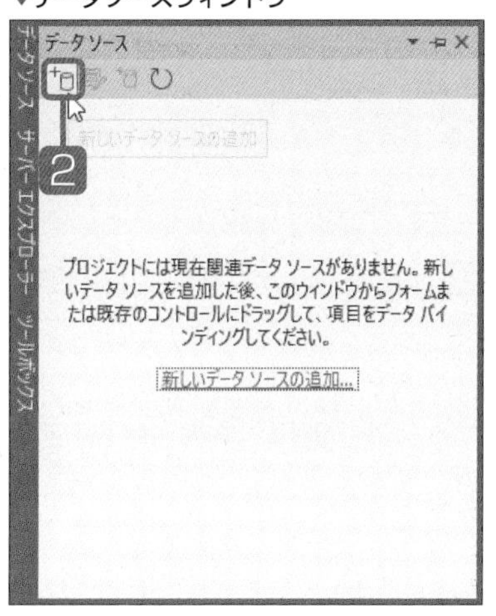

3 **データベース**を選択して**次へ**ボタンをクリックします。

▼データソース構成ウィザード

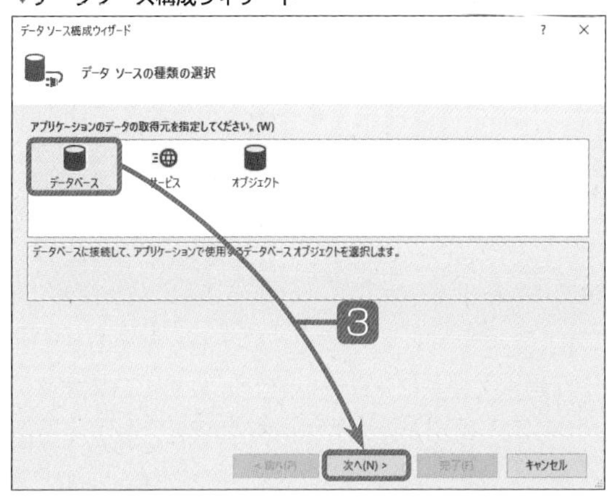

4 **データセット**を選択して**次へ**ボタンをクリックします。

▼データソース構成ウィザード

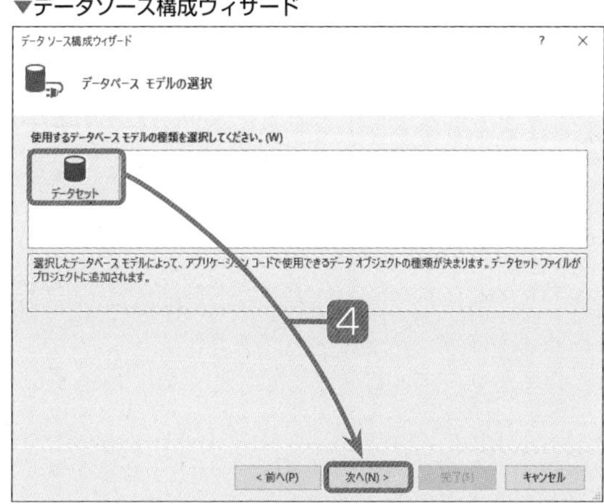

5 **新しい接続**ボタンをクリックします。

▼データソース構成ウィザード

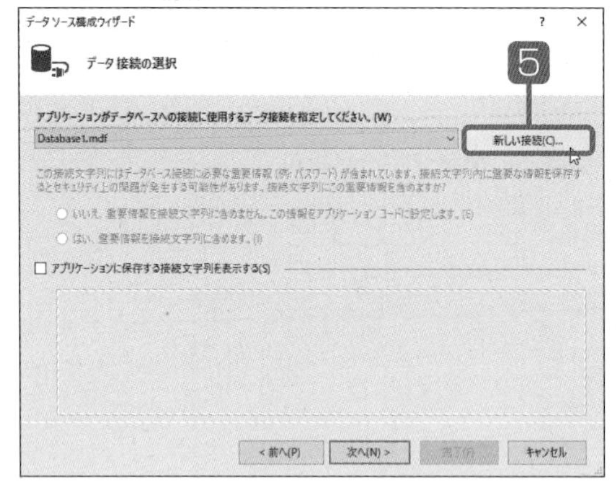

6 **データソース**の**変更**ボタンをクリックします。

▼[接続の追加]ダイアログボックス

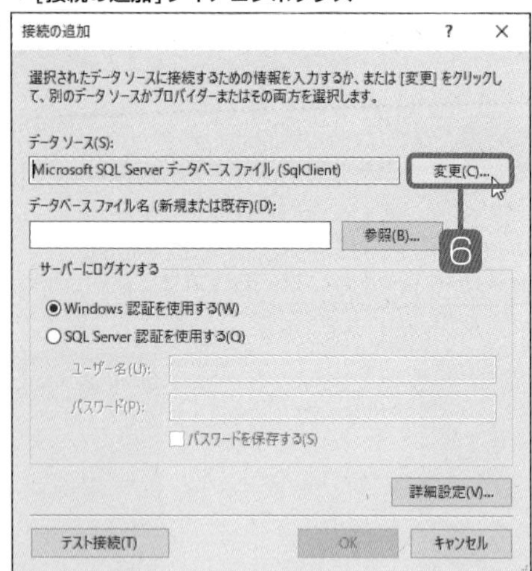

7 **データソース**で**Microsoft SQL Serverデータベースファイル**を選択して**OK**ボタンをクリックします。

▼[データソースの変更]ダイアログボックス

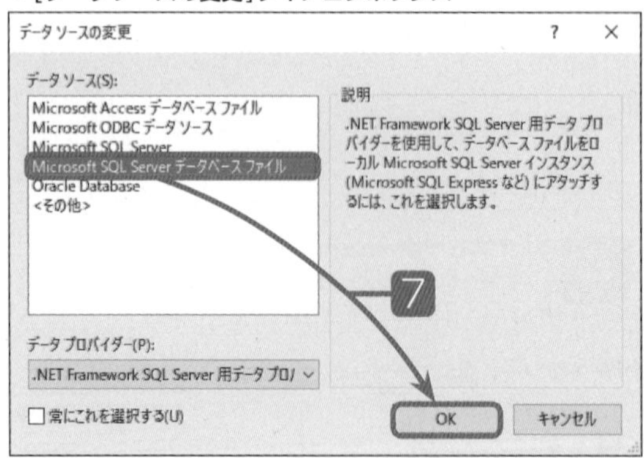

8 **データベースファイル名(新規または既存)**の**参照**ボタンをクリックします。

▼[接続の追加]ダイアログボックス

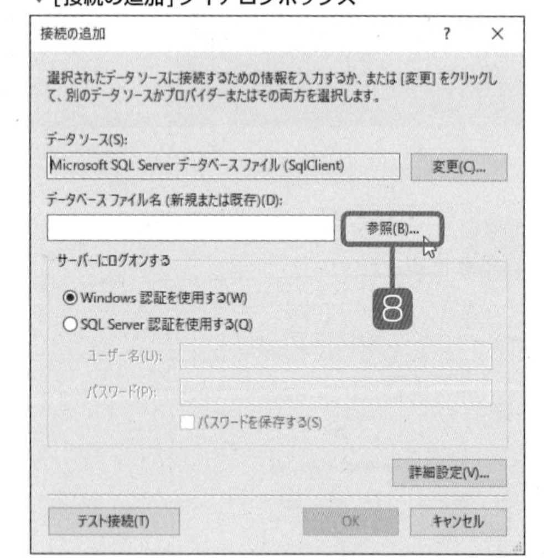

9 プロジェクトフォルダー内のデータベースファイルを選択して、**開く**ボタンをクリックします。

▼[SQL Server データベースファイルの選択] ダイアログボックス

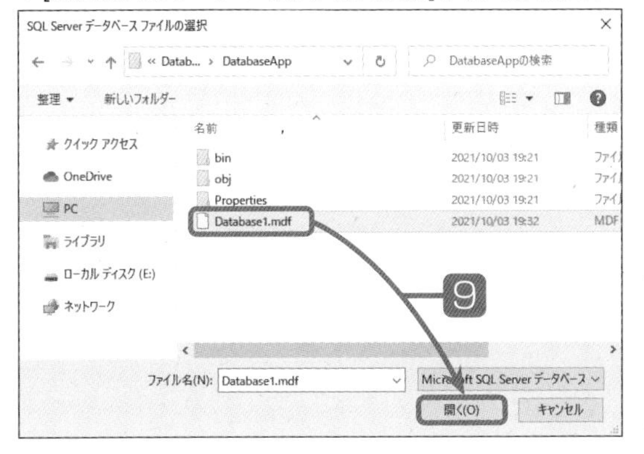

10 **Windows 認証を使用する**をオンにして**OK**ボタンをクリックします。

▼[接続の追加] ダイアログボックス

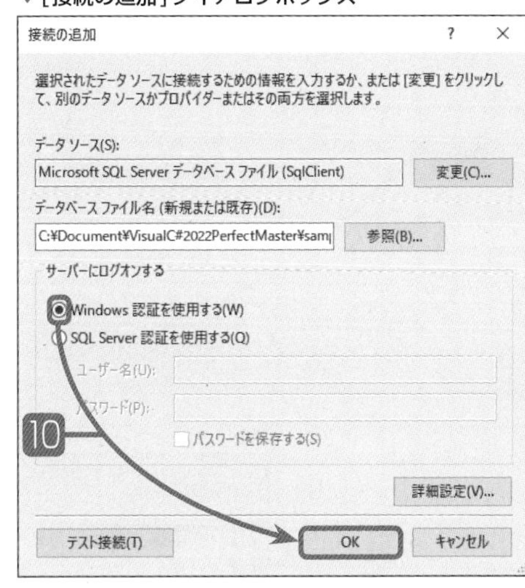

Onepoint

テスト接続ボタンをクリックすると、選択したデータベースへの接続を確認することができます。

11 **次へ**ボタンをクリックします。

▼データソース構成ウィザード

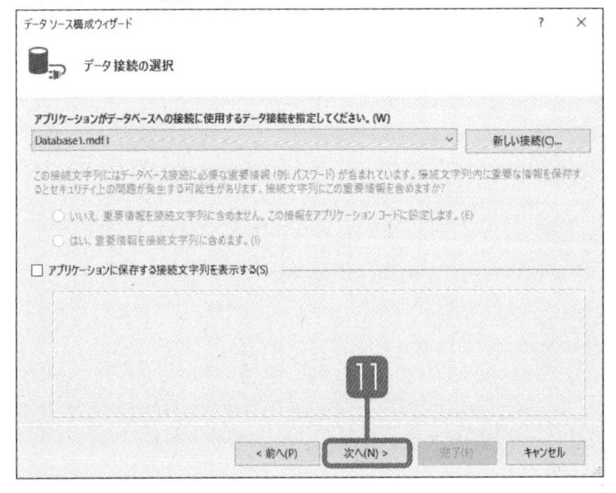

12 データベースへの接続文字列を保存するようにします。**次の名前で接続を保存する**にチェックを入れて**次へ**ボタンをクリックします。

▼データソース構成ウィザード

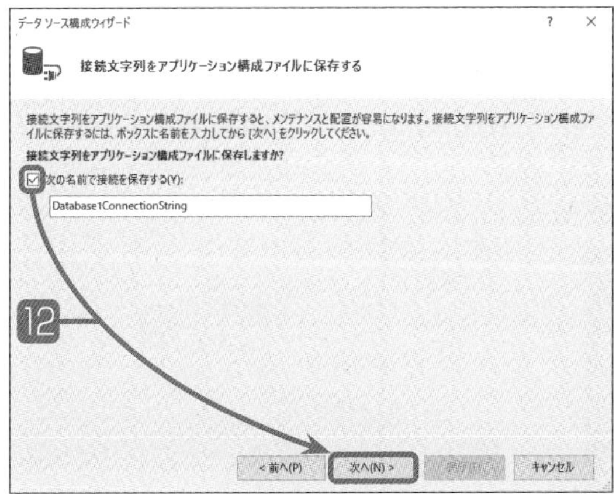

▼データソース構成ウィザード

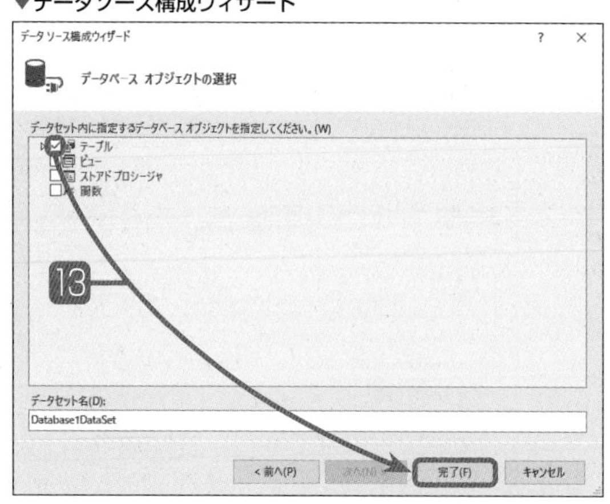

13 **テーブル**にチェックを入れて**完了**ボタンをクリックします。

▼[データソース]ウィンドウ

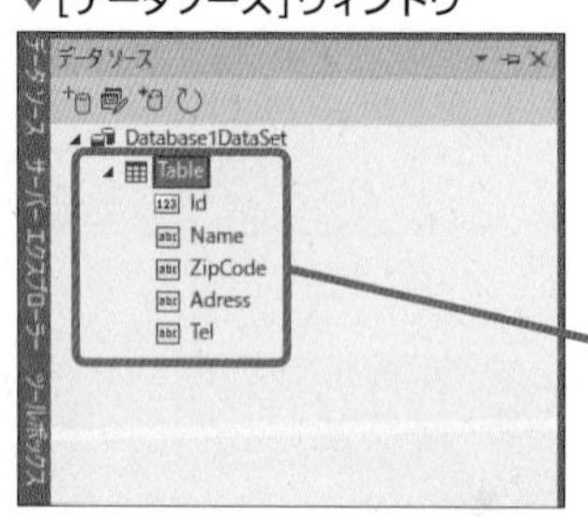

14 **データソース**ウィンドウで、Database1DataSetに、作成済みのテーブルが表示されていることが確認できます。

データセットをフォームに登録する

データセットの作成が完了したら、データセットをフォームに登録することにしましょう。データセットの登録は、**データソース**ウィンドウに表示されているデータソースのテーブルの表示部分をフォームにドラッグ＆ドロップするだけで行えます。

▼フォームデザイナーと[データソース]ウィンドウ

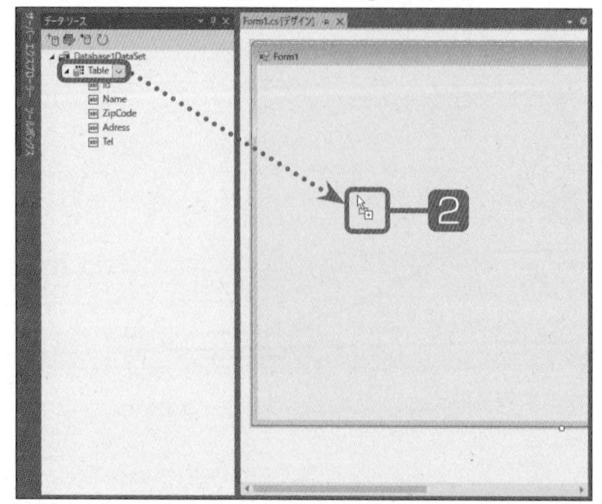

1 フォームデザイナーでフォームを表示し、**データソース**ウィンドウを表示します。

2 「Database1DataSet」を展開し、「Table」をフォーム上へドラッグします。

3 DataSetコントロールがフォーム上に配置され、同時に**バインディングナビゲーター**が配置されるので、フォームとDataSetコントロールのサイズを調整します。

▼フォームデザイナー

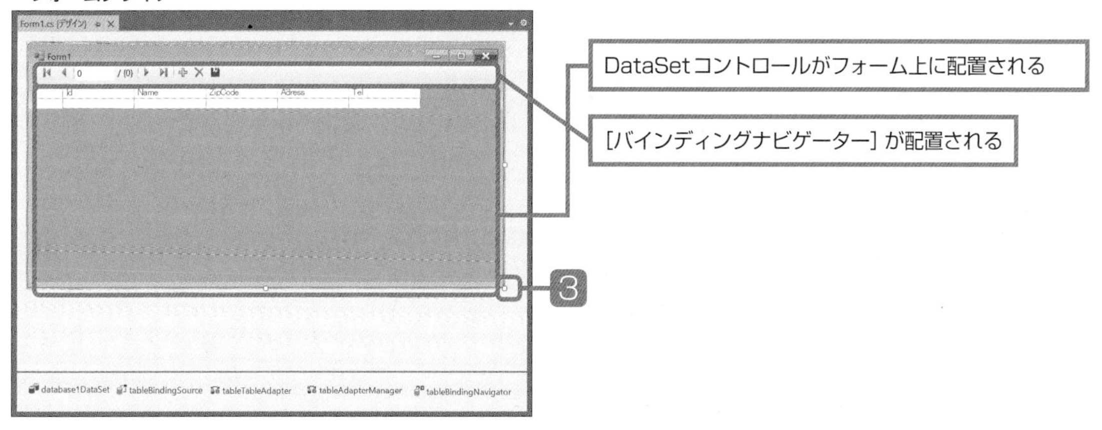

Onepoint

データセットをフォームにドラッグすると、データの表示機能を搭載したDataSetコントロールとしてフォームに貼り付けられます。このとき、データの閲覧や更新を行うための**バインディングナビゲーター**がフォーム上部に配置されます。また、デザイナーの下部のトレイに、「DataSet」「BindingSource」「TableAdapter」「AdapterManager」「BindingNavigator」の5つのコンポーネントが表示されます。

Attention

プログラムの終了後、**デバッグの開始**や**ソリューションのビルド**を再度、実行すると、データベースの内容は、プロジェクトフォルダー直下に保存しているデータベースの内容に書き換えられるので、更新された内容は破棄されます。なお、**デバッグの開始**や**ソリューションのビルド**を再度、実行する前であれば、「bin」フォルダーに生成された実行可能ファイルからプログラムを起動することで、操作結果を見ることができます。

●プログラムを実行する

作成したプログラムは、データベースにアクセスして、テーブルの内容をアプリケーションウィンドウに表示します。また、**バインディングナビゲーター**を搭載したので、ウィンドウ上で変更した内容は、データ更新用のボタンをクリックすることで、データベースに反映させることができます。

開始ボタンをクリックしてプログラムを実行すると、テーブルのデータが表示されます。データの追加や変更を行った場合は、**データの保存**ボタンをクリックすれば、データベースに反映されます。

▼実行中のプログラム

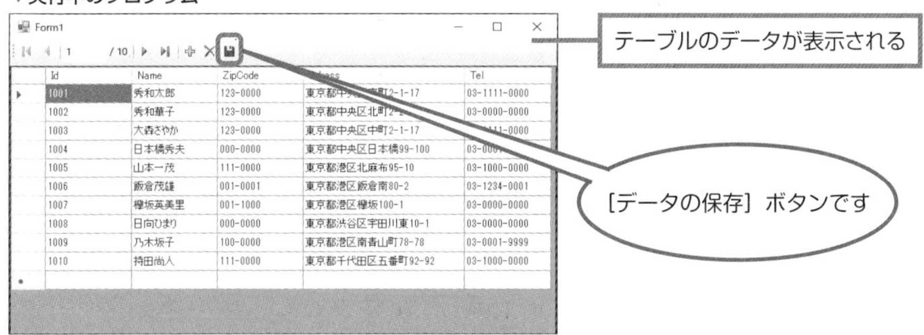

6.3.2 プログラムの改造

前の項目で作成したプログラムには、データの閲覧や更新などの処理を行う**バインディングナビゲーター**が配置されていましたが、ここでは、バインディングナビゲーターを使わずに、データの読み込みとデータの更新を行う、専用のボタンを配置してみることにしましょう。

[データのロード] と [更新] ボタンを配置する

ここでは、前の項目で作成したプログラムの**バインディングナビゲーター**を消去し、代わりに**データのロード**ボタンと**更新**ボタンをフォーム上に配置して、それぞれのボタンをクリックしたときに、テーブルのデータの読み込みと、データの更新が行えるようにします。

1. 前の項目で作成したフォームをWindowsフォームデザイナーで表示します。
2. コンポーネントトレイに表示されているTableBindingNavigatorコンポーネントを右クリックして、**削除**を選択します。
3. TableBindingNavigatorコンポーネントと、フォーム上のBindingNavigatorコントロールが削除されます。
4. DataSetコントロールを上部へ移動し、ボタンを2つ配置して、下表のとおりにプロパティを設定します。

▼TableBindingNavigatorの削除

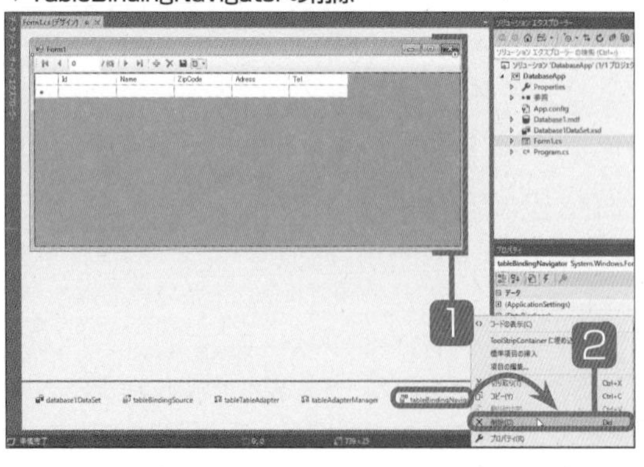

▼Windowsフォームデザイナー

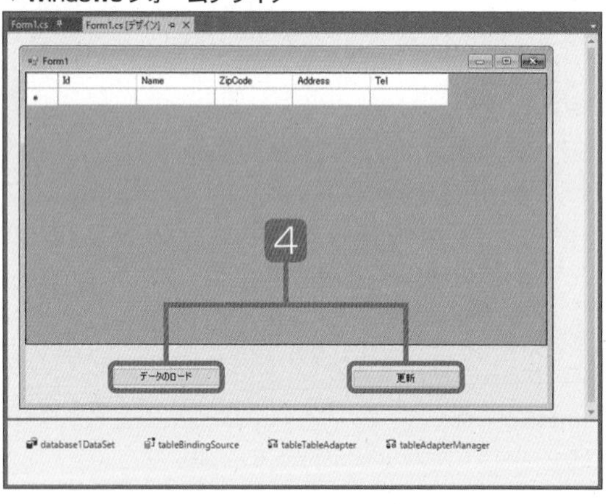

▼プロパティ設定

●Buttonコントロール (左側)

プロパティ名	設定値
(Name)	button1
Text	データのロード

●Buttonコントロール (右側)

プロパティ名	設定値
(Name)	button2
Text	更新

5 **データのロード**ボタンをダブルクリックし、イベントハンドラーbutton1_Click()に以下のコードを記述します。

▼イベントハンドラーbutton1_Click()

```
private void button1_Click(object sender, EventArgs e)
{
    tableTableAdapter.Fill(this.database1DataSet.Table);
}
```

Onepoint

「tableTableAdapter」の箇所には、TableAdapterコンポーネントの名前を入力します。テーブルの名前がTableの場合は、tableTableAdapterという名前になります。

「database1DataSet」の箇所には、DataSetコンポーネントの名前を入力します。データベースの名前がDatabase1の場合は、database1DataSetという名前になります。「Table」の箇所は、対象のテーブル名を入力します。

6 フォームデザイナーで**更新**ボタンをダブルクリックし、イベントハンドラーbutton2_Click()に以下のコードを記述します。

▼イベントハンドラーbutton2_Click()

```
private void button2_Click(object sender, EventArgs e)
{
    try
    {
        Validate();
        tableBindingSource.EndEdit();
        tableTableAdapter.Update(this.database1DataSet.Table);
        MessageBox.Show("Update successful!");
    }
    catch
    {
        MessageBox.Show("Update failed");
    }
}
```

Onepoint

ここでは、try...catchステートメントを使って、データの更新に成功したときに「Update successful!」と表示し、更新に失敗したときは「Update failed」と表示するようにしています。

7 「Form1.cs」ファイルの以下のコードを削除します。

▼「Form1.cs」ファイルのコード

```
using System;
using System.Windows.Forms;

namespace DatabaseApp
{
    public partial class Form1 : Form
    {
        public Form1()
        {
            InitializeComponent();
        }

        private void tableBindingNavigatorSaveItem_Click(object sender, EventArgs e)
        {
            this.Validate();
            this.tableBindingSource.EndEdit();
            this.tableAdapterManager.UpdateAll(this.database1DataSet);

        }

        private void Form1_Load(object sender, EventArgs e)
        {
            // TODO: このコード行はデータを 'database1DataSet.Table' テーブルに
            // 読み込みます。必要に応じて移動、または削除をしてください。
            this.tableTableAdapter.Fill(this.database1DataSet.Table);

        }

        private void button1_Click(object sender, EventArgs e)
        {
            tableTableAdapter.Fill(this.database1DataSet.Table);
        }

        private void button2_Click(object sender, EventArgs e)
        {
            try
            {
                Validate();
                tableBindingSource.EndEdit();
                tableTableAdapter.Update(this.database1DataSet.Table);
                MessageBox.Show("Update successful!");
```

この部分を削除

この部分を削除

```
            }
            catch
            {
                MessageBox.Show("Update failed");
            }
        }
    }
}
```

●プログラムの実行

データのロードボタンをクリックすると、テーブルのデータが表示されます。

▼実行中のプログラム

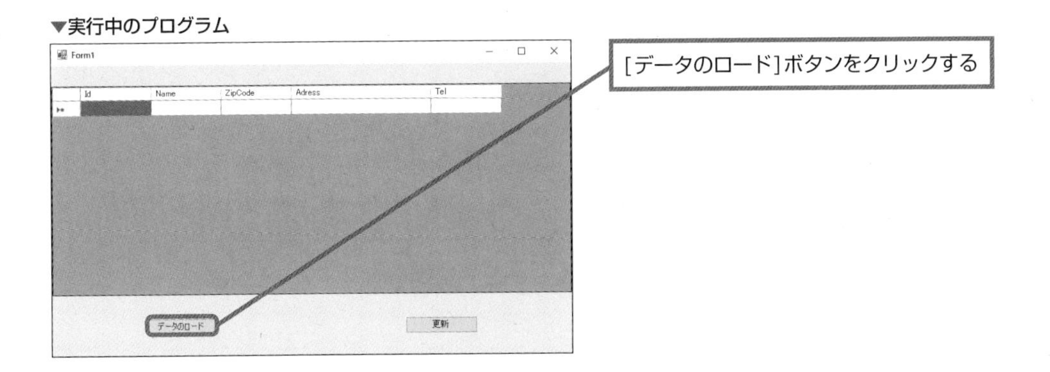

データを変更した場合は、**更新**ボタンをクリックすると、更新内容がデータベースに反映されます。

▼実行中のプログラム　　▼更新結果

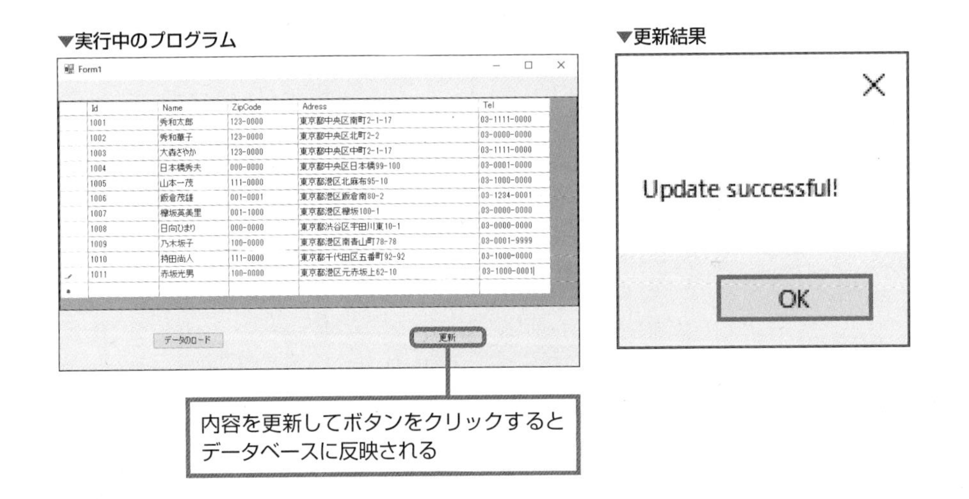

Section

6.4 LINQを利用したデータベースアプリの開発

Level ★★★ | Keyword | LINQ

LINQ（リンク、Language INtegrated Query：統合言語クエリ）とは、Visual C#やVisual Basicなどの言語に対応した、データベースから情報を取り出す機能のことです。

LINQでは、クエリ（データベースから情報を引き出す標準化された手法のこと）が、開発言語に統合され、標準化された手法でクエリを実行することができます。

LINQの基礎

LINQは、.NET Framework 3.5以降のバージョンで対応した、統合言語クエリです。

• LINQの種類

LINQは、データソースの種類によって、下表の3種類に分類されます。

Visual C#やVisual Basicなどの開発言語に統合されたため、これまで実際にプログラムを実行するまで発見できなかった構文上のミスが、コードエディター上やコンパイルの段階で発見できるようになりました。

LINQの種類	内容
LINQ to ADO.NET	データベースをデータソースとして、データを取り出すことができる。 LINQ to ADO.NETには、次のような種類がある。 LINQ to SQL (DLinq) LINQ to Entities LINQ to DataSet
LINQ to Objects	配列やコレクションをデータソースとして、データを取り出すことができる。
LINQ to XML (XLinq)	XMLをデータソースとして、データを取り出すことができる。

このセクションでは、「LINQ to DataSet」について見ていきます。

6.4.1 LINQ to DataSetの作成

LINQ to DataSetを利用すると、以下のように記述することで、データソース構成ウィザードで作成したデータセットから任意のデータを取り出すことができます。

▼LINQ to DataSetを使ってデータの抽出を行う

```
var 抽出した結果を格納する変数名 = from    データを格納する変数名 in データソース
                                  where   抽出条件
                                  orderby 並べ替えのキー
                                  select  抽出結果として格納するデータ名;
```


データセットの作成

ここでは、LINQ to DataSetで使用するデータソースを作成することにします。

「Windowsフォームアプリケーション (.NET Framework)」のプロジェクトを作成して、以下のように操作しましょう。データベースのファイルは作成済みの「Database1.mdf」を使用します。

▼ [データソース構成ウィザード]

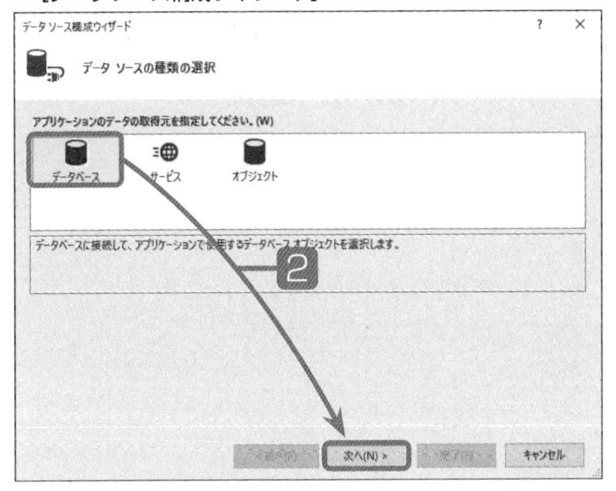

1. **プロジェクト**メニューの**新しいデータソースの追加**を選択します。
2. **データベース**を選択して、**次へ**ボタンをクリックします。

Memo LINQを使うメリット

SQLで記述したコードは、Visual C#のソースコード上では文字列として扱われるので、コンパイラーによるチェックは行われません。これに対し、LINQのコードは、Visual C#のソースコードとして取り込まれるので、コンパイラーによるチェックが行われます。また、LINQはVisual C#の組み込みの機能なので、SQLを直接、記述する場合に比べて、記述するコードの量が少なくなる傾向があります。

3 **データセット**を選択して、**次へ**ボタンをクリックします。

▼ [データソース構成ウィザード]

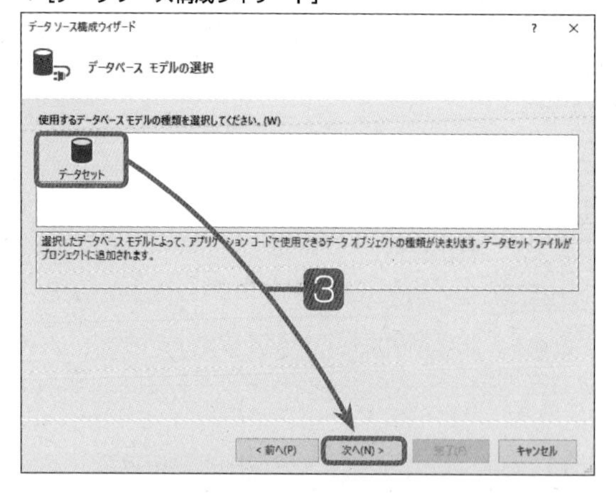

4 **新しい接続**ボタンをクリックします。

▼ [データソース構成ウィザード]

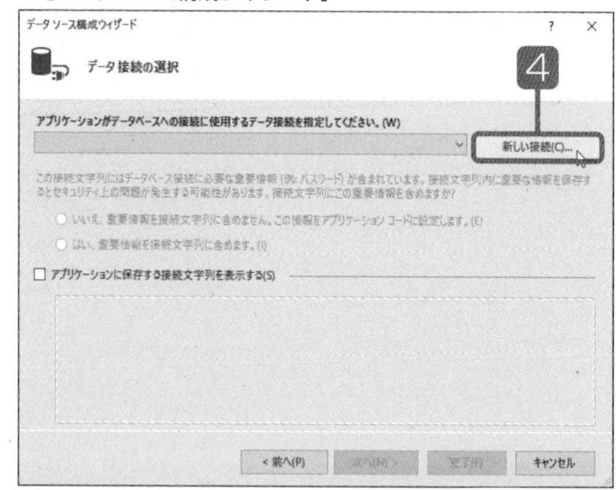

▼ [接続の追加] ダイアログボックス

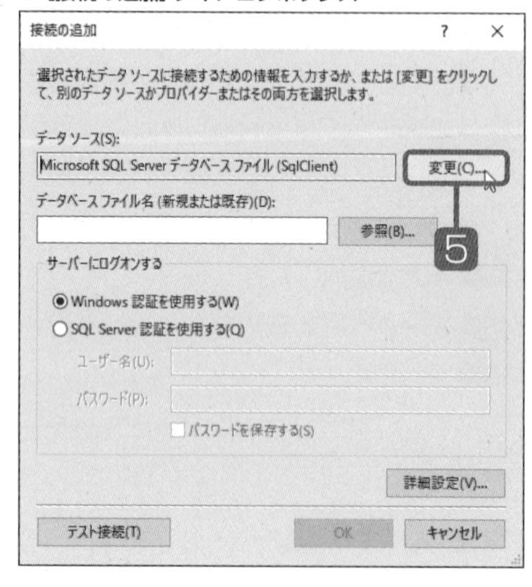

5 **変更**ボタンをクリックします。

6 **Microsoft SQL Serverデータベースファイル**を選択して、**OK**ボタンをクリックします。

7 **データベースファイル名**の**参照**ボタンをクリックします。

▼ [データソースの変更] ダイアログボックス

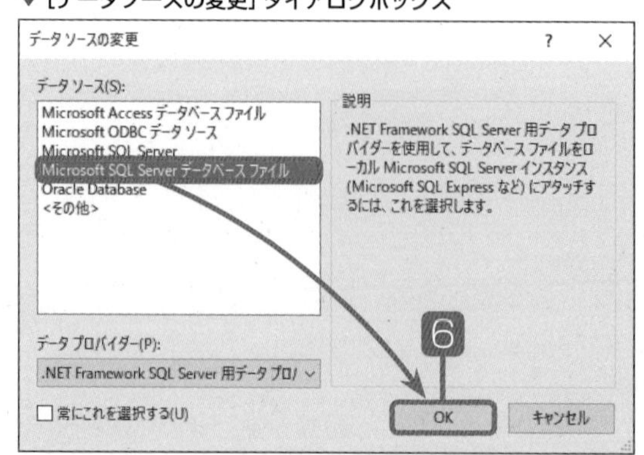

▼ [接続の追加] ダイアログボックス

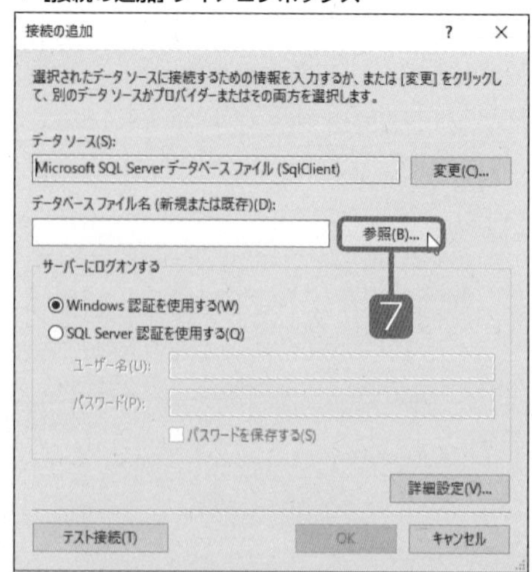

8 対象のデータベースファイルを選択して、**開く**ボタンをクリックします。

▼［SQL Serverデータベースファイルの選択］ダイアログボックス

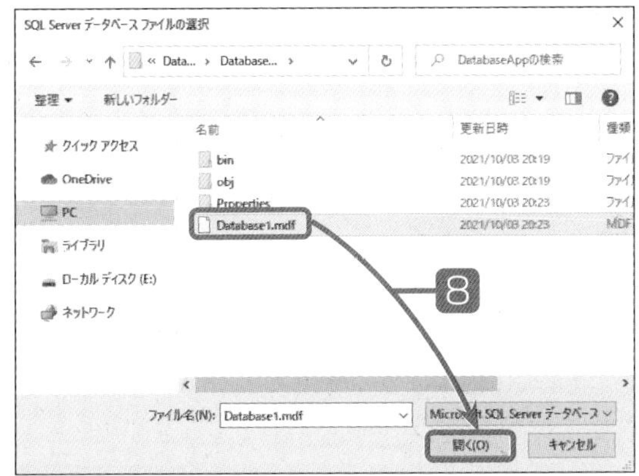

9 **OK**ボタンをクリックします。

▼［接続の追加］ダイアログボックス

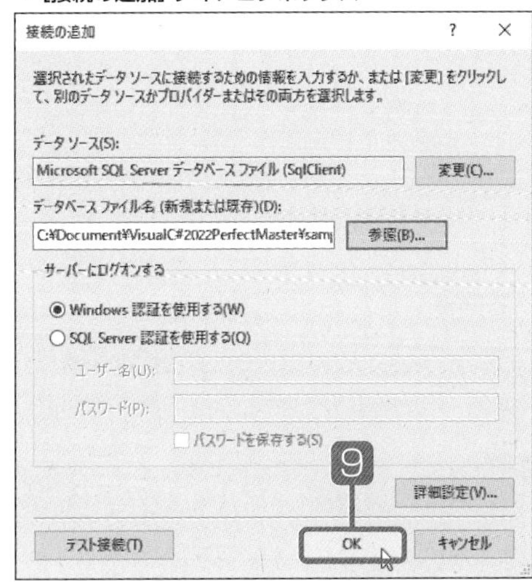

Onepoint

プロジェクトのフォルダー以外の場所にあるデータベースファイルを選択した場合は、プロジェクトにコピーするかを尋ねるダイアログが表示されます。この場合は**はい**ボタンをクリックすることで、プロジェクトフォルダー以外の場所からデータベースファイルがプロジェクトフォルダー内にコピーされます。

10 **次へ**ボタンをクリックします。

▼［データソース構成ウィザード］

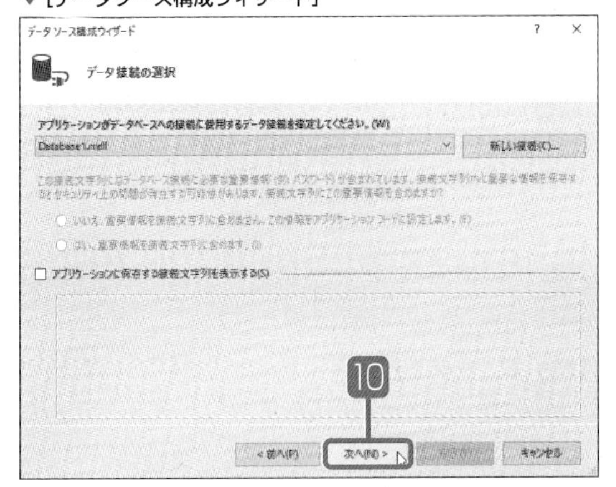

11 **次の名前で接続を保存する**にチェックを入れて、接続名を入力し（デフォルトでも可）、**次へ**ボタンをクリックします。

▼［データソース構成ウィザード］

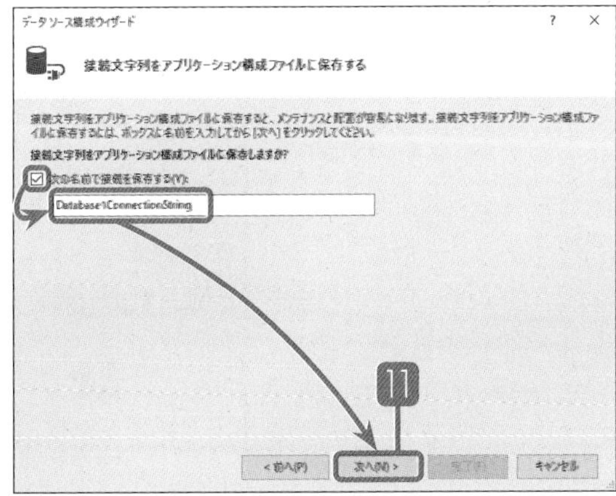

▼［データソース構成ウィザード］

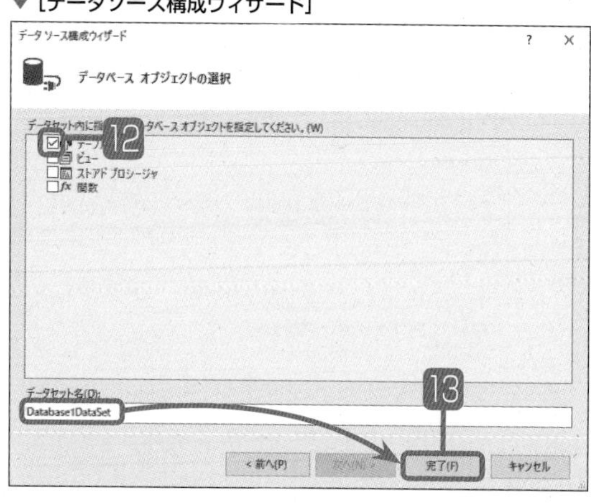

12 **テーブル**にチェックを入れます。

13 **データセット名**が「データベース名」+「DataSet」になっていることを確認し、**完了**ボタンをクリックします。

LINQ to DataSetでデータベースのデータを抽出する

ここでは、LINQ to DataSetでデータベースのデータを抽出するための操作を行います。

●データを取り込むための設定

▼［データセットの追加］ダイアログボックス

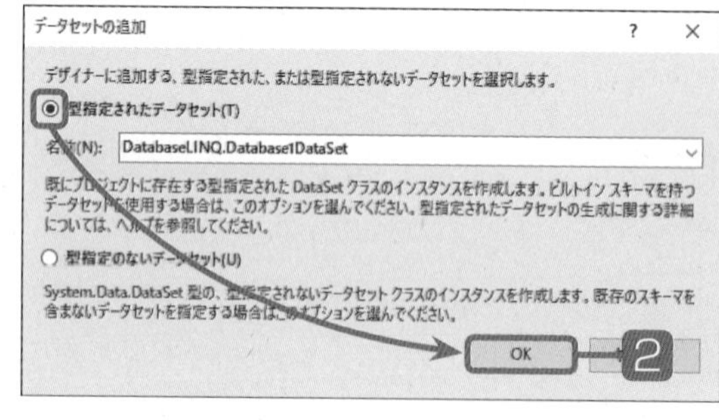

1 **ツールボックス**で**データ**カテゴリの**DataSet**コンポーネントをダブルクリックします。

2 **データセットの追加**ダイアログボックスが表示されるので、**型指定されたデータセット**をオンにして、**OK**ボタンをクリックします。

▼Webフォームデザイナー

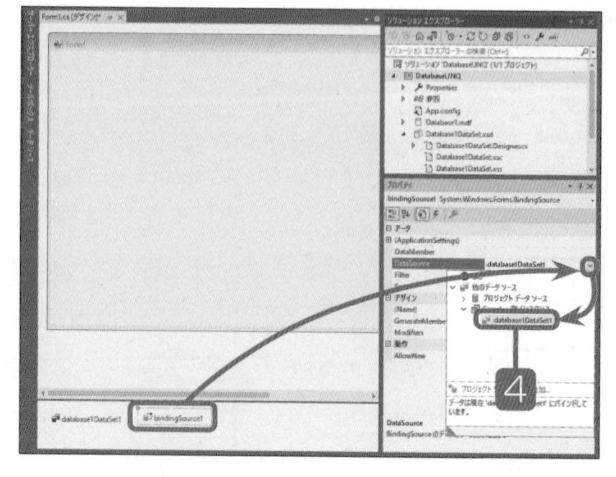

3 **ツールボックス**で**データ**カテゴリの**Binding Source**コンポーネントをダブルクリックします。

4 **コンポーネントトレイ**のBindingSourceコンポーネントを選択し、**プロパティ**ウィンドウの**DataSource**の▼をクリックして、1で作成したDetaSetコンポーネント名を選択します。

5 **DataMember**の▼をクリックして、対象のテーブル名を選択します。

6 以上の操作で、自動的にイベントハンドラーForm1_Load()が作成され、データベースのデータを取り込むためのコードが記述されます。

▼[プロパティ]ウィンドウ

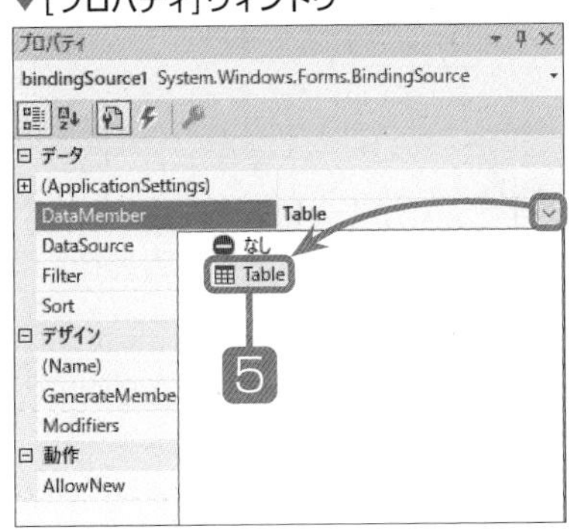

▼コードエディター(Form1.cs)

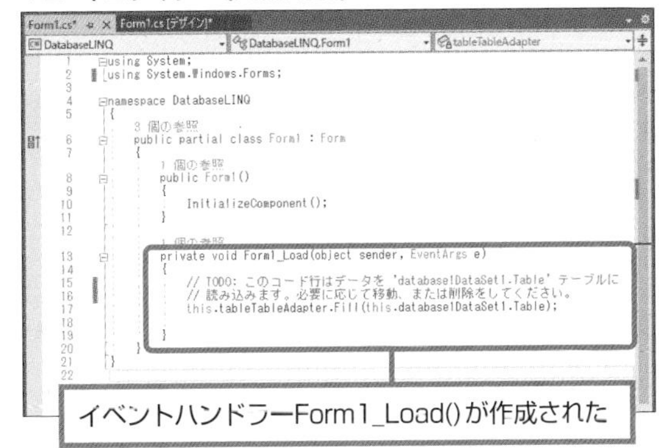

●DataGridView(データグリッドビュー)の配置

▼フォーム上にDataGridViewを配置

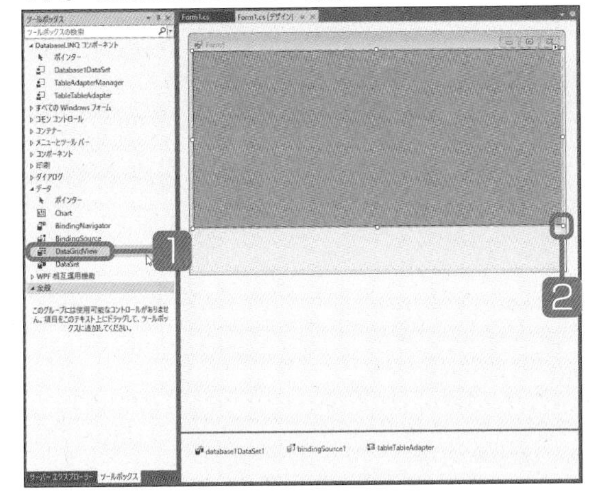

1 **ツールボックス**のDataGridViewをダブルクリックします。

2 追加されたDataGridView1のサイズと、フォームのサイズを調整します。

3 Form1をコードエディターで表示し、以下のコードを記述します。

▼イベントハンドラーForm1_Load() (Form.cs)

```
private void Form1_Load(object sender, EventArgs e)
{
    // TODO: このコード行はデータを 'database1DataSet1.Table'
    // テーブルに読み込みます。
    // 必要に応じて移動、または削除をしてください。
    this.tableTableAdapter.Fill(this.database1DataSet1.Table);

    dataGridView1.DataSource = bindingSource1;
}
```

このように記述

Onepoint

この記述によって、dataGridView1にbindingSource1が関連付けられて、フォーム上にデータベースファイルの内容が表示されるようになります。

●指定した条件でデータを抽出するボタンの配置とコードの記述

▼ボタンの配置

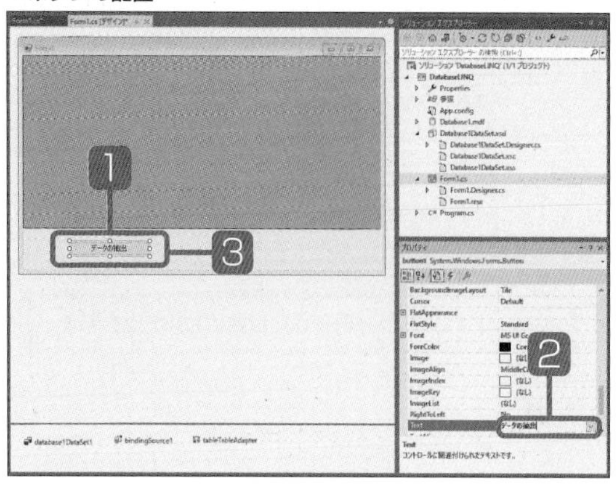

1 フォーム上にbutton1を配置します。

2 Textプロパティの入力欄に「データの抽出」と入力します。

3 配置したbutton1をダブルクリックし、以下のコードを記述します。

▼データを抽出するbutton1のコード

```
private void button1_Click(object sender, EventArgs e)
{
    var query = from rs in this.database1DataSet1.Table
                where rs.Id > 1005
                orderby rs.Name
                select rs;
    bindingSource1.DataSource = query;
}
```

4 「Form1.cs」の冒頭に以下のusing句を追加します。

▼System.Linq名前空間を読み込む

```
using System.Linq;
```

●データの一覧を再表示するボタンの配置とコードの記述

▼ボタンの配置

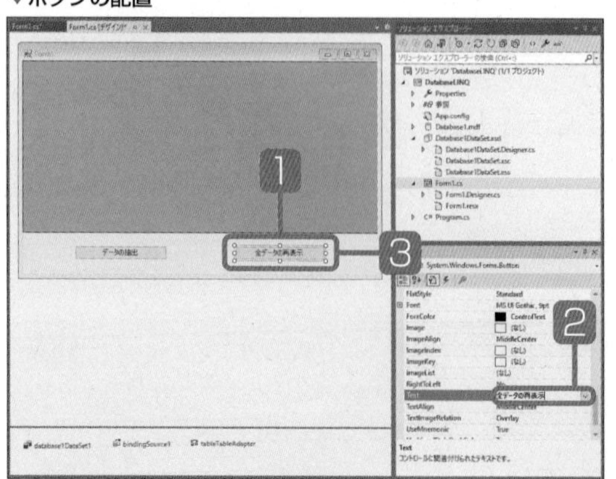

1 フォーム上にbutton2を配置します。

2 Textプロパティの入力欄に「全データの再表示」と入力します。

3 配置したbutton2をダブルクリックします。

4 以下のコードを記述します。

▼データを再表示するbutton2のコード

```
private void button2_Click(object sender, EventArgs e)
{
    bindingSource1.DataSource = database1DataSet1.Table;
}
```

作成したプログラムを実行する

それでは、**開始**ボタンをクリックしてプログラムを実行してみることにしましょう。

▼プログラムの実行

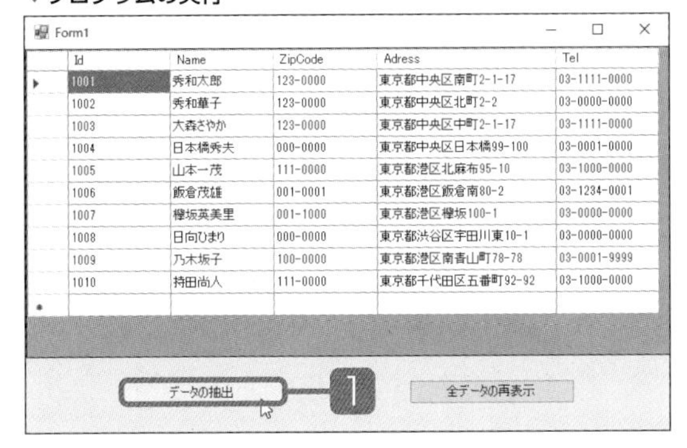

1 **データの抽出**ボタンをクリックします。

2 Idが1006以降のデータが抽出されます。

3 **全データの再表示**ボタンをクリックします。

4 すべてのデータが再表示されます。

▼抽出されたデータ

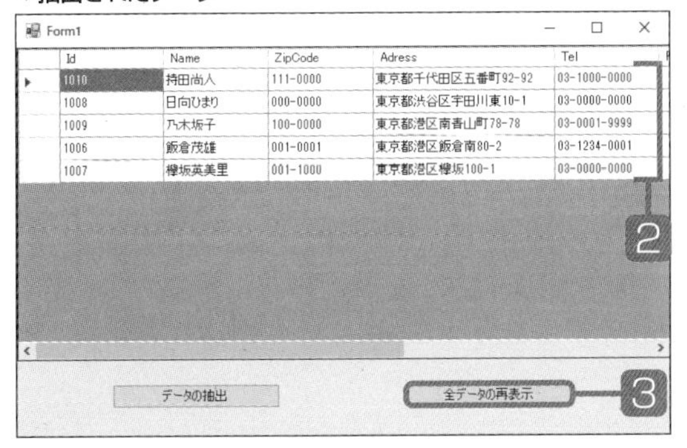

▼全データの再表示

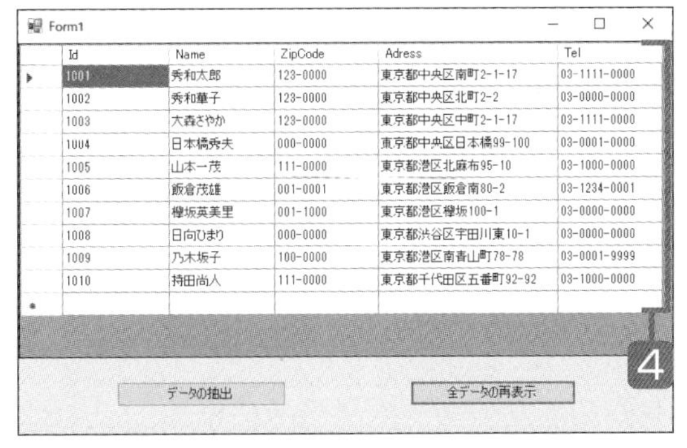

MEMO

Perfect Master Series
Visual C# 2022

Chapter

マルチスレッドプログラミング

この章では、これまでに取り上げていなかった、プログラムをマルチスレッド化する方法について見ていきます。

本書でこれまでに習得した知識を基に、さらに一歩進んだテクニックをぜひ、身に付けましょう。

Section

7.1 ThreadPoolクラスを利用したマルチスレッドの実現

Level ★★★ | Keyword | スレッドプール　非同期デリゲート

サーバー型プログラムのように、大量のリクエストを平行して処理する場合は、どうしてもパフォーマンスの低下は避けられません。そこでVisual C#には、複数のスレッドで共通するリソースを使用することで、パフォーマンスの低下を防ぐためのThreadPool（スレッドプール）クラスが用意されています。

マルチスレッドのメリット

マルチスレッドは、アプリケーションの応答速度を上げるための技術です。

• マルチタスク（マルチプロセス）

OSには、特定の処理のまとまりであるジョブ管理、そしてジョブをCPUが処理できる単位に分割処理してタスク管理を行う機能が備わっています。

そして、これらの技術を使うことで、複数のプログラムを同時並列的に実行するマルチタスク（マルチプロセス）を実現しています。これによって、複数のアプリケーションの実行中に、それぞれのアプリケーションがあたかも同時に実行されているように見えます。

• マルチタスクOSにおけるスレッドの生成

1つのアプリケーションを使って複数の作業を行う場合、それぞれの作業ごとにタスクを生成していたのでは非効率的です。できれば、同じアプリケーションに属する作業は、1つのタスクで管理した方が、リソース（メモリなどの共有資源のこと）を節約することができます。

1つのタスクの中で、さらにタスクを分割したプログラムの実行単位のことを**スレッド**と呼び、複数のスレッドを同時並列的に実行することを**マルチスレッド**と呼びます。

• マルチスレッドの優位性

マルチスレッドを行うことの最大のメリットは、**レスポンスタイム**の高速化です。レスポンスタイムとは、処理の要求を行ってから、最初の反応が返ってくるまでの時間のことです。例えば、重い処理を行っている場合に、マルチスレッドでプログラムが実行されていれば、割り込み処理により、即座に反応が返ってきます。

ThreadPoolクラスを利用したマルチスレッド

ここでは、以下の方法を使ったマルチスレッドプログラミングについて紹介します。

• ThreadPoolクラスを利用したマルチスレッド

スレッドプールを使うと、一度確保したスレッドのリソースを他のスレッドと共有できるので、パフォーマンスの低下を防ぐことができます。

• 非同期デリゲート

非同期デリゲートを使用すれば、指定したメソッドを別スレッドで非同期的に呼び出すことができます。また、パラメーターや戻り値の受け渡しが簡単に行えるのが特徴です。

▼ThreadPoolクラスを使用したプログラムの実行

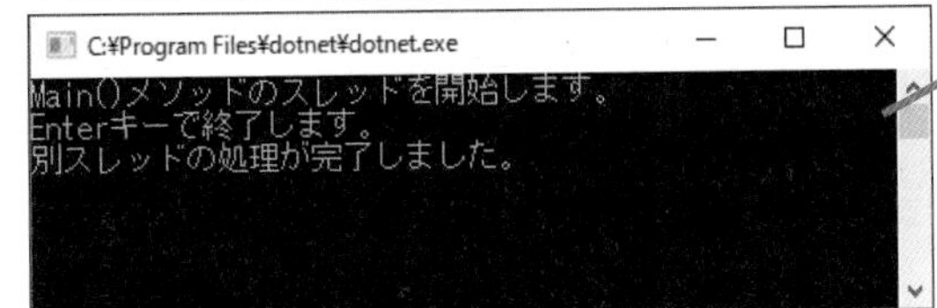

7.1.1 ThreadPool(スレッドプール)でのマルチスレッド

スレッドプールとは、ThreadPoolクラスのオブジェクトを使って、すでに作成された複数のスレッドを待機させて利用する仕組みのことを差します。

Threadクラスの Start() メソッドを使ってスレッドを起動する方法もありますが、その場合、スレッドの生成と破棄を繰り返すと、リソースが圧迫され、プログラムの速度が次第に低下してしまいます。スレッドプールでは、一度確保したスレッドを再利用するので、効率的にスレッドの処理を行うことができます。

スレッドプールの仕組み

それでは、実際にプログラムを作成して、スレッドプールの仕組みを見ていくことにしましょう。

▼スレッドプールを利用したコンソールアプリケーション(プロジェクト「ThreadPool」)

```
Console.WriteLine("プログラムを開始します。");

// ❶メソッドをスレッドプールのキューに追加する
```

```
ThreadPool.QueueUserWorkItem(
     new WaitCallback(MethodTest));

// 別スレッド開始後にメッセージを表示
Console.WriteLine("何かキーを押すとすぐに終了します。");

// キーが押された時点でプログラム終了
// スレッドの処理が完了していなくても終了する
Console.ReadLine();

// ❷スレッドで実行するメソッド
static void MethodTest(object? obj)
{
     // 5秒間待機させる
     Thread.Sleep(5000);
     // メッセージを表示
     Console.WriteLine("別スレッドの処理が完了しました。");
}
```

▼実行結果

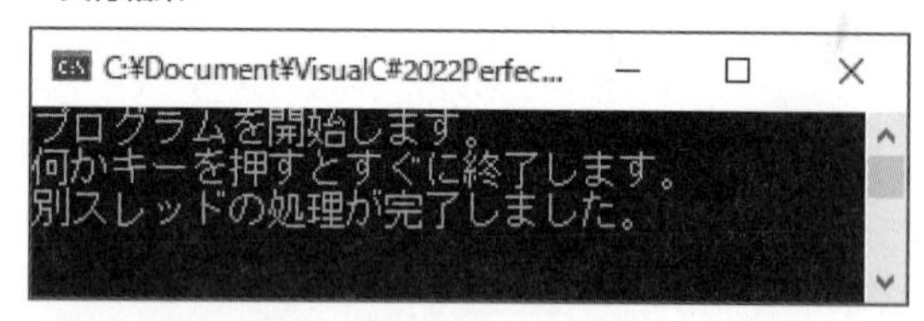

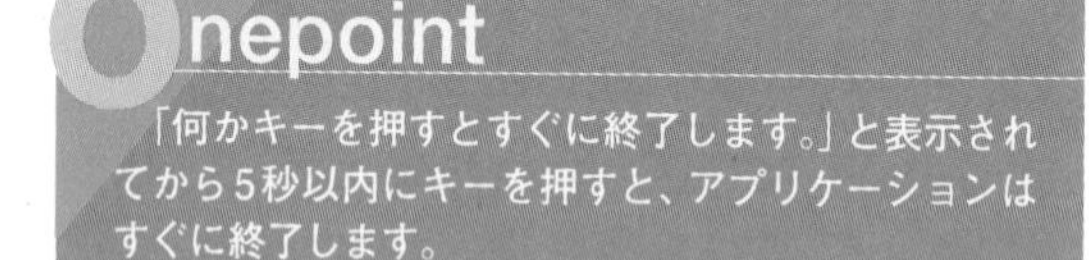

「何かキーを押すとすぐに終了します。」と表示されてから5秒以内にキーを押すと、アプリケーションはすぐに終了します。

●プログラムの解説

作成したプログラムでは、WaitCallbackデリゲートを使用して、スレッドプールで実行するタスク（処理）をキュー（待ち行列）に追加しています。

❶ ThreadPool.QueueUserWorkItem()メソッドで、WaitCallback型のデリゲートをThreadプールに登録します。登録されたデリゲートは、スレッドプールのスレッドが使用可能な状態になると実行されます。

●ThreadPool.QueueUserWorkItem()メソッド（静的メソッド）

WaitCallback型のデリゲートをスレッドプールに追加し、使用できる状態になったら実行します。

メソッドの宣言部	public static bool QueueUserWorkItem(WaitCallback callBack)	
パラメーター	callback	System.Threading.WaitCallback型のデリゲートオブジェクト。

●WaitCallbackデリゲート

スレッドプールで実行されるメソッドを登録するデリゲートです。

デリゲートの宣言部	public delegate void WaitCallback(object state)	
パラメーター	state	メソッドの参照を格納するobject型のオブジェクト。

```
ThreadPool.QueueUserWorkItem(
                new WaitCallback(MethodTest)); ―― デリゲートにMethodTest()を登録
```

❷別スレッドとして実行するメソッドMethodTest()は、スレッドプールの仕様に合わせて、戻り値がvoid、パラメーターがobject型になります。

ThreadPoolクラスを使って同時に実行できるスレッドの最大数は、1つのプロセスに対して、「プロセッサ数×25」と定められています。

スレッドプールによる引数渡し

ThreadPool.QueueUserWorkItem()メソッドはオーバーロードされていて、第2引数を使ってメソッドにデータを渡すことができます。なお、スレッドプールで実行可能なメソッドはvoidに限られるので戻り値を返せませんが、引数として渡したオブジェクトを利用してメソッドの処理結果を取得できます。

▼スレッドプールのメソッドに引数を渡して結果を取得するコンソールアプリケーション(プロジェクト「QueueUserWorkItem」)

```
// ❶引数を指定してClassTestオブジェクトを生成
ClassTest obj = new("プログラムの実行中です。");
Console.WriteLine(
    "スレッドの処理前のValue: " +
    obj.Value);
Console.WriteLine(
    "スレッドの処理前のReturn: " +
    obj.Return);

// ❷デリゲートをスレッドプールのキューに追加する
// メソッドで使用するオブジェクトobjも引数として渡す
System.Threading.ThreadPool.QueueUserWorkItem(
    // スレッドプールに追加するWaitCallbackデリゲート
```

```
        new System.Threading.WaitCallback(MethodTest),
        // スレッドで実行されるMethodTest()にClassTestオブジェクトを渡す
        obj
);

// 3秒間、待機
System.Threading.Thread.Sleep(3000);

// ❸引数で渡したClassTestオブジェクトのプロパティ値を表示
Console.WriteLine(
        "スレッドの処理後のValue: " +
        obj.Value);
Console.WriteLine(
        "スレッドの処理後のReturn: " +
        obj.Return);

// ❹スレッドで実行するメソッド
static void MethodTest(object? parameter1)
{
        // 渡されたデータをClassTest型にキャストする
        ClassTest objParameter = (ClassTest)parameter1;

        // Returnプロパティに値をセット
        objParameter.Return = "スレッドで値をセットします";
}

// プロパティとコンストラクターが定義されたクラス
class ClassTest
{
        // コンストラクターにおいてのみ初期化されるプロパティ
        public string Value { get; set; }
        // 外部で値がセットされることを想定したプロパティ
        public string Return { get; set; }

        // コンストラクター
        public ClassTest(string str)
        {
                // Valueのみパラメーター値で初期化する
                Value = str;
                Return = "コンストラクターのセット値";
        }
}
```

▼処理結果

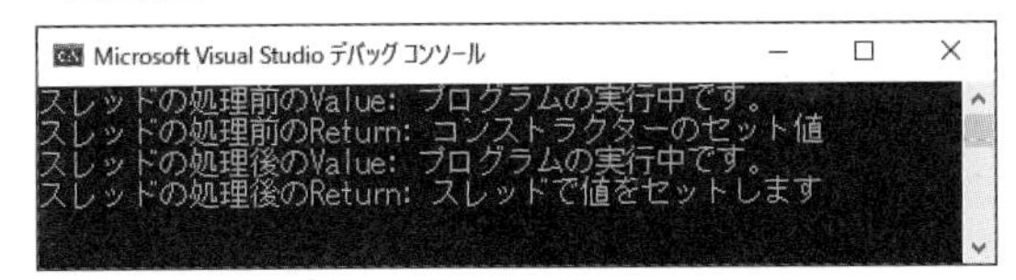

●プログラムの解説

❶引数を指定してClassTestオブジェクトを生成

スレッドプールに引数として渡すClassTestクラスをインスタンス化します。続いて、インスタンス化した直後のClassTestのValueプロパティ、Returnプロパティの値を確認のため出力しておきます。

❷デリゲートをスレッドプールのキューに追加

ThreadPool.QueueUserWorkItem()メソッドで、デリゲート生成時にメソッドにデータ転送用のオブジェクトを渡しています。

●ThreadPool.QueueUserWorkItem()メソッド

WaitCallback型のデリゲートをスレッドプールに追加し、使用できる状態になったら実行します。第2引数に、メソッドが使用するデータを格納したオブジェクトを指定します。

宣言部	public static bool QueueUserWorkItem(WaitCallback callBack, Object state)	
パラメーター	callBack	System.Threading.WaitCallback型のデリゲート。
	state	メソッドが使用するデータを格納するObject型のオブジェクト。

```
System.Threading.ThreadPool.QueueUserWorkItem(
    new System.Threading.WaitCallback(MethodTest), ――― WaitCallbackデリゲート
    obj ――――――――――――――――――――――――――― ClassTestオブジェクト
);
```

❸引数で渡したClassTestオブジェクトのプロパティ値を表示

スレッドにおいてMethodTest()が実行されると、❷でQueueUserWorkItemの第2引数として渡したClassTestオブジェクトのReturnプロパティに値がセットされます。Returnプロパティにはコンストラクターで初期値が代入されますが、スレッドの処理によって別の値に書き換えられています。

❹MethodTest()におけるパラメーターの処理

メソッドが呼ばれると、パラメーターにClassTestオブジェクトが渡されてきます。これは、QueueUserWorkItem()によって、デリゲートと引数用のオブジェクトがセットでスレッドプールに追加されたことによるものです。プロパティにアクセスできるように、ClassTest型にキャストしてからReturnプロパティの値を書き換えます。

Section

7.2 Parallelクラスを使用したマルチスレッド処理

Level ★★★ | Keyword | Parallelクラス　マルチスレッド　プログレスバー

System.Threading.Tasks名前空間に登録されているParallelクラスには、並列処理を行うためのメソッドが登録されています。

Visual C#に搭載されているマルチスレッド機能

ここでは、これまでに取り上げていなかった、Visual C#に搭載されている以下の項目について見ていきます。

• Parallel.Invoke()メソッド

System.Threading.Tasks名前空間に登録されているParallelクラスには、ループ処理および並列処理に関する機能を提供する数多くのメソッドが登録されており、Parallelクラスのメソッドを使えば、一定の条件を満たす場合に、プログラムコードの量を減らすことができるのが特徴です。

このセクションでは、Parallelクラスの代表的なメソッドであるParallel.Invoke()について取り上げます。

• foreachステートメントをパラレルで実行する

foreachステートメントは、Parallel.ForEach()メソッドによる処理に置き換えることができます。ここでは、Parallel.ForEach()メソッドの特徴と使い方について紹介します。

• デリゲート

「BackgroundWorker」コンポーネントを利用することで、フォームアプリケーションにおけるマルチスレッドを簡単に操作できるようになりました。

そのほかに、プログレスバーを使用して処理状況を表示させる方法や、スレッドの中止を行う方法について見ていきます。

7.2.1 Parallelクラス

Parallelクラスには、マルチスレッドを行うための数多くのメソッドが登録されています。

ParallelクラスのInvoke()メソッド

System.Threading.Tasks名前空間の**Parallel**クラスには、ループ処理および並列処理に関する機能を提供する数多くのメソッドが登録されています。

●Parallel.Invoke()メソッド

指定された一連の処理を実行します。状況によっては並列で複数のメソッドを実行するため、このメソッドは、並列実行の可能性がある一連の操作の実行に使用できます。

ただし、処理の実行順序は不定であり、処理が並行して実行される保証もありません。

Onepoint

Parallel.Invoke()メソッドのパラメーターは可変なので、いくつでも並べて記述することができます。これらのパラメーターで指定したメソッドは、プロセッサ・コア(CPUの核の部分)の数だけ並列に実行できます。

▼Parallel.Invoke()で並列処理を行う(プロジェクト「ParallelClass」)

```
Parallel.Invoke(
    // メソッドの参照を登録
    Action,
    // ラムダ式で匿名メソッドとして登録
    () => {
        // 実行中のスレッドに割り当てられているIDを出力
        Console.WriteLine(
            "MethodB, Thread={0}",
            Thread.CurrentThread.ManagedThreadId);
    },
    // delegateステートメントで匿名メソッドとして登録
    delegate () {
        // 実行中のスレッドに割り当てられているIDを出力
        Console.WriteLine(
            "MethodC, Thread={0}",
            Thread.CurrentThread.ManagedThreadId);
    }
);
```

```
// キー入力待ち
Console.ReadKey();


// Invoke()で最初に呼ばれるメソッド
static void Action()
{
    // 実行中のスレッドに割り当てられているIDを出力
    Console.WriteLine(
        "MethodA, Thread={0}",
        Thread.CurrentThread.ManagedThreadId);
}
```

▼実行結果

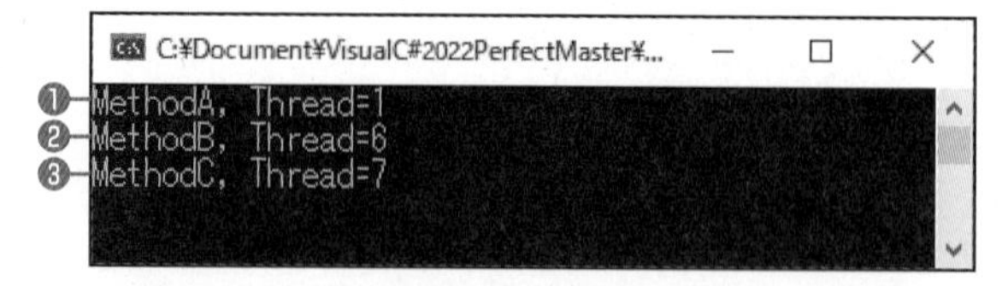

❶Action()で実行

❷ラムダ式で定義した匿名メソッド

❸delegateステートメントで定義した匿名メソッド

foreachステートメントとParallel.ForEach()メソッドによる処理

ForEach()メソッドにおける処理は、パラレル（並列）で実行されるので、処理の量によってはforeachよりも処理速度の点で有利です。

▼foreachステートメントとParallel.ForEach()メソッドを使う（プロジェクト「ForEachApp」）

```
// 配列を作成
int[] arrayData = {1, 2, 3, 4, 5, 6, 7, 8, 9, 10};


// foreachによる処理を開始
Console.WriteLine("serialで順次処理：");


// 通常のforeachによる配列の処理
foreach (var a in arrayData)
{
    Console.Write("{0} ", a);
}



// Parallel.ForEach()による並列処理を開始
Console.WriteLine("¥n" + "parallelで並行処理：");
```

```
// Parallel.ForEach()による並列処理
Parallel.ForEach(
    // 処理対象の配列
    arrayData,
    // 繰り返す処理
    (n) => Console.Write("{0} ", n)
);

// キー入力待ち
Console.ReadKey();
```

▼実行結果

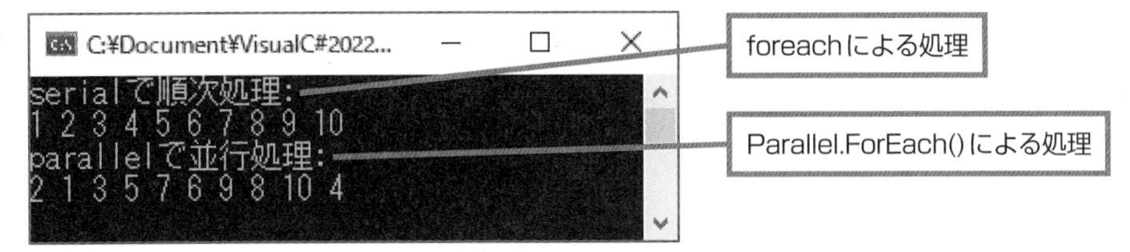

ここでは、foreachステートメントとParallel.ForEach()メソッドによる処理を実行しましたが、Parallel.ForEach()メソッドにおける処理は、配列の順序どおりには行われていません。

これは、Parallel.ForEach()メソッドの並列的処理については、OSのタスクスケジューラーが実行順序を管理しているためです。

Memo マルチコア

マルチコア(Multiple core) は、1つのプロセッサ内に複数の「プロセッサ・コア (プロセッサの中枢部のこと) を格納したプロセッサのことです。

外見的には1つのプロセッサでありながら内部的には複数のプロセッサが処理を行うので、並列処理を行わせる場合に威力を発揮します。

プロセッサ・コアが2つであれば**デュアルコア** (Dualcore)、4つであれば**クアッドコア** (Quad-core)、6つであれば**ヘキサコア** (Hexa-core) と呼ばれます。

7.2.2 スレッドの進捗状況の表示

スレッド処理を行う際に、**プログレスバー**を使うと、スレッドの進捗状況を視覚的に表示することができます。ここでは、スレッドの進捗状況を表示するプログラムを作成してみることにします。

スレッドの進捗状況を表示するプログラムを作成する

以下の要領で、プログラムを作成します。

▼コントロールとコンポーネントの配置（プロジェクト「BackWorker」）

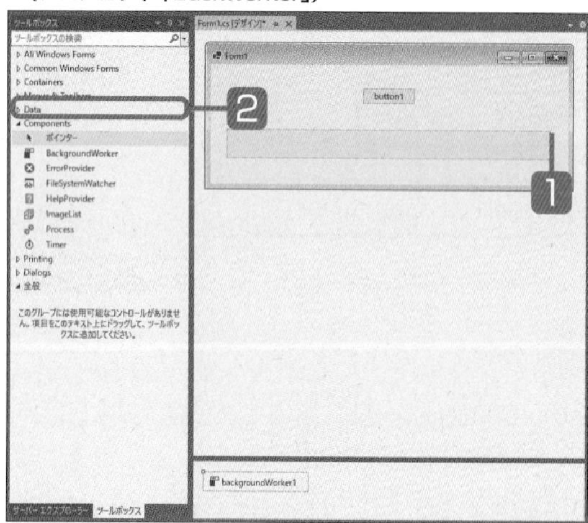

1 フォーム上に、Button (button1)、ProgressBar (progressBar1) を配置します。

2 **ツールボックス**のBackgroundWorkerをダブルクリックします。

Onepoint

ProgressBarを配置するには、ツールボックスのProgressBarをダブルクリックしたあと、フォーム上で表示位置とサイズを調整します。

3 button1をダブルクリックし、作成されたイベントハンドラーに、次のように記述します。

▼イベントハンドラーbutton1_Click()

```
private void button1_Click(object sender, EventArgs e)
{
    backgroundWorker1.WorkerReportsProgress = true;
    backgroundWorker1.RunWorkerAsync();
}
```

▼イベントハンドラーBackgroundWorker1_DoWork()の作成

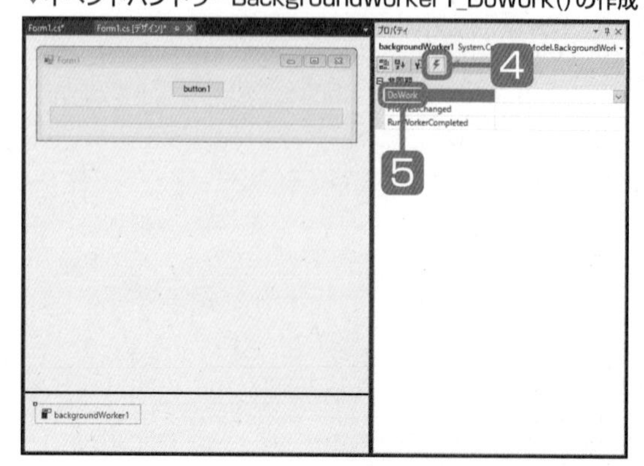

4 コンポーネントトレイでbackgroundWorker1を選択した状態で、**プロパティ**ウィンドウの**イベント**ボタンをクリックします。

5 DoWorkをダブルクリックし、イベントハンドラーに、次のように記述します。

7.2.3 スレッドの中止

スレッド処理を途中で中止する場合は、CancelAsync()メソッドを使います。このとき、CancellationPendingプロパティを使って、スレッドの中止命令が出ていないかをチェックするのがポイントです。

スレッドの開始と中止

フォーム上に2つのボタンを配置して、スレッドの開始と中止を行えるようにしてみましょう。

▼コントロールとコンポーネントの配置（プロジェクト「CancelThread」）

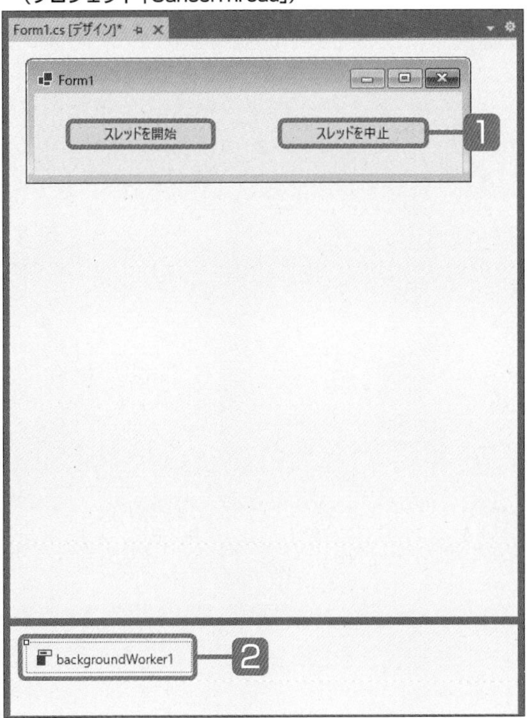

1 フォーム上に、button1、button2を配置し、button1のTextプロパティに「スレッドを開始」と入力し、button2のTextプロパティに「スレッドを中止」と入力します。

2 **ツールボックス**のBackgroundWorkerをダブルクリックして配置します。

3 button1をダブルクリックし、イベントハンドラーに、次のように記述します。

▼イベントハンドラーbutton1_Click()

```
private void button1_Click(object sender, EventArgs e)
{
    backgroundWorker1.WorkerSupportsCancellation = true;
    backgroundWorker1.RunWorkerAsync();
}
```

4 button2をダブルクリックし、イベントハンドラーに、次のように記述します。

▼イベントハンドラーbutton2_Click()

```
private void button2_Click(object sender, EventArgs e)
{
    backgroundWorker1.CancelAsync();
}
```

▼イベントハンドラーbackgroundWorker1_DoWork()の作成

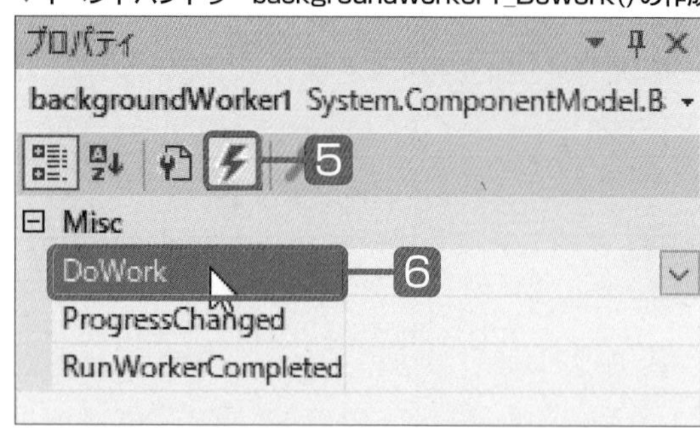

5 コンポーネントトレイのbackgroundWorker1を選択し、**プロパティ**ウィンドウの**イベント**ボタンをクリックします。

6 DoWorkをダブルクリックし、イベントハンドラーに、次のように記述します。

▼イベントハンドラーbackgroundWorker1_DoWork()

```
private void backgroundWorker1_DoWork(object sender, DoWorkEventArgs e)
{
    for (int i = 1; i <= 100; i++)
    {
        System.Threading.Thread.Sleep(100);

        if (backgroundWorker1.CancellationPending == true)
        {
            e.Cancel = true;
            break;
        }
    }
}
```

▼backgroundWorker1_RunWorkerCompleted()の作成

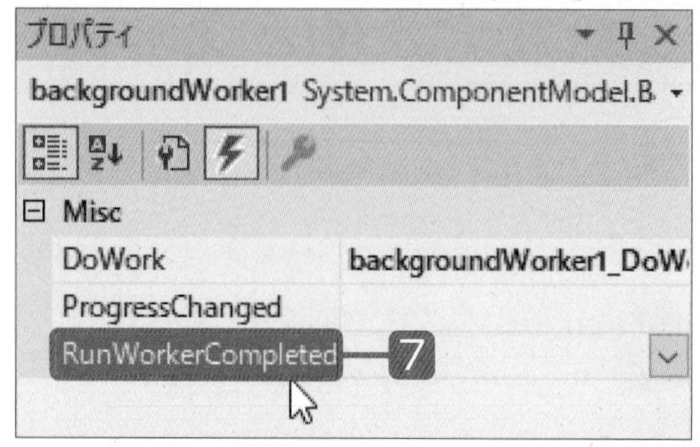

7 backgroundWorker1を選択した状態で、**プロパティ**ウィンドウのRunWorkerCompletedをダブルクリックし、作成されたイベントハンドラーに、次のように記述します。

▼イベントハンドラーbsackgroundWorker1_RunWorkerCompleted()

```
private void backgroundWorker1_RunWorkerCompleted(
    object sender, RunWorkerCompletedEventArgs e)
{
    if (e.Cancelled)
    {
        MessageBox.Show(
            "バックグラウンドのスレッド処理を中止しました。");
    }
    else
    {
        MessageBox.Show(
            "バックグラウンドのスレッド処理が完了しました。");
    }
    button1.Enabled = true;
}
```

それでは、作成したプログラムを実行してみることにします。

8 **スレッドを開始**ボタンをクリックしてスレッドを開始します。**スレッドを中止**ボタンをクリックすると処理が取り消されます。

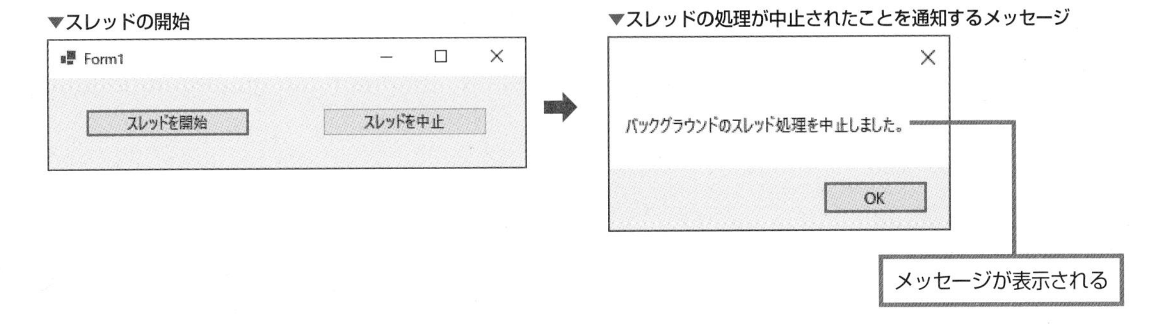

MEMO

Perfect Master Series
Visual C# 2022

Chapter 8

ASP.NETによるWebアプリ開発の概要

ASP.NETとは、サーバーサイドで実行するWebアプリのための技術の総称です。
この章では、Visual C#によるWebアプリ開発について紹介します。

Section 8.1

ASP.NETによるWebアプリ開発の概要

Level ★★★ | Keyword | サーバーサイド型　クライアントサイド型

Visual Studioでは、**Visual C#**を使って、Webアプリの開発が行えます。

ASP.NETでのWebアプリの開発

Visual Studioでは、Webフォームとコントロールを使用することで、デスクトップアプリとほぼ同じ手順で、Webアプリの開発が行えます。

● Visual StudioのWebアプリ用のプロジェクトで作成される主なファイル

・Webフォーム用ファイル
・ソースコード用ファイル
・スタイルシート用ファイル
・HTML用ファイル

Memo IISのインストール

Windowsには、WebサーバーソフトのIISが付属していますので、以下の操作を行うことで、IISをインストールすることができます。

① Windowsの**設定**を開き、**アプリ➡オプション機能**を開きます。
② **オプション機能**の画面下にある**Windowsのその他の機能**をクリックします。
③ **Windowsの機能**ウィンドウが表示されたら、**インターネット インフォメーション サービス**をチェックして、**OK**ボタンをクリックします。

▼IISのインストール

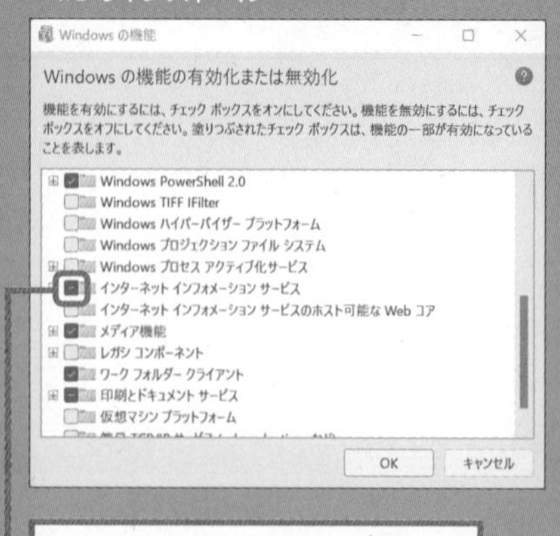

8.1.1 Webアプリの概要

Webアプリには、JavaScriptなどで記述したプログラムをWebページと一緒にダウンロードし、ブラウザー上でプログラムを実行する**クライアントサイド型(フロントエンド)**のプログラムがあります。

これに対し、Webブラウザーにはダウンロードされずに、Webサーバー上でプログラムを実行する**サーバーサイド型**のプログラムもあります。

●ASP.NETで作成されるWebアプリはサーバーサイド型

ASP.NETで作成するWebアプリは、サーバーサイド型のアプリです。

クライアント(ブラウザー)からのアクセスがあると、Webサーバーは、ASP.NETで作成されたWebページ(拡張子「.aspx」)を表示すると共に、ソースコード用ファイル(拡張子「.aspx.cs」)に保存されているVisual C#プログラムを呼び出して実行します。

▼サーバーサイドのWebアプリ

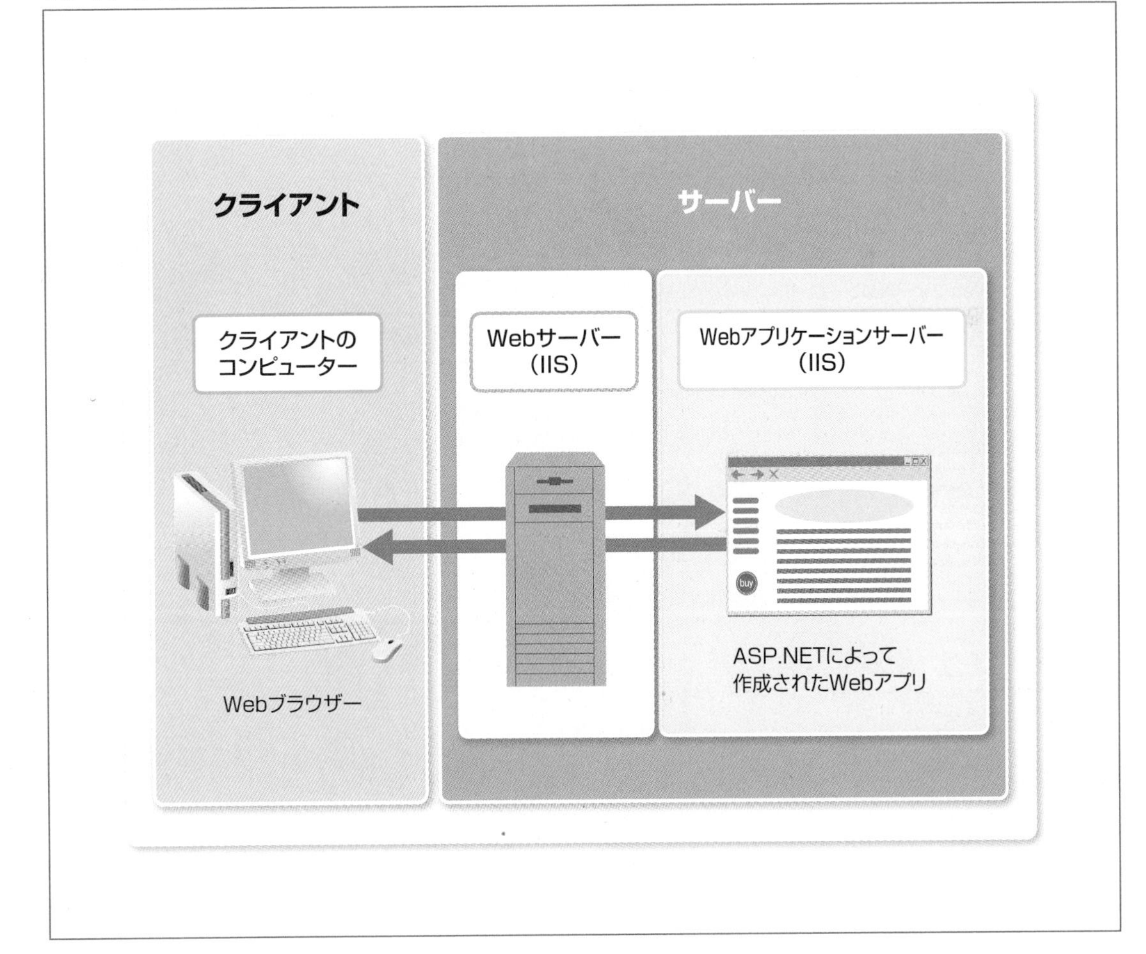

●Webサーバーと連携して処理を行うWebアプリケーションサーバー

サーバーサイドのWebアプリを実行するには、クライアントとの通信を行う**Webサーバー**のほかに、プログラムを解釈して実行するための**Webアプリケーションサーバー**と呼ばれるソフトウェアが必要です。

Webサーバーは、クライアントからのアクセスがあるとWebページの表示を行いますが、Webアプリを実行するには、プログラムを解釈するためのWebアプリケーションサーバーが必要というわけです。

●Microsoft社のWebアプリケーションサーバー

Microsoft社のWebサーバーソフトである**IIS**(Internet Information Services)は、Webサーバーの機能に加え、ASP.NETによるWebプログラムを実行するためのWebアプリケーションサーバーの機能を搭載しています。

Visual Studioには、作成したWebアプリのテスト用として、IISの簡易版である**IIS Express**が付属しています。IIS Expressには、Webサーバーとしての機能と、ASP.NETで開発したWebプログラムを実行するためのWebアプリケーションサーバーの機能が搭載されています。

Webフォームコントロール

Webフォームコントロールは、Webフォーム上に配置するためのコントロール群で、ボタンやテキストボックスなど、Windowsフォーム用のコントロールとよく似たコントロールが用意されています。サーバーサイドのWebアプリ専用のWebフォームコントロールと、クライアントサイドのWebアプリ用のHTMLコントロールがあります。

▼Webフォームコントロール

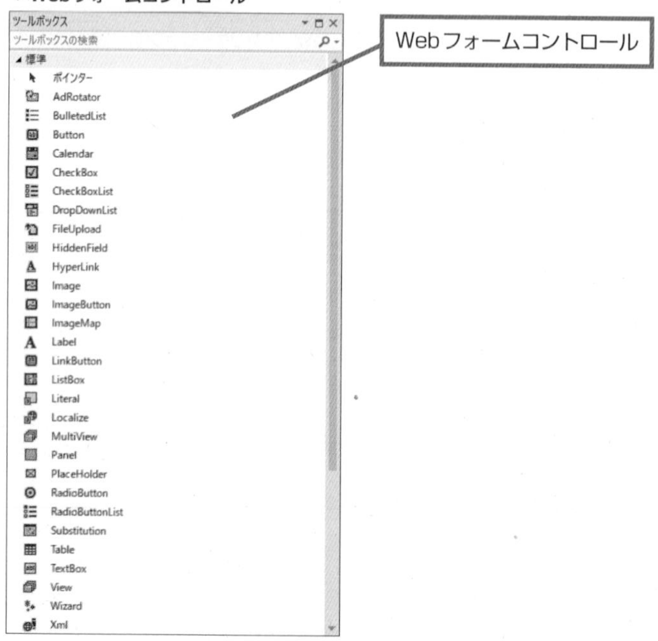

8.1.2 Visual C#でのWebアプリの開発

Webフォーム用のファイルとコードモジュール用のファイルは、Webアプリ用のプロジェクトを作成すると自動的に作成されます。

Webアプリの開発は、デスクトップアプリの作成方法と大きく変わるところはなく、Webフォームデザイナーの画面からコードエディターへの切り替えも、Windowsフォームのときと同じように操作できます。

Webアプリプロジェクトで作成される主なファイルには、以下のものがあります。

●Webフォーム用ファイル

Webフォームは、Webページを表示するための基盤としての役割を持っていて、ラベルやテキストボックス、ボタンなどのコントロールを配置することで、Webアプリを実行するWebページの作成を行います。

Webフォームは、「.aspx」という拡張子が付いたファイルとして保存されます。

●ソースファイル

イベントプロシージャなどのVisual C#のコードを保存しておくためのファイルです。「.aspx.cs」という拡張子が付いたファイルとして保存されます。

●スタイルシートファイル

Webページのスタイル設定を保存しておくためのファイルで、「.css」という拡張子が付いています。

●HTMLファイル

Webアプリのページから、リンク先として表示するためのページです。通常、拡張子は「.htm」に設定されます。Webフォームデザイナーを使えば、ASP.NETによるWebアプリのページだけでなく、HTMLだけで記述されたWebページを作成することもできます。

なお、以上のファイルのほかに、Webアプリのアセンブリ情報を記録しておくための「AssemblyInfo.cs」、アプリケーションの起動や終了といったアプリケーションレベルのイベントハンドラーを記述するための「Global.asax」、Webアプリで使用する文字コードや認証情報などをXMLで記述する「Web.config」などのファイルが作成されます。

Section
8.2

ASP.NETを利用したWebアプリの作成

Level ★★★ | Keyword | Webフォーム　Webアプリ

このセクションでは、シンプルなWebアプリの作成を行ってみることにします。

Webアプリの開発手順

ASP.NETによるWebアプリの開発は、以下の手順で行います。

1. Webアプリプロジェクトの作成
2. Webフォームの作成
3. コントロールの配置
4. プログラムコードの記述

　ASP.NETによるWebアプリの開発においては、デスクトップアプリと同様にユーザーインターフェイスとなるWebフォームを作成し、各イベントに対して、処理を実行するためのコードを入力することで、開発を進めていきます。

▼Webフォームの作成

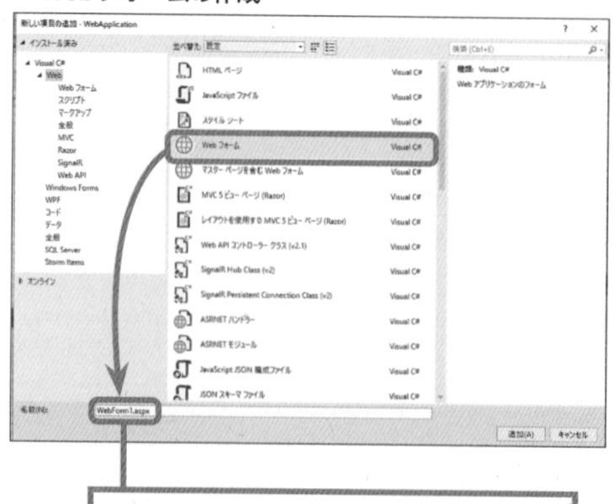

Webフォームの名前を付けて作成する

▼コントロールの配置

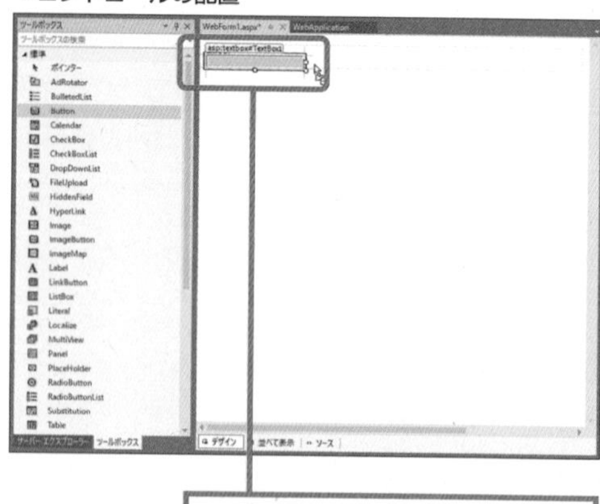

ツールボックスからドラッグして
コントロールを配置

8.2.1 Webサイトの作成

Webアプリ用のプロジェクトは、**ASP.NET Webアプリケーション(.NET Framework)**という項目を選択して作成します。作成されたプロジェクト用のフォルダーは、Webアプリ用のフォルダー、すなわちWebサイトのフォルダーとして扱われます。

●「ASP,NET Webアプリケーション(.NET Framework)」のインストール

▼[新しいプロジェクトの作成]

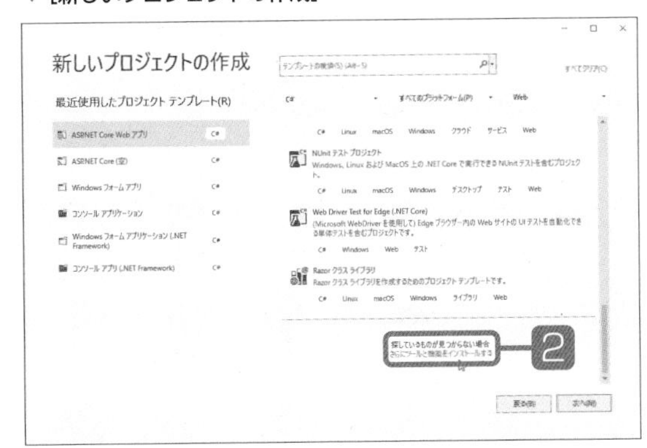

1 Visual Studioのスタート画面で**新しいプロジェクトの作成**を選択します。

2 **新しいプロジェクトの作成**が表示されるので、プロジェクトのリストを下端までスクロールして**さらにツールと機能をインストールする**をクリックします。

▼[Visual Studio Installer]

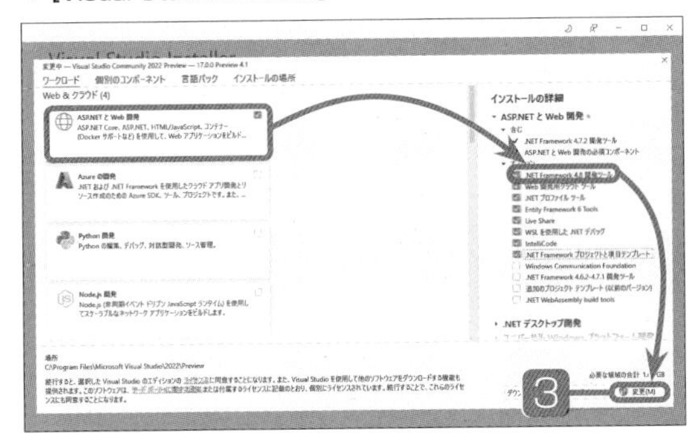

3 **Visual Studio Installer**が起動するので、右側のペインの**インストールの詳細**以下の**ASP.NETとWeb開発**を展開し、**オプション**の**.NET Framework 4.8開発ツール**にチェックを入れて**変更**ボタンをクリックしてインストールを開始します。インストールの途中でVisual Studioを閉じるように促すメッセージが表示された場合は、Visual Studioを閉じてからインストールを続行します。

●プロジェクトの作成

1 Visual Studioのスタート画面で**新しいプロジェクトの作成**を選択します。

2 **新しいプロジェクトの作成**ダイアログボックスが表示されるので、言語で**C#**を選択し、**ASP.NET Webアプリケーション(.NET Framework)**を選択して**次へ**ボタンをクリックします。

3 プロジェクト名を入力し、**参照**ボタンをクリックしてプロジェクトの保存先を選択したあと、**作成**ボタンをクリックします。

▼[新しいプロジェクトの作成]ダイアログボックス

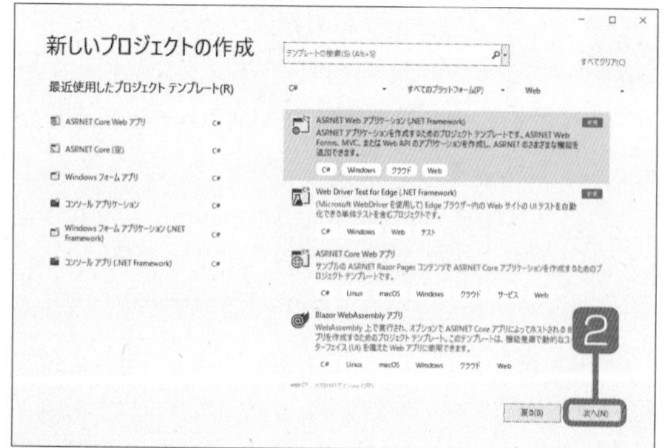

▼[新しいプロジェクトの作成]ダイアログボックス

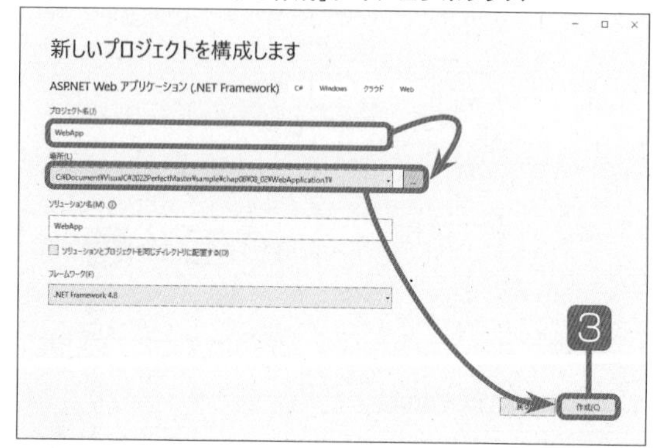

4 **空**を選択して**作成**ボタンをクリックします。

5 Webアプリのプロジェクトが作成されます。

▼[新しいプロジェクトの作成]ダイアログボックス

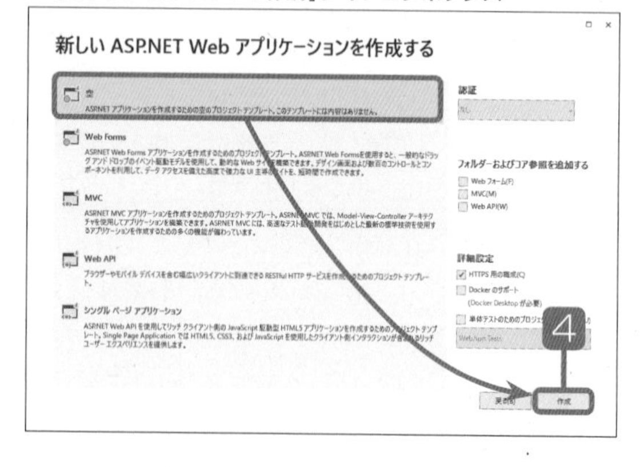

▼[ソリューションエクスプローラー]

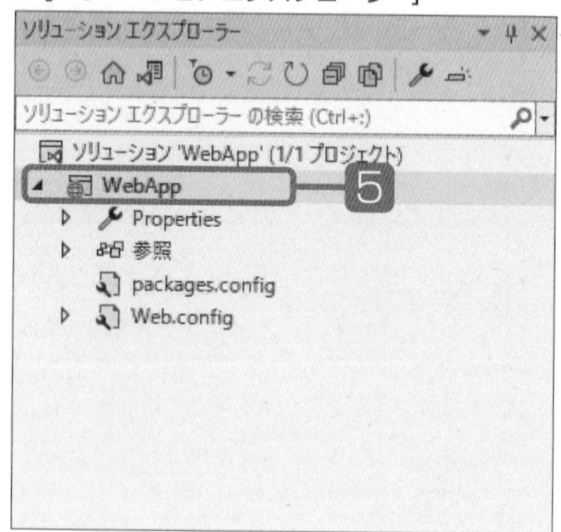

8.2.2 Webアプリの作成

空のWebサイトを作成したら、Webフォームを追加します。**Webフォーム**は、Webページの土台となるもので、ここへボタンなどのコントロールを配置すると、そのままの状態でWebページとしてブラウザーに表示されます。

デザインビューを表示できるようにする

Visual Studioには、Webページを編集するためのWebフォームデザイナーが搭載されています。ただし、初期状態で非表示になっていることがあるので、次の手順で表示可能な状態にしておきましょう。

▼[オプション]ダイアログボックス

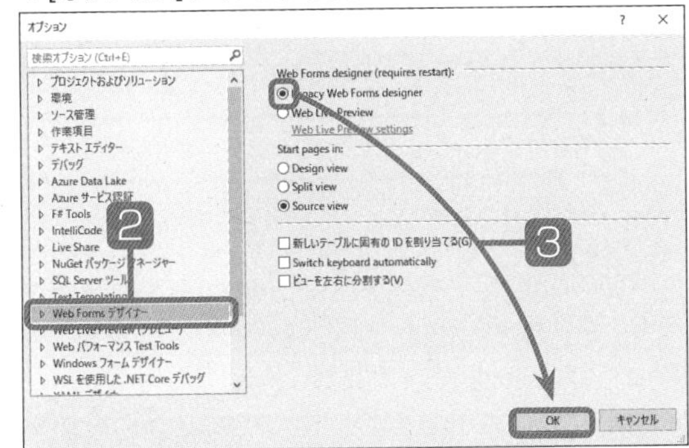

1. **ツール**メニューをクリックして、**オプション**を選択します。
2. **オプション**ダイアログボックスが表示されるので、左側のペインで**Web Formsデザイナー**を選択します。
3. **Legacy Web Forms designer**をオンにして、**OK**ボタンをクリックします。
4. Visual Studioを再起動して、プロジェクトを開きます。

Webフォームを作成する

Webフォームを追加して、Webページの画面を作成します。

▼[新しい項目の追加]ダイアログボックス

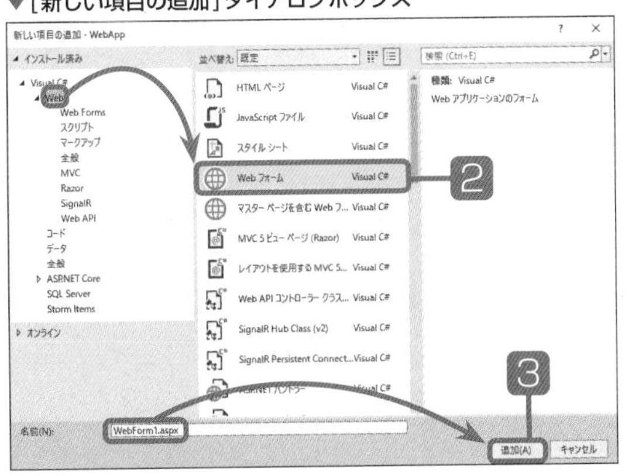

1. **プロジェクト**メニューの**新しい項目の追加**を選択します。
2. **新しい項目の追加**ダイアログボックスが表示されるので、**Visual C#**の**Web**を選択して、**Webフォーム**を選択します。
3. **名前**の欄にWebフォームのファイル名を入力して、**追加**ボタンをクリックします。

4 Webフォームが作成され、**ソースビュー**でWebフォームのコードが表示されます。**デザイン**ボタンをクリックします。

▼[ソースビュー]

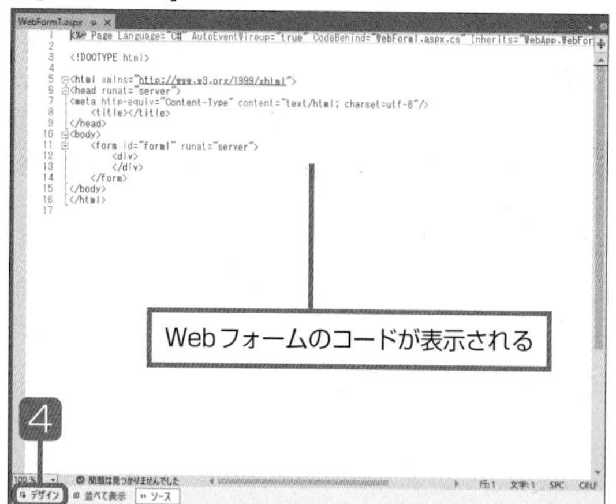
Webフォームのコードが表示される
4

▼[デザインビュー]

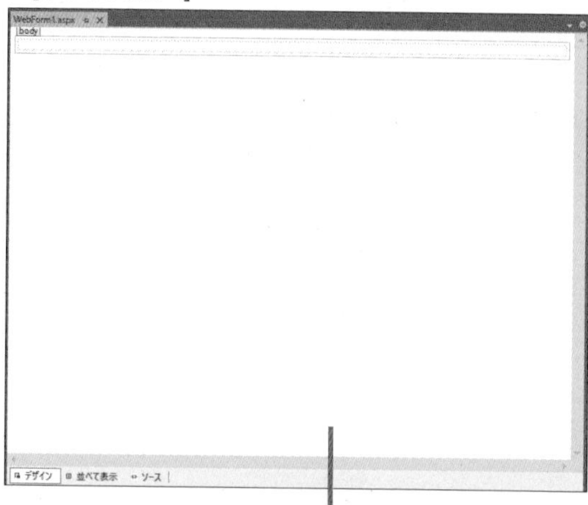

Webフォームが[デザインビュー]で表示される

Webフォーム上にコントロールを配置する

Webフォーム上にButton、Label、TextBoxの各コントロールを配置して、プロパティの設定を行いましょう。

1 画面の**div**と表示されている枠内にカーソルを置き、**ツールボックス**の**標準**カテゴリの**Label**をダブルクリックします。

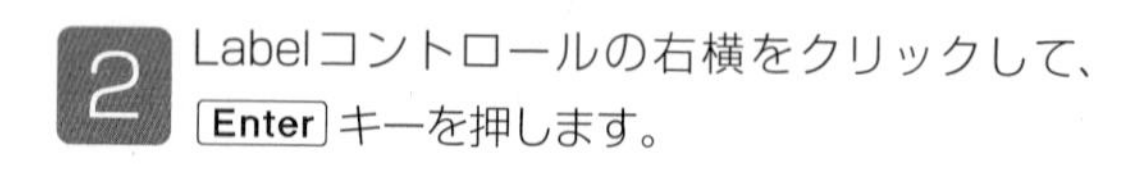

2 Labelコントロールの右横をクリックして、Enterキーを押します。

▼コントロールの配置

Labelをダブルクリックすることで、Webフォーム上に配置します
1

▼段落の挿入

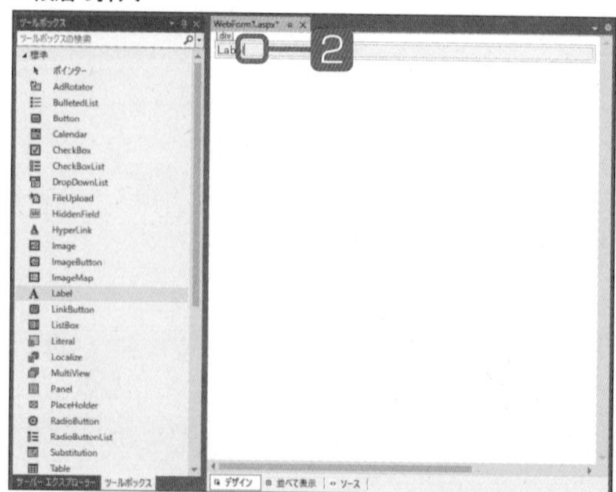
2

3 新しい段落が挿入されるので、**ツールボックス**の**TextBox**を、挿入された段落までドラッグします。

4 **ツールボックス**の**Button**を、**TextBox**コントロールの右横までドラッグします。

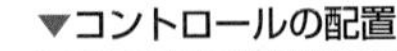

▼コントロールの配置

▼コントロールの配置

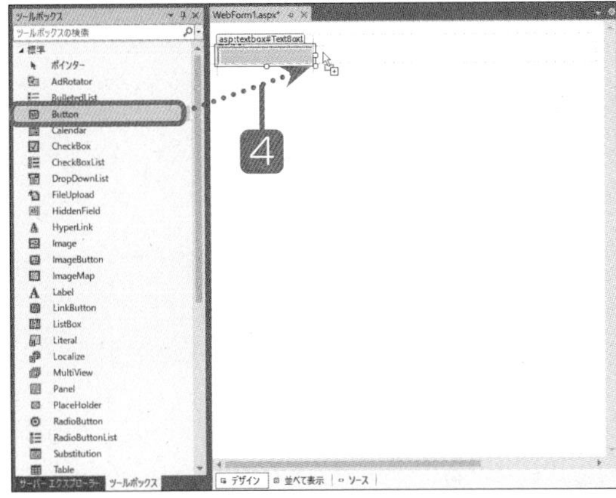

▼コントロールの配置

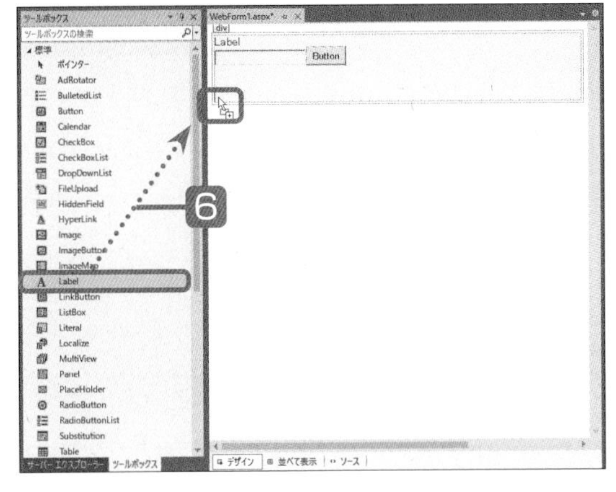

5 **Button**コントロールの右横をクリックして、Enter キーを3回押します。

6 新しい段落が3つ挿入されるので、**ツールボックス**の**Label**を、挿入された3つ目の段落までドラッグします。

7 下表を参照して、各コントロールのプロパティを設定します。

▼プロパティの設定

●Labelコントロール（上）

プロパティ名	設定値
(ID)	Label1
Text	氏名を入力してください

●TextBoxコントロール

プロパティ名	設定値
(ID)	TextBox1
Text	（空欄）

●Labelコントロール（下）

プロパティ名	設定値
(ID)	Label2
Text	（空欄）

●Buttonコントロール

プロパティ名	設定値
(ID)	Button1
Text	入力

イベントハンドラーで実行するコードを記述する

Webフォーム上にコントロールの配置ができたら、ボタンをクリックしたときに実行されるイベントハンドラーにコードを記述します。

1 Webフォーム上のButtonコントロールをダブルクリックし、イベントハンドラーButton1_Click()に次のコードを記述します。

▼イベントハンドラーButton1_Click()

```
protected void Button1_Click(object sender, EventArgs e)
{
    Label2.Text = TextBox1.Text + "さん、ASP.NETのWebサイトへようこそ!";
}
```

作成したWebアプリの動作を確認する

では、作成したWebアプリをブラウザーで実行してみましょう。

1 **デバッグ**メニューの**デバッグの開始**を選択します。

2 ブラウザーが起動して、Webアプリのページが表示されます。

3 入力欄に氏名を入力して、ボタンをクリックすると、メッセージが表示されます。

▼実行中のWebアプリ

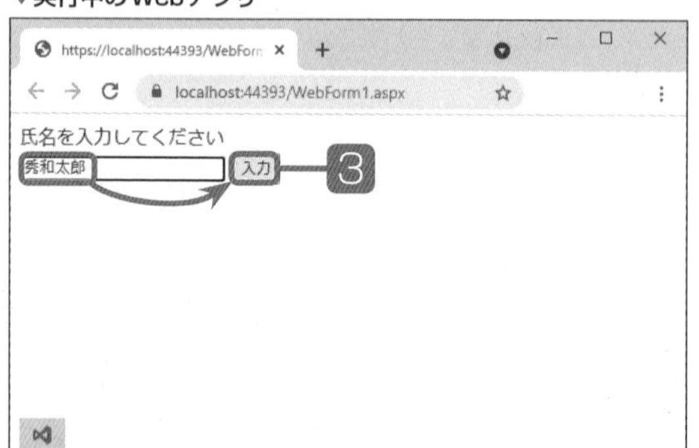

▼メッセージの表示

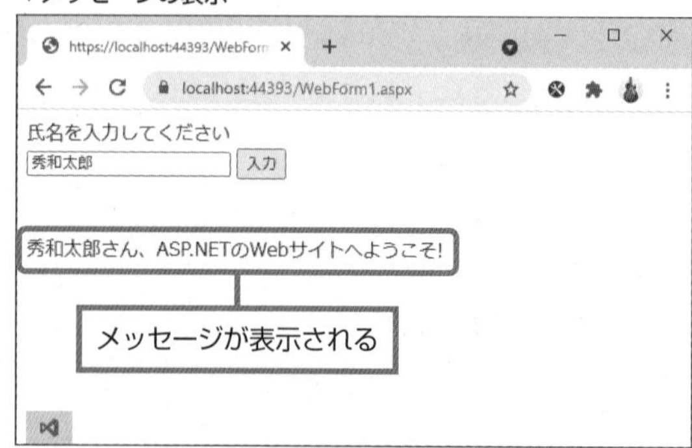

Onepoint

デバッグメニューのデバッグの開始を選択したあと、テスト用のWebサーバー、IIS Expressが起動します。サーバーが起動しているかどうかは、タスクトレイに表示されるアイコンで確認することができます。

Onepoint

プログラムを終了するには、ツールバーのデバックの停止ボタンをクリックします。なお、ブラウザーは別途で終了する必要があります。実行するブラウザーの種類は、ツールバーのデバッグ実行用のボタン横の▼をクリックして選択できます。

Section

8.3 ASP.NETを利用したデータアクセスページの作成

Level ★★★

Keyword　データ接続　データソース　グリッドビュー

ここでは、SQL Serverと連携して、データベースを操作するWebアプリを作成します。

ASP.NETを利用したデータベース連携型Webアプリ開発

ASP.NETを利用したデータベース連携型Webアプリの開発手順は以下のとおりです。

1. Webサイトの作成
2. データセットの作成
3. データグリッドの配置
4. データグリッドのプロパティ設定
5. データグリッドのデザイン設定

▼データセットの組み込み

▼グリッドビューの設定

8.3.1 データベース連携型Webアプリの作成

このセクションでは、「ASP.NET Webアプリケーション(.NET Framework)」のプロジェクトを作成し、データベースと連携したWebアプリケーションを作成します。

データベースファイルは6章で作成した「Database1.mdf」を利用しますので、作成済みの同ファイルを今回のプロジェクトフォルダー以下にコピーしておいてください。データベースを新たに作成する場合は、6章を参照して作成しておきましょう。

データ接続を作成する

データベースに接続するための情報を格納した**DataAdapter(データアダプター)**など、データベースへの接続に必要なプログラムを含む**データ接続**を作成します。

▼[接続の追加]ダイアログボックス

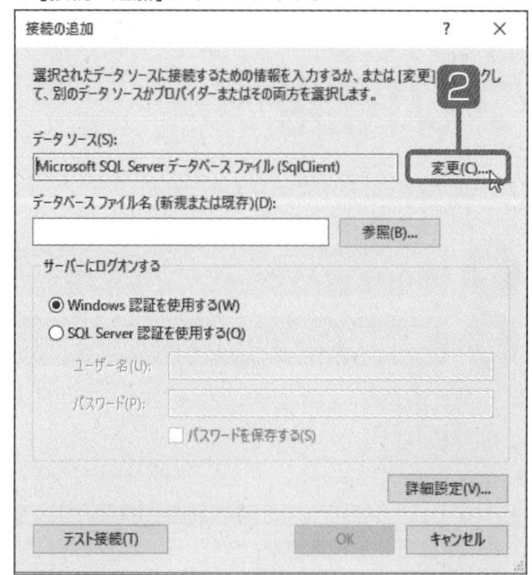

1 **ツール**メニューをクリックし、**データベースへの接続**を選択します。

2 **接続の追加**ダイアログボックスが表示されるので、**変更**ボタンをクリックします。

3 **データソースの変更**ダイアログボックスが表示されるので、**データソース**で**Microsoft SQL Serverデータベースファイル**を選択して、**OK**ボタンをクリックします。

4 **接続の追加**ダイアログボックスが表示されるので、**データベースファイル名**の**参照**ボタンをクリックします。

▼[データソースの変更]ダイアログボックス

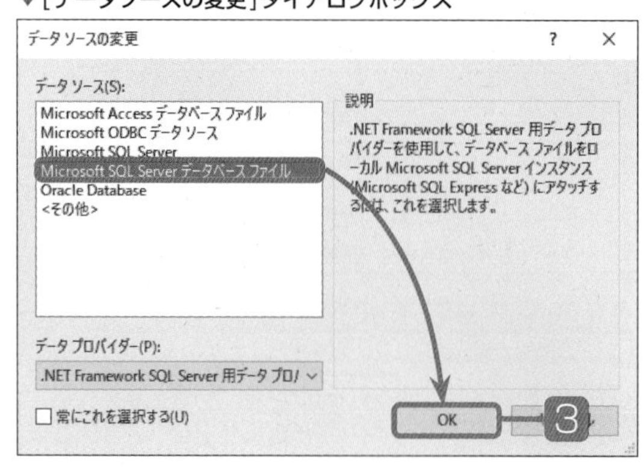

▼[接続の追加]ダイアログボックス

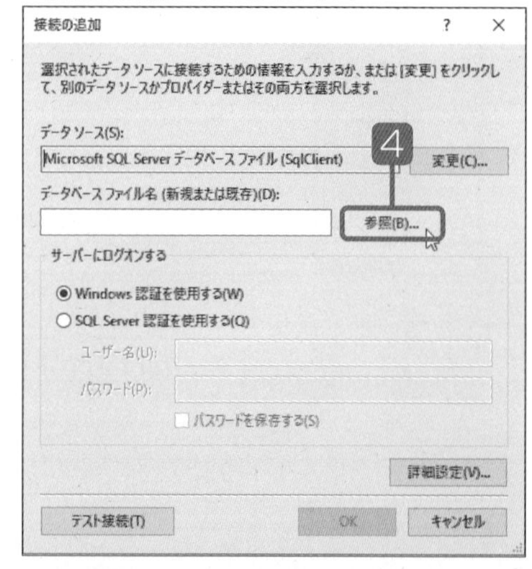

5 **SQL Serverデータベースファイルの選択**ダイアログボックスが表示されるので、対象のデータベースファイルを選択して、**開く**ボタンをクリックします。

▼[SQL Serverデータベースファイルの選択]ダイアログボックス

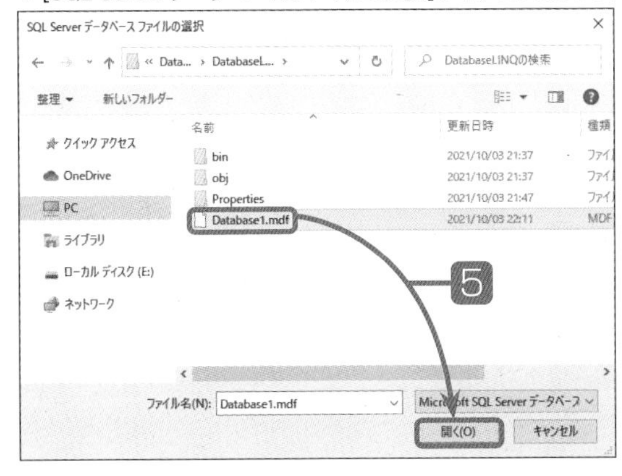

6 **サーバーにログオンする**で**Windows認証を使用する**をオンにして、**テスト接続**ボタンをクリックします。

▼[接続の追加]ダイアログボックス

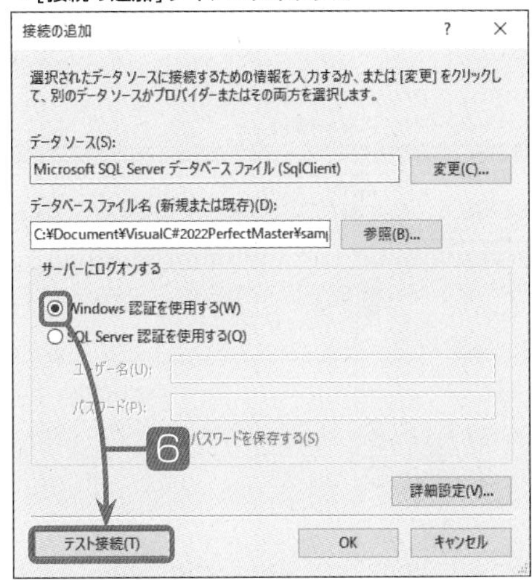

7 データベースへの接続が成功したことを通知するメッセージが表示されたら、**OK**ボタンをクリックします。

▼接続に成功したことを通知するメッセージ

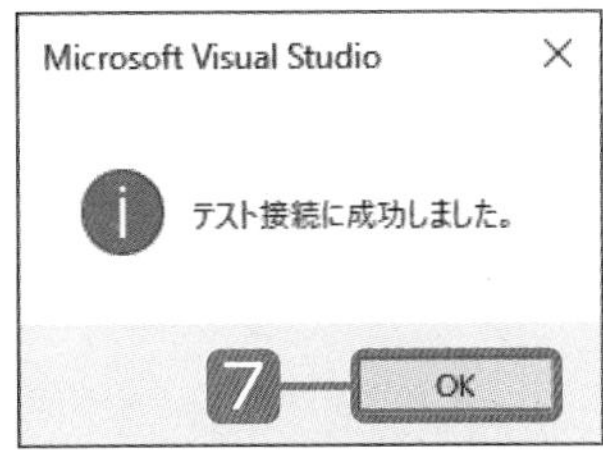

Onepoint

「データ接続」の名前は、選択したデータベースファイルと同じ名前になります。

8 **接続の追加**ダイアログボックスの**OK**ボタンをクリックします。

▼[接続の追加]ダイアログボックス

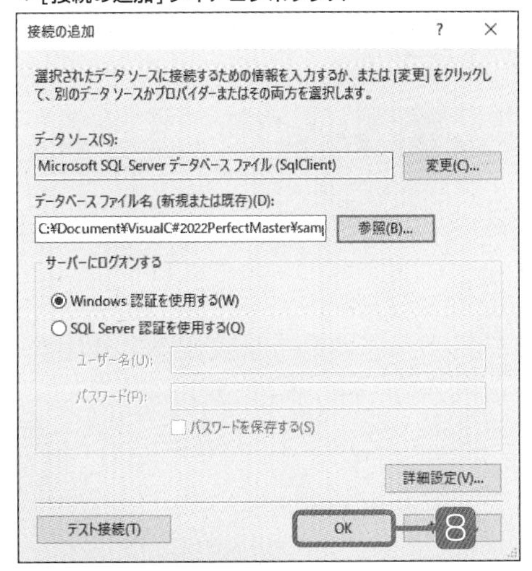

データソースとグリッドビューを作成する

データソースは、アプリケーションとデータベース管理システムとの間で、双方のやり取りを仲介するプログラムです。

サーバーエクスプローラーから、対象のテーブル名をWebフォーム上にドラッグするだけで、データソースと、データを閲覧・編集するための**グリッドビュー**を同時に作成できます。

▼サーバーエクスプローラー

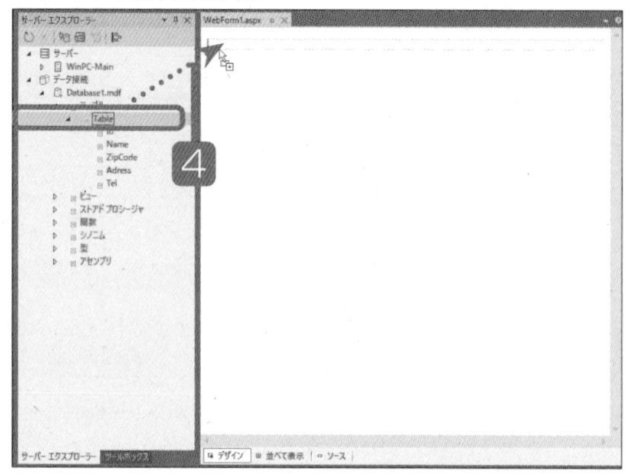

1 **プロジェクト**メニューをクリックして**新しい項目の追加**をクリックします。

2 **Webフォーム**を選択して**追加**ボタンをクリックします。

3 追加したWebフォームをドキュメントウィンドウに表示し、**デザイン**ボタンをクリックしてデザインビューで表示します。

4 **サーバーエクスプローラー**で、**データ接続➡**データベース名**➡テーブル**を展開し、対象のテーブルをWebフォーム上の枠内へドラッグします。

Attention

サーバーエクスプローラーが表示されない場合は、**表示**メニューをクリックし、**サーバーエクスプローラー**を選択してください。

グリッドビューのデザインを設定する

オートフォーマットを使って、グリッドビューのデザインを設定します。

▼Webフォームデザイナー

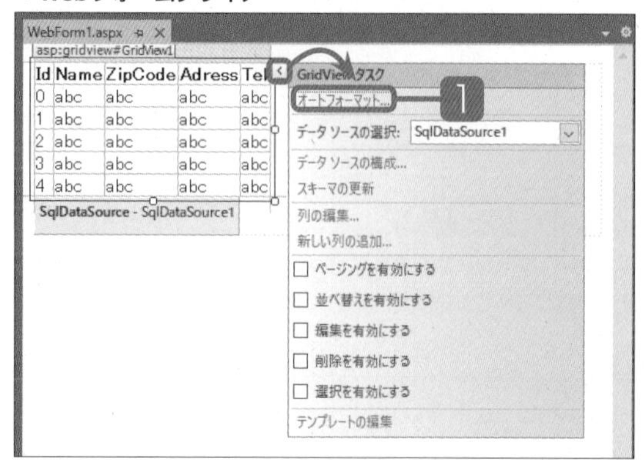

1 グリッドビューを選択し、右上にある<ボタンをクリックして、**オートフォーマット**をクリックします。

Onepoint

グリッドビューとは、データソースと連携して、Webページ上にデータベースのデータを表示する機能を持つコントロールです。

Onepoint

ボタンは、テーブル内部をクリックすると、表示されます。

▼[オートフォーマット]ダイアログボックス

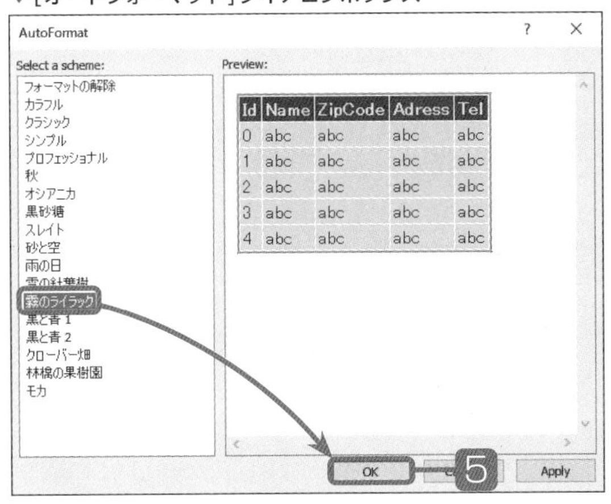

5 **オートフォーマット**ダイアログボックスが表示されるので、グリッドビューに適用したい項目をクリックして、**OK**ボタンをクリックします。

グリッドビューの機能を設定する

グリッドビューに、データの編集と削除を行う機能を追加します。

▼Webフォームデザイナー上のグリッドビュー

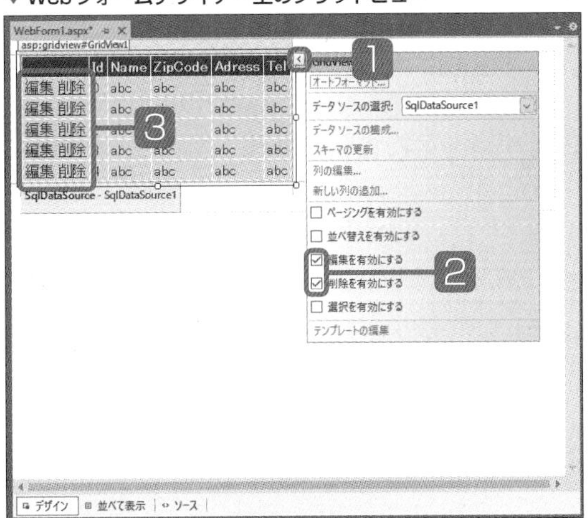

1 グリッドビューの右上にある◁ボタンをクリックします。

2 **編集を有効にする**と**削除を有効にする**にチェックを入れます。

3 データの編集と削除を行うためのリンクが設定されます。

8.3.2 Webアプリの動作確認

作成したWebアプリにデータが表示されるかを確認し、データの編集が実際に行えるか試してみることにしましょう。

▼Webブラウザーに表示されたASP.NETページ

	Id	Name	ZipCode	Adress	Tel
編集 削除	1001	秀和太郎	123-0000	東京都中央区南町2-1-17	03-1111-0000
編集 削除	1002	秀和華子	123-0000	東京都中央区北町2-2	03-0000-0000
編集 削除	1003	大森さやか	123-0000	東京都中央区中町2-1-17	03-1111-0000
編集 削除	1004	日本橋秀夫	000-0000	東京都中央区日本橋99-100	03-0001-0000
編集 削除	1005	山本一茂	111-0000	東京都港区北麻布95-10	03-1000-0000
編集 削除	1006	飯倉茂雄	001-0001	東京都港区飯倉南80-2	03-1234-0001
編集 削除	1007	欅坂英美里	001-1000	東京都港区欅坂100-1	03-0000-0000
編集 削除	1008	日向ひまり	000-0000	東京都渋谷区宇田川東10-1	03-0000-0000
編集 削除	1009	乃木坂子	100-0000	東京都港区南青山町78-78	03-0001-9999
編集 削除	1010	持田尚人	111-0000	東京都千代田区五番町92-92	03-1000-0000

1 **デバッグ**メニューをクリックして**デバッグなしで開始**を選択します。

2 Webブラウザーが起動し、データベース内のデータが表示されるので、任意の行の**編集**をクリックします。

Webブラウザーが起動し、データベース内のデータが表示される

▼データの編集と更新

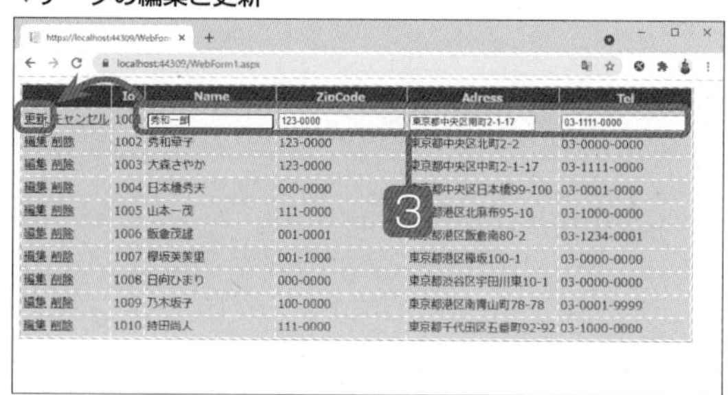

	Id
更新 キャンセル	1001
編集 削除	1002
編集 削除	1003
編集 削除	1004
編集 削除	1005
編集 削除	1006
編集 削除	1007
編集 削除	1008
編集 削除	1009
編集 削除	1010

3 選択した行が編集可能な状態になるので、任意のデータを編集し、**更新**をクリックします。

▼更新後のデータ

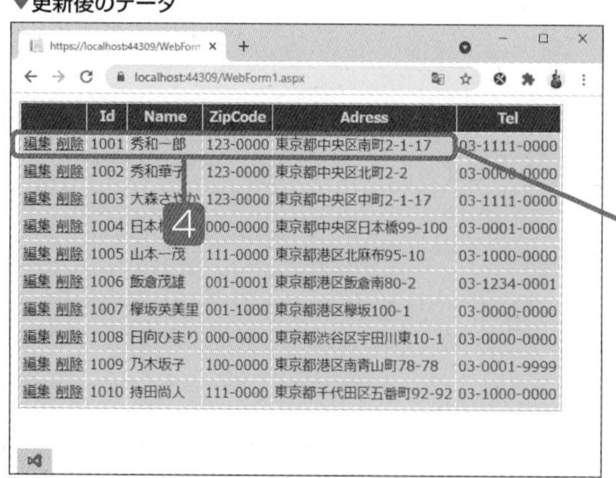

	Id	Name	ZipCode	Adress	Tel
編集 削除	1001	秀和一郎	123-0000	東京都中央区南町2-1-17	03-1111-0000
編集 削除	1002	秀和華子	123-0000	東京都中央区北町2-2	03-0000-0000
編集 削除	1003	大森さやか	123-0000	東京都中央区中町2-1-17	03-1111-0000
編集 削除	1004	日本橋秀夫	000-0000	東京都中央区日本橋99-100	03-0001-0000
編集 削除	1005	山本一茂	111-0000	東京都港区北麻布95-10	03-1000-0000
編集 削除	1006	飯倉茂雄	001-0001	東京都港区飯倉南80-2	03-1234-0001
編集 削除	1007	欅坂英美里	001-1000	東京都港区欅坂100-1	03-0000-0000
編集 削除	1008	日向ひまり	000-0000	東京都渋谷区宇田川東10-1	03-0000-0000
編集 削除	1009	乃木坂子	100-0000	東京都港区南青山町78-78	03-0001-9999
編集 削除	1010	持田尚人	111-0000	東京都千代田区五番町92-92	03-1000-0000

4 編集したデータが更新されていることが確認できます。

編集したデータが更新されていることが確認できる

Perfect Master Series
Visual C# 2022

Chapter 9

ユニバーサルWindowsアプリの開発

Windows 8において登場したWindowsストアアプリは、PCだけでなく、タブレットPCにも対応できるように平板な画面をしているのが特徴のアプリです。その後、Windows 10において、名称が「ユニバーサルWindowsアプリ」に改められました。

この章では、Visual C#によるユニバーサルWindowsアプリの開発について見ていきます。

Section

9.1 ユニバーサルWindowsアプリの概要

Level ★★★　Keyword　ユニバーサルWindowsアプリ　XAML　コンテンツ

ユニバーサルWindowsアプリは、タブレット型PCにも対応した、Windows 10、Windows 11で動作するアプリケーションです。

このセクションでは、ユニバーサルWindowsアプリの技術的要素について見ていきます。

ユニバーサルWindowsアプリの開発

Visual StudioにおいてVisual C#を使用して、ユニバーサルWindowsアプリの開発を行います。

● ユニバーサルWindowsアプリの開発に利用できる言語

・Visual C#　・Visual Basic　・Visual C++　・JavaScript

● Windowsランタイム

Windowsランタイム(WinRT)は、ユニバーサルWindowsアプリ専用の実行環境です。

● インターフェイスの構築はXAMLで行う

ユニバーサルWindowsアプリでは、インターフェイス(操作画面)の構築をXAML(「ザムル」と読む)と呼ばれる言語を使って行います。

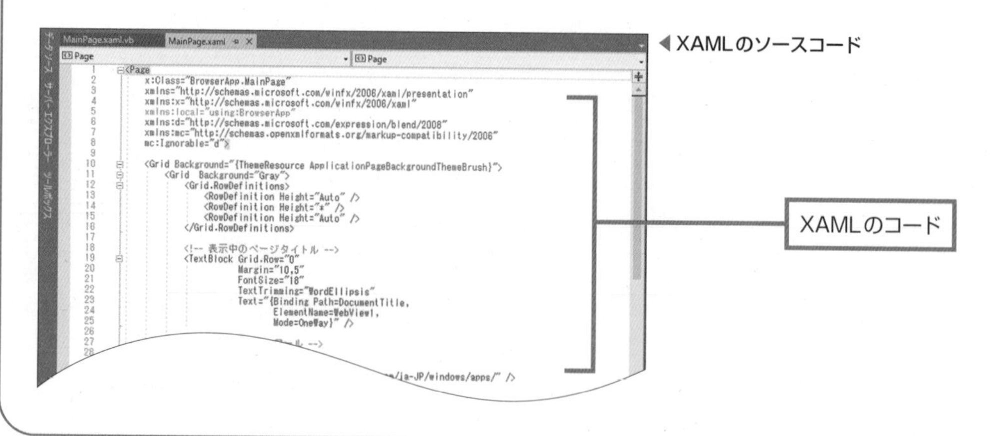

◀XAMLのソースコード

9.1.1 ユニバーサルWindowsアプリの開発環境

ユニバーサルWindowsアプリの開発では、次のクラスライブラリ(API)を利用することができます。

▼ユニバーサルWindowsアプリの開発で利用できるクラスライブラリ

.NET Frameworkのクラスライブラリの一部
Windowsランタイムのクラスライブラリ
Win32 APIの一部(C++でのみ利用可)
JavaScript用Windowsライブラリ(WinJS)とDOM API(JavaScript専用)

●.NET Frameworkのクラスライブラリ

ユニバーサルWindowsアプリに対応した一部のクラスだけが利用可能です。

●Windowsランタイム

Windowsランタイム(以降は「WinRT」と表記)は、ユニバーサルWindowsアプリの登場後に新規に開発された実行環境です。WinRTのクラスライブラリに収録されているクラスは、Windows Phone用の一部のクラスを除いて、すべて使用することができます。

●Win32 API

Windowsの基本API群であるWin32 APIの一部のクラスを利用できますが、ゲーム開発で使用するDirectXは、C++言語での開発が前提となります。

ユニバーサルWindowsアプリ用に作成する実行関連ファイル

ユニバーサルWindowsアプリ用に作成する実行関連ファイルには、次の4種類の形式のファイルがあります。

▼ユニバーサルWindowsアプリ用の実行関連ファイル

ファイルの種類	拡張子	内容
アプリ	.exe	アプリ本体。
クラスライブラリ	.dll	アプリ本体や、他のライブラリから呼び出せるライブラリファイル。
WinRTコンポーネント	.winmd	JavaScriptからも利用できるライブラリ。WinRTの型だけを公開するような特殊な用途で利用する。
PCL	.dll	ポータブルクラスライブラリ。利用するAPIを制限するような特殊な用途で利用する。

ユニバーサルWindowsアプリは、最小限では1つのアプリファイル(.exe)で構成されます。なお、EXE形式ではありますが、エクスプローラーから直接、実行することはできません。

9.1.2 XAMLの基礎

XAML(Extensible Application Markup Language)は、ユニバーサルWindowsアプリの画面を構築するための言語で、マークアップ言語のXMLの一種です。Webページの記述言語であるHTMLのように、< >で囲まれたタグを使って記述します。Visual C#をはじめとするVisual Studio関連の言語で開発を行う場合は、画面の作成にはXAMLを利用します。

●XAMLの要素はオブジェクト

XAMLでButtonなどのコントロールを表示するには、< >で囲まれたタグの内部に、コントロール名を記述します。XAMLのタグに記述するコントロールのことを**要素**と呼びます。次のXAMLの要素はTextBlockコントロールで、Windows.UI.Xaml.Controls名前空間に属するTextBlockクラスから生成されるオブジェクト(インスタンス)を示しています。

▼TextBlockコントロールの配置例

```
<TextBlock Text="Hello, world!" />
```

XAMLでは、HTMLと同様に、タグの終了を「/」を使って示します。上記のコードは、次のように記述することもできます。

▼TextBlockコントロールの配置例

```
<TextBlock Text="Hello, world!"></TextBlock>
```

「<TextBlock Text="Hello, world!">」の部分を**開始タグ**と呼び、「</TextBlock>」の部分を**終了タグ**と呼びます。開始タグと終了タグの間に何も記述する必要がない場合は、最初の例の「<TextBlock Text="Hello, world!" />」のように1つにまとめて記述するのが一般的です。このような、開始タグと終了タグをまとめたタブのことを**空要素タグ**と呼びます。

タグを使って要素名を記述すると、プログラムの実行時に該当するクラスのインスタンスが生成され、画面への描画が行われます。

●XAMLの属性はプロパティを表す

XAMLの開始タグや空要素タグには、1つの要素名と、必要に応じて属性の指定を行うコードを記述します。なお、XAMLにおける属性とは、各コントロールのプロパティのことを指します。

▼TextBlockのTextプロパティの設定

```
<TextBlock Text="Hello, world!" />
```

XAMLにおける属性値の設定では、{ }のように、中カッコで囲まれた部分が拡張要素(XAMLマークアップ拡張)と解釈されます。これは、データバインディング(「9.3.1　Webブラウザーの作成」において解説します)やリソースの指定を行う際に利用します。

▼リソースの指定例

```
<TextBlock Text="{StaticResource Message}" />
```

上記では、別途、「Message」という名前で定義されている文字列が、Textプロパティの値として設定されます。

XAML要素のコンテンツ

開始タグと終了タグの間には、文字列や他の要素を表示するためのタグを入れることができます。このような、タグの間に入れる内容のことを**コンテンツ**と呼びます。コンテンツには、前述したように、文字列、またはXAML要素を記述することができます。例えば、<TextBlock>には、コンテンツとして文字列を記述できます。

▼TextBlockにおけるコンテンツ

```
<TextBlock>Hello, world!</TextBlock> ―――――――――――――― ❶
```

このように記述した場合は、TextBlockの開始タグで「Text="Hello, world!"」と記述した場合と同じ結果になります。

●コンテンツにコントロールを設定する

コンテンツとして、コントロールを配置するXAML要素を記述すると、コントロールを入れ子にすることができます。次の例は、コントロールを配置する格子状のマス目(セル)を設定するGridコントロールに、内部の要素としてTextBlockコントロールを配置しています。

▼Gridコントロール内部にTextBlockを配置

```
<Grid>
    <TextBlock Text="Hello, world!" />
</Grid>
```

●コンテンツにおける属性値の設定

コンテンツとして属性値の設定を記述することができます。前述の❶は、次のように記述することもできます。

▼TextBlockにおけるコンテンツ

```
<TextBlock>
    <TextBlock.Text>Hello, world!</TextBlock.Text>
</TextBlock>
```

Section

9.2 ユニバーサルWindowsアプリ用プロジェクトの作成と実行

Level ★★★ Keyword プロジェクト 選択した要素のプロパティ XAMLエディター

このセクションでは、ユニバーサルWindowsアプリ用のプロジェクトの作成から、XAMLによる画面の構築、Visual C#によるイベントハンドラーの処理、プログラムの実行までを通して行うことにします。

ボタンクリックで処理を行うユニバーサルWindowsアプリの作成

ユニバーサルWindowsアプリは、基本的に次の手順で開発を行います。

❶ユニバーサルWindowsアプリ用のプロジェクトを作成する

❷ユニバーサルWindowsアプリの操作画面上にコントロールを配置する

ツールボックスからドラッグ＆ドロップするほかに、XAMLのコードを記述して配置することもできます。

❸コントロールのプロパティを設定する

プロパティウィンドウ、またはXAMLのコードを記述して、コントロールのプロパティを設定します。

❹イベントハンドラーを作成してVisual C#のソースコードを記述する

▼コントロールの配置

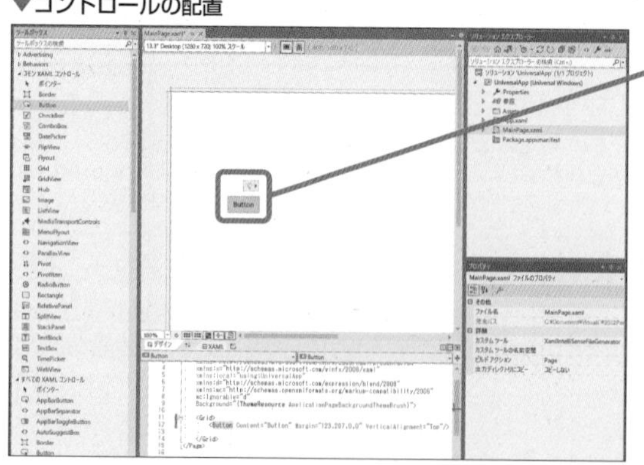

9.2.1 ユニバーサルWindowsアプリ用プロジェクトの作成

ユニバーサルWindowsアプリ用のプロジェクトを作成します。

▼［新しいプロジェクトの作成］ダイアログボックス

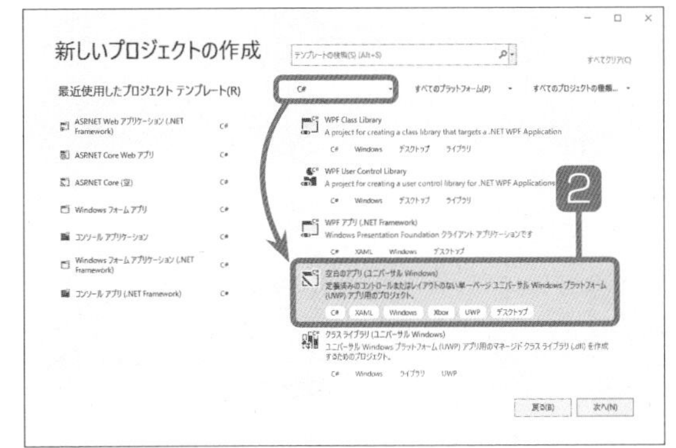

1. **ファイル**メニューの**新規作成➡プロジェクトの作成**を選択します。
2. **新しいプロジェクトの作成**ダイアログボックスで**C#**を選択し、**空白のアプリ（ユニバーサルWindows）**を選択します。
3. プロジェクト名を入力し、**参照**をクリックして保存先を選択して**作成**ボタンをクリックします。

▼プロジェクトのターゲットの選択

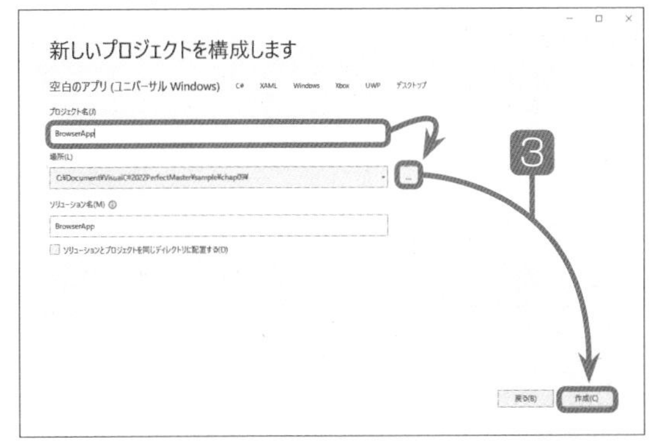

▼プロジェクトのターゲットの選択

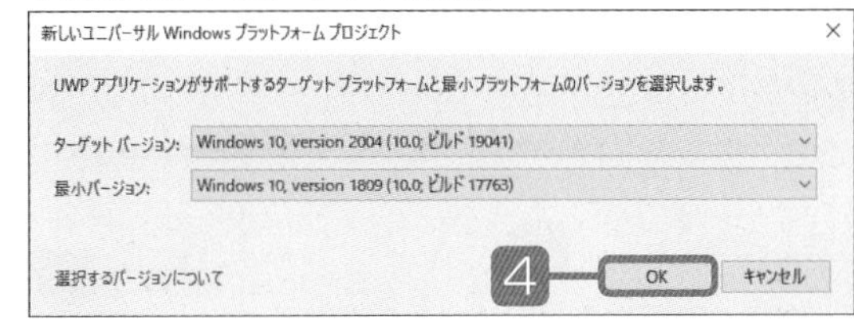

4. ターゲットとするプラットフォームの選択画面が表示されるので、このまま**OK**ボタンをクリックします。

▼開発者モードを有効にする

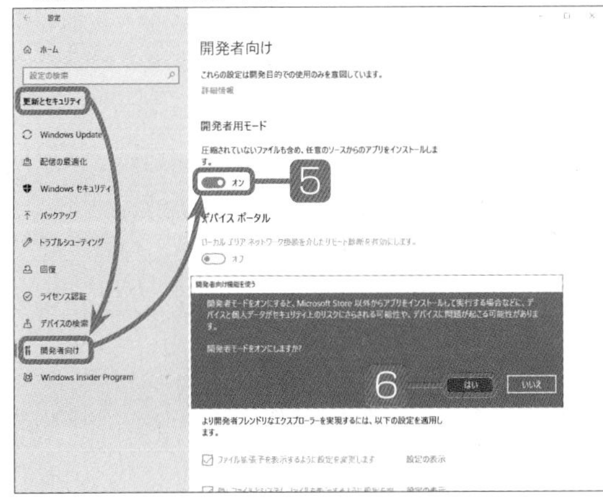

5. Windowsの設定画面を表示して、**更新とセキュリティ➡開発者向け**をクリックし、**開発者用モード**をオンにします。
6. 確認のメッセージが表示されるので、**はい**ボタンをクリックします。
7. **開発者用ライセンス**ダイアログボックスの**OK**ボタンをクリックすると、プロジェクトが作成されます。

Onepoint

ユニバーサルWindowsアプリの開発時には、Windowsの設定で**開発者用モード**を有効にしておく必要があります。

9.2.2 メッセージを表示するアプリ

ユニバーサルWindowsアプリの最初の作成例として、「Buttonコントロールをクリックすると、TextBlockコントロールにテキストを表示する」プログラムを作成することにします。

ButtonとTextBlockを配置する

ツールボックスからButtonとTextBlockを画面上にドラッグして、ButtonとTextBlockを配置します。

1. 「MainPage.xaml」を表示します。**ソリューションエクスプローラー**で**MainPage.xaml**をダブルクリックします。
2. スケールの設定で**13.3" Desktop (1280×720) 100%スケール**を選択し、解像度を**100%**に設定します。
3. ツールボックスの**Button**をXAMLデザイナー上にドラッグします。
4. ツールボックスの**TextBlock**をXAMLデザイナー上にドラッグします。

▼ソリューションエクスプローラー

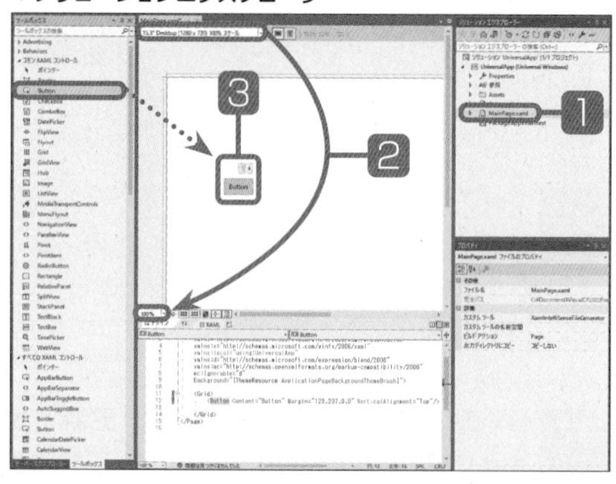

▼XAMLデザイナーとXAMLエディター

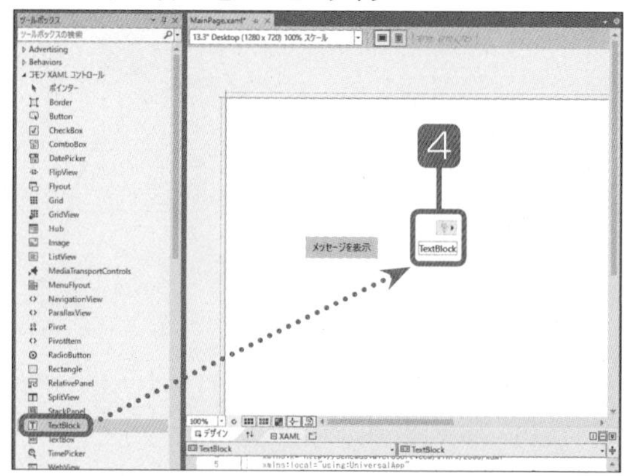

Memo 各プログラミング言語で利用する画面構築用の言語

インターフェイス（操作画面）の構築と、プログラムの制御はそれぞれ異なる言語を用いて開発します。

▼プログラミング言語と画面構築言語

プログラミング言語	画面構築言語
Visual C#	XAML
Visual Basic	XAML
Visual C++ (C++/CX)	XAML
JavaScript	HTML、CSS

プロパティを設定する

ButtonとTextBlockの識別名を設定し、外観に関するプロパティを設定します。

1 Buttonを選択し、**プロパティ**ウィンドウの**名前**に「button1」と入力します。

2 **共通**を展開してContentに「メッセージを表示」と入力します。

▼Buttonのプロパティの設定

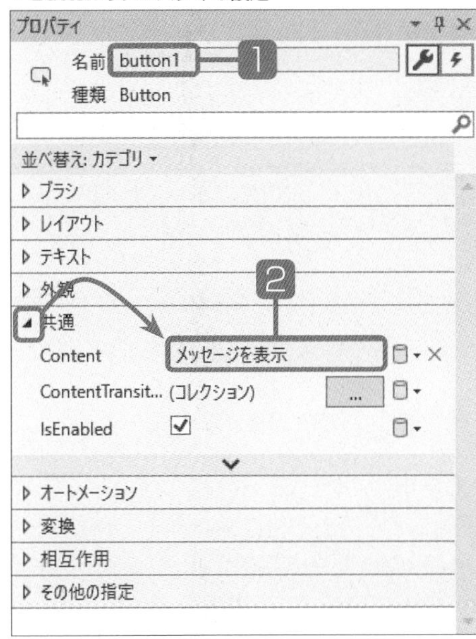

3 TextBlockを選択して、**名前**に「textBlock1」と入力します。

4 **共通➡Text**に入力されている文字列を削除します。

5 **テキスト**を展開して**36px**を選択します。

▼TextBlockのプロパティ設定

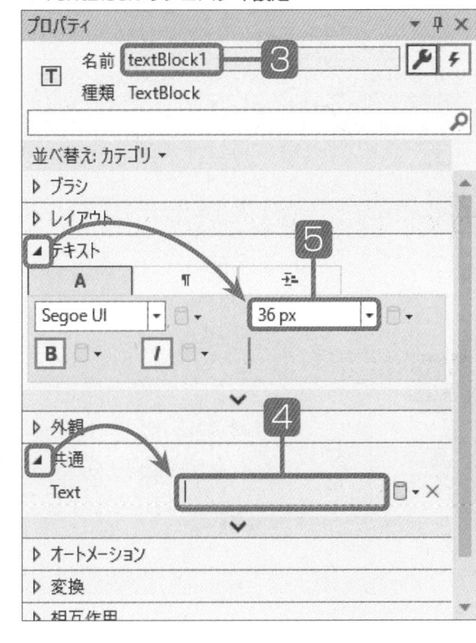

Onepoint

上の画面で共通を展開してContentプロパティを設定したように、プロパティパネルに各プロパティの設定用の項目が表示されていない場合は、プロパティパネル右上の選択した要素のプロパティボタンをクリックします。

メッセージを表示するイベントハンドラーを作成する

Buttonをクリックしたときに実行されるイベントハンドラーを生成し、TextBlockにメッセージを表示するためのコードを記述します。

▼ボタンクリックのイベントハンドラーの作成

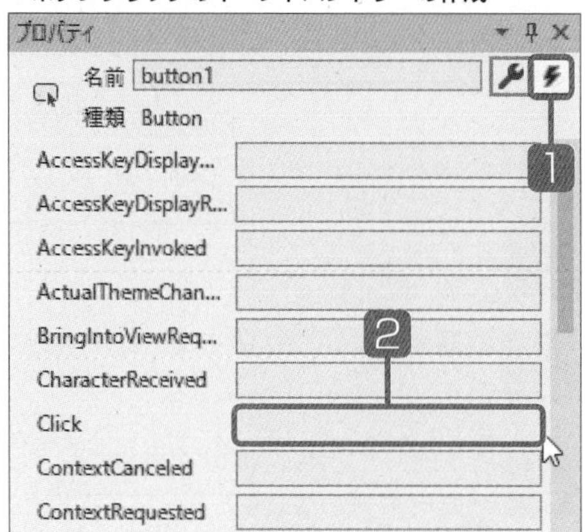

1 ボタンを選択し、**プロパティ**ウィンドウの選択した要素の**イベントハンドラー**ボタンをクリックします。

2 Clickの欄をダブルクリックします。

3 空のイベントハンドラーが作成されるので、次のコードを入力します。

▼イベントハンドラーbutton1_Click() (MainPage.xaml.cs)

```
private void button1_Click(object sender, RoutedEventArgs e)
{
    textBlock1.Text = "ユニバーサルWindowsアプリの世界へようこそ!";
}
```

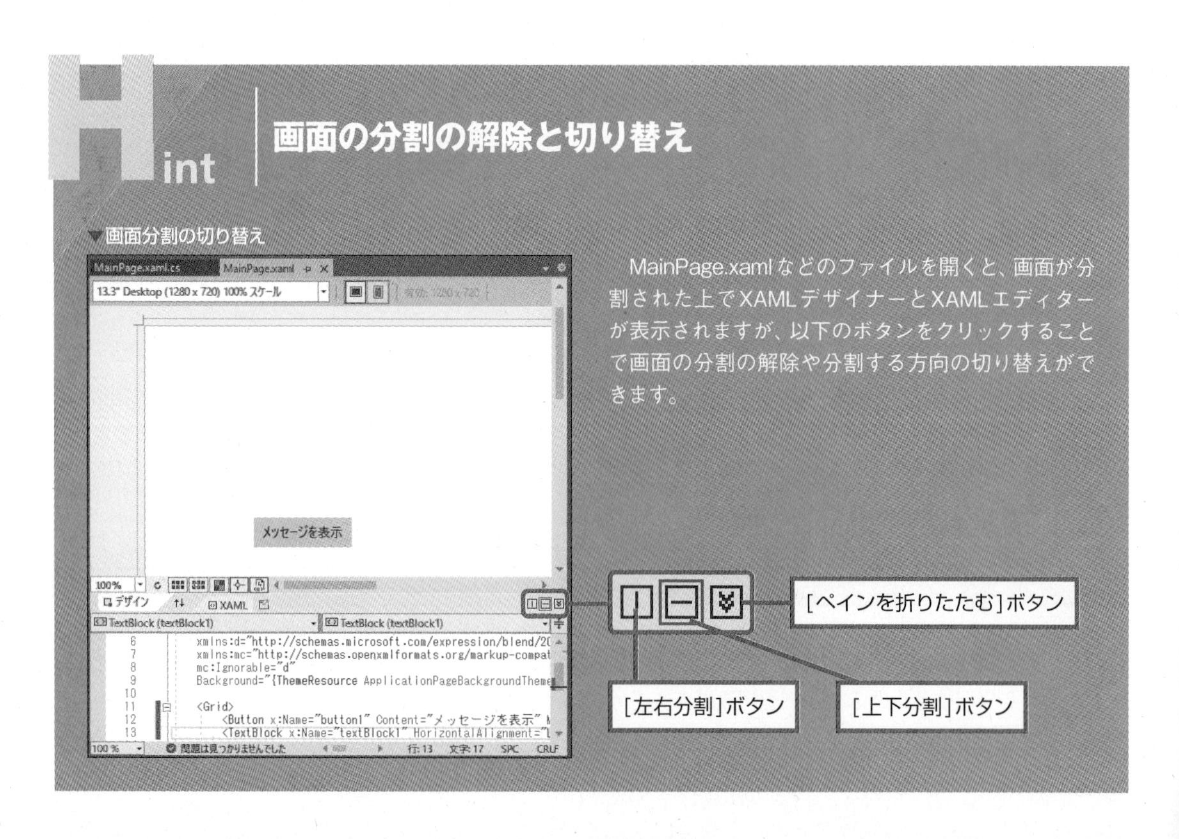

MainPage.xamlなどのファイルを開くと、画面が分割された上でXAMLデザイナーとXAMLエディターが表示されますが、以下のボタンをクリックすることで画面の分割の解除や分割する方向の切り替えができます。

プログラムを実行する

プログラムを実行してみることにしましょう。

▼プログラムの実行

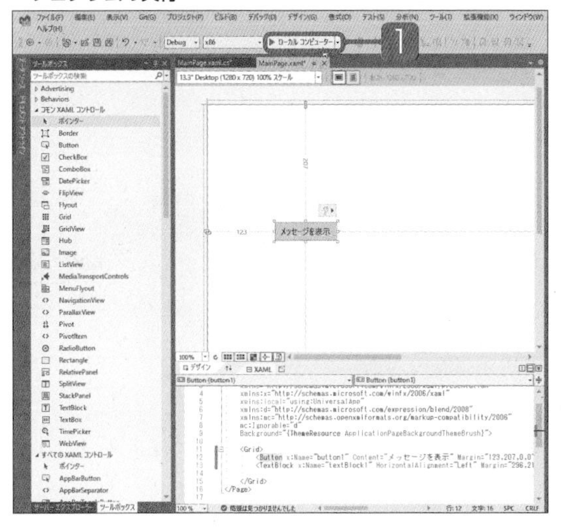

1 ツールバーの**ローカルコンピューター**をクリックします。

Onepoint

ローカルコンピューターボタンをクリックすると、プログラムがデバッグモードで起動します。デバッグモードではなく通常の状態で起動したい場合は、**デバッグ**メニューの**デバッグなしで開始**を選択してください。

2 プログラムが起動するので、**メッセージを表示**ボタンをクリックします。

▼実行中のプログラム

3 メッセージが表示されます。

▼Button1をクリックした結果

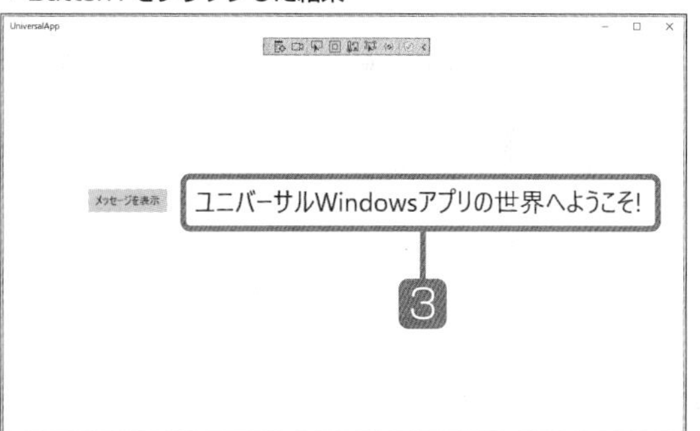

Memo シミュレーターの起動に失敗する場合

WindowsのHyper-Vという機能が有効になっていないと、シミュレーターの起動に失敗することがあります。

この場合は、Windowsの**コントロールパネル**の**プログラムと機能**において**Windowsの機能の有効化または無効化**を選択し、**Hyper-V**にチェックを入れて（チェックマークではなく■のように塗りつぶされた状態でもOK）、**OK**ボタンをクリックしてください。再起動後、**Hyper-V**が有効になります。

Section

9.3 Webページの表示

Level ★★★ | Keyword | WebViewコントロール　ブラウザー　スプラッシュスクリーン

　ユニバーサルWindowsアプリでは、**WebView**コントロールを配置することで、Webページの表示が行えます。
　このセクションでは、WebViewコントロールを利用したWebブラウザーの作成方法について紹介します。

Webブラウザーの作成

　WebViewコントロールを利用して、基本的な機能を備えたWebブラウザーを作成します。

●簡易型Webブラウザーの作成

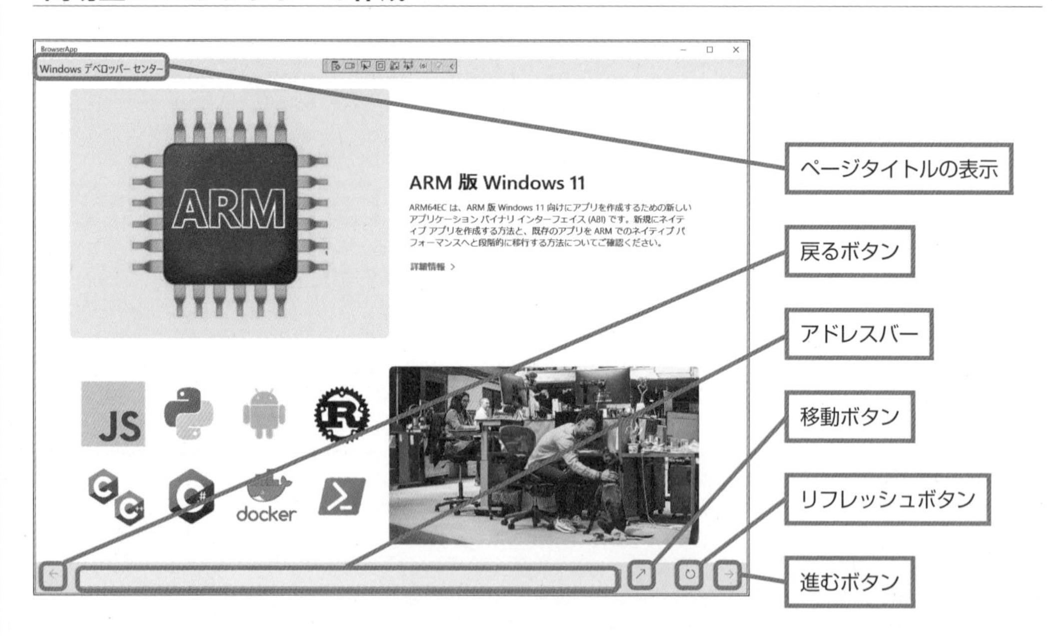

　TextBoxに、表示中のWebページのタイトルをデータバインディングと呼ばれる仕組みを使って表示します。UI部品とデータオブジェクトの接続(バインディング)を確立すると、UI部品とデータオブジェクトの間でデータの受け渡しができるようになります。

9.3.1 Webブラウザーの作成

WebViewコントロールを使用して、シンプルなWebブラウザーを作成します。

Webページの表示方法を確認する

WebViewコントロールを配置して、表示するWebページのURIをSourceプロパティに設定することで、指定したページを表示することができます。

▼XAMLのコード

```
<WebView x:Name="WebView1"
    Source="https://developer.microsoft.com/ja-jp/windows/" />
```

TextBoxを利用して、入力されたURIのページを表示するには、次のようにButtonコントロールなどのイベントハンドラーを作成して、Visual C#のコードを記述します。

▼TextBoxに入力されたURIのページを表示する

```
namespace BrowserApp
{
    public sealed partial class MainPage : Page
    {
        public MainPage()
        {
            this.InitializeComponent();
        }

        private Uri newUri; ──────────────── ❶
                       ┌──追加する
        private async void GoButton_Click(object sender, RoutedEventArgs e)
        {
            if (Uri.TryCreate(TextBox1.Text, UriKind.Absolute, out newUri ── ❷
                ) && newUri.Scheme.StartsWith("http")) ──────────── ❸
            {
                WebView1.Navigate(newUri); ──────────────── ❹
            }
            else
            {
                string Msg = "入力されたURIが認識できません";
                await new Windows.UI.Popups.MessageDialog(Msg).ShowAsync(); ── ❺
            }
            TextBox1.Text = "";
```

```
        }
    }
}
```

●コード解説

❶private Uri newUri;

System.Uriは、指定されたURIにアクセスするためのオブジェクトを生成するクラスです。

❷if (Uri.TryCreate(TextBox1.Text, UriKind.Absolute, out newUri) …

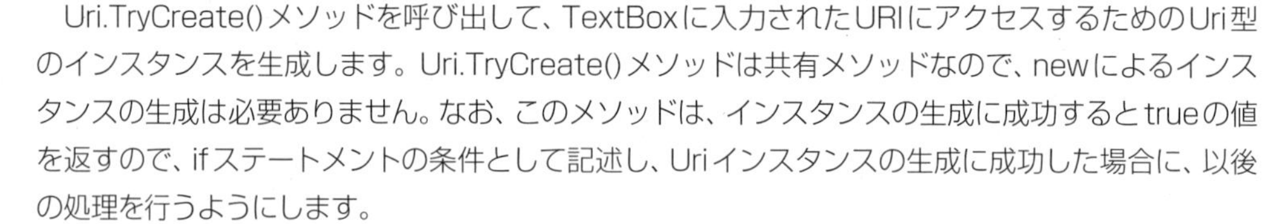

Uri.TryCreate()メソッドを呼び出して、TextBoxに入力されたURIにアクセスするためのUri型のインスタンスを生成します。Uri.TryCreate()メソッドは共有メソッドなので、newによるインスタンスの生成は必要ありません。なお、このメソッドは、インスタンスの生成に成功するとtrueの値を返すので、ifステートメントの条件として記述し、Uriインスタンスの生成に成功した場合に、以後の処理を行うようにします。

●Uri.TryCreate() メソッド

URIを表すstring型のインスタンスとUriKind型のインスタンスを使用して、Uri型のインスタンスを生成する共有メソッドです。生成したインスタンスの参照は、第3パラメーターのUri型の変数に代入されます。

▼メソッドの宣言部

```
public static bool TryCreate(
    string uriString,
    UriKind uriKind,
    out Uri result
)
```

▼パラメーター

uriString	URIを表すstring型のオブジェクト。
uriKind	URIの種類を表すUriKind列挙体のオブジェクト。
result	このメソッドから制御が戻るときに、作成されたUriを格納するSystem.Uri型のオブジェクト。outが指定されているので、引数を設定する場合はoutの記述が必要。

●outキーワード

outキーワードを使用すると、引数が参照渡しされます。refキーワードに似ていますが、refの場合は、変数を初期化してから渡す必要があるのに対し、outを引数に付けて渡す場合は、渡す前に初期化する必要はありません。ただし、呼び出されたメソッドでは、メソッドから制御を戻す前に値を代入する必要があります。

outパラメーターを使用するには、メソッド定義と呼び出し元のメソッドの両方でoutキーワードを明示的に使用する必要があることから、引数のresultではoutを指定します。

▼戻り値（bool型）

true	Uriのインスタンスが正常に作成された場合。
false	上記以外の場合。

●UriKind 列挙体

Uriオブジェクトにおける URIの種類を定義します。

▼メンバー

メンバー名	内容
Absolute	絶対URIを示す。
Relative	相対URIを示す。
RelativeOrAbsolute	URIの種類が不確定であることを示す。

❸&& newUri.Scheme.StartsWith("http")

追加の条件として、TextBoxに入力された文字列の先頭が「http」で始まるかどうかをチェックします。String.StartsWith()メソッドは、対象の文字列の先頭部分がパラメーターの文字列と一致した場合にtrueを返します。

●String.StartsWith() メソッド

インスタンスの先頭文字列が、パラメーターで指定した文字列と一致するかどうかを判断します。

▼メソッドの宣言部

```
public bool StartsWith(string value)
```

▼パラメーター

value	比較対象の文字列を表すstring型の値。

▼戻り値（bool型）

true	文字列の先頭がパラメーターの文字列と一致する場合。
false	上記以外の場合。

❹WebView1.Navigate(newUri);

WebView.Navigate()は、パラメーターのUriオブジェクトで示されるURIにアクセスして、対象のHTMLコンテンツを読み込むメソッドです。

❺await new Windows.UI.Popups.MessageDialog(Msg).ShowAsync();

Uriオブジェクトが生成できない場合や、TextBoxに入力された文字列が「http」で始まっていない場合にメッセージを表示します。

Webブラウザーを作成する

WebViewコントロールを中心とした操作画面を作成し、**戻る**ボタンや**進む**ボタンなどの機能を搭載したWebブラウザーを作成します。コントロールの配置については、デザイナーを使わずに直接、XAMLのコードを記述して配置することにします。

1 「MainPage.xaml」を表示します。

2 各コントロールを配置するコードを入力します。

▼MainPage.xaml(プロジェクト「BrowserApp」)

```
<Page
    x:Class="BrowserApp.MainPage"
    xmlns="http://schemas.microsoft.com/winfx/2006/xaml/presentation"
    xmlns:x="http://schemas.microsoft.com/winfx/2006/xaml"
    xmlns:local="using:BrowserApp"
    xmlns:d="http://schemas.microsoft.com/expression/blend/2008"
    xmlns:mc="http://schemas.openxmlformats.org/markup-compatibility/2006"
    mc:Ignorable="d"
    Background="{ThemeResource ApplicationPageBackgroundThemeBrush}">

    <Grid>
        <!-- ❶3行に分割するグリッドを配置 -->
        <Grid Background="#FFEEEEF2">
            <Grid.RowDefinitions>
                <RowDefinition Height="Auto" />
                <!-- ❷グリッドの2行目の高さが1行目と3行目のコントロールを表示した
                     残りの領域になるようにする -->
                <RowDefinition Height="*" />
                <RowDefinition Height="Auto" />
            </Grid.RowDefinitions>

            <!-- 表示中のページタイトル -->
            <!-- ❸テキストブロック -->
            <!-- ❹Marginで左右のマージンを設定 -->
            <!-- ❺TextTrimmingで表示領域外のトリミングを取得 -->
            <!-- ❻Text=はデータバインディングを確立するため -->
            <TextBlock Grid.Row="0"
                       Margin="10,5"
                       FontSize="18"
                       TextTrimming="WordEllipsis"
                       Text="{Binding Path=DocumentTitle,
                                      ElementName=WebView1,
```

```
                                Mode=OneWay}" />

        <!-- ❼グリッドの2行目にWebViewを配置する -->
        <WebView Grid.Row="1"
                 x:Name="WebView1"
                 Source="https://developer.microsoft.com/ja-jp/windows" />

        <!-- ❽グリッドの3行目にグリッドをネスト(入れ子に)する -->
        <Grid Grid.Row="2">
            <Grid.ColumnDefinitions>
                <ColumnDefinition Width="Auto" />
                <ColumnDefinition Width="*" />
                <ColumnDefinition Width="Auto" />
            </Grid.ColumnDefinitions>

            <!-- ❾ネストしたグリッドの1列目にStackPanelを配置して
                 内部に[戻る]ボタンを配置 -->
            <StackPanel Grid.Column="0" Orientation="Horizontal">
                <!-- ❿[戻る]ボタン -->
                <AppBarButton x:Name="BackButton"
                              Icon="Back"
                              IsCompact="True"
                              Margin="0,0,10,0"
                              IsEnabled="{Binding Path=CanGoBack,
                                                  ElementName=WebView1,
                                                  Mode=OneWay}" />
            </StackPanel>

            <!-- ⓫ネストしたグリッドの2列目にアドレスバーを配置 -->
            <TextBox x:Name="TextBox1" Grid.Column="1" VerticalAlignment="Center" />

            <!-- ⓬ネストしたグリッドの3列目にStackPanelを配置して
                 3個のAppBarButtonを横に並べて配置 -->
            <StackPanel Grid.Column="2" Orientation="Horizontal">
                <!-- ⓭[GO]ボタン -->
                <AppBarButton x:Name="GoButton"
                              Icon="Go"
                              IsCompact="True" />
                <!-- ⓮[リフレッシュ]ボタン -->
                <AppBarButton x:Name="RefreshButton"
                              Icon="Refresh"
                              IsCompact="True"
```

```
                                    Margin="20,0,0,0" />
                        <!-- ⑮[進む] ボタン -->
                        <AppBarButton x:Name="ForwardButton"
                                    Icon="Forward"
                                    IsCompact="True"
                                    IsEnabled="{Binding Path=CanGoForward,
                                                ElementName=WebView1,
                                                Mode=OneWay}" />
                    </StackPanel>
                </Grid>
            </Grid>
        </Grid>
</Page>
```

Onepoint

XAMLでコメントを記述する場合は、「<!--」と「-->」で囲まれた範囲に記述します。なお、コメントの中で2文字以上続く「-」を記述することはできません。

●コード解説

❶<Grid Background="#FFEEEEF2">

3行に分割するGridを配置し、Backgroundプロパティで全体の背景色をグレー(#FFEEEEF2)に設定します。

❷<RowDefinition Height="*" />

Gridの2行目の高さが、1行目と3行目のコントロールを表示した残りの領域全体となるように、Heightプロパティの値にstarSizingを示す「*」を設定しています。

❸<TextBlock Grid.Row="0" …

表示中のWebページのタイトルを表示するためのTextBlockを配置します。

❹Margin="10,5"

Margin="10,5"と記述すると、左右のマージンが10、上下のマージンが5に設定されます。

❺TextTrimming="WordEllipsis"

TextBlock.TextTrimmingプロパティは、表示領域からあふれてしまうテキストのトリミング動作を取得、または設定します。プロパティの値は、TextTrimming列挙体です。

▼TextTrimming列挙体のメンバー

メンバー	内容
None	テキストは切り取られない。
WordEllipsis	テキストは単語境界で切り取られる。省略記号 (...) が残りのテキストの代わりに描画される。

❻ Text="{Binding Path=DocumentTitle, ElementName=WebView1, Mode=OneWay}"

TextBlockに現在、表示中のWebページのタイトルを、データバインディングと呼ばれる仕組みを使って表示します。UI部品とデータオブジェクトの接続(バインディング)を確立すると、UI部品とデータオブジェクトの間でデータの受け渡しができるようになります。

データバインディングを確立するには、Bindingマークアップ拡張機能を使用して、次のように記述します。

▼プロパティの値を参照する

```
<要素名 UI部品のプロパティ="{Binding プロパティ=設定値,…}" …/>
```

「UI部品のプロパティ」の箇所には、データを表示するコントロールのプロパティ名を記述します。Binding以下には、バインディングの対象となるオブジェクトやプロパティの情報を、Bindingクラスのプロパティを使って指定します。プロパティは、カンマで区切って任意の順序で設定できます。

●Bindingクラスのプロパティ

・Pathプロパティ

バインディングを行うプロパティへのパスを指定します。{Binding Path=DocumentTitle}のほかに、Bindingの直後にプロパティパスを記述して、{Binding DocumentTitle}という形でPathを設定することもできます。

作成例では、Webページタイトルを取得するWebView.DocumentTitleプロパティを指定しています。

・ElementNameプロパティ

バインディングするオブジェクトの名前を取得または設定します。

・Modeプロパティ

バインディングのデータフローの方向を示す値を取得または設定します。プロパティの型はSystem.Windows.Data.BindingMode列挙体です。既定値は、BindingMode.OneWayです。

▼BindingMode 列挙体

メンバー	内容
OneWay	バインディングが確立すると、ターゲットのプロパティを更新する。ソースオブジェクトに変更があった場合もターゲットに反映される。
OneTime	バインディングが確立すると、ターゲットのプロパティを更新する。
TwoWay	バインディングが確立すると、ターゲットのプロパティを更新する。さらに、ソースオブジェクトが変更された場合はターゲットオブジェクトを更新し、ターゲットオブジェクトが変更された場合はソースオブジェクトを更新する。

❼ <WebView Grid.Row="1"
x:Name="WebView1"
Source="https://developer.microsoft.com/ja-jp/windows/" />]

Gridの2行目にWebViewを配置します。Sourceプロパティを使って、プログラムの起動時に表示するWebページのURIを指定しています。

❽ <Grid Grid.Row="2">

Gridの3行目に、入れ子のGridを配置しています。このGridは、横方向に3つに分割します。

❾ <StackPanel Grid.Column="0" Orientation="Horizontal">

❽のGridの1列目にStackPanelを配置して、内部に**戻る**ボタンを配置します。

❿ <AppBarButton …

AppBarButtonコントロールを配置します。

● Icon="Back"

AppBarButtonクラスのIconプロパティは、AppBarButtonの外観となるグラフィックスを設定します。プロパティの型は、Symbol列挙体です。Symbol列挙体では、AppBarButton用の様々なグラフィックスがメンバーとして定義されています。作成例では、次のメンバーを使用します。

▼本書で使用したSymbol列挙体のメンバー

メンバー	AppBarButtonに設定されるグラフィックス
Forward	
Back	
Refresh	
Go	

● IsCompact="True"

AppBarButtonクラスのIsCompactは、bool型のプロパティです。trueを設定した場合は、テキスト表示用のラベルを非表示にして、全体のサイズをコンパクトにします。

● Margin="0,0,10,0"

右側のマージンを10に設定しています。マージンは、左、上、右、下の順で、カンマで区切って設定します。

● IsEnabled="{Binding Path=CanGoBack, ElementName=WebView1, Mode=OneWay}"

Webページを表示して、前に表示したページに戻ることが可能な場合は、**戻る**ボタンをアクティブにします。このためには、AppBarButtonのIsEnabledプロパティに、WebViewクラスのCanGoBackプロパティをデータバインドします。

WebViewクラスのCanGoBackプロパティには、true（戻ることが可能）、
またはfalse（不可）が格納されている

これをAppBarButtonのIsEnabledプロパティに代入する

CanGoBackプロパティがtrueであればAppBarButtonがアクティブになる

⑪ <TextBox x:Name="TextBox1" Grid.Column="1" VerticalAlignment="Center" />

入れ子にしたGridの２列目にTextBoxを配置し、これをアドレスバーとして使用します。

⑫ <StackPanel Grid.Column="2" Orientation="Horizontal">

３個のAppBarButtonを横に並べて配置するために、入れ子にしたGridの３列目にStackPanelを配置します。

⑬ <AppBarButton x:Name="GoButton" …

GOボタンとして、外観をGoに設定したAppBarButtonを配置します。

⑭ <AppBarButton x:Name="RefreshButton" …

リフレッシュボタンとして、外観をRefreshに設定したAppBarButtonを配置します。

⑮ <AppBarButton x:Name="ForwardButton" …

進むボタンとして、外観をForwardに設定したAppBarButtonを配置します。

●IsEnabled="{Binding Path=CanGoForward, ElementName=WebView1, Mode=OneWay}"

Webページを表示して、以前に表示したページに進むことが可能な場合は、**進む**ボタンをアクティブにします。このためには、AppBarButtonのIsEnabledプロパティに、WebViewクラスのCanGoForwardプロパティをデータバインドします。

▼イベントハンドラーの作成

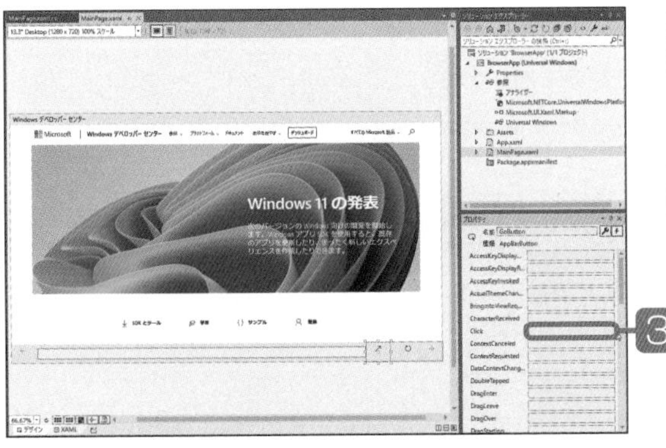

3 デザイナーでGoButtonをクリックして選択し、**プロパティ**の**イベントハンドラー**ボタンをクリックして**Click**の欄をダブルクリックします。

4 GoButtonのイベントハンドラーに次のコードを入力します。

▼GoButtonのイベントハンドラー

```
using System;
using Windows.UI.Xaml;
using Windows.UI.Xaml.Controls;

// 空白ページの項目テンプレートについては、https://go.microsoft.com/fwlink/?LinkId=402352&clcid=0x411 を参照してください

namespace BrowserApp
{
    /// <summary>
    /// それ自体で使用できる空白ページまたはフレーム内に移動できる空白ページ。
    /// </summary>
    public sealed partial class MainPage : Page
    {
        public MainPage()
        {
            this.InitializeComponent();
        }

        // URLを保持するUri型のフィールド
        private Uri _newUri; ──────── 記述する

        // GoButtonのイベントハンドラー
        // 宣言部にasyncを追加 ──────── 記述する
        private async void GoButton_Click(object sender, RoutedEventArgs e)
        {
            if (Uri.TryCreate(TextBox1.Text, UriKind.Absolute, out _newUri)
                && _newUri.Scheme.StartsWith("http")
                )
            {
                WebView1.Navigate(_newUri);
            }
            else
            {
                string Msg = "入力されたURIが認識できません";
                await new Windows.UI.Popups.MessageDialog(Msg).ShowAsync();
            }
            TextBox1.Text = "";
        }
    }
}
```

このように記述

▼イベントハンドラーの作成

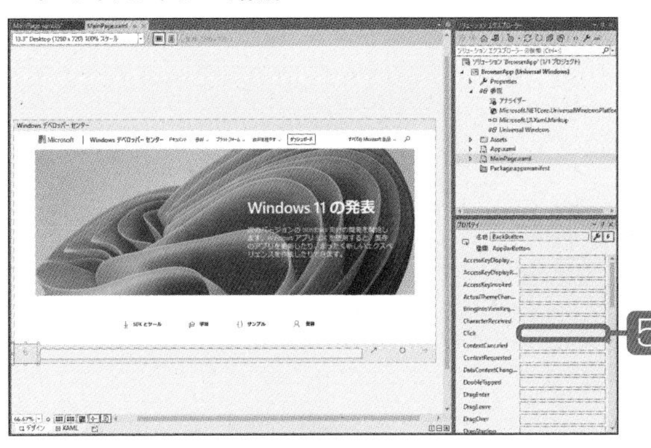

5 デザイナーでBackButtonをクリックして選択し、**プロパティ**の**イベントハンドラー**ボタンをクリックして**Click**の欄をダブルクリックします。

6 BackButtonのイベントハンドラーを作成し、次のコードを入力します。

▼BackButtonのイベントハンドラー

```
private void BackButton_Click(object sender, RoutedEventArgs e)
{
    WebView1.GoBack();
}
```

▼イベントハンドラーの作成

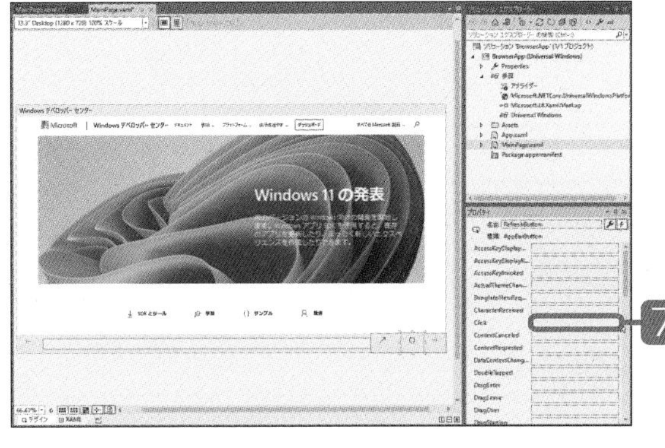

7 デザイナーでRefreshButtonをクリックして選択し、**プロパティ**の**イベントハンドラー**ボタンをクリックして**Click**の欄をダブルクリックします。

8 RefreshButtonのイベントハンドラーを作成し、次のコードを入力します。

▼RefreshButtonのイベントハンドラー

```
private void RefreshButton_Click(object sender, RoutedEventArgs e)
{
    WebView1.Refresh();
}
```

▼イベントハンドラーの作成

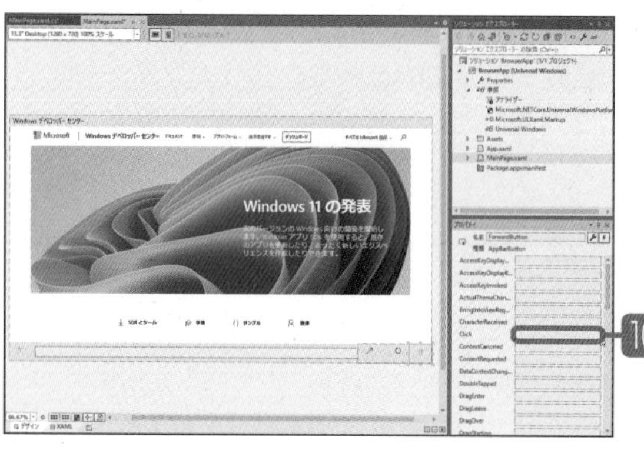
10

9 デザイナーでForwardButtonをクリックして選択し、**プロパティ**の**イベントハンドラー**ボタンをクリックして**Click**の欄をダブルクリックします。

10 ForwardButtonのイベントハンドラーを作成し、次のコードを入力します。

▼ForwardButtonのイベントハンドラー

```
private void ForwardButton_Click(object sender, RoutedEventArgs e)
{
    WebView1.GoForward();
}
```

●プログラムの実行

ローカルコンピューターボタンをクリックして、プログラムを実行します。

▼実行中のプログラム

ページタイトルが表示される
Windows 11 の発表

▼実行中のプログラム

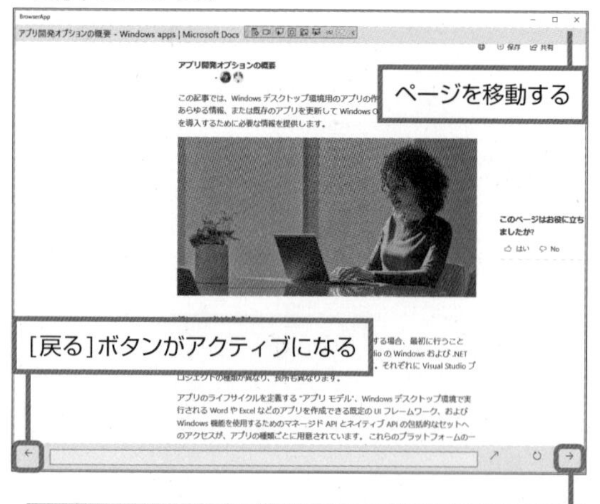
ページを移動する
[戻る]ボタンがアクティブになる
2回以上移動すると[進む]ボタンもアクティブになる

▼ページの移動

アドレスバーにURIを入力して…
[GO]ボタンをクリックすると指定したページに移動する

Perfect Master Series
Visual C# 2022

Appendix

資料

資料では、Visual C#で利用できるメソッド、プロパティ、イベントの内容と、その書式を紹介します。

メソッド、プロパティ、イベント

ここでは、Visual C#で利用できるメソッド、プロパティ、イベントの内容と書式を紹介します。

文字列の操作に関するメソッド

メソッド	書式（上）および内容（下）
String.Compare	String.Compare(String1,String2,[trueまたはfalse]) 指定した2つのStringオブジェクト（テキストを表すオブジェクト）同士を比較します。true（大文字と小文字を区別する）、またはfalse（区別しない）を指定することが可能です。
String.IndexOf	String1.IndexOf(String2,[開始位置],[検索対象の文字数]) String1に指定した文字列の先頭から、String2に指定した文字列を検索し、最初に見つかった文字列の開始位置（先頭の文字からの文字数）を示す整数型（int）の値を返します。ただし、検索の開始位置の指定が0から始まるところが、InStr関数と異なります（InStr関数は1から開始）。
String.LastIndexOf	String1.LastIndexOf(String2,[開始位置],[検索対象の文字数]) String1に指定した文字列の最後尾から、String2に指定した文字列を検索し、最初に見つかった文字列の開始位置（先頭の文字からの文字数）を示す整数型（int）の値を返します。
String.Concat	String.Concat(String1,String2) String型のインスタンス、またはObject型に格納されたString形式の値同士を連結します。
String.Copy	String.Copy(String1) String1に指定した文字列をコピーして、新しいインスタンスを生成します。
String.ToUpper	String1.ToUpper() String1に指定したアルファベットの小文字を大文字に変換します。UCase関数と同じ処理を行います。
String.ToLower	String1.ToLower() String1に指定したアルファベットの大文字を小文字に変換します。LCase関数と同じ処理を行います。
String.Trim	String1.Trim() String1に指定した文字列の先頭と末尾にある空白文字をすべて削除します。文字列の余分な空白を取り除く場合などに使用します。
String.TrimEnd	String1.TrimEnd() String1に指定した文字列の末尾のスペースのみを削除します。

メソッド	書式（上）および内容（下）
String.PadLeft	String.IndexOf(String2,[開始位置],[検索対象の文字数])PadLeft(Int1,[Char1]) Int1で指定した数だけ文字列を右寄せし、指定した文字数になるまで左側の部分に空白文字を埋め込みます。[Char1]として特定の文字を指定した場合は、指定した文字を埋め込みます。
String.PadRight	String.PadRight(Int1,[Char1]) Int1で指定した数だけ文字列を左寄せし、指定した文字数になるまで右側の部分に空白文字を埋め込みます。[Char1]として特定の文字を指定した場合は、指定した文字を埋め込みます。
String.Remove	String1.Remove(Int1,Int2) String1に指定した文字列の先頭からX番目（XはInt1で指定）の位置から、Int2で指定した数のぶんだけ文字を削除します。
String.Replace	String1.Replace(String2,String3) String1に指定した文字列の中から、String2に合致する文字または文字列を、String3で指定する文字または文字列に置き換えます。
String.Insert	String1.Insert(Int1,String2) String1に指定した文字列の先頭からX番目（XはInt1で指定）の位置へ、String2で指定した文字列を挿入します。
String.Substring	String1.Substring(Int1,Int2) String1に指定した文字列の先頭からX番目（XはInt1で指定）の位置から、Int2で指定した数のぶんだけ文字列を取り出します。Mid関数と同様の処理を行いますが、Mid関数の引数では、切り取る文字列の開始位置を1から開始するのに対し、String.SubString()メソッドの引数では、0から開始します。
Mid関数（参考）	Mid(String1,Int1,[Int2])=String2 String1に指定した文字列の先頭からX番目（XはInt1で指定）の位置から、Int2で指定した数の文字を、String2で指定した文字列に置き換えます。

日付/時刻の操作に関するプロパティとメソッド

●プロパティ

プロパティ	内　容
DateTime.Now	コンピューターのシステム時刻（現在の日付と時刻）であるDateTime構造体をまとめて取得します。
DateTime.Today	現在の日付（年月日）を取得します。
DateTime.TimeOfDay	DateTimeに格納されている日付データから時刻の部分のみを取得します。
DateTime.Date	DateTimeに格納されている日付データから日付の部分のみを取得します。
DateTime.Month	DateTimeに格納されている日付データから日付の月の部分のみを取得します。
DateTime.Day	DateTimeに格納されている日付データから日付の日の部分のみを取得します。
DateTime.DayOfWeek	DateTimeに格納されている日付データから曜日を取得します。
DateTime.Hour	DateTimeに格納されている日付データから日付の時間の部分のみを取得します。

DateTime.Minute	DateTimeに格納されている日付データから日付の分の部分のみを取得します。
DateTime.Second	DateTimeに格納されている日付データから日付の秒の部分のみを取得します。
DateTime.Millisecond	DateTimeに格納されている日付データから日付のミリ秒の部分のみを取得します。

●メソッド

メソッド	書式（上）および内容（下）
DateTime.AddYears	DateTime.AddYears(Int1) DateTimeに格納されている日付データに、Int1で指定した年数を加算します。
DateTime.AddMonths	DateTime.AddMonths(Int1) DateTimeに格納されている日付データに、Int1で指定した月数を加算します。
DateTime.AddDays	DateTime.AddDays(Int1) DateTimeに格納されている日付データに、Int1で指定した日数を加算します。
DateTime.AddHours	DateTime.AddHours(Int1) DateTimeに格納されている日付データに、Int1で指定した時間数を加算します。
DateTime.AddMinutes	DateTime.AddMinutes(Int1) DateTimeに格納されている日付データに、Int1で指定した分数を加算します。
DateTime.AddSeconds	DateTime.AddSeconds(Int1) DateTimeに格納されている日付データに、Int1で指定した秒数を加算します。
DateTime.AddMilliseconds	DateTime.AddMilliseconds(Int1) DateTimeに格納されている日付データに、Int1で指定したミリ秒数を加算します。
DateTime.DaysInMonth	DateTime.DaysInMonth(Int1,Int2) Int1で指定した年（4桁の数値）における、Int2で指定した月（1～12）の日数を返します。
DateTime.IsLeapYear	DateTime.IsLeapYear(Int1) Int1で指定した年（4桁の数値）が閏年（うるうどし）かどうかを示す値（閏年である場合はtrue、それ以外の場合はfalse）を返します。
DateTime.ToUniversalTime	DateTime.ToUniversalTime() DateTimeに格納されているローカル時刻を世界協定時刻（UTC）に変換します。
DateTime.ToLocalTime	DateTime.ToLocalTime() DateTimeに格納されている世界協定時刻（UTC）をローカル時刻に変換します。

データ型の変換を行うメソッド

●任意の値 ➡ TypeCodeで指定したデータ型の値

メソッド	書式（上）および内容（下）
Convert.ChangeType	Convert.ChangeType(Object1,TypeCode)
	Object1に指定した値をTypeCodeで指定したデータ型に変換します。

▼TypeCodeのメンバー

メンバー名	内容
Boolean	trueまたはfalseの論理値を表す。
Byte	0から255までの値を保持する符号なし8ビット整数を表す整数型。
Char	0から65535までの値を保持する符号なし16ビット整数を表す整数型。Char型で使用できる値は、Unicode文字セットに対応する。
DateTime	日時の値を表す型。
Decimal	1.0×10^{-28}から概数7.9×10^{28}までの範囲で、有効桁数が28または29の値を表す。
Double	概数5.0×10^{-324}から1.7×10^{308}までの範囲で、有効桁数が15または16の値を表す浮動小数点数型。
Int16	−32768から32767までの値を保持する符号付き16ビット整数を表す整数型。
Int32	−2,147,483,648から2,147,483,647までの値を保持する符号付き32ビット整数を表す整数型。
Int64	−9,223,372,036,854,775,808から9,223,372,036,854,775,807までの値を保持する符号付き64ビット整数を表す整数型。
Object	別のTypeCodeで明示的に表されていない任意の参照または値型を表す一般的な型。
SByte	−128から127までの値を保持する符号付き8ビット整数を表す整数型。
Single	概数1.5×10^{-45}から3.4×10^{38}までの範囲で、有効桁数が7の値を表す浮動小数点数型。
String	Unicode文字列を表す。
UInt16	0から65,535までの値を保持する符号なし16ビット整数を表す整数型。
UInt32	0から4,294,967,295までの値を保持する符号なし32ビット整数を表す整数型。
UInt64	0から18,446,744,073,709,551,615までの値を保持する符号なし64ビット整数を表す整数型。

●任意の値 ➡ 文字列型（string）の値

メソッド	書式（上）および内容（下）
Convert.ToString	Convert.ToString(値)
	指定した値をstring型に変換します。

●任意の値 ➡ char型の値

メソッド	書式（上）および内容（下）
Convert.ToChar	Convert.ToChar(文字コード)
	指定した文字コードをchar型（Unicode文字）に変換します。

A 資料

●日付を表す文字列（string）➡ 日付型（DateTime）の値

メソッド	書式（上）および内容（下）
Convert.ToDateTime	Convert.ToDateTime(日付を表す文字列)
	指定した文字列をDateTime型の値に変換します。

●数値 ➡ バイト型（byte）の値

メソッド	書式（上）および内容（下）
Convert.ToByte	Convert.ToByte(数値)
	指定した式を8ビット符号なし整数（byte型）に変換します。

●数値 ➡ 短整数型（short）の値

メソッド	書式（上）および内容（下）
Convert.ToInt16	Convert.ToInt16(数値)
	指定した値を16ビット符号付き整数（short型）に変換します。小数が含まれる場合は、小数部分は丸められます*。

●数値 ➡ 整数型（int）の値

メソッド	書式（上）および内容（下）
Convert.ToInt32	Convert.ToInt32(数値)
	指定した値を32ビット符号付き整数（int型）に変換します。小数が含まれる場合は、小数部分は丸められます*。

●数値 ➡ 長整数型（long）の値

メソッド	書式（上）および内容（下）
Convert.ToInt64	Convert.ToInt64(数値)
	指定した値を64ビット符号付き整数（long型）に変換します。小数が含まれる場合は、小数部分は丸められます*。

●数値 ➡ 単精度浮動小数点数型（float）の値

メソッド	書式（上）および内容（下）
Convert.ToSingle	Convert.ToSingle(数値)
	指定した値を単精度浮動小数点数（float型）に変換します。

*数値の丸め方　4以下を切り捨て、6以上を切り上げし、ちょうど半分（5）の場合は、丸めたあとの値が偶数になるようにする。1.5 ➡ 2、2.5 ➡ 2、3.5 ➡ 4、4.5 ➡ 4のようになる。このような処理方法には、四捨五入を行うよりも集計したときの結果が小さくなる、という特徴がある。

●数値 ➡ 倍精度浮動小数点数型（double）の値

メソッド	書式（上）および内容（下）
Convert.ToDouble	Convert.ToDouble(数値) 指定した値を倍精度浮動小数点数（double型）に変換します。

●数値 ➡ 10進数型（decimal）の値

メソッド	書式（上）および内容（下）
Convert.ToDecimal	Convert.ToDecimal(数値) 指定した値をdecimalの値に変換します。

●式または数値 ➡ 論理型（bool）の値

メソッド	書式（上）および内容（下）
Convert.ToBoolean	Convert.ToBoolean(式) 指定した式を評価し、論理型（bool）の値を返します。式が成立するのであればtrue、成立しないのであればfalseを返します。また、式の部分に数値のみを指定した場合は、値が0の場合はfalse、それ以外であればtrueを返します。

●数値 ➡ 8ビット符号付き整数

メソッド	書式（上）および内容（下）
Convert.ToSByte	Convert.ToSByte(数値) 指定した値を8ビット符号付き整数（sbyte）に変換します。

●数値 ➡ 16ビット符号なし整数

メソッド	書式（上）および内容（下）
Convert.ToUInt16	Convert.ToUInt16(数値) 指定した値を16ビット符号なし整数（ushort型）に変換します。

●数値 ➡ 32ビット符号なし整数

メソッド	書式（上）および内容（下）
Convert.ToUInt32	Convert.ToUInt32(数値) 指定した値を32ビット符号なし整数（uint型）に変換します。

●数値 ➡ 64ビット符号なし整数

メソッド	書式（上）および内容（下）
Convert.ToUInt64	Convert.ToUInt64(数値) 指定した値を64ビット符号なし整数（ulong型）に変換します。

数値の演算を行うメソッド

メソッド	書式（上）および内容（下）
Math.Round	Math.Round（数値,[丸める小数点以下の桁数]） 指定された桁数に丸めた*倍精度浮動小数点数型（double）の値を返します。
Math.Sign	Math.Sign（数値） 引数に指定された数式の符号を表す整数型（int）の値を返します。数値が0未満であれば−1、0であれば0、0より大きい値であれば1の値を返します。
Math.Sqrt	Math.Sqrt（数値） 指定した数値（double型）の平方根を倍精度浮動小数点数型（double）の値で返します。
Math.Sin	Math.Sin（数値） 指定した角度（double型）のサインを倍精度浮動小数点数型（double）の値で返します。
Math.Cos	Math.Cos（数値） 指定した角度（double型）のコサインを倍精度浮動小数点数型（double）の値で返します。
Math.Tan	Math.Tan（数値） 指定した角度（double型）のタンジェントを倍精度浮動小数点数型（double）の値で返します。
Math.Atan	Math.Atan（数値） 指定された数値（double型）のアークタンジェントを倍精度浮動小数点数型（double）の値で返します。
Math.Log	Math.Log（数値） 指定された数値（double型）の対数を倍精度浮動小数点数型（double）の値で返します。
Math.Exp	Math.Exp（数値） 指定された数値（double型）を指数とするe（自然対数の底）の累乗を倍精度浮動小数点数型（double）の値で返します。
Math.Abs	Math.Abs（数値） 指定された数値の絶対値を返します。

＊数値の丸め方　4以下を切り捨て、6以上を切り上げし、ちょうど半分（5）の場合は、丸めたあとの値が偶数になるようにする。1.5 ➡ 2、2.5 ➡ 2、3.5 ➡ 4、4.5 ➡ 4のようになる。このような処理方法には、四捨五入を行うよりも集計したときの結果が小さくなる、という特徴がある。

ファイル/ディレクトリの操作を行うメソッド

●Directoryクラス（System.IO名前空間）に属するメソッド

メソッド	書式（上）および内容（下）
CreateDirectory	System.IO.Directory.CreateDirectory(パス) パスで指定したすべてのディレクトリとサブディレクトリを作成します。
Delete	System.IO.Directory.Delete(パス) ディレクトリとその内容を削除します。
Exists	System.IO.Directory.Exists(パス) 指定したパスが存在する場合にtrueを返します。
GetCreationTime	System.IO.Directory.GetCreationTime(パス) ディレクトリの作成日時を返します。
GetCreationTimeUtc	System.IO.Directory.GetCreationTimeUtc(パス) ディレクトリの作成日時を世界協定時刻（UTC）で返します。
GetCurrentDirectory	System.IO.Directory.GetCurrentDirectory 現在のカレントディレクトリ（作業ディレクトリ）を文字列として返します。
GetDirectories	System.IO.Directory.GetDirectories(パス,[検索条件]) 指定したディレクトリ内のすべてのサブディレクトリの名前をstring型の配列として返します。
GetDirectoryRoot	System.IO.Directory.GetDirectoryRoot(パス) 指定したパスのルートディレクトリを文字列として返します。
GetFiles	System.IO.Directory.GetFiles(パス,[検索条件]) 指定したディレクトリ内のすべてのファイル名をstring型の配列として返します。
GetFileSystemEntries	System.IO.Directory.GetFileSystemEntries(パス,[検索条件]) 指定したディレクトリ内のすべてのファイル名とサブディレクトリ名をstring型の配列として返します。
GetLastAccessTime	System.IO.Directory.GetLastAccessTime(パス) 指定したファイルまたはディレクトリに最後にアクセスした日付と時刻を返します。
GetLastAccessTimeUtc	System.IO.Directory.GetLastAccessTimeUtc(パス) 指定したファイルまたはディレクトリに最後にアクセスした日付と時刻を世界協定時刻（UTC）で返します。
GetLastWriteTime	System.IO.Directory.GetLastWriteTime(パス) 指定したファイルまたはディレクトリに最後に書き込んだ日付と時刻を返します。
GetLastWriteTimeUtc	System.IO.Directory.GetLastWriteTimeUtc(パス) 指定したファイルまたはディレクトリに最後に書き込んだ日付と時刻を世界協定時刻（UTC）で返します。

メソッド	書式（上）および内容（下）
GetLogicalDrives	System.IO.Directory.GetLogicalDrives 使用中のコンピューターのすべての論理ドライブ名をstring型の配列として返します。
Move	System.IO.Directory.Move(移動元のパス,移動先のパス) ファイルまたはディレクトリを移動します。
SetCreationTime	System.IO.Directory.SetCreationTime(パス,日時) 指定したファイルまたはディレクトリの作成日時を設定します。
SetCreationTimeUtc	System.IO.Directory.SetCreationTimeUtc(パス,日時) 指定したファイルまたはディレクトリの作成日時を世界協定時刻（UTC）で設定します。
SetLastAccessTime	System.IO.Directory.SetLastAccessTime(パス,日時) 指定したファイルまたはディレクトリの最終アクセス日時を設定します。
SetLastAccessTimeUtc	System.IO.Directory.SetLastAccessTimeUtc(パス,日時) 指定したファイルまたはディレクトリの最終アクセス日時を世界協定時刻（UTC）で設定します。
SetLastWriteTime	System.IO.Directory.SetLastWriteTime(パス,日時) 指定したファイルまたはディレクトリの最終書き込み日時を設定します。
SetLastWriteTimeUtc	System.IO.Directory.SetLastWriteTimeUtc(パス,日時) 指定したファイルまたはディレクトリの最終書き込み日時を世界協定時刻（UTC）で設定します。

●Fileクラス（System.IO名前空間）に属するメソッド

メソッド	書式（上）および内容（下）
AppendText	System.IO.File.AppendText(パス) 追加モードでファイルを開き、UTF-8エンコードされたテキストを付け加えるためのStreamWriterオブジェクト*を作成します。
Copy	System.IO.File.Copy(コピー元のパス,コピー先のパス,[bool値]) 既存のファイルを新しいファイルにコピーします。bool値としてtrueを指定した場合は、コピー先のファイルへの上書きを許可します。
Create	System.IO.File.Create(パス,[バッファサイズ]) 指定したパスでファイルを作成し、作成したファイルを開いてFileStreamオブジェクト*を返します。

＊StreamWriterオブジェクト　テキストファイルへ書き込むには、StreamWriterクラスから生成されるStreamWriterオブジェクトを使用する。これはUnicode形式で表されたテキストの書き込みを行う方法を定義するクラスで、WriteメソッドまたはWriteLineメソッドを使用して、テキストの書き込みを行う。Writeメソッドは、Int型やdouble型などの基本的なデータ型のテキスト表現を書き込む処理を行う。一方、WriteLineメソッドは、文字列の書き込みだけを行い、書き込んだ文字列の末尾には改行文字が自動的に付加される。

＊FileStreamオブジェクト　ファイルのデータのまとまりのことで、FileStreamクラスによって生成される。Visual C#では、ファイルを扱う方法として、従来のFileOpenなどのランタイム関数を使用する方法のほかに、C++などのプログラミング言語で利用されているFileStreamクラスなどのファイルストリームに対応したクラスを利用する方法がサポートされている。

メソッド	書式（上）および内容（下）
CreateText	System.IO.File.CreateText(パス) UTF-8エンコードされたテキストの書き込み用のファイルを作成し、StreamWriterオブジェクト*を返します。
Delete	System.IO.File.Delete(パス) 指定したファイルを削除します。
Exists	System.IO.File.Exists(パス) 指定したファイルが存在するかどうかを確認します。
GetAttributes	System.IO.File.GetAttributes(パス) パス上のファイルの属性を返します。
GetCreationTime	System.IO.File.GetCreationTime(パス) 指定したファイルの作成日時を返します。
GetCreationTimeUtc	System.IO.File.GetCreationTimeUtc(パス) 指定したファイルの作成日時を世界協定時刻（UTC）で返します。
GetLastAccessTime	System.IO.File.GetLastAccessTime(パス) 指定したファイルに最後にアクセスした日付と時刻を返します。
GetLastAccessTimeUtc	System.IO.File.GetLastAccessTimeUtc(パス) 指定したファイルに最後にアクセスした日付と時刻を世界協定時刻（UTC）で返します。
GetLastWriteTime	System.IO.File.GetLastWriteTime(パス) 指定したファイルの最終書き込み日時を返します。
GetLastWriteTimeUtc	System.IO.File.GetLastWriteTimeUtc(パス) 指定したファイルの最終書き込み日時を世界協定時刻（UTC）で返します。
Move	System.IO.File.Move(移動元のパス,移動先のパス) 指定したファイルを新しい場所に移動します。
Open	System.IO.File.Open(パス,[モード]) 指定したファイルを開いて、FileStreamオブジェクト*を返します。なお、ファイルのオープンモードは、ファイルが存在しない場合にファイルを作成するかどうか、既存のファイルの内容を上書きするかどうかを、以下のFileMode列挙体の値を使って指定します。

A

資料

メソッド	書式（上）および内容（下）

▼FileMode列挙体の値

メンバー名	内　容
Append	ファイルが存在する場合はそのファイルを開き、存在しない場合は新しいファイルを作成します。FileMode.Appendは、必ずFileAccess.Writeと共に使用します。
Create	新しいファイルを作成することを指定します。ファイルがすでに存在する場合は上書きされます。この操作にはFileIOPermissionAccess.Write、およびFileIOPermissionAccess.Appendが必要です。
CreateNew	新しいファイルを作成することを指定します。この操作にはFileIOPermissionAccess.Writeが必要です。ファイルがすでに存在する場合はIOExceptionが適用されます。
Open	既存のファイルを開くことを指定します。ファイルを開けるかどうかは、FileAccessで指定される値によって異なります。ファイルが存在しない場合はSystem.IO.FileNotFoundExceptionが適用されます。
OpenOrCreate	ファイルが存在する場合はファイルを開き、存在しない場合は新しいファイルを作成することを指定します。ファイルをFileAccess.Readで開く場合はFileIOPermissionAccess.Readが必要です。ファイルアクセスがFileAccess.ReadWriteで、ファイルが存在する場合は、FileIOPermissionAccess.Writeが必要です。ファイルアクセスがFileAccess.ReadWriteで、ファイルが存在しない場合は、ReadおよびWriteのほかにFileIOPermissionAccess.Appendが必要です。
Truncate	既存のファイルを開くことを指定します。ファイルは、開いたあとにサイズが0バイトになるように切り捨てられます。この操作にはFileIOPermissionAccess.Writeが必要です。Truncateを使用して開いたファイルから読み取ろうとすると、例外が発生します。

メソッド	書式（上）および内容（下）
OpenRead	System.IO.File.OpenRead(パス) 読み取り専用モードでファイルを開いて、FileStreamオブジェクト*を返します。
OpenText	System.IO.File.OpenText(パス) 読み取り専用モードで、UTF-8エンコードされたテキストファイルを開いて、StreamReaderオブジェクト*を返します。
OpenWrite	System.IO.File.OpenWrite(パス) 書き込みモードでファイルを開いて、FileStreamオブジェクト*を返します。
SetAttributes	System.IO.File.SetAttributes(パス,属性) 指定したファイルの属性を設定します。
SetCreationTime	System.IO.File.SetCreationTime(パス,日時) 指定したファイルの作成日時を設定します。
SetCreationTimeUtc	System.IO.File.SetCreationTimeUtc(パス,日時) 指定したファイルの作成日時を世界協定時刻（UTC）で設定します。
SetLastAccessTime	System.IO.File.SetLastAccessTime(パス,日時) 指定したファイルに最後にアクセスした日時を設定します。
SetLastAccessTimeUtc	System.IO.File.SetLastAccessTimeUtc(パス,日時) 指定したファイルに最後にアクセスした日時を世界協定時刻（UTC）で設定します。
SetLastWriteTime	System.IO.File.SetLastWriteTime(パス,日時) 指定したファイルの最終書き込み日時を設定します。

メソッド	書式（上）および内容（下）
SetLastWriteTimeUtc	System.IO.File.SetLastWriteTimeUtc(パス,日時) 指定したファイルの最終書き込み日時を世界協定時刻（UTC）で設定します。

●DirectoryInfoクラス（System.IO名前空間）に属するプロパティとメソッド

プロパティ	内　容
Attributes	ディレクトリの属性をFileAttributesの値として取得または設定します。
CreationTime	ディレクトリの作成日時をDateTime値として取得または設定します。
CreationTimeUtc	ディレクトリの作成日時を世界協定時刻（UTC）のDateTime値として取得または設定します。
Exists	ディレクトリが存在するかどうかを示す値を取得します。存在する場合はtrueを返します。
Extension	ディレクトリの拡張子部分を表す文字列を取得します。
FullName	ディレクトリの絶対パスを取得します。
LastAccessTime	ディレクトリに最後にアクセスした時刻をDateTime値として取得または設定します。
LastAccessTimeUtc （FileSystemInfoから継承される）	ディレクトリに最後にアクセスした時刻を世界協定時刻（UTC）のDateTime値として取得または設定します。
LastWriteTime	ディレクトリに最後に書き込みが行われた時刻をDateTime値として取得または設定します。
LastWriteTimeUtc （FileSystemInfoから継承される）	ディレクトリに最後に書き込みが行われた時刻を世界協定時刻（UTC）のDateTime値として取得または設定します。
Name	ディレクトリの名前を取得します。
Parent	指定されたサブディレクトリの親ディレクトリを取得します。
Root	ルートディレクトリを取得します。

メソッド	内　容
Create	ディレクトリを作成します。
CreateSubdirectory	引数として指定したパスに1つ以上のサブディレクトリを作成します。
Delete	現在のディレクトリを削除します。
GetDirectories	現在のディレクトリのサブディレクトリを返します。引数として検索条件を指定することができます。
GetFiles	現在のディレクトリに含まれるファイルの一覧を返します。引数として検索条件を指定することができます。
GetFileSystemInfos	現在のディレクトリに含まれるファイルとサブディレクトリに関する情報を返します。引数として検索条件を指定することができます。
MoveTo	現在のディレクトリを引数として指定したパスに移動します。
Refresh	DirectoryInfoオブジェクトの状態を更新します。

＊**StreamReaderオブジェクト**　テキストファイルからの読み取りを行う場合には、StreamReaderオブジェクトを使用する。StreamReaderオブジェクトは、Unicode形式で表されたテキストの読み取りを行う方法を定義するStreamReaderクラスから生成される。

●FileInfoクラス（System.IO名前空間）に属するプロパティとメソッド

プロパティ	内　容
Attributes	ファイルの属性をFileAttributesの値として取得または設定します。
CreationTime	ファイルの作成日時をDateTime値として取得または設定します。
CreationTimeUtc	ファイルの作成日時を世界協定時刻（UTC）のDateTime値として取得または設定します。
Directory	親ディレクトリのDirectoryInfoオブジェクトを取得します。
DirectoryName	親ディレクトリの絶対パスを表す文字列を取得します。
Exists	ファイルが存在するかどうかを示す値を取得します。存在する場合はtrueを返します。
Extension	ファイルの拡張子部分を表す文字列を取得します。
FullName	ファイルの絶対パスを取得します。
LastAccessTime	ファイルに最後にアクセスした日時をDateTime値として取得または設定します。
LastAccessTimeUtc	ファイルに最後にアクセスした時刻を世界協定時刻（UTC）のDateTime値として取得または設定します。
LastWriteTime	ファイルに最後に書き込みが行われた時刻をDateTime値として取得または設定します。
LastWriteTimeUtc	ファイルに最後に書き込みが行われた時刻を世界協定時刻（UTC）のDateTime値として取得または設定します。
Length	ファイルのサイズを取得します。
Name	ファイルの名前を取得します。

メソッド	内　容
AppendText	追加モードでファイルを開き、ファイルの末尾にテキストを追加するためのStreamWriterオブジェクト*を返します。
CopyTo	現在のファイルを引数として指定したディレクトリにコピーします。オプションとして上書きの設定を行うこともできます。
Create	ファイルを作成します。
CreateText	新しいテキストファイルを作成し、書き込みを行うためのStreamWriterオブジェクト*を返します。
Delete	ファイルを削除します。
MoveTo	引数として指定したパスへファイルを移動します。オプションで新しいファイル名を指定することもできます。
Open	指定したファイルを開いて、FileStreamオブジェクト*を返します。なお、ファイルのオープンモードは、ファイルが存在しない場合にファイルを作成するかどうか、既存のファイルの内容を上書きするかどうかを、FileMode列挙体の値を使って指定します。
OpenRead	読み取り専用モードでファイルを開いて、FileStreamオブジェクト*を返します。
OpenText	読み取り専用モードで、UTF-8エンコードされたテキストファイルを開いて、StreamReaderオブジェクト*を返します。
OpenWrite	書き込みモードでファイルを開いて、FileStreamオブジェクト*を返します。
Refresh	FileInfoオブジェクトの状態を更新します。

Formオブジェクト（System.Windows.Forms 名前空間）のプロパティ、メソッド、イベント

●フォームの外観や機能に関するプロパティ

プロパティ	内　容
BackgroundImage	フォームの背景イメージを取得または設定します。
BackColor	フォームの背景色を取得または設定します。
FormBorderStyle	フォームの境界線スタイルを取得または設定します。
Icon	フォームのアイコンを取得または設定します。
ControlBox	フォームのキャプションバーにコントロールボックスを表示するかどうかを設定します。
MaximizeBox	フォームのキャプションバーに最大化ボタンを表示するかどうかを設定します。
MinimizeBox	フォームのキャプションバーに最小化ボタンを表示するかどうかを設定します。
HelpButton	フォームのキャプションボックスにヘルプボタンを表示するかどうかを設定します。
SizeGripStyle	フォームの右下隅に表示するサイズ変更グリップのスタイルを設定します。
Opacity	フォームの不透明度を設定します。
TransparencyKey	フォームの透明な領域を表す色を設定します。

●フォームのサイズと表示位置に関するプロパティ

プロパティ	内　容
AutoScale	フォームで使用されるフォントの高さに合わせてフォームとフォーム上のコントロールのサイズを自動的に変更するかどうかを設定します。
DesktopBounds	デスクトップ上のフォームのサイズと位置を取得または設定します。
DesktopLocation	デスクトップ上のフォームの位置を取得または設定します。
StartPosition	フォームが最初に表示されるときの位置を設定します。
WindowState	フォームのウィンドウ状態（Normal、Minimized、Maximized）を取得または設定します。
TopLevel	フォームをトップレベルウィンドウとして表示するかどうかを設定します。
TopMost	フォームをアプリケーションの最上位フォームとして表示するかどうかを設定します。
MinimumSize	フォームのサイズを変更する場合の最小サイズを取得または設定します。
MaximumSize	フォームのサイズを変更する場合の最大サイズを取得または設定します。
Size	フォームのサイズを取得または設定します。

●モーダルフォームに関するプロパティ

プロパティ	内　容
Modal	フォームをモーダルとして表示するかどうかを設定します（trueでモーダルとして表示）。
AcceptButton	ユーザーが Enter キーを押したときにクリックされる、フォーム上のボタンを設定します。
CancelButton	ユーザーが Esc キーを押したときにクリックされる、フォーム上のボタンを設定します。
DialogResult	モーダルフォームの操作結果（OK、Cancel、Yes、Noなど）を取得または設定します。
AutoScroll	フォームで自動スクロールを有効にするかどうかを示す値を取得または設定します。
AutoScrollMargin	自動スクロールのマージンのサイズを取得または設定します。
AutoScrollMinSize	自動スクロールの最小サイズを取得または設定します。
AutoScrollPosition	自動スクロールの位置を取得または設定します。
DockPadding	ドッキングしているコントロールのすべての端に対する埋め込みの設定を取得します。

●MDIフォームに関するプロパティ

プロパティ	内　容
ActiveMdiChild	現在アクティブなMDI子フォームを取得します。
IsMdiChild	フォームがMDI子フォームかどうかを取得します。trueの場合は、対象のフォームがMDI子フォームであることになります。
IsMdiContainer	フォームをMDI子フォームとして設定します。trueに設定された場合は、対象のフォームがMDI子フォームになります。
MdiChildren	対象のフォームのMDI子フォームの配列を取得します。
MdiParent	対象となるフォームのMDI親フォームを取得または設定します。

●フォームの状態に関するメソッド

メソッド	内　容
Activate	フォームをアクティブにし、そのフォームにフォーカスを移します。
Close	フォームを閉じます。
Show	コントロールを表示します。
ShowDialog	フォームをモーダルダイアログボックスとして表示します。
Hide	フォームを非表示にします。

●フォームのサイズと表示位置に関するメソッド

メソッド	内　容
SetDesktopBounds	フォームのサイズと位置をデスクトップ上の座標で設定します。
SetDesktopLocation	フォームの位置をデスクトップ座標で設定します。

●MDIフォームに関するメソッド

メソッド	内　容
LayoutMdi	MDI子フォームを整列します。

●フォームに関するイベント

●サイズおよび位置

イベント	内　容
MinimumSizeChanged	MinimumSizeプロパティの値が変更された場合に発生します。
MaximumSizeChanged	MaximumSizeプロパティの値が変更された場合に発生します。
MaximizedBoundsChanged	MaximizedBoundsプロパティの値が変更された場合に発生します。

●MDI関連

イベント	内　容
MdiChildActivate	MDI子フォームがアクティブになった場合、または閉じた場合に発生します。

●フォームの状態

イベント	内　容
Load	フォームが初めて表示されるときに発生します。
Activated	フォームがコード、またはユーザーの操作によってアクティブになったとき発生します。
Deactivate	フォームがフォーカスを失い、アクティブではなくなったときに発生します。
Closing	フォームが閉じる間に発生します。
Closed	フォームが閉じたときに発生します。
MenuStart	フォームのメニューがフォーカスを受け取ると発生します。
MenuComplete	フォームのメニューがフォーカスを失ったときに発生します。

●メニューに関するプロパティ

プロパティ	内　容
Menu	フォームに表示するMainMenuを取得または設定します。
MergedMenu	フォームのマージされたメニューを取得します。

A

資料

コントロールに共通するプロパティ、メソッド、イベント

●コントロールのサイズと位置に関するプロパティ

プロパティ	内容
Location	コンテナの左上隅に対する相対座標（x, y）として、コントロールの左上隅の座標を取得または設定します。
Size	コントロールのサイズを取得または設定します。
Left	コントロールの左端のx座標をピクセル単位で取得または設定します。
Top	コントロールの上端のy座標をピクセル単位で取得または設定します。
Width	コントロールの幅を取得または設定します。
Height	コントロールの高さを取得または設定します。
Right	コントロールの右端のx座標をピクセル単位で取得または設定します。
Bounds	コントロールのサイズおよび位置を取得または設定します。
ClientRectangle	コントロールの領域を表す四角形を取得します。
Anchor	コントロールのどの端を固定するかを設定する値（ビットコード化された値）を取得または設定します。
Dock	コントロールのドッキング先のコンテナの端を設定する値（ビットコード化された値）を取得または設定します。

●コントロール上に表示するテキストに関するプロパティ

プロパティ	内容
Text	コントロールに表示するテキストを取得または設定します。
Font	コントロールに表示するテキストのフォントを取得または設定します。
ImeMode	コントロールが選択されたときのIME（Input Method Editor）のモードを取得または設定します。
ContextMenu	コントロールに関連付けられたショートカットメニューを取得または設定します。

●前景色と背景色に関するプロパティ

プロパティ	内容
ForeColor	コントロールの前景色を取得または設定します。
BackColor	コントロールの背景色を取得または設定します。

●コントロールのフォーカスに関するプロパティ

プロパティ	内容
TabIndex	Tab キーを押してフォーカスが移動するコントロールの順序。
TabStop	ユーザーが Tab キーで、このコントロールにフォーカスを移すことができるかどうかを示す値（true）を取得または設定します。

プロパティ	内　容
Visible	コントロールが表示されている（true）かどうかを示す値を取得または設定します。
Enabled	コントロールが使用可能（true）かどうかを示す値を取得または設定します。
Cursor	マウスポインターの状態、位置、サイズなどを取得または設定します。

●コントロールの状態に関するプロパティ

プロパティ	内　容
Created	コントロールが作成されているかどうかを示す値（true）を取得します。
Disposing	コントロールが破棄処理中かどうかを示す値（true）を取得します。
Disposed	コントロールが破棄されたかどうかを示す値（true）を取得します。

●コントロール名やコントロールを含むアプリケーション（アセンブリ）の情報に関するプロパティ

プロパティ	内　容
Name	コントロールの名前を取得または設定します。
AllowDrop	ユーザーがコントロールにドラッグしたデータを、そのコントロールが受け入れることができるかどうかを示す値（true）を取得または設定します。
CompanyName	コントロールを格納しているアプリケーションの会社または作成者の名前を取得します。
ProductName	コントロールを格納しているアプリケーションの製品名を取得します。
ProductVersion	コントロールを格納しているアプリケーションのバージョンを取得します。

●コントロールのサイズと位置に関するメソッド

メソッド	内　容
BringToFront	コントロールをzオーダーの最前面へ移動します。
SendToBack	コントロールをzオーダーの背面に移動します。
FindForm	コントロールが配置されているフォームを取得します。
GetContainer	コントロールのコンテナを取得します。
GetContainerControl	コントロールの親チェインの1つ上のContainerコントロールを返します。
PointToClient	指定した画面上の座標を計算してクライアント座標を算出します。
PointToScreen	指定したクライアント座標を計算して画面座標を算出します。
RectangleToClient	指定した画面上の四角形のサイズと位置をクライアント座標で算出します。
RectangleToScreen	指定したクライアント領域の四角形のサイズと位置を画面座標で算出します。
SetBounds	コントロールの範囲を設定します。
SetSize	コントロールの幅と高さを設定します。
Scale	指定された比率に沿って、コントロールおよび子コントロールのスケールを設定します。
GetChildAtPoint	指定した座標にある子コントロールを取得します。

メソッド	内　容
Contains	指定したコントロールが、別のコントロールの子かどうかを示す値を取得します。
ActivateControl	子コントロールをアクティブにします。

●コントロールの外観に関するメソッド

メソッド	内　容
Show	コントロールを表示します。
Hide	コントロールを非表示にします。
Refresh	強制的にコントロールがクライアント領域を無効化し、直後にそのコントロール自体とその子コントロールを再描画するようにします。
Update	コントロールによって、クライアント領域内の無効化された領域が再描画されます。
ResetBackColor	BackColorプロパティを既定値にリセットして親の背景色を表示させます。
ResetForeColor	ForeColorプロパティを既定値にリセットして親の前景色を表示させます。
ResetCursor	Cursorプロパティを既定値にリセットします。
ResetText	Textプロパティを既定値にリセットします。

●コントロールのフォーカスに関するメソッド

メソッド	内　容
Focus	コントロールに入力フォーカスを設定します。
GetNextControl	タブオーダー内の1つ前、または1つ後ろのコントロールを取得します。
Select	コントロールを選択（アクティブに）します。
SelectNextControl	次のコントロールをアクティブにします。

●コントロールに共通するイベント

イベント	内　容
GotFocus	コントロールがフォーカスを受け取ったときに発生します。
LostFocus	コントロールがフォーカスを失ったときに発生します。
Enter	コントロールに入力フォーカスが移ったときに発生します。GotFocusイベントの前に発生します。
Leave	入力フォーカスがコントロールを離れたときに発生します。
Validating	コントロールが検証を行っているときに発生します。
Validated	コントロールの検証が終了すると発生します。
ChangeUICues	フォーカスキュー、またはキーボードインターフェイスキューが変更されたときに発生します。
Click	コントロールがクリックされたときに発生します。
DoubleClick	コントロールがダブルクリックされたときに発生します。

イベント	内 容
MouseDown	コントロール上でマウスボタンが押されたときに発生します。
MouseMove	マウスポインターがコントロール上を移動すると発生します。
MouseUp	マウスポインターがコントロール上にあり、マウスボタンが離されると発生します。
MouseWheel	コントロールにフォーカスがあるときにマウスホイールが動くと発生します。
MouseEnter	マウスポインターによってコントロールが入力されると発生します。
MouseHover	マウスポインターがコントロール上を移動すると発生します。
MouseLeave	マウスポインターがコントロールを離れると発生します。
KeyDown	コントロールにフォーカスがあるときにキーが押下されると発生します。
KeyPress	コントロールにフォーカスがあるときにキーが押されると発生します。
KeyUp	コントロールにフォーカスがあるときにキーが離されると発生します。
HelpRequested	ユーザーがコントロールのヘルプを要求すると発生します。
DragDrop	ドラッグアンドドロップ操作が完了したときに発生します。
DragEnter	オブジェクトがコントロールの境界内にドラッグされると発生します。
DragLeave	オブジェクトがコントロールの境界の外へドラッグされると発生します。
DragOver	オブジェクトがコントロールの境界を超えてドラッグされると発生します。
GiveFeedback	ドラッグ操作中に発生します。
QueryContinueDrag	ドラッグアンドドロップ操作中に発生し、操作をキャンセルする必要があるかどうかを決定できるようにします。
Paint	コントロールが再描画されると発生します。
Invalidated	コントロールの表示で再描画が必要なときに発生します。
Move	コントロールが移動されると発生します。
Resize	コントロールのサイズが変更されると発生します。
Layout	コントロールの子コントロールの位置を変更する必要があるときに発生します。
ControlAdded	新しいコントロールがControl.ControlCollectionに追加されたときに発生します。
ControlRemoved	コントロールが削除されたときに発生します。

MEMO

用語索引

ひらがな・カタカナ

■あ行

■か行

■さ行

■た行

■な行

■は行

■ま行

■や行

■ら行

アルファベット

■A

■B

■C

■D

■E

■F

■G

■H

■I

■S

■T

■U

■V

■W

記号・数字

Visual C# 2022（ヴィジュアル シーシャープ）
パーフェクトマスター

発行日　2021年12月 1日　第1版第1刷

著　者　金城（きんじょう）　俊哉（としや）

発行者　斉藤　和邦
発行所　株式会社　秀和システム
〒135-0016
東京都江東区東陽2-4-2　新宮ビル2F
Tel 03-6264-3105（販売）Fax 03-6264-3094
印刷所　三松堂印刷株式会社

ISBN978-4-7980-6619-6 C3055

サンプルデータの解凍方法

サンプルデータは、zip形式で章ごとに圧縮されていますので、解凍してからお使いください。

ダウンロードページ
https://www.shuwasystem.co.jp/books/vcshap2022pm-186/

▼サンプルデータのフォルダー構造

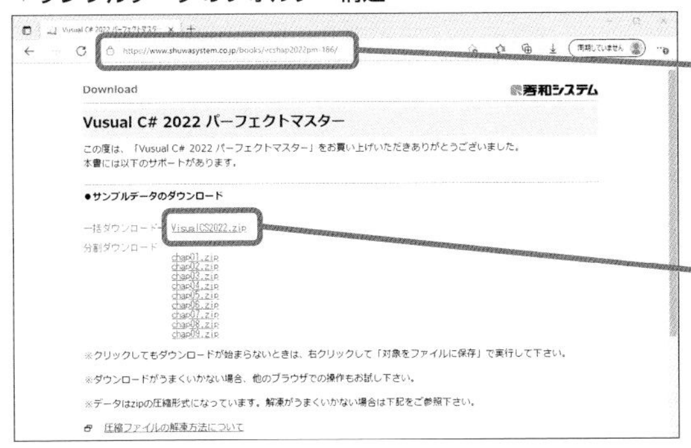

❶Webブラウザーを起動し、ダウンロードページのアドレスを入力します。

❷**ダウンロード**ページが表示されますので、ダウンロードしたい章のファイル名をクリックします。

▼名前を付けてリンクを保存をクリックする

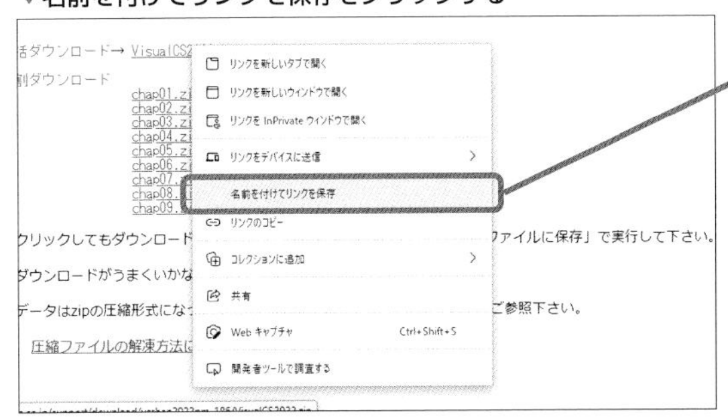

❸**ショートカットメニュー**からから**名前を付けてリンクを保存**をクリックします。

▼保存場所を選択する

❹**名前を付けて保存**ダイアログが開きますので、保存する場所を選択して（ここではデスクトップ）、**保存**ボタンをクリックします。

▼解凍する

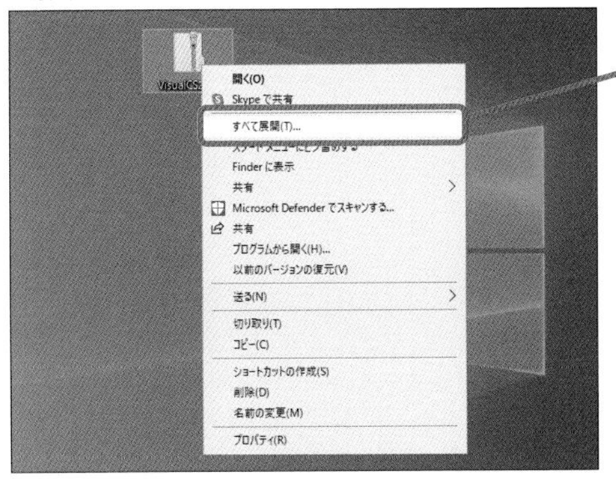

❺**ショートカットメニュー**から**すべて展開**を選択します。サンプルデータが解凍されます。

※ダウンロードページのデザインは変更されることがあります。
※使用するOSやブラウザーによって動作が異なることがあります。

Windowsの基本キーボード操作

キーボードにはいろいろなキーがあります。
ここでは、よく使用するキーの名前と主な役割をおぼえておきましょう。

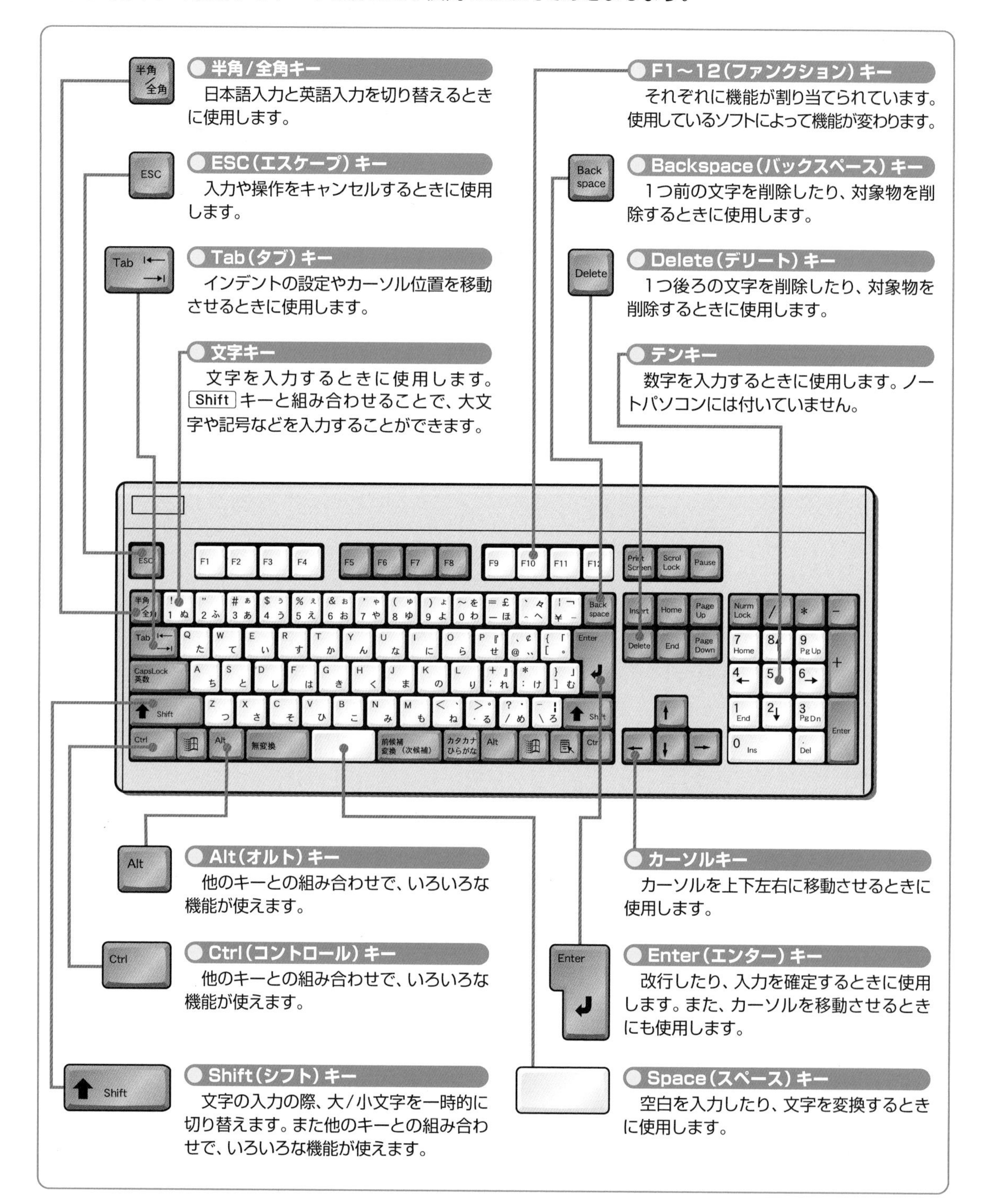

半角/全角キー
日本語入力と英語入力を切り替えるときに使用します。
ESC(エスケープ)キー
入力や操作をキャンセルするときに使用します。
Tab(タブ)キー
インデントの設定やカーソル位置を移動させるときに使用します。
文字キー
文字を入力するときに使用します。Shiftキーと組み合わせることで、大文字や記号などを入力することができます。
F1～12(ファンクション)キー
それぞれに機能が割り当てられています。使用しているソフトによって機能が変わります。
Backspace(バックスペース)キー
1つ前の文字を削除したり、対象物を削除するときに使用します。
Delete(デリート)キー
1つ後ろの文字を削除したり、対象物を削除するときに使用します。
テンキー
数字を入力するときに使用します。ノートパソコンには付いていません。
Alt(オルト)キー
他のキーとの組み合わせで、いろいろな機能が使えます。
Ctrl(コントロール)キー
他のキーとの組み合わせで、いろいろな機能が使えます。
Shift(シフト)キー
文字の入力の際、大/小文字を一時的に切り替えます。また他のキーとの組み合わせで、いろいろな機能が使えます。
カーソルキー
カーソルを上下左右に移動させるときに使用します。
Enter(エンター)キー
改行したり、入力を確定するときに使用します。また、カーソルを移動させるときにも使用します。
Space(スペース)キー
空白を入力したり、文字を変換するときに使用します。